飞行技术专业系列教材

# 飞行中人的因素

第 3 版

罗晓利　主　编

孟　豫　副主编

西南交通大学出版社

·成都·

图书在版编目（CIP）数据

飞行中人的因素 / 罗晓利主编. —3 版. —成都：
西南交通大学出版社，2017.1（2025.1 重印）
飞行技术专业系列教材
ISBN 978-7-5643-5200-4

Ⅰ. ①飞… Ⅱ. ①罗… Ⅲ.①飞行驾驶员－教材
Ⅳ. ①V323

中国版本图书馆 CIP 数据核字（2016）第 320006 号

飞行技术专业系列教材

**飞行中人的因素**
　第 3 版

罗晓利　主编

| | |
|---|---|
| 责　任　编　辑 | 孟苏成 |
| 封　面　设　计 | 刘海东 |
| 出　版　发　行 | 西南交通大学出版社<br>（四川省成都市金牛区二环路北一段 111 号<br>西南交通大学创新大厦 21 楼） |
| 营　销　部　电　话 | 028-87600564　028-87600533 |
| 邮　政　编　码 | 610031 |
| 网　　　　址 | http://www.xnjdcbs.com |
| 印　　　刷 | 四川森林印务有限责任公司 |
| 成　品　尺　寸 | 185 mm × 260 mm |
| 印　　　张 | 29.25 |
| 字　　　数 | 692 千 |
| 版　　　次 | 2017 年 1 月第 3 版 |
| 印　　　次 | 2025 年 2 月第 21 次 |
| 书　　　号 | ISBN 978-7-5643-5200-4 |
| 定　　　价 | 78.00 元 |

课件咨询电话：028-81435775

# 总　序

民航是现代综合交通运输体系的有机组成部分，以其安全、快捷、通达、舒适等独特优势确立了独立的产业地位。同时，民航在国家参与经济全球化、推动老少边穷地区发展、维护国家统一和民族团结、保障国防和经济安全、加强与世界不同文明沟通、催生相关领域科技创新等方面都发挥着难以估量的作用。因此，民航业已成为国家经济社会发展的战略性先导性产业，其发达程度直接体现了国家的综合实力和现代化水平。

自改革开放以来，我国民航业快速发展，行业规模不断扩大，服务能力逐步提升，安全水平显著提高，为我国改革开放和社会主义现代化建设做出了突出贡献。可以说，我国已经成为名副其实的民航大国。站在新的历史起点上，在 2008 年的全国民航工作会议上，民航局提出了全面推进建设民航强国的战略构想，拉开了我国由民航大国迈向民航强国的序幕。

要实现民航大国向民航强国的转变，人才储备是最基本的先决条件。长期以来，我国民航业发展的基本矛盾是供给能力难以满足快速增长的市场需求。而其深层次的原因之一，便是人力资源的短缺，尤其是飞行、空管和机务等专业技术人员结构不合理，缺乏高级技术、管理和安全监管人才。有鉴于此，国务院在《关于促进民航业发展的若干意见》中明确指出，要强化科教和人才支撑，要实施重大人才工程，加大飞行、机务、空管等紧缺专业人才的培养力度。

正是在这样的大背景下，作为世界上最大的航空训练机构，作为中国民航培养飞行员和空中交通管制员的主力院校，中国民航飞行学院以中国民航可持续发展为己任，勇挑历史重担，结合自身的办学特色，整合优势资源，组织编写了这套"飞行技术专业系列教材"，以解当下民航专业人才培养的燃眉之急。在这套教材的规划、组织和编写过程中，教材建设团队全面贯彻落实《国家中长期教育改革和发展规划纲要（2010—2020 年）》，以培养适应民航业岗位需要的、具有"工匠精神"的应用型高素质人才为目标，创新人才培养模式，突出民航院校办学特色，坚持"以飞为主，协调发展"的方针，深化"产教融合、校企合作"，强化学生实践能力培养。同时，教材建设团队积极推进课程内容改革，在优化专业课程内容的基础上，加强包括职业道德、民航文化在内的人文素养教育。

由中国民航飞行学院编写的这套教材，高度契合民航局颁布的飞行员执照理论考试大纲及知识点要求，对相应的内容体系进行了完善，从而满足了民航专业人才培养的新要求。可以说，本系列教材的出版恰逢其时，是一场不折不扣的"及时雨"。

由于飞行技术专业涉及的知识点多，知识更新速度快，因此教材的编写是一项极其艰巨的任务。但令人欣喜的是，中国民航飞行学院的教师们凭借严谨的工作作风、深厚的学术造诣以及坚韧的精神品质，出色地完成了这一任务。尽管这套教材在模式创新方面尚存在瑕疵，但仍不失为当前民航人才培养领域的优秀教材，值得大力推广。我们相信，这套教材的出版必将为我国民航人才的培养做出贡献，为我国民航事业的发展做出贡献！

是为序。

中国民航飞行学院教材
编写委员会
2016 年 7 月 1 日

# 第 3 版前言

本书是《飞行中人的因素》和《机组资源管理》两本教材融合在一起后的修订版。上述两本教材于 2002 年出版了第 1 版，2012 年修订后出版了第 2 版，这次是进行第三次修订再版。之所以将原有的《飞行中人的因素》和《机组资源管理》两本教材融合为一本教材，是为了满足飞行学员的飞行训练的需要。目前中国民航飞行学院每年招收飞行学员的人数都在 2 000 名以上，如果再按照初教机飞行训练前和高教机飞行训练前分别开设《飞行中人的因素》和《机组资源管理》课程的分段式教学模式，已很难适应飞行学员多批次接受飞行训练的流程需要。

值得欣慰的是，自上述两本教材第 1 版和第 2 版出版后，受到了各类飞行学生、在飞飞行员、授课教员、飞行安全管理者以及有关研究人员的好评，除中国民航飞行学院以外，我国招收民航飞行学员的院校以及空军、海军航空兵院校也大多使用这两本书作为教材或作为主要的教学参考资料。

本次修订的主要动因有二：一是最近几年中国民用航空局（以下简称"中国民航局"）在飞行员的执照考试大纲及其知识点中提出了新的要求，飞行中人的因素和机组资源管理（CRM-Crew Resource Management）教材所包含的知识点也应该做出相应的增补。中国民航局新近颁布的执照考试大纲和知识点要求包括：《私用驾驶员执照理论考试大纲（飞机）》（2014 年 7 月）、《航线运输驾驶员执照考试大纲（飞机）》（2014 年 7 月）、《商用驾驶员执照理论考试大纲》（2016 年 1 月）、《仪表等级理论考试大纲（飞机、直升机）》（2016 年 1 月）、《私用驾驶员执照理论考试知识点（试行）》（2015 年 1 月）、《航线运输驾驶员执照理论考试知识点（试行）》（2015 年 2 月）、《商用驾驶员执照理论考试知识点（试行）》（2016 年 1 月）、《仪表等级理论考试知识点（试行）》（2016 年 1 月）以及《机组资源管理训练咨询通告》（2011 年 11 月）。二是近年来国内外有关飞行中人的因素和机组资源管理（CRM）的研究成果日益丰富，飞行学员的教材也应该反映这些变化和发展，使其具有前沿性。

修订的内容主要包括 3 个部分：一是对原有两本教材融合后的逻辑顺序进行了调整（具体见本书目录）；二是按照中国民航局执照考试大纲和知识点要求，对一些章节的内容进行了增补和合并，新增了第五章人类信息加工，第十章人格与行为，第十一章飞行人员身心健康以及第十七章文化、标准操作程序与机组资源管理；三是更新了参考文献和飞行安全局势的相关数据与图表。

参与本次修订的教师有：罗晓利、孟豫、牟海鹰、罗渝川、王泉川、李海燕。具体的人员分工和各章节内容的变化是：第一章绪论，更新了中国民航飞行人的因素与 CRM 研究的发展历程和各阶段的主要特征与研究成果（罗晓利完成）；第二章飞行事故中人的因素，更新了国内外运输航空和通用航空飞行安全的相关数据和图表（罗晓利完成），增加了一个案例讨论（孟豫完成）；第三章飞行环境对飞行员的影响，增加了增压与失压，辐射、臭氧、湿度对飞行的影响，血液的组成及功能，血氧饱和度，血压以及心律，增加了一个案例讨论（王泉川完成）；第四章昼夜生物节律、睡眠、工作负荷与飞行疲劳，将原机组资源管理教材中的工作负荷内容作为一节融合到本章（孟豫完成），在第 2 版基础上对飞行疲劳的表现与应对措施进行了增补和调整（牟海鹰完成）；第五章人类信息加工是新增的一章（牟海鹰完成）；第六章视觉、听觉与前庭觉系统，增加了视觉障碍（白内障、青光眼、近视、远视、老花）和加速度对视觉的影响（灰视、黑视、红视）等内容，并增加了一个案例讨论（王泉川完成）；第七章飞行空间定向与定向障碍，增补了倒翻错觉（罗晓利完成）和电梯错觉以及一个案例讨论（王泉川完成）；第八章飞行人员的应激及其管理，这一章的内容没有变化，只是将原教材中的一个案例调整到最后供学生讨论用（王泉川完成）；第九章学习、技能习得与迁移，第一节学习概述（包括学习的含义、学习理论与学习的类型）为新增内容（牟海鹰完成），其余与原教材相同；第十章人格、态度与行为，为新增的一章（李海燕完成）；第十一章飞行员身心健康，除第一节酒精与药物滥用是原教材已有内容外，其余各节均是新增的内容，第二节个人健康与卫生由孟豫完成，第三节飞行员心理健康及其案例讨论由罗晓利完成；第十二章机组资源管理绪论，对 CRM 发展历程及其研究重点进行了图形化的总结（罗晓利完成）；第十三章驾驶舱情景意识与注意力分散，该章的内容和体系没有变化；第十四章机组交流，在第一节交流的类型中对言语与非言语交流的内容进行了修订，增加了单向与双向交流、显性与隐性交流以及一个案例讨论等内容（李海燕完成）；第十五章驾驶舱领导艺术，这一章与原教材相比基本上没有变化；第十六章飞行员判断与决策，在原教材的基础上增加了决策陷阱和自然直观决策模型（罗渝川完成）；第十七章安全文化、标准操作程序与机组资源管理，是新增的一章（孟豫完成）；第十八章威胁和差错管理，除增加了一个案例讨论（李海燕完成）外，其余没有变化；第十九章驾驶舱自动化与硬件资源管理，除了对前言做了部分修改以外，其余内容没有变化。在各章的修订工作完成以后，先由孟豫进行了第一次和第二次统稿，第三稿和最后的统稿由罗晓利完成。

　　在本次修订过程中，航空心理学教研室组织本学科教师对教学大纲进行了讨论，提出了一些宝贵意见，组织人员编写了中英文人的因素专业术语表；王一帆、李立民在前一版机组资源管理教材的修订中付出了大量劳动，本次修订的教材基本上保留了他们增补的内容。在此，向对本次修订做出过贡献和提供过帮助的所有同事表示感谢。由于修订时间较紧及作者的水平所限，书中定有疏漏及不妥之处，希望同行专家和广大读者批评指正，以便下次重印或再版时进一步修订。

罗晓利

2016 年 9 月于广汉

# 第 1 版 前 言

本书是根据中国民航飞行学院 1995 年讨论通过的《飞行中人的因素教学大纲》和《飞行中人的因素教材编写大纲》，并参考美、英、德、澳等国同类教学大纲、教学计划及教科书编写的教材。它既可作为飞行学员《飞行中人的因素》课程的教材，也可作为广大在飞飞行员、飞行教员、航行管制员以及飞行管理干部的自学读物。对于从事飞行中人的因素研究的人员来说，本书亦具有较高的参考价值。自 1996 年完成本书的编写后，已于 1998 年和 2001 年进行过两次修订，对近 3 000 名飞行人员及空中交通管制人员进行了培训。

飞行中人的因素（Human Factors in Flight）是人的因素（Human Factors）科学的一个重要分支，是由航空心理学、航空生理学以及航空医学等多学科领域知识所组成的一门应用科学，它与驾驶舱资源管理（简称 CRM）科学具有相互包容的关系。根据美国学者 R. S. Jensen 等人 1989 年对驾驶舱资源管理的定义，驾驶舱资源管理是指飞行员对驾驶舱内一切可以利用的资源进行管理过程，包括对座舱内所有硬件、软件、环境及人的资源的管理。从这一意义上讲，飞行中人的因素属于驾驶舱资源管理的一部分，即对自己和他人身、心资源进行管理的过程。而 CRM 目前研究的重点则主要在于座舱内的人力资源，涉及的内容包括机组协调与配合、个体间交流、应激管理等。

作者在编写本书过程中的基本思路是：（1）科学性。即作为教材，其内容应该尊重客观事实，有关数据和图表等都应有据可查，对事件和现象的分析应采取科学、客观的态度；（2）实用性和针对性。与国内其他同类教材相比，本书主要针对民用航空中的飞行实际，注重知识内容和方法的实用性。即根据形成飞行职业能力和保障飞行安全的需要取舍内容，针对民用航空飞行中常见的人的因素问题展开讨论和分析，其目的在于使学生能学以至用。对于理论性较强和较抽象的内容，除非是为教材体系或便于学生理解所必需，本书一般未予选用；（3）逻辑性与系统性。各章节、各段落之间，作者都较为注意行文的逻辑严密性和各章节知识单元的系统性。从教育心理学的角度来说，信息的逻辑性和系统性是便于学生理解和掌握的先决条件之一，可以有效地促进知识的迁移；（4）新颖性与全面性。本书所编撰的内容主要选自 1987 年以来美、英、德、澳等国出版的相关教材、著作以及国外一些主要科技刊物上刊登的有关飞行中人的因素研究领域的学术论文，内容较新、覆盖面较广。

根据以上编写教材的指导思想，本教材的编写体系是：第一、二章为飞行中人的因素知识的总体介绍。其中绪论一章，主要是为读者建立起本学科的知识框架，涉及的内容包括：飞行中人的因素的定义、性质、研究对象和研究范围，学习飞行中人的因素的意义与方法以及飞行中人的因素的历史等。第二章，飞行事故中人的因素，其主要目的是使读者了解目前全球民用航空的安全局势及人的因素所导致事故所占的比例，进而引入对人的错误（性质、类型、来源和对抗措施）的讨论。第三章至第五章，主要是航空生理学、时间生物学以及航空医学等与民用航空密切相关的一些知识，航空心理学也是必要的组成部分。通过这三章内容的学习，为学习第六章飞行空间定向及定向障碍打下基础。第七章主要讨论飞行技能的形成和掌握过程中的学习心理学问题，强调了飞行技能不属于单纯的动作技能，而是包含心智技能和动作技能在内的复杂技能。目的是使读者了解飞行技能形成的规律和影响因素以及促进飞行技能形成的方法、措施，以便使学员在学习飞行技能时能运用这些原理和方法更快、更好地获得各种技能。第八章讨论了飞行员群体可能面对的应激源和应激及其对抗措施。最终目的是使读者学会克服应激的方法，提高自己对应激的免疫能力和管理能力。第九章讨论飞行员的判断与决策问题，主要内容包括飞行员判断的过程、影响飞行员判断的五种危险态度以及提高和促进飞行员判断能力的措施。这一章的内容涉及到前面各章的内容，各种生理、心理以及环境、社会的因素都会影响飞行员的判断。为了增强本章内容的可操作性，在附录部分作者附上了飞行员判断归因问卷和飞行员判断问卷，要求读者自己作答，以便掌握剖析自己和他人判断过程的方法、逐步养成内省的习惯。

在本书的编写过程中，中国民航飞行学院游志庸副院长、驾驶系领导对我的写作工作给予了很大的支持和帮助；交通学院副院长张泽龙、民航总局飞标司饶绍伍司长以及德国宇航研究院心理学部的 Hoermem 博士曾为我提供过许多宝贵的资料和有价值的建议；我的导师梁承谋教授对本书的编写曾给予了极大的鼓励，并在编写体系的安排上提出过较好的建议；老一辈的心理学家杨宗义教授欣然为我审稿并提出了许多宝贵意见。在此，谨向上述支持和帮助过我的领导和老师们致以衷心感谢。

近年来，飞行中人的因素和驾驶舱资源管理在国际上发展很快，而我国在这两个领域里则处于刚刚起步阶段，至今仍无这方面的教材和专著出版，本书仅仅是在这一领域里的一次尝试。由于成书时间很短且作者的学识水平有限，书中定有各种缺点甚至错误，希望同行专家和广大读者批评指正，以便将来进一步修订。

罗晓利
2002 年 2 月于广汉

# 主要英美制单位与国际标准单位的换算关系

1 mi = 1.609 km

1 f t = 0.305 m

1 in = 2.540 cm

1 n mile = 1.852 km = 1 852 m

1 lb = 0.454 kg

1 gal（英）= 4.546 L，1 gal（美）= 3.785 L

1 oz = 28.349 5 g

1 kPa = 10 mbar = 7.502 mmHg = 0.145 p.s.i

1 mmHg = 133.322 Pa

# 目　录

# 第一章　飞行中人的因素绪论

"绪"，从字义上说是"丝端"的意思。作为一本教材的绪论，就是要把这本书的头绪理清楚，其宗旨便是为读者建立起该学科的知识轮廓。为达到这一目的，本章的内容包括：飞行中人的因素的研究对象、研究范围及学科性质；飞行中人的因素的历史、现状与未来；学习《飞行中人的因素》的意义及学习方法。在中国民航局新近颁布的执照考试大纲和知识点中要求重点掌握人的因素的理论模型，如 SHEL 模型等。

## 第一节　飞行中人的因素的<br>研究对象、性质及研究范围

### 一、飞行中人的因素的定义

按照国际民航组织的建议（ICAO Circular227，1986），飞行中人的因素（Human Factors in Flight，HFF，简称飞行人因）可定义为：是关于人的科学。其研究的范围涉及航空系统中人的一切表现，它常利用系统工程学框架，通过系统地运用人的科学知识，以寻求人的最佳表现。它的两个相互关联的目的是飞行安全和效益。

对于上述定义，我们可以从以下 3 个方面进行理解：

（1）飞行中人的因素是研究航空活动中人的表现的科学。在现代航空活动中，人-飞机-环境-组织是构成航空系统的 4 个最主要的因素。无论航空器多么先进，自动化程度有多高，"人"始终都是航空活动的主体。而飞行中人的因素的研究重心侧重于航空活动中的人。

（2）系统工程学是人的因素分析问题、解决问题的常用工具和手段。系统工程学于 20 世纪 40 年代产生于美国，70 年代初初步形成。它以系统为研究对象，用定量化的思想和方法来处理大型复杂系统的各种问题，其最终目的是使系统的整体效益达到最佳。由于飞行中人的因素的研究范围极其广泛，各种因素错综复杂地交织在一起，从客观上构成了一个复杂的大型系统。要解决大型复杂系统的问题，必须借助于系统工程学的思想和方法。

（3）飞行中人的因素的最终目的是飞行安全和飞行效益。它通过研究与人构成界面的各个要素之间的相互关系，人自身的优势和局限，以寻求各个要素（硬件、软件、环境以及其他人）与飞行员的最佳匹配，使航空系统的整体效益达到最佳。通过研究人的错误的性质、类型和来源，从而寻找预防与克服人的错误的措施，最终达到保障飞行安全，提高飞行效益的目的。

## 二、飞行中人的因素的性质及其相关学科

从以上的概念分析中，可以概括出飞行中人的因素领域的两个主要性质：

（1）它是由多学科知识所组成的边缘学科。

（2）它是以飞行安全和效益为最终目的的实用技术，是人的因素科学在民用航空中的具体运用，属于应用科学的范畴。

### （一）飞行中人的因素的学科组成

理查德（1995）指出，从该学科的出现开始，它便具有多学科的性质，目前这一性质仍未改变。概括起来，该领域主要由以下学科组成：

#### 1. 航空心理学（Aviation Psychology）

航空心理学是研究航空系统设计和操纵中人的行为的科学。它通过研究特定环境中人的行为，从而了解人的内部心理过程和心理状态以及动机、情绪、个性等心理现象。早期，航空心理学的研究重点是飞行人员的心理选拔；现在，其研究的重心已移向了驾驶舱设计的心理学原则和原理以及具体参数、机组判断与决策、应激与应激管理、个体间交流、机组协调与配合、飞行人员的心理健康维护等问题。它不断地从心理科学和其他相关学科中汲取养料，从而使该学科在飞行中人的因素科学中起着日益突出的作用。从全球范围内研究飞行中人的因素的专家来看，大多数都来自航空心理学家，几乎所有关于飞行中人的因素的著作和研究成果都是由航空心理学家完成的。由此可见航空心理学在飞行中人的因素学科中所占的地位。霍金斯、金森以及理查德（1987，1991，1995）指出：随着驾驶舱自动化程度的增高，对驾驶舱信息的监视与控制将会变得越来越重要，这正是航空心理学成为飞行中人的因素研究领域中领头学科的重要原因之一。

#### 2. 航空工效学（Aviation Ergonomics）

航空工效学是工效学的组成部分。主要的研究内容有：

（1）飞机系统的设备和结构应怎样设计才有利于飞行员的使用，从而达到高工效。

（2）根据人类自身的特点（生理、心理、人体测量学、生物力学等），向工程设计人员提出设计要求和提供相关数据。

（3）研究人与飞机在功能方面如何配合的问题，从而使人-机系统的总体效益达到最佳。

值得一提的是，飞行中人的因素与航空工效学之间的学科界限有时很难截然分开。从它们的研究目的来说，都是旨在提高工作效益、保障飞行安全；从研究的对象来看都要涉及人的行为表现和内部的生理、心理过程。但是，飞行中人的因素研究的范围更为广泛，更偏重于怎样才能使飞行员具有合理、有效的操纵行为和良好表现，而航空工效学则更多地偏重于航空系统怎样设计才有利于飞行员操纵，不致诱发飞行员的错误（参见本章稍后的 SHEL 模型）。可见，飞行中人的因素应该是航空工效学的上位概念，航空工效学是飞行中人的因素的必要组成部分。

#### 3. 航空医学及航空生理学（Aviation Medicine and Aviation Physiology）

航空医学及航空生理学是研究航空环境中心身疾病，特定环境对飞行员身体的影响，

药物、酒精对飞行员的特殊副作用等问题的科学，是飞行中人的因素的必要组成部分。需要指出的是，长期以来，人们一直认为飞行中人的因素是航空医学的一个分支或认为它与航空医学有着某种复杂关系，难以鉴别。之所以会产生这样的误解，其主要原因在于：医学和生理学的知识在航空中的运用时间较之航空心理学和其他学科更早，而且早期的飞行中人的因素问题多半是由航空医生负责解决的。由于航医们的知识、技能优势在于生理学和医学方面，因而在分析和解决飞行中人的因素问题时，自然就更关心飞行中的生理学和医学问题，甚至把许多不属于生理学和医学的问题也进行生理学和医学的归因。然而，自有人类飞行之日起，人的因素就并不仅仅是一个简单的生理学或医学问题。譬如，飞行中人的行为和能力，决策与认知过程，人员选拔与训练，驾驶舱操纵器与显示器的设计，个体间交流与机组协调、配合等便不属于单纯的航空生理学或航空医学问题。目前，飞行中人的因素的研究和运用已走出了纯医学模式的"峡谷"，其重心已由生理学移向了心理学。而航空医学和航空生理学则成为飞行中人的因素的必要组成部分，是人的因素知识的重要来源。它对于我们理解飞行中的视、听、前庭觉问题，睡眠缺失与生物节律扰乱、酒精、药物对飞行的影响等问题有着不可忽视的作用。

4. 人体测量学、生物力学、飞行事故调查学以及统计学（Anthropometry、Biomechanics、Flight Accident Investigation Science and Statistics）

在设计工作界面和大多数设备的过程中，身体测量和肢体运动特点的评估是一个重要的环节。人体参数不仅在不同种族、不同年龄和不同性别的人群中存在着差异，就是在特定的群体中这些差异也是明显的。因此，在一项设计之初，首先就必须测量人体的各种参数。人体测量学的知识与技术便成为解决上述问题的途径。为了设计出适合人操纵的飞机以及使人合理、有效、安全地操纵飞机，设计者和操纵者就应该知道人体肌力的种类、动作的方向、幅度等生物力学特征。这样，生物力学就成为飞行中人的因素知识的必要组成部分。最后，飞行事故调查学和统计学亦是飞行中人的因素的重要组成部分。主要原因在于：飞行事故和事件调查的结果及其分析是飞行中人的因素的重要知识来源和发展动力，它不但能促进设计者的技术更新，而且对广大飞行员也具有重要的教育意义。而统计学则是分析实验数据、统计事故调查结果以及趋势预测的必不可少的工具。

总而言之，飞行中人的因素是一门综合性的多学科领域，它的知识来源于与人相关的各个学科，其目的是为了解决航空实践中的具体问题，它与人的因素各门学科之间的关系就如同工程学与各类物理科学的关系一样（Hawkins，1987）。

（二）飞行中人的因素是一门实用技术，属于应用科学的范畴

飞行中人的因素是以飞行安全和飞行效益为最终目的的实用技术，是人的因素科学在飞行领域里的具体运用。飞行中人的因素是在人的因素科学的孕育下，应飞行实践的需要应运而生的，它属于人的因素科学的分支，其研究的对象是飞行中人的因素问题，而不是其他领域内的人的因素问题。它不但要为航空器的设计和操纵提供人的因素理论和原理的指导，更重要的是它所独有的一些技术，还对提高人的素质以及解决航空中人的因素的实

际问题具有重要作用。譬如，本教材将要介绍的咽鼓管通气技术、飞行错觉的克服措施、飞行员判断的 DECIDE 模型技术（描述和分析飞行员判断过程的模型，参见第十六章）、情绪控制方法等便属于实用技术的范畴。

## 三、飞行中人的因素的研究范围

飞行中人的因素的研究范围虽然很广，但仍然可以采用 SHEL 模型来予以归纳。

### （一） SHEL 模型

SHEL 模型是描述飞行中人的因素的概念模型，最初由爱德华（Edwards，1972）提出，几年后霍金斯对其进行了修改，并在一份欧洲共同体论文中发表。SHEL 并不是一个单词，而是由 Software（软件）、Hardware（硬件）、Environment（环境）、Liveware（人）的首写字母所组成。该模型表明了航空系统中与飞行员构成界面的 4 个要素及其相互关系，常用于分析飞行中人的因素的研究范围和飞行员错误的来源。从图 1-1 中可以看到，与飞行员构成界面的 4 个要素是：硬件、软件、航空环境及其他机组成员、管制员（ATC）等。系统各要素之间构成的界面是凸凹不平的，意味着各界面之间必须谨慎匹配，否则，系统内的应力就会过高，最终引起系统的断裂或解体，事故也就在所难免。从该图中还可以看到，"飞行员"位于模型的中心，其他要素围绕在它的周围。这意味着只要是有人驾驶的飞机，无论自动化程度有多高，飞行员都将始终是航空系统中最有价值、最重要的因素。但是，由于人类自身的局限，飞行员也是最易变化、最不可靠的因素。从某种意义上说，这正是飞行中人因事故居高不下的主要原因。因此，

**图 1-1　SHEL 模型**

在设计航空系统时，不但飞行器的设计和制造必须考虑人的特点，使其他要素更加适合于人，更重要的是，模型中心的飞行员也必须了解与自己构成界面的其他要素的局限以及自身的局限，并不断完善自己，才能避免出错，减少飞行事故。

### （二） 飞行中人的因素的研究范围

根据 SHEL 模型，我们可以对飞行中人的因素的研究范围作如下概括：

（1）飞行员与硬件的关系。研究飞行员与硬件（如操纵器、显示器）之间的相互适应问题。硬件怎样设计才符合飞行员的特点，飞行员怎样操纵硬件才能保障飞行安全，提高飞行效益等。

（2）飞行员与软件的关系。研究飞行员与软件（如自动化系统软件和飞行手册等非物理性信息）的相互适应问题，合理的飞行程序、检查单程序以及应急处置程序等，以便简化飞行工作、减小飞行员工作负荷，不致使飞行员出错等。

（3）飞行员与环境的关系。探索特定工作环境和生活环境对飞行员的影响，飞行员对特定环境的适应过程和适应规律等，以便促进飞行员-环境界面的相容。

（4）飞行员与其他飞行活动关联者之间的关系。研究机组成员之间，机组与管制员、签派员以及机务维修人员等之间的关系，个体间交流、机组协调与配合、驾驶舱领导艺术等社会心理学和管理心理学问题，以便促进人-人界面的相容。这一界面的问题目前已成为机组资源管理的重点研究内容。

# 第二节　飞行中人的因素的历史

人的因素在民用航空中的运用始于20世纪70年代。在此之前，这方面的研究工作大多都是在军航界的倡议下完成的；直到70年代，部分负责飞机设计、执照认可和民用飞机操作的人员才开始对人的因素有了较清醒的认识和较浓厚的兴趣。以下一些历史事件有助于我们全面把握民用航空中人的因素的历史。

1971年，英国的拉夫堡（Loughborough）大学开设了为期两周的"运输机操作中人的因素"短期课程；以后，亚斯顿大学和美国的南加利福尼亚大学也相继效仿。但由于这些课程仅限于满足资深飞行员和管理人员的需要，且由于经费受限，因而限制了有关知识的推广和传播；到了1975年，国际航空运输协会（IATA）20世纪技术会议在伊斯坦堡举行。在经过一周热烈而丰富多彩的讨论后，会议总结道："人的因素的广博性质以及它在民用航空中的运用至今仍然没有得到应有的重视。这种对人的因素的忽视将有可能引起操作的失误或使设计出的飞机不适合飞行员的操作。最糟糕的是，这种态度将引起重大灾难。"许多人认为，伊斯坦堡会议是民用航空中人的因素的一个重要转折点，它标志着人的因素的重要性已得到民航界官方的承认。它给人们带来两点重要的启示：第一，在民用航空中对人的作用和能力存在着某种程度的误解；第二，在民航运输中，人的因素的基础教育几乎依然是一片空白。这两点启示告诫人们应尽快采取措施。

不幸的是，17个月以后，伊斯坦堡会议的预言终于成为了现实。特纳利夫岛事故为上述两点启示画上了一道醒目的着重号，似乎在敦促民航界给人的因素让出一席之地。在这次事故中，两架Boeing747飞机在特纳利夫岛相撞，造成583人死亡，损失1亿5千万美元。这是除美国"9·11"事件外，迄今为止世界航空史上最大的灾难，而事故的原因则完全是由一系列人的失误造成的。

1977年，在一部分民航工业界人士和飞行员的呼吁下，航空公司驾驶员协会国际联合会（International Federation of Airline Pilots Associations，IFALPA）在华盛顿召开了人的因素专题研讨会，最后指出："在频繁的失误面前，运用人的因素的知识问题已受到普遍的关注……但在许多商用航空领域里，人的因素的专业知识仍然匮乏。"

在上述会议的影响下，荷兰皇家航空公司（KLM）开设了第一个针对其职员和飞行员的"人的因素意识课程"，它具有规模大、耗资少、有专门的教学大纲、教材以及课堂教学等特点。

到了1986年，国际民航组织（International Civil Aviation Organization，ICAO）作出

了"关于飞行安全与人的因素"的 A26—9 号决议，对飞行中人的因素的定义、任务、目的进行了界定。随后，ICAO 秘书处于 1990 年在列宁格勒（现为圣彼得堡）再次召开了"人的因素研讨会"，就人员培训的对策等问题进行了广泛的交流，并对人的因素课程的培训内容提出了建议（见表 1-1）。自此以后，英、美、德、法、加、澳等航空发达国家纷纷响应 ICAO 的倡议，相继在飞行员中开设了"飞行中人的因素"课程，并将其纳入商用飞行员执照（CPL）和航线运输飞行员执照（ATPL）学员的执照考试范围之中。目前，其中的许多内容，如检查单的使用、机组协调与配合、个体间交流、判断与决策等已从理论走向实践，在飞行训练中得到了广泛运用。

表 1-1　ICAO（1990）关于 ALPL 执照持有者人的因素培训内容

| 单　　元 | 内　　容 | 时间/h |
|---|---|---|
| 1 | 航空系统中人的因素概述 | 1.75 |
| 2 | 航空生理学 | 7.00 |
| 3 | 航空心理学 | 10.50 |
| 4 | 职业胜任能力 | 1.75 |
| 5 | 人与软件：飞行员与软件的关系 | 3.50 |
| 6 | 人与人：人际关系 | 5.25 |
| 7 | 人与环境：营运环境 | 3.50 |
| 合　　计 | | 33.25 |

我国的民用航空中人的因素的研究与美、英等国相比，起步较晚。虽然自 20 世纪 80 年代中期以来，孟宪惠等人便开始研究民航飞行员的心理选拔及航空医学心理学等问题，但对我国民航飞行人员进行人的因素的系统教育则是 90 年代以后的事。1991 年，作为培养我国民航飞行人员摇篮的中国民航飞行学院，率先在空勤学员中开设了"航空心理学"和"航空生理学"，在人的因素的教育方面迈出了第一步。1994 年，为了与国际民航飞行员的培训体制接轨，提高我国民航飞行员的培训质量，中国民航总局 CCAR141 部中将"飞行中人的因素"作为 CPL 学员和 ATPL 学员的执照考试课程。为此，中国民航飞行学院又作出了将原"航空心理学"和"航空生理学"改设为"飞行中人的因素"课程，并增设"机组资源管理"课程的决定。

2000 年，中国民航局基于人的因素在民航安全和效益方面的突出作用，制定了《中国民用航空安全规划纲要》（2001—2010），提出了开展 HFF 研究的要求；2014 年 7 月，中国民航局对《私用驾驶员执照理论考试大纲（飞机）》《航线运输驾驶员执照考试大纲（飞机）》进行了第二次修订，2016 年 1 月对《商用驾驶员执照理论考试大纲》和《仪表等级理论考试大纲（飞机、直升机）》进行了第一次修订；2015 年 1 月和 2 月分别颁布了《私用驾驶员执照理论考试知识点（试行）》和《航线运输驾驶员执照理论考试知识点（试行）》，

2016 年 1 月颁布了《商用驾驶员执照理论考试知识点（试行）》和《仪表等级理论考试知识点（试行）》；2011 年 11 月，中国民航局飞标司颁布了由我校（中国民航飞行学院）协助起草的《机组资源管理训练咨询通告》。可以认为，近 10 年来我国民航在"飞行中人的因素"领域已经取得了长足的进步。如果说 10 年前"飞行中人的因素"在我国还是一个全新的研究领域和陌生的术语，而今天却已成为我国民航界众所周知的重要研究课题和保障飞行安全的必不可少的措施。关于中国民航"飞行中人的因素"和"机组资源管理"的发展历程如图 1-2 所示。

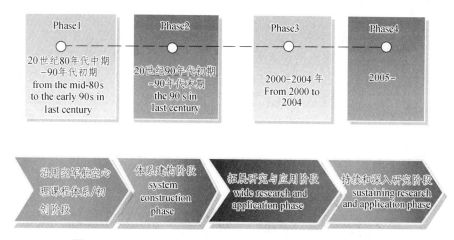

图 1-2　中国民航飞行中人的因素与 CRM 的发展历程

## 一、沿用空军航空心理学/初创阶段

时间为 20 世纪 80 年代中期—90 年代初，主要表现在以下几个方面：

（1）无专门机构、人员少、资料少：在 20 世纪 80 年代中期—90 年代初，由于与国外交流较少和缺乏专业人员，一直使用空军航空心理和航空生理学教材，教学内容和知识点缺乏针对性，教学效果不好。

（2）所开展的飞行员心理选拔研究也沿用运动员心理选拔系统进行。

## 二、体系建构阶段

时间为 20 世纪 90 年代初期—90 年代末期，主要表现在以下几个方面：

（1）完成了飞行中人的因素课程体系建设：1994 年，中国民航局在 CCAR141 部中将"飞行中人的因素"作为 CPL 学员和 ATPL 学员的执照考试课程。为此，中国民航飞行学院将原"航空心理学"和"航空生理学"改设为"飞行中人的因素"课程，完成了飞行中人的因素课程的教材编写；教学大纲和教学课件、试题库等教学文件也陆续在 1996 年前后完成。

（2）1997 年，民航局组织中国民航飞行学院飞行教员、航空人因工程学教师赴瑞典 SAS 飞行学院进行了为期 3 周的 CRM 和飞行教学法训练，为我国民航后续的 CRM 研究和应用培养了学术骨干。

这一时期的主要特点是：中国民航加大了与国际上相关研究机构的合作，与波音、空客及国外航空院校、航空公司联合举办的航空人因与飞行安全有关的会议逐年增多，这些措施刺激和促进了我国民航航空人因的研究和应用。

## 三、拓展研究与应用阶段（2000—2004）

2001—2004 年，在民航局的领导下我国民航开展了大规模的"民用航空人为因素研究与应用"研究，其中"飞行中人的因素"和"机组资源管理"是其重要的组成部分。许多航空公司，如南航航空集团、国航集团以及东方航空集团等都成立了"机组资源管理研究组"，研究的内容包括"飞行中人的因素"研究，这对于该领域知识和理论的应用起到了促进作用。

这一阶段的主要特点有：

（1）研究的范围广：涉及飞行、空管以及机务领域等人因问题。

（2）人员参与面广：民航局（政府部门）、各航空公司、科研院所的有关人员都参与了研究。

（3）研究内容以人因问题诊断和调查为主，讲求实效性。

（4）领导重视，政府部门主抓，组织保障得力。

（5）研究成果的转化和应用及时：研究成果很快在飞行、空管、机务等领域得以应用。

## 四、持续、深入研究阶段（2005 至今）

自 2004 年民航局组织的"中国民航人为因素研究与应用"结题以后，民航局提出了持续深入研究民航人为因素的研究，各航空公司和科研院所加大了飞行中人的因素的研究力度，许多研究成果得以推广和应用。

这一阶段的主要特点是：

（1）紧跟国际前沿，研究的范围进一步拓展。

（2）注重理论与实际相结合，强调可应用性。

（3）局部、零散的研究向着集成、系统化研究转化。

（4）民航局/政府部门更加重视航空人因在保障航空安全中的重要作用，积极将一些航空人因研究成果通过法规的形式在全民航加以推广和应用。

（5）从原有的单一的人的绩效/表现的研究，开始重视人机工效学问题的研究，这主要得益于我国开始实施"大运"项目研究的需要。

与 20 年前相比，中国民航的航空人因研究和应用已经有了长足的进步，无论是研究的范围、深度以及人员参与的广度、研究成果的水平及其推广速度与范围都得到了很大的发展，正在为提高和改善我国民航的航空安全水平发挥着积极作用。

# 第三节　学习飞行中人的因素的意义及学习方法

## 一、学习飞行中人的因素的意义

从前面两节的学习中，读者对学习飞行中人的因素的意义已经有了一定程度的认识。为便于读者全面把握，现将学习它的意义归纳为以下几个主要方面：

（1）有助于转换飞行员的思维方式、强化安全意识。自 1940 年以来，已公布的各方面数据表明，3/4 的飞行事故都是人的因素所造成。多年来尽管一再告诫飞行员要坚持按条例和飞行程序操作，减少人的失误，但人因事故的比例仍然居高不下。虽然上述劝告和纪律约束很有必要，但可以预料它并不能有效地降低人因事故的相对数量。主要原因在于：飞行员们虽然知道飞行条例，但却不知道为什么要求他们必须那样做。他们对自己和他人了解太少，即对人的知识了解太少，不知道人自身的优势和局限，因而有时在无意识的情况下会违反飞行条例和飞行操作程序。而飞行中人的因素则正是研究人的优势与局限、探索人的错误的性质和来源及其克服措施的科学。它所提供的一些知识和原理有助于转换飞行员的思维方式、强化安全意识。

（2）有助于飞行员理解和熟悉航空系统中人的行为，从而达到对自己和他人进行合理管理的目的。人的因素是机组资源管理的重要组成部分，要达到对人的资源的合理管理，其首要前提便是要熟悉人的资源，否则就无法实现对人的合理、有效管理。譬如，应激，即紧张是飞行活动中常见的一种生理、心理现象，如果飞行员们对应激的知识一无所知，或了解很少，就不能够达到对应激的合理、有效地管理。

（3）有助于理解航空系统中各要素、各界面之间的关系，并在此基础上形成促进各要素、各界面相容的人的因素技能。譬如，跨时区飞行和轮班制飞行中的昼夜节律扰乱、睡眠缺失以及飞行疲劳等，便涉及人-环境界面的问题。人的因素的知识不但有助于人们理解上述现象，同时也能为飞行员们提供预防和克服的措施。

（4）有助于挖掘人的潜能，使飞行员的思维变得更加清晰。一般而言，人们对外部的行为本身和其他肉眼可观察到的物理现象易于觉察到并能够较好地加以理解，但对于行为的意义，即人的内部生理、心理过程的认识却显得较为模糊，有人曾把人的内部心理过程称之为"黑箱"，这是有一定道理的。人的因素所提供的知识和原理有助于将"黑箱"打开，使其最终成为"白箱"。很显然，"白箱"的实现有助于挖掘人的潜能，使人的思维变得更加清晰。

## 二、学习飞行中人的因素的方法

### 1. 弄清概念，但不拘泥于概念

飞行中人的因素的概念、术语极其专业而繁多，其中不少概念、术语对于非专业人员的读者常常是陌生的。因此，读者应先弄清概念的含义，才容易理解书中内容。弄清概念的方法有二，一是仔细推敲本书对概念术语的定义；二是从其他相关学科的辞书或教材中查阅相应的词条和概念。在理解概念、使用概念时应注意：

（1）科学概念与日常概念之分。如"动机"一词，在日常生活中的意思，多半是指它的性质，即某人做某事的企图。但在心理学上它却被定义为：促使某人从事某项活动的内在驱力。显然，"动机"的科学定义具有多维度的性质，它不但指"某人的企图"，而且更多地是指动机的水平，即内部驱力的强弱程度。与此类似，易于被人们误解和混淆的概念还有：错觉与幻觉、应激与应急、技能与技术等等，请读者在学习过程中一定要注意鉴别。

（2）不拘泥于概念。有的概念、术语，是外来语，很难翻译，读者只需理解它的意思，不必在词语上走迷宫。如对学习的自我认识的一个术语——"元认知"（Metacognition），又译作"解悟认识"或"反思认识"，我们不能望文生义，照"元""解悟""反思"的字义去揣测。实际上，这个术语是指学生对自身学习活动的认知，即人类对自己认识过程的认知，学生根据对自己学习情况的监控和评定所得到的反馈，调整自己的学习，以适应新的学习情境，它有助于知识-知识、知识-技能间的相互迁移，是一种高级的认知能力。

（3）变抽象为具体。人的因素的概念，尤其是心理学的一些术语和概念有的是较为抽象的，是在人类经验和科学研究的基础上提炼、归纳出来的理论实质。为了理解和掌握概念，读者应该充分地利用自己的联想，将抽象的概念与飞行实际相结合，利用飞行中的现象来理解和记忆概念。也就是说，要让理论概念回到飞行实践中去，这一点与研究者尽可能从实践中提炼成理论概念的角度是不同的。

2. 抓住条块，掌握体系

在前言中，我们已对本书的体系安排及其目的作了介绍，它有助于读者把握本学科的体系。虽然人的因素是一门综合性的多学科领域，对于一些现象的描述和分析，往往采取多学科的角度、涉及多学科的知识，但若根据某门学科对某些现象研究的比重，仍可将飞行中人的因素划分成几个"条块"。

3. 系统地学习、创造性地运用

学习飞行中人的因素，要掌握它的结构体系，基本理论和基本方法。虽然飞行中人的因素的组成学科在研究人的问题上，入手的角度不同，但都是以人为研究对象的。从具体内容上说，虽然为叙述方便和便于读者把握起见，我们将本书分成了许多章节，但从整体性和系统性来说，人的生理和心理现象都是一个完整的整体，它们相互依存，密切相关。因此，在分别理解各种生理、心理现象的同时，还应从整体上把握人的因素实质，看到各章节内容之间的相互关联。最后，飞行中人的因素是一个动态发展过程。一方面，是这一学科本身正处于一个蓬勃发展的阶段，各种文献及研究成果如雨后春笋般相继出现；另一方面，飞行中的人本身也是一个动态发展的过程，影响因素和变化的程度以及速度形形色色，作为一本教材或者专著不可能包含飞行中人的一切现象，它只能为读者提供该领域内的知识框架和理论原理以及基本方法。也正因为如此，希望读者在实际的飞行过程中不要局限于本书中所介绍的内容，而应创造性地运用它的知识和原理。譬如，在应激一章里，我们介绍了预防与克服急性应激和慢性应激的方法。这些方法有许多种，如转移注意力、意念、改变认知角度、增强自信心、心理放松法等等。作为飞行员来说，便应针对特定的应激情境和自己当时的情绪状态及对自己个性特征的了解，灵活地选择合理的方法，并创造性地加以运用。

## ·思 考 题·

1. 简要辨析飞行中人的因素的含义、性质及研究的范围。
2. 什么是 SHEL 模型？它在人的因素科学中有何作用？
3. 列出促进飞行中人的因素科学诞生的主要历史事件。
4. 简述学习飞行中人的因素的意义。

# 第二章　飞行事故中人的因素

自从第一架飞机升空，不可避免的，飞行事故也就随之产生了。不管飞行器多么先进，座舱自动化程度有多高，只要属于有人驾驶，飞行事故中人的因素都将是民用航空界研究的永恒主题。据 IATA（1988）的统计资料表明：80% 以上的飞行事故都是由于人的因素所造成。那么，为什么会产生这样多的人为事故？它与哪些因素有关？以及如何减少人为事故，等等。这些都是民用航空界密切关注的问题。为了回答上述问题，本章的内容主要包括：全球民用航空的飞行安全概况；为什么人为事故会发生——人的错误分析；预防人的错误，减少人为事故的一般措施。在中国民航局新近颁布的执照考试大纲和知识点中要求重点掌握人的差错和人的可靠性以及人类的信息加工等内容。

## 第一节　全球民用航空飞行安全概况

### 一、国内外通用航空飞行安全概况

与商用运输机相比较，通用航空飞行事故在整个民用航空业界中占有较大的比例。据英国《飞行国际》2011 年 7 月 19 日报道：澳大利亚航空管理局将目光聚焦于通用航空的安全性，因为澳大利亚运输安全局（ATSB）通过研究发现澳大利亚的通用航空领域重大事故率比航空运输的重大事故率高出百万分之三点五，一般事故率高出百万分之二点七。澳大利亚运输安全局（ATSB）发现在 2001 年至 2010 年之间，澳大利亚通用航空共发生 147 次重大事故，236 人死亡。在通用航空领域，私人飞行/商务飞行具有最高的事故率和重大事故率，以及最大的致命数量，在 2001 年至 2010 年间是 135 次。空中作业与飞行训练排在其后。澳大利亚运输安全局称，空中作业的事故率和重大事故率与固定翼飞机和直升机相似，但是在飞行训练和私人操作中，直升机具有较高的事故率，但致命事故较少。澳大利亚运输安全局发现，在事故率和重大事故率中，如果包含通用飞机，最易发生的五类事故是地形碰撞、飞机控制问题、发电装置和推力装置、飞机解体和跑道事故。

美国是世界上公认的航空强国，其安全水平一向很高。但与机载设备先进、勤务保障条件完善、规章标准齐全及训练严格的商业航空相比，其通用航空的事故率相对较高。据了解，美国 2006 年针对通用航空的调查结果显示，其通用航空每 10 万飞行小时的事故率为 1.19。近年来，为提高通用航空安全水平，联邦航空局与航空器所有人和驾驶员协会

（AOPA）、国家公务航空协会、通用航空制造商协会以及国家运输安全委员会的代表共同组成了通用航空联合指导委员会，对通用航空事故进行分析，研究解决通用航空的安全问题。此外，美国联邦航空局还与业界共同推广"FAA/业界训练标准（FITS）计划"的实施。该训练计划包括"风险意识""情景意识""单人制驾驶舱资源管理""航空决策"及案例培训等内容。美国通用航空的事故数量已从 1989 年的 487 起降到 2006 年的 298 起。

图 2-1 显示的是 2010—2015 年中国民航通用航空事故万架次率、三年滚动指标值、五年滚动指标值以及十年滚动指标值。从图中可以看到：2010—2015 年，中国民航通用航空万架次数呈缓慢上升趋势，且逐年稳定递增；2015 年通用航空事故数量有所上升。图 2-2 显示的是 2007—2015 年中国民航通用航空死亡事故万架次率、五年滚动指标值以及十年滚动指标值，可以看到：2007 年以来，通用航空死亡事故万架次率波动剧烈，2008 年和 2013 年通用航空死亡事故率为近九年内最高，分别为 0.040 和 0.044；从 2008—2012 年，通用航空死亡事故率呈现下降趋势；而从 2012 年开始，通用航空死亡事故万架次率又有所增长，五年滚动指标值和十年滚动指标值都呈现出上扬趋势。2013 年该指标达到局部极值点。到 2014 年，该指标值又开始呈现下降趋势，到 2015 年再次上升；图 2-3 显示通用航空事故征候万架次率呈逐年下降趋势，2008—2012 年通用航空事故征候万架次率（均值）高于 2013 年、2014 年及 2015 年水平；2015 年，通用航空事故征候万架次率整体上略低于 2014 年、2013 年水平。图 2-4 显示 2008—2015 年通用航空安全风险指数与趋势指数分析对比，2015 年，通用航空安全风险指数高于去年同期水平。安全风险趋势指数显示 2015 年通用航空安全风险水平有变差趋势（安全风险趋势指数：单位运行小时安全风险变化率，在运行量增大的情况下，该指数越大，说明安全风险增大趋势越明显，该指数越小，说明安全风险变小趋势越明显）。

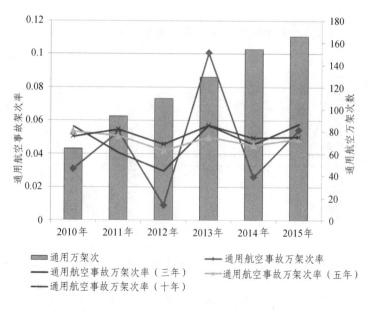

图 2-1　中国民航通用航空事故万架次率分析

13

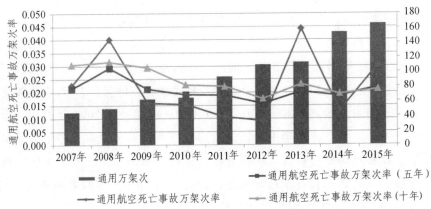

图 2-2　2007—2015 年通用航空死亡事故万架次率

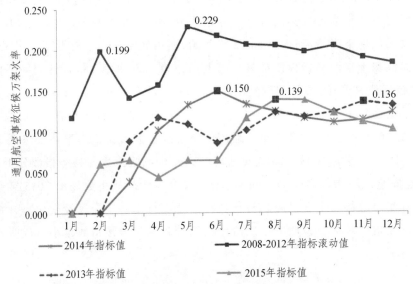

图 2-3　通用航空事故征候万架次率按月累计指标值

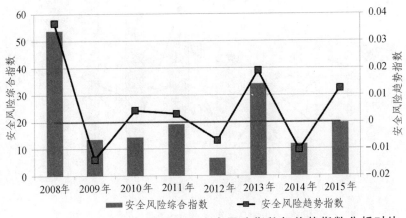

图 2-4　2008—2015 年通用航空安全风险指数与趋势指数分析对比

　　美国目前约有通用航空飞机 22.4 万架，占全美注册民用飞机的 96%，其中活塞式飞机 16.8 万架，自制飞机 19 817 架。全球 25 383 架涡轮通用航空飞机中，美国占了 66.8%，达

16 965 架，而截至 2015 年底，我国通用航空机队在册总数为 2 127 架，年飞行小时 77.93 万小时，美国拥有的通用航空飞机总数是我国民航通用航空飞机总数的 300 倍，年飞行小时是我国民航通用航空年飞行小时的 100 倍。在美国，近 60% 的通用航空飞机为私人拥有，其中约有 2.5 万架飞机由个人从事商业飞行，1.5 万家企业使用通用航空飞机从事企业自身的公务飞行，另外约有 8 万架通用航空飞机从事社会公益性质的非经营性活动。2016 年，我国在《国务院办公厅关于促进通用航空业发展的指导意见》中提出了"到 2020 年，建成 500 个以上通用机场，通用航空器达到 5 000 架以上，年飞行量 200 万小时以上，初步形成安全、有序、协调的发展格局"的发展目标，意味着我国通用航空发展的春天即将到来。

美国国家安全委员会（National Transportation Safety Board，NTSB，1985）在经过统计分析后发现：84% ~ 90.6% 的通用航空事故的原因都是由于飞行员的一系列失误所造成的。如果按发生的频率为序，可将飞行员的失误排列如下：

（1）失去对方向的控制，即失定向。

（2）判断失误。

（3）不能保持适宜的空速。

（4）飞行前的计划和决策质量不高。

（5）未能保持超障余度。

（6）人为原因的失速。

（7）对侧风的处置不当。

（8）质量低劣的飞行计划和决策。

## 二、全球商用喷气运输机飞行安全概况

### 1. 全球商用喷气运输机每年事故死亡人数

图 2-5 显示，全球商用喷气运输机的事故率逐年下降，事故率持续保持在一个较低的水平。

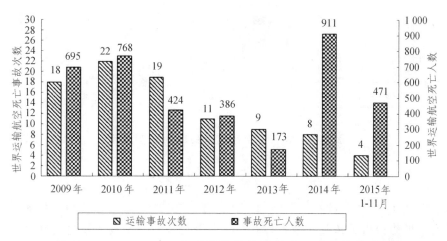

图 2-5　2009—2015 年世界民航运输航空死亡事故统计图

15

## 2. 全球商用喷气运输机各飞行阶段的飞行事故率

起飞与初始爬升、五边进近与初始着陆阶段是事故的高发阶段，而它们在整个飞行中所占的时间却分别只有 2.0% 和 4.0%（见图 2-6）。

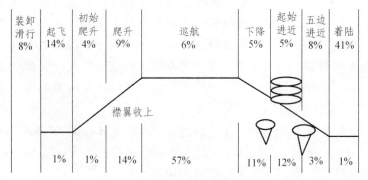

图 2-6　飞行各阶段的事故率

## 3. 全球商用喷气运输机事故的主要原因

从图 2-7 中可以看到，自 1959 年以来，由于飞行机组的原因诱发的飞行事故总数为 319 次，占所有飞行事故的 73.7%。从 1984—1994 年 6 月的 10 年期间，因飞行机组原因造成的飞行事故总数为 89 次，占所有飞行事故总数的 70.1%。如果加上机务维护和 ATC 的因素，1959 年以来发生的人为事故次数为 351 次，占所有飞行事故的 80.4%。1984—1994 年发生的人为事故次数为 103 次，占所有飞行事故的 81%。

| 主要因素 | 事故数量 | | 已知事故总数的百分比 |
|---|---|---|---|
| | 总计 | 过去10年 | 10　20　30　40　50　60　70 |
| 飞行机组 | 319 | 89 | 73.7 / 70.1 |
| 飞机 | 47 | 16 | 10.8 / 12.6 |
| 维护 | 13 | 8 | 3.0 / 6.3 |
| 气象 | 20 | 3 | 4.6 / 2.4 |
| 机场或ATC | 19 | 6 | 4.4 / 4.7 |
| 其他原因 | 15 | 5 | 3.5 / 3.9 |
| 已知原因事故总数 | 433 | 127 | 不包括：·颠覆活动 ·军事活动 |
| 待报告原因的事故 | 87 | 51 | 时间范围：■ 1959~1994　□ 1984~1994 |
| 总计 | 520 | 178 | |

图 2-7　全球商用喷气机失事的主要原因

## 4. 未来商用喷气机飞行安全的局势

根据 1985—1994 年全球商用喷气机的事故率，苏珊（Susan，1994）对未来的商用喷气机飞行安全局势做出了预测。她指出：虽然目前的飞行安全局势较过去已有所好转，是民用航空史上最安全的年代，但如果不继续加以改善，照现有的事故率发展下去，到 2010

年时，每周将有一架喷气运输机失事，虽然现在已经过了 2010 年，但这一趋势性的规律仍然没有改变。此外，ICAO 的研究资料亦显示，随着航空器可靠性的提高，人的可靠性的改变不会得到很快地改善，人的失误有逐年增高的趋势，如图 2-8 和图 2-9 所示。

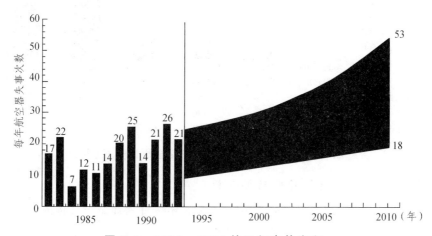

图 2-8　1985—1994 的飞行事故率和
1995—2010 营运架次增长率所作的回归分析图

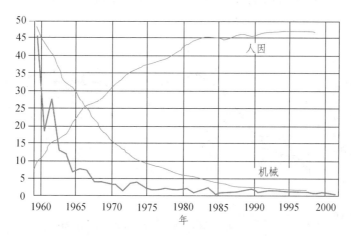

*人因事故率呈上升趋势，机械事故率呈下降趋势

图 2-9　人因事故和机械事故率的发展趋势

## 三、中国民航总体安全状况

### 1. 运输航空安全周期分析

图 2-10 显示的是近年中国民航运输航空安全周期情况，说明我国民航的总体安全形势良好。从图中可以看到，从 2010 年 8 月 25 日至 2015 年 12 月 31 日，中国民航运输航空已经安全飞行 1 954 天，3 672 万飞行小时，1 628 万飞行架次，虽然安全周期天数处于第二位，但安全周期飞行小时数和飞行架次数排名处于第一位。

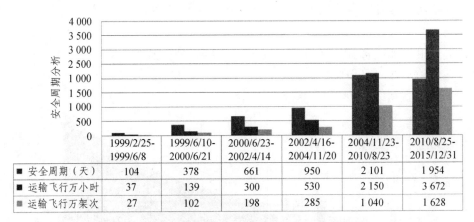

| | 1999/2/25-<br>1999/6/8 | 1999/6/10-<br>2000/6/21 | 2000/6/23-<br>2002/4/14 | 2002/4/16-<br>2004/11/20 | 2004/11/23-<br>2010/8/23 | 2010/8/25-<br>2015/12/31 |
|---|---|---|---|---|---|---|
| ■ 安全周期（天） | 104 | 378 | 661 | 950 | 2 101 | 1 954 |
| ■ 运输飞行万小时 | 37 | 139 | 300 | 530 | 2 150 | 3 672 |
| ■ 运输飞行万架次 | 27 | 102 | 198 | 285 | 1 040 | 1 628 |

**图 2-10 中国民航运输航空安全周期分析图**

**2．运输航空事故征候万时率指标分析**

图 2-11 所示是中国民航运输航空 2008—2015 年按月累计事故征候万时率。从图中可以看到，运输航空事故征候万时率均保持 0.4 左右，5 月、10 月、11 月的事故征候万时率相对较高，这一安全指标在国际上处于先进水平。2015 年运输航空事故征候万时率指标值峰值出现在 11 月，达到 0.438，略高于 2014 年最高值 0.442 和 2013 年最高值 0.434。

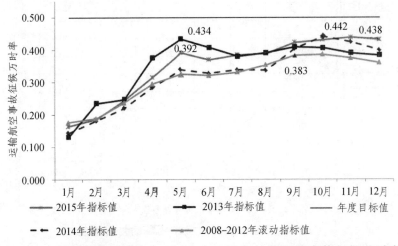

**图 2-11 中国民航运输航空 2008—2015 年按月累计事故征候万时率**

**3．2008—2015 年严重事故征候按原因分析**

图 2-12 是我国运输航空 2008—2015 年严重事故征候按原因累积分析图。从图中可看出，2008—2015 年发生的严重事故征候共 95 起，排名前四位的是：

- 机组原因导致的冲出/偏出跑道 17 起；
- 天气意外原因导致的空中颠簸 9 起；
- 机械原因导致的失压/紧急下降 9 起；
- 机组原因导致的擦尾/擦发动机/擦翼尖/擦机腹 8 起。

18

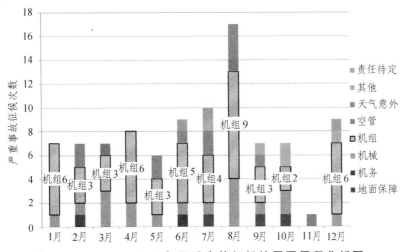

图 2-12　2008—2015 年严重事故征候按原因累积分析图

## 四、全球飞行安全局势总结

综观以上通用航空和商用喷气机事故的统计资料，我们可以对目前的民用航空安全局势总结如下：

（1）人的因素是当今民用航空飞行事故的主要原因，占所有飞行事故的 80%～90%。在过去的岁月里，人们较多地注意了对飞行器本身的研究，在一定程度上使由机械原因引起的飞行事故率相对下降，而对于航空系统中的主体——飞行员的"性能"，它的优势与局限却研究其少，忽视了对人自身质量的改善。在前一章中，我们已经谈到，处于 SHEL 模型中心的飞行员是航空系统中最有价值，同时也是最易变化、最不可靠的因素。以上统计资料表明，人们已为忽视人的因素付出了惨重的代价。在事实面前，目前人们达成的一致认识是：航空器的进步并不能取代人在飞行活动中的主导地位，无论航空器多么先进，它都必须由高质量的人去操纵和管理。

（2）从飞行各阶段来看，起飞与进近着陆阶段仍然是事故的高发阶段。其原因是异常复杂的，但常见的原因则主要是飞行员的判断错误、时间压力、疲劳、气象条件突变、缺乏处境意识等。道格拉斯（Douglass，1989）曾把起飞、着陆过程中，以跑道为中心，从地面至 2 000 ft 的高度空间称为"安全窗口"（Safety Window），这是不无道理的（见图 2-13）。

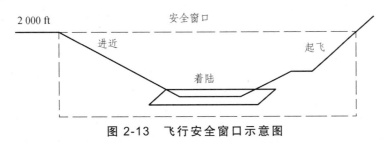

图 2-13　飞行安全窗口示意图

（3）目前的民用航空安全局势较过去 10 年有所好转，且保持在相对稳定的水平。但如果不对现状加以改善，随着未来营运架次的增多，每周将有一架喷气机失事，而改善目前飞行安全局势的最有效途径便是提高飞行员的素质，减少人的失误。目前，美国 NTSB 已运用收集到的飞行事故数据，得出了以下结论，这些结论对于每一个飞行员都是有启迪作用的。以下飞行员易于发生飞行事故：

① 35～39 岁年龄段的飞行员；

② 总飞行小时在 100～500 h 的飞行员；

③ 单座机飞行员；

④ 目视边际气象条件下飞行的飞行员。

对以上现象的可能解释是：第一、二类飞行员易于产生骄傲自大的情绪。他们既不同于初学飞行的学员，知道自己的飞行经验有限，凡事小心谨慎；也不同于经验丰富的飞行员，可以凭借自己丰富的经验和见多识广，飞行时显得不骄不躁、小心仔细，即便遇上紧急情况也能转危为安。上述两类飞行员的自信心往往超过自己的能力，但第一类与第二类飞行员的心理状态却不完全相同，第一类飞行员具有一定的飞行经验，而第二类飞行员则飞行经验十分有限，显得更为"盲目"自信。他们的共同特点是带有较强的冒险倾向。第三类飞行员多见于通用机飞行，主要与人员设计余度有关。在单座机中，一旦发生意外情况则完全靠飞行员一人处置，与双座或多座机相比，其人员设计的安全余度便较小。第四类飞行员与仪表飞行技术有关。在已发生的飞行事故中，有许多起都是因气象条件超出了飞行员的天气标准，而飞行员继续飞行造成的。

# 第二节　为什么人为事故会发生——人的错误分析

既然人的失误是当前民用航空飞行事故的首要因素，那么为什么会有这么高的人为飞行事故呢？这就需要我们透过人为事故的现象寻找其本质的原因，即人的错误。很显然，每一个飞行员在某次飞行事故或事件中都并不是故意犯错误，而是他在特定的情境中由于受一种或多种因素的影响以及人固有的功能局限而导致其出错的。对人的错误的性质、类型和来源的分析，有助于读者更为深刻、全面地理解人为飞行事故的原因。

## 一、人的错误的性质

早在两千多年前，罗马演说家西塞罗就曾指出：人都有犯错误的倾向，错误是人类行为的必然组成部分。这似乎是对人类自尊的沉重打击，使人们难以接受这一观点。但在频繁的人类失误面前，在一些敏感工业领域里，人们却不得不接受这一观点。譬如，1979年发生在美国三英里岛（Three-mile Island）的原子能工厂事件，已经说明了原子核工业中人的错误给人类带来的巨大灾难。但事隔不久（1986），类似的灾难又在苏联的切尔诺贝利重演。在民用航空领域里，虽然伊斯坦堡会议所作出的总结已经为民用航空中的人为事故敲响了警钟，但特纳利夫岛事故还是发生了。它们都来源于人的错误，都是由于在特定的工作环境中人的失误造成的，说明有关人员在警钟敲响之后仍然没有采取有效的措施。读者可以反省，是否自己没有犯过错误？可以认为，即便是一个经验非常丰富的机长，在每天 6 ~ 8 个小时的飞行中也难免没有错误。这些事实说明，人都有犯错误的倾向，错误是人类行为的必然组成部分。

在建立了"人犯错误是寻常事"这样一种观念后，人们也许会问：人犯错误的频率是多大？错误频率是多少才算是正常的？人类操作者的可靠程度怎样？就人类总体而言，已有的研究表明：在简单重复性任务的操纵过程中，人犯错误的频率为 1/100 ~ 1/1 000。这意味着在简单重复性操作任务中每 100 次至 1 000 次操作中有一次错误都应算是正常的。上述数据可以认为是人类的平均错误频率，也可以认为这是人类固有的错误倾向。很显然，即便是这样的错误频率，在民用航空领域里也是无法接受的。人类操作者的可靠性必须加以改善才能确保飞行安全。进一步的研究表明，在一定条件下，经过程序性的练习可使人类操作者的可靠性得到改善，使人类在简单重复性操作中的错误频率降低到 1/1 000 ~ 1/10 000。基于以上事实的认识，人的因素专家和民航界的一些有识之士认为：人的失误是难免的，但通过对人的错误的性质、类型和来源进行识别，便可以采取有效的措施加以预防、减少人的错误。这显然是对待人的错误的一种积极的观点。

目前，人的因素专家已从众多的人类失误中识别出人的错误的 3 个基本性质：

### 1. 人的错误具有很大的个体差异

由于不同的人具有不同的遗传品质、生活环境与生活经历，因而在特定的工作环境中便有不同的错误频率。在公路交通领域里，人们常把经常出错的驾驶员称为"常肇事者"。在人的因素的历史上，也有人曾经提出过"事故倾向者"的概念（Greenwood，1964）。意指在同等紧急的情况下，有的人比另一些人具有更高的事故发生率。而导致事故倾向的先天品质则被定义为事故倾向性品质。这些事实表明，人与人之间在错误的发生频率上具有很大的个体差异。而造成这一差异的原因目前也有两种解释：一种解释是，"事故倾向者"的"事故倾向性品质"是与生俱来的，如有的人虽然反应敏捷，反应速度快，但却粗心、错误率高；另一种人反应速度一般，但却仔细、谨慎、错误率低。另一种解释是，"事故倾向者"的"事故倾向性品质"是个体在后天的特定生活环境中习得的，是个体在成长过程中不良的生活习惯造成的。譬如，有的人生来并不是一个粗心大意的人，但由于特定的生活环境和生活经历，从而铸造了他粗心大意、错误率高的不良品质。上述两种观点的争论涉及遗传与环境、教育在人的发展过程中谁是最终的决定因素的问题。我们则更多地倾向于赞同"遗传与环境、教育"共同起作用的观点，即某个人的心理品质是以遗传为基础，在后天的环境和教育的影响下形成的。它提示我们：一方面必须加强飞行人员的心理选拔及时淘汰那些具有"事故倾向品质"的人；另一方面，必须教育飞行人员在平时的生活和学习中就应注意塑造自己良好的行为习惯，并对具有"事故倾向品质"的人员进行有针对性的教育和训练。

### 2. 相同的错误其原因可能有着本质的不同

譬如，某一个飞行员在一段时间里，可能会比其他时间犯更多类似的错误，其原因既可能是由于他在这一段时间里正处于较高的应激状态中（如家庭纠纷、人际关系紧张等），也可能是他的工作动机发生了变化，或者由于疲劳、健康等问题所引起。对于不同的飞行员来说，同样是目测偏高的错误，既可能是由于飞行经验的不足，也可能是粗心大意所致。由此可见，对于飞行员错误的分析，应该放在具体的情境中去考虑。

3. 类似的错误可能引起不同的后果

譬如，刚开始下降高度时的顶杆力度错误与接地

前的顶杆力度错误属同一类型的错误，但引起的后果就截然不同。前者有机会修正，而后者则很难修正，引起事故的可能性便要大得多。再如，在安全窗口之内发生的判断错误与在此之外发生的判断错误所引起的后果也会不同。可见，类似的错误在不同的情境中可引起不同的后果。它对我们的启示是：飞行员必须具有很强的处境意识。

## 二、人的错误的来源

对飞行中人的错误的来源进行分析，我们可以从两方面入手，一是根据 SHEL 模型中与人构成界面的 4 个要素来探讨当人与其中一个或多个界面不相容时，是如何引起人的错误的。每一个界面都可视为人的错误的发源点。第二个方面是根据模型中心人的信息加工过程，来分析人本身可能存在的局限，人的信息加工的每一个环节也都是人类错误的土壤。

（一）SHEL 模型周缘 4 个要素与人的错误

1. 人-硬件（L-H）界面

这是人的错误最常见的发源地。如果机载设备的设计和制造不符合人的生理和心理特点或者缺乏对意外情况的考虑，就容易诱发人的错误。譬如，老式的三指针高度表是人类航空史上设备设计不良，从而诱发人的错误的一个范例（见图 2-14）。在 20 世纪 40 年代，人们发现：在装备有三指针高度表的飞机上，经常发生撞地事故。以后经过研究发现，飞行员对三指针高度表的误读值可高达 10 000 ft 以上（Grether，1948）。其主要原因在于：由于指针多，飞行员判断高度时必须对 3 个指针的读数加以综合后才能得出高度值，在时间紧迫、疲劳等情况下，飞行员便容易把指针看错。后来人们将三指针高度表改为计数器式的单指针高度表，从而减小了飞行员判断高度的工作负荷，高度误读倾向得到了很大的改善。再如 1994 年发生在西安的 TY-154 空难，其直接原因是维护人员将方向舵和副翼的舵机插头（Ⅲ7、Ⅲ8）插错。但从人的因素角度考虑，设计者便应该考虑到万一错插时的安全保护问题，即两个插头在大小、形状上应有所区别，特定的插头只能插进特定的孔。然而设计者在设计时却没有考虑到错插安全保护问题，导致维护人员在粗心大意的情况下将这两个插头插错。作为飞行人员，应该非常熟悉自己所飞机型的硬件及其设计原理，并对它的优点和缺陷作出合理、客观的评价，只有这样才能真正做到良好的驾驶舱资源管理，使自己的座舱资源管理能力得到提高。

图 2-14　老式三指针高度表

## 2. 人-软件（L-S）界面

驾驶舱软件包括飞行手册、检查单、飞行程序、计算机程序、信息显示等非物理性信息。这一界面若匹配不良时，也可能诱发飞行员的错误。例如，如果提供给飞行员的检查单的顺序排列不当，可能会延长飞行员查找重要信息的速度。倘若应急检查单上遗漏了重要信息，那么，飞行员就可能对突如其来的特殊情况束手无策，甚至出现错误的操纵。前面提到的 TY-154 空难中，当飞机出现严重飘摆时，机长下口令"快速检查单"，而回答是"没有这一内容"。于是机长转而向地面求助，又忙乱地查找飞行手册。整整折腾了 9 分多钟，贻误了改出飘摆的时机，最终导致飞机过载（超过设计极限），空中解体。此外，我国民航局考察组在俄罗斯考察了几个 TY-154 模拟训练中心后发现：该模拟机是固定在地板上的，不具备训练飘摆的能力，训练大纲也没有这一内容。由此可见，不合理的软件设计是诱发人的错误的重要来源。也正是因为这一原因，目前世界各国负责制定飞行程序、手册、检查单的专家们都非常关注自己现有程序、条例等软件资料存在的局限，以期使它日趋完善。但是，人-软件界面的问题通常不及人-硬件界面的问题那样具体和可直接观察，比较而言，它更难解决。现代座舱的自动化程度越来越高，飞行员的任务已由原来的直接操纵飞机为主逐渐改变为以监控信息为主，他的一个非常重要的任务便是对软件的利用和管理。有的初学飞行的人诙谐地把具有现代座舱的飞机比喻为"傻瓜"飞机。而事实却并非如此，这类飞机对飞行员的要求更高，驾驶起来更难。过去，飞行员自己操纵着飞机，对飞行的动态发展过程心里一清二楚。而现在，飞行员把操纵交给了自动驾驶仪，当意外情况出现时，他便可能根本不知道事态的起因和后果，不能及时接替操纵。因此，怎样将驾驶舱的工作负荷在人与机器之间进行合理的分配，这是设计者不得不考虑的人-软件界面问题。作为飞行员，如果不懂得一些人-软件界面的知识，就很可能真的像"傻瓜"一样去驾驶"傻瓜"飞机。

## 3. 人-环境界面

这是航空系统中最早被人们认识到的一个界面，也是诱发飞行员错误的常见来源。座舱噪声、温度、振动、湿度、高空低气压以及迅速的时区变换和轮班制作业等都是与人-环境界面有关的问题。在一定的条件下也会增加人犯错误的概率。譬如，气压性耳塞是几乎每一个飞行员都将遇到的问题。它不但会使飞行员感到明显的耳压感，同时还会使他们的听力减退以及注意力分散。由于这种现象常发生于进近着陆阶段，因而对飞行安全的影响较大。再如，噪声问题虽然在一些大型客机上已得到了较好的解决，其强度一般不会超过 85 dB，但是一些通用机型飞机（如运五、运七、直升机等）座舱内的噪声强度却仍然很大。经测定，螺旋桨飞机和直升机在地面发动时的舱内噪声便可高达 110～119 dB。很显然，在这样的噪声背景下工作，无疑会使飞行员出错的概率增加。

## 4. 人-人界面

在民用航空活动中，人-人界面是最微妙，也是最重要的一个界面，主要指飞行员与机组成员之间，机组与 ATC 之间构成的界面。这一界面的缺陷可带来灾难性的后果，其主要原因在于，现代的民航飞行活动都是以机组的概念进行工作，以机组的形式发挥作用的。

如果机组成员间出现裂痕或者机组与 ATC 之间出现误解，就会诱发人的错误。正如我们在全球商用喷气机飞行安全局势的分析中所指出的那样，70% 以上的飞行事故都是由于机组的原因造成的，而其中的一个主要原因便是机组协调与配合，个体间交流等人-人界面问题。下面，我们仅以几个事例来说明该界面不相容时可能产生的一些后果。

（1）"驾驶舱职权梯度"（Trans-Cockpit Authority Gradient，TCAG）概念是爱德华于1975 年提出来的，意指在匹配机组成员时，既不能将技术、资历、职位很高的机长与年轻、胆小的副驾驶匹配在一起（梯度过于陡峭），也不能将两个技术、职位、资历相当的飞行员匹配在一起（梯度过于平坦）。主要原因在于：过于陡峭的搭配，副驾驶可能因慑服于机长的威望不敢提出自己的主张，起不到交互监视和检查的目的，在机长判断、操纵失误或失能时就会危及飞行安全。而过于平坦的搭配，则不利于机长的决断，有可能造成相互挑剔，逆反心理或反其道而行之等局面（见图 2-15）。譬如，1979 年一架支线运输机在美国失事，其主要原因便是身为公司副总裁且性格粗暴的机长突然失能，而副驾驶是一名新上岗的飞行员，正处于见习期，年轻的副驾驶因慑服于机长的威望，没有及时接替操纵，最终导致飞机坠毁。另外，英国民航局在 1983 年曾对 249 名航线飞行员进行过调查，结果表明：大约 40% 的副驾驶都认为自己很难有机会与机长交流他们对飞行操纵的合理看法。原因是为了避免冲突，慑服于机长的威望和经验以及利害关系。驾驶舱职权梯度过于平坦引起的飞行事故可以 1982 年发生于美国华盛顿的 B-737 事故为例。该机组的机长与副驾驶都是经验丰富的机长，是因任务的需要而临时搭配在一起的。在穿云之后，由于云底高度过低，机长未能找着跑道；复飞之后再次穿云，仍未对准跑道；再复飞后，机长决定改飞备降机场，但此时副驾驶却提出：让他来试一次，碍于情面和对副驾驶飞行职位、经验的考虑，机长同意他试一次。于是副驾驶操纵飞机下降，穿云后发现飞机未对准跑道，但为了保全自己的脸面，便强行着陆，最后飞机冲出跑道撞毁。

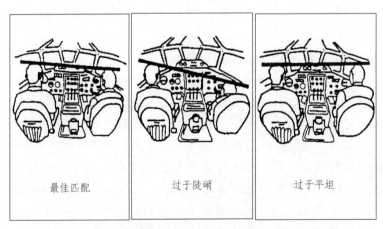

最佳匹配　　　　　　　　过于陡峭　　　　　　　　过于平坦

**图 2-15　驾驶舱职权梯度**（引自 Edwards，1975）

以上事例说明：不合理的驾驶舱职权梯度产生了微妙的社会心理效应，干扰了机组的正常心理交流。那么，什么是合理的职权梯度呢？爱德华指出：这一梯度的合理匹配应该是机长在职位、技术、经验以及资历等方面稍高于副驾驶，但不能过于平坦和过于陡峭。这样的匹配才有利于机长在必要时的决断，副驾驶也不致过分慑服于机长的威望而不敢质疑，真正地起到交互监视、机长助手和机长备份的作用。

（2）机组通话中的标准语言表达方式与非语言交流问题，用以下两个例子加以说明。

**例 2-1** 1990 年 2 月，英国飞虎航空公司的一架波音 747 货机在马来西亚首都吉隆坡机场进近过程中，因高度过低，场外接地而造成机毁人亡的重大事故。

事后查明：机组在飞行前准备不充分。当时吉隆坡机场正进行大规模施工，有关的航行通告繁多，机组未注意到有条跑道的 ILS（仪表着陆系统）不工作这一通告。当该机进近过程中被告知时，临时匆忙地改为 NDB（归航台，无方向性信标）进近，缺乏对高度和方位的精确判断，加之盲目听从塔台模棱两可的指令下降高度，在撞击障碍物十几秒钟之前，又没有对机载近地警告系统的话音警告作出反应。事故调查发现：引起该次飞行事故的直接原因在通话语言的非标准表达方式上。该机场塔台管制员一直使用非标准的通话给机组发口令。塔台下的最后一次许可指令是"to/two four zero zero"。管制员下此口令的目的是："descend two four zero zero"（下降到 2 400 ft）；而机组理解为"descend to four zero zero"（下降到 400 ft）。于是，该机就下降高度，结果在下降到 437 ft 高度时，撞在一座山脊上。

按国际民航组织关于通话用语的标准，高度数据中的千位、百位整数后面应分别跟上千（thousand）和百（hundred）一词。因此，吉隆坡管制员应该发出的口令为："descend to two thousand four hundred"（下降至 2 400 ft）。另外，他省略了"to"一词，"to"与"two"读音相似，很易使听者产生错觉，误解其意。并且当飞行员将口令复述为："OK，four zero zero"（好的，400 ft），又未及时纠正。这是机组与 ATC 界面不相容引起错误的一个范例。

**例 2-2** 一架双驾驶员客机，起飞时因侧风太大，机长一直掌握着油门，当接近离地速度、他准备双手拉杆时，向副驾驶做了一个手势，意思是让他接替掌握油门，可副驾驶以已有的经验，把手势理解为是叫他收起落架，于是不假思索地执行收起落架的动作。幸亏机长感到飞机突然下沉，及时地把飞机拉了起来，才没有造成严重事故。这一事例说明，座舱里的不正规的身体语言，易于诱发机组的错误。

（3）驾驶舱冲突的解决：驾驶舱冲突的产生往往具有积极和消极两方面的效应。积极的效应是：它往往导致问题的产生，提高机组的处境意识，如能得到及时、妥善的解决，有利于保证飞行安全；消极的一面是：容易渗入个人感情，在需要决断时难以及时决断，贻误决策的时机，这就有可能导致人的错误，不利于保障飞行安全。譬如，1993 年大韩航空公司在日本发生的事故就是一个明显的例子。飞机在着陆过程中，由于气象原因，在穿云后飞机未能对准跑道，机组便发生冲突（意见不一致）。机长认为可以落地，但副驾驶却认为不能，要求复飞，冲突未能得到及时、有效的解决，机长带着情绪继续操纵飞机落地，导致飞机在未进入跑道前触地，发生事故。此例给人们的启示在于：解决驾驶舱冲突的明智做法是：尽可能减少个人感情因素的参与，"什么"是正确的要比"谁"是正确的更为重要。

## （二）SHEL 模型中心人本身的局限

现代认知心理学用信息加工的观点和方法来描述人的认知过程。图 2-16 便是一个简化了的人类信息加工模型。据此，我们可以依次对人的错误进行分析。

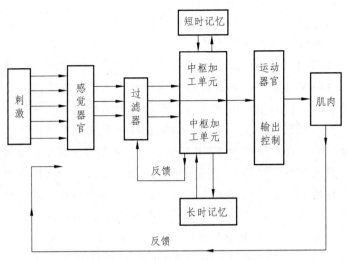

图 2-16　人的信息加工过程模型

### 1. 感　觉

人类具有一个庞大的接收信息的系统。在这个系统中，不同的感觉器官觉察特定形式和特定能量的信息，它们对不同的信息具有特异的选择性。并且，人与人之间在感受性上存在着个体差异，即便是同一个人在不同的时间内，其感受性也会有所不同。对于同一个人来说，由于在不同的时间和环境中，各种因素（如疲劳、药物、情绪状态等）都会使一个人的感受性发生变化，这便意味着，人类的感觉器官不可能觉察到所有重要的信息。一个典型的事例是人类的前庭器官，由于它的结构的特殊性，使它只能感知到重力和加速度力的合力，而不能感知组成合力的分力大小和方向，只能感知加速度而不能感知匀速运动。正是由于这一原因，飞行员和乘客在匀速飞行的客机上的感觉与坐在办公室里的感觉没有多大的区别。对于人类的视觉器官来说，迅速的明、暗环境的交替，也会使它经历一个明适应和暗适应的过程，使人的视力在这段时间里受到限制。

### 2. 知　觉

一旦信息被人所觉察到，它便沿着不同的神经通路传递到大脑，并在这里进行加工。因此，我们一般把对感觉信息的性质、意义予以解释、命名的过程称之为知觉。而人类的这种解释活动却正是滋生错误的土壤。20世纪初，格式塔心理学派在对人类知觉进行了大量研究的基础上，提出了知觉的格式塔定律。这些定律揭示出了事物要素的结构或组织分布影响着人们知觉事物的方式，将知觉对象与背景进行分离则是人类知觉的基础。这意味着人类对知觉对象的解释，往往取决于情境。脱离情境的解释，就易于使人出错。譬如，当 TB-20 飞机的警告喇叭在飞行中响起时，就可能有 3 种解释：一是失速；二是全襟翼后起落架未放；三是飞机洁净外形，油门慢车。此时，飞行员只能根据当时的具体情境方能做出正确的知觉解释，否则就可能产生错误的解释，导致盲目的操纵，危及飞行安全。

人类的知觉除与特定的情境有关外，还与知觉者的经验和习惯有关，经验和习惯对人类来说，既可以是一笔宝贵的财富，但在某些情况下却有可能使人误入歧途。从积极的方面来说，丰富的经验可以熟练操作，减轻工作负荷。从消极的方面来看，在条件已经发生

26

了变化，过去经验和习惯已不适合当前的情境时，如果操作者仍按旧有的经验和习惯的行为方式去应付，就有可能导致错误。譬如，在飞行训练和模拟训练中所要求的标准操作程序（SOPS）练习，其目的就是建立习惯化的行为图式，利用某架飞机上的标准设备和程序进行练习所形成的操作习惯，可迁移到与此相似的另一架飞机上去。这种练习设计的基本思想是，标准操作程序的练习可避免每个人在其工作实践中进行繁复的工作设计和尝试错误，能够使学习者在短时间内吸取人们以往长期积累的经验，形成程序化的思维和动作方式。可见，这种训练方法具有很高的实用价值，它不但有助于减少学习者的混乱和降低训练耗费，而且它还有助于学员在日常的操作任务中投入较少的注意智源与意志努力，留出更多的精力和时间去完成其他活动。但是，经验与习惯并不总是对操作者有益。一旦某种行为图式得以建立，便很难抛弃或忘掉，即便在已不适用的情况下，人们仍可能按惯常的行动方式去应付它。有许多飞行错误或事故都是由这一原因造成的。譬如，飞行员在原来的飞机上形成了适合这种飞机的操作程序，但随着机型的变化，仪表和控制器也随之发生了变化，而飞行员却仍按原有的知觉习惯和相应的动作去操纵飞机，这当然就会发生错误了，这种现象被称为飞行员行为倒转，它有可能导致机毁人亡的后果（Rolfe，1972）。有两种情境特别容易使飞行员发生行为倒转：第一，当飞行员对特定任务的注意涣散时；第二，飞行员处于应激情境中时。行为倒转的一个重要特征是：原来形成的经验或行为习惯许久没有自动出现了，而飞行员对这种潜伏在表面现象下的危险又没有清楚地意识到，他们不知道原有的习惯虽然在表面上消失，但在特定的情境中仍会出现。

与知觉错误相关联的另一种心理现象是人类的期望。在某些情况下飞行员的知觉是在模棱两可或信息量不足的基础上形成的。此时，飞行员便可能会在不知不觉的状态下填补上他们自认为缺少的信息，或按自认为合理的方式去解释模棱两可的信息。正如霍金斯所指出的那样：我们通常是听见我们想听到的声音，看见我们想看见的事物。期望效应在民用航空中所诱发的事故已有很多。特纳利夫岛事故就是一个很好的例子。无线电通话中的错误和对可疑视觉信息的错误解释，实际上可作为霍金斯观点的佐证。譬如，在某次飞行事故中飞行员在偏航后发现能见度与 ATC 报告的气象条件不吻合，此时他对这一信息便有两种可能的解释，一是 ATC 预报错误，二是自己偏离航线。但该飞行员却由于受期望效应的影响，把责任推给 ATC，嘴里嘀咕一声"什么 OK 天气"（ATC 报告天气），接着继续往前飞行，期望飞行一段后天气会好转，然而等待他的却是迎面一座无法飞越的大山。

3. 决　策

在对信息的含义进行粗略识别后，无论这种识别正确与否，信息加工的进程都会由知觉过渡到决策；人的错误在这一阶段会再次滋生出来。譬如，在对刺激作出应答性行为之前，决策者往往要对许多因素予以权衡。在权衡过程中就有可能过分地或不恰当地排除掉较多的相关因素。带有情绪性的或功利心的思考将会影响一个人的决策，使他的决策发生混乱。其他的诸如疲劳、药物、动机等导致的生理、心理上的失调，也会影响一个人的决策过程，最终导致错误的决定。

在决策阶段，导致人类错误的一个非常重要的诱因是虚无假设和错误推论。这类错误已经诱发了不计其数的飞行事故。譬如，有关条例规定：民航飞行员在没有接到 ATC 的许可前不允许擅自起飞或着陆。但在航空公司的飞行记录中却仍可查到许多未经许可便起飞的事例。在这些事例中，很少是由于飞行员故意要违反条例，绝大多数情况下都是由于一系列内外因素（急于想离场和误解了 ATC 的指令）促成了飞行员作出他已得到起飞许可的错误推论。与此相似，没有飞行员会故意飞错机场着陆，但在每个航空公司的档案记录中却仍可找到这类着陆错误。虚无假设最危险的特点是当事者一旦陷入便常常很难纠正。往往是采取虚无假设或错误推论容易，放弃它却异常困难。处于这种情境的人仿佛是被锁在了里面一样出不来。在日常生活中，我们常常可以看到这样的一种现象：有的人基于自己片面的认识决定采取某种方式方法去完成某事，即便旁观者告诉他这样做是不行的，徒劳无益的，但有时却很难说服当事者，甚至会促使他加倍努力按既定的方式方法去完成他自认为正确的事情。而这种无效行动则正是建立在最初的虚无假设和错误推论的基础上的。飞行中，事故征候或言语警告虽然与飞行员的虚无假设相矛盾，但他仍然有可能坚持初衷，轻易地拒绝这些事实上是正确的信息和劝告，直到事情演变成不可逆转时才醒悟，通常是为时已晚。像这种改变虚无假设所遇到的阻抗现象曾经在许多事故中发现，特别是在引进座舱语音记录器（CVR）后，根据其他机组成员的质疑语言，进一步说明了当事者被虚无假设控制的力量。

根据大量飞行事故的分析，以下几种情境最易使飞行员产生虚无假设：

第一，当一个人的期望过高时，它常发生于某人在长时间经历某一特定事件或情境后。例如，某飞行员长期的飞行经验告诉他：在特定的航路上通过某个位置后，从巡航高度上开始下降通常是安全的。但是，当情境发生了变化，要求他在不常见的迎风中实行无特征区域的夜间着陆时，如果飞行员仍按原有的经验去控制飞机下降，就很可能在飞机接地前撞击障碍物。这类事故就是飞行员根据以往的地速经验进行错误推论的结果。交流，尤其是 ATC 与机组之间的通话，如果期望过高也会发生同样的错误。主要原因在于：ATC 发送的信息通常是以速记语言的形式进行的，再加之这种简略的标准表达方式在一些国家使用时并不标准，甚至是混乱的，如果因传输或接收装置质量低劣而损失掉一部分信息的话，飞行员就很可能倾向于根据过去的经验去补足通信中损失的那一部分信息，这里便潜伏了虚无假设和错误推论的危险。1995 年 12 月 20 日发生在哥伦比亚卡利机场的 B-757 撞击事故便与通话中的错误推论有关。

第二，当飞行员的注意力转向其他方面时。许多飞行事故的调查表明：当机组成员将注意力过分集中在某个问题或某个方面时，他们往往对飞行的其他方面，如飞行高度进行错误的推论。1972 年发生在佛罗里达的飞行事故就是这一现象的典型事例（NTSB—AAR—73—14），而 1992 年在桂林发生的 B-737 飞机撞山事故也与这一现象有关。

第三，当飞行员处于防御心理状态时，处于这种状态的人都希望听到好消息，不愿听到对他们不利的消息，其潜意识目的是为了避免焦虑和回避问题。在这种状态下，当事者有可能在无意识中选择符合自己需要的信息，或者在无意识中修改输入的信息以便满足自己的需要。譬如，急于想返回家园的飞行员在接到家庭所在地机场气象条件变差的通告时，他们就可能以当时飞机所在位置的气象条件去推论目的地机场的气象条件。此外，与飞行员技术等级、行政地位相联系的情绪状态也可能加重飞行员的防御心理。

第四，当飞行员的注意力高度集中后的一段时间里。这是人类在竭尽全力维持注意力集中后所发生的一般反应。此时，飞行员以松懈的态度取代了精神紧张，认为紧张、困难的飞行已经过去。但真实的情况却不一定如此，转危为安的情境有时是飞行员错误假设出来的。上述情况有可能在飞行员飞完一段坏天气或复杂程序后发生，处于这种状态下的飞行员往往将谨慎二字搁置一边，即使在简单的气象条件下，他们也可能停错跑道。

第五，当飞行员的动作记忆出现问题时，也有可能产生虚无假设和错误推论。譬如，当飞行员已经采取一个动作，如按错了一个开关，接着又去按正确的开关，此时他就有可能产生错误假设。坚信他已按对了开关，而不考虑自己曾经按错了开关。伊丽诺斯飞行事故中，直接原因是飞行员关错了工作正常的发电机，但机组直到飞行事故发生时也未觉察到自己关错了发电机，这显然与飞行员的虚无假设和错误推论有关。

### 4. 注　意

从输入信息到加工信息、直至对信息的提取和输出，注意都始终伴随着人类的认知过程。它犹如一种背景，对信息起着选择和分配意识的作用。虽然人类感觉信息的通道非常多，但注意却具有单通道的性质。虽然来自进近灯、高度表、空速表以及 ATC 的信息可以被飞行员感知到，但这都是注意单通道在不同的输入之间分时工作的结果。这种瓶颈口式的结构是整个信息加工系统的一道屏障（Broadbent，1958；Poulton，1971）。主要的原因便在于人类注意容量的有限性。按认知心理学的观点来说，这种有限性来源于人类智源的有限性和资源的有限性，如果同一时间里输入了太多的信息，人的思维就可能处于混沌状态（Kohneman，1973）。注意容量的局限性是导致飞行员注意分配和转移困难的基础。学员在初学飞行时，由于每一项任务对他来说都较陌生，都需要占据他较多的注意容量，因而常表现出注意分配困难、紧张，"错、忘、漏"现象时有发生。

注意的单通道性质决定了一些信息正在被加工的时候，其他信息便会被暂时搁置在一边，进入极易流失的短时记忆库里，以便等待单通道的开放。当对当前的信息加工完毕，单通道开放时，短时记忆库里的信息才会被提取出来，沿着特定的通路迅速传输到加工单元里。许多因素都可能影响这种短时记忆储存和提取的效率，这个过程也是人类错误的重要来源。着陆过程中忘放起落架的现象就有可能是飞行员准备放起落架，但被其他事件干扰所造成的。

### 5. 行　动

在作出决策后，一定的行为便会被激发或者被抑制。在决策的指导下，使人的肌肉运动指向操作控制或使当前的动作受到抑制，这又是人类错误的另一个发源地。在日常生活中，我们常常可以观察到"答非所问""口是心非"的现象。而在飞行中也有可能出现决策与行动分离的情况，即想的与实际做的并不吻合。如果飞行员疲劳、控制器的设计质量低劣或者新飞机型与原飞机型的控制器相似，但移动方向却不同时，操纵错误就可能出现。

在本书的第五章"人类的信息加工"中，我们将对上述内容做进一步详细介绍。

# 第三节　人的错误的分类及其预防

## 一、人的错误的分类

对人的错误的分类方式很多，常见的有以下几种：

### 1. 设计不良诱发的错误和操作者自身的局限诱发的错误

前已述及，人-硬件或人-软件界面所发生的错误既可能是在设计硬件和软件时没能充分考虑人的特点所引起的，也可能是由于操纵者的局限（如操纵不当）所造成。在DC3飞机的飞行史上曾发生过不计其数的将减速板手柄与起落架手柄搞混淆的事例。其主要原因就是它们在位置上彼此排列得太近，形状上的差异也不大。而操作者的错误则可直接归因于人在反应方面的不良表现。这些表现既可能是飞行员缺乏相应的技能，也可能是动机问题，情绪、疲劳等因素所造成。而更多的情况是，人的错误既有设计方面的原因，也有操作者自身的原因。

### 2. 随机性错误、系统误差以及离散性错误（Random, Systematic and Sporadic Errors）

人的错误的另一种分类方式可用步枪射击在靶上的环数分布情况来描述（见图2-17）。

随机性错误　　　　系统性错误　　　　离散性错误

图 2-17　随机性错误、系统性错误以及离散性错误

随机性错误是指人的错误按随机分布的形式出现，没有任何规律可循。系统误差具有较小的离中趋势，引起这种错误的因素比较局限，通常只有一两个，因而是有规律可循的。离散性错误常表现为在一系列好成绩中或好成绩后偶尔出现一次错误，这种错误也很难预料。如果我们把上述3类错误引入飞行情境，就可以把飞行学员所犯的无规律可循的接地点变异说成是犯了随机性错误，把总是目测低的飞行学员定义为犯了系统性错误，而把那些通常着陆很准确，但偶尔莫名其妙地目测低的飞行学员称为犯了离散性错误。

### 3. 遗漏、添加和替代错误（Omission, Commission and Substitution Errors）

最常见的认知错误是漏掉了一些应该做的事情。如遗漏了检查单上的一些项目，这种现象称为遗漏错误。它有可能同时或相继地诱发其他类型的错误。添加错误是指飞行员做了不应该做的事情。譬如，当宣布飞机因技术原因延迟 1 h 起飞时，机场人员却仍按原离场计划时间通知乘客登机。再有是替代错误，这种错误是在需要的时候采取的行动，但行动本身却出了错。当飞行中发动机出现故障时，飞行员关错发动机的现象便属此类，即飞行员用错误的动作代替了正确的动作。这种错误已导致了许多起灾难。

### 4. 可逆转与不可逆转性错误

从安全的角度考虑，把人的错误划分为可逆性与不可逆性错误，是一种非常实用的分类方法。登山者在没带安全绳的条件下爬山时，如果失手就可能导致一次不可逆转的错误。但如果他带了安全绳，那么同样的失手也就可能变成可逆性错误。在紧急情况下，如果飞行员对放油量发生了计算错误，但在实施放油行动前复查到了，那么放油量错误就可能转化为可逆性错误。如果没有复查到计算错误，就有可能放掉过多的燃油而导致一次不可逆转性错误。事实上，大量的飞行事故调查表明，大多数的飞行事故都不是一次错误酿成的，而是飞行员多次错误串联在一起的结果。

## 二、人的错误的预防措施

对人的错误的来源和类型进行识别的根本目的在于预防它的发生或减小人的错误的后果。虽然我们曾建立了"人都有可能出错"这样的概念，但同时我们也强调了不同的人具有不同的错误率这一观点。这意味着，零错误的期望虽然难以达到，但通过一定的途径，我们仍可降低人的错误的概率，或减小人的错误的后果。为达到这一目的，我们提出以下几条措施。

### （一）减少人的错误的来源

SHEL 模型不仅适用于讨论人的错误的来源和类型，在确定人的错误的对抗措施时也同样适用。

#### 1. 改善模型中心飞行员的质量

要加强以下几方面的工作：

（1）加强飞行人员的心理选拔是提高飞行员队伍总体素质、减少人的错误、节约培训经费和确保飞行安全的必由之路。自第二次世界大战以来，飞行人员的心理选拔已有 70 多年的历史，人们得出的结论是：并非每一个身体健壮的人都能成为好的飞行员，通过心理选拔可以在入校前便淘汰掉那些在心理上不适合飞行的人，从而降低培训的淘汰率，达到节约培训经费、提高人员基础素质的目的。在 20 世纪 80 年代以前，人们较多地注重了对报考人员认知过程和心理运动能力的识别；而 80 年代以后则更为重视对飞行员情绪稳定性、个性品质、态度以及飞行动机等非智力因素的选拔。我国民航近年来逐渐开始重视对飞行人员的心理选拔工作，1995 年在民航总局科教司的领导下，我国南方航空公司、国际航空公司以及飞行学院已陆续从德国引进了三套"飞行员心理选拔系统"，并且这一领域的研究还将继续下去。未来的趋势是"筛选与控制"将处于同等重要的地位。

（2）扎实的航空理论知识是减少人的差错的基础。飞行事故的调查发现，许多错误的产生都是由于飞行员缺乏起码的航空理论知识造成的。譬如，我国民航就曾发生过因飞行员搞不清 QNH（修正海压）与 QFE（场压）的含义而调错高度表导致飞行事故的例子。也有因机组听不懂飞机近地警告中的英文单词"pull up"（拉起来）而险些不放起落架着陆的事件等等。值得一提的是，航空理论知识应该包括有关飞行中人的知识，即《飞行中人的因素》和《驾驶舱资源管理》等知识的学习。人们过去较多地注意了对航空系统中的硬件、软件及环境的认识，但对飞行中的主体——飞行员却了解甚少，这不能不说是飞行员教育的一个失误或缺陷。实际上，人的因素和 CRM 课程的重要性并不亚于领航学和空气动力学（Trollip and Jensen，1991）。对人的科学了解得越多，便越有利于对自己和他人行为的管理，也就越有利于减少人的错误。

（3）飞行训练的质量是减少人的错误的关键和核心环节。飞行职业的一个重要特点是它的技能性。任何理论、知识都需通过飞行训练实践而转化为技能。可以认为，飞行训练是理论学习与航线飞行之间必需的中介环节。但是，飞行训练绝不是一个简单重复的过程，各种训练设施的设置和使用、训练阶段的划分以及各种训练方法、技巧的使用都应该是有科学依据的。譬如，目前世界各国普遍采用的 计算机辅助训练（CBT）、飞行模拟器、飞行模拟机训练设备，其根本目的便是为了体现由简到繁、由易到难，促进迁移的原则。一方面，使飞行学员能逐步掌握飞行技能，节约训练费用，另一方面也可使特情训练在地面以更安全的方式得以实现。作为飞行学员来说，不但应该熟悉飞行训练的全过程，而且也应了解它的科学依据，以便使自己的每一种，甚至每一次参加的训练都具有针对性和目的性。再譬如，针对机组协调与配合概念发展起来的 LOFT 训练（Line-Oriented Flight Training），目前已在全球范围内广泛开展起来，其目的便是为了减少人的错误，可以认为它是人的因素和 CRM 理论在飞行训练实践中的具体运用。这种训练利用飞行模拟机和高保真视景系统来反映整个航线飞行环境。它不但要训练考核单个飞行员的表现，同时也要训练和考核机组在解决特定任务时是否作为一个整体而协同工作。训练的内容包括：识别有可能引起错误的应激情境，学会如何降低错误发生的方法。如果错误已经发生，受训者也应知道怎样才能减小错误的后果。在这样的训练任务中，飞行教员原则上应保持民主的态度，不能在受训者学习时给予指导，更不能在不知不觉中卷入到操作情境中去。LOFT 训练的重要组成部分是分析与自我分析。这些分析一般安排在受训者汇报飞行任务执行情况时，飞行教员在此过程中以主持人的身份出现而不是教员（Lauber，et al.，1983）。最后将训练录像带放映给受训者看，使他们对自己的错误有更为直观、全面的了解。

2. 改善硬件、软件、环境界面与人的相容性

与人构成界面的其他要素就如同人本身一样，其表面都是凹凸不平的，要减少人的错误的发生，最关键的一步便是改善这些界面与人的相容程度。控制器与显示器的设计是人-硬件界面的一个重要方面，必须对它们进行很好的设计以便适合于人的特点。譬如，各种控制器的设计应该采用各种形式的编码，其运动也应符合人的习惯。显示器不仅必须提供信息，而且所提供信息的方式还必须有助于提高人的信息加工效率。

通过改善人-软件界面各要素的性能也能减少人的错误。座舱软件包括航空系统内的非物理因素，如检查单、程序、手册的设计、地图与航图的设计（机场与航路设计等等）。虽然严格遵照标准操作程序可降低人的错误，但标准操作程序本身也不可能尽善尽美、适合于任何条件和情况。因此，标准操作程序仍然具有一定程度的变通性。这样，在严格遵照标准操作程序与变通性之间便形成了尖锐的矛盾，它常使飞行员陷入两难境地，要求飞行员必须对此进行非常缜密的思考和很有技巧性地应用标准操作程序。

对座舱噪声、振动和温度等环境因素的控制目前已获得了很大的进展，从而也就减少了由这些应激源诱发的人的错误。然而，不容忽视的是，上述情况仅适用于大型客机，如波音、空客系列的飞机等。大多数通用或专业飞行的机型以及训练机型的环境因素控制目前仍未达到理想的水平，它仍然是诱发飞行员错误的一个重要来源。这就需要设计者进一步改善这一因素，同时飞行员也应对自己的座舱环境引起重视，运用意志的力量或防噪装置去对抗高强度的噪声。

（二）降低人的错误的后果

"人的错误是人的行为的必然组成部分"，意味着不可能完全杜绝人的错误。然而，即便是 1/10 000 的错误频率，对民用航空来说都将是无法接受的。因此，预防人的错误的另一条途径便是采用余度设计，以便防止人的错误发展到不可逆转的地步。人类在这一途径上的努力大致可归纳为两个方面：

（1）在设计机载设备时应尽可能考虑到即使飞行员发生错误也应使他有机会修正，不至于一次错误便导致灾难。这个概念已在计算机视觉显示系统（VDUS）和导航系统中得到了运用。在这两个系统中，首先在屏幕"便笺"上呈现飞行员已选择的输入，待检查无误后再将这些数据进行联结。因此，这个系统可称之为"选择、检查、联结系统"。它虽然并没有起到降低源发性错误率的作用，但却可以减少人的错误的后果。为防止起落架接地时的意外收上而使用的起落架手柄联锁系统，虽然也不能降低源发性错误率，但却可以确保防止起落架收上而引起的严重后果。也就是说，人的错误行为可由此得到逆转。只要可能，对那些一旦出错就会引起严重后果的系统，应该在设计时考虑设计余度，以便于出错时有修正的可能。

（2）交互监视问题。从动态的角度看，提高交互监视的效率是预防许多错误的一种行之有效的方法。飞行机组和其他重要领域的人员余度设计使交互监视成为可能。但是前面提到的驾驶舱职权梯度问题则会影响交互监视的效果。其影响的严重程度因各航空公司和各个国家的文化背景或氛围而有所差异。当某个机组成员实施监视，对已使用的数据进行询问或对其他成员的表现，决定进行判断、推理时，其监视的效果就取决于被监视者的反应。1976 年，一架波音 727 飞机因进场过高、速度过快和远离跑道头，最后坠毁在 Ketchikan 机场。当时，副驾驶曾对速度过快和高度过高问题提出了劝告，但机长对此置之不理。在该次的事故调查报告中，NTSB 要求机组成员：当坚信他人正在以不安全的方式飞行时，应该进行更有说服力的劝告（NTSB—AAR—76—20）。在 1977 年发生的特纳利夫岛事故中，飞行机械师曾对跑道是否畅通提出过质疑，但机长却未引起高度重视（Spanish accident report）。1982 年在华盛顿发生的波音 737 事故中，胆小的副驾驶的质疑也因机长的愠怒而未能坚持（NTSB—AAR—82—8）。这些事故为人们提出了这样一个问题：个性与态度在机组协调配合中的微妙影响。

除人与人之间的交互监视可减少或减轻其后果外，还可使用设备对人的表现实行监视，如近地警告系统（GPWS）和防撞警告系统（TCAS）等。使用设备对人实行监视的一个重要理由是，人们已经认识到人类在执行警觉性、监视性任务中的局限性。运用上述设备便可以引起飞行员的注意，从而防止撞地或空中相撞事故。关于减少人的错误和降低错误后果这一知识主题，我们要指出的最后一个问题是：飞行事故的预防不存在单一的途径，多种途径和方法并举才是明智之举。布鲁金克（Bruggink，1978）在定义飞行事故调查概念时指出：飞行事故调查应该是系统地探索为什么飞行活动参与者没有或没能中断一系列事件，最终导致飞行事故的过程。这里便已经隐含了飞行事故的发生并不是单一的因素所造成。在波音公司1994年的《航空安全概观》中，更为明确地解释了"事故链"的概念（见图2-18）。该图上方的两个小孔分别代表激活性错误和潜伏性错误。前者是指人的错误或违反条例的行为对航空系统有着直接的、即时性的影响；而后者则是指飞行员决策的结果对飞行活动的潜在危害具有较长时间的延滞过程。许多事件或错误连成一串时便会诱发飞行事故，在它们连成一串前去掉或排除掉一个错误事件，事故就可得到预防。在此基础上，苏珊（Susan，1994）对1982—1991年发生的商用喷气机事故原因进行了统计并绘制了预防策略概率图，而图2-19则表明了各种事故原因对应的事故预防概率。这些事实表明，飞行事故的预防并不存在单一的途径，多种途径和方法并举才是明智之举。

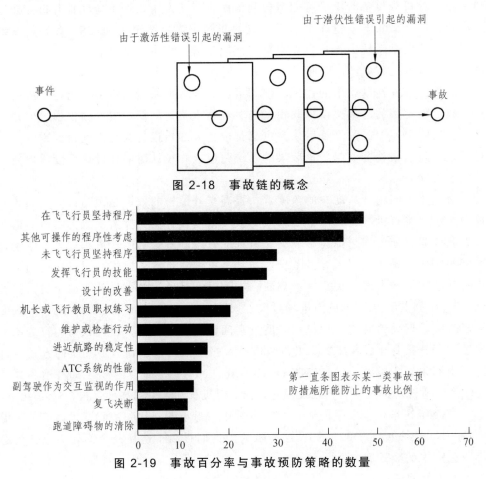

图 2-18　事故链的概念

图 2-19　事故百分率与事故预防策略的数量

## ·思　考　题·

1. 举例说明全球民用航空飞行安全的现状及诱发事故的主要原因。

34

2. 简述通用航空飞行员失误的主要方面和顺序。

3. 根据 NTSB 收集到的飞行事故数据,哪些飞行员易于发生飞行事故?主要原因是什么?

4. 简述人的错误的性质、类型和主要来源。

5. 简述减少人的错误的主要途径。

## ·案例讨论·

2015 年 2 月 4 日 10 时 56 分,我国台湾复兴航空公司一架航班号为 GE235、编号 B-22816 的 ATR-72-600 型民航客机在从台北飞往金门的过程中撞到高架桥,在基隆河坠机。"台湾飞航安全调查委员会"于 2015 年 7 月 2 日下午公布对复兴航空坠机事故的空难事实资料报告,数据显示失事飞机从接到起飞许可至坠落只有约 3 min。

以下为报告中部分材料:

10:52:38,飞机上出现 2 号发动机警告;

10:52:43,也就是 5 s 之后机组提出关闭 1 号发动机;

10:53:00,17 s 之后机组提出发动机灭火程序;

10:53:06,6 s 之后机组提出收回 1 号发动机;

10:53:07,也就是几乎同时也就是 1 s 之后,机组提出确认 2 号发动机熄火;

10:53:12,5 s 之后飞机开始失速;

10:53:19,7 s 之后机组提出 1 号发动机已经顺桨;

10:53:21,2 s 之后又失速;

10:54:09,也就是在 1 号发动机顺桨之后 50 s,机组说要重新启动 1 号发动机,但是在 25 s 之后,即 10:54:34 飞机坠毁。

请根据材料分析:

1. 飞行员的操作可能出了什么差错?

2. 产生这些差错的可能原因是什么?

# 第三章　飞行环境对飞行员的影响

在第一章里，我们已经介绍了与飞行员构成界面的 4 个要素，并讨论了人的错误的来源。本章的内容将涉及人-环境界面，即飞行环境对飞行员呼吸、血液循环系统的影响及低气压对飞行员可能造成的危害。作为一名飞行员，如果不了解他每次飞行都必须面对的飞行环境，就很难保证他具有高水平的处境意识，在突然遭遇这些情境时就会惊慌失措、束手无策。显然，这对于贯彻安全第一的思想是不利的。在英、美、澳等国的飞行条例及执照考试中，对高空环境方面的内容涉及较多，我国也已日益重视对上述问题的限制和考核。本章内容包括：高空环境；血液循环与呼吸系统；血压、血液和血氧饱和度；高空低气压的影响；高空缺氧症和和换气过度；过载等。在中国民航局新近颁布的执照考试大纲和知识点中重点掌握高空缺氧症状与成因，高空减压病的症状与预防措施。

## 第一节　大气的组成、血液循环及呼吸系统简介

### 一、大气及大气的组成

大气是氮（Nitrogen）、氧（Oxygen）和氩的混合气，并有微量二氧化碳（Carbon dioxide，$CO_2$）和一些稀有气体，如氦、氖等。人每次吸入的空气都是各种气体的混合物。其中，氧气对维持人的生命具有重要作用（占每次吸入气体的 21%）。氮气虽然对建构人体细胞有用，但由于体内可不断产生氮气，故它并不是人体必需的。其他一些气体（占吸入气体的 1%），如二氧化碳等则对人体有害。

大气的组成成分并不随高度而变化，但大气压力在不同的高度上却有所不同，这一点对于我们理解高空缺氧症、高空减压病等现象尤为重要。关于气压与高度的关系见图 3-1 及表 3-1。

从图 3-1 及表 3-1 中我们可以看到：高度升高，气压以近似指数函数的方式而降低，在不同的高度范围，气压降低的幅度不同。从空气密度来看：高度越高空气将越稀薄；越接近地面，密度将越大。气压与空气

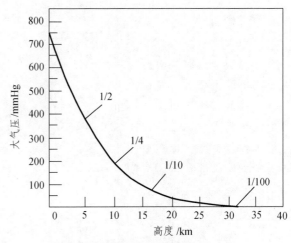

图 3-1　大气压力与高度的关系

密度的关系是：大气压力越大，空气密度亦越大，反之则越小。这意味着，随高度的增加，虽然飞行员吸入的空气在其组成成分上没有多大变化，但大气压或空气的密度却减小了。大气压随高度变化的特性是导致高空缺氧症、高空减压病、高空胃肠胀气、气压性损伤的主要成因。

表 3-1　飞行高度与大气压值的关系

| 高　度 | | 气　压 | |
| --- | --- | --- | --- |
| 英尺（ft） | 米（m） | 毫巴（mbar） | 毫米汞柱（mmHg） |
| 0 | 0 | 1 013.2 | 760.0 |
| 3 000 | 910 | 908.2 | 681.2 |
| 6 000 | 1 830 | 812.1 | 608.1 |
| 9 000 | 2 740 | 724.3 | 543.3 |
| 12 000 | 3 660 | 644.6 | 483.6 |
| 15 000 | 4 570 | 572.1 | 429.0 |
| 18 000 | 5 490 | 506.3 | 379.7 |
| 21 000 | 6 400 | 446.8 | 335.0 |
| 24 000 | 7 320 | 393.2 | 294.9 |
| | 10 000 | | 200.0 |
| | 15 000 | | 100.0 |

## 二、高空增压（Pressurization）、失压（Decompression）

飞机增压座舱是舱内空气压力高于环境气压的座舱，又称气密座舱。增压座舱内的大气压力由飞机环境控制系统控制，使之高于环境气压并根据飞行高度自动调节，以保证乘员在高空飞行时具有舒适环境和工作条件。理想的客舱压力是维持在和海平面一样，但由于飞机的重量和机身强度的局限性使得其不可能达到。

商业航线飞机在 30 000 ft 飞行时，客舱内部的压力会保持在高度为 6 000～8 000 ft 的大气压力水平。

在飞行的任何阶段都有可能存在客舱失压，失压的主要原因是由于客舱失密或结构破损使客舱内的气压迅速降低造成低气压。失压率可能是缓慢的，机组可以在乘客意识到失压之前发现问题并下降到有效高度。某些情况下可能也会发生快速失压，比如舱门或玻璃、机身受损，导致客舱内空气迅速流失。当失压发生时，机组和乘客会快速地被暴露于极端的高空环境之中，缺氧症、寒冷、减压病都会发生。失压发生时，在客舱内，飞机会自动放下氧气面罩，机组也可以在必要时主动放下客舱氧气面罩，在驾驶舱内，机组必须主动戴上氧气面罩才能获得氧气。需要注意的是，氧气面罩的供给只能保证一小段时间，通常在 10～15 min，这段时间内，机组必须将飞机降低到足够低的高度以获得氧气供给。

需要强调的是，当失压发生时，机组的自我保护应该是高度优先的，需要快速戴上氧气面罩，任何延迟都可能给乘客和飞机带来灾难性的后果。

## 三、辐射、臭氧、湿度对飞行的影响

### 1. 辐射（Radiation）

我们都暴露在宇宙辐射和太阳辐射这两种辐射之中。宇宙辐射包括粒子辐射和量子辐射，主要发生在带电的粒子与氮气、氧气以及大气层其他物质发生交互作用时。带电的粒子进入太阳系并产生了我们所熟知的宇宙辐射。太阳辐射是指太阳向宇宙空间发射的电磁波和粒子流。过量的辐射会影响中枢神经系统和损害器官。它也可以导致癌症，尤其是皮肤癌，并可能影响生育能力。《空勤人员宇宙辐射控制标准》规定：空勤人员职业照射有效剂量每年不得超过 20 mSv/a。据估算，一个飞行频繁的重型机飞行员，每月的国际航线大概最多 4～5 班，每年因飞行而增加的辐射暴露也不足 4 mSv。我们普通人平均每年也吸收大约 2.4 mSv 的辐射，源自宇宙射线的电离辐射占我们年平均吸收量的 8%。现代医学对人体遭到大剂量电离辐射后产生的危害认识比较清楚，而由于流行病学和统计学调查的局限性，对于低剂量辐射的风险还存在相当多的争议。近 20 年的流行病学调查研究没有发现航空飞行与癌症发病率之间存在相关性。

### 2. 臭氧（Ozone）

臭氧是氧气的同素异形体，在平流层的下部，从 12 000 m 高度开始，臭氧的浓度迅速升高，但大部分集中在 25 000～45 000 m 高度范围。在常温下，它是一种有特殊臭味的淡蓝色剧毒（toxic）气体，即使吸入少量也会对身体造成严重伤害，尤其是刺激呼吸道和肺部，引起严重的头痛，它还会损害夜视功能；人如果在较高浓度的臭氧环境中，还可以引起肺水肿。

在 12 000 m 高度以下很少有臭氧存在，在此高度或以下飞行的飞机，机上乘员基本不受臭氧的影响。由于臭氧的浓度在平流层下部和极地上空较高，所以，商用喷气式飞机在极地上空和高空飞行时，臭氧对机上乘员可能会产生一些影响。大多数巡航飞机的发动机都具有较高的压缩比，能把进入压缩机的空气加热至较高的温度，并被分解为正常的氧气，所以座舱内臭氧的浓度很少超过 0.1～0.2 ppm[*]，对人体并无明显持续性影响。

### 3. 湿度（Humidity）

人体感觉比较舒适的相对湿度为 40%～60%。在低湿度中，人体会由于鼻子和喉咙干燥变得不舒服。航线飞行高度外部环境的温度可能会低至 - 30～- 55 ℃。在这种温度下空气非常干燥，相对湿度大概低至 5%。现代飞行器舱内的湿度通常保持在 15%～25%。在这种环境下，飞行机组应该饮用充足的水分，避免脱水现象出现。

---

[*] ppm：非法定计量单位，$10^{-6}$。

## 四、血液循环、呼吸系统简介

### （一）血液循环（Blood circulation）

血液循环由肺循环和体循环两条途径构成双循环。血液由右心室流出经肺动脉流到肺毛细血管，在此与肺泡进行气体交换，吸收氧气并排出二氧化碳，静脉血变为动脉血；然后经肺静脉流回左心房，这一循环为肺循环（Pulmonary circulation）。血液由左心室流出经主动脉及其各级分支流到全身的毛细血管，在此与组织进行物质交换，供给组织细胞氧和营养物质，运走二氧化碳和代谢产物，动脉血变为静脉血；再经各级分支汇合成上、下腔静脉流回右心房，这一循环为体循环（Systemic circulation），如图 3-2 所示。

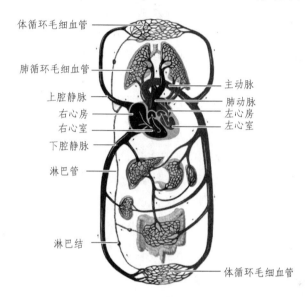

**图 3-2　血液循环系统**

### 1. 血液（Blood）

血液由血浆和血细胞组成。血浆内含血浆蛋白（白蛋白、球蛋白、纤维蛋白原）、脂蛋白等各种营养成分以及无机盐、氧、激素、酶、抗体和细胞代谢产物等。血细胞有红细胞、白细胞和血小板。哺乳类的血液具有凝血机制，血管破裂时，会将血浆中原本可水溶的血纤维蛋白和血细胞等凝固成为血块，剩余的透明液体就叫做血清。

血液的组成主要有以下 3 部分：

（1）红细胞（Red blood cell）：红细胞包含血红蛋白，其主要功能是携带氧气，给全身细胞提供氧气。

（2）白细胞（White blood cell）：为无色有核的球形细胞，体积比红细胞大，能做变形运动，具有防御和免疫功能，产生抗体抵抗疾病。

（3）血小板（Platelet）：血小板是最小的血细胞，其在止血过程中起着重要作用。

### 2. 血氧饱和度（Oxyhemoglobin saturation，$SpO_2$）

血氧饱和度是血液中被氧结合的氧合血红蛋白（Oxyhemoglobin，$HbO_2$）的容量占全部可结合的血红蛋白（Hemoglobin，Hb）容量的百分比，即血液中血氧的浓度，它是呼吸循环的重要生理参数。因此，监测动脉血氧饱和度（$SaO_2$）可以对肺的氧合血红蛋白携氧能力进行估计。正常人体动脉血的血氧饱和度为98%，静脉血为75%。

人体的新陈代谢过程是生物氧化过程，而新陈代谢过程中所需要的氧，是通过呼吸系统进入人体血液，与血液红细胞中的血红蛋白，结合成氧合血红蛋白，再输送到人体各部分组织细胞中去。血液携带输送氧气的能力用血氧饱和度来衡量。

### 3. 血压（Blood pressure）

人的血液输送到全身各部位需要一定的压力，这个压力就是血压。血管内血液对于单位面积血管壁的侧压力，即压强。由于血管分动脉、毛细血管和静脉，所以，也就有动脉血压、毛细血管压和静脉血压。通常所说的血压是指动脉血压。当血管扩张时，血压下降；血管收缩时，血压升高。心室收缩，血液从心室流入动脉，此时血液对动脉的压力最高，称为收缩压（Systolic Blood Pressure，SBP）。心室舒张，动脉血管弹性回缩，血液仍慢慢继续向前流动，但血压下降，此时的压力称为舒张压（Diastolic Blood Pressure，DBP）。

### 4. 心率（Heart rate）

心率是指正常人安静状态下每分钟心跳的次数，也叫安静心率，一般为 60～100 次/分钟，可因年龄、性别或其他生理因素产生个体差异。一般来说，年龄越小，心率越快，老年人心跳比年轻人慢，女性的心率比同龄男性快，这些都是正常的生理现象。安静状态下，成人正常心率为 60～100 次/分钟，理想心率应为 60～80 次/分钟（运动员的心率较普通成人偏慢，一般为 50 次/分钟左右）。

### （二）呼吸系统（Respiration system）

人体与外界环境的气体交换以及气体的运输都离不开血液循环和呼吸系统。其基本过程是：首先，氧气被吸入体内，由于肺泡与血液氧分压差的存在，氧气便顺浓度差通过肺泡弥散性地进入血液，溶入血液的氧气与血红蛋白相结合，经血液循环到达组织。此时，血液氧分压较高，而组织氧浓度较低，故血液中的氧便解离出来，进入组织细胞。最后与细胞里的能量物质化合，并引起能量的释放。其次，在能量物质燃烧后产生的废物，即二氧化碳又由于浓度梯度差而顺浓度反向弥散入血液，与血红蛋白结合后，经血液循环到达肺泡，解离后最后被呼出体外，回到大气中。在生理学上，一般将这一过程称为两次呼吸，即外呼吸（External respiration）与内呼吸（Internal respiration）。外呼吸也称肺呼吸，主要包括在肺泡内进行的两个过程：第一，从外界吸入人体内的氧气通过肺泡弥散入血液，并由血红蛋白运送到组织；第二，血液中的 $CO_2$ 弥散入肺并被呼出体外。内呼吸也称组织呼吸，主要包括：由血红蛋白运送到身体组织的氧气从血液中解离出来，弥散性地进入人体组织，在这里被燃烧并产生能量；氧气和能量物质混合燃烧后产生的 $CO_2$ 反向进入血液。可见，外呼吸发生在肺部，而内呼吸则发生在人体组织。两次呼吸的过程，我们可用图 3-3来概括。

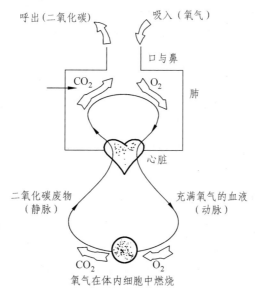

图 3-3　两次呼吸示意图

# 第二节　高空缺氧症及换气过度

## 一、高空缺氧症

高空缺氧症（Altitude Hypoxia）是指组织得不到正常的氧气供应，或者不能充分利用氧来进行代谢活动所引起的一系列生理及病理性反应。由于引起缺氧的原因不同，可将缺氧症分为缺氧性缺氧症、贫血性缺氧症、循环停滞性缺氧症和组织中毒性缺氧症 4 种类型。

### 1. 缺氧性缺氧症（Hypoxic Hypoxia）

当肺部不能提供充足的氧气溶入血液或肺部不能有效地交换氧气时产生的缺氧症，称为缺氧性缺氧症。前者的一个简单事例如潜水时的屏气，使肺部可交换的氧气量减少；后者如吸烟及引起呼吸功能下降的肺部疾病。但对于飞行员来说，引起缺氧性缺氧症的最常见原因是在没有使用供氧设备的情况下处于太高的飞行高度。正如我们前面所提到的那样，在较高高度上空气密度将下降，这意味着每次吸入和弥散入血液的氧气量亦将减少。在低于 10 000 ft 的飞行高度时，大多数人还能挺得住，但在此高度以上，缺氧所导致的影响将越来越严重。

### 2. 贫血性缺氧症（Anemic Hypoxia）

血液携带氧气的能力受到破坏时，将引起贫血性缺氧症。此时肺部的氧气量并未减少，血细胞减少，如患贫血病、捐血以及一氧化碳中毒引起血红蛋白与氧的亲和力下降时都可导致贫血性缺氧症。一氧化碳中毒是民用航空中引起贫血性缺氧症的最常见原因。发动机散发出的气体、烟草制品，如香烟和雪茄产生的烟雾等等都可引起一氧化碳中毒。由于一氧化碳与血红蛋白的亲和力比氧气大 200 倍以上，因此，只要在吸入气体中存在一氧化碳，血红蛋白便首先与一氧化碳亲和，从而使血红蛋白携带氧的能力大大下降，导致全身性缺氧。一旦发生一氧化碳中毒，轻则损害大脑的功能和视觉，重则导致死亡。

### 3. 循环停滞性缺氧症（Stagnant Hypoxia）

对于航线运输机飞行人员来说，这类缺氧症极少发生，但对通用航空飞行员来说则可能由于正 $g$ 效应而引起。当局部或全身性的血流量减少，血流速度较正常慢时，可引起这类缺氧症。在正加速度情况下，人脑及视网膜组织的血流量将减少，导致其处于缺氧状态。通用机飞行员应对此引起重视。

### 4. 组织中毒性缺氧症（Histotoxic Hypoxia）

这类缺氧症是由于人体组织不能从血液中摄取所需要的氧气而引起。此时，血液的携氧能力和循环功能并未受到损害，血液中有足够的氧气，但人体细胞却丧失了摄氧的能力。在飞行员群体中，这类缺氧症常发生于酒精或药物以及氰化物中毒时。

## 二、缺氧的症状

### 1. 症　状

缺氧症是航空界极为重视的一个问题。其主要原因是它具有很大的隐蔽性，它悄悄地降临在飞行员身上，很难觉察，甚至飞行员在发生缺氧时通常还自我感觉良好（见表 3-2），待发现时，为时已晚。后面即将介绍的"有用意识时间"可说明这一现象的严重危害。

表 3-2　缺氧的症状

| 观察者观察到的现象 | 缺氧者自己体验到的状况 |
|---|---|
| 心理上的变化：<br>　兴奋和愉悦<br>　操作能力下降<br>　神志不清<br>　判断力下降 | 心理体验：<br>　兴奋和愉悦<br>　操作能力良好 |
| 生理上的变化：<br>　呼吸加快<br>　协调性降低<br>　意识丧失 | 生理上的变化：<br>　头晕目眩<br>　恶心<br>　头痛<br>　震颤 |
| 行为上的变化：<br>　攻击性增强 | 视觉上的变化：<br>　模糊不清<br>　管状视觉 |

表 3-2 表明了观察者观察到的现象与当事者自我体验的差异。

## 2. 有用意识时间

有用意识时间（Time of Useful Consciousness，TUC）是指：在特定高度上失压、缺氧后，可供进行合理的活命决策和实施措施的最大时间限度，亦指在没有氧气供给的情况下飞行员能有效地维持正常操作的时间。

当飞行员在飞行中突然听到乘务员宣布客舱失压时，他是否想过还有多少时间可供他清醒地把氧气面罩戴上，如果没能戴上将会发生什么后果？人的因素专家的回答是：在高空缺氧的情况下，几分钟内就会使人丧命，保持意识清醒的时间就更短了。如果超过了有用意识时间的限度，即使飞行员试图戴上氧气面罩，也可能是无能为力了。需要指出的是，随着高度的增加，一旦发生缺氧，其有用意识时间将急剧缩短（见表 3-3）。譬如，在 18 000 ft（5 490 m）高度上缺氧时，飞行员的 TUC 为 20 ~ 30 min，但在 25 000 ft（7 625 m）高度上缺氧时，TUC 急剧地降至 2 ~ 3 min。还要指出的是，对缺氧症的反应具有很大的个体差异，并且有一些因素会使缺氧症加重。这些因素包括：① 飞机上升的速率，上升得越快，缺氧症的反应就越严重；② 是否进行身体活动，活动量越大，TUC 将越短；③ 身体是否良好，身体状态越好，TUC 越长；④ 是否吸烟，吸烟者比非吸烟者的 TUC 短。一些研究表明：在 5 000 ft（1 525 m）高度上飞行时，吸烟者的缺氧程度相当于非吸烟者在 10 000 ft（3 050 m）高度上飞行。

表 3-3  有用意识时间

| 高　　　　度 | | 静　坐　时 | 轻微活动时 |
| --- | --- | --- | --- |
| 英尺（ft） | 米（m） | | |
| 40 000 | 12 200 | 30 s | 18 s |
| 35 000 | 10 670 | 45 s | 30 s |
| 30 000 | 9 140 | 1 min15 s | 45 s |
| 25 000 | 7 620 | 3 min | 2 min |
| 22 000 | 6 710 | 10 min | 5 min |
| 20 000 | 6 100 | 12 min | 5 min |
| 18 000 | 5 490 | 30 min | 20 min |

## 三、缺氧症的预防与克服

鉴于缺氧症对飞行员操作能力的潜在灾难性影响，目前已有许多国家的飞行条例对未供氧条件下的飞行高度进行了限制。例如，美国民用航空条例（FARS）明文规定：在未供氧的条件下，若客舱压力高度为 12 500 ft，飞行持续时间不得超过 30 min，禁止在 14 000 ft 以上高度飞行。当飞行员白天在 10 000 ft 以上高度或夜间在 5 000 ft 高度以上飞行时，就应考虑使用供氧设备。

为了让飞行员在安全的环境里亲身体验缺氧的症状，美国联邦航空局（FAA）及北他科达大学目前配备了高空模拟室，其目的是让飞行员获得亲身体验，从而引起其对缺氧症的重视。但有的飞行员却错误地认为，既然有可能知道缺氧症的早期表现，那么一旦发现缺氧时，就能够采取补救措施。这种观点是一种极为危险的假设和推论。因为在缺氧早期症状出现的同时，飞行员的判断能力已经下降了。当缺氧症发生得很迅速时，判断力的下降使飞行员根本没有机会去识别其症状。因此，对抗缺氧症的最好措施还在于预防或避免其发生，这些措施主要包括：

（1）熟知引起各类缺氧症的条件，建立良好的情境意识。

（2）保持良好的身体状况，增强对缺氧的抵抗力。

（3）在驾驶舱内不吸烟。

（4）及时供氧或戴上氧气面罩。一般规定在 10 000 ft 以上时便需供氧或戴上氧气面罩。

## 四、换气过度（Hyperventilation）

换气过度是指过深、过快地呼吸所引起的体内氧气过剩、血液二氧化碳化学平衡被打破的现象。其主要症状如下：

（1）眩晕感。

（2）手指和脚趾震颤。

（3）肌肉痉挛。

（4）发冷。

（5）昏昏欲睡。

（6）衰弱或注意力不集中。

（7）心跳加速。

（8）忧郁和思维混乱。

（9）严重者，可使意识丧失。

引起过度换气的因素很多，常见的如应激情境所引起的呼吸反射性加深、加快，以及在较高高度上缺氧时所引起的呼吸加深加快等等。并且，换气过度现象具有自我加强，即正反馈的性质。一旦进入换气过度状态，当事者也许能体验到自己气喘吁吁，呼吸很快很深，但仍觉得"缺氧"，甚至在诱发因素消失后，如高空供氧后，仍然上气不接下气，"缺氧"症状仍未消除。由上可以看到，换气过度与缺氧症的症状非常相似，飞行员常常将换气过度误解为氧气不足，反而更快更深地吸氧，这是非常危险的。

因此，对换气过度的预防与克服，其首要措施是能够识别它，判断自己究竟是处于缺氧状态还是换气过度状态。在实际飞行中，缺氧与换气过度往往交织在一起。譬如，在某一高度上，飞行员可能先发生缺氧，由于人体的自我调节机制，呼吸会反射性地增加以补足氧气；另外，在飞行员意识到缺氧而吸氧时，也许会吸氧过度，在这两种情况下都会使飞行员由缺氧转化为过度换气。因此，在飞行中，如果在供氧后仍然觉得气喘吁吁，那么就应该判断为换气过度。此时，有意识地降低呼吸频率，减小呼吸深度，找机会多说话以及缓慢地吸入一小纸袋 $CO_2$，就可克服换气过度。

# 第三节　高空低气压对飞行员的物理性影响

高空大气压力降低对人体的影响主要在于两个方面：一是大气中氧分压降低所引起的高空缺氧症（已在前一节讨论过了）；另一类则是低气压对人体的物理性影响。这类影响是由于人体形态结构的局限所造成。这些局限包括：

（1）含气空腔器官，如胃肠道、肺、中耳腔及鼻窦内含有气体。当环境压力降低时，腔内气体如不能及时排出，就根据管壁的可扩张程度而发生体积膨胀或者器官内部压力相对升高。

（2）人体组织和体液中溶解有一定量的气体。当环境压力降低到一定程度时，这些溶解气体就可能离析出来，在血管内、外形成气泡。

（3）气压剧变时，一些空腔内气体的容积或压力也迅速变化，可对人体的一些器官，如中耳腔造成疼痛或损伤。

本节介绍的内容将涉及高空低气压所导致的物理性影响，它们包括：高空胃肠胀气、高空减压病及中耳气压性损伤。

## 一、高空胃肠胀气

在人体胃肠道里，通常含有约 1 000 mL 的气体。这些气体大多是随饮食及唾液咽下的空气，少量是由食物分解产生的。随着飞行高度的增加，由于低气压的作用，滞留在胃肠道的气体便会发生膨胀，其原理如图 3-4 所示。轻者感到胃肠不适，重者可感到腹胀和腹痛，在极端的情况下可引起晕厥。

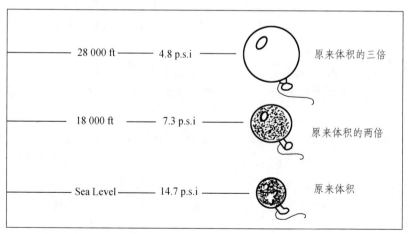

*随着气球的上升，大气压降低。为了使气球内的气压与周围大气压相等，空气在气球内膨胀。人体内的空气也会与上述现象一样发生变化。

**图 3-4　高空胃肠胀气原理**

影响胃肠胀气的因素主要包括：

1. 上升高度及上升速率

高度越高，大气压力降低越多，膨胀程度越大。一般在 5 000～6 000 m 时可引起轻度腹胀；在 10 000 m 以上时，可发生较明显的腹胀或腹痛；但最大上升高度如不超过 7 600～8 500 m，胃肠胀气对于健康飞行员来说，至多是出现短暂的不适感。从上升速率来说，上升速率越大，膨胀的气体来不及迅速排出，膨胀程度也就越大。

2. 胃肠道的机能状态

如胃肠道通畅性降低，含气量增加等，都能减慢气体的排出速度，从而引起腹胀或腹痛。若能经口或肛门顺利地排出部分膨胀气体，则短时间内腹胀、腹痛症状即可消失。

对于民用航空飞行员来说，飞行高度及上升速率往往不应该随意改变，但对于自己身体的管理却是可行的。因此，预防高空胃肠胀气的措施包括：

（1）进餐不可太快，以减少所吞咽的气体。

（2）进餐要定时、定量，使胃肠活动保持正常，以利消化而少产气。一般应在起飞前 1～2 h 进餐完毕。

（3）飞行前的主餐，甚至前一日晚餐应不吃或少吃不易消化的食物以及产气物品，如含纤维多的食物、动物脂肪或油炸食物、洋葱、甘蓝、蚕豆、黄瓜等，禁止饮用汽水、啤酒等。

（4）及时排空大、小便以保持胃肠道的良好通畅性。

## 二、高空减压病（Decompression Sickness）

高空减压病是飞机爬升时可能发生的一种特殊症状，其主要表现为关节疼痛，有时出现皮肤刺痛或瘙痒感觉以及咳嗽、胸痛等，极端的情况下可导致休克。高空减压病的发病具有一定的阈限高度，绝大多数都是在上升到 8 000 m 以上高空、停留一段时间以后发病的；降至 8 000 m 以下，症状一般都能消失。即便在阈限高度以上，也并非每个人都会发生高空减压病，这要因人、因机型而定。一般而言，呼吸、循环系统机能正常的人比缺氧或高空胃肠胀气的人对该病的抵抗力要强，座舱余压较高的机型比座舱余压低的机型发病率低。

高空减压病产生的原因是大气压降低时在组织、体液中溶解的氮气离析出来形成气泡，血管内形成的气泡，可成为气体栓子堵塞住血管；在其他组织内形成的气泡则能压迫局部组织。根据形成气泡的多少以及栓塞或压迫部位的不同，可引起不同的症状。

目前，随着人们生活的改善和娱乐项目的增多，潜水运动在一些地区已逐渐开展起来，作为飞行员应该牢记的是：在非减压性潜水（30 ft 以上）后，至少应相隔 12 h 才能飞行，减压性潜水（30 ft 以下）后则必须间隔 24 h 才能飞行。空运患有“减压病”的潜水员去医院就医时，飞行员应相当谨慎，飞行高度应比常规高度低，否则潜水员就会非常危险。其主要原因是：当人体潜入水下时，将受到强烈水压的挤压，氮气溶入血液及其他体液内，往往是潜得越深，溶入体液的氮气就越多。当回到地面时，施加于人体的压力骤减，氮气又从体液里解离出来形成气泡，这非常类似于刚揭开瓶盖的汽水。若潜水后没有间隔相当的时间便参加飞行或乘坐飞机，易导致高空减压病。也正因为这样，目前在美、英等国的执照考试中都设有该方面的题目。

## 三、中耳气压性损伤（Otic Barotrauma）

中耳咽鼓管（Eustachian tube）结构的特殊性是导致气压性损伤的基础。如图 3-5 所示，中耳由鼓膜、鼓室、咽鼓管及 3 个听小骨所组成。其中，咽鼓管（亦称耳咽管）为一斜行管道，其功能是与外界相通以维持与外界的气压平衡。该管道在向前下、内侧走行过程中管腔逐渐变窄，最狭窄处称为峡部。由于峡部的存在，使咽鼓管具有"单向活门"的性质。当鼓室腔内压力高于外界时，高压气体可冲开咽鼓管排出。反之，如无主动开放咽鼓管的动作，环境高压气体便不可能进入咽鼓管内部。中耳的气压性损伤主要是在外界气压增高、气体因上述单向活门作用不能进入咽鼓管腔内，使腔内形成较大的负压时造成的。

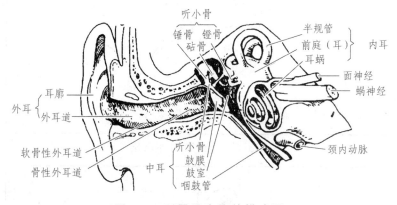

**图 3-5　听器及中耳的模式图**

在正常情况下，鼓室内压与外耳道及咽喉内的压力相等，故鼓膜不会发生移位，也不会有不适感（见图 3-6）。在飞机爬升时，外耳道及咽喉内的压力均减小，使鼓室内的压力呈正压，于是鼓室空气在冲开咽鼓管排出空气的同时，亦作用于耳鼓膜，飞行员稍有耳胀感，随着鼓室内空气的排出，耳胀感即自行消失。但在咽鼓管峡部阻塞，如患感冒、上呼吸道感染时，由于鼓室内正压不能将空气由咽鼓管排出，则会使耳鼓膜向外凸出。引起耳胀、疼痛等气压性损伤症状（见图 3-7）。下降期间的情况正好与上升时的情况相反，外界气压不断增高，鼓室内形成负压，使鼓膜内陷，产生耳压感及听力减退。此时，咽鼓管不能自行开放，必须主动做咽鼓管通气动作，才能使之开放。开放后，外界气体进入鼓室，内外压力平衡、鼓膜复位，耳压感及听力减退现象便会消失（见图 3-8）。需要指出的是，因病变，如上呼吸道感染使咽鼓管通气不良或阻塞时，中耳鼓室便会变成没有出口的死腔，造成严重的气压性损伤，出现如耳痛、耳鸣、听力下降，甚至鼓膜穿孔等后果。

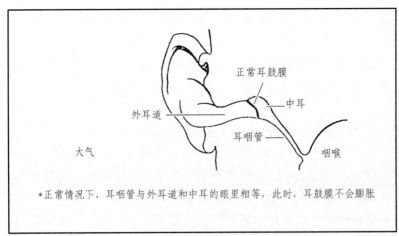

图 3-6 正常耳鼓膜

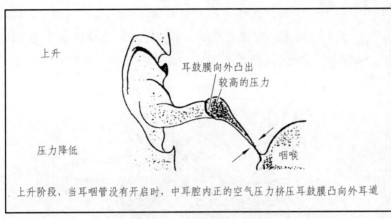

图 3-7 耳鼓膜向外凸出

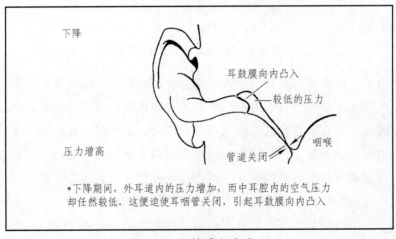

图 3-8 耳鼓膜向内凸入

　　气压性损伤主要发生于非增压座舱的飞行员身上,但在增压座舱的飞行员中也可出现,只不过程度不同,发生率不同罢了。从飞行高度来说,中耳气压性损伤多发生于 4 000 m 以下,尤以 1 000～2 000 m 高度为最多。

预防与克服中耳气压性损伤的方法主要有：

（1）运动软腭法：手摸喉结，发"克"音，或张大口用力吸气或模仿打呵欠的动作等可达到开放咽鼓管的作用。

（2）捏鼻鼓气法：仅在飞机下降时适用。用拇指捏紧鼻孔，闭口用力向鼻咽腔鼓气，以增加鼻咽腔气体压力而冲开咽鼓管，并应注意，勿使面颊部鼓起和憋气过久，可多做几次。此即所谓的萨尔萨瓦技术。

（3）吞咽法：可多次吞咽或咀嚼糖块。

## ·思 考 题·

1. 什么是"两次呼吸"？请简述"两次呼吸"的过程。

2. 什么是缺氧症？简述缺氧症的类型，常发生的情境及主要症状。

3. 什么是有用意识时间？简述其影响因素。

4. 什么是换气过度？简述其易发生的情境，主要症状及克服方法。

5. 人体在高空低气压环境中存在的主要局限有哪些？

6. 简述中耳气压性损伤的发生机理及克服方法。

7. 人体的血液主要由哪些成分组成？其作用分别是什么？

## ·案例讨论·

**案例 1**：阿罗哈航空 243 号班机，又称夏威夷航空 243 号班机，是来往夏威夷的希洛岛和檀香山定期航班，使用波音 737-200 型客机飞行。1988 年 4 月 28 日飞机在飞行途中发生失压的事故，约头等舱部位的上半部外壳完全破损，机头与机身随时有分离解体的危险，但 10 多分钟后奇迹地在茂宜岛的卡富鲁伊机场安全迫降。事件当时，一名机组人员不幸被吸出机舱外死亡，而其余 65 名机组人员和乘客则分别受到轻重伤。

**案例 2**：太阳神航空 522 号班机空难发生于 2005 年 8 月 14 日，一架塞浦路斯的太阳神航空（Helios Airways）波音 737-300 客机，班次 ZU-522（HCY 522），机身编号 5B-DBY，此架飞机在 1997 年 12 月首航，是使用不到 10 年的新飞机。于希腊当地时间 12 时 04 分（UTC+3）在雅典东北方的马拉松及 Varnavas 之间山脉坠毁，机上 115 名乘客及 6 名机员全部罹难。据调查报告指，机务做完机舱加压测试后，忘记把加压掣从「手动模式」变回「自动模式」，而飞行员未有察觉。当航机以「自动驾驶模式」爬升超过 15 000 ft 后，因机上的加压系统处于手动模式而未能自动为机舱加压，空气稀薄，氧气不足。正常情况下，若飞机高空失压，便应该降低高度至含氧量高的空域，但由于机长及副驾驶并不知道机舱失压，一直以为是机上空调失灵而没有戴上面罩，因此很快便失去意识并处于昏迷状态，导致飞机无人驾驶，飞机便以自动驾驶模式一直爬升。

请问：

1. 这两起空难的客舱失压是否一样？属于什么类型的失压？

2. 在失压的过程中，两起事故中的乘客会呈现什么样的反应？

3. 在失压发生时，作为机组人员和乘客应该采取什么样的安全措施？

# 第四章　昼夜生物节律、睡眠、工作负荷与飞行疲劳

航空活动中，飞行疲劳是影响飞行安全的重要因素。许多飞行事故都直接或间接地由疲劳引起，1993 年美国交通运输安全委员会首次将机组疲劳作为事故致因以来，几乎每年都会有由疲劳导致的致命事故发生。多种因素会使飞行员产生疲劳体验，睡眠缺失、昼夜生物节律扰乱，以及不良工作负荷是其中最突出的影响因素。本章的内容包括昼夜生物节律和时差效应对飞行员工作表现的影响，飞行员的睡眠与睡眠缺失问题，飞行员的工作负荷，以及飞行疲劳的表现、成因与应对，每一位飞行员都必须对这些内容有全面深刻的认识。在中国民航局新近颁布的执照考试大纲和知识点中，昼夜生物节律与时差效应，睡眠、飞行疲劳与飞行员工作表现的关系，均是要求重点掌握的内容。

## 第一节　昼夜生物节律与时差效应

### 一、人体昼夜生物节律的含义与表现

#### （一）昼夜生物节律的含义

人体的各种生理、生化功能，心理行为和反应以至细胞形态和结构等都具有节律性变化的特点，这种生物节律（Biological rhythm）是生物在漫长的进化历程中，在体内形成的一种近似钟的机构，它能够随着时间的变化，调节本身生理活动，使其在一定的时期开始、进行和结束，显示出周期性的变化。作为生命活动的基本特征之一，其中的一些生理节律对人的心理和社会行为，如工作表现等都有着明显的影响。

昼夜节律（Circadian rhythm）是指生命活动以 24 h 左右为周期的变动。就人类而言，是指人体生理、心理功能近似以 24 h 为一个周期的内源性节律。人类的这种功能受"内在时钟"的控制，以适应地球表面的昼夜交替变化，并在外环境作用下，逐渐形成内环境稳定和节律稳定。

昼夜节律具有内源性特征。即使外界的所有时间信号均被剥夺，人类仍表现出内在的固有的节律特征，保持很明显的接近 24 h 为周期的昼夜节律。这种在缺乏外界时间信息条件下仍能继续保持的生理节律称为"自主性节律"（Self rhythm），一般来说，自主性节律的周期通常为 24 h 左右。人的心血管、呼吸、内分泌、代谢等生理功能，以及感知、记忆、思维、注意等心理功能，都显示出与环境周期相同步的昼夜节律性变化，表现出一定的周期性特点。其中的睡眠-觉醒周期是人类昼夜节律最明显的表现之一。一般来说，白天是人们从事工作、学习、娱乐等活动的时间，而当夜幕降临以后，活动逐步减少，并最终进入睡眠。

（二）昼夜生物节律的表现

1. 生理功能的昼夜节律

人体几乎有 100 种以上的生理功能具有昼夜节律性，如体温、内分泌、泌尿、呼吸、心血管、神经活动，甚至造血机能都表现出傍晚高潮而在凌晨陷入低潮的特征，它们以 24 h 为一周期进行变化。就交感神经活动而言，白天交感神经活动占优势，而夜晚则是副交感神经活动占优势。

生理功能的昼夜节律中，最典型的就是人体体温的昼夜周期性变化。从图 4-1 中可见，人的体温在清晨 4 ~ 6 时最低，7 ~ 9 时迅速升高，此后上升缓慢，17 ~ 19 时达到最高值，继而下降。人的体温的最高值与最低值之间相差约 1℃。当体温下降时，睡眠会逐渐到来，而体温升高时，人则会从睡眠中醒来。

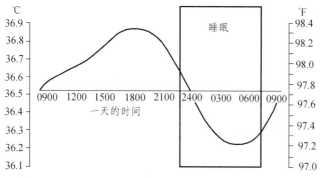

图 4-1　口腔温度昼夜节律

2. 心理功能的昼夜节律

心理功能也存在似昼夜节律性变化。人的警觉度、反应时间、视觉寻觅速度等功能，都是在早晨（刚睡醒）表现最差，而在下午或黄昏时（体温节律的高峰）表现最好。

Higgins（1975）和 Klein（1972）均对人的心理功能或工作能力进行了卓有成效的研究。实验结果如图 4-2 所示：在掷球测验中，心理运动能力，即手-眼协调能力从上午 9 时开始逐渐上升，在 15 ~ 16 时左右达到最高，此后逐渐降低，在凌晨 4 ~ 6 时左右下降到最低点；在符号划消测验中，从上午 9 时开始成绩逐渐上升，分别在 12 时和 18 时左右达到其峰值，此后成绩逐渐下降，在 24 时以后成绩急速下降，在凌晨 4 ~ 6 时左右下降至最低点；从反应时来看，自上午 9 时开始成绩逐渐下降，在凌晨 3 ~ 6 时左右下降至最低值；在数字递加测验中，从上午 9 时开始成绩逐渐提高，在 18 时左右达到其最好成绩，此后逐渐下降，在 3 ~ 6 时左右成绩下降至最低值。

通过符号画消测验的表现，可以测查个体的注意搜寻能力与警觉性，反应时可以考察个体的反应速度，数字递加测验可以对个体的数字运算能力进行测验，这些能力是必须具备的基本能力要求。飞行员的工作能力都具有昼夜节律性，事故调查表明，凌晨 4 ~ 6 时也是飞行事故或不安全事件的易发时期。因此，每一名飞行员都必须重视这一时间段自己和相关人员，如其他机组人员、空中交通管制员的工作表现，确保安全高效飞行。

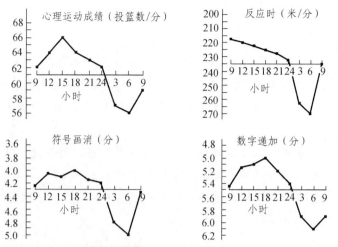

图 4-2　人的心理功能的节律性变化（引自 Klein et al.，1972）

需要指出的是，人体的心理功能存在的昼夜节律性会随着时间的改变，在一定范围内发生变化。通过练习和不断实践，图 4-2 中的各种能力曲线可以上升或变得平坦，工作动机提高或努力程度增加也可以改善人的工作能力。

## 二、昼夜节律扰乱与节律重建

人体的生理活动具有一定的节律性，一旦这种节律与外界变化不同，便会影响人的活动能力，就可能出现昼夜节律扰乱（Circadian rhythm disorder）。飞行员的向东或向西的跨时区飞行、夜间飞行，是造成这种情况的典型事例。

昼夜生物节律的形成，是人体生物钟与外界环境，如日照变化、工作生活规律等共同作用的结果。生物钟是昼夜节律的内因，外界环境是昼夜节律的外因，它对昼夜节律具有一定的调节作用。正常情况下，人体的内源性节律总是与外界环境的时间线索保持同步关系，但在外界环境发生突然变化时，人体的内源性节律会因其固有的惰性，不能立即跟上外部时间动因的突然变化，从而导致内源性节律与外界环境节律的短暂去同步，出现昼夜节律扰乱。这种状态就可能影响人体的生理、心理机能，甚至导致身体不适，出现睡眠紊乱，产生较为严重的疲劳体验。

生物节律系统能够接受外界环境的信号，通过位相重置效应，调整内源性的生物节律，使之适应外界环境的变化，实现昼夜节律重建（Resynchronization）或再同步。昼夜节律可以与外界信号重新同步化，但是需要过程和时间。频繁的，或者是长时间的夜间飞行，尤其是向东或向西跨时区长时间飞行后，人体昼夜生物节律与外环境的同步关系通常会受到破坏，即处于去同步状态。人自身具有一定的适应能力，会不断调整人体相应机能的节律时相，以与外周的环境节律重新达到同步关系。

关于跨时区飞行导致的节律扰乱问题，将在随后述及。夜间飞行是很多航线飞行员都必须面临的问题，由于作息时间的变化，飞行员的睡眠—觉醒时相颠倒，人体的生物节律也将随之而改变，出现昼夜节律扰乱。一般情况下，人体在夜间零点以后工作能力会急剧下降，在 3～6 时达到最低点，飞行员在这期间执行航班任务，其工作表现通常会有明显降低。Jensen（1989）的研究指出，夜间飞行后较之跨时区飞行后需要更长时间的节律重建，类似轮换班工作的非定时飞行几乎会导致永久性的节律去同步状态，使夜间飞行比跨时区飞行更不安全。

## 三、时差效应

### （一）时差与时差效应的含义

时差（Time Difference）是指不同时区地方时之间的差别。地球每绕地轴自转一周完成一个转动周期，历时 24 h。随地球自转，一天中太阳东升西落，太阳经过某地天空的最高点时为此地的地方时 12 点，因此，不同经线上具有不同的地方时。按经线可把地球表面划分为 24 个时区，任何一个时区采用的当地标准时间与相邻两个时区的世界标准时间（Greenwich Mean Time，GMT）相差一个小时，即比西邻区早一小时，比东邻区晚一个小时，这种现象便是时差现象。南北方向没有时差。

人们在相应时区内长期适应造成了人体的生理节律与当地昼夜交替的同步化，人体在形成这种似昼夜生物节律之后，睡眠与饮食等身心活动的诸多方面，均会表现出周期性节律或习惯，出现工作能力和睡眠状态的正常交替，以适应昼夜变化。如因某种原因，个体在短时间内穿越多个时区而导致睡眠模式和其他生理功能节律（身体生物钟）失调，就会出现时差效应（Time-difference Effect/Jet lag）。

现代化的喷气客机以高速向东或向西作跨时区飞行，较短的时间内可能会跨越若干时区，这种改变超越了机体调节生理节奏的能力，从而引起生理节奏失调，使飞行机组人员及乘客的昼夜节律与新抵达地点的环境昼夜之间发生"去同步"（Desynchronization），造成对时差的不适应及一系列生理、心理与行为能力的节律失调。出现时差效应时，个体可能会表现出明显的疲劳感，头脑不清醒，昏昏欲睡，不能迅速集中注意力进行思考，精神抑郁，决断问题的时间及操纵反应时延长，工作效率降低；同时也可能会有胃肠功能变化、食欲不振、消化不良，以及入睡困难，醒得早，睡不实等睡眠障碍发生。

同时，人体昼夜节律又具有"可塑性"，即在新环境昼夜周期的影响下，可以逐步改变自身的相位以获得"再同步"或节律重建（Resynchronization）。在适应阶段，人体昼夜节律的相位每天大约能向当地环境的昼夜节律相位移近 60～90 min。一般而言，如跨越 10 个时区，需经 7～10 天左右才能达到完全适应。

### （二）时差效应的影响因素

跨时区飞行后，个体生理与心理功能的受影响程度与飞行方向、跨越时区数、停留时间有着密切的关系，同时也存在着明显的个体差异。

#### 1. 跨越的时区数

跨越的时区数是影响时差效应的最基本因素。研究表明，只有跨越的时区数目为 4 个或更多时，才会出现明显的时差效应，引起不同程度的节律扰乱。跨越的时区数越多，时差效应越显著，人体生理心理功能受到的影响也就越大。一般来说，跨越多少个时区就需要多少天的适应时间才能达到节律重建。因此，跨越的时区数越多，完成节律重建所需的时间亦越长。

美国学者曾以3组被试人员进行过研究：第一组从美国华盛顿飞到智利首都圣地亚哥，两地区标准时差为1 h（跨1个时区）；第二组从美国俄克拉荷马飞到意大利的罗马，全程跨越7个时区；第三组从俄克拉荷马飞到菲律宾的马尼拉，全程跨越10个时区。三组被试的飞行时间、飞行里程大致相同，但所跨越的时区数则不同，显示出明显不同的结果。根据飞行前、后对被试人员的生理、心理功能的检查表明：第一组人员的昼夜节律变化很少或没有变化；后两组人员表现出精力不集中，做出判断的反应时间明显延长。

### 2. 飞行方向

向东还是向西飞行的飞行方向，所产生的时差效应存在较为明显的差别，向东飞行对时差的影响比向西飞行的影响大，时差效应往往更为严重，节律重建更为困难，恢复同步所需的时间比向西飞行后节律重建所需的时间长。

跨时区飞行后，一昼夜间的智力最低时间受飞行方向的影响。如向西飞越6个时区后，在抵达地的黄昏前和黄昏时，智力功能明显下降。向东飞行，则在抵达地的中午前后明显下降。据测试，飞行后的智力功能与飞行前相比，向西飞行降低了8%，而向东飞行则降低了10%。就睡眠模式而言，也存在不同的影响。向西飞行时，人的睡眠时间与当地的物理夜晚时间一致，第一晚的睡眠与往常不一样，睡眠的第一阶段快速眼动睡眠增多，而第二阶段常常从睡眠中醒来，并且白天想睡觉。通常需要3个晚上的时间才能恢复正常的睡眠状况。向东飞行时，如果飞行员在飞行时或到抵达目的地后没有睡觉，那么由于积累了太多的睡眠缺失，第一晚上的睡眠比平时要好些。但接下来的几个晚上睡眠却不稳定、时常间断。通常需要7天才能恢复正常的睡眠。

究其原因，有人认为因为人的天生的倾向时将睡眠/清醒循环延长到25 h，在这段时间内，不存在外界时间提示，因此很容易推迟而不是提前人的睡觉时间。向西飞行时，外界环境时间延长，一些外界时间提示如昼夜交替、工作休息、社会活动节奏等的阶段性推迟，从而睡觉和起床时间都相对晚一些，向西飞行正好与机体自身的节律一致，故较易适应。而向东飞行时，外界环境时间缩短，睡觉和起床时间都相对要早一些，与固有的节律不一致，故适应较为困难。

向东跨时区飞行与向西跨时区飞行两者在完成节律重建的方式上有很大差异。当跨越8个时区向东或向西飞行后，昼夜节律的重建方式便存在方向上的不对称现象。当向西飞行后，人体机能通过相位延后达到节律重建；而向东飞行后则既可能通过相位提前，也可能通过相位延后的方式达到节律重建（Gundel，1987）。其中，通过相位提前的方式达到节律重建的人能更快、更好地达到节律重建（Samel，1986）。这种节律重建方向上的不对称现象的发生机理目前尚不清楚，仍在进一步研究之中。

### 3. 停留时间

通常情况下，机组人员跨时区飞行抵达新地区仅作短暂停留，在24 h以内就返回常住地，且在此期间保持原有作息习惯，其昼夜节律不会发生明显障碍，常住地时的飞行表现也不会有大的影响。只有在抵达地点停留超过 24 h，昼夜节律才逐步向当地环境时间系统移位。若停留时间较长，足以完成节律重建，对之后返回时执行飞行任务也不会有不良影响。但如果停留时间不长不短，在节律重建尚未完成的情况下便返回，则会对飞行构成严重的影响。

### 4. 个体差异

跨时区飞行对人体昼夜节律的影响表现出较大的个体差异。有调查表明，迅速跨越若干个时区的人员中，有 25% ~ 30% 的人很容易调整，主观无任何不适或仅有轻微不适；25% ~ 30% 的人不能调整，症状严重。完成节律重建的难易和时间亦然。一般而言，傍晚型/猫头鹰型的人比早晨型/云雀型的人能更快地达到节律重建；外倾型性格者比内倾型性格者，低神经质者比高神经质者更容易、更快地达到节律重建。

时差效应与年龄也有一定关系。随着个体年龄的增长，其昼夜节律调整能力也越来越差。以温度节律的再同步变化为例，超过 40 岁者的再同步速率明显减慢。因此有学者指出 40 岁似乎是发生昼夜节律失调的"阈年龄"；年龄越大者，其昼夜节律失调问题也越突出。年轻人比老年人更容易、更快地达到节律重建。

此外，在跨时区飞行前或飞行中，是否得到充足的休息和睡眠，也会对个体的适应目的地的环境节律产生明显影响。

## 四、时差效应的应对

科学应对时差效应，首先要能够正确认识和接纳时差可能给人体所带来的各种负面影响，进而采取措施积极应对。其中最主要的方法就是科学安排作息时间。

科学安排作息时间，至少需要考虑 3 方面因素的影响：跨越时区数、飞行方向和过站停留时间。

### 1. 保证足够的睡眠和休息时间

在飞行前 24 h 内，飞行员应有足够的睡眠和休息时间。如跨时区飞行后立即返航（不超过 24 h）的机组成员，至少要保证 14 h 的休息；如果超过 4 个时区，停留 24 h 以上者，必须增加休息时间。其关系是：增加的休息时间（小时）= 航线飞行跨越的最大时区数 × 8（经验系数）。例如，最大飞越时区数是 6，则增加的休息时间应为 6 × 8 = 48 h；如最大飞越时区数是 12 则应为 12 × 8 = 96 h。以下的 Buley 公式是被国际民航组织（ICAO）推荐作为长途飞行时使用的经验公式，可供飞行员在长途飞行时合理安排休息时间时参考。依照公式计算得出的休息天数按四舍五入计。超过两天的中途停留应作为终止飞行考虑，以后的继续飞行即作为新的飞行另行计算。

$$\text{RP} = \frac{\Delta T}{Z} + (Z - 4) + C_D + C_A$$

式中　RP ——飞行后需休息的时间（天）；

　　　$\Delta T$ ——飞行时间（h）；

$Z$——时差；

$C_D$——起飞时间系数（当地时间）；

$C_A$——抵达时间系数（当地时间）。

起飞、抵达时间系数反映与起飞、抵达时间有关的飞行疲劳因素，其具体数值参见表 4-1。

表 4-1　起飞与抵达时间系数

| 时　　间 | 起飞时间系数 | 抵达时间系数 |
|---|---|---|
| 08：00～11：59 | 0 | 4 |
| 12：00～17：59 | 1 | 2 |
| 18：00～21：59 | 3 | 0 |
| 22：00～00：59 | 4 | 1 |
| 01：00～07：59 | 2 | 3 |

**2. 针对飞行方向采取不同的睡眠方式**

向东与向西跨时区飞行对人体昼夜节律的影响不一，两者在完成节律重建的方式和所需时间上也存在差异。在跨时区飞行时，由于飞行方向（向东或向西）及日间或夜间飞行的不同，到达目的地后应采取不同的睡眠方式。如系向东的昼间飞行，飞行后应安排良好的夜间睡眠；如系向东的夜间飞行，则飞行后要求"上午小睡，下午大睡，当晚早睡"。反之，由东向西飞行后，到达目的地时的当地时间与启程时的出发地时间几乎相同，使一天的时间"延长"，故不分日间或夜间，飞行后均应早休息、长睡眠。

**3. 依照过站停留时间安排作息**

针对停留时间的应对策略取决于过站停留时间的长短，一般以 48 h 为划分标准。如果过站时间少于 48 h，飞行员最好能够保持始发地（飞机起飞所在国家）的节奏，而不是适应目的地的社会节奏，在睡眠和饮食问题上尤应如此。如果过站时间超过 48 h，则尽可能地与所到国家的节奏保持一致，调节睡眠和就餐时间，采取白天参与一些活动等方法以便于同步的实现。

## 五、月节律

月节律（Lunar Rhythm）是指有机体生理与心理功能会随着月份的变动而呈现节律性变化的现象。

19 世纪末，奥地利心理学家 H.Swoboda 和德国内科医生 W. Fliess 通过长期的临床观察发现，人类存在着以出生日算起的体力盛衰周期和情绪波动周期。此后，奥地利因斯布鲁大学 A. Teltscher 教授也发现，人体还存在着以一定天数为周期的智力节律。后来，人们把这三位学者的研究结果综合在一起，统称为"人体生物节奏三节律"，其理论称为人体生物节律理论或 PSI 周期理论。PSI 周期理论即以体力（Physical）、情绪（Sensitive）、智力（Intellectual）的周期为主线，认为人自出生之日起直至死亡终止，体力、情绪、智力都进行着相当于正弦曲线的周期性节律变化。其中体力周期23天、情绪周期为28天、智力周期为33天，如图4-3所示。因此，人们生命中各时期的生物节律状态是可以预测的。在曲线正相的日子称为"高潮期"，在曲线负相的日子称为"低潮期"，曲线正负相交替的24 h称为"临界期"。

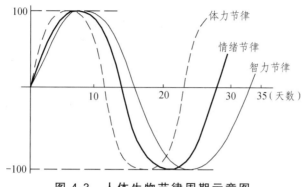

图 4-3　人体生物节律周期示意图

生物节律处于不同时期，人的生理心理状态是不一样的。在高潮期，人的体力充沛、精力旺盛、情绪饱满、反应灵敏、工作效率高，容易取得较好的工作成绩；在低潮期，体力衰退、容易疲劳、烦躁、健忘、判断迟钝、工作效率低，难以发挥出自己的正常水平。在临界期，人体各器官机能下降，处于不稳定状态，表现为头脑反应迟钝、心情不安、粗心马虎，极易出现人为差错。如果体力、情绪、智力三节律同时处于临界期，则称为"危险期"，极易发生事故。日本一家铁路公司查阅了1963—1968年间发生的331起事故，发现其中59%的事故发生在司机的"临界期"，1969年该公司开始实行生物节律计划，全年的事故一下减少了50%。一名瑞士学者对700起交通事故的分析发现，57.3%的事故都发生在驾驶员的3种生物节律处于临界日。杜毅运用该理论对1998年1月至2004年2月期间中南地区管制原因造成的9起飞行事故征候、15起严重差错事件进行调查分析，这些事件一共涉及33名管制员。结果发现，这些事件与当班管制员的人体生物节律指标有一定的相关性，其中93.3%的飞行事故征候与严重差错事件发生在当事人生物节律的临界状态。

众多事例表明，PSI周期理论能够在一定程度上对人的身心活动表现予以预测和解释，并且美国和日本的一些公司利用人体的PSI周期，合理安排员工工作时间。尽管这些工作也取得了一定的成效，并在20世纪80年代前后在美日风靡一时，但迄今为止，PSI周期理论与事故之间的因果关系并未得到科学实验的证实，而且对大量飞行事故的统计学分析表明，飞行事故的发生时间与所谓的PSI周期没有任何相关。鉴于此，如今美日等国家对该理论的研究热潮也已大大减退。尽管如此，只要条件允许，飞行员在实际生活中还是应当尽可能避免在上述生物周期的低潮期执行航班任务。如果正好在临界日或低潮期当班飞行，应提醒自己小心谨慎、保持清醒头脑和良好心态、严格按章操作，并告诉机组人员对自己的工作予以积极监控，将可能出现的差错概率降到最低。

# 第二节　睡眠及睡眠缺失

## 一、睡眠与睡眠的作用

睡眠是一种主动过程，通过睡眠，使疲劳的神经细胞恢复正常的生理功能，精神和体力得到恢复。

作为有机体节省能量的机制之一，睡眠是人类最重要和最基本的生理活动，占人生近1/3 的时间。睡眠是消除身心疲劳、恢复体力、促进生长发育、增强机体抵抗力以及延缓衰老的主要方式。睡眠不足者，表现为烦躁、激动或精神萎靡，注意力涣散，记忆力减退；而睡眠充足者，精力充沛，思维敏捷，办事效率高。可见，睡眠使能量得到储存，有利于精神和体力的恢复；而适当的睡眠是最好的休息，既是维护健康和体力的基础，也是确保良好工作绩效的保证。

## 二、睡眠周期

睡眠时同样存在生物节律。根据脑电波和生理表现，可以发现人从清醒到入睡的整个过程中，人的脑电波有着不同的变化。在 90～100 min 的时间内会经历一个有 5 个不同阶段的周期（见图 4-4）。通过脑电图（Electroencephalogram，简称 EEG）可以精确显示睡眠周期中的脑电活动，可以利用其了解和揭示睡眠的特质。

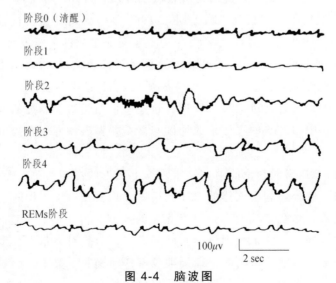

**图 4-4　脑波图**

（睡眠中不同阶段出现不同的脑波态型。图下之拐角线，横线下数字表示两秒钟曲线的距离，代表频率。竖线为微伏数，代表振幅。引自 Atkinson，1983）

如图 4-4 所示，脑电波图中有 6 条曲线，除第一条曲线表示清醒状态之外，从第二条曲线以下代表睡眠的 5 个阶段。根据脑电图及其他身体的变化判断，正常人入睡先进入非快速眼动睡眠（Non-rapid eye movement sleep，non-REMs）。非快速眼动睡眠又可以分成 4 个阶段：

阶段 1 是睡眠的开始，平时所说的昏昏欲睡的感觉就属于这一阶段。对于睡眠正常的人来说，这一阶段大约有几分钟的时间。人会感到朦朦胧胧，很容易被惊醒，并能听到周围发生的事情，所以这一阶段又称作朦胧期或瞌睡期。此时脑电波开始变化，频率渐缓，振幅渐小。

接着进入的第 2 阶段开始正式睡眠，属于浅睡期，持续 30～40 min 时间。这一阶段的睡眠是睡眠时间中最长的一个阶段，若以整夜计算，这一阶段的睡眠占总睡眠时间的 50%。这一阶段的脑波渐呈不规律进行，频率与振幅忽大忽小，其中偶尔会出现被称为"睡眠锭"的高频、大波幅脑电波，以及被称为"K 结"的低频、很大波幅脑电波。

随后出现第 3 和第 4 阶段的深度睡眠，脑电图的波形变为高而宽的 δ 波，又称 δ 睡眠，睡得很沉，意识消失，10 岁以前的儿童深度睡眠比成年人多，而且更深，当他们处在深度睡眠阶段，几乎不可能将他们弄醒。60 岁以后深度睡眠明显减少，甚至完全消失。此时脑波变化很大，频率只有每秒 1～2 周，但振幅增加较大，呈现变化缓慢的曲线。在深度睡眠期，大脑细胞完全休息，精力得到充分恢复；所有身体的机能活动下降，呼吸慢而平稳，心率、血压降低，新陈代谢减缓，表现为副交感神经占优势；脑电波速度变慢，波幅变大；体温下降；生长激素分泌达到高峰；免疫物质产生最多。

经过 60～90 min 的非快速眼动睡眠，个体会进入另一种与前面 4 个阶段性质不同的睡眠。在这个第 5 阶段，个体的脑电波迅速改变，出现与清醒状态时的脑波相似的高频率、低波幅脑波，但其中会有特点鲜明的锯齿状波。睡眠者通常会有翻身的动作，并很容易惊醒，似乎又进入阶段 1 的睡眠，但实际是进入了一个被称为快速眼动睡眠（Rapid eye movement sleep，REMs）的睡眠阶段。因为，此时除了脑电波发生变化之外，全身肌肉完全松弛，但有的小肌肉如脚趾、手指、面肌还有抽动；呼吸、脉搏变快，血压升高变得不规则等交感神经兴奋现象；个体的眼球作间断性快速地来回运动。如果此时将其唤醒，大部分人报告说正在做梦，因此又可称为做梦睡眠，如果遇有噩梦，梦境内容紧张、恐惧，使交感神经更加兴奋。因此，REMs 就成为睡眠第五个阶段的重要特征，也成为心理学家研究做梦的重要根据。

需要指出的是，睡眠周期是为了研究方便而根据脑电波和生理表现人为划定的，实际上各个睡眠阶段很难划出明确的界线，往往是逐渐变化，重叠交错，各有所侧重的。在整夜睡眠中，人们通常会经历 4～5 个睡眠周期反复交替。从入睡到快速眼动睡眠为一个周期，然后再从浅睡进入深睡眠到 REMs 结束为第二个睡眠周期。大部分深度睡眠出现在前面 2～3 个周期，即入睡后 3～4 h 深度睡眠已经完成，这是恢复机体最有效的睡眠时间。快速眼动睡眠越到后面的周期持续时间越长，第一个周期的快速眼动睡眠持续时间只有 5～10 min，醒前最后一个周期的快速眼动睡眠可长达 30～40 min。所以，大多数的梦是发生在后半夜。

### 三、睡眠缺失、睡眠剥夺与失眠

#### 1. 睡眠缺失与睡眠剥夺

睡眠缺失是指正常的睡眠习惯遭到干扰、破坏或没有能够睡足通常的时数，睡眠剥夺则是指整夜或几夜一点没睡，睡眠全部丧失。一般来说，绝大多数飞行员偶有通宵达旦飞行，出现睡眠剥夺，更多会面临睡眠缺失的问题，如跨时区和夜间飞行后难以入睡、早醒，在日常的睡眠时间内不得不执行航班任务，而在日常觉醒时间里却需要睡觉等，这些情境都属睡眠扰乱或缺失。

睡眠缺失具有累积效应，连续几夜的睡眠不足将会累加在一起，会影响飞行员的身心健康和工作表现，进而危及飞行安全。Connell（1991）曾对24名夜间飞行的Boeing-727货运飞行人员进行过研究，其结果表明：与出勤前和出勤后的睡眠相比，飞行员在出勤期间的每日睡眠显著缩短，反复的夜间飞行，导致了飞行人员的中度累积性睡眠缺失。另一较早的实验（Preston，1975）则用曲线图更直观地反映了睡眠缺失的累积性效应（见图4-5）。

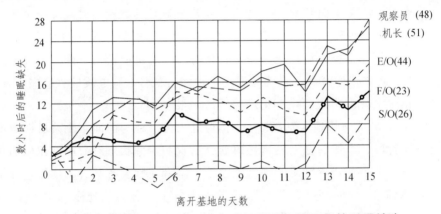

图4-5　随飞行时日的延长，长途飞行所引起的累积性睡眠缺失，
机型为Boeing-707，航线为伦敦—圣·弗朗西施科—香港

有人对跨时区飞行的飞行员和乘客的睡眠脑电图（EEG）进行了研究，结果发现跨时区飞行后，睡眠各阶段的相互关系发生了变化。总的趋势是向东飞行后的睡眠波型改变更为明显，表现为波型不稳定和变化无规则。这可能是因为向东飞行与夜间出勤相联系，同时也与时间提前有关。其结果是使飞行人员对白天的缩短感到难受。另外，向东飞行到达目的地的时间常常是在凌晨，由于新地区的昼间时间代替了原来的夜间时间，接下来的夜间睡眠阶段就正好落在昼夜体系还未到达的时相间隙里，此时仍处于一种睡眠无效状态，上半夜就更容易惊醒，在睡眠脑电图上呈紊乱状态。与此相反，向西飞行的第一夜，除下半夜容易惊醒外，睡眠的质和量都是较好的。显示出未怎么受到干扰。而下半夜的易于惊醒则很可能是由于原有的昼夜睡眠节律所引起。即新的地区环境，加之几或十几小时的时差所要求的睡眠时相与原有的睡眠时相存在着矛盾。

Wilkinson在1969年的一项警觉性实验中发现，当连续两夜中睡眠缺失达到2~5 h的时候，飞行员便会遗漏许多重要的信息，操作成绩变得时好时坏。Taub等人1973年的一项研究发现，如果将睡眠时相人为地移动（提前或延后）2～4h，飞行员的警觉水平和计算能力将会遭到严重破坏。随着飞行高度和工作负荷的增加，飞行员操作效率的下降亦越明显。研究还表明，除警觉水平下降外，睡眠的缺失还会改变飞行员的工作态度和心境，这可能是警觉水平降低，影响飞行效率的主要原因。由于睡眠缺失而感到疲劳，飞行员就有可能会下意识地省略或遗漏一些重要的飞行信息。最为危险的是，在睡眠缺失的影响下，即使其飞行效率降低了，飞行员自身却仍然不能或很难觉察。现代化的航空器需要飞行员积极监控，对各类飞行相关信息进行积极有效管理。由睡眠缺失所引起的警觉水平降低，对完成飞行任务是极为不利的。

### 2. 失眠（Insomnia）

失眠又被称为入睡和维持睡眠障碍，是由各种原因引起的入睡困难、睡眠深度或频度过短、早醒及睡眠时间不足或质量差等。作为一种最普遍的睡眠障碍，临床以不易入睡、睡后易醒、醒后不能再入睡、时睡时醒，或彻夜难以入睡为其症候特点，并常伴有白天精神不振、反应迟钝、体倦乏力，甚至心烦意乱，严重影响工作、学习和生活。

失眠通常可以划分为暂时性失眠和慢性失眠两种类型。

暂时性失眠也被称为情景性失眠，是由于外在工作、生活情景改变造成的暂时适应困难导致的暂时失眠，失眠的时间通常较短，最长也不会超过3周。大多数人在遇到一些令人感到兴奋、压抑或焦虑的事件如严重的家庭、工作或人际关系问题，由于时差或轮班的工作等改变原有睡眠节律，睡眠环境不舒适或对睡眠环境的不熟悉时，都可能会出现这种类型的失眠。这类失眠一般会随着事件的消失或时间的延长而改善，但是，如果处理不当，部分也可能转化成为慢性失眠。

慢性失眠也被称为临床性失眠，是失眠症状至少持续3周以上，飞行员如果出现慢性失眠，就必须尽快采取措施，去医院就医。部分慢性失眠患者由暂时性失眠延续而来，另一些是由于躯体化焦虑状态所致，如不安、忧虑、过度警惕、反复思量等。同时，失眠的人往往会越想睡眠越难以入睡，越发变得对失眠过分关心和忧虑，这样失眠又反过来加重症状形成恶性循环。长期应用安眠药也可能是造成慢性失眠的重要原因，一些安眠药的长期使用不但对失眠没有帮助，反而会加重失眠。

## 四、提高睡眠质量、补充睡眠缺失的建议

根据影响睡眠质量、导致睡眠缺失的可能原因，可以采取以下的一些措施和方法，帮助提高睡眠质量、补足睡眠缺失。

### 1. 科学饮食

清淡饮食有助于睡眠，高蛋白食物有助于使个体保持清醒，多食高碳水化合物食品能促进睡眠。尤其是有睡眠障碍的飞行员，在睡前尽量不饮酒、不吸烟、不喝含咖啡因的饮料、不过多饮水以免晚上不断上厕所影响睡眠质量；晚餐时间不宜太迟，少吃辛辣的富含油脂的食物，以免腹胀影响睡眠，但也不能吃得太少，否则易引起早醒，中医所说"胃不

和则卧不安"即是这个道理。如果睡前确实需要进食，可以适度喝点牛奶、吃点面包饼干之类的食品。

### 2. 适宜的睡眠环境，良好的睡眠习惯

良好的睡眠环境，如安静、避光、舒适的卧具、适宜的温度和湿度、清新的空气质量等，是帮助睡眠，确保睡眠质量的前提条件。尽可能保持有规律的作息时间。生活起居规律，养成定时入睡和起床的习惯，建立起自己的生物钟，这是避免失眠的最有效方法。由于工作等原因有时不得不晚睡，早晨也尽量按时起床，遇到周末和节假日也不要多睡懒觉，睡眠是无法储存的，睡多了反而无益。大睡要放在夜间，白天的睡眠时间尽可能控制在 1 h 以内，并且最好不要在下午 3 点后睡觉，否则容易导致对夜晚睡眠时间的"剥夺"。

### 3. 科学锻炼

尽可能每天都能够保持半小时到 1 h 的运动时间，下午是帮助睡眠的最佳锻炼时间，而科学的有规律的身体锻炼能提高夜间睡眠质量。游泳、步行、登山、跳绳等运动，可以帮助缓解疲劳、促进深度睡眠，还有助于消除沮丧和焦虑等不良情绪。但睡前不要从事剧烈运动，过量的运动往往会使睡眠质量下降。

### 4. 合理运用放松技术

放松技术一方面可以减轻神经的兴奋，另一方面还可以使身体肌肉得以放松，从而减少紧张，降低警醒水平，诱导睡眠的发生。遇到不良生活事件导致的负性情绪时，可在令人放松的音乐中自我调节、自我放松。如果在适合睡眠的条件下，30 min 内仍不能入睡，可起床或做能帮助入睡的事情，如读书，听听放松的音乐，看看电视等，使身心尽可能完全放松后，再准备入睡。此外，睡前洗个热水澡或用热水泡脚，也有助于放松肌肉，帮助入睡。

### 5. 给予必要的心理支持和心理疏导

对于飞行管理部门和后勤保障单位而言,应从组织角度帮助解决一些力所能及的问题。主动关心帮助广大飞行人员，尤其是与存在一定心理困惑甚至是心理问题的飞行员多交流，选择合适的时机给予心理辅导或认知指导，帮助他们分析不良情绪产生的根源，引导其诉说心中的苦闷，进而帮助他们宣泄不良情绪，改善心理状态、睡前保持心情平静，从而防止出现失眠或者是改善睡眠。

# 第三节　工作负荷与管理

## 一、驾驶舱工作负荷的经验公式

工作负荷是主观感受，并无客观的衡量标准，在这里我们引入一个简单的经验公式来说明驾驶舱的工作负荷：

$$驾驶舱工作负荷 = 任务数 \times 任务价值 / 可用时间$$

在上述经验公式中，飞行员所面临的飞行任务可划分为若干个组块或者单元，如操纵任务、空间定向任务、无线电通话任务以及检查单任务等；而任务的价值或者权重则是指任务的难易度以及它们的相对重要性；可用时间是指在当前的情景下容许机组做出判断和实施决策的可用时间，也就是机组完成特定的任务或者多个任务可以利用的时间。显然，任务数越多，飞行员的工作负荷就越大；工作任务的难度越大或者越重要，那么它的价值和权重也就越高，给飞行员造成的压力也就越大，其工作负荷就越高。与此类似，在特定的处境下和特定的环境中飞行员能够用于完成任务的时间越短，飞行员的工作负荷也越高，所承受的压力也会越大。因此，我们可以把驾驶舱的工作负荷视为若干个工作单元乘上任务的价值或者权重后再除以可用的时间。虽然上述公式并不是一种绝对科学的定量方法，但它仍然有助于我们描述许多情景下的工作负荷问题。

对工作负荷进行平衡以便使工作负荷在所有的飞行时间里和所有的机组成员之间得到较好的分配，不至于出现过高或者过低的工作负荷状况，这是机长的一项重要的管理职责。但作为机组成员来说，也应该清醒地认识到：虽然工作负荷的控制是机长的职责，但每一个机组成员也必须接受分配给自己的工作负荷，并使机长成为整个工作负荷的备份，使他能够有精力对驾驶舱内的工作负荷进行全面的平衡。

## 二、工作负荷状态

根据工作负荷对飞行员工作表现的影响，我们可以把驾驶舱的工作负荷划分为3类：即正常工作负荷状态、偏低或过低的工作负荷状态、偏高或过高的工作负荷状态。

### 1. 正常工作负荷状态

根据叶克斯道森的倒"U"形曲线（见图4-6），可以将中等强度的工作负荷视为正常工作负荷状态。在正常的工作负荷范围内，机组成员的觉醒或者激活水平处于适宜的状态。主要表现为思维清晰、反应敏捷以及情绪稳定，飞行工作的效率和准确性高并且机组的氛围良好。但是，即便是处于这样的状态下时，所有的机组成员也应该保持警惕，积极地参与到飞行活动之中，应该对飞行中不断变化的工作负荷进行提前预测，并做出应对计划，以避免机组进入不适宜的工作负荷状态之中。

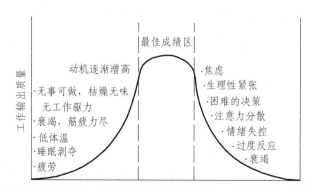

**图 4-6　叶克斯－道森的倒"U"形曲线**

## 2. 偏低和过低的工作负荷状态

偏低和过低的工作负荷状态都属于低工作负荷状态，只不过程度不同罢了。在此，我们将主要对过低的驾驶舱工作负荷状态进行讨论。由于在特定的飞行阶段（如巡航阶段）和特定的飞行航线中（如长航线飞行、总是飞同样的航线，或者机组总是在飞行中完全依靠飞行管理系统来飞行），工作任务的数量相对较少，这些任务的价值也相对较小，并且时间较为富裕，在这样的情境下就有可能使机组处于偏低或者过低的工作负荷状态。其主要表现是：活动减慢、交流减少、瞌睡或者打盹、疏忽性错误以及自鸣得意。

一般而言，要识别其他机组成员处于过低的工作负荷状态相对容易一些，要识别自己或者整个机组已经进入过低工作负荷状态却不是那么容易。这就如人们常说的："当局者迷，旁观者清。"通过计划和检查可以降低这种状态的负面影响，起到提高机组警惕性和克服自鸣得意的危险局面。

## 3. 较高及过高的工作负荷状态

在这样的状态下，飞行员会感到工作吃力、容易发生错误以及动作量过大。也可能出现将自己的注意力固着在某些紧急任务上，却忽略对其他任务的监控，脾气变得古怪和易于发怒，持续较高的工作负荷也会导致飞行疲劳。在及时采取行动实施管理行为之前，机组的首要任务是应该识别出这种状态的危险信号（参见图 4-7）。在识别出自己或者机组已经处于这样的状态时，机组成员们应该将注意力集中在重要的任务上，停止无关的交谈，并对任务进行合理地分配和计划，通过这样的努力后工作负荷就会降低。

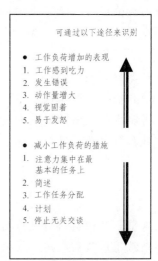

可通过以下途径来识别

● 工作负荷增加的表现
1. 工作感到吃力
2. 发生错误
3. 动作量增大
4. 视觉固着
5. 易于发怒

● 减小工作负荷的措施
1. 注意力集中在最基本的任务上
2. 简述
3. 工作任务分配
4. 计划
5. 停止无关交谈

**图 4-7　较高工作负荷状态的表现及应对措施**

# 三、工作负荷控制

对不良驾驶舱工作负荷状态的预防可以采取以下一些措施：

（1）飞行前简述和自动化是对工作负荷进行合理分配的重要方法，也是将驾驶舱工作负荷控制在适宜范围内的一个有效途径。通过飞行前简述，可以使机组提前预料整个飞行活动中工作负荷的变化情况，并做出有针对性的计划。而利用驾驶舱内的自动化设备则有助于使机组将机器能够完成的工作交给机载设备去做，从而达到降低驾驶舱工作负荷的目的，使机组能够将主要的精力用于处理亟待处理的问题之上。但要注意的是，如果机组过分地依赖机载自动化设备，也有可能会带来预想不到的副作用，实际效果是增加飞行机组工作负荷。例如，如果飞行导航系统在工作负荷已经很高的情况下需要重新设置的话，就会进一步地加重机组的工作负荷。过分依赖机载自动化设备所导致的飞行事故可谓很多，机组对此应该引起高度的重视。

（2）将书面工作、不必要的交流、信息的收集、简述等工作移到飞行工作负荷较低的阶段去进行，也是使工作负荷得到较好分配的措施之一。后面我们将要介绍的飞行事例将有助于对这一方法的进一步理解。

（3）使用驾驶舱资源管理的基本工具是使驾驶舱工作负荷保持在正常状态的一项最有力的措施。这些管理工具主要包括：交流和简述、质询与反应以及短期策略。我们将在"第十四章机组交流"里对这些工具进行了较为详细的讨论。通过合理地使用这些工具，不但能够提高整个机组对驾驶舱工作负荷状态的情景意识，同时也将使机组及时地形成预防和应对不良工作负荷状态的措施。

### 四、对机长和机组成员的特别建议

#### 1. 机 长

（1）预料过高或者过低的工作负荷情景，采取正确措施和行动以防止工作负荷的进一步加大。

（2）在工作负荷太高时，应该采取正确的行动来降低它，可通过任务分派来降低飞行员的工作负荷，通过在特定时间内对任务进行优先秩序的分配来降低整个机组的工作负荷。

（3）采取一切措施来降低过高工作负荷的危险。

（4）当面临过高的工作负荷时，应该建立稳定的工作平台。

（5）避免自己施加的时间限制或时间约束。

（6）对权威性和直陈性予以平衡，避免自鸣得意和过高的工作负荷。

#### 2. 机组成员

（1）支持机长在维持合理的工作负荷上的努力，尤其是当机长本人将要处于过高或过低的工作负荷状态时，机组成员们就更应该支持机长在保持正常工作负荷状态方面所做的努力。

（2）当机长未能做出恰当的行动时，机组成员应该主动提出有利于安全的措施。

## 第四节　飞行疲劳

### 一、飞行疲劳的含义

对于什么是疲劳（Fatigue），《辞海》中将其定义为"持久或过度劳累后造成的身体不适和工作效率减退的现象"，《中国大百科全书·心理学》中指出"疲劳是因持续工作造成体力及工作效率下降并伴随有疲怠感的现象。疲劳是一过性现象，除过度疲劳所造成的累积性疲劳外，经过休息，一般都可消失"。作为一种主观不适感觉，疲劳是由于肌肉和中枢神经系统长时间从事生理活动或心理加工过程，缺乏足够的休息，而产生的没有足够的能力或资源维持活动或加工的最佳水平，是在一定条件下，由应激的发生和发展所造成的心理、生理上的不平衡状态。在实际工作中，是由于高强度或长时间持续活动而导致的人体工作能力下降和差错率增大的现象。

飞行疲劳（Fight Fatigue）是指在飞行条件下，由应激的发生和发展所造成的心理、生理上的不平衡状态。国际民航组织（ICAO）认为机组人员的疲劳是一种因睡眠不足或长期处于觉醒状态、生理节律周期或工作负担（精神和/或身体活动）等原因导致的精神或体能下降的生理状态，能够削弱机组人员的警觉性及其安全操作飞机或者履行与安全相关职责的能力。飞行疲劳属于"技巧性疲劳"，作为一种自然的人体防御反应，通常情况下，它不以耗损体力为特征，而是属于心理能量的消耗，常常表现为不能保持注意力集中和发挥飞行技能，工作绩效下降。

## 二、飞行疲劳的类型

依照不同的划分标准，飞行疲劳可以划分为不同的类型。根据疲劳的持续时间不同，可以划分为慢性疲劳和急性疲劳。依照产生的原因又可划分为心理疲劳和生理疲劳两种类型，心理疲劳和生理疲劳通常交织在一起，彼此相互影响。

心理疲劳一般是指人体肌肉工作强度不大，但由于神经系统紧张程度过高或长时间从事单调、厌烦的工作而引起的第二信号系统活动能力减弱，大脑神经活动处于抑制状态的现象。通常表现为头昏脑涨、失眠或贪睡、感觉体力不支、注意力不集中、反应时减慢、短时记忆受损、思维缓慢、情绪低落，以及工作效率降低等等。其实质是由于心理功能、神经系统方面利用过度、紧张过度从而导致其功能降低所产生的疲劳，或者是由单调、重复的工作所引起的一种厌倦感。就飞行员而言，复杂气象条件下向不熟悉的机场进近，机载设备故障需要长时间严密监控，接受长时间飞行检查等条件下，会比较容易出现心理疲劳，表现出记忆力下降、警觉性降低、反应时降低，以及焦虑、易怒等负性情绪体验。

生理性疲劳也称体力疲劳，是指由于过度体力劳动，身体不适或环境物化等因素所引起的体力衰竭和工作能力下降的现象，通常以肌肉疲劳为主要形式，其典型表现为乏力、工作能力减弱、工作效率降低、注意涣散、动作的协调性和灵活性降低、工作满意感下降等等。如飞行出现机械故障后需要保持长时间的人工操纵，睡眠不足、饥饿或肠胃不适、座舱温度过冷过热、湿度过高或过低、噪声过大等条件下表现出体温降低、四肢沉重、姿态不协调等等。

## 三、飞行疲劳与飞行员的工作表现

疲劳对于个体生理和心理的影响，中西方学者均对其进行了大量的研究和说明，罗列出一系列表现。总的来看，疲劳状态下飞行员可能会出现飞行能力和作业效率下降的现象。

（1）飞行员的认知能力受损。认知能力是指个体在观察、记忆、理解、概括、分析、判断以及解决智力问题等方面具有的能力，也就是感知、记忆、思维、想象和言语等方面的能力。疲劳状况下，飞行员在感知能力上的表现，主要体现为感受性降低、感觉阈限值增高、警觉性水平降低；简单反应时和复杂反应时延长、反应迟钝；视敏度降低、视野缩小；记忆能力，尤其是短时记忆能力丧失，对刚做过的事，听过的话往往需要重复多次才能记住；判断与决策能力受损，容易出现错误判断，并且逻辑性和条理性降低、容易表现出思维固着、思路单一；出现诸如耗油量计算错误，甚至违规飞行等问题。此外，在言语方面，通常表现出不愿意说话，但也有个别人会表现出兴奋，语言明显增多，但条理不清晰、缺乏逻辑性。

（2）可能出现情绪异常，容易产生攻击性行为，人格特质也可能会发生变化。出现飞行疲劳时，飞行员可能会心境异常，情绪不稳定，感到心烦意乱，容易急躁，倾向于冒更大的风险。心情时好时坏，情绪容易在兴奋和消沉两种极端之间交互变化，一会儿感到郁郁寡欢、心情沉闷、做什么事都提不起精神，一会儿又情绪激昂、热血沸腾，似乎特别强壮有力，能够应对一切可能发生的事件。对自己以及机组成员的工作可能表现出漠不关心、工作的积极主动性丧失。在疲劳状况下，飞行员的情绪控制能力可能会大大降低，容易沮丧，也容易受激惹，出现攻击他人心理甚至是肉体的行为。这种攻击行为最突出的体现在言语表现方面，挖苦、讽刺语言增多，容易出现大声呵斥的情况。这样很容易损害与其有工作关联的相关人员，如管制员、签派员、机务维修人员，以及其他机组成员等之间的人际关系，影响彼此间的协作配合，进而降低工作效率。

（3）注意稳定性、注意的分配能力降低。飞行疲劳状况下的飞行员，全神贯注于多种飞行任务的能力降低的同时，容易出现注意力的管状集中，即将注意力全部集中于某个或某几个仪表上，或者是某一活动上，缺乏对多个仪表、多种任务的整体状况的关注。注意力容易分散，监控技能降低，受无关因素干扰，思想游离于飞行活动之外。由于飞行员疲劳，没有能够对仪表实施全面监控，致使飞机出现大的偏差飞行，弄错高度、偏航、降错跑道、未得到管制员允许而改变飞行高度等等。

（4）在生理等主观感觉方面，可能首先出现倦怠感，随后出现困倦、头昏、头痛、全身酸痛、疲倦无力等症状。如果疲劳加剧，发展为过度疲劳，会出现头痛、头昏加重，恶心、心悸、心率失常、严重失眠，以及其他植物性神经功能障碍等。1996年美国学者对晚上飞货机的飞行员进行跟踪调查发现，同飞白班的飞行员相比，他们的头痛发病率增高 4倍，鼻阻塞增加 2倍，眼红肿增加 9倍。

此外，飞行动作技能方面可能变得草率、操作错误的可能性增加，手控操纵数据出入大，动作粗猛，手眼等的协调能力降低，修正偏差急于求成（造成偏差"增幅振荡"）等等。

## 四、飞行疲劳的成因

飞行疲劳是在飞行条件下，由应激的发生和发展所致。飞行员自身的身心状况、飞行任务、飞行环境等，都可能成为飞行员应激的重要因素，并最终导致飞行疲劳。

睡眠不足、跨时区长途飞行引起的时差效应、夜间飞行引起的昼夜节律扰乱，是导致飞行疲劳最常见的因素，也是最主要的因素之一。睡眠对于人体的生理和心理功能有着重要的作用，它有助于飞行员体力与信息加工能力的恢复，是个体良好认知能力、良好心境、良好注意力品质，以及保持身体健康所必需的重要生理功能。但是因为工作性质等多种主客观因素限制，许多飞行员却必须面对生物钟受到影响、固有的内源性生物节律被破坏等问题，如果这种节律受到破坏，身体就会感到不适，会感到昏昏欲睡和疲劳。西方学者调查研究发现，飞行员睡眠不足和昼夜节律的改变是疲劳产生的主要原因，大部分飞行员认为，时差问题、夜间飞行等所致的昼夜节律改变很容易引起睡眠缺失，"该睡的时候睡不着，不该睡的时候却又昏昏欲睡"，长期的睡眠缺失所产生的累积效应，最容易导致飞行工作效率下降，出现人为差错。这一点也得到了我国民航飞行员的认同。

飞行疲劳与飞行距离也有着一定联系，持续飞行时间过长也是导致飞行疲劳的重要原因之一。人的精力和体力是有限的，虽然在大部分的飞行时间里消耗的精力和体力不是很多，但飞行值勤时间过长，也会消耗殆尽。有调查表明，经过长距离飞行以后，93%的飞行员感到疲劳，其中85%的人感到极度疲劳。飞行员的工效随着飞行时间延长而有轻微下降，特别是当飞机遇到大气湍流时，飞行员在开始时还有一定的敏锐性，工效还会有所改进，但后来就开始下降，不再努力去克服湍流给飞行带来的影响。另外，如果在夜间飞行，或者飞行时间比较长，如15 h左右，工效下降也很明显。尽管航空法规中已经限制了机组成员每月和每年的飞行时间上限，但那是根据所有飞行员的平均体质，平均状态来确定的。其中部分个体如果状况不是很好，那么在到达限制时间以前，可能就产生了因疲劳而导致事故的隐患。

工作负荷过高或过低，都有可能导致飞行疲劳产生。过高的工作负荷可能使飞行员的紧张程度过高、心理智源使用过度，造成心理疲劳，也可能使飞行员忙于操纵，出现生理疲劳；工作负荷过低，如巡航阶段的较为单调的工作，也可能使飞行员感到枯燥乏味，产生厌倦感等不良情绪体验，进而引发和加速飞行员心理疲劳的产生。在一天中执行多航段飞行任务，进行多次起降，或者是遭遇恶劣天气甚至是特殊情况，这些高强度甚至高压力的飞行，很容易导致飞行员疲劳。

此外，狭小的驾驶舱，缺乏足够的活动空间，稳定的低噪声和小振动、温度与湿度不佳等驾驶舱环境也容易使飞行员产生疲倦感。人体不能长时间耐受强烈的噪声，有研究表明，长时间置身于噪声太强的环境，可能会导致视疲劳：当噪声强度在90分贝时，视网膜中视杆细胞对光亮度的敏感性开始下降；当噪声在95分贝时，2/5的人瞳孔扩大、视物模糊；当噪音达到115分贝时，几乎所有人的眼球对光亮度的适应都会有不同程度的衰减。一些老旧的运输机和小型、轻型飞行，由于空调效果不好或者是没有空调，在湿热天气情况下，人体轻则产生闷热的不舒适感，重则大量出汗甚至造成浅度脱水，这都容易引起疲劳。

飞行员身体状况欠佳，尤其是营养缺乏、吸烟、饮酒、沉湎于游戏或网络等不良生活习惯，人际关系不良、来自社会家庭等的生活压力过大，都可能会导致飞行疲劳，或者是增加飞行疲劳的易感性。

## 五、飞行疲劳的预防与克服

### 1. 科学管理、合理安排工作任务

科学合理的工作时限与休息制度安排是预防飞行疲劳的首要因素。整个民航界对于飞行人员的执勤和休息时间均有严格要求，如FAA要求客机飞行员飞行时间不得超过10 h，值勤期后应当安排至少8 h连续休息期，休息后再执勤与上次飞行总小时数不得超过15 h；

货机飞行员飞行时间不得超过 11 h，值勤期后应当安排至少 10 h 连续休息期，休息后再执勤与上次飞行总小时数不得超过 14 h。中国民用航空局第 195 号令《大型飞机公共航空运输承运人运行合格审定规则》（CCAR-121-R4）中对于飞行机组成员飞行时间规定指出：① 任何 7 个连续日历日内不得超过 40 h。② 任一日历月飞行时间不超过 100 h，任何连续 3 个日历月内的总飞行时间不得超过 270 h。③ 任一日历年内不得超过 1 000 h。同时对驾驶员值勤期限制、飞行时间限制和休息，均有详尽具体要求，如当飞行机组配备 2 名驾驶员时，驾驶员的值勤期限制、飞行时间限制和休息要求应当符合以下规定：

（1）值勤期最多 14 h，该值勤期内的飞行时间不得超过 8 h，但对于不多于 2 个航段的飞行，飞行时间可以延长至 9 h。值勤期后应当安排至少 10 个连续小时的休息期，但对飞行任务解除的时间是发生在当地时间午夜零点之后的，则应安排 12 个连续小时的休息期，这个休息期应当安排在该值勤期结束时刻与下一值勤期开始时刻之间。

（2）发生运行延误时，如果驾驶员的实际值勤时间未超过 14 h 的限制，则该值勤期后的休息期可以缩短至 9 h。

（3）发生运行延误时，值勤期最多可以延长至 16 h，但该值勤期后 10 h 的休息期不得缩短。

因此，就航空公司管理而言，应严格遵照民航局有关规定，严格控制飞行员每年、每月、每周及每天飞行小时。重视疲劳风险管理（FRM），充分了解疲劳、睡眠及昼夜节律的相关知识，控制飞行强度，合理安排飞行任务与地面学习等其他工作，防止疲劳积累，保证飞行员有充足的休息时间。在周、月、季飞行任务，地面其他学习等其他工作安排时，应该充分认识到个体差异，了解每一位飞行员的生理、心理特点，认识到生物钟可能存在的影响。注意轮换班、长途跨多时区飞行排班的合理性，要逐步进行小范围调整，不可随意排班、存在大跨度的倒班。相关保障部门要积极采取措施，确保为飞行人员提供良好的休息环境和休息设施。

需要指出的是，当前不少公司的领导干部，飞行、企业管理双肩挑，他们不仅要面临繁杂的公司（飞行队）管理工作，还要因飞行员不足而忙于航班生产，忙于航线带飞（检查）、模拟机训练（检查）等工作，不得不常常面临疲劳的威胁。这不仅可能给安全飞行构成威胁，也不利于他们的身心健康与管理能力的发挥。

**2. 科学认识、正确对待机上睡眠和驾驶舱小睡**

机上睡眠也称为床铺睡眠，通常用于长航线飞行。它是在确保驾驶舱中有满足规章最低要求的机组成员操纵飞机的前提下，一名或一名以上的飞行员到机舱内指定专门区域睡眠休息。这种方式有助于最大限度地缓解因睡眠不足或其他原因造成的飞行疲劳。机上睡眠被很多国家采用，美国联邦航空局（FAA）就要求超过 12 h 飞行时间的航班，必须增加飞行员数量（至少 3 个飞行员）并配备机上休息室等设施。中国民航局 2002 年就发布有"关于飞机上飞行机组睡眠区的要求"咨询通告（AC-121FS-008），指出对于远程航线运行的飞机，航空公司应当在飞机上设置飞行机组休息室（含睡眠区），以保证飞行机组成员能够得到良好的休息和睡眠。事实上，现在国际民航正在运行的主流远程宽体客机，如 B777、B787、A330、A380 等机型，均为飞行机组人员设计有单独的专用睡眠区。A380 的机组休息舱分为飞行机组休息舱和上层乘务组休息舱，飞行机组休息舱位于驾驶舱右后方，在驾驶舱安全门和隔离门之间，分为上下两个独立空间，每个空间还设有独立的舱门，在门上还装有锁闭装置。可以同时为两名飞行机组成员提供具有良好私密性的休息环境。而且飞行机组休息室的内部墙壁包裹有柔软的隔音材料，能够吸收从飞机和客舱发出的噪声，给飞行员创设出安静舒适的环境，使机组能够更好地休息，进而保证飞行安全。

小睡（Napping），即日常所说的打盹，是持续 20 min 到 2 h 之间的短时间睡眠，它有助于减少睡眠的累积性缺失、防止警觉性水平降低，预防和消除疲劳。具体来讲，白天的小睡有助于提高记忆力、提高反应时，使人感觉舒适，下午的小睡有助于延长夜间工作时间；夜间的小睡有助于补偿睡眠不足，防止工作能力下降。针对飞行员的研究也表明，长途飞行的巡航过程中，飞行员小睡 20 min，有助于消除疲劳，并足以恢复长时间飞行所需的警觉性；而且在这一期间，其他机组成员更易处于良好激活水平，不会出现警觉性降低的情况。NASA 非常强调机组人员轮流小睡的积极作用，许多国家已不再禁止在飞行中的短时间睡眠，只是必须予以仔细管理、做好计划。小睡 20 min 必须做出 40 min 的计划，其中 5 min 用于准备入睡、20 min 睡眠、15 min 恢复到完全清醒；在飞机下降 1 h 前，所有人员必须保持清醒状态。

驾驶舱小睡则是指飞行员不离开驾驶座位进行小睡。驾驶舱小睡在新西兰、加拿大等许多国家航空公司管理部门得到允许，但是未得到美国联邦航空局（FAA）批准。

此外，飞行员在飞行过程中还可以采取交谈、站立、走动等方式短暂休息。这些方式能够改变姿势，缓解肌肉疲劳，同时增加人际互动，有助于缓解飞行疲劳引起的嗜睡，注意力不集中等症状。Neri 等人（2002）在飞行模拟机中进行夜航实验发现，飞行员通过 7 min 的短暂休息，能够在其后的 15 min 生理嗜睡显著减少，25 min 内主观警觉性显著增加。

**3. 加强机组资源管理，保持适当工作负荷**

飞行疲劳与工作负荷密切相连。因此在整个飞行期间，应做好充分的飞行地面准备，飞行过程中积极监控，对可能面临的问题做好预案，合理分配工作，避免高工作负荷的出现。针对巡航阶段较低工作负荷可能导致的困倦，飞行员可以采取适当轮换工作的方式，如机长和副驾驶每小时轮换一次工作，避免单一工作引发厌烦。尽可能避免由某一位成员长时间对仪器仪表实施监控，监控工作不符合人的本性，长时间的监控工作，很容易使人疲劳。合理使用自动驾驶仪，在飞行非关键阶段聊聊天、谈谈生活家常等，也是行之有效的方法。出现飞行疲劳时，应当告之其他机组成员，并适当调整工作、进行合理休息。如果条件许可，可以增设机组成员，以轮换休息。

**4. 注意膳食营养，加强体育锻炼，增强抗疲劳耐力**

平时加强身体锻炼、注意合理营养，保持健康体魄，对于提高飞行员身体抗疲劳能力有着非常积极的作用。从饮食与睡眠的关系来看，白天多食高蛋白质食品，夜晚尽量少吃或不吃高脂肪食品，多食含糖量高的食物，多吃水果和奶制品，睡前少进食，均有利于睡眠。适当浓度的茶、咖啡等饮品中含有少量咖啡因有助于"提神"，有助于预防和消除疲劳，但如果浓度过大，则可能会适得其反。不仅可能导致肠胃不适、神经系统功能紊乱，还会影响睡眠，加重心理疲劳。

5. 养成良好的生活习惯、保证充足的休息和睡眠时间

飞行疲劳的预防与克服，固然有管理部门的责任，但这更多地取决于飞行员自身。作为一名合格的飞行员，必须学会合理安排休息时间、加强生活规律性、克服不良生活习惯、严格作息制度，确保充足睡眠。

疲劳后的休息一般有静止性休息和活动性休息两种方式。正确的休息方式应当是两种休息方式的结合，即在良好睡眠的静止性休息基础上，适当参加一些运动或其他体力活动，这对于消除心理疲劳具有显著作用。避免沉湎于麻将、扑克牌、网络游戏，积极参加打球、散步、棋牌等适当的户内外文娱活动，都有助于疲劳的预防和克服。

飞行员应该对一些有助于入睡、帮助提高睡眠质量的方法有所了解，在保证 8 h 睡眠时间的同时，提高睡眠质量，如保持安静的睡眠环境，避免日光照射，选择舒适的卧具；尽可能保持有规律的睡眠计划；保持良好的身体状态，睡前不吃刺激性食物，疲倦但不是过度疲倦时睡觉；尽可能摒弃强烈的心理活动，如思考问题或情绪问题；避免用药物和酒精帮助睡眠；合理运用心理放松和自我催眠方法等等。

就长途跨时区飞行而言，飞行员必须采取措施克服时差的影响。时差的应对取决于过站时间是在 48 h 以上还是 48 h 以下，如果少于 48 h，应尽可能保持常驻地的生活节奏，反之则应调整作息与用餐时间，尽可能与所到国家或地区生活节奏保持一致。过站时间超过 48 h，且向西飞行时，第一天晚上尽可能晚睡，到达时的上午 8 点到下午 5 点（基准时间）之间在户外活动，刚返回后的上午 10 点至下午 3 点之间进行户外活动；若为向东飞行，从第一晚上起就尽可能早睡，并且飞行中不睡、抵达后不小睡，在早上 5 点至下午 10 点间，在户外活动，刚返回后的下午至晚上 12 点间在户外活动。而且在过站滞留期间，睡眠或饮食的时间必须要有规律。

6. 改善环境

这里的环境包括物理环境和心理环境两个方面。

就物理环境而言，在座舱环境、人机界面设计中采取措施有助于防止飞行疲劳产生，但航空设计方面的问题不是在短时间内就能够解决的。将驾驶舱的温度适当调低，略低于正常温度；保持清洁，避免吸烟，尽可能保持空气清新，都是积极有效的方法。

从心理环境来看，主要是帮助飞行员建立一个融洽、具支持性的良好社会环境，使飞行员能够得到家人和朋友的理解与支持，在帮助安排充足休息时间的同时，使飞行员少受或免受不必要社会应激困扰，免受负面情绪体验的影响。

· 思 考 题 ·

1. 简述昼夜生物节律、睡眠及疲劳三者的关系，及其对飞行安全的影响。
2. 简述人体昼夜生物节律的表现与形成机理。
3. 简述时差效应的主要表现与克服时差效应的措施。

4. 引起飞行员睡眠缺失以及扰乱的主要因素有哪些？

5. 促进飞行员睡眠质量、补足睡眠缺失的措施有哪些？

6. 工作负荷的管理方法是什么？

7. 飞行疲劳的表现、成因与应对措施是什么？

## ·案例讨论·

### 美 FAA 发布飞行员疲劳管理法规 提高民航安全

http：//news.carnoc.com/list/208/208847.html

民航资源网 2011 年 12 月 22 日消息：21 日，美国交通运输部长拉胡德（Ray LaHood）及美国联邦航空管理局（FAA）代理局长韦尔塔（Michael Huerta）发布最终法规，采取措施避免飞行员进行疲劳驾驶。

拉胡德称："这是在民航安全方面的重大成绩。我们曾承诺，保证飞行员能得到充足的休息。这一新法规将有效预防疲劳，提高安全。"

韦尔塔表示："每一个飞行员都有责任保证工作时是适勤的。新法规能让飞行员有足够时间进行休息，使其能安全地将旅客送往目的地。"

2009 年科尔根航空客机在贝法罗坠毁，飞行员疲劳问题成为各方关注的焦点。

新规定结合最新疲劳科学研究结果，根据当天飞行员开始首次飞行的时间、需飞行的航段数以及飞跃的时区数，对飞行员飞行时间、当值时间及休息时间设置了不同的要求。此前的法规对国内、国际以及非定期航班的飞行员设置了不同的标准，没有考虑到首个航班时间及时区的问题。

9～14 h 当值时间：新规规定，飞行员当值时间为 9～14 h。当值时间从飞行员报道开始，至最后一个航班结束为止。这包含了飞行前的等待时间，以及两次飞行之间未休息时间的间隔时间。若进行空机飞行，实机或模拟机训练以及机场待命等任务，且未经休息，均属当值状态。

8～9 h 飞行时间限制：飞行时间是指飞机依靠自身动力移动的时间，包括起飞前及降落后的移动时间，FAA 将此时间限制在 8～9 h。

最少 10 h 的休息时间：新规要求当值之前最少要进行 10 h 的休息，比旧规增加了 2 h。FAA 还进一步规定，这 10 h 内必须包括 8 h 的无打扰连续睡眠。

当值及飞行时间累积限制：通过限制每周飞及 28 天内分配给飞行员的当值时间来杜绝可能会导致的飞行员累积疲劳。此外，新规还规定了 28 天飞行时间限制及年度总计飞行时间限制。飞行员每周将会得到至少 30 h 的连续休息时间，较此前水平提高了 25%。

适勤规定：FAA 希望航空公司与飞行员共同担起审查飞行员是否适勤的责任，当值前任何可能导致疲劳增加的活动都需考虑在内，比如乘车上下班。飞行员还被要求在每次执行飞行任务前明确表明自身的适勤性。如果飞行员报告存在疲劳或不适，航空公司必须立即换班。

飞行疲劳风险管理体系：航空公司需要利用科学方法以及由 FAA 验证的数据开发出能够有效降低飞行疲劳风险的方案，并进行持续监管。

2010 年，美国国会要求所有航空公司都必须制定飞行疲劳风险管理计划（FRMP），各航空公司已根据 FAA 的相关指导材料完成了该项工作。该计划可以帮助航空公司及飞行员了解疲劳风险的来源，并要求航空公司对飞行员进行培训，以提高其风险意识。

培训内容每两年更新一次，将包括疲劳缓解措施、睡眠计划、飞行员活动影响等。此外，还会包括营养、锻炼、家庭生活等生活方式以及睡眠失调将如何对飞行疲劳产生影响。

预计新规将给航空业增加 2.97 亿美元的成本，但同时也可带来 2.47 亿～4.7 亿美元的效益。由于强制把货运纳入新规增加的成本过高，因此新规将不涵盖货运。不过，一些货运航空公司也已改善了飞行员休息设施，尤其是夜间运营装卸货物过程中。此外，FAA 也鼓励货运航空公司主动加入新规，自愿遵守相关条款。

最终法规已发布在《联邦公报》上。该法规将于两年后正式生效，给予各客运航空公司充足的转变时间。

问题：

1. 列举出近 20 年来与飞行员疲劳有较大关联的飞行事故。

2. 简述中国民航局（CAAC）对飞行员执勤时间的规定与限制。

3. FAA 制定疲劳管理法规的必要性如何？对中国民航有怎样的指导意义？

# 第五章　人类的信息加工

把个体的心理活动视作一个信息加工过程（Information Processing），将人脑看作类似于计算机的信息加工系统，用信息加工的观点和方法来描述人的认知过程，是现代认知心理学的主要观点。在飞行巡航的整个过程中，与飞行工作相关的各种信息在机组成员机体内"流动"，飞行员从感知到机载设备的信息显示、航路天气状况等与飞行活动相关信息开始，直至最后做出判断决策、实施相应操纵，始终与对各类信息的加工处理，即飞行员接收、编码、储存、提取和使用飞行信息的过程直接相关。飞行员的信息加工受到多种因素的影响和制约，这些因素交互作用，有时可能会使飞行员遗漏或疏忽一些重要信息，产生错误分析和判断，甚至导致严重的后果。本章的内容包括神经系统的基本知识，人的信息加工过程模型，影响飞行员信息加工的感觉、知觉、记忆、思维、注意等因素的特点及其与飞行员工作表现的关系。在中国民航局新近颁布的执照考试大纲和知识点中，飞行员的感觉、知觉、记忆、思维、注意等因素的特点及其对飞行员工作表现的影响，是重点考核的内容。

## 第一节　神经系统

人体的结构与功能均极为复杂，体内各器官、系统的功能和各种生理过程都不是各自孤立地进行，而是在神经系统的直接或间接调节控制下，互相联系、相互影响、密切配合，使人体成为一个完整统一的有机体，实现和维持正常的生命活动（见图 5-1）。科学上把这个复杂的神经网络分为两大部分：中枢神经系统和周围神经系统。

### 一、中枢神经系统

中枢神经系统（Central Nervous System，CNS）接收、处理、解释和储存来自外界的感觉信息，如味道、声音、气味、颜色、施加在皮肤上的压力，以及身体内部器官的状态等。包括脑和脊髓，分别位于颅腔和椎管内，两者在结构和功能上紧密联系，组成中枢神经系统。

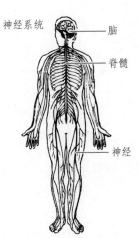

图 5-1　神经系统

## 二、外周神经系统

外周神经系统（Peripheral Nervous System，PNS）负责中枢神经系统的输入与输出，它由除大脑脊髓外的所有神经系统组成；其分布是从头到脚遍布全身。外周神经分布于全身，把脑和脊髓与全身其他器官联系起来，使中枢神经系统既能感受内外环境的变化（通过传入神经传输感觉信息），又能调节体内各种功能（通过传出神经传达调节指令），以保证人体的完整统一及其对环境的适应。

## 三、反射弧

神经系统的功能活动十分复杂，但其基本活动方式是反射。反射是神经系统内、外环境的刺激所做出的反应。反射活动的形态基础是反射弧（Reflex-arc）。反射弧的基本组成：感受器（Receptor）→传入神经（Afferent nerve）→神经中枢（Nerve center）→传出神经（Efferent nerve）→效应器（Effector）。反射弧中任何一个环节发生障碍，反射活动将减弱或消失。反射弧必须完整，缺一不可。脊髓能完成一些基本的反射活动。

# 第二节  人的信息加工过程模型

人的信息加工过程一般可以通过不同的信息加工阶段来表示：包括对环境信息的感知，信息的中枢加工或对信息的转换、对信息做出反应或信息的输出阶段。认知过程中的感觉相当于信息的输入过程，记忆与思维相当于信息的中枢加工，做出反应则相当于信息的输出。人的各种行为表现，无论是简单的还是复杂的活动，都离不开信息的加工过程。

关于人的信息加工过程，国内外学者均对其进行了大量研究，并提出了相应的信息加工过程模型。这些模型在一定程度上描述了人的信息加工的基本过程及其相互关系。

## 一、威肯斯与霍兰兹等人的信息加工阶段模型

图 5-2 是著名人因工程学专家威肯斯（C.D.Wickens）与霍兰兹（J.G.Hollands）教授提出的人的信息加工模型。该模型为分析人与系统的交互作用和进行任务分析时的不同心理加工过程提供了一个框架。

该模型认为，人的信息加工过程包括感觉、知觉、认知与记忆、反应选择与执行、反馈等一系列的阶段，每一阶段的功能在于将信息转变为某种其他操作。并且指出信息加工程序中没有固定的起始点，既可以从模型最左端的环境刺激输入、感觉加工开始，也可以从操作者希望启动的程序中间的某个地方开始。

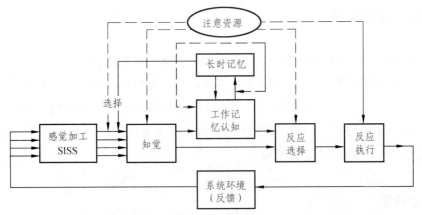

图 5-2　人的信息加工阶段模型（引自：威肯斯、霍兰兹，2003）

## 二、朱祖祥等人的信息加工过程模型

这一模型描述了人的信息加工的各个基本过程及其相互关系，如图 5-3 所示。

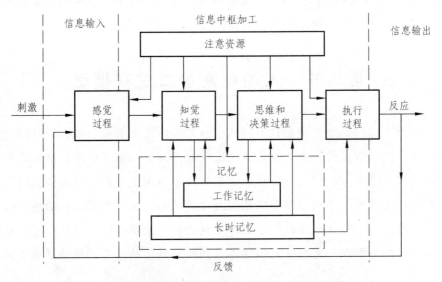

图 5-3　人的信息加工过程模型（引自:朱祖祥，2003）

感觉过程是人的信息加工的第一阶段，又叫感觉登记、感觉储存。它储存输入感觉器官的刺激信息，但这些信息在感受器内保持的时间很短，如果不对输入信息做进一步处理，这些信息就会迅速衰退直至完全消失。

感觉过程中获得的信息，进一步传递到大脑相应中枢，就进入知觉过程。知觉过程在感觉过程的基础上进行，它对当前输入的信息与记忆中的信息做进一步的综合加工。知觉过程有记忆过程的参与，从而使得知觉具有反映认知对象整体形象的特点。信息经知觉过程的加工后，或存入记忆，或进入思维和决策过程。思维过程是在记忆基础上进行的更为复杂的信息加工过程，通过比较、分析、综合、判断、推理等活动，排除与问题解决无关的信息，在与问题有关的信息中探寻信息间的因果联系，最后找到问题的答案。思维过程也是不断进行决策的过程，例如在解决问题过程中，首先要对有关信息与无关信息做出决策，确定有关信息后，则要对何者为主要信息何者为次要信息做出决策，确定主要信息后又要对如何运用主要信息、解决问题的步骤或方案进行决策，直至问题最后解决。反应则是将决策付之于行动的过程，如果需要采取某种反应活动，这种决策信息就会以指令形式传输到相应器官，支配其做出相应的动作。

对于人的各种输出或反应，个体可以借助感觉器官获得反应活动结果的相关信息，从而构成模型中所示的反馈环节。通过反馈，人们对自己的活动进行自我调节。虽然在绝大部分时间里，视觉反馈起主要作用，但对于某些活动，由听觉、触觉、动觉等感觉系统提供的反馈也很重要。

此外，所有信息加工过程中都离不开注意。通过注意，个体能够将心理活动指向并集中于信息加工的过程与内容，它对信息加工起着导向和支持作用。

# 第三节　感觉与知觉

## 一、感觉的含义

感觉（Sensation）是人脑对直接作用于感觉器官的客观事物个别属性的反映，是人体内外的各种信息通过一定的刺激形式作用于感觉器官，引起分布在感受器中的神经末梢发放神经冲动，这些神经冲动沿神经通路传送到大脑皮层相应部位，进而产生感觉。感觉是经过神经系统的信息加工所产生的对该刺激物个别属性的反映。一个物体有它的光线、声音、温度、气味等属性，人的每个感觉器官只能反映物体的一个属性，如飞行员通过眼睛看到停机坪上的其他飞机，看见滑行道上的障碍物；通过耳朵听到发动机出现故障后发出的异常声响；通过鼻子，在人眼看到烟雾之前闻到气味；通过本体感受器，能够感受到正常的起飞加速或异常的飞机振动，等等。每个感觉器官对直接作用于它的事物的个别属性的反映就是一种感觉。

感觉主要包括视觉、听觉、味觉、嗅觉、动觉、平衡觉、温度觉等。尽管是一种最简单的心理现象，但感觉却是个体认识客观世界的第一步，它在人的心理活动中却起着十分重要的作用。只有通过感觉，人们才能够分辨出事物的各种属性，感知它的声音、颜色、重量、温度、气味；才能了解自身的运动状态、姿势，以及身体内部器官的工作情况。感觉为人的知觉、记忆、思维等复杂的认知活动提供了原始资料，没有感觉，一切较高级、较复杂的心理现象就无从产生。

## 二、感受性和感觉阈限

感觉是在刺激物直接作用下产生的，但并不是所有的刺激都能引起感觉。通常情况下，个体只能够对一定范围内的刺激做出反应，如飞行员没有能听见强度太低的声音，透过飞机风挡玻璃看不清飞机前方的物体，仅仅通过身体感受，无法发现飞机姿态的微弱变化，等等。这就存在着个体对刺激物的感觉能力，即感受性的问题。

感受性是指感觉器官对适宜刺激的感觉能力。作为一种能力，感受性通常是以感觉阈限（Sensory threshold）的大小来度量的。人的每一种感觉的感受性和感觉阈限，都有绝对感受性和绝对感觉阈限、差别感受性和差别感觉阈限两种形式。刺激只有达到了一定的强度才能为人体所觉察，那种刚刚能觉察到的最小刺激量称为绝对阈限（Absolute thresholds），绝对感受性就是指刚刚能够觉察出最小刺激量的能力。表 5-1 即为几种主要感觉器官的绝对阈限值。有针对飞行员的具体研究表明，一般来说，大多数飞行员能够感受到飞机加减速度的绝对感觉阈限值为 0.000 34g；飞机做曲线运动，每秒钟至少要转 1.5°，大多数飞行员才能感觉出来；飞机做旋转运动，各轴角加速度至少要达到 0.035 ~ 8.2（°）/s²[平均值为 0.5（°）/s²]，大多数飞行员才感觉得到。刚刚能觉察出差别感觉的刺激间的最小差别称为差别感觉阈限（Differential threshold），也叫最小可觉差别，对最小差别量的感觉能力就是差别感受性。差别感受性和差别感觉阈限成反比，人机系统设计中，常常利用信号的能量差异进行信息编码，如航空器的告警系统采用不同强度和不同频率的声音混合编码，以提高告警信号的信息传递效果。

表 5-1　人类重要感觉的绝对阈限

| 感觉类别 | 绝对阈限 |
| --- | --- |
| 视　觉 | 晴朗的夜空中可以见到 30 mile 外的烛光 |
| 听　觉 | 安静条件下可以听见 20 ft 外手表的滴答声 |
| 味　觉 | 1 茶匙糖溶于 2 gal 水中可以辨别出甜味 |
| 嗅　觉 | 1 滴香水扩散到 3 个房间的套房 |
| 触　觉 | 1 只蜜蜂翅膀从 1 cm 高处落在你的面颊 |
| 温冷觉 | 皮肤表面温度有 1 ℃ 之差既可觉察 |

（引自：Baron, 1989）

感受性和感觉阈限存在着个体差异，即便是同一个人，由于年龄、身体健康状况、疲劳等多种因素的影响，其感受性和感觉阈限也会有所变化。对于各种感觉器官都正常的人，由于生活环境和职业的不同，在某些感觉的感受性尤其是差别感受性上，会表现出很大的不同。研究表明，染色专家可以区分出 40 ~ 60 种灰色，而没有受过训练的一般人根本辨别不出这许多等级。有经验的飞行员能觉察出发动机 1 300 ~ 1 340 r/min 的差别，一般人只能分辨出 1 300 ~ 1 400 r/min 的差异。

## 三、感觉适应

感觉适应是指在同一感受器中，由于刺激在时间上的持续作用，导致对后续刺激感受性发生变化的现象。适应可以引起感受性的提高，也可以引起感受性的降低。

适应现象（Adaption）表现在所有的感觉中。视觉的适应可分为对暗适应（Dark adaption）和对光适应（Light adaption）。从明亮的阳光下进入相对昏暗的房间里，开始什么也看不清楚，过一段时间之后，就能分辨出物体的轮廓，甚至看得清细节。这种现象叫对暗适应。对暗适应是环境刺激由强向弱过渡时，由于一系列相同的弱光刺激，导致对后续弱光刺激感受性的不断提高。当走出昏暗来到阳光下，一开始会感到光线刺眼，什么都看不清楚，稍过几秒钟，就能看清楚周围的事物了。这种现象叫对光适应。对光适应是环境刺激由弱向强过渡时，由于一系列的强光刺激，导致对后续的强光刺激感受性的迅速降低。后面在讲到视觉时，我们还将进一步讨论视觉适应。

与视觉适应相比较，听觉的适应很不明显。有人认为，一般的声音作用之后，听觉感受性有短时间的降低，并认为听觉的适应具有选择性；即在一定频率的声音作用下，只降低对该频率（包括邻近频率的声音）的感受性，而不降低对其他频率声音的感受性。但也有人认为，即使是一个普通强度的声音的持续作用，也没有听觉的适应现象。如果用较强的连续的声音，如飞机发动机的声音持续作用于人，那确实会引起听觉感受性降低的适应现象，甚至出现听觉感受性的明显丧失。

触压觉和温度觉的适应都很明显。实验证明，只要经过 3 s 左右，触压觉的感受性就下降到约为原始值的 25%。手放在热水中时，一开始觉得水很热甚至烫手不舒服，但经过两三分钟后，就觉得水不那样热了。但是，对于特别冷或特别热的刺激，则很难适应或完全不能适应。痛觉的适应是很难发生的，即使有，也极为微弱。"入芝兰之室，久而不闻其香；入鲍鱼之肆，久而不闻其臭。"就是嗅觉的适应。一些公司为飞行员安排的准备室/讲评室空气的自然流通性较差，空气不够清新，加之通常未明文禁止吸烟，刚进入时常常让人感到空气不新鲜，甚至有烟雾缭绕和浑浊感。但随着时间的流逝，大家常常很快就适应这样的环境。尽管很快适应了这样的工作环境，但在空气质量欠佳的环境中，往往会对飞行员的工作表现产生不良影响，信息加工能力降低，更容易产生疲劳感。

## 四、知觉的含义

知觉（Perception），是人脑对客观刺激物整体属性的反映，是人对感觉信息的组织和解释的过程。知觉以感觉作为基础，是现实刺激和已储存知识经验相互作用的结果，是一种主动的、有选择性的构建过程。当飞行员观察电子飞行仪表系统（Electronic Flight Instrument System，EFIS），所看见的不仅仅是一些数字、符号、线条和图形，而是进一步意识到它们所显示的是飞机的航向、高度、速度、飞行指引、模式选择等信息，随即在大脑中产生了飞机运行状态和运行趋势的整体形象，这就是知觉。

人对刺激物个别属性的反映，对刺激给予感觉器官的直接感受，通常总是与其过去经验联系在一起的。例如，在巡航过程中，听见管制员的声音，就知道"地面管制在与我们联系"；看见飞机中央电子监控（Electronic Centralized Aircraft Monitoring，ECAM）上出现红色信息，就知道"机组必须立即采取行动"；听见有异常声响，就知道"可能飞行出现故障，需要处理"。在日常工作和学习生活中，单纯的感觉是不存在的（除非是新生儿或在特殊的条件下），感觉信息一经通过感觉器官传达到大脑，知觉就会随之产生。

需要指出的是，知觉的产生是以感觉信息为前提，并且与感觉同时进行的，但是它并非是各种感觉的简单总和。在知觉中除了包含感觉之外，还包括有记忆、思维和言语活动等等。知觉属于高于感觉的感性认识阶段。

## 五、知觉的一般特性

### 1. 选择性

选择性是指个体的信息加工能力有限，在同一时刻只能对作用于其的部分刺激进行感知。在某一瞬间，人不可能对众多事物进行感知，而总是有选择地把某一事物作为知觉对象，与此同时把其他事物作为知觉背景，这就是选择性。当注意指向某种事物的时候，这种事物便成为知觉的对象，而其他事物便成为知觉的背景。当注意从一个对象转向另一个对象时，原来的知觉对象就成为背景，而原来的背景转化为知觉的对象。如图 5-4 所示为花瓶与人脸的双关图形。

**图 5-4 对象于背景转换的双关图形**

个体心理活动选择性地受到多种因素影响，主观原因主要体现在个体的态度、需要、兴趣、人格特征、知识经验等方面，客观原因则主要体现在刺激的新异性、外在特征、与环境中其他刺激物的关系等方面。

影响知觉选择性的主观因素中，个体的主观期望有着特别突出的作用。当面对一些模棱两可、模糊不清的视觉或语音刺激时，人的需求与动机就会成为至关重要的影响因素。人们会专注于自己所期望的外界刺激，越想听见想听到的声音就越容易听见，越想看见自己想看见的事物也就越容易看见。这种特点在航空活动中也是比较常见的现象。例如实际运营中存在的飞行员抢频现象，即飞行员误将管制员发给其他航空器的指令当作给自己的指令加以回答和执行，就与此有一定的联系。尤其是飞行员在对特定信息有较强期待，或者是因流量控制等原因等待过久的情况下，更容易出现抢频。1977 年 3 月 27 日，发生在特内里费岛上的两架波音 747 客机相撞事件，就与荷兰皇家航空公司的 747 机长期待听见起飞放行许可，错误理解管制员发出的指令有一定关联。

驾驶舱属于一种信息高度密集的空间环境，飞行活动中，飞行员一直面对着与之交互的大量显示/控制组件。要确保飞行员能够在面临大量的信息时，能够在恰当的时机获得必需的或选择出正确的、特殊的重要信息，以便及时做出正确的判断，就需要按不同的飞行状态、执行飞行任务时使用的频率及优先级，对众多显示/控制组件进行科学有序的布局，并设计出合理的显示方式。飞行员通过各显示/控制组件所呈现的各种信号知晓飞机各系统的工作状态，如显示方式混乱，就会影响飞行员识别、获取相关信息，甚至危及飞行安全。因此，现代化的飞机设计，将不同等级和性质的告警信息采用不同的颜色（如红色和琥珀色），并依据告警的等级设计安装在不同的位置，同时伴以不同级别的声响刺激，同时作用于视觉、听觉等各种感觉通道，以便飞行员能够从众多刺激中及时感知到相关主要信息，迅速发现、了解飞机出现故障的部位和性质，及时采取相应的措施。A320 系列飞机的电子设备舱烟雾探测，由安装在电子设备通风系统排气管道中的烟雾探测器完成，探测器探测到烟雾后会将信号传给 ECAM，在驾驶舱显示警告。当在通风排气管道内探测到烟雾，且时间超过 5 s 时，驾驶舱中会有单谐音的音响警告响起，遮光板上主警戒灯亮起琥珀色灯，与此同时，ECAM页面出现琥珀色的具体故障信息，应急电源面板上的烟雾灯、通风面板上的鼓风机和排气故障灯也都亮起琥珀色灯。这么多视觉和听觉的刺激同时发出，飞行员是根本不可能感知不到的。

2. 理解性

理解性是指个体对知觉对象常常会以自己的已有知识经验加以解释，并用语词予以标志。人的知觉是一个积极主动的过程，知觉的理解性正是这种积极主动的表现。

知觉与人的知识经验有着密切的联系，人们通常会结合以前获得的有关知识和亲身的实践经验，来理解所知觉的对象。面对一张医学检验报告单，一般的人除了知觉到一系列的符号和数字之外，通常不知道什么意思；而医生看到它，不仅了解这些符号和数字的意义，而且可以对被检查人员的身体健康状况做出相应的推测和判断。一则台风即将登陆的消息，一般的人可能会意识到将会有刮风、降温、下大雨等天气变化，出门要关好门窗、带好雨具；而对于飞行员等航空从业人员而言，除此之外，可能更多地会想到将会面临的航班调整、延误，甚至是航班的取消。飞行员，尤其是当班机组和备份机组人员会意识到自己会有更多的工作要做，如积极和相关部门沟通，明确航班后续的运行情况，甚至主动监控台风的动态，如根据气象云图，判断台风的位置和运动轨迹，为航路上合理地绕过台风飞行做好准备，等等。

言语的指导对知觉的理解性也有较大的作用。在较为复杂、对象的外部标志不很明显的情况下，言语的指导作用能唤起人们的过去经验，有助于对知觉对象的理解。图5-5是一张隐匿图形，人们看见这张图时，第一反应就是图中有许多的白色或者黑色斑点，通常并不是消极地观看图片上的大小不一、形状各异的黑白斑点，而是力求发现这些斑点之间的关系，"这是什么？""到底画的是什么东西？"并试图做出相应的解释。尽管积极观察，努力思考，通常还是会有很多人可能看不出这张图上到底画的什么东西。如果给以提示"这是一条狗""是一条在雪地里觅食的狗"，大多数人很快就能够看出来。这就是由于言语指导，唤起了人大脑中过去经验的结果。

图 5-5　图中画的是什么

此外，知觉对象本身的特点，人的情绪、动机、态度以及实践活动的任务等因素，都会影响知觉的理解性。

### 3．整体性

整体性是指知觉的对象尽管由不同部分组成，有着不同的属性，但个体总是将它知觉为一个有组织的整体，而非将其知觉为各个孤立的部分。

由于知觉具有整体性的特点，当人感知一个熟悉的对象时，即使只是感知到了它的个别属性或部分特征，也能够根据自己的经验知道该对象的其他特征，从而产生整体性的知觉。例如，面对一个残缺不全的飞机零部件，有经验的机务维修人员能够马上判断出它是飞机上的何种部件，甚至能够说出是什么机型的部件。这是因为他过去在感知飞机的相应部件时，是把它的各个部分作为一个整体来知觉的，并在头脑中存留了部分之间的固定联系。当一个残缺不全的部分呈现到眼前时，人脑中的神经联系马上被激活，从而把知觉对象补充完整。而当知觉对象是没有经历过的或者是不熟悉的时候，知觉就更多地以感知对象的特点为转移，将它组织为具有一定结构的整体，即知觉的组织化。其原则是视野上相似的、邻近的、闭合的、连续的易组合为一个图形（见图 5-6）。

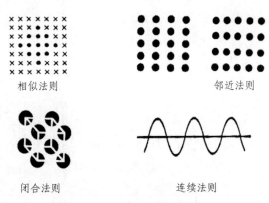

图 5-6　知觉组织法则

现代认知心理学家用"自下而上加工"和"自上而下加工"同时进行的观点来解释知觉中部分和整体的关系。自下而上加工（Bottom-up processing）又称为数据驱动（Data-driven processing），是指知觉系统直接依赖于外部世界输入信息的作用，而不受主体经验的影响过程。自上而下加工（Top-down processing）又称为概念驱动（Concept-driven processing），是指知觉系统是知觉者以其知识和概念结构作用于环境从而确定知觉对象意义的过程。它强调知觉者已有知识经验的作用。自下而上加工和自上而下加工是两种方向不同的加工，两者有机结合形成统一的知觉过程。

### 4．恒常性

恒常性是指知觉对象的物理特性在一定范围内发生变化时，个体的相应知觉形象并不因此而发生变化。知觉恒常性现象在视知觉中表现得很明显，主要有大小恒常性、颜色恒常性、形状恒常性、明度恒常性等等。例如，同一个人从不同的距离、不同角度看过去，在视网膜上形成的物像各不相同，但观察者仍将其知觉为同样的一个人。一架 B737-800 型飞行，在停机坪上与在滑行道、跑道等不同位置，在起飞、爬升和空中巡航时，由于观察距离和角度的不同，它在飞行员视网膜上的影像大小和形状也存在着一定差异，但飞行员仍旧将其知觉为等大的同一架飞机，这就是大小恒常性。家具在不同灯光的照明下颜色发生了变化，但人对它颜色的知觉保持不变，就是颜色恒常性。一块煤在日光下反射的光亮是白墙在月色下反射的光量的 5 万倍，但看上去我们仍然认为煤是黑的，墙是白的，则是明度恒常性的表现。

# 第四节　记　忆

## 一、记忆的含义与类型

### 1. 记忆的含义

记忆（Memory）是指个体对其经验的识记、保持和再现（回忆和再认）。识记是识别和记住事物，保持是巩固已经获得的知识经验，再认或回忆则是在不同条件下恢复过去的经验。当过去经历过的事物再次出现时，能够辨认出来称为再认。当过去经历过的事物不在面前时，在头脑中重新反映出来称为回忆。记忆过程的 3 个基本环节相互联系、互相制约，没有识记就谈不上对知识经验的保持；没有识记和保持，就不可能对经历过的事物进行再认或回忆。因此，识记和保持是再认或回忆的前提，再认或回忆是识记和保持的结果，并能进一步巩固和加强识记和保持。

用信息加工的观点来看，记忆就是信息的输入、编码、储存和提取。编码（Encoding）是指个体在信息处理时，通过心理操作，把外界刺激的物理特征转换成另一种抽象的形式，以便在记忆中储存。储存（Storage）是指将已经编码的信息留存在记忆中，以备必要时供检索之用。提取（Retrieval）是指必要时将储存在记忆中的信息取出应用的心理过程。记忆是一种积极、能动的过程。首先，人们对外界输入的信息主动编码，使其成为大脑可以接受的形式；其次，会对外界信息进行选择，只有那些对人的生活具有意义的信息，才会有意识地进行记忆；再次，记忆还依赖于人们已有的知识结构，只有当输入的信息以不同形式，进入人脑中已有的知识结构时，新的信息才能在头脑中巩固下来。一般来说，编码越完善，组织得越好，提取也就更加容易。

作为一种基本的心理过程，记忆与其他心理活动有着密切联系。在知觉活动中，没有已有知识经验的参与，就无法分辨和确认周围的事物；言语和思维发展，有赖于已有的语词和概念；动作技能的掌握和提高完善，必须保存动作的经验。因此，没有记忆，就没有经验的积累，也就没有心理的发展。飞行活动，需要飞行员识记大量的信息，这些信息是飞行员做出正确的判断和决策、确保飞行活动正确有效实施的前提和基础。

### 2. 记忆的类型

依照不同的划分标准，记忆可以划分为多种类型。

根据记忆过程中信息保持的时间长短不同，可将记忆划分为感觉记忆、短时记忆和长时记忆。这 3 种不同的记忆类型将在随后的记忆系统中进行说明。

根据心理活动是否带有意志性和目的性分类,可以将记忆划分为无意记忆和有意记忆。

无意记忆是没有任何记忆的目的、要求，没有做出任何意志努力，没有采取任何的记忆方法的记忆。相对于无意记忆，有意记忆是有预定的记忆目的和要求，需要做出一定意志努力的记忆，通常需要运用一定的记忆方法，具有一定的自控性和创造性。无意记忆和有意记忆是相辅相成的，并在一定的条件下可以相互转化。

## 二、记忆的系统

记忆是一个系统，它可以分为感觉记忆、短时记忆和长时记忆3个不同的子系统（见图5-7）。这3种记忆在记忆系统的信息加工过程中处于不同的阶段，进入长时记忆的信息，首先必须经过感觉记忆和短时记忆的加工；进入短时记忆的信息则来自感觉记忆和长时记忆。每一阶段都进行适宜于下一阶段的加工。

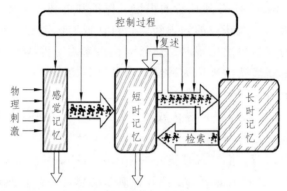

**图 5-7　记忆系统模式图**（引自：黄希庭，1991）

感觉记忆（Sensory memory）也叫感觉登记、瞬时记忆，是指感觉刺激停止之后所保持的瞬间印象。感觉记忆最突出的特点在于，它的容量几乎容纳了所有进入感觉器官的信息，但是保持时间很短，只有 0.5 ~ 2 s。例如，二次雷达所显示的信息输入之后，其视觉映像会保存十分之几秒的时间。虽然信息在感觉记忆中保存的时间很短，但却非常重要，它是人类记忆信息加工的第一个阶段。进入各种感觉器官的信息，首先被登记在感觉记忆中。正由于有感觉记忆，飞行员才能把与其他机组成员、管制员或机务等地面相关人员交流时对方的一些间断出现的字词感觉为有特定含义的连贯语句。飞行员监控仪表时，才不会因可能出现的频繁眨眼，影响其对飞机姿态、高度、速度等运行状态或趋势等的认识。感觉记忆中保持的材料如果受到注意，就转入短时记忆；如果没有受到注意，则很快消失。

短时记忆（Short-term memory）是唯一对信息进行有意识加工的记忆阶段。信息在短时记忆中储存约 20 s 消失，如果加以注意，信息在短时记忆中的保持同注意的时间一样长，可以远远超过 20 s。短时记忆也叫工作记忆，感觉记忆和长时记忆中的信息个体是无法意识到的，这两种记忆中的信息只有被传送到短时记忆中，才能被检测、组织和思维。短时记忆中，输入信息经过再编码，容量扩大，与长时记忆中的信息发生了意义上的联系，编码后的信息进入了长时记忆，必要时还可将储存在长时记忆中的信息提取出来，解决面临的问题。较之记忆的其他两个阶段，短时记忆的容量十分有限，一般为（7±2）个组块（Chunk）。

所谓组块，是指将若干小单位（如字母）联合而成熟悉的、较大的单位（如字词）的信息加工，也指这样组成的单位。一个字母是一个组块，由几个字母组成的一个单词仍然是一个组块，由几个单词组成的一个词组也可以是一个组块。组块的大小既受材料性质的制约，又与个体的知识经验密切相关。如管制员发出离场许可："CA1234，地面风向310，风速2～3米，修正海压×××，检查好可以起飞，离地自动脱波联系离场123.00"，对于这一长段指令，飞行员都能够正确地复诵并记忆，这就是因为飞行员大脑中已经形成了相对固定的离场许可指令模式。飞行员和管制员信息沟通双方都默认并遵守一套标准的陆空无线电通话模式，飞行员能够以组块的形式，分段记忆管制员发出的指令。短时记忆的保存时间一般只有1 min左右，有研究表明，短时记忆在没有复述的情况下，18 s后回忆的正确率就下降到10%左右。一般情况下，要使信息保持更长的时间，必须通过复述，使信息进入长时记忆。

长时记忆（Long-term memory）是指信息经过充分的和有一定深度的加工后，在头脑中长时间保留下来。这是一种永久性的储存，时间为1 min以上，容量没有限度。长时记忆中的信息主要来自短时记忆阶段加以复述的内容，也有由于印象深刻一次形成的。当进行信息加工时，意义便与信息相关联，这些信息就会变得非常重要，它们也就进入到个体的长时记忆中。对于每一位飞行员来说，第一次坐在飞机右座进行飞行训练、首次单人单飞，以及第一次遭遇特情，都具有非常特殊的意义，都会有非常深刻的印象。要一名飞行员忘掉自己的这些特殊经历，几乎是不可能的事情。

长时记忆中的信息是否为有组织的知识系统，这对个体的学习、判断决策，及问题解决有重要意义。知识系统的组织程度不同，提取的速度也会不相同。长时记忆对飞行工作有着重要的意义，作为一名合格的飞行员，必须熟记执飞航空器的各项性能参数，各项规章、运行手册要求、机场细则、通话规则以及各种特情处置方案等等，只有将这些信息牢记在心，毫厘不差，才能使其随时处于待用状态，在飞行活动中准确、迅速地调用各类相关信息，确保航空器安全运行。

## 三、遗　忘

### 1. 遗忘的含义

遗忘（Forgetting）是指个体对识记过的材料不能再认或回忆，或者表现为错误的再认和回忆。遗忘可以分为暂时性遗忘和永久性遗忘两种类型，前者指在适宜条件下还可能恢复记忆的遗忘；后者指不经重新学习就不可能恢复记忆的遗忘。

航空活动中的错、忘、漏现象，其中的"忘"就是指的遗忘。国内外都曾经发生过不少起因飞行员忘记执行某项操作程序所导致的飞行事故，不安全事件更是不胜枚举。以下几起飞行事故都与机组忘记收放扰流板有关：1973年12月8日，美国联合航空553号航班由于飞行员忘记收起扰流板，使得飞机在芝加哥中途国际机场坠毁，机上43人和地面2人遇难；1995年12月20日，美国航空965号航班于降落前在山区中迷失方向，飞行员听到近地警报时尽管竭尽全力使飞机爬升，但因为忘记收起扰流板，使飞机爬升不及，最终撞山坠毁，机上 163 人仅仅 4 人生还；1999 年 6 月 1 日，美国航空 1420 号航班，飞机在风暴中降落小石城机场时，因飞行员忘记打开扰流板而导致飞机降落滑行距离过长，冲出跑道坠毁，机上连同机长在内共有 11 人丧生。

遗忘有着先快后慢的特点。德国心理学家 H.Ebbinghaus（1885）研究发现，遗忘在学习之后立即开始，而且遗忘的进程并不是均匀的。最初遗忘速度很快，以后逐渐缓慢（见图 5-8）。图中的纵轴表示学习中记住的知识数量，横轴表示时间，而曲线则表示记忆量变化的规律。遗忘的这一规律指出：在学习中的遗忘开始是很快的，学习结束后大约半小时，半数以上的内容已经想不起来，一天过后，遗忘的速度逐渐慢下来，而到了第二天，能记住的东西基本上就不大会忘记了。这也就是说，记忆或遗忘的进程不是均衡的，而是在记忆的最初阶段遗忘的速度很快，后来就逐渐减慢，到了相当长的时候后，几乎就不再遗忘了。空中交通管制员的起飞许可、爬升、下降、避让等指令，是事关飞行安全的尤为重要的典型信息，飞行员在飞行中必须对其进行记忆。飞行过程中，飞行员在听到相关指令后，如不及时处置或予以记录或关注，可能很快就会忘记。因此，飞行员在听到指令后应通过复诵立即重复检查有无接收或理解错误，复诵亦即复述，这是加强信息识记，避免遗忘的有效手段。

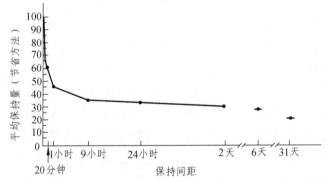

**图 5-8　31 天内无意义音节的遗忘率**（引自：Ebbinghaus，1885）

## 2. 遗忘理论

关于遗忘的原因，学者们进行了大量研究，提出了一些理论进行解释。主要理论有衰退理论、干扰理论、线索-依存遗忘理论等几种。

衰退理论（Decay Theory）认为遗忘是记忆痕迹随时间推移而逐渐消退的结果。记忆痕迹（Memory Trace 或 Engram）是完形学派的学者在 20 世纪 20 年代提出的用以解释学习和遗忘历程的理念。他们认为经由学习时的神经活动，在大脑中产生变化，留下各种痕迹，即为记忆痕迹。大脑皮层的不同部位形成不同的神经中枢，在不同中枢内留下不同的记忆痕迹。如学习后一直练习，已有的记忆痕迹就继续保持，如学习后长期不再练习，既有记忆痕迹就会随时间推移逐渐减弱、衰退以至消失。从条件反射理论来看，记忆痕迹是指在感知、思维、情绪和动作等活动时大脑皮质有关部位所形成的暂时神经联系。暂时神经联系的形成使经验得以识记和保持；暂时神经联系的恢复，使旧经验以回忆、再认等形式表现出来。从信息加工的观点来看，记忆痕迹是指记忆的编码，出现遗忘是因为代码长期不用所导致的。衰退理论能够解释不少常识性的问题，也比较容易为大家所接受，但有些现象仍无法解释，而且要证明其科学性也比较困难。尽管如此，衰退理论对飞行员的工作和学习还是有积极的指导意义。经常性的理论知识学习，例行的模拟机年度复训工作中通过模拟机练习一些特情处置程序，都有助于建立和加强记忆痕迹，防止其逐渐消退，出现遗忘。

干扰理论（Interference Theory）认为遗忘是因为个体在学习和回忆之间受其他刺激的干扰所致，如果将干扰排除，个体记忆就能恢复。加拿大学者 B.B.Murdock（1962）让被试听一个由 30 个词构成的词表，每次呈现一个词，每次 1 s，然后进行自由回忆。结果发现，最先呈现的单词和最后呈现的单词，其回忆成绩最好，而中间部分的单词回忆成绩最差（见图 5-9），这就是系列位置效应。有学者认为，最先学习的单词和最后学习的单词，其回忆成绩比中间部分的好，是由于最先学习的单词只受到之前呈现项目干扰（前摄抑制）的影响，最后学习的单词只受到之后呈现项目干扰（后摄抑制）的影响，而中间呈现的单词则受到来自前后两个方向干扰的影响。这一理论对实际的飞行工作也非常有指导意义，如应该防止由于带飞教学，与空中交通管制员或客舱乘务人员等相关人员通话，以及各类其他事件可能对当前工作产生的干扰。

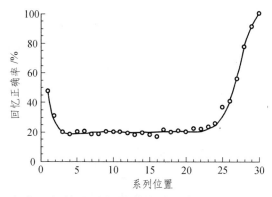

**图 5-9　自由回忆的系列位置曲线**（引自：Murdock，1962）

线索-依存遗忘理论（Cue-dependent Theory of Forgetting），也被称为提取失败理论。这一理论认为应根据提取失败，而不是根据记忆中失去信息、干扰或抑制等来解释遗忘。换句话说，一个人回想不出某种信息，仅仅是由于他不能发现从记忆中回想该信息的方式，是没有良好的提取线索，一旦有了正确线索，经过搜索，个体所需信息就会得以提取。生活中，绝大多数人都有过明明知道某件事，但就是不能回忆出来的"舌尖现象"（The Tip of Tongue Phenomenon）体验，当时"绞尽脑汁"想不起来的事情，事后却能很容易地回忆起来，甚至是根本没有思考就油然而生。从信息加工的观点来看，这种情况（遗忘）是一时难以提取出欲求的信息，一旦有了正确的线索经过搜寻，那么所要的信息就能被提取出来。Tulving 与 Pearistone（1966）的一项实验中，向被试呈现 48 个单词（它们分属于 12 类，每类有 4 个单词），让被试识记。提供线索组（被提示类别名称）平均回忆出 30 个单词，无线索组（没有提示类别名称）平均回忆出 20 个单词。此后，向无线索组提示类别名称，这时他们的回忆数达 28 个单词。显然，这额外回忆出的 8 个词是储存在被试记忆中的，但要把它们提取出来就必须有检索线索。

此外，也有学者从情绪和动机的角度解释遗忘。从动机的角度来看，认为个体经验中如果伴随有愉快体验，当事人就会愿意记忆；反之如果带有不愉快，甚至是较为痛苦的情绪体验，当事人可能会不愿意记忆，将意识中不愉快的经验压抑到潜意识之中，出现动机性遗忘（Motivated Forgetting）。个体在紧张的情绪状态下可能会出现对已习得，甚至非常熟练的知识或技能的遗忘。一些飞行员在遭遇特情，甚至是航线或模拟机检查考核时出现工作表现失常，动作变形，甚至出现漏做程序，一些平时非常熟悉，完全熟记的记忆项目也想不起来，就可能与过分紧张焦虑的情绪有关。

# 第五节　思　维

## 一、思维的含义

思维，是人脑对客观现实的概括的、间接的反应。由于思维的概括性和间接性，人类才能以感性材料和非感性材料为媒介，认识那些没有直接作用于自身的各种事物，也可以预见事物的发展变化进程。航空活动对飞行员的思维品质有很高的要求，尤其是高速飞行时，由于时间限制，飞行员完成各种动作和处置特殊情况的时间十分短暂，飞行员能否进行周密思考、正确做出判断、迅速决定，往往是决定飞行安危的关键。

## 二、思维的类型

思维可以划分为多种类型，如根据思维所要解决问题的内容，可以把思维划分为动作思维、形象思维和抽象思维；依照思维的独特性，可以把思维划分为常规思维和创造思维；根据思维的意识性，可以把思维划分为内向性思维和现实性思维；也可以根据思维探索答案的方向，把思维划分为发散思维和聚合思维。这里仅就最后一种划分进行说明。

发散思维又称求异思维（Divergent Thinking），是指人们解决问题时，以一个目标为中心，沿着各种不同的方向、不同的角度寻求解决问题答案的思维方式。只有存在着几种解决方案，或者是即使有一个正确的答案或方案但没有人知道，或不是一开始就有人提出某一个答案或方案并得到大家一致认可，在这样的情况下才会有发散式思维。例如，飞行巡航过程中，飞行员通过目视观察或观测机载雷达的回波显示，判定前方可能有影响飞行的天气，如必须避开的浓积云时，飞行员就需要针对当前情景有关的各种信息进行综合分析，是从左边还是从右边绕飞？是上升高度飞跃，还是下降高度穿越？如果选择绕飞，绕飞半径有多大等等。机组成员从各个角度进行分析，提出各种方案，就是发散思维。

聚合思维又称辐合思维（Convergent Thinking），是指人们把问题所提供的各种信息聚合起来得出一个正确的或最好的答案的思维，是依据已有的信息和各种设想，朝着问题解决的方向，求得最佳方案和结果的思维操作过程。聚合思维具有闭合性的特点，所得到的结果总是确定的，而且不能摆脱旧经验的束缚。与发散思维相比较，聚合思维是一种有方向、有条理、有规范的思维方式。同样以前述航路前方存在浓积云需要绕飞为例,机组成员最终从几种可能方案中选择出一个最佳解决方案,如从左侧绕飞,这就是聚合思维。只有当问题存在有一个正确答案或一个最好解决方案的,才会有聚合式思维。

由聚合思维和发散思维的含义与特点,可以明显看出两者之间的差别,但它们又有着密切的联系。当分析某起飞行安全事件发生的原因时,通常会做出种种分析、提出多种假设,这就是发散思维;通过进一步的调查分析,逐一排除其中的部分假设,最终找出唯一的正确答案,这又是聚合思维。

## 三、思维的局限

实际工作中,飞行员解决问题的思维过程可能受到多种因素的影响。有些因素有助于思维活动对问题的解决,有些则会起妨碍作用。思维具有一定的局限性,如人们在面对模糊不清或模棱两可的提示和信息时,往往会更倾向于选择自己期望得到的一种。在某些情况下,飞行员的知觉是在模棱两可或信息量不足的基础上形成的,此时,飞行员便可能会在不知不觉的状态下填补上他们自认为缺少的信息,或按照自认为合理的方式对模棱两可的信息进行推断,加以解释、分析和思考。

飞行活动中,飞行员有时会用某种固定的思维模式去分析问题和解决问题,这种固定的模式是已知的,事先有所准备的。这种由之前的活动而造成的一种活动的特殊的心理准备状态,或活动的倾向性,就是思维定势(Thinking Set)。也叫惯性思维,是人的心理活动的一种准备状态,表现为问题解决过程中的思维倾向性。定势既有一定的积极作用,也可能存在负面的影响。在环境不变的条件下,定势使人能够应用已经掌握的方法迅速解决问题;而当情境发生变化时,就可能会妨碍人采用新的方法。

A.S.Luchins(1942)的量水实验较好说明了定势对问题解决可能产生的阻碍作用。实验中,要求被试用 3 个容积不同的量杯(A,B,C)去量出一定量的水。试验程序见表 5-2。

表 5-2　Luchins 的定势实验

| 序列 | 3 个杯子的容量 | | | 要求量出水的容量 |
|---|---|---|---|---|
| | A | B | C | |
| 1 | 21 | 127 | 3 | 100 |
| 2 | 14 | 163 | 25 | 99 |
| 3 | 18 | 43 | 10 | 5 |
| 4 | 9 | 42 | 6 | 21 |
| 5 | 20 | 59 | 4 | 31 |
| 6 | 23 | 49 | 3 | 20 |
| 7 | 15 | 39 | 3 | 18 |

被试分为实验组和控制组,要求实验组的被试从第 1 题开始做起,把 7 道题都做完。要求控制组的被试只做第 6、7 两题。实验结果表明,实验组在完成所有 7 道题时,大多采

用 B－A－2C 的方法进行处理。但是，第 6、7 两题有更为简单的方法，即 A－C 或 A＋C。控制组的被试在解这两题时，除个别人采用 B－A－2C，大部分被试采用 A－C 或 A＋C 的方法。实验结果的差异就在于实验组被试受到了前面定势的影响。通过完成 1～5 的任务，被试形成了利用 B－A－2C 这个公式的定势，结果对于 6、7 两题，也用同样的方式加以解决。在思维定势影响下，被试采用与之前同样的方法，使后面的问题迅速得以解决，问题也变得比较容易。从这一意义上来讲，定势有助于随后问题的解决，会产生一定的积极影响。但是，这种定势同时又阻碍、限制了其他更简便的解决问题的方法的产生，使得问题解决的思维活动刻板化。

定势可能导致飞行员产生人为差错，甚至造成机毁人亡的飞行事故发生。1987 年 8 月 16 日，美国西北航空公司一架 MD-82 飞机在底特律机场起飞后不久坠毁，造成 154 人遇难，仅一人生还的飞行事故，就是一起典型事例。事发当日，飞机由密歇根州 Tri-City 机场起飞，飞往加州 John Wayne 机场。经停底特律 Metropolitan Wayne County 机场时，机组在落地后滑行的过程中执行公司节油政策，关掉一台发动机。但是为了获得正常的滑行速度，必须增加另一台发动机的推力，与此同时，也会随即出现形态警告。飞行员不想在滑向候机楼的整个过程中听到警告声，就拔出了相应的跳开关。但不幸的是，机组一直未将其复位。再次起飞前的滑行过程中，机组一直忙于确认究竟使用哪一条滑行道，以至于忘记完成起飞前检查单，也没有设置起飞襟翼和缝翼。起飞前，飞行员通过 ATIS 了解到附近有风切变，并且得到其他飞机的证实。因此，机组做好了遭遇风切变的思想准备。得到起飞许可后，机组调定起飞推力，飞机加速并离地。离地后不久，飞机出现抖杆。因之前知晓机场附近有风切变，在思维定势的作用下，在整个处理的过程中机组就一直按照风切变的处置程序来处置，但事实是由于未设置起飞襟翼和缝翼而造成失速。

# 第六节　注　意

## 一、注意的含义

注意（Attention）作为一种心理状态，是心理活动（意识）对一定对象的指向和集中。注意贯穿于一切心理活动的始终，是一切心理过程的共同特性。

注意的对象可以是自己内部也可能是外部的事件，集中性和选择性是它的两个最基本特性。人在任何特定的时刻都可能会受到自身和周围环境中无数刺激的作用，但是个体并不是对所有的刺激都加以反应，而只对某些刺激发生反应。例如，主操纵飞行员在监控仪表时，可能只是关注仪表上显示的相关信息，关注于收听无线电通信，而对坐在身后的检查员或观察员的行为视而不见。

在注意状态时，心理活动不仅选择、指向于一定的刺激而且还集中于一定的刺激。心理活动的集中性有两种情况：一是在同一时间内各种有关心理活动共同集中于一定的刺激，如飞行员集中精力于操纵飞行，以保持飞机处于正常姿态；二是就同一种心理活动而言，它不仅指向于一定的对象，而且维持这种指向使活动不断深入下去，如较长时间观察飞机发动机仪表的参数指示，对发动机工作状态的有关信息实施监控。

人在注意方面表现出的局限性，比知觉表现出的局限性对系统功能的影响要大。在实际工作中，飞行员有时可能要面对大量的视觉信息和听觉信息，尤其是遭遇机械故障等特殊情况的时候，不得不及时分析、处置各种信息，并采取相应的措施。当接收的信息量超出他自身所能够注意的范围时，飞行员往往只能注意其中一部分信息，对其他信息可能就会有所忽略。这已在多起事件中得到充分体现。

## 二、注意的特性

### （一）注意的广度

注意的广度也称注意的范围（Attention range），是指一个人在同一时间内能清楚地观察到对象的数量。W.Hamilton（1830）最早进行了注意广度的实验研究。他在地上撒一把石子让被试即刻辨认，结果发现被试很不容易立刻看到 6 个以上的石子，如果把石子以 2 个、3 个或 5 个放成一堆，被试能掌握的堆数和掌握一个个石子的数量一样多。此后，心理学家用速示器在 0.1 s 的时间内呈现彼此不相联系的数字、图形、字母或汉字，研究结果表明，成人注意的平均广度是：在十分之一秒内黑色圆点 8 ~ 9 个，外文字母 4 ~ 6 个，几何图形 3 ~ 4 个，汉字 3 ~ 4 个。飞行员在同一时间内能够观察到的座舱仪表以及外景特征的数量，就是其注意广度的表现之一。飞行员的注意广度品质越好，便越有益于飞行员对于相关信息的获取。

人的注意广度不是固定不变的，影响注意广度的因素主要有两个方面：

#### 1. 知觉对象的特点

在知觉任务相同的情况下，知觉对象的特点不同，注意的范围会有一定的变化。其一般规律是知觉的对象越集中、排列得越有规律、越能成为互相联系的整体，注意的范围也就越大；反之，注意的范围就越小。例如，颜色相同的文字或字母，比颜色不相同的文字或字母的注意范围要大些；字体大小相同的文字或字母，比字体大小不相同的文字或字母的注意范围要大些；在同样一段时间内浏览字母，对排列成行的字母，要比分散在各个角落的字母注意的数量要多；对组成词的字母要比孤立的字母，注意的范围大很多。有研究表明，显示孤立的字母时，成人的注意广度是 4 ~ 6 个对象，而显示的是词语句子时，注意广度是 4 ~ 6 个客体，其中包括的字母明显增多，可以包括有 10 多个以上的字母。

#### 2. 活动的任务和知识经验

在知觉对象相同情况下，由于知觉活动任务和知识经验的不同，注意的范围也会有所变化。如果活动任务少，而且简单、明确，注意的范围就越大；如果任务多，复杂、不明确，注意的范围就小。一个人在某一方面的知识经验越丰富，整体知觉能力越强，他在这一方面注意的范围就越大。成熟的飞行员在阅读机场通告等航行资料时，很容易就可以做到"一目十行"，而一名年轻的飞行员，尤其是初始飞行学员，通常是逐字逐句阅读，而且还不一定能够全面理解和把握通告中的相关信息。飞行学员的初始训练初期，注意的范围通常较小，对座舱仪表不熟悉，加之紧张，常常会出现注意范围狭窄或固着在某一仪表或几个仪表上的现象，如过分专注于飞行俯仰姿态保持，却忽略了飞机高度，以及空速、发动机参数等信息。随着飞行训练时间的增加，知识经验的逐渐积累，他们的飞行操纵就会逐渐变得轻松自如，一般情况下不会再有忽视或遗漏大量信息的情况出现。

## （二）注意的分配

注意的分配（Divided attention）是指人在进行两种或者多种活动时能把注意指向不同对象的现象。飞行活动中，飞行员能在同一时间内将自己的注意力合理地分配到不同的对象上，如一边观察仪表，一边操纵杆、舵，同时还能够倾听管制员的指令，等等，就是注意分配的典型表现。

注意的分配是有条件的，同时进行的几种活动的复杂度、熟悉程度和自动化程度都会影响注意分配的难易程度。一般情况下，在同时进行的多项活动中，比较生疏的只能有一种，需要个体集中注意于该活动上，而其余动作必须达到一定的熟练程度，可以不假思索地稍加留意即能完成。注意的分配也有赖于同时进行的几种活动之间的关系，如果这些活动之间缺少内在联系，那么同时进行这些活动就会比较困难；当这些活动之间形成了某种反应系统，组织更为合理性时，才能够有比较好的注意分配。对成熟的民航飞行员而言，仪表扫视、通过细微的控制输入调整微小偏差的技能已成为自动化技能。因此，他们在进行基本的姿态仪表飞行的同时，可以很自如地与空中交通管制员进行沟通。

飞行员要学会分配好自己的注意力，需要照顾全局，不能把注意力过分地集中在某一个仪表、某一项任务上，应尽可能做到"眼观六路、耳听八方"。注意的智源限制理论指出，注意是一种心理智源，人对输入进行操作的智源在数量上是有限的，只有一个任务没有用尽所有的智源时，那么注意才可以指向另外的任务。当飞行员要同时完成多项任务时，如果这些任务所需要的心理智源超过了他所拥有的心理智源时，就不可能将注意分配于每一项任务，就会出现顾此失彼的现象，直接危及飞行安全。飞行学员初始训练伊始，由于每项任务对他来说都比较陌生，都需要占据他较多的注意容量，在这一阶段绝大多数的飞行学员都有紧张、慌乱、顾此失彼，注意分配困难的体验。如初始仪表飞行时，出现注意固着，即将注意力固着在特定的仪表上，试图控制自己某一方面的飞行表现，却使其他方面表现得更糟。针对心理智源有限，有建议指出，进近过程中，当飞机在决断高度或最低下降高度以上时，主操纵飞行员（PF）应将70%的精力用于观察仪表；而在决断高度或最低下降高度以下，主操纵飞行员应将70%的精力用于观察飞机与跑道的相对位置以及运动趋势，适当注意主要仪表的扫视，特别是速度的变化趋势。

## （三）注意的稳定性

注意的稳定性（Attention stability）是指对同一对象或同一活动上注意所能持续的时间，这是注意在时间上的特征，可以用某一时间范围内工作效率的变化来表示。

注意的稳定性可以划分为狭义的注意稳定性和广义的注意稳定性两种类型。狭义的注意稳定性是指注意保持在同一对象上的时间。人的注意具有波动性，要使注意持久地集中在一个对象上，是比较困难的。例如，将钟表放在距离人耳一定距离处，使被试正好能够听见手表发出的滴答声。被试会时而能听见钟表发出的滴答声，时而又听不见，或者感到这滴答声时强时弱。短时间内注意周期性地不随意跳跃现象就是注意的起伏（注意的动摇）。

研究表明，对于不同的刺激，注意起伏周期的持续时间是不同的，对声音刺激起伏周期时间最长，其次是视觉刺激，而触觉刺激起伏周期最短。注意的起伏周期一般为 2~3 s 至 12 s，也有实验证明，成人的高度有意注意最长可维持 20 min。注意周期性的短暂的变化，我们主观上是觉察不到的，通常并不影响许多种活动的效率。

有些注意起伏现象是可以克服的。例如，当观察图 5-10 中的平面几何图形时，你时而会把它看成是顶端向着你，时而又会把它看成是底端向着你，很难稳定下来。但是，只要你把它想象为一个有实物意义的图形，例如一个台座（这时，它好像是顶端向着我们）或者一个空房间，三面是墙，上有天花板，下有地板（这时，棱锥体好像是顶端背着我们），那么，注意的起伏现象便消失了。

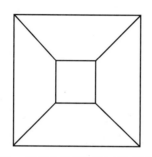

图 5-10　知觉两可图形时注意的起伏

虽然，我们不能长时间地使注意集中在一个对象上，但却能长时间地集中注意于一定的工作，并能完成该项工作。因此，广义的注意稳定性是指注意保持在对一定活动的总的指向上，而行动所接触的对象和行动本身可以发生变化。例如，飞行活动中飞行员既要向飞行计算机系统输入数据，又要负责操纵飞机，还要不时与地面的管制员联系，但所有这些工作都服从于顺利完成飞行这一总的任务，因此他们的注意是稳定的。

注意稳定性与注意对象的特点和人的主体状态有关。就注意对象的特点而言，如果注意的对象是单调的、静止的，注意就难稳定；如果注意的对象是复杂的、变化的、活动的，注意就容易稳定。注意的稳定性更重要的是与人的主体状态有关。如果人对所从事的活动持积极的态度，有浓厚的兴趣，并借助有关动作维持知觉或思想进程，或从各种不同的角度进行观察和思考，那么注意就容易稳定、持久；相反，如果人对所从事的活动持消极态度，缺乏兴趣，注意就容易分散。并且人在身体健康、精力充沛、心情愉快时，注意也更容易保持稳定。意志坚强、善于自制且具有较强抗干扰能力的人，注意的稳定性也会优于其他人。

注意的分散（又称分心，Distraction）是同注意稳定相反的状态。注意分散是指注意不自觉地离开了当前应当完成的活动而被无关刺激所吸引。注意分散的原因，主要是由于无关刺激的干扰，或单调刺激长时间作用的结果。无关刺激对注意的干扰，既可以是外部的无关刺激，也可以是内部的无关刺激。那些与当前活动任务无关的、突然的、意外的附加刺激，以及与个体情绪有关联的干扰都能引起注意的分散。研究表明，与注意对象相类似的刺激，比不同种类的刺激干扰作用大；同样的干扰刺激对思维活动的影响大，对知觉的影响小；在知觉过程中，听觉受附加刺激而分心的现象比视觉所受的影响更明显。在长时间从事单调的工作时，由于疲劳的增长而使附加刺激的作用得到加强。在这种情况下，头脑中可能浮现各种杂念使注意分散。事实上，在外界缺乏刺激的情况下要保持注意也是很困难的。因为外界缺乏刺激，大脑的兴奋性就难以维持较高的水平，这样也就容易导致注意的分散。

飞行员的注意力分散还包括他们对自己注意力的不合理分配。注意力分散会降低飞行员的警觉性，飞行关键阶段的注意力分散很可能会导致危险发生。民航史上发生过多起因注意力分散导致的飞行事故或不安全事件发生。1972 年 12 月 29 日晚发生于美国迈阿密国际机场的东方航空公司 401 航班空难，其主要原因就在于飞行员的注意分配不当。事发当日，这架 L1011 三星式飞机执行从纽约肯尼迪国际机场飞往迈阿密国际机场的航班任务，当飞机准备降落放下起落架时，前轮指示灯未亮，3 名机组人员同时专注于查看是灯泡出了问题还是前轮没能锁定着陆时的位置，在这一过程中飞行员无意中碰到了飞机的自动驾驶操纵杆，自动驾驶仪的高度锁定解除，于是，飞机开始不自主地下滑，飞机姿态变化，甚至响起的警告声也没有人注意到。直至飞机快坠毁（只剩 8 s）时，副驾驶员才注意到高度的问题，但为时已晚，结果飞机坠毁于机场以北的 Everglades 沼泽，导致多人遇难。2007 年 1 月 1 日，印度尼西亚亚当航空公司的一架波音 737-400 飞机在从爪哇岛飞往苏拉威西的途中坠海，之后的调查结果指出：对黑匣子（CVR）的分析显示当时导航设备"惯性基准系统"出错，分散了飞行员的注意力，当时两名飞行员都在忧心导航问题，并在坠机前的 13 min 内全神贯注于检修惯性基准系统的故障，没有注意机内的其他飞行需求。2012 年 5 月 8 日韩国釜山航空一架客机在釜山机场降落时落错跑道，次年 8 月韩国调查机构 ARAIB 发布的最终调查报告指出：飞机进近时机组人员受到 LGCIU（起落架控制显示组件）故障提醒的干扰，注意力被分散；负责监控观察的副驾驶飞行员忙于检查飞机电子中央控制系统屏幕（ECAM）上起落架页面有关 LGCIU 故障消息，没有严格监控飞机航迹。

现代飞行大量采用自动化操纵技术，传统的"杆舵操纵"已逐渐让位于"飞行信息监控"，众多事故调查及研究数据表明，有效监控缺乏，是许多飞行事故发生的原因之一，机组成员良好的监控，在事件失控之前发现并改正错误，对确保飞行安全有着十分重要的作用。这对飞行员的监控技能，也就是注意的稳定性提出了较高的要求。但就人的固有特性而言，持续有效的监控工作不符合人的本性，在仪表监控过程中，飞行机组很容易游离或落后于监控对象动态的变化，造成监控不力，在长距离巡航阶段，这种情况尤其突出。通过规章制度的制定和完善，有效的针对性训练，机组成员的监控技能或者说注意的稳定性是能够得到一定程度提高和改进的。实际飞行过程中，良好的机组配合，科学的任务管理，有助于机组成员注意稳定性的保持。

## （四）注意的转移

注意的转移（Attention shift）是指有意地把注意从一个对象转移到另一个对象上，或从一种活动转移到另一种活动上。飞行员需要不断地交叉检查和扫视飞行仪表或外景目视信息，这是飞行活动的重要特征之一。如飞行员使用检查单执行飞行前检查，必须不断地在检查单和所检查设备之间来回转换。注意的转移与注意的分散有着本质的不同。注意的转移是根据活动任务的需要，有意识地把注意从一个对象转向另一个对象，或者是从一项活动转到另一项活动上去；而注意的分散则是受无关因素干扰，注意力偏离当前本应加以注意的对象，在需要注意稳定的时候，不随意地改变了注意的对象。

注意转移的快慢和难易，依赖于原来注意的强度。原来注意强度越大，注意的转移就越困难、越缓慢；反之，注意的转移就比较容易。例如，涉及升级的模拟机检查中，刚刚完成了低能见且有低空风切变的不良气象条件下的复飞程序，紧接着又要求立刻做轮舱火警单发失效的程序，这样做往往会给飞行员，尤其是年轻飞行员带来很大的思想压力，任务完成会相对困难，训练效果自然会受到影响。其原因主要就在于接受检查的通常会对检查结果非常在意，以致很难把自己的注意力转移到新的检查科目上来。

注意转移的快慢和难易，还依赖于新注意的对象的特点。新注意的对象越符合人的需要和兴趣，注意的转移越容易。反之，注意的转移就越困难。

## ·思 考 题·

1. 简述飞行员信息加工模型。
2. 简述知觉的特性与飞行员工作表现的关系。
3. 简述遗忘的相关理论及其对飞行员工作表现的指导意义。
4. 简述思维局限性对飞行员工作表现的影响。
5. 简述注意的特性与飞行员工作表现的关系。

## ·案 例 讨 论·

### 特内里费空难

**摘自百度百科（http://baike.baidu.com/view/931653.htm）**

特内里费空难（Tenerife Disaster，或称为加那利空难）是指在 1977 年 3 月 27 日傍晚于加那利群岛的洛斯罗迪欧机场发生的波音 747 跑道相撞事件。事故造成两机共有 583 人丧生，其中荷航飞机上的 257 人全部遇难，泛美航班上则有 61 人奇迹般得以生还。

加那利群岛位于北非西部国家摩洛哥外海 250 NM 左右的大西洋上。长久以来，该群岛一直是欧洲人在天冷时南下避寒的度假胜地，除此之外该群岛也是美洲的游客进入地中海地区的重要门户，因此每年搭乘喷气式飞机到加那利群岛的旅客数量都很惊人。虽然特内里费空难的发生地点位于群岛中的特内里费岛（Tenerife），但整件事的起因却是一起发生于加那利群岛自治区首府、位于大加那利岛上拉斯帕尔马斯的炸弹恐怖攻击案。当天当地时间午后 13：15 时，拉斯帕尔马斯国际机场大厅的花店发生爆炸，不过因为爆炸的小型炸弹在被引爆之前机场方面曾收到警告而进行疏散，因此仅有 8 人在事件中受伤，其中一人伤势较重。炸弹的爆炸不仅造成机场建筑物受损，在爆炸后一个加那利群岛自决独立运动组织的发言人又从阿尔及利亚去电西班牙航空主管单位,声明他们就是爆炸事件的主谋,而且机场里还有另外一颗炸弹。这一情况逼迫航管当局与当地警察被迫将机场封闭,疏散人员,并且进行全面的搜查,航管单位只好将所有原定要降落在拉斯帕尔马斯的所有国际班机全转降到隔邻的特内里费岛北端之洛斯罗迪欧机场,造成该机场一时之间大乱,整个机场都挤满被迫转降并且等待炸弹事件排除后,再飞往主岛的飞机。

荷兰皇家航空（KLM）4805 号班机是一架波音 747-206B 型飞机,当天早上 9：31 由阿姆斯特丹 Schipol 机场起飞,载着 234 名旅客由荷兰飞抵加那利群岛。驾驶这架飞机的飞行组员由 Jacob Veldhuyzen van Zanten 机长率领,他是 KLM 旗下一位非常有经验的机师,拥有超过 12 000 h 的飞行经验并且长年担任新进飞行员的训练官。在经过 4 h 的飞行后,KL4805 班机在当地时间下午 1：10 降落在洛斯罗迪欧机场,并且与许多早已被转降在此处的飞机一样,挤在由机场主停机坪与主滑行道（7 号滑行道）所构成的暂时停机区内,等待拉斯帕尔马斯机场重新开场。

隶属于美国泛美航空的 PA1736 班机则是在 13：45 时降落在洛斯罗迪欧机场。这架客机由洛杉矶国际机场（LAX）起飞后,中途降落纽约肯尼迪机场加油并更换组员,再飞抵加那利群岛。该班机离开洛杉矶时原本有 364 名乘客,但降落纽约时又有 14 人上机,PA1736 也是一个包机航班,机上载了很多要到大加那利岛搭乘皇家邮轮公司所属豪华邮轮 Golden Odyssey 畅游地中海的退休年龄乘客。泛美航空拥有 21 000 飞行时数的 Victor Grubbs 机长虽然曾一度要求地面航管让他们直接在天上盘旋等待拉斯帕尔马斯机场重新开场而不要转降后再起飞、降落到目的地,但还是被指挥降落在洛斯罗迪欧机场加入地面几乎塞得满满的大小机群中。

下午 4 时左右洛斯罗迪欧的塔台收到拉斯帕尔马斯方面的信息,拉斯帕尔马斯机场即将重新开场,因此各班机的组员也开始准备再次起飞的工作,但也在这同时,机场渐渐被大雾笼罩,视线逐渐变差。由于 PA1736 班机上的乘客原本就没有下机而是在原地等待,因此当目的机场重开时,他们理应拥有先起飞离场的优先顺位。但是,就在飞机滑行到一半想要进入通往 12 号跑道的滑行道时,泛美的飞行员发现他们被体积巨大的 KL4805 挡住去路,在剩余路宽不足的情况下他们被迫等待乘客都下机在机场中休息的 KL4805 重新进行登机手续准备妥当并离开等候区后,再尾随升空。然而 KL4805 的机长却又在此时做出了一个令人意想不到的决定,他决定在此地补充满油料,这个操作大约还要花费 35 min 的时间。而此时 KL4805 航班上的油料是完全够用的。

由于风向的原因,飞机不能使用 12 跑道（顺风）起飞,而要使用反向的 30 跑道（逆风）,也就是 12 跑道的相反方向。但滑行道已被转场的飞机停满,起飞的飞机要沿 12 跑道方向滑行到 30 跑道头,再转个 180°大弯,沿 30 跑道起飞。KL4805 在 16：56 时呼叫塔台请求滑行的允许,塔台照准,除了 KL4805 外,塔台方面也准许 PA1736 离开等候区,跟随着前面的 KL4805 客机在主跑道上滑行,并且指示他们在 C3 滑行道处转弯离开主跑道。

由于洛斯罗迪欧机场是个小机场,要转入 C3 滑行道必须转一个接近 180°的大弯,这对小飞机很容易,但对波音 747 几乎是不可能的。而 30 跑道头旁铺了水泥地,747 可以利用这块地皮转弯。KL4805 在快滑行到 30 号跑道起点附近的等待区过程中曾和塔台联络，当时塔台给予的指令是 "OK，请在跑道末端 180°回转，并且回报准备已就绪，等待空管许可"（OK... at the end of the runway make one eighty and report ready for ATC clearance）。

事发当时该机场的雾非常重，无论是机场塔台还是泛美与 KLM 的飞行员，三方之间都无法看见对方的动态，再加上该机场的跑道中央灯故障又无适当的雷达导航设备，无疑是替这个混乱的情况火上添油。KL4805 在抵达 30 号跑道的起跑点后，副机长曾用无线电呼叫塔台征询航管许可（航管许可是指起飞后要途经的航线，可以理解为"放行许可"，并非允许起飞），塔台人员许可了"起飞后经 P 导航点，左转航向 90 度……"。当时荷航规定，机师长时间飞行必须有另外 3 名机师换班，否则会面临被吊销执照，由于转降洛斯罗迪欧机场耽误了好几个小时，处于极大压力下的 KLM 机长急于起飞，不然就必须等待另一组机组从阿姆斯特丹的荷航总部前来换班。这使他误解了塔台人员的话，以为他们已经授权起飞，没等副机长复述，就说 "We are taking off"，当时塔台人员没听清楚副机长浓厚的荷兰口音英文到底是说 "We are at take off" 还是 "We are taking off"，因此回答"OK....Standby for takeoff....We will call you!"却不料无线电讯的后半段正好被泛美副机长回报 "We are still taxiing down the runway!" 的讯号给盖台，结果 KLM 的机组人员只听到塔台说的 "OK" 却没听到后半段的对话，否则 KLM 机长就会中断起飞，避免这场悲剧。

虽然荷航的机械工程师曾质疑过这是否是塔台方面已经授权起飞，但此时非常焦躁的机长忽略了其警告。17：03 时泛美的机长最后一次与塔台回报他们正在跑道上滑行后不久，此时泛美航空 747 的机长因为飞机不能转入 C3 滑行道已经错过道口，正在他们快要接近 C4 滑行道口时，副机长突然注意到跑道远方有 KL4805 客机的降落灯。起初他们以为那时 KL4805 正在静止状态等候起飞，但仔细一看却发现降落灯正在晃动，KL4805 其实在奔驰状态。泛美的副机长大声呼叫机长将飞机驶离主跑道，机长也立刻全速推进让飞机冲进跑道旁的草皮上，但毕竟为时已晚。虽然另一头 KL4805 的机长在见到前方横在跑道上的泛美客机后，很尽力地让飞机侧翻爬升，起飞攻角之大甚至让机尾在跑道地面上刮出一个 3 ft 的深沟，但仍然无法挽救大局。刚离地的 KL4805 客机扫过泛美客机的机身中段后继续爬升了 100 ft 左右，失控坠落在 400 m 外的地面上，爆炸焚毁（根据事后的调查发现，KL4805 客机可能是为了节省再落地加油的时间而将油箱加满，增加了许多重量）。而被剧烈撞击的泛美客机则在瞬间爆出大火，整架飞机断成好几块，只有左翼与机尾在事件后保留大致的模样。

问题：

查阅 Tenerife Disaster 事故调查报告，观看国家地理频道（National Geographic Channels International，NGCI）http：//baike.baidu.com/view/19232.htm 灾难调查节目 "Collision on the Runway"。分析并讨论该起事故中存在的感知觉、记忆、思维、注意等人的局限性。

# 第六章　视觉、听觉与前庭觉系统

飞行员在飞行中所需的信息有 80% ~ 87% 以上都是由视觉提供的。人耳则是仅次于眼睛的收集信息的重要感觉器官,它不但具有听觉功能,而且也是前庭感觉的器官。在飞行活动中,飞行员通过视觉观察仪表和外部特征,通过听觉实现对 ATC 通话信息、甚高频全向信标(VOR)和 NDB 等听觉信息的监听与鉴别。但人的眼睛和耳朵在飞行活动中却并非十全十美,它们在结构和功能上都存在着局限,在特定的条件下会严重危及飞行安全。为防患于未然,每一个飞行学员和飞行员都应了解人眼和人耳在飞行活动中可能存在的局限,从而提高自己的处境意识和收集信息的质量。基于以上考虑,本章的内容主要包括:人眼和人耳的解剖、生理学基础及其一般局限;飞行中常见的视觉问题;飞行中常见的听觉及前庭感觉问题等。在中国民航局新近颁布的执照考试大纲和知识点中,要求重点掌握的内容包括:视觉的适应,空虚视野近视的原因与预防,近视眼和远视眼等视觉障碍的成因,前庭器官的构成与局限性。

## 第一节　视觉解剖及生理、心理学基础

### 一、视觉系统

光刺激引起视觉的过程,首先是光线透过眼的折光系统到达视网膜(Retina),并在视网膜上形成物像,同时兴奋视网膜感觉细胞(Photoreceptor cell),然后冲动沿视神经传导到大脑皮质的视觉中枢(枕叶)产生视觉。因此,一个完整的视觉系统应该包括:折光系统、感光系统、传导系统和视觉中枢。

#### (一)视觉折光系统

眼睛的构造颇似照相机,它具有较完善的光学系统及各种使眼球转动并调节光学装置的肌肉组织(见图 6-1)。其折光系统由角膜(Cornea)、房水、晶状体(Lens)和玻璃体组成。它们具有透光和折光作用。当眼睛注视外部物体时,由物体发出的光线通过上述折光装置使物像聚焦在视网膜的中央凹上,形成清晰的物像。正常眼从看远处物体转为凝视近物时,或从凝视近物转为目视远物时,通过折光系统的调节,可以使物体成像于视网膜上。但是,在飞行活动中,由于外景常常没有特征,引不起晶状体凸度的变化,容易使飞行员的视觉处于功能性近视状态。这便是我们在第二节中将要讨论的空虚视野近视问题及夜间近视问题。

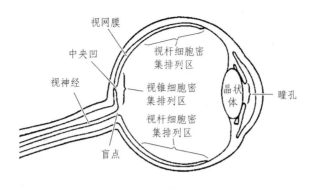

图 6-1　眼球的构造

## （二）感光系统

视觉的感光系统是视网膜，它是脑的一部分。如图 6-1 所示，视网膜最外层为感光细胞层，它直接感觉光刺激并将其转换成神经冲动。根据感光细胞的形态和功能的不同，可将它分为视杆细胞（Rods）和视锥细胞（Cones）两种。视杆细胞约 1 亿至 2 亿个，主要分布在视网膜的周围部分，它对弱光很敏感，但却不能感受颜色和物体的细节。视锥细胞约 700 万个，主要分布在视网膜中央部分，特别是中央凹处（Fovea），全是视锥细胞。它专门感受强光和颜色刺激，能分辨物体颜色和细节，但在暗光时却不起作用。

## （三）视敏度与视野

### 1. 视敏度

视敏度又称视锐度、视力，是指视觉辨别物体细节的能力。一个人辨别物体细节的能力越高，视敏度越好。根据是否在运动状态下视物或观察的物体是否是运动的，可将视敏度分为静态视敏度和动态视敏度。静态视敏度是指静止的观察者辨别静止物体细节的能力。而动态视敏度则是指运动的观察者辨别静止物体细节或静止的观察者辨别运动物体细节的能力。研究表明，当角速度达到 40（°）/s 时，人的视敏度可降至静止时的一半。这种下降随角速度的增大而加剧。说明动态视敏度较之静态视敏度要低得多。而且，视敏度与物像投射在视网膜上的位置有关。距视网膜黄斑区越远的视网膜视部，视敏度越低，反应潜伏期越长。偏离中央凹 10°，其视力大约是中央凹的 1/10，偏离 20°，大约为 1/20。因此，靠近视线的目标，可以在较远的距离上发现，而越是偏离视线的目标，在较远的距离上便越是难以发现，被观察到的距离就越近。在飞行过程中，飞行员从看到物体到作出相应反应以避免飞机与物体发生相撞的一段时间里，飞机所飞行的距离，常被称为有效视觉距离（Effective visual distance），能够达到这一要求的视力，称为有效视觉。

### 2. 视　野

视野（Visual field）的概念有临床医学与航空学之分。临床医学上的视野概念是指一眼固定、凝视正前方一点时所能感觉到的空间范围。航空学的视野概念则不仅包括眼球固定时所能看到的空间范围，还包括眼球最大运动时以及头和眼球联合运动时所能看到的空间范围（见图 6-2）。实际飞行中的视野大小主要取决于座舱视界的大小、飞机速度及飞行员的注意广度。

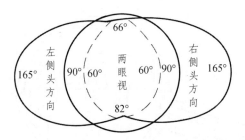

**图 6-2　眼球最大运动时的视野**

座舱视界不同，飞行速度不同，飞行员的视野也会有所不同，图 6-3 所示是高速飞行时飞行员的有效视野，它说明了飞行员的有效视野随着飞行速度的增加而减小。图中直线 1 为视轴线，曲线 2 为视力界限，$M_1 \sim M_9$ 分别表示 $1 \sim 9$ 倍音速的飞行速度，$M_1 \sim M_9$ 与曲线 2 所包围的区域为不同飞行速度的实际有效视野。虚线 $M_1'$ 和 $M_1''$ 表示飞行速度为 $1Ma$（马赫数，即飞机速度为音速的倍数）时的有效视野范围。根据这种关系推算，如果以飞行员作出有效视觉辨别反应为标准，则在 $1Ma$ 速度下的有效视野只有不到正常视野的 $1/3$（见 $M_1''$）。

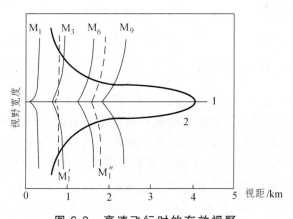

**图 6-3　高速飞行时的有效视野**

## 二、视空间知觉

在第二章里，我们曾把知觉定义为是大脑对输入信息的解释过程。视空间知觉是人类知觉的重要组成部分，是飞行活动所必需的重要心理品质。在一定的空间中，我们对自己和周围事物关系的知觉以及对位置、方位、距离等空间关系要素的判断，都属于空间知觉。它主要包括形状知觉、大小知觉、距离知觉和方位知觉等等。空间知觉的主要信息来源是视觉和听觉。在此，我们将侧重于对视空间知觉的讨论。这一主题是我们正确理解飞行空间定向及空间定向障碍的基础。

### （一）空间知觉的参考系

在知觉事物的时候，我们总是要使用一个标准才能进行判断，这个标准叫知觉的参考系。空间知觉的参考系可分为两类：以知觉者自己为中心的参考系和以知觉者以外的事物所建立的参考系。在一定的时间和空间里，知觉者总是占据着空间的一个位置，其感觉信息往往以知觉者本身为参考系而被接收。对上下、左右、前后的判断便通常是以知觉者自身为参考系而作出的。

对于知觉者自身与物体以及物体与物体之间空间关系的判断，除以知觉者自身所建立的参考系外，经常以自身以外的事物作为参考系。东、南、西、北的方向是以太阳出没的位置和地磁为参考系所建立的方位，日出处为东，日没处为西，地磁的南极为北，地磁的北极为南。有了这个参考系，我们就可以在此基础上，以环境中熟悉的物体为参考体进行定向。在特殊的条件下，没有熟悉的地面物体作为定向的参考体，我们也可以用星象、罗盘或其他仪器来定向。

### （二）视空间知觉

在视空间知觉的问题上，心理学家一直在探索以下的两个问题：一是我们的视网膜是二维的，同时我们又没有"距离感受器"，那么我们是怎样知觉三维空间，把握客体与客体、客体与主体之间在位置、方向、距离上的各种关系的？二是如果说视空间知觉的获得是由于双眼协调并用的结果，那么单眼的人为什么还有空间知觉？根据现有的资料，对这两个问题一般是用单眼线索来解释的。单眼线索主要强调视觉刺激本身的特点，双眼线索则强调双眼的协调活动所产生的反馈信息的作用。

#### 1. 单眼线索（Monocular cue）

视空间知觉的单眼线索很多，其中主要有以下几种：

（1）对象的相对大小：对象的相对大小是距离知觉的线索之一。如图6-4（a）所示，小圆点好像离我们远些，大圆点好像离我们近些。对于熟悉物体的判断则有所不同。例如，高、低不同的两个熟悉的山峰，如果现在你看到那个本来较低的山峰显得高大些，而另一个本来高大的山峰看起来矮小些，那么，你便会觉察到前者离你近些，后者则离你远些，这便是知觉恒常性的作用。

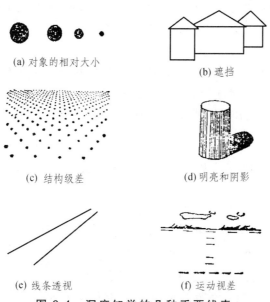

(a) 对象的相对大小

(b) 遮挡

(c) 结构级差

(d) 明亮和阴影

(e) 线条透视

(f) 运动视差

**图 6-4　深度知觉的几种重要线索**

（2）遮挡：如果一个物体被另一个物体遮挡，那么，遮挡物便看起来近些，而被遮挡物则觉得远些。物体的遮挡是距离知觉的一个线索，如图6-4（b）所示。如果没有物体遮挡，远处物体的距离就很难判断。例如，高空的飞机倘若不与云重叠，就很难看出飞机与云的相对高度。

（3）结构级差：视野中物体在视网膜上的投影大小及投影密度上的递增和递减，称为结构级差。当人站在一条铺有地砖的路上向远处观察，会看到越远的砖块越显得小，即远处部分每一单位面积砖块的数量在网膜上的映像较多。在任何表面上，随着距离的增加，都会产生远处密集和近处稀疏的结构密度级，这种结构级差是距离知觉的一个线索。在飞行活动中的着陆阶段，这一线索是飞行员判断距离的重要依据。在图6-4（c）中，上部结构密度较大，下部结构单元较小，于是产生了向远方伸延的距离知觉。

（4）空气透视：由于空气层的蓝灰色彩的影响，当我们观看远处物体时就会感受到：物体离我们越远，能看到的细节就越少，物体的边缘越来越不清楚，越来越模糊；物体的颜色变淡，变得苍白，变得灰蒙蒙、蓝盈盈的。远处物体在细节、形状和色彩上的这些衰变现象，称为空气透视。不过，空气透视和气象条件有很大关系。天高气爽，空气透明度大，看到的物体就觉得近些；阴雾沉沉或风沙迷漫，空气透明度小，看到的物体就觉得远些。这也正是飞行员在简单气象条件下误远为近和复杂气象条件下误近为远的重要原因。前一种错误易使飞行员进场偏高，从而造成冲出跑道的后果。而后者则易使飞行员进场较低，造成重落地甚至"拿大顶"的后果。

（5）明亮和阴影：我们生活在光和阴影的世界上，它帮助我们感知体积、强度、质感和形状。如图6-4（d）所示，黑暗、阴影仿佛后退，离我们远些；明亮和高光部分显得突出，离我们近些。在飞行，尤其是夜间飞行活动中，飞行员将较暗的背景视为远端，将较明亮的地方知觉为近端，从而对距离进行判断。

（6）线条透视：线条透视是指空间的对象在一个平面上的几何投影。同样大小的物体，离我们近，在视角上所占的比例大，视像也大；离我们远，在视角上所占的比例小，视像也小。这种视觉大小的变化会引起线条透视的效应。如图6-4（e）所示，线条透视是距离知觉的一个线索。在跑道上你可以看到，近处的跑道显得宽些，远处的跑道显得窄些。这便是线条透视的视觉效应。

（7）运动视差：由于头和身体的运动所引起的视网膜映像上物体关系的变化，称为运动视差。视野中各物体运动速度的差异，是我们估计它们相对距离的重要标志，如图6-4（f）所示。飞行员接地前对离地高度的判断往往也是根据跑道的后飞速度为线索。

## 2. 双眼线索（Binocular cue）

双眼线索主要指双眼的辐合作用和双眼视差所提供的距离信息。

（1）辐合作用：所谓辐合就是指两眼视线向注视对象的合拢。看远物时，两眼视线近似于平行；看近物时双眼视线向正中聚合并对准物体。眼睛肌肉在控制视线辐合时产生的动觉，给大脑提供了物体远近的线索（见图6-5）。但是，辐合作用所提供的距离线索是在几十米

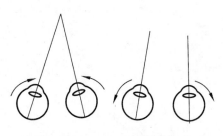

视轴集中　　　　视轴分散

**图 6-5　双眼视轴的辐合**

范围内起作用。如果物体太远，视线趋于平行，对物体距离的感知则依靠其他线索。

（2）双眼视差：人的双眼相距约 65 mm。当我们看立体物体时，两眼从不同的角度看这一物体，视觉便有差别：右眼看到右边多些，左眼看到左边多些。这样，两个视像落在两个视网膜上的位置便不完全相同，也不完全重合，这就是双眼视差。这种现象很容易演示，在你的面前正中约 30 cm 处立上一支铅笔，先闭右眼只用左眼看它，记住其位置；再闭左眼只用右眼看，你会发现铅笔的位置移动了。双眼视差是空间立体知觉的主要线索。

### （三）一般视性错觉

一般视性错觉是全人类普遍存在的、对知觉对象的歪曲现象。对于这一知识主题的了解，有助于我们更好地理解后面即将介绍的飞行错觉，也可说明我们在上一章里已经树立的观点：人在解释信息的过程中并不是地地道道的客观唯物主义者，在解释当前信息时仍有可能歪曲地看待客观事物。根据引起人类错觉的材料的性质，可将一般错觉分为几何图形错觉、视性立体错觉以及似动错觉。它们都与人脑对视觉信息进行错误的解释有关。

#### 1. 几何图形错觉

几何图形错觉主要包括以下几种：图 6-6（a）所示的 Muller-lyer 错觉，箭头开口向外的线段看起来比开口向内的线段长；图 6-6（b）所示的 Ponzo 错觉，夹在梯形线中较狭窄部分的水平线段比另一线段长；图 6-6（c）所示的 Hering 错觉，因背景斜线的影响，垂直线看起来是弯曲的；图 6-6（d）所示的 Zollner 错觉，垂直线看起来是倾斜的；图 6-6（e）所示的 Orbison 错觉，正方形和圆看起来变形了；图 6-6（f）所示的 Poggedorf 错觉，一条直线的中部被遮盖住，在交界处看起来错位了。

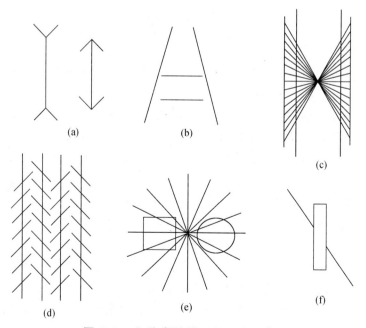

**图 6-6　几种常见的几何图形错觉**

## 2. 视性立体错觉

视性立体错觉主要包括：图 6-7（a）所示的 Necker 立方体错觉，小圆有时出现在立方体背面，有时又出现在立方体前面；图 6-7（b）所示的 Schroeder 楼梯，当图颠倒过来看时梯级发生了变化；图 6-7（c）所示的 Penroze 三角图形错觉，给人的感觉是似三角又不是三角，最终不能知觉为一个真实的物体；图 6-7（d）所示的 Schuster 错觉，一个底座的 3 条臂有时看起来只有两条；图 6-7（e）所示的 Freemish 板条箱错觉，因完整精确图形诱发的整体虚假知觉；图 6-7（f）与（e）具有相同的结构，但透视图却不一样。

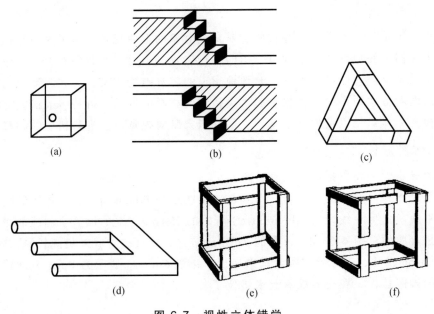

(a)　　　　　　　(b)　　　　　　　(c)

(d)　　　　　　　(e)　　　　　　　(f)

图 6-7　视性立体错觉

## 3. 似动错觉

似动错觉是指实际上不动的静止之物，很快地相继刺激视网膜上邻近部位所产生的物体在运动的错误知觉。最常见的似动错觉主要有 3 种：

（1）β运动：亦称 PHI 现象，如图 6-8 所示，在不同的位置上有两条直线 A 和 B，如果以适当的时间间隔（0.06 s），依次先后呈现，便会看到 A 向 B 移动并倒下。实际生活中的电影和霓虹灯的运动都属于 β 运动。

图 6-8　PHI 现象

（2）诱导运动：在没有更多参考标志的条件下，人可能把它们中的任何一个看成是运动的。在飞行中，我们既可以把飞机知觉为运动的，也可以把云团或地面知觉为运动的。这种现象便称之为诱导运动。

（3）自主运动：如果在暗室中注视一个静止的光点，过一段时间便会感到它在不停地动来动去，此即自主运动，又称沙蓬特错觉或游动错觉。在夜航飞行中，如凝视星星或其他飞机的尾灯也会产生自主运动错觉。造成自主运动的原因至今尚未弄清楚。一种观点认为，自主运动是由于人看客体时不自主的微弱眼动造成的。图 6-9 为此提供了一个证据。

另一种观点认为，自主运动是视野中缺乏参照物之故，因为一旦视野里有某个参照物，自主运动即随之消失。一般认为，这两方面的原因都可能起作用。

图 6-9　眼动引起的运动知觉（Briodgef Riley，1964）

# 第二节　飞行中常见的视觉问题

## 一、视觉的适应

视觉的适应可分为对暗适应和对光适应。对暗适应的过程称为暗适应（Dark adaption）；对光适应的过程称为明适应（Light adaption）。从明亮的阳光下进入已灭灯的电影院时，开始什么也看不清楚，隔了若干时间以后，我们就不是眼前一片漆黑，而能够分辨出物体的轮廓来了，这种现象便是暗适应。对暗适应是环境刺激由强向弱过渡时，由于一系列相同的弱光刺激，导致对后续的弱光刺激感受性的不断提高所致。当从黑暗的电影院走到阳光下时，最初感到耀眼发眩，什么也看不清楚，只要稍过几秒钟，就能清楚地看到周围物体了，这种现象便是明适应。明适应是环境刺激由弱向强过渡时，由于一系列的强光刺激，导致对后续强光刺激的感受性迅速降低所致。暗适应的生理机制是由于视杆细胞的视紫红质在强光下已被分解，突然进入暗处时其合成尚需一段时间，所以不能看清楚物体。随着视紫红质的合成增多，对弱光刺激的感受性便逐渐提高，慢慢地能看清楚周围物体了。暗适应的时间很长，大致需要 30 min 左右才能完全完成。反之，由暗处初到强光下时，感光物质大量分解，对强光刺激的感受性很高，因神经细胞受到过强的刺激，人往往只感到眼前一片光亮，甚至引起疼痛，睁不开眼，也看不清物体。经过片刻，感光物体被分解掉一部分后，对强光的感受性迅速降低，从而能看清物体。明适应的速度很快，大致需几秒钟便能完成。

视觉的适应现象在航空活动中随处可见。譬如，在夜间飞行时，飞行员由明亮的休息室进入相对昏暗的驾驶舱内，由日照区转向黑暗的仪表区，在傍晚着陆时，由 10 000 m

以上的高空迅速地进入相对昏暗的低空，以及迅速的时区变换，等等，都会使飞行员经历一段暗适应的过程。而在暗适应状态下，飞行员往往视物不清，使仪表识读的反应时延长。很显然，如果在这种状态下起飞、进近与着陆，将有可能影响起飞、着陆动作的准确性，造成撞障碍物或偏离跑道以及拉平、接地时机判断失误等后果。此时，即使有其他飞机在同一航路上飞行也可能视而不见或发现太晚。为了克服人眼暗适应的局限，可采取以下一些措施：

（1）夜航飞行前和飞行期间应避免强光源的照射。即在夜航飞行前 30 min 进入座舱，在此期间要避免诸如前灯、着陆灯、频闪光灯或闪光灯等强光源的照射。

（2）如突然遭遇强光，可闭上一只眼以保持该眼对暗光的感受性。这样做可使该眼在强光消失后仍能看清暗光下的物体。

（3）如果是由明亮的区域逐渐飞入黑暗的区域，飞行员可戴上太阳镜以便逐渐适应黑暗。

（4）夜航飞行时，根据需要将仪表板内的照明灯调节并保持在适宜的亮度范围内，这有助于飞行员克服外景与仪表之间视线转移造成的暗适应现象。当飞行员感到视觉模糊时，较频繁地眨眼也有助于促进暗适应。

飞行员明适应的现象也很常见。譬如，在夜间、黄昏或黎明起飞，当进入 10 000 m 以上的巡航高度时，在迅速的时区变换时，由云中飞出云外时，等等，都会使飞行员经历一个明适应的过程。但是，由于视锥细胞明适应的过程非常迅速，大致在几秒钟内便可完成，故对飞行员的视觉影响不大。然而，如果光源过强，便会带来另一类视觉问题，即眩光。

## 二、眩　光

眩光（Glare）是由于在视野范围内亮度过高，从而引起视觉不适，或视觉功能下降，或同时产生这两种效应的现象。根据人眼所受强光刺激的强度不同，可将眩光分为心理眩光、生理眩光和强光盲 3 种。

### 1. 心理眩光

随着视野内亮度的增加，开始出现不舒适感，但不影响视觉功能，这种现象便称为心理眩光。在飞行过程中，有时仪表板一部分在日光的直射下，而另一部分为暗区，明暗对比的强烈反差，使人的视觉产生不舒适感，这种现象就是心理眩光。它使飞行员识读仪表发生困难。

### 2. 生理眩光

在心理眩光强度的基础上，如亮度再增加，不舒适的程度加重，并伴有视觉功能降低，称为生理眩光或失能眩光。在飞行过程中，如果飞机刚好向着太阳飞行，或太阳与飞行员视线成一定夹角，有可能会造成失能性眩光。另外，光线分布倒转时，来自下方云层反射上来的强光也可引起生理眩光，以致出现眼睛昏花、视力模糊等症状，这种现象亦称高空目眩。

### 3. 强光盲

在生理眩光强度的基础上，若亮度继续增加，将严重影响视觉功能，甚至视觉作业根本无法进行，直至暂时失明，这种现象便称为强光盲。在飞行过程中，飞行员从昏暗光线下突然与日光对射，由于瞳孔一时来不及收缩，使日光进入眼内过多，从而造成视网膜轻度烧伤，呈暂时失明状态，这便是强光盲现象。比较而言，心理眩光和生理眩光在民用航空中较为常见，而强光盲则相对较少。对眩光的防护方法是及时佩戴防眩光镜或避开强光源。

## 三、空虚视野近视

睫状肌的收缩与舒张调节着晶状体的曲度，使我们能将远、近距离的物体聚焦于视网膜上。但是，在目标物不明确或无特征的空域中，如霾中或高空飞行时，由于外景没有特征，引不起眼睛的注意，使睫状肌处于持续的放松状态，此时晶状体因其本身的弹性向前凸出，使眼的聚焦点位于前方 1～2 m 处的空间某点，飞行员的视觉便呈功能性近视状态。这一现象称为空虚视野近视（Empty field myopia）。在这种状态下，飞行员往往会把同样大小的物体看成较小的物体，把同样距离的物体看成较远的物体。

为了说明这一现象，可用一个简单的实验来演示：首先，读者站在距某一物体 5 m 远处的地方，看着一个 1 m 宽左右的物体（如门）并感觉它的宽度。然后伸直手臂并竖起一根指头，使指头偏离门的一侧约 20°，接着凝视指头。此时，用你的周边视觉你仍然能看到门，但此时的门就比你直视门时显得要狭窄一些。在飞行时，如果飞行员的视觉呈空虚视野近视状态，远处的物体，如远处的山，就会显得更远。处于这种功能性近视状态的另一种后果是，物像处于聚焦点之外，使飞行员不能看清物体的细节。由于这种状态使飞行员难以觉察到远处的其他飞机，因而是非常危险的。克服空虚视野近视的方法是：频繁地在翼尖或机头与无限远之间来回扫视。

与空虚视野近视相类似的另一种现象是夜间近视。在夜间飞行时，由于外界没有物体可供观察，飞行员的眼睛会自动聚焦于他前面的 1～2 m 处的空间某点。因夜间可供观察的物体更少，因而它比起空虚视野近视来，更为常见。克服的方法是：搜索和观察远处的光源，无论光源明暗与否都应这样做。当然，这种方法在 10 000 m 以上作巡航飞行时是不适用的，但在飞行的其他阶段仍有重要价值。

## 四、盲 点（Blind spot）

人眼的解剖结构和生理机制无论多么精妙，它仍然是有缺陷的。生理盲点和夜间盲点便是它的缺陷之一。

### 1. 生理盲点

视神经的功能是将所有的视觉信息从眼睛输入大脑。但它与眼睛视网膜的联结处，即视神经出入视网膜的地方却没有感光细胞，这就意味着，如果物像落在这一点上，人们将会视而不见，感受不到物体的存在。因此，在解剖学上，人们将视神经出入视网膜的那一点称之为视觉生理盲点。为了证实它的存在，我们可用一个简单的实验来说明。其步骤是：① 闭上你的左眼，并看着图 6-10；② 将书置于一臂远的地方，注视左边的飞机；③ 将书慢慢收回。这样，你会发现在某一点上，右边的飞机将会完全消失。闭上右眼用左眼观看右边的飞机时，右边的飞机也会消失。

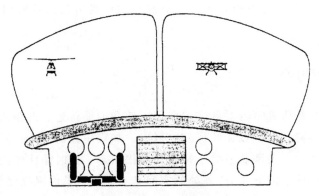

图 6-10　生理盲点

在正常情况下，人类的双眼视觉可以克服生理盲点，因为一个物体不可能同时落在两只眼睛的生理盲点上，但是，如果飞行员的视野被部分遮挡，或某一只眼视力模糊，不能视物时，就可能导致某架飞机的物像落在视觉生理盲点上。克服生理盲点的方法是：不断地在仪表与环境之间进行扫视。如果飞行员将视线固着于某一点上（如远处的一座山），就可能使其他飞机落入你的生理盲点上，看不见在相撞航路上飞行的飞机，这是非常危险的。

2．夜间盲点

前已述及，人眼的感光细胞有两种：一是视锥细胞，一是视杆细胞。视锥细胞密集排列在视网膜中央凹处，它具有感受昼光和色光的功能，在昼光条件下视物时多半都是视锥细胞的功能。视杆细胞密集排列在中央凹周缘，它对弱光敏感。夜间视物时，主要依赖于视杆细胞。正视前方物体时，物像投射在中央凹处，而带着一定角度看物体时，则投射于中央凹周缘。由于视锥细胞与视杆细胞的功能及解剖位置的分布特点，在夜间视物时，若正视前方物体，物像便正好投射在中央凹处的视锥细胞上，使人看不清物体，感到视觉模糊。因此，一般将视网膜中央凹处称为夜间盲点。克服夜间盲点的措施是：偏离物体中心 5°～10° 作缓慢扫视运动，使物像投射在中央凹周缘的视杆细胞上，以充分发挥视杆细胞的夜视功能。这种方法便称之为偏离中心注视法。

3．飞机盲点及眼基准位置设计

飞机盲点是因飞机设计缺陷造成的、影响飞行员视野的部位。所有的飞机都有视觉盲点，其部位因机型、飞行员坐姿等不同而有差异。有的是在门柱上，有的在机翼上，还有的是在机身上。凡是遮挡飞行员视线或视野的飞机部位都可称之为飞机盲点。与飞机盲点密切相关的一个概念是眼基准位置设计。眼基准位置设计不良就有可能使操纵杆/盘成为遮挡舱内仪表的障碍物，或使飞行员在进近着陆阶段向前下方观察时的视线受到遮挡。此时，操纵盘或机头便有可能成为影响飞行员视野的飞机盲点。

## 五、空中相撞及视觉扫视

空中相撞的形式主要有 3 种：

（1）两架飞机在同一高度上相向飞行发生相撞。

（2）在同一高度上飞行时带会聚角相撞。

（3）在爬升和下降过程中相撞。

有关条例规定（如 FARS），半球规则只适用于 3 000 ft 以上的空域，这便意味着在 3 000 ft 以下的空域有可能出现两架飞机在同一高度上作相向飞行。即便是在 3 000 ft 以上空域飞行时，也可能会因 ATC 的指挥错误和飞行员听错指令、说错高度或不正确的高度设置，使两架飞机在同一高度上作相向飞行。研究表明，同一高度上作相向飞行的飞机往往很难觉察。其原因在于：

（1）由于高空飞行时缺乏明显的判断运动的参照物，飞行员往往不能觉察到其他飞机的运动，飞行员最初觉察到的可能只是一个不经意的小点，随着距离的接近，飞行员会感到这个小点迅速放大，此时采取规避动作可能为时已晚。图 6-11 所示是当飞机的飞行速度为 463 km/h（典型的通用机空速）时，两架飞机的相撞时间。当它机（塞斯纳飞机）离自己 460 m 远时，它看起来只有 1° 宽，显得很小，但 4 s 后就会相撞。意味着飞行员没有更多的时间去反应和采取规避动作。

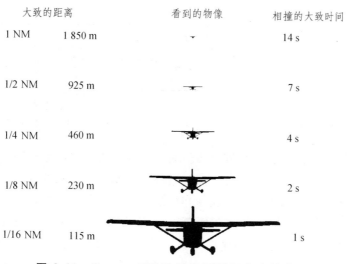

图 6-11　Cessna172 飞机在不同距离上的大小

（2）当飞行员在空旷的天空中搜索其他飞机时，常会陷入空虚视野近视的困境，使其眼睛的聚焦点位于前方的 1 ~ 2 m 处，从而使飞行员不能发现远处的飞机。

（3）前已述及，眼视网膜的中央凹是白昼视觉的敏感区（视锥细胞密集区），而中央凹周缘则是夜间视觉的敏感区（视杆细胞密集区）。这便意味着，在白天飞行时，如果其他飞机的物像没有落在中央凹处飞行员就很难觉察。

已有的研究表明：在昼光条件下，物像只要偏离中央凹 10°～20°，空中辨认物体细节的能力便会大幅度下降。而在夜间飞行时，如果直视前方物体，则物像将会投射在中央凹处，由于视锥细胞只对昼光敏感，故视觉能力也会大为削弱。这一点我们已在前面的夜间盲点概念中作了解释。从驾驶舱行为方式来看，视觉只是最初的信息获得环节，完整的信息加工过程还应包括决策和行动。图 6-12 所示是飞行员为规避其他飞机所需的视觉运动反应时间。从图中可以看出，从飞行员发现飞机到规避与其相撞需要 5.4 s 的时间，而且这是假设飞机速度固定、飞行员操纵正常的情况下计算出来的时间和距离。如果此时飞机情绪紧张，这个时间将肯定会延长，飞行员开始操纵飞机作规避动作的时间便会延后。在日常生活中，我们常常可以看到，在突如其来的威胁性刺激面前，人类的最常见反应是举起双手以求自我保护，或者后退或呆愣不动。这些反应都是人类在进化过程中获得的本能性行为。不幸的是，飞行员突然发现它机以同一高度向自己撞来时，也同样会产生难以抑制的恐惧心理。

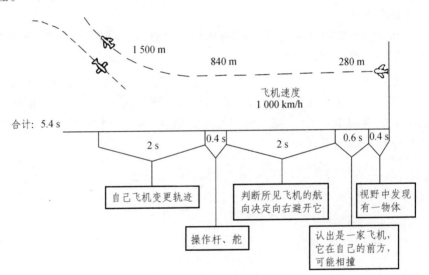

图 6-12　飞行员为规避其他飞机所需的视觉运动反应时间

两架飞机在同一方向、同一高度上飞行时，如果带有一定的会聚角，则有可能在航路上的某点相撞。在一般情况下，飞行员通过其他飞机相对于云层或地面的运动来觉察它的所在。但如果其他飞机以几乎相同的航向作匀速运动时，就很难发现它在运动，甚至不能觉察到它的存在（见图 6-13）。带会聚角飞行的飞机与迎面飞来的飞机在视角变化的性质上是相同的（逐渐变大），但变化的速度却要小得多。其视角变化是如此之小，以至于飞行员几乎感觉不到它机与自己逐渐靠近。这样，飞行员便很难觉察到它的存在，即便觉察到了，也往往引不起高度重视。因此，当飞行员发现它机带会聚角以要相撞的航路飞来时，可能要花好几秒钟的时间。此时飞机也许已经飞出了 1～1.5 mile 了，可考虑规避和实施规避的时间已显得十分仓促。另外，此类相撞与两机靠近时的角度亦有密切关系。据报道，1944—1968 年发生的 105 次空中相撞事故中，有 35% 的失事发生在一架飞机以 0°～10°角超越另一架飞机时。随着靠近角度的增大，发生相撞的百分率便减小（见图 6-14）。

110

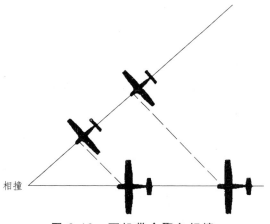

图 6-13　两机带会聚角相撞

　　爬升与下降过程中发生的两机相撞，除 ATC 指挥错误和飞行员错误（错听、错做、说错）外，常可归因于飞机盲点。由于飞机盲点的存在，爬升的飞行员不能向后、向上看，而下降过程中的飞行员又不能向前下看。因此减少此类相撞的唯一途径便是防患于未然。

　　根据以上 3 类空中相撞的特点，现提出以下一些扫视方法。具体可分为横侧扫视和上下扫视，昼间扫视和夜间扫视。横侧扫视是指从左至右的扫视方式。在实际操作时，可将扫视范围内的每 10°～15° 划分为一个视觉注意区。这样，整个风挡上可建立 12 个区，双眼在每个区至少应停留 2 s。这种扫视的方式起始点有两种，一是从左边第一区开始依区向右扫视，当扫视到右边最后一个区时再把视线落到仪表板上；二是以前风挡中央为基准区，先观察正前方，然后依区缓慢向左扫视，视线到头后迅速回到中央区，尔后再缓慢向右扫视。在正常情况下，机外扫视的次数是机内的 3～4 倍。具体的次数比例取决于飞行工作量和空域内的飞机密度。上下扫视是指在爬升与下降过程中为防止空中相撞而采取的由上而下、再由下而上的扫视策略，扫视的弧度一般为 10°。昼间扫视（见图 6-15）与夜间扫视的目的虽然相同，但其实施技巧和原理却有较大差异。昼间扫视是为了利用中央凹视锥细胞的视物功能（明视觉），而夜间扫视则是为了利用中央凹周缘视杆细胞的视物功能（暗视觉）。由于这一原因，昼间扫视的速度和范围相对较大、较快，而夜间扫视时则应较慢、且范围较小。图 6-15 和图 6-16 所示是英国民航局提出的适用于昼间和夜间的两种扫视技巧。由于视杆细胞缺乏对物体的精细分辨能力，因而在夜间飞行时应注意利用航行灯的颜色来判断它机所处的位置和飞行的方向。

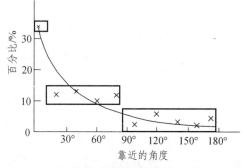

图 6-14　空中相撞的失事率与靠近时角度的关系

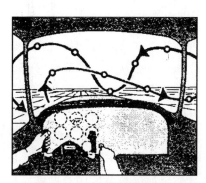

图 6-15　昼间扫视技巧

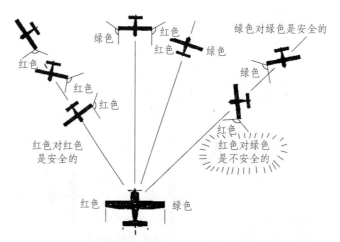

**图 6-16　夜间利用航行灯来估计它机方向并规避相撞**

## 六、视觉固着和运动物体以及闪光对飞行的影响

### 1．视觉固着

视觉固着是指视觉过分集中于某物而将其他物体排除在外的现象。这种现象并非飞行员所独有，几乎每一个人都有过这样的经历。严格说来，它并非单纯的视觉问题，与注意力也有着密切的关系。在飞行活动中，一个典型的例子是：在仪表飞行时，飞行员利用升降速度表和高度表将飞机驶入预定高度。在此过程中，飞行员就可能将视觉固着在上述两个仪表上，从而忽视对其他仪表的察看和对前方空域的扫视。另一种危险的情境是飞行员的注意力从主要的飞行任务中转移。譬如，当飞行员将注意力集中于察看航图以确定机场位置，或搜索无线电频率时，就有可能使飞行员发生视觉固着现象。在航空活动中，由此诱发的事故很多，现仅举一例来说明这一问题。美国东方航空公司的一架飞机在飞行中因仪表灯突然熄灭，机组便将注意力从驾驶飞机中转移到更换仪表灯上，他们如此的专注，以至于近地警告信号出现时既没有听到，也没有看到。最后飞机撞地，坠毁在美国佛罗里达州南部沼泽地（Trollip，1991）。这次事故对飞行员们的启示是：在仪表飞行时，无论在任何情况下，飞行员都应不断地扫视仪表。如果是目视飞行，则应不断地扫视外界。也就是说，在飞行过程中，飞行员的注意力应集中在主要飞行任务上。

### 2．外界物体的运动对视觉的影响

当自然界的或人造的运动物体以某种形式使飞行员的视觉部分受遮挡时，就会影响飞行员的视觉信息输入。最危险的事例之一便是雨中或雪中飞行。下落的雨滴或雪花冲击在风挡上或其周围时，可以分散飞行员的注意力，使他很难看清座舱外的物体。这种情形一方面引起空虚视野近视，另一方面也易于使飞行员进入催眠状态，主观感觉精神恍惚，很难集中注意力，下意识地改变飞机姿态和空速。如果再加上风挡刮水器单调、重复的运动，上述症状将会进一步加重。在这种情况下，飞行员应引起重视，要避免凝视雨滴、雪花或风挡刮水器，特别是在仪表进近过程中，应避免将仪表飞行改为目视飞行。

### 3．闪光性眩晕

每秒 4～20 次的闪烁光可引起闪光性眩晕。这种现象在人群中有较大的个体差异，有的人对闪烁光很敏感，而有的人则抵抗力较强。这种现象一旦发生，就有可能引起类似癫痫样的痉挛、恶心或意识丧失。其发生的情境是：

（1）当飞行员透过慢速转动的螺旋桨（240～120 r/min）看前方的太阳时，或者位于后面的太阳映射在螺旋桨上，飞行员注视这一反射光后，就会诱发出闪光性眩晕。这样的情境有可能发生在下降、着陆或滑行阶段。

（2）在霾中或云中用选通脉冲型防撞灯飞行时，反复有规律的闪光反射入座舱可引起闪光性眩晕。

（3）直升机的旋翼将阳光反射入座舱也可引起闪光性眩晕。克服闪光性眩晕的方法是：① 避免透过螺旋桨看某个光源；② 经常作较小幅度的螺旋桨每分钟转速的变化；③ 尽可能快地使飞机偏离太阳光源。

## 七、视觉障碍

视觉障碍是指由于先天或后天原因，导致视觉器官（眼球视觉神经、大脑视觉中心）的构造或机能发生部分或全部障碍，经治疗仍对外界事物无法（或甚难）作视觉辨识。外在过于强烈的光线刺激会对眼睛造成暂时或永久的损伤，如高强度的紫外线光对眼睛有影响。另外，如果不注意用眼健康，或随年龄的增长，也可能出现视觉障碍。一些常见的视觉障碍如下：

### 1．近视眼

如果眼睛近视，眼球的厚度会比正常眼睛大，导致图像会聚焦成像在视网膜前面，晶状体的自我调焦也不能完全弥补这一问题。

如图 6-17 所示，远处的物体不能准确成像在视网膜上，但是近处的却可以。佩戴凹透镜可以矫正近视。

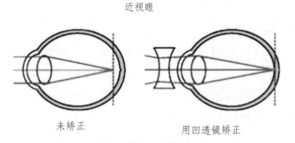

近视眼

未矫正　　　　　　　　　用凹透镜矫正

**图 6-17　近视眼**

### 2．远视眼

如果眼睛远视，眼球的厚度会比正常眼睛小，导致图像会聚焦成像在视网膜后面。

如图 6-18 所示，远视眼看近处的物体会变得模糊不清，但是远处的物体却可以很清晰地看到，佩戴凸透镜可以矫正远视。

远视眼

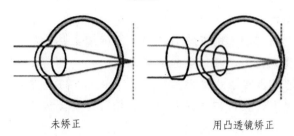

未矫正 　　　　　　　　用凸透镜矫正

**图 6-18　远视眼**

### 3. 老花眼

随着年龄的增长，人看近物的视力逐渐下降，过了 40 岁后，晶状体逐渐变硬，更适合看远处物体的形态，这就是我们常说的老花眼。通常，老花眼发作的第一特征就是在弱光的条件下看书变得非常吃力。戴老花镜能够矫正老花眼，而要矫正中远距离视力可以使用双焦距、三焦距甚至是四焦距的镜片。

晶状体硬化也会引起晶状体浑浊。这种浑浊有可能导致白内障。有早期白内障问题的飞行员可能并不影响看视力表，但眼睛却受不了亮光的刺激。这是由于进入眼睛的光线发生了散射，在这种情况下，眼睛的灵敏度开始丧失。所以，任何眼睛浑浊都应该及时检查和治疗。

### 4. 散　光

散光是一种由于眼角膜或晶状体表面畸形引起的视力缺陷。通常情况下，眼角膜是如足球一样的球形的。而有散光的眼角膜是椭圆形的，像橄榄球一样。圆柱透镜能够矫正散光。

### 5. 青光眼

眼球内是充满液体的，这使得眼球可以保持其形状，眼球内的液体是清澈透明的，并不断循环和补充。有时，眼球内的液体循环失衡，进入的液体多余流出的液体，这会导致眼内压增大，会对眼球产生严重的损伤，甚至会导致失明，这被称为青光眼。

### 6. 灰视、黑视和红视

在飞行中，飞行员的身体必须承受巨大的加速度。这些正或负的加速度通常以 $g$ 的倍数来度量。在加速度的情况下，离心力从头部施加到脚，血液被推向身体下部分。在正过载的情况下，如果飞行员的肌肉结构不能很好地调整，则大脑就得不到适当的血液补充，飞行员易产生称为灰视或黑视的视觉问题。眼睛会感到发黑，看东西模模糊糊，甚至什么也看不见。黑视也是晕厥的先兆，对飞行安全危害较大。据统计，发现引起黑视的加速度，最低值是 $2.9g$，最高值达 $9.1g$，大多数人在 $5g$ 左右。同时，当飞机快速地俯冲，负荷载过高时产生红视，以约 $2g$ 加速度开始，负加速度同正加速度相反，惯性力把血液从足部推向头部，使头部形成高血压。飞行员会感觉戴上了一幅红色眼镜，周围成了一片红色世界，就是飞机改出后，飞行员脑仍会感到刺痛，脸胀，睁不开眼。在负 $3g$ 时，有些人就可能出现红视现象，负 $4g$ 时，头部青筋暴起，看一个东西会变成两个，甚至什么也看不见。负

4.5g 时，精神可能错乱，甚至昏迷，常人只能忍受负 3g 5 s，头部和心脏的水平高度差越大，人越难受，也越容易出现红视，红视较黑视更危险，但飞行中剧烈的负加速度过荷比较少，因此红视并不多见。

# 第三节　听觉、前庭觉的解剖及生理、心理学基础

## 一、听觉器官的解剖结构及主要功能

听觉与前庭觉同属于人耳的功能，这一点我们已在前面述及。人耳的结构如图 6-19 所示。从该图中可以看到，听觉器官由外耳、中耳、内耳 3 部分组成。听觉的传导过程可以说始于鼓膜（Ear drum），它随外耳道内的气压变化而产生振动，一般而言，人耳能感受的声波频率范围是 16～20 000 Hz，以 1 000～3 000 Hz 最为敏感。鼓膜对空气运动具有一定的阻力或称"阻抗"。外耳道则执行这种对空气阻抗的重要匹配作用。无论是何种原因使外耳道堵塞，如耳塞或过多的耳垢等，都会使传导到鼓膜的气压减小。与此相似，在耳郭上戴上防寒耳套也会减少进入耳内的声波。中耳是一含气的空腔，其中包含 3 块听小骨，鼓膜振动时推动听小骨运动，起着把声波能量转化为机械运动能量的作用。它的排列方式犹如一系列杠杆以便提高向内传播的效率，此能量最终被传导到内耳的耳蜗（Cochlea）。若 3 块听小骨的运动受阻或关节错位，便将减小或歪曲声音信号。当耳部感染，咽鼓管（Eustachian tube）堵塞使空气内陷在中耳腔内时，上述现象便可能发生（参见第三章第三节中的中耳气压性损伤内容）。内耳包含两种非常重要的感觉装置：一是耳蜗，它将听小骨传来的机械能量转化为电信号，并沿听觉神经传导到大脑予以解释，从而产生听觉。内耳中的第二个重要器官便是前庭装置。它由 3 个半规管（Semicircular canals）和一个耳石器（Otolith organ）所组成，是感受速度变化和姿态变化的重要器官。其细节我们将在稍后讨论。

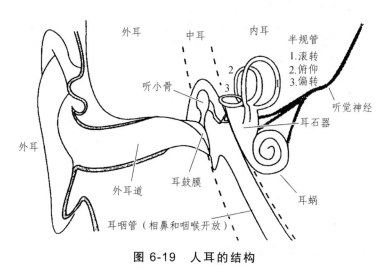

图 6-19　人耳的结构

## 二、前庭器官的解剖生理学基础

### 1. 3个半规管感知角加速度的机理

3个半规管位于3个相互垂直的平面内，类似于一架飞机的俯仰、滚转和偏转平面，因而它能够觉察这3个平面内的角加速（Angular acceleration）运动（见图6-20）。在角加速运动时，有关的半规管亦随之作同向的加速运动，但位于半规管内的内淋巴液却因惯性作用而向反方向冲击，致使毛细胞纤毛弯曲、产生角加速运动的感觉。当角加速运动停止而改为匀速运动时，内淋巴液的运动速度逐渐赶上半规管的运动速度，此时内淋巴液与半规管之间便不再存在速度上的差异，从而使毛细胞纤毛不再弯曲，回复到正常的位置上，角加速运动的感觉便随之消失（见图6-21）。半规管的这一特性是产生许多飞行错觉的土壤。

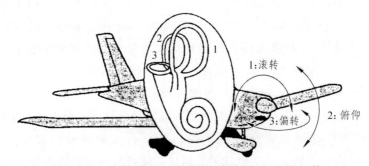

**图 6-20 分管滚转、俯仰和偏转的3个半规管**

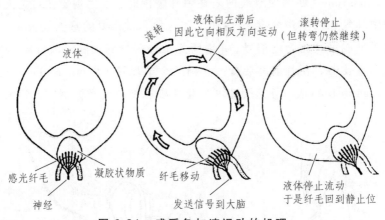

**图 6-21 感受角加速运动的机理**

### 2. 耳石器感觉重力和线加速度的机理

在半规管的下方有两个充满内淋巴液的囊，即椭圆囊和球状囊。囊内有许多感觉细胞的盘状体，称为囊斑。这些感觉细胞与半规管壶腹内的感觉细胞相似，有许多纤毛样的突起。当头部处于正常位置时，耳石膜与毛细胞的相对位置没有发生改变，因而大脑将此信息解释为"纤毛"直立。此时的耳石膜受到1g的垂直作用力。当头部倾斜或向前向后运动时，耳石膜在重力的作用下便产生运动，使其与毛细胞的相对位置发生改变，纤毛弯曲，牵拉刺激毛细胞兴奋，并传导到大脑，产生头部倾斜或前后加速运动的感觉（见图 6-22）。

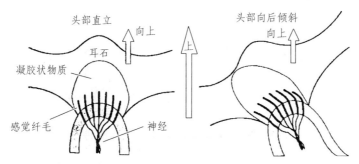

图 6-22　耳石器感受头部位置改变的机理

值得一提的是，耳石器只能觉察加速度的合力，而不能辨别构成合力的分力的来源。正是由于这一原因，当飞行员在作协调转弯时，便只能感受到地心引力和向心力的合力。这便意味着：人体是为在大地上感知缓慢运动而"设计"的，习惯于准确地感知 1g 的地心引力，而对三维空间飞行中的作用力环境的感知能力却要差得多。例如，当飞行员以 60° 角度作协调转弯时，他将通过座椅感受到 2g 的作用力以 60° 的角度作用于他。但当闭上眼睛时，他却会感觉自己仍处于直立位，飞机没带坡度飞行（见图 6-23）。飞行中的情况就是这样，如果仅凭身体感觉来判断飞行姿态，通常会感到非常困难。

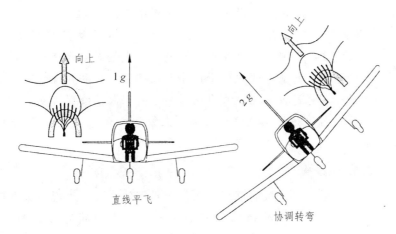

\* 协调转弯时，纤毛直立，飞行员感觉不到飞机带有坡度在转弯。

图 6-23　飞机带坡度转弯

除感受重力加速度（Gravity acceleration）外，耳石器的另一功能是觉察线加速度（Linear acceleration）。当人体作线加速度时，椭圆囊和球状囊内的内淋巴液便冲击耳石膜，使耳石膜与毛细胞的相对位置发生改变，纤毛弯曲从而刺激毛细胞兴奋，并传导到大脑，使人产生加、减速的感觉。当停止线加、减速运动而转为匀速运动时，毛细胞与耳石膜的相对位置关系又恢复正常，使人感觉不到飞机在运动（见图 6-24）。

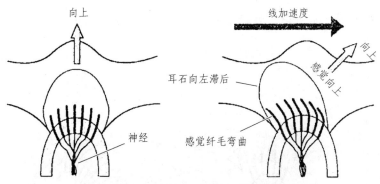

图 6-24　耳石器感受线加速度的机理

# 第四节　飞行中常见的听觉及前庭觉问题

## 一、航空噪声及其危害

按人的主观体验，可把噪声定义为一种令人不愉快、心烦意乱和讨厌的杂乱声音。从信号检测论的观点来说，凡是个体不喜欢的、影响人的工作效率和生活质量的声音，都可定义为噪声。在航空活动中，噪声主要来源于以下几个方面：① 动力源、传动系统、螺旋桨和喷气飞机喷出的气流；② 飞机和空气的相互作用（空气流经飞机的表面）；③ 座舱空气调节和加压系统、液压系统和通信设备产生的次要噪声；④ 超音速爆音。经测定：大型喷气客机以巡航速度飞行时，舱内噪声的总声压级为：四发动机的窄体型客机为 75～85 dB；宽体型客机为 72～84 dB。主要来源于喷气，其次是涡轮旋转和飞行时飞机表面与气流相互作用产生的紊流。螺旋桨飞机的噪声主要由螺旋桨转动和废气排出所产生，其次来源于发动机的机械振动和迎面气流；直升机噪声主要来源于旋翼转动、发动机、传动系统及排气。其舱内噪声强度远比喷气客机要大，大致为 110～119 dB。噪声对人类身心的危害是众所周知的。概括起来，主要在于以下两个方面：

### 1. 对听觉器官的影响

一定强度的噪声刺激人耳一段时间后，可使听觉阈值增高，表现为听力损失，这一现象便称为听阈偏移。按听阈偏移持续时间的长短，一般可将它分为暂时性听阈偏移（Temporary Threshold Shift，TTS）和永久性听阈偏移（Pernamenent Threshold Shift，PTS）两类。短时间进入强噪声环境时，开始会感觉声音刺耳、不适、耳鸣，随后这些主观感觉趋于不明显或消失，同时出现暂时性听力下降，听阈上升可达 10～15 dB，如迅速离开噪声环境，经数分钟后可完全恢复正常。这种现象称为听觉适应（Auditory Adaption），是一种保护性生理反应。但听觉适应有一定的限度，较长时间接触强噪声，听阈升高超过 15 dB，甚至达到 35～50 dB 时，脱离噪声环境后则需数小时或更长的时间才能恢复，这种现象便称为听觉疲劳（Auditory Fatigue）。听觉疲劳是病理前状态，是可以恢复的功能性变化，仍为生理现象。永久性听阈偏移是指：在高噪声反复长期刺激下，听觉疲劳不能再恢复，听觉器官发生器质性病变和不可逆转的永久性听力损失或丧失现象。在民用航空环境中，比较常见的是暂时性听阈偏移，但如果持续时间很长，也可发展为永久性的听阈偏移或听力缺失。据报道，对听力产生不利影响的噪声强度一般为大于 65 dB 的噪声。终身职业性地暴露于 65 dB 噪声背景下的人群，大约有 10% 的人可能出现对某些频率声音的永久性听力损失，但这种损失不一定达到噪声性耳聋的程度。前已述及，大型喷气客机的舱内噪声为 72～85 dB，螺旋桨飞机和直升机的舱内噪声则可高达 110～119 dB 以上。很显然，民用机型，尤其是螺旋桨和直升机飞行员都将面对噪声对听觉器官的影响这一问题。此外，随年龄增长，听觉器官老化会表现为听力减退，出现老年性耳聋，也属于永久性听阈偏移。

2. 对工效和语言通信的影响

工效是指一个人完成某项工作的效率，包括速度、质量等。噪声使人烦恼、注意力分散和增加疲劳以及导致听力的损失，因而在一定的条件下可降低人的工作效率。但其影响的程度却随工作的难易程度和性质，以及人的身心状态而有所不同。就工作难易程度和性质而言，较简单的重复性工作，如巡航飞行中的杆、舵技能，即便噪声高达 100 dB 也可能不会出现明显的影响。对于复杂的智力活动，要求注意力高度集中和需要记忆、辨别和精细操作的工作，即使噪声级在 70～80 dB，也可产生有害的影响。警觉监视实验、辨别反应时间和心算等实验表明：当噪声达 90 dB 以上时，可使被试者的反应时间延长，信号脱漏及差错增多。随着现代飞行器自动化程度的提高，飞行员的主要任务已从原来的杆、舵技能向着对信息的监视和管理过渡。很显然，噪声对上述心理过程的影响，必然会降低工作效率，尤其是与其他飞行环境因素如振动、加速度、温度等交织在一起时，噪声对飞行员的影响就更不容忽视。

噪声对座舱通话和机组成员对话的影响主要表现为对语言的掩蔽作用，造成在飞机噪声环境中的通话和对话困难，通常用语言可懂度来评价噪声对语言通信的掩蔽作用。可懂度系指语言信号通过通信系统后能被正确理解的程度，常以能听懂的单词和句子的百分数来表示。在噪声环境中，信噪比（信号强度大于噪声强度的分贝数）越小，对语言通信的干扰越大，可懂度越差。因此，在座舱噪声环境中，飞行员要获得可靠的收听，就需要提高语言声压级，但不能超过 110 dB，超过这一强度不但不能改善信号的收听，而且还会引起人耳的不适感。为了达到良好的通话效果，飞行人员在飞机噪声环境中进行无线电通话时，便应该佩戴装有受话器的隔音帽或头盔或抗噪声送话器，才能获得满意的效果。

鉴于噪声对人的身心及工作效率的危害，目前已有几十个国家制定了自己的噪声容许标准，绝大多数以保护听力为目的，标准多被定为 90 dB。我国为 8 h，85 dB。但由于民用航空需要高精度操作的特点，其干扰通话和智力活动、影响休息和引起烦恼的噪声标准却要低得多（见表 6-1）。如按这一标准来衡量，则上述民用机型的舱内噪声均超过了此标准。

表 6-1  飞机舱内噪声容许标准（dB）

| 对　话 | 无线电通话 | 智力活动与休息 | 引起烦恼 |
|---|---|---|---|
| 70（乘客） | 75（飞行员） | 40～50 | 77～78 |
| 75～80（机组成员） | | | |

为了预防和矫正听力损失现象的发生，飞行员，尤其是通用机飞行员应关注以下一些注意事项：

（1）飞行过程中应佩戴噪声防护装置。已有研究表明：性能良好的防噪耳塞可使环境噪声降低 20 dB，而高质量的防噪耳机则可降低 40 dB 的环境噪声；

（2）限制噪声暴露时间。在飞行后的 16 h 内尽可能避免在嘈杂的环境里逗留（如闹市区、迪斯科音乐厅等场所）。如有音乐爱好，可听一些音量适中的轻音乐。

## 二、运 动 病

### 1. 运动病（Motion Sickness）的定义和症状

运动病是以恶心、呕吐、面色苍白和出冷汗为主要特征的病情。人受到实际或似动运动刺激而对这些刺激又不熟悉时，也就不能适应，从而发生运动病。事实上，运动病是一个总称，它包括晕船、空晕、晕车、晕秋千（空中震荡病）、模拟装置病等等，它因诱发的环境和运载工具的不同而有不同的病名，如晕船病、晕机病、晕车病等。虽然环境诱发原因不同，但诱发刺激的主要特征以及主要反应都是一样的，因而统称为运动病。然而，必须承认，在某些方面，"运动病"的叫法是不恰当的。因为它既可以由预期的运动没有出现而诱发，也可以由不熟悉的运动所导致。而"模拟装置病"和"宽银幕立体电影病"的诱发刺激正是"预期运动没有出现"的一个特例。因此，Jeoffry（1982）认为：将这种病情叫作"运动适应不良症候群"比较恰当。

典型的运动病是循序渐进的，发病时间的长短取决于刺激的强度和个体敏感性。最初的症状是胃不舒服的异常感觉，有人将此称之为"意识到了胃的存在"。如果诱发运动持续下去，即出现恶心加重、健康很快恶化、口周围或面色苍白并开始出汗。随着症状的加剧，出现口水增多、身体发热、头发轻，并带有明显的抑郁、情绪淡漠等等。在这一阶段，一般很快就会呕吐，大多数人在呕吐后可以获得暂时缓解，然而也有些人长时间严重恶心得不到缓解。空晕病在飞行训练期间是个较为普遍的问题。据英国的一次调查（1982）表明，飞行教员在常规飞行后的报告中指出，有 39% 的飞行学员因空晕病而丧失飞行能力；有 15% 的学员患了足以导致飞行训练停止的"严重"空晕病。美国的统计数据（1982）也与此相似，飞行训练中患"严重"空晕病者占总发病率的 20%。概括地说，空晕病对飞行能力的影响主要包括：① 增加飞行员的不舒适感，使之精神涣散，注意力不能集中和飞行动机/热情降低；② 损害操纵飞机、领航、监看仪表的能力；③ 影响通信与交流的能力；④ 引起教员的误解，认为其缺乏飞行才能，而学员自己也往往将此视为停飞的信号，从而引起焦虑和苦恼，导致自信心丧失，延长对晕机的适应时间。

民航运输机发生空晕病者，目前已相当罕见。总的发病率为 0.4% ~ 1.0%，而大型喷气式运输机通常都可避免在湍流中作长时间飞行，空晕病的发病率要低得多。但英、美等国的一些学者还是认为，在异常的气象条件和飞行员身体健康状况不佳，患上呼吸道感染、感冒等疾病时，即使很有经验的飞行员也易患空晕病（Jenson，1991；T. Thom，1995）。也正因为这样，目前在英、美等国《飞行中人的因素》教科书中以及执照考试中都包含有空晕病方面的内容。

## 2. 运动病的成因

在航空活动中，运动病的病因可归结为：

（1）湍流或操作不当使飞机颠簸，带较大的坡度飞行时，施加于人体的加速度力超过人们所习惯的 1g 作用力时，持续地处于这种状态便可能诱发运动病。

（2）前庭信息与视觉信息不一致时，也可诱发运动病。譬如，一个很有经验的飞行员在无运动装置的模拟器上练习仪表飞行时，由于视觉信息与前庭信息不一致，便可能诱发运动病。这一特例，有人亦称之为"模拟装置病"，在真实仪表飞行过程中的情况则正好与上述情况相反，飞行员可能从前庭觉那里获得飞机在运动的感觉，而视觉信息则提示飞机没有运动（如巡航飞行仪表变化不大时）。在目视匀速飞行时，视觉信息提示飞机在快速运动，而前庭信息则指示飞机没有运动（前庭器官只能感知加速度），此时也可能诱发运动病。总而言之，当两种输入信号相互矛盾或输入信息与原有经验相冲突时便可能诱发出运动病。

（3）心理因素在诱发和加重运动病方面亦起着重要作用。例如，飞行恐惧、紧张、焦虑以及对运动病的不良预期和过分担忧便可诱发并加重运动病。

## 3. 运动病的预防与矫正

基于对运动病成因的认识，我们可提出以下一些预防与矫正措施：

（1）不做不必要的动作，只要不影响观察，头动应减至最低程度。

（2）尽可能避免在湍流中飞行和防止动作粗猛所引起的飞行姿态的急剧变化。

（3）提高自己的处境意识，明白特定的飞行情境可能导致的视觉-前庭觉信息冲突。如模拟装置病发生时，应意识到自己并非是在真飞机上飞行，没有动感是正常的。

（4）集中精力于特定的飞行任务上，避免对运动病即将到来的强烈的预期，即便已经有运动病的症状，亦应尽可能转移自己的注意力，不要过分内省运动病的症状。

（5）加强抗运动病的前庭机能锻炼。如飞行学员可通过固滚和活滚来锻炼前庭机能，航线飞行员则可通过有动感的模拟机或电动转椅来锻炼前庭机能。

最后，必须指出的是，飞行人员不能通过服用抗晕机药物来缓解晕机症状。因为这类药物中常含有抑制剂，它会使飞行人员反应迟钝，判断与决策过程缓慢。

## ·思 考 题·

1. 什么是静态视敏度与动态视敏度？请简述二者的区别。
2. 举例说明航空活动中的视觉适应现象。如何促进暗适应？
3. 什么是眩光？请简述其类别。
4. 什么是空虚视野近视和夜间近视？如何预防与克服？
5. 飞行活动中存在哪几类盲点？请分别简述并提出预防与克服措施。
6. 简述空中相撞的形式及其预防措施。
7. 简述 3 个半规管感知角加速度及耳石装置感受重力与线加速度的机理，并简述前庭器官在飞行中存在的主要局限。
8. 举例说明噪声对人类身心健康的主要危害。
9. 简述空晕病对飞行能力的影响及预防运动病的措施。

## · 案 例 讨 论 ·

2004 年 1 月 3 日，一架波音 737-300 型客机从埃及起飞。时年 53 岁的机长柯德·阿卜杜拉曾任埃及空军军官，拥有 7 000 多小时的飞行经验。在黎明前的黑暗中，柯德机长以手动驾驶飞机顺利起飞。然而，就在起飞后几分钟，这架客机就一头扎进红海，机上 148 人全部遇难。媒体称，这是埃及历史上最惨重的空难事故，亦是历来死亡人数最高的波音 737-300 型客机事故。两个月后，运营这趟航线的埃及闪光航空公司因这起空难宣告破产。法国、美国的调查人员与埃及官员一同进行搜查，花了两周时间才找到驾驶舱通话记录器及飞行资料记录。美国国家运输安全委员会（NTSB）最终公布的调查报告显示，这起空难是因为机长在客机起飞过程中出现了空间定向障碍。

"空间定向障碍"是飞行员在驾驶飞行时，对飞机的空间状态、位置、运动及飞行环境所产生的不正确的知觉。这种错觉发生率很高，飞行员若意识不到，就会产生灾难性的后果。

结合上述案例，请分析：

（1）飞行过程中飞行员较易产生的飞行空间定向障碍（飞行错觉）有哪些？

（2）人类视觉系统和前庭觉系统的哪些因素容易诱发飞行错觉的发生？

# 第七章　飞行空间定向与定向障碍

飞行空间定向是飞行员的主要任务之一，没有空间定向便不可能有飞行，没有良好的空间定向能力就不可能有安全、经济的飞行。这一点读者在领航知识的学习中已经熟知。但是，领航知识只告诉了我们如何利用机载导航设备将飞机从甲地飞往乙地，而没有从人自身的角度和人-机-环境的关系去讨论飞行员的空间定向能力问题。本章的内容包括飞行空间定向能力的实质，飞行环境、飞机因素以及人自身的局限是如何影响飞行空间定向的，等等。在中国民航局新近颁布的执照考试大纲和知识点中，要求重点掌握的内容是：各类视性错觉发生的原因和表象、前庭本体性错觉产生的原因和表象、错觉的克服与预防措施。

## 第一节　飞行空间定向与定向障碍概述

### 一、飞行空间定向的定义及特点

飞行空间定向（Spatial orientation）是定向的一种特殊形式。它是飞行员在飞行中对自身、飞机以及飞行环境的认识能力。主要指飞行员对姿态、地点、空间、时间以及运动的知觉。仪表飞行的空间定向则是复杂的智力活动。

人类长期生活和工作在一维重力加速度环境里，只要脚踏坚实的大地，利用周围的参照物，定向是容易保持的。然而，当飞行员进入三维飞行空间的时候，由于受飞行环境和人自身局限的影响，空间定向障碍就有可能发生。与地面定向相比，飞行空间定向主要有以下特点：

1. 参照物系统发生了变化

人在地面定向时，可作为视觉定向参照物的目标物比比皆是，大到高山、湖泊、公路，小到房屋、树木。而在飞行中，小的定向标已经失去意义，只能参照非常大的地物、地貌以及天地线进行定向。随着飞行高度的增加，气象条件的变化，唯一能正确反映飞机空间状态变化的只有飞行仪表。

2. 作用力环境发生了变化

人在地面定向时，一般只受重力的作用。当身体与重力方向稍有偏离，非视觉感受器会很快获得信息，并通过反射运动使身体得到调整。参照以光坐标及以重力垂直线为轴向的坐标系，人可以判断、保持身体的各种位置、姿态及运动。然而，在三维空间飞行时，飞行员不但要受重力的作用，而且还要受大小、方向不断变化的飞机加速度力的作用。前

123

已述及，人类的前庭器官只能感知各种力的合力，不能精确地感知合力的分力，只能感知加速运动，而不能感知匀速运动。这些局限的存在，便会使飞行员在视觉受限或仪表飞行技术不过硬的情况下，产生飞行空间定向障碍或飞行错觉。

3. 定向方式发生了改变

地面视觉定向的习惯方式主要是横向定向，依靠自身周围的物体，即以反映"上、下""左、右""远、近"的视觉坐标系来形成视性空间知觉。在飞行空间定向中，完全改变了人的这种感知习惯，一般是以由上向下的方式进行地标定向，在巡航飞行及复杂气象条件下，则必须利用仪表信息在头脑中描绘出自己和飞机所处的位置、姿态、速度、高度等空间形象。经过多年的地面生活之后，人已经习惯于看地面及周围物体水平地离开自身而不是垂直地离开，飞行的特点则是水平与垂直定向同时或是交错发生。这种感觉习惯的改变需要一定时间，这正是年轻飞行学员们初上飞机时感到无所适从、难以定向的缘由之一。

4. 以知觉恒常性为线索的定向方式发生了改变

在地面，人们借以定向的各种物体的大小、形状、颜色等非常接近于物体本身原物理特性，凭借其中任何一种物体都可以进行准确的定向。而在空中，随着飞行高度的增加，速度的加快，气象条件的变化，人所感知到的地面定向物在大小、形状、颜色上都相应地发生明显改变，使人体与它们之间的空间关系不能正确地得到反映。知觉心理学的研究表明：人的知觉恒常性有一定的条件和限度，它与观察者的观察方式，所处位置和距离有关。一般而言，保持恒常知觉的距离不超过 30 m。超过时，人便完全凭借视网膜上的视像大小来判断，因而就不能把握物体的大小。如果观察方式发生了改变，排除周围环境的参照作用时，恒常性就会消失。观察角度改变，物体形状也会发生变化。在地面定向时，由于恒常性的存在，不会产生错觉。但在飞行条件下，远距离和高速度则常常使物体的形状发生扭曲，增加了定向难度。因此，如果在飞行中依照在地面上惯用的知觉恒常性线索进行空间定向时，就容易发生飞行错觉。

综上所述，飞行空间定向是飞行员为适应飞行环境而形成的一种能力。飞行员处在与地面截然不同的视觉环境和力环境中，这样的环境特点决定了飞行空间定向较地面定向复杂。有人认为，飞行有两大任务：一是定向，二是操纵。显然，定向是基础，是保障正确驾驶飞机的前提。定向障碍会导致飞行事故征候和飞行事故。因此，飞行空间定向能力的高低，直接关系到飞行任务完成的质量与飞行安全。

## 二、飞行空间定向的感觉器官

由于飞行空间定向的上述特点，飞行员的空间定向能力主要取决于他对视觉信号（座舱内、外）、前庭信号以及本体感受器信号的正确解释。因此，飞行空间定向的感觉器官主要由眼、内耳前庭器官以及本体感受器（Proprioceptors）所组成（见图 7-1）。在这些感觉器官中，眼起着决定性的作用。当在能见度良好的条件下飞行时，飞行员用舱外视觉信息定向，解释从眼传到大脑的信息。在能见度不好的条件下或高空飞行时，飞行员则主要通过识读和解释仪表信息来进行定向。来自非视觉器官的信息（如前庭信息）对视觉信号起着辅助和支持作用。但是，由于飞行中的运动刺激常常超出或达不到前庭和本体感受器的感知范围，所以它们经常提供错误信息，有时与视觉信息发生冲突。在这种情况下，如果飞行员忽视视觉信息而选择身体感受，则定向障碍便会发生。关于视觉、前庭觉的解剖及生理学基础知识，我们在前一章已分别作了介绍，这里不再赘述。

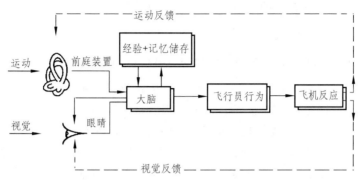

**图 7-1　参与飞行空间定向的感觉器官**

## 三、飞行空间定向的分类

按飞行员所依据的定向物，可将飞行空间定向分为地标空间定向和仪表空间定向：

### （一）地标空间定向（Horizon Spatial Orientation）

地标空间定向是指飞行人员利用天地线和地标等自然定向物来确定自己的飞机在空间的位置和状态。天地线和地标等自然定向参照物对飞行员来说是一种直接信号，它们既直观形象，又简单易认。

#### 1. 飞机状态定向

天地线是从座舱风挡看出去，天与地相接处的一条巨大的弧形线或水平线。在目视飞行中，飞行员便是以飞机风挡与天地两个巨大的定向标系统所形成的自然坐标系来确定飞行状态的。利用这个坐标系投射到飞机风挡和机头上的相对位置关系，可以对飞机状态作出正确的判断。一般来说，天地线是一个大弧形线，但通常飞行员将天地线看成一条"水平线"，只有在万米以上高空飞行时，才会受到地球弧线的影响。

需要指出的是，飞行学员在飞行中形成以"天地线"视觉为主导感觉的定向能力，往往需要一个过程。在这一过程中，天地线视觉往往与地面上已经牢固形成的空间关系发生矛盾。譬如，在初次作转弯飞行时，学员不是觉得自己和飞机在转弯，而是觉得天地线向一侧倾斜，而自己却持续保持垂直状态。经过多次飞行实践的"验证"，才逐步形成正确的天地线视觉，并通过以后飞行的不断巩固，使天地线视觉在多种感觉中获得主导地位，在心理上认为这种信息准确而可靠。当天地线在风挡上投影呈现一定关系位置时，才会以视觉为主导感觉形成飞机状态的知觉。

#### 2. 地点定向

飞行中的地点定向是确定飞机当时在什么地点上空，朝着什么方向飞行。任何一次飞行都有地点定向问题，如根据任务选择航线、保持航向和空域、判断着陆点等等。地点定向的地标很多，有公路、铁路、桥梁、河流、山峦、湖泊、岛屿、城镇等。若地点定向错误，可导致迷航。在昼间简单气象条件下飞行时，地点定向并不十分困难。但在低空、尤其是重峦叠嶂的复杂地区或海上飞行时，目视地点定向便变得非常困难。

概括以上内容，地标定向的特点是：直观形象、简单易认、稳定可靠。但只适用于昼间简单气象条件下的中、低空飞行。

### （二）仪表空间定向（Instrument Spatial Orientation）

仪表空间定向是指在飞行中，飞行员根据导航系统显示的信息，经过分析与综合以及表象转换而进行的空间定向。在夜间、云中、雾、霾、降雨、降雪以及高空等条件下飞行时，目视飞行所依据的天地线和地标等自然定向标看不到了。飞行员无法仅凭自身的感觉来判断飞机的速度、航向、高度以及飞机状态等重要飞行参数，不能进行准确的空间定向。此时，飞行员便必须使用仪表进行空间定向。与目视地标定向相比，仪表定向具有以下特点：

#### 1. 信息的间接性

仪表空间定向与地标空间定向的基本区别在于，由以自然定向物为信息源的目视定向转变为通过导航系统提供数字、符号、模拟信号等进行间接的空间定向。目前的航空仪表信号显示主要有两种类型，即符号性信号与模像性信号。符号性信号是利用指针、数码、刻画等信号向飞行员发送定向线索。采用符号性信号的仪表有：高度表、速度表及升降速度表等。模像性信号是在信号状态中模拟和复现客体的状态，这种信号的特点是模像与客体之间保持直接联系，认识这种联系不需要改造信号，辨认信号与辨认客体似乎融合在一起了。由于利用模像性信号认识客体只需要比较简单的类似联想，因而可以提高接受信号的速度和准确性。但是，从定量的精确性来看，模像性信号则不如符号性信号，航空地平仪或飞行姿态仪既有模像性信号的特点，又有符号性信号的特点，它是航行仪表中一个非常重要的仪表。由上可知，由于仪表飞行时飞行员必须将多个仪表的信息加以分析综合，形成飞机在空中运动的表象，才能进行准确的空间定向，因而它的信息具有间接性的性质，其过程是一种复杂的智力活动。

#### 2. 信息的间断性

在仪表飞行中，飞行员同时具有两项相互关联的任务，一是操纵飞机，一是进行空间定向，即手、眼协调活动。当这两种活动发生冲突和矛盾时，仪表信息便具有间断性的特点。譬如，初次进行仪表飞行的学员，经常出现只顾操纵飞机、忘看仪表，或只看个别航行仪表的现象；飞机故障时，飞行员只顾识别和排除故障而脱离飞行仪表；一些航空仪表所具有的固有惰性等，都使仪表飞行中的信息具有间断性的特点。一些研究结果表明，在仪表飞行中，飞行员不能长时间不观察仪表，视线离开航行仪表的时间不能超过 5 s。否则，在间断定向期间就容易发生空间定向障碍。

#### 3. 定向的不稳定性

人类在地面上的定向机能是在长期的种系发生和个体生长发育过程中建立发展起来

的。目视飞行的空间定向能力也是经过许多小时的飞行后才得以建立，而且其信息源是直接的客观自然定向物，因而它具有相对的稳定性。但仪表定向则是在地标空间定向的基础上建立起来的，与目视地标定向相比具有不稳定性。其主要原因在于：仪表定向的信息具有间接性，其过程是一种复杂的智力活动，易于受到诸如疲劳、睡眠不足、饮酒、中断飞行以及情绪紧张等因素的影响。因此，在仪表飞行中，要建立正确的飞行形象，就必须用巨大的意志努力，克服那种按直接感知自然定向物来操纵飞机的不自主意向，有目的地选择信息，按导航系统所提供的信息建立空间定向。

## 四、飞行空间定向障碍的定义、特点

### （一）定　义

飞行空间定向障碍（Flight Spatial Disorientation）是飞行员在飞行中对所处位置、姿态或运动状态的不正确的心理表象，是对飞机真实状态的歪曲。这一术语还有另外两个称谓（于立身，1992）：失定向（Disorientation）和飞行错觉（Flight Illusion）。其中，飞行错觉在国内外文献中使用最为广泛，可以说是空间定向障碍的同义语。而失定向则是空间失定向的简用语。在以下的讨论中，我们将会用到飞行错觉这个术语。

### （二）飞行错觉的特点

综观错综复杂的飞行错觉，可以概括出以下特点：

#### 1. 错觉的普遍性

每一个人都有可能发生飞行错觉，即使是很有经验的飞行员也毫无例外地体验过某种或多种形式的错觉。从表 7-1 中可以看出，飞行错觉的发生具有普遍性特点。

表 7-1　飞行错觉的发生率

| 调查者 | 调查年份 | 调查人数/人 | 发生人数/人 | 发生率/% |
|---|---|---|---|---|
| 陈祖荣等 | 1961 | 111 | 104 | 93.7 |
| Е.М.ЫГаНОВ（苏联） | 1958 | 172 | 164 | 95.4 |
| Brant clark（美） | 1970 | 321 | 314 | 93.1 |
| 加藤纪子（日） | 1970 | 72 | 72 | 100.0 |
| A. P. Steele-Perk-ing（英） | 1978 | 182 | 181 | 99.5 |

#### 2. 错觉的特发性

各种气象条件飞行中，以复杂气象飞行发生错觉为最多；从机型比较看，单座飞机飞行员比多座飞机飞行员错觉发生率高；从飞行员个体情况看，心理品质差、健康状态不佳、疲劳的飞行员错觉发生率较高；飞行学员，尤其是仪表飞行训练初期的学员，比有经验的飞行员错觉发生率高。

3. 错觉的危害性高

据美国对 1962—1972 年的通用航空机毁人亡事故的调查表明："迷航""空间定向障碍"以及"连续地在云中飞行"这 3 类互有牵连的事故占所有机毁人亡事故的 37%。在同一时期内，英国的定向错误事故占全部严重事故（包括轻型飞机）的 8.5%，占英国民用航空运输事故总数的 12%。特别值得注意的是：在进近与着陆过程中，因"对距离、高度或速度的视觉判断错误"所造成的事故占该阶段事故总数的 25%。按本章所采用的定义，这些飞行员发生了定向障碍。由此可见，飞行错觉是危害飞行安全的一个重要因素，必须防患于未然。

4. 错觉的可预防性

飞行实践中大量的事实表明，当飞行人员认识到产生飞行错觉的客观条件和主观因素的规律性后，完全可以通过技能训练和心理训练，在发生前积极预防，发生后努力克服来降低飞行错觉的发生率和事故率。

# 第二节　飞行错觉的分类

综观国内外有关文献，对飞行错觉目前存在着 4 种分类方法。它们是：① 按飞行员主观体验到的错觉表现形式的分类方法；② 按引起飞行错觉的感觉分析器的分类方法；③ 按飞行各阶段飞行员可能发生的飞行错觉进行分类的方法；④ 按飞行员是否意识到飞行错觉已经发生来进行分类的方法。本节重点介绍前两种分类方法。

## 一、按主观体验到的错觉表现形式分类

这种分类方法来源于飞行员的主观体验，描述了飞行错觉的外部表现，是飞行人员易于接受的一种分类方式。因此，它常作为向飞行人员进行错觉调查的一种入门手段。按这种方法可将飞行错觉分为：

（1）倾斜错觉。主要指两种情况，一是飞机实际在平飞，但飞行员却错误地认为自己的飞机带着坡度飞行，即飞机在倾斜状态下飞行；另一种情况是指，飞机实际上带着坡度飞行，但飞行员却错误地认为飞机是在平飞。这是飞行中最常见的一种错觉形式。

（2）俯仰错觉。指飞机实际在平飞，飞行员却错误地认为自己的飞机在上升或下滑，这种错误知觉又叫做上升错觉或下滑错觉，可统称为俯仰错觉。

（3）方向错觉。飞行员主观认定的飞行方向与实际航向不符，称为方向错觉。

（4）倒飞错觉。指飞机实际在平飞，但飞行员却感觉飞机在倒飞，自身也倒悬在空中飞行，称为倒飞错觉。这类错觉在军用航空中较为常见，民用航空中却发生较少。

（5）反旋转错觉。飞机实际已经停止转动（如水平转弯已经改出），但飞行员却感觉到飞机进入了向相反方向的旋转运动，称为反旋转错觉。在爬升结束改平飞时，如果改平速度较快，飞行员会感觉到自己和飞机有一种向后翻转的感觉，称之为倒翻错觉，这是反旋

转错觉的一种表现形式，也与后面将要讨论的躯体旋动错觉有关。

（6）速度错觉。飞机以同等速度飞行。当由海上进入陆上时，飞行员感觉自己的飞机速度似乎加快了；由陆上进入海上飞行时，却又感到飞机的速度似乎减慢了。这种对于速度估计发生显著错误的知觉，称为速度错觉。

（7）距离/高度错觉。在飞行中，飞行员对距离/高度的判断错误，称为距离/高度错觉，常表现为误远为近或误高为低，误近为远或误低为高。

（8）时间错觉。在高空单调飞行环境中，或在远海飞行中以及焦虑情绪影响下，飞行员感到飞行时间较实际时间长的错误知觉，称为时间错觉。

据统计，在陆上飞行中，以倾斜错觉和俯仰错觉为最多。在海上飞行中，不仅倾斜错觉发生率高，而且距离错觉、高度错觉、速度错觉、时间错觉等发生率也较高，表 7-2 是 Clark 于 1970 年对 321 名飞行员进行调查的结果。

**表 7-2　飞行错觉的发生率**

| 错　觉　种　类 | 飞行员报告的飞行错觉发生率/% |
| --- | --- |
| 飞机在平飞感觉一侧机翼倾斜 | 60 |
| 改平坡度后感觉向相反方向倾斜 | 45 |
| 带坡度转弯时感觉是在平飞 | 39 |
| 将目视信息与仪表信息混用时发生混乱 | 34 |
| 急上升转弯改出时感到向反方向转弯 | 29 |
| 高空飞行时产生离开地球，孤独隔绝感觉（脱离现象） | 22 |
| 夜间飞行时感到飞机下方的闪耀光点在游动 | 21 |
| 注视目标，没有看高度表，进入离地过近状态（迷糊） | 12 |

## 二、按引起飞行错觉的感觉分析器分类

掌握上述分类方法，只能了解飞行错觉的表面形式，而不能进一步分析各类错觉的来源，因而也就不利于提出预防与克服的措施。按产生飞行错觉的感觉分析器进行分类，则能弥补这一缺陷。

（一）视性错觉

在飞行中，飞行人员利用视觉感受器的信息进行空间定向，所产生的错误知觉，称为视性错觉（Visual Illusion）。其主要原因便是由视觉器官向大脑提供了错误的信息或提供的正确信息被大脑进行了错误的解释。常见的视性错觉主要有以下几种：

1. 虚假天地线错觉（False horizon illusion）

虚假天地线错觉指自然天地线模糊不清，或不明显时，飞行员将虚假的天地线当作自然天地线，并按虚假天地线去定位、操纵飞机的现象，常发生的情境有：

（1）在起飞和着陆过程中，将城市或海岸排成一行的灯光误认为是自然的天地线，并按此来操纵飞机，这种情况有可能使飞机进入危险姿态（见图 7-2、图 7-3）。

*如果飞行员用错误的灯光来校准飞机航向，就可能使飞机进入危险的飞行姿态。上图表示飞机对正的是公路，而不是天地线

**图 7-2　灯光带造成的虚假天地线**

*在这种错觉下，飞行员错把海岸线当成天地线。为了对感觉到的机头上仰姿态进行修正，飞行员压低机头，试图使飞机对准海岸线下方飞行

**图 7-3　海岸线造成的虚假天地线**

（2）在巡航飞行中当带斜坡的云层线比自然天地线更突出时，飞行员便易产生虚假天地线错觉（见图 7-4）。此时，飞行员将倾斜的云层当作自然天地线使用，将使飞机进入倾斜状态。这种知觉错误可归因于估计上的错误。飞行员认为，云层通常都是平坦的，所以这次遇到的云层也有很大可能是平的。殊不知，云层现在已有坡度，按照云层是"平"的观念去操纵飞机就会使飞机进入倾斜状态。

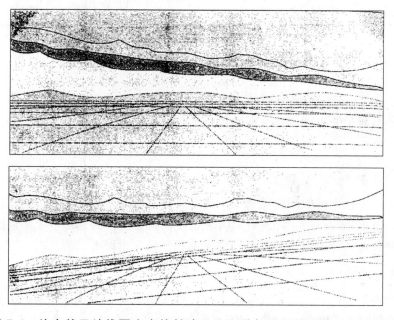

**图 7-4　比自然天地线更突出的斜坡云层可引起强烈的虚假天地线错觉**

## 2. 光线引起的错觉

光线引起的错觉指按上明下暗的定向习惯引起的错觉。人在地面活动时，习惯于按天和地进行上、下定向，天空明亮为上，地面阴暗为下。飞行员常用来判断飞机状态的天地线，也可以看成是一个上亮下暗的明暗交界线。这种借助光线分布及其强度所形成的空间定向概念，在飞行中不断得到巩固和加强。如果这一定向习惯在复杂气象条件下飞行和夜间飞行中继续沿用，就可能发生各种状态错觉。常发生的情境有：

（1）飞行员在夜间复杂气象条件下作直线平飞时，飞机上方及左侧没有云，可看到星星和月亮，而右侧有斜坡状乌云遮住了天空。此时飞行员易产生飞机有右坡度的错觉。这是由于飞行员依据平时形成的"上明下暗"的定向习惯，把亮侧与天空联系起来，把暗侧与地面联系起来的结果（见图7-5）。

图 7-5　观看斜坡状云层产生的视性倾斜错觉

（2）在云中飞行时，若光线从机头方向透射过来，可产生上仰错觉。若光线从飞机尾部方向透射过来，则易产生下滑错觉。原因是飞行员将明亮处视为天、阴暗处视为地。

（3）在云层之间飞行时，若上面云层较厚且黑，下面云层较薄且明时，易使飞行员产生倒飞错觉，原因同前。

（4）如大面积云层呈一斜坡状，飞机向云顶方向平飞时，飞行员会感到飞机带有俯角在飞行，飞机在下降。反之，当向云顶下坡方向平飞时，则会感到飞机带着仰角在上升（见图7-6）。其原因在于飞行员将黑云当作地面，将远离黑云当作远离地面。

图 7-6　飞机向云顶方向平飞

131

（5）复杂气象条件下，当地面/水面亮度比天空亮时，易使飞行员产生倒飞错觉。下面以 1981 年 4 月 21 日发生的 BO105 型直升机 763 号机坠海失事为例，来分析这一现象。

事故经过：

1981 年 4 月 21 日，机长彭××（天气标准 2/2），副驾驶王××驾驶 763 号直升机，执行送人和器材任务，7 时 49 分从遂溪机场往返于四号平台和一号平台，11 时 20 分再次降落在四号平台，预计 13 时飞回遂溪，因计划晚上还有一次夜航，机组在平台吃过午饭就准备起飞。当时雨下得较大，副船长问机长："能飞吗？"机长回答："可以飞。"飞机上除正、副驾驶和空军两名技术人员外，还有王××共 5 人。副驾驶检查直升机后，启动两台发动机（约用 5 min），机长校对了导航台，起飞前副驾驶感到天气不好，对机长说：你飞吧。机长接过来操纵。12 时 40 分起飞，在平台上 3～5 m 悬停（平台离海面约 30 m），机长说了句"风还不小"，即蹬了一下右舵，修正航向往前增速，飞行约 1 min 左右坠海，入水点距四号平台约 1 000 m，方向 33°。副驾驶和空军技师赵××很快浮出水面，游向附近一条渔船，被渔民救起。

当时天气为积雨云，云高 200～300 m，直升机开车前为中雨，起飞时为大雨，能见度 1～2 km，东北风 5～7 m/s，阵风 8～10 m/s。

事故直接原因：

天气不好，下大雨、视线差，飞行员产生了错觉，误把海面当成天空，是事故的直接原因。根据是：① 起飞时，机外雨大，能见度不好，风挡玻璃被雨水遮盖。机内坐有 5 人，上机前衣服已被淋湿，舱门紧闭，舱内潮湿空气造成风挡玻璃模糊不清。据目击者说，起飞前，还看到机组在擦风挡玻璃。机长彭××在左座操纵飞机，而左边风挡玻璃上又无雨刷，因此视线更差，又未注意座舱内高度表指示。当时天空布满乌云下大雨，海面比天空明亮，水天分辨不清，目视飞行容易造成飞行错觉；② 根据平台上目击者和海上渔民反映：直升机起飞离开平台后没有爬高，姿态平稳，像平时降落的样子，离开平台不久，高度很低就一直飞入海里了，没有发现异常情况，而副驾驶回忆：起飞后机械没问题，感觉是小角度上升。目击者看到直升机是下降，而副驾驶感觉是上升，正好相反。说明飞行员产生了错觉。

以上说明，由于飞行员在目视离场情况下，未注意高度表的变化产生了错觉，误把海面当成天空，一直到入海前都没有发现直升机是在下降，而误认为是上升，最后导致入海。

3. 视性距离/高度错觉

因不适宜的视觉信息和大脑对视觉信息的错误解释所引起的距离/高度判断失误，称为视性距离/高度错觉。常见的有：

（1）斜坡云层诱发出两架不同高度的飞机将在同一高度上相遇的错觉（见图 7-7）。其主要原因在于，由于受云层斜坡的影响，飞行员将上方平直飞行的飞机误认为是带俯角的，正向着自己俯冲下来。这类错觉曾经引起了一次空中相撞。

图 7-7　由于斜坡云层诱发的两架飞机处于同一高度的错觉

　　1965 年 12 月，一架波音 707 飞机与一架洛克希德 1049C 星座号飞机在纽约上空相撞。旧金山起飞的波音 707 飞机自西北方向飞向纽约，其飞行高度是 11 000 ft。发生事故时，天空阴云密布，云顶离平均海平面约 10 000 ft，云彩满天散布，云顶北边较南边高，呈一向北高上去的大斜坡。星座号飞机从波士顿飞来，以 10 000 ft 飞行高度接近纽约。星座号副驾驶看见波音 707 从右方飞来，虽然波音 707 实际上高度比星座号要高 1 000 ft，但星座号副驾驶却错误地看成是在同一高度上，以为行将相撞。于是他一边喊叫："当心"，一边就抓住驾驶盘，帮助星座号机长急拉起飞机，以避开波音飞机。波音 707 的机长看到星座号飞机以要相撞的航线朝自己飞来，曾试图采取规避动作，但规避没有成功。于是两架飞机在约 11 000 ft 高度上相撞了。事故分析的结论认为这次相撞的可能原因，是由于云顶向上倾斜的影响，造成视性错觉，使星座号机组错误地判断飞机高度差所致。

　　（2）跑道坡度和地形坡度引起的高度错觉（见图 7-8、图 7-9、图 7-10）。当机场跑道或机场附近地形向上带坡度时，可使飞行员产生进场偏高的错觉，如果飞行员按这一错觉操纵飞机，向前顶杆，将使飞机离着陆点过近。而向下带坡度的跑道和周围地形，则会使飞行员产生进场偏低的错觉。如果按这一错觉操纵飞机，将使飞机离着陆点过远。

　　（3）由跑道宽度引起的高度错觉（见图 7-11）。比常规跑道宽的跑道在五边上的同一点看起来要比真实高度低一些，而比常规跑道窄的跑道看起来却比真实高度要高一些。前者有可能使飞行员进场偏高，使飞机接地过晚；后者使飞行员进场偏低，使飞机接地过早。

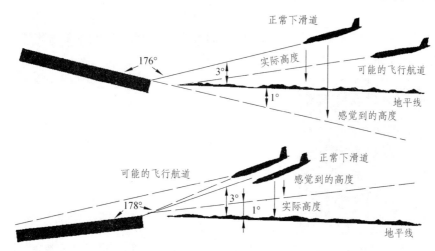

图 7-8　由斜坡跑道诱发的进近高度错觉（Gabriel，1977）

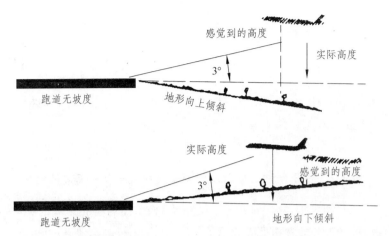

图 7-9　由于斜坡地形诱发的进近错觉，本例中与水平线的夹角为 1°（FSF，1965）

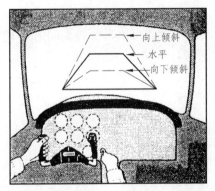

图 7-10　在五边进近中的同一点看向上和
向下斜坡跑道的形状

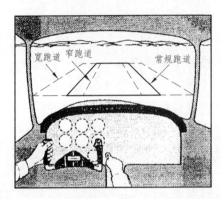

图 7-11　在五边上的同一点看不同宽度
跑道的形状

（4）"黑洞"效应与"白洞"效应（"Black Hole" Effect and "White Hole" Effect）。"黑洞"效应是指黑夜在仅有跑道边灯，无城镇灯光和街灯，也没有周围自然地形参照的情况下，引起进场高度偏高的错觉现象。如果飞行员按照这一错觉操纵飞机就会压低机头使飞机进场偏低（见图 7-12、图 7-13）。这种情况常在热带环状珊瑚岛、沙漠机场或四面环水的机场进近时发生。1974 年，一架波音 707 飞机在 Samoa 的 Pago 机场发生的事故，便是因"黑洞"效应引起的，它使 96 名乘员全部遇难。

图 7-12　在黑洞情境中视觉信息非常少

图 7-13　具有良好地面参照的进近

"白洞"效应是指跑道周围被白雪覆盖，使飞行员在进近过程中无参照物可循，导致他难以发现跑道或主观感觉进场偏高的错觉现象。如果按这一错觉操纵飞机，也可能使飞机进场偏低，到达不了接地点便接地的后果（见图7-14、图7-15）。

图 7-14　白洞进近中，白雪限制了视觉信息

图 7-15　无白雪的正常视觉线索

根据以上描述，我们可将进近过程中的视性距离错觉归纳如表7-3所示。

表 7-3　进近视性距离错觉

| 进 近 错 觉 | | |
| --- | --- | --- |
| 情 　 境 | 错 　 觉 | 结 　 果 |
| 向上带坡度的地形或跑道 | 进场高度偏高 | 进场偏低 |
| 比常规偏窄的跑道 | 进场高度偏高 | 进场偏低 |
| 无特征的地形 | 进场高度偏高 | 进场偏低 |
| 风挡玻璃上的雨滴 | 进场高度偏高 | 进场偏低 |
| 霾 | 进场高度偏高 | 进场偏低 |
| 向下带坡度的跑道或地形 | 进场高度偏低 | 进场偏高 |
| 比常规偏宽的跑道 | 进场高度偏低 | 进场偏高 |
| 明亮的跑道和进近灯 | 离着陆点过近 | 进场高度偏高 |
| 穿雾 | 机头上仰 | 陡峭的进近 |

4. 视性运动错觉

视性运动错觉是由不适宜的视觉线索引起的速度错觉和虚假运动错觉。常见的有：

（1）诱导运动错觉：当登机桥开始滑离飞机时，使飞行员感到自己的飞机在向前移动，此时一般不会有严重后果。但是，当飞机落地后滑向登机桥准备下客时，如果以为静止的登机桥在向自己移动时，飞行员采用刹车便很可能引起乘客受伤。

（2）吹雪改变了飞行员的速度知觉。在冬季，吹雪可能会席卷整个机场，这便会给飞行员一个虚假相对运动的印象，导致飞行员采取不恰当的操纵动作。譬如，当飞机仍处于地面滑行状态时，因受吹雪的影响，他会以为飞机已处于静止状态。如果一直受这种错觉支配，飞机便有可能撞上障碍物，待发现时也可能采用紧急刹车，这又将使客舱乘员向前冲撞，引起受伤。起飞时，飞行员若受吹雪影响还会干扰他正常的方向控制。

（3）滑行时飞行员眼睛的离地高度也可使飞行员误判滑行速度。训练由小飞机向大飞机改装的飞行教员常常报告说，这些改装机型的学员都有滑行速度过快的现象。其原因在于大飞机座舱比小飞机座舱要高一些，这些飞行员由于坐得较高，因而选择的视觉参照物便要离飞机远一些，这便给他滑行速度相对较慢的错觉，导致实际滑行速度过快。譬如，波音 747 的眼基准位置设计（Design Eye Position）是离地 8.66 m，而 DC9 却只有 3.48 m。

## （二）前庭本体性错觉

在飞行中，飞行人员因视觉信息受到限制（如能见度差，夜间飞行时）而前庭本体觉的信息异常突出时所产生的错误知觉，称为前庭本体性错觉（Vestibular Proprioceptive Illusion）。常见的前庭本体性错觉有以下几种：

### 1. "矫正"性倾斜错觉（Inclination Illusion）

"矫正"性倾斜错觉是指飞行员将平直飞行的飞机知觉为带着坡度飞行，或飞机带坡度飞行而飞行员却知觉为直线平飞的现象。它常发生于仪表飞行中，飞行员因某种原因，如阅读航图，未注意仪表时。其表现形式主要有：

（1）飞机滚转角速度低于前庭器官的知觉阈限时。譬如，飞行员以低于知觉角速度变化的速率 [通常为 0.5 ~ 5（°）/$s^2$] 使飞机倾斜，特别是如若操纵动作柔和，或因其他原因使飞机处于倾斜状态，半规管和本体感受器又都受不到角加速度的适宜刺激时，那么他就感觉不出滚转状态的变化，仍以为飞机是在平飞。

（2）若飞机做协调转弯，这时的合力矢量与飞行员的头-脚轴（Z 轴）一致，飞行员接受不到来自耳石器和其他感受器反映他处于倾斜状态的信息。如图 7-16 所示，飞行员这时在倾斜飞行，但他认为是在平飞。然而，当他通过航空地平仪一旦发现飞机的倾斜状态，就会着手改为平飞。改平动作通常做得很快，以致滚转的角加速度明显地高于半规管的感觉阈限值。但是，由于飞行员在做改平动作之前认为飞机是在平飞，所以改平后所产生的是向原滚转方向向反的倾斜错觉。可见，一种类型的错觉可引起另一种类型的错觉。

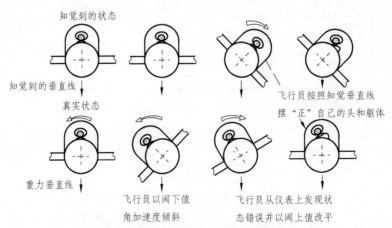

图 7-16　一种发生倾斜错觉原因的示意图

（3）倾斜错觉也可以在由阈上感觉刺激使飞机进入滚转状态，而后又以阈下感觉刺激恢复到平飞状态时发生。例如，遇一突如其来的阵风或颠簸气流使飞机倾斜，由于这种倾斜的刺激强度是在感觉阈限以上，所以飞行员能正确地感知。但是，如果飞行员非常缓慢地将飞机恢复到仪表指示的平飞状态，或因飞机本身的横侧安定性作用，飞机自动缓慢地恢复平飞，角加速度值在飞行员的感觉阈限值以下，这时飞行员就感知不到飞机已恢复了平飞，仍感到飞机处于倾斜状态。

如果航空地平仪指示飞机是平直飞行，而飞行员却感觉飞机是处在倾斜状态，那就出现了必须解决的感觉信息冲突。多数飞行员在这种情况下能够不顾本身的感觉而按仪表指示保持正确的飞行状态，但也有部分飞行员却将注意力集中在这类错误感觉上，难以消除错觉。这种倾斜错觉可持续几分钟，甚至 1 h 以上。这种持续性的感觉冲突甚至可以使非常有经验的飞行员都被弄得精疲力竭。当飞行员受倾斜错觉的左右时，会被迫地去矫正自己的身体。但这种"矫正"不是按飞机的垂直轴向去矫正，而是按他认为的垂直线去矫正（见图 7-16）。这便是矫正性倾斜错觉的由来。我们知道，当飞行员把头部和直立的躯体倾向一侧时，他会无意地把驾驶盘压向他认为的垂直位。结果引起飞机状态的变化，又需要阈上刺激去纠正，这样可能造成更强烈的倾斜错觉。

## 2. 躯体重力错觉和眼重力错觉（Somatogravic Illusion and Oculogravic Illusion）

躯体重力错觉是飞机在作直线加、减速度或径向加速度运动时，产生的惯性力作用于前庭耳石器和本体感觉器所引起的错误知觉。而眼重力错觉则是伴随躯体重力错觉而产生的一种错误知觉，是躯体重力错觉在视觉方面的特殊表现。躯体重力错觉的主要表现形式有：

（1）曲线运动时，在视觉受到限制或其作用减弱的条件下，飞机以缓慢的速度由平飞进入转弯。此时，飞行员感到飞机不是在转弯，而是在上升（见图 7-17）。当飞机从转弯改为平飞时，飞行员又感到飞机在下滑。之所以产生这种躯体重力错觉是由于飞机转弯时，飞行员受到惯性离心力和重力的作用，这两种力形成的合力作用方向与飞行员身体垂直轴相一致。这一合力作用于耳石器便产生上升感。另外，合力还同时沿身体垂直轴把飞行员紧压在座椅上，飞行员根据以往的飞行经验判断，身体哪些部位受到的压力最大，哪些部位的作用力便是向下的。当飞机上升时，臀部受到的压力最大。如果臀部受到的压力

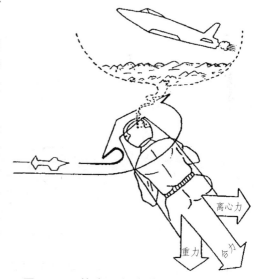

**图 7-17　转弯飞行中的躯体重力错觉**

最大，就认为飞机是在上升，反之就会产生飞机下滑的错觉，从而产生躯体重力错觉。

（2）直线加、减速飞行时，由于惯性力与重力的合力作用于飞行员的前庭本体感受器，同时把飞行员紧压在座椅上，飞行员便易将合力的作用方向误认为重力作用方向，因而产生躯体重力错觉。

当加大发动机功率或减少阻力使飞机加速时，由于向前速度的增加，惯性力与重力组成的合力是向后的，此时飞行员就会感到自己和飞机是处在上仰状态。反之，当飞机持续减速，如放下减速板时，合力矢量是向前的，飞行员就会感到飞机好像处于下俯状态（见图 7-18）。

在起飞和复飞时，尤其是在夜间或能见度不好的时候发生躯体重力错觉是特别危险的。在这种情况下，飞行员感到飞机上仰角过大就有可能随即引起向前推杆的反应。由于这时高度低，时间短，就可能来不及改正错误。产生了这种错觉后，如果飞机接着做曲线飞行，所产生的径向加速度能使这种错觉更加严重。离心力、沿飞机纵轴方向产生的加速度惯性力和重力三者产生的合力向量将使飞行员感到飞机的上仰姿态进一步增加，这样他就可能继续向前推杆。这种向前推杆的动作，使飞机作用力方向进一步转动，甚至可使飞行员进入负 g 作用之下。有些飞行员经历过这种力环境，只不过由于飞行高度很高，使他们有时间辨认并克服这种错觉。据他们说，感到飞机似乎急速上升并向后翻转，几乎是从近于垂直俯冲中改出。改出后的高度比初发生错觉时的高度低了数千英尺。1992 年，在澳大利亚某飞行学院曾因这种错觉引发了一次飞行事故。一学员夜间飞行时，起飞后不久感觉飞机急速上升，这一感觉促使他向前顶杆，导致飞机撞障碍物坠毁。也许读者会问，难道他未察看仪表吗？我们的回答是：也许他察看过仪表，但他更相信自己的身体感觉。

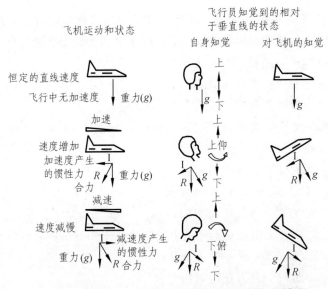

**图 7-18　直线加、减速飞行引起的躯体重力错觉**

前已述及，眼重力错觉是躯体重力错觉在视觉方面的表现。具体表现在，当躯体重力错觉产生机头上仰的同时，还可同时产生被注视的正前方物体向上移动的错觉。在产生机头下俯错觉的同时则产生前方被注视物体向下移动的错觉。可见，躯体重力错觉与眼重力错觉引起的主观感觉，在方向上是相互矛盾的。这种矛盾往往会加重飞行员的心理冲突，使他难以处置。有关眼重力错觉的发生机理，目前仍不清楚。

（3）当垂直方向的作用力突然发生变化时，会发生视性错觉，这种错觉称为电梯错觉。在 20 世纪 20 年代，这种错觉首先在美国的高速电梯中被人们体验到。当向上的重力加速度增加时，视野中的物体会产生向上运动的错觉。当向下的重力加速度减小时，视野中的物体会产生向下运动的错觉。

### 3. 躯体旋动错觉和眼旋动错觉（Somatogyral Illusion and Oculogyral Illusion）

躯体旋动错觉又称反旋转错觉，是指飞行人员在受角加速度刺激后，由前庭本体感受器输入信息所产生的向原旋转方向相反的方向旋转的错觉。而眼旋动错觉则是因半规管感受器受到角加速度刺激，引起半规管-眼动反射（即眼震），使所观察物体发生虚假运动，从而产生的错误知觉，是躯体旋动错觉在视觉方面的表现。

前已述及，半规管感受器只能感受角加速度刺激和反映匀角速运动的起始和终结状态。当飞机做等角速度转弯时，半规管中的内淋巴液由于惯性作用落后于管壁，使半规管壶腹嵴胶顶向一侧弯曲，产生神经冲动传入中枢，进而产生躯体旋转感觉。当经过一段时间后，由于飞机的匀速运动，壶腹嵴胶顶慢慢恢复到直立状态，旋转感觉逐渐减弱以致消失。当飞机停止转弯运动改为直线平飞时，内淋巴液因惯性作用，在短时间内仍顺旋转方向流动，冲击壶腹嵴胶顶使之偏移，这时飞行员可产生向原旋转运动方向相反的旋转感觉。此即躯体重力错觉的发生机理（见图 7-19）。

眼旋动错觉发生的主要机理和表现是：当飞机开始作旋转运动时，由于角加速度刺激半规管感觉器，引起眼球震颤，其快相与旋转方向相同。如睁眼注视周围物体，则产生物体顺旋转方向旋动的错觉；当飞机持续作匀速旋转运动（如盘旋）时，由于刺激半规管感受器的角加速度消失，因此眼震亦随之消失。如在无光黑暗环境中，飞行员可以感觉不到飞机在旋转；当旋转突然停止改为直线飞行时，半规管中的内淋巴液因惯性作用冲击壶腹嵴胶顶而产生半规管-眼震反射，眼震快相与原旋转方向相反，睁眼注视物体，则有周围物体逆原旋转方向旋动的错觉。

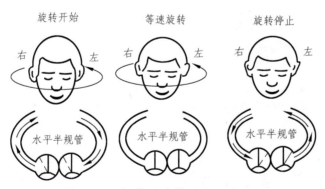

**图 7-19　躯体旋动错觉发生的机理**

由上可知，躯体旋动错觉和眼旋动错觉都发生于飞机做旋转运动，如盘旋、转弯、横滚、螺旋等运动环境下。如能见度良好或飞行员按仪表飞行，一般可预防和克服这类错觉。

### 4. 科里奥利错觉（Coriolis Illusion）

科里奥利错觉又称交叉力偶错觉。是当人体绕垂直轴（$Z$ 轴）旋转的同时，头又绕纵轴（$X$ 轴）倾动所产生的绕第三轴即绕横轴（$Y$ 轴）的滚转知觉。这是一种十分严重的飞行错觉。它常常突然发生，且强度大，可使人产生强烈的植物性神经反应、眩晕感、旋转感、翻转感等，往往使飞行员不知所措，因而易导致严重飞行事故。有人认为它是最具有威胁性的飞行错觉之一。在实际飞行中，当飞机在做盘旋、改变坡度、横滚的同时飞行员又做低头、仰头、左右倾动头或弯腰等动作时，最易发生科里奥利错觉。一种典型的情况是：飞行员在按仪表做下滑转弯飞行时，必须转头操纵侧仪表板上的开关、旋钮（例如选择新的无线电频道），这种情况便易诱发科里奥利错觉。现将其发生机理简述如下：如图7-20所示，当人体绕垂直轴（$Z$ 轴）向右作匀速旋转时，只有一对水平半规管进入旋转平面内，由于是匀速旋转，无角加速度作用，人体不产生旋转感觉。两对垂直半规管没有进入旋转平面，因而也就不产生旋转感觉。当头在旋转中向左倾动 90° 时，水平半规管退出旋转平面，受到 $\omega_z \to 0$ 的角减速度刺激，左水平半规管的内淋巴液向壶腹流动（呈有效刺激）产生一种向相反方向旋转的左旋转感。在水平半规管退出旋转平面的同时，两前垂直半规管进入旋转平面，受到 $0 \to \omega_z$ 的角加速度刺激，其内淋巴液呈离壶腹流动（有效刺激），产生向前下方翻转的知觉。这样，由左水平半规管感受器产生的左旋转知觉（反旋转感觉）和由前垂直半规管感受器产生的向前下方翻转的知觉，便同时传入大脑，由于后者强度大，经大脑综合后形成一种向前下方翻转的错误知觉——科里奥利错觉。

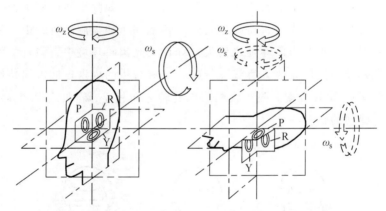

**图 7-20　3 对半规管的交叉力偶刺激与旋转感觉**

——半规管平面的角速度；------半规管平面的旋转感觉；
Y—水平半规管；R—后垂直半规管；P—前垂直半规管

# 第三节　影响飞行错觉的因素及预防与克服措施

## 一、影响因素

由上一节介绍的内容可知，飞行错觉形形色色，发生的机理也各不相同。然而，如果把各种各样的飞行错觉及其诱发因素加以整理，则可归因为两个方面的主题，即输入信息错误和中枢加工错误。前者是指：当错误的或者不适宜的感觉信息传入到大脑的时候引起了飞行错觉；后者是指：大脑对正确的感觉输入信息解释错误引起了飞行错觉。

（一）输入信息错误

输入信息错误可归因于外界视觉信息、仪表视觉信息、视觉障碍以及前庭和本体觉信息输入错误4个方面。

1. 外界视觉信息

当飞行员能得到清晰的外界视觉信息时，极少发生定向障碍。但在能见度因云、雾、雪、雨、烟、尘土或黑夜而降低的情况下飞行时，除非他改为仪表飞行，否则会很快发生定向障碍。实验证明，在缺乏视觉信息的时间里，即使飞机是在平直飞行中，飞行员能保持飞机操纵的时间也只有60 s左右。如果飞机是在转弯中，保持飞机操纵的时间就更短。在这种情况下，由于非视觉感受器提供了不适宜的信息，便会使飞机失去操纵。前面叙述的各类前庭本体性错觉便属这种情况。

有时，即使能见度很好，靠地形外貌所提供的外界视觉信息去判断离地高度，也是非常困难的。譬如，前面已提到的在沙漠、雪地或无浪水面等无地貌特征地带上着陆时，有经验的飞行员都很深刻地体验到高度很难判断，直升机悬停时很难准确地保持住与地面的距离。在夜间靠飞机上灯光照射的很小一块地面去判断高度就更加困难了。再如，直升机飞行员要在低空上保持准确的悬停时，由于水平旋翼的地面扰动效应，引起粼粼水波，此时就会产生飞机在移动的感觉。与此类似，当雨滴或雪片卷入旋翼下洗流时，其形象和急速下落的情境便可引起垂直运动错觉。在前一节里我们已对视性错觉进行了介绍，有许多亦是因外界信息不良所引起的。

2. 仪表视觉信息

在云层、黑暗等看不到外界目标的条件下，飞行员无法感觉到飞行速度、航向、高度以及飞机状态等重要飞行参数。这是人类创造飞行仪表的主要原因。在仪表飞行气象条件下，一些主要仪表是飞行安全之所系。但是，尽管设计师和制造者竭力保证这些仪表准确、可靠，也不可能完全保证没有故障发生。虽然仪表出现故障后通常有告警指示，但也发生过仪表出现故障后没有告警指示的现象。这时飞行员可能意识到他在按错误信号操纵飞机，发生了定向障碍，但在没有根据其他仪表对故障作出综合判断之前，他可能还觉察不到所处的危险状态。也有一些飞行事故是由于仪表的动力惰性引起的。特别是气压式仪表反应迟钝，突然改变指示变量后要经4~5 s才能指示准确。如升降速度表的动态指示错误就是在中断进场复飞时发生上升脱离失败事故的原因。有人认为，在飞机脱离跑道爬高时，升降速度表指示出的上升率会很高，如若飞行员向前推杆，要经过几秒钟仪表才能指示出所掉的高度。

3. 视觉障碍

在飞行中，振动是使视网膜影像失去稳定性的常见因素之一，在一定条件下会严重影响飞行员判读仪表。在直升机上，如转入悬停，发动机加大到最大功率时，飞行员发生这种问题就极为普遍。固定翼飞机在高空进入抖动界限（如喷气机失去纵向操纵性时）或在湍流区作低空大速度飞行时所造成的振动，也可使飞行员难以判读仪表，再加上同时发生的力环境改变，就更增加了发生定向障碍的可能性。

前庭性眼震反应往往与躯体旋动错觉同时发生，这便有可能损害飞行员唯一可靠地获取定向信息的感觉通道——视觉。所以，当飞行员在改出转弯中发生反旋转错觉的同时，也就可能因眼旋动错觉的相伴出现而看不清仪表甚至机外信息，难以确切地知道飞机已经停止了旋转。还值得一提的是：在酒精的作用下，可使眼震反应时间延长，强度增大。

### 4. 前庭、本体觉信息

不适宜的前庭本体觉信息和错误的前庭本体觉信息是引起空间定向障碍事故的最重要的原因。在空间定向障碍事故的记录中发现，没有异常感觉的情况很少，大多数都有突然发生的眩晕或其他强烈的错觉。

（1）不适宜的信息：前庭本体感受器与其他感受器一样，对刺激的准确感知有一个先决条件，即刺激必须适当。也就是说，刺激要明显地在感觉阈限之上，又必须维持一定的时间。如果这两个条件不能满足，前庭本体感受器则不能准确感知。前面所述的倾斜错觉便属这种情况。

（2）错误的信息：这些错误信息大致可分为两类：一是半规管发出的错误信息，包括长时间旋转改出时的躯体旋动错觉和旋转中动头时的科里奥利错觉；二是耳石器官和本体感受器发出的错误信息，如持续加速度作用下的躯体重力错觉。

## （二）中枢加工错误

表现为飞行员因情绪、期望、激活水平等因素的影响，从而对输入的正确信息不能合理地利用和解释。

### 1. 注意力锥形集中或固着

这是飞行学员最常发生的一类问题。当学员要完成一项要求高而又不熟悉的任务时，由于压力很大，就有可能将他的注意力局限在任务的某一方面，不能全面兼顾仪表和操纵，从而影响定向能力。以后，随着经验的增长和技术上的熟练，飞行学员逐步学会了把自己的注意力有规律地分配到完成飞行动作的各个方面，并能恰当地控制自己的行为，从而使定向能力得到提高。

即使是有经验的飞行员，当工作负荷过大而引起焦虑和过度紧张时，也会使其注意范围缩小。例如，处在上述状态下的飞行员，在仪表飞行中可能把注意力过分固着在一个仪表上（如速度表或升降速度表）而不能发现状态或高度上有潜在危险的改变，此时就容易发生定向障碍。

### 2. 估计/期望错误

一个人对当前事物的准确知觉有赖于过去经验的支持，但如果过去经验与当前情境不匹配时，便可能导致知觉错误，这些我们在第二章便已介绍过的。前一节中所提到的许多视性错觉便是由于这一原因引起的。

### 3. 激活水平过高或过低

激活水平或"觉醒"水平表示一种行为上的连续统一体。它的一端是昏昏欲睡，另一极端则是超觉醒甚至惊慌失措。当飞行员处于困倦或精神涣散时，就可能会知觉不到或遗漏了重要的定向信息，而过高的觉醒状态则可能引起"退化"（Regression），即飞行员的行为倒退到一种更加牢固且比较原始的状态，在飞行中可表现为比较复杂的和新近获得的新技能明显受到破坏。其中，仪表飞行技能的降低最有代表性。学习仪表飞行时，通过训练要求飞行员抛弃前庭和本体感觉。但当飞行员激活水平过高时，就很可能注意本身的前庭信息，甚至把训练要求置于脑后而按照这种不正确的信息去操纵飞机。

### 4. 情绪状态对空间定向障碍的影响

情绪状态对空间定向障碍的影响早已有人进行过研究。两者之间往往互有因果关系。譬如，脱离现象（Break-off Phenomenon）便可视为负性情绪反应对空间定向障碍影响的一个特例。这种现象是飞行人员在高空或其他单调环境中飞行时发生的一种错误知觉。主要表现是：人感到自身离开了直接工作的环境或所操纵的飞机，并有孤独感或远隔感。往往伴有对飞机状态的过敏，感到"如同在刀刃上或针尖上保持飞机的平衡"，一不小心就有从空中坠落的危险。有些人在产生上述症状的同时，还伴有不安、恐惧、情绪紧张、出汗、动作笨拙等症状。另一些人在发生脱离现象时则感到快慰和轻松，认为这是一种"飞行乐趣"，这可能与每个人的性格特点有关。具有乐观、开朗性格的人倾向于产生快慰和轻松感；而具有多虑和拘谨性格的人则倾向于感觉不安和焦虑，且症状较重，影响飞行自信心。据英国 Benson（1978）报道，在高空飞行中，有 13.5% ~ 35.0% 的飞行员发生过脱离现象。发生这一现象的同时也常引起空间定向障碍。譬如，当飞行员发生脱离现象时，他可将平直飞行的飞机误认为是在转弯。可见，情绪与空间定向障碍密切相关。

## 二、预防飞行错觉/空间定向障碍的措施

根据以上分析，可提出下面一些预防飞行错觉的建议：

### 1. 一般建议

（1）熟知各类错觉发生的条件、机理及情境，从而提高自己的处境意识，是预防飞行错觉的首要前提。

（2）要相信仪表，不能靠自己的身体感觉去操纵飞机，即使暂时失去了目视信息时，也不能根据自身的感觉去操纵飞机。

（3）如无必要，不要混合使用仪表和目视信息进行飞行。

（4）在能见度不好时应及早转入仪表飞行。一旦转入仪表飞行，在外界目标不能清楚看见之前一直要保持按仪表飞行。

（5）打好仪表飞行的技术基础，保持仪表飞行技能，并要经常进行仪表飞行练习。

（6）要避免可引起定向障碍的不必要的飞行动作或头动。

（7）在夜间以及能见度不好的情况下要特别警惕，对飞机定向和位置要保持清醒的控制。

（8）加强前庭机能的锻炼，固滚、活滚、旋梯、秋千等都可达到锻炼前庭机能的作用。

### 2. 特殊建议

（1）不能以云层作为水平的基准，尤其在斜坡云层上飞行时应格外小心，要注意斜坡云层诱发出的高度误差。

（2）要当心远距离观察可能诱发出的高度误差。Hawkins（1987）曾指出："飞行员从远处看上去能飞越的山峰，实际上并不一定能够飞越。"这主要是由于 30 m 距离以外的山峰已超出了人类大小知觉恒常性的范围，飞行员对远处高山的判断只能根据其在视网膜上成像的大小来进行。这样，远物较小，但到了眼前却是一个庞然大物，待发现不能飞越时，为时已晚。

（3）对进近中的视性错觉可采用以下预防措施：

① 保持恒定的起落航线，即在第五边尽可能保持恒定的起落航线高度；

② 尽量在离跑道头同样的相对位置点进入第四边；

③ 稳定进近：即在同一点开始下滑，并注意俯仰角和油门设置，以便保持空速和下降速率；

④ 尽可能多地使用其他线索来补充视觉信息。例如，知道进入第四边时正常进近的离地高度或者当自己离跑道头半英里时的离地高度，利用地面引导系统保持稳定的下滑道；

⑤ 飞行前查阅跑道及周围地形情况资料，并对可能发生的情况作出预料；

⑥ 夜间向瞄准点（Aiming Point）进近时，应尽可能使用可以利用的辅助设施，如跑道边灯和目视进近坡度指示系统（VASI），以便保持稳定的进近（见图 7-21）；

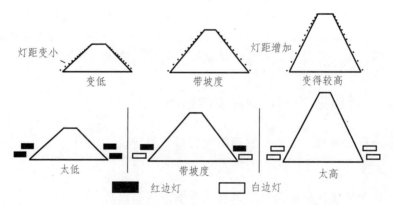

图 7-21　利用 VASI 和跑道边灯进近中应注意的问题

⑦ 在"黑洞"或"白洞"机场上空进近时，可使用仪表着陆系统（ILS 或 VASI）。如果没有这些设备可利用，则应监视升降速度表（VSI）以确保合理的下降速率，不致引起太低的进近。

（4）在起飞、爬升、复飞加速过程中，若出现机头上仰的感觉，应核对仪表，并按仪表指示操纵飞机。

## 三、克服措施

当突然产生了严重的错觉或难以定向和操纵飞机时，飞行员应该：

（1）转入仪表飞行，反复、综合地检查仪表指示，保证有良好的仪表照明。特别是发生眼旋动错觉，即有眼震反应时，夜间应将仪表灯光调亮，并努力注视仪表，可迅速消除眼震反射。

（2）保持好仪表指示，正确分配好看仪表的注意力，随时注意高度。

（3）按仪表指示的欲达到的飞机状态去操纵飞机。

（4）在外界视觉信息不清晰可见之前不做仪表与目视的混合飞行。

（5）如严重的定向障碍持续存在时，应寻求帮助，或将操纵交给副驾驶，注意保持高度。

（6）在最低复飞点以上及时果断地复飞。

## ·思 考 题·

1. 什么是飞行空间定向？它与地面定向有何区别？

2. 简述目视空间定向与仪表空间定向的主要区别。

3. 什么是飞行错觉？它有何特点？

4. 简述视性错觉的主要类型及常发生的情境。

5. 简述前庭本体性错觉的种类及易发生的情境。

6. 简述预防与克服飞行错觉的主要措施。

## ·案例讨论·

### 闪光航空 604 号航班空难

2004 年 1 月 3 日，飞机（波音 737）于欧洲东部时间凌晨 4 时 44 分，于沙姆沙伊赫国际机场起飞，前往法国巴黎。原航程应是起飞后转左然后向北飞越红海，但飞机起飞不久即转右，机长企图修正转左，可是飞机却不受控制继续向右倾侧，其后一直失速下坠，最后在离机场 9 mile 处的红海上坠毁。

事故发生后，由于飞机航道经过埃及总统穆巴拉克的别墅，加上当时英国首相贝理雅到访埃及，并下榻于附近一所酒店，因此一度怀疑意外是恐怖袭击。可是其后调查人员很快便排除意外涉及恐怖袭击。美国国家运输安全委员会（NTSB）及法国的航空意外调查组（BEA）断定是机长于夜间飞行时产生空间迷向。调查员认为可能是机长于飞机起飞过程晕眩，不自觉地将驾驶盘转向右方而不自知；再加上飞机于没有月光的夜空飞行时，面对漆黑一片的天空时失去了方向感。而飞机于坠毁前应该受控，可是机组人员完全不知道飞机下降幅度过大，最终飞机坠毁于红海。（摘自"百度百科"）

请根据案例描述，回答以下问题：

1. 分析案例中所描述的"晕眩"产生的原因？所涉及的生理机制是什么？

2. 请描述容易诱发飞行错觉的环境。

3. 在本案例中，作为飞行员应该如何有效地预防该错觉的产生？

# 第八章　飞行人员的应激及其管理

人类总是生活在理智与情绪之间，情绪与我们结伴而行。可以说，不带任何情绪色彩的人类活动是很少的。就飞行员群体而言，情绪往往左右着他的飞行效率和安全。它犹如一个巨大的力量源泉，影响着飞行员的判断与决策，乃至他的操纵技能。应激是飞行员常见的情绪之一，能否对应激进行有效的管理或控制，直接影响着飞行效率和安全，影响着飞行员的生活质量和身心健康。因此，可以认为，应激管理能力是影响现代飞行员成长的一项重要技能。事实上，人们常说的"心理素质"好坏问题，在很大程度上便是指应激的管理或控制能力。本章的内容包括应激的概念，应激源的来源，应激效应及对于飞行表现的影响，应激的应对措施。在中国民航局新近颁布的执照考试大纲和知识点中，要求重点掌握的内容包括应激效应、应激水平对于飞行的影响。

## 第一节　应激概述

### 一、应　激

应激（Stress）一词源于工程学术语。原意是指施加于物体之上的力量所引起的紧张、变形或破裂。对于人类而言，它通常用于描述人体对施加于其上的各种要求的反应。这些要求有的是令人愉快的，有的要求却不能引起人的愉快，有的属于生理性的，有的则属于心理性的。如果这些要求所产生的压力过大，我们便会受到不良影响，也就产生了应激。而引起应激的一切原因，我们把它们称之为应激源。

每一个人对自己的自我要求，如果未经适当的管理都可能成为潜在的应激源。同样，如果把各个很小的、微不足道的要求加在一起，也可能使人处于压力过大的状态。例如，在能见度很差的条件下或夜间飞行时，某飞行员正在做一次困难的风切变进近，此时又传来无线电通话，几个事件加在一起，就有可能使他处于负荷过载的状况下。如果此时飞机的某个系统又发生故障，将进一步加重他的工作负荷。对于飞行员来说，他所面临的要求是多种多样并随时变化的。这些要求主要包括：如何才能获得所期望的航路、保持适宜的空速、怎样才能很好地执行驾驶舱程序、导航要求以及无线电程序等等。这些要求向大脑的回送/反馈便转化为飞行员的自我要求。如果要求过高，人就会处于负荷过载的状态，使操作技能下降，这对于航空活动来说其后果是极为严重的。

一般而言，适当的压力可提高我们的唤醒水平，使我们进入最佳的激活状态，这是维持良好技能的必要条件。但过大的压力则可能使我们偏离最佳的觉醒状态，使我们产生恐慌，这便是我们后面还要详细讨论的叶克斯-道森定律或叶克斯"倒 U 形"曲线。值得一提的是，人与人之间在应付压力的能力上有着较大的个体差异。即使我们每一个人都曾遇上过负荷过载的情况，但不同的人所能应付的压力水平是不同的。有的人能承受很大的压力，而另一些则不能。即使是同一个人，在不同的情况下，对压力的承受能力也有很大变化。这主要取决于当前的应激水平和产生的时间（生物钟）以及年龄因素等。老飞行员及年青的飞行员都应明白：随着年龄的增大，对应激的承受能力就会随之下降。应激应付能力的个体差异可以用以下事例来说明：在五边进近中若遭遇风切变，新飞行员比有经验的老飞行员就感觉要难应付得多，引起的应激水平亦会更高。同样一个有经验的老飞行员，若他此时正处于疲劳状态，或陷入家庭纠纷之中或正在处理其他紧急情况时，在风切变进近过程中的应激水平亦同样会很高。

应激是我们对知觉到的压力的反应，这就意味着压力的产生必须经过我们大脑的认知和评价。有时，这些知觉到的压力事实上并不存在，只不过是一些对我们来说至关重要，导致我们过分担心的事情罢了。例如，夜间飞行时，一颗流星当空划过，也许你会下意识地产生身体的震颤，因为你将它知觉成一架飞机飞过。同样，我们知觉到的情绪性应激，许多亦是我们虚幻出来的。只要你识别出危险事实上并不存在，应激便会逐渐消失。

作为一名飞行员，应该清楚地认识到：即使是一个不起眼的遗漏或疏忽都会使整个飞行充满应激。家庭和社会生活若未进行有意识的控制或管理，也可能引起高水平的应激。因此，应激管理的目的就在于将飞行中或生活中的一切压力控制在中等强度的水平上。那么，怎样才能很好地控制应激呢？这主要取决于以下几个方面：

（1）良好的健康状况。

（2）良好的个性品质：对轻松和压力的态度。

（3）具有愉快而有规律的个人生活。

（4）对任务的准备程度。

（5）智力和适合于任务的能力倾向。


## 二、应激源及应激的类型

### （一）应激源（Stressor）的分类

前面我们已经提到，引起应激的一切原因我们把它们统称为应激源。明确应激源，即应激的原因，对于我们进一步理解应激概念和识别应激以及实行良好的应激管理，都是非常重要的。如图 8-1 所示便是我们可能面对的一些应激源。

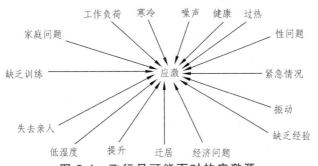

**图 8-1　飞行员可能面对的应激源**

为了更好地理解和识别飞行员可能面对的应激源，进而对其进行合理的管理和有效的控制，"人的因素"专家从不同的角度对应激源进行了分类。但由于人类应激源的广博性和复杂性，分类的方法也不尽一致。这些分类主要包括：

1. 根据应激源持续时间分类

根据应激源持续时间的长短，可将应激源划分为急性应激源（Acute Stressor）和慢性应激源（Chronic Stressor）。前者指持续时间很短、很快便会消失的应激源，如当前存在的各种问题、要求等。飞行中的事例包括着陆阶段的意外风切变，迫使飞行员考虑改变目的地机场的意外强大迎风，等等。与飞行无关的事例包括丢失钱包、机动车事故等。后者则是指持续时间较长，使人精疲力竭的应激源。如没完没了的家庭纠纷、人际关系长期紧张、长期过分担心生活安全等等。一般而言，急性应激源较易应付，但慢性应激源则很难克服。

2. 根据与飞行活动的直接或间接关系分类

根据与飞行活动的直接或间接关系，可将应激源划分为：与飞行活动有关的应激源和飞行活动中的应激源。

（1）与飞行活动有关的应激源。

① 环境因素：

a. 物理因素——气压改变、温度、湿度、亮度改变，噪声、振动、加速度及前庭刺激；

b. 化学因素——烟雾、缺氧、有害气体等；

c. 生物因素——如旅客及运载货物中的病毒、细菌、寄生虫感染等等。

② 职业因素：

a. 工作量——空中航行时间过长、教员和学员的训练任务过重、飞行架次过多、工作难度过大等等；

b. 缺乏激励——由于工作负荷不足可引起无聊、厌倦以及兴趣低落等情绪；

c. 转换机种——随着航空器的迅猛发展，所有飞行员都有可能转换机种。改装意味着必须重新学习航空理论、熟悉新的座舱设备、重新带飞以及必须克服旧有技能的干扰等等。

③ 社会因素：

a. 技术停飞——停飞学员或在飞飞行员一旦停飞，将面临着重新选择人生道路的问题，不免会引起情绪波动和困扰；

b. 人际关系——机组成员之间，机组与空中交通管制员（ATC）之间，朋友之间以及上、下级之间的关系紧张，将引起强烈的情绪反应和受挫感；

c. 生活单调——机场多远离城镇，飞行员参与社会活动和娱乐活动的时间较少，使飞行员感到生活单调、乏味，很多人将业余时间消磨在"打麻将"中。Selye 把这种现象称之为"剥夺性应激"。它使人丧失工作兴趣、神倦力衰，影响工作和生活质量；

d. 家庭事件——婚恋、离异、夫妻关系紧张、子女升学与就业等问题，都可能成为一种潜在的应激源，引起飞行员的应激；

e. 结束飞行生涯——飞行员到一定年龄期限或由于身体不合格便需要转换职业，结束其飞行生涯。这种"结束"无疑是一次强大的心理冲击，引起严重的心理挫折。

（2）飞行活动中的应激源。

① 短时性紧张情境：在紧急情况下，尤其是在进近、着陆阶段，由于时间紧迫，要求以最快的速度立即判明情况，组织动作；

② 长时性紧张情境：如在持续的不良气象条件下飞行，使飞行员必须长时间地保持注意力集中，从而造成身体和心理的疲劳；

③ 有不确定性的紧张情境：在两个或多个矛盾的方案中必须作出唯一的选择，而决策的结果有待于实施后的验证，这便使飞行员陷入心理冲突之中。如目的地机场的气象条件时好时坏，具有不稳定性，飞行员便可能陷入飞往目的地机场还是改飞备降机场或者返航的矛盾心理之中；

④ 存在虚假信息的紧张情境：如仪表故障、调度指挥错误或飞行错觉，各种信息处于矛盾的状态，此时便会使飞行员处于紧张或应激之中；

⑤ 注意力过分集中所造成的紧张情境：如在着陆时，因能见度差看不清跑道，由于注意力过分集中于寻找跑道而忘放起落架，若此时飞行员突然看见、听见告警信号时，便会产生高度的紧张。

### 3. 根据应缴源的性质分类

根据应激源的性质，可将应激源划分为生理性应激源和心理性应激源。前者主要指疲劳、身体不适、睡眠缺失、饥饿引起的低血糖以及胃肠道疾病引起的不适等一切生理学因素。而后者则是指时间压力、难以取舍、缺乏自信、人际关系紧张以及心理压力过大等引起应激的一切心理原因。为了更好地理解这两类应激源，请看下例：

某飞行员在一次 IFR 飞行中，左发电机突然失效，因副驾驶错误判断为右发电机失效，并将其关闭，故在启用左发电机时发现左发电机也处于失效状态。一会儿之后，仪表停止工作，他不得不改为 VFR 飞行。此时前面乌云滚滚，无线电一片沉寂，飞机已偏离航路，找不到熟悉的地标；又由于飞行前没有睡好，此时脑子一片混沌；座舱空调功能异常，又遇上了颠簸气流。此时许多事情萦绕脑中，他开始为不能准时到达目的地和将要错过一次与恋人约会的机会而焦急，为不得不迫降而有可能导致飞行事故而恐惧万分。一想到这里，他便脸色苍白、汗如雨下、心跳加速，感到越来越紧张，思维越来越混乱，注意力不能集中。他总是考虑："如果……那后果就会……"而不去考虑应该怎样去处理当前的情境。

在上述事例中，他便遭遇了环境应激源和生理性应激源以及心理性应激源。值得一提的是，当人处于情绪状态中时，必然伴随着一定程度的情绪体验、情绪性行为以及情绪生理的变化。以上事例便能很好地说明这一点。

### （二）应激的类型

与错综复杂的应激源相对应，飞行人员的应激类型也是形式多样的。也可以说，有多少种应激源就存在着多少种应激。主要类型有：

### 1. 急性应激与慢性应激

前者是由急性应激源所引起，而后者则是慢性应激源的产物。

## 2. 生活应激与飞行应激

前者由飞行员的社会、家庭等生活事件所引起，而后者则是由与飞行直接相关的事件所产生。

## 3. 生理性应激与心理性应激

前者是由疲劳、睡眠缺失、昼夜节律受到扰乱、药物与酒精滥用等生理学因素引起的紧张。而后者则是由不良的认知方式和过高的自我要求或过高的他人要求等心理因素所带来的应激。

需要指出的是，上述分类仅具有相对意义。在日常生活和飞行活动中，各种应激是相互影响、相互制约、相互转换的。例如，一个急性应激事件刚刚消失，另一个急性应激事件又接踵而来，几个急性应激事件的累积效应，便可能使人处于长期性的慢性应激状态。如一个飞行员长期受家庭纠纷的困扰，人际关系紧张，即处于慢性应激状态，那么在突然出现的急性应激源面前所产生的紧张程度亦比一个没有慢性应激的飞行员要高得多，反过来又会进一步加重慢性应激的程度。同样，生理性应激与心理性应激之间也具有转换和累积效应。譬如，一个认知方式不良的飞行员，把一切事物或要求都看作是压力，生活和飞行便会感到很"累"。显然，这是一种心因性疲劳，而疲劳加重的结果势必使他的思维混乱、判断决策不良，从而挫伤他的自信心，加重不良认知的程度。（注：该处案例作为案例分析题，放在本章末。）

## 三、应激效应

我们这里所说的应激效应具有两层意思：一是指应激的积极影响，同时亦包含着应激的消极影响。前面我们已经提到，应激对于人类来说并非都是坏事，适宜的应激水平或强度有助于提高人的唤醒水平（Arousal level），激发人的生理和心理能量去应付当前的应激情境，有利于解决问题，提高工作效率。只有过高或过低的应激才会使人的操作效率遭到破坏。这一情况可用图 8-2 来表示。

（1）图 8-2 左侧曲线表示低唤醒或低应激水平与工作效率的关系。在这种状态下，飞行员的主要表现是：

① 情绪淡漠：对飞行缺乏兴趣，工作热情不高，觉得干什么事都没有意思，显得无精打采。

② 工作动机不足：缺乏工作的动力，飞行的目的不明确，不知道为谁飞行，为什么要飞行。

③ 睡意：由于心理上的动机不足从而导致生理上的睡意蒙胧，老打呵欠，意识模糊。

④ 厌倦：由于对飞行缺乏兴趣和动机不足，因而逐渐对飞行产生厌倦情绪，表现为不愿飞行。

⑤ 反应迟钝且不准确：由于缺乏适宜的唤醒水平，缺乏心理准备，所以当意外情况出现时不能及时觉察，亦不能及时反应，反应的准确性亦会下降。

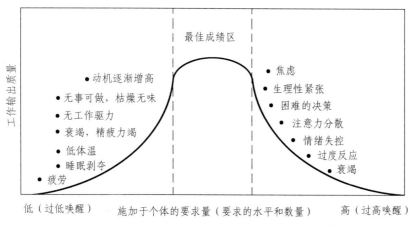

**图 8-2 最佳唤醒促使成绩达到最佳**

⑥ 注意涣散：表现为思维飘逸，注意力没有集中在飞行任务上，这种现象与工作动机不足、厌倦等因素有关。

⑦ 遗漏：由于动机不足、意识不清及注意涣散等因素，常导致飞行员遗漏一些重要的飞行信息和必须执行的程序，如仪表信息、通话信息以及检查单项目等。

⑧ 省略：由于工作动机不足，从而马虎、草率行事，常省略一些应该执行的飞行程序。

⑨ 在意外情况出现时惊慌失措：由于缺乏心理准备，一旦出现意外情况便表现出惊慌失措，且很难恢复常态。

⑩ 情境意识缺乏：对自己、飞机及周围环境缺乏清晰的认识，表现为很晚才发现异常情况。

低唤醒或低应激状态常发生于有一定飞行经历的年轻飞行员身上。没有飞行经验的飞行学员和经验非常丰富的老飞行员一般都对飞行较为重视，因而很少处于过低的应激状态。引起过低应激的因素很多，图 8-2 曲线左侧所列便是一些常见的诱发因素。

（2）图 8-2 右侧曲线表示过高的应激水平与工作效率的关系。在这种状态下，飞行员的主要表现有：

① 注意范围锥形收缩或注意涣散、不能集中：处于过度应激状态中的飞行员注意往往固着于某一情境、某一仪表或告警信号上，对于其他信息却视而不见或充耳不闻，注意范围呈现出管状收缩状态。另一种情况则正好与此相反，当处于过度应激状态时，飞行员表现出注意涣散，思维不能集中在寻找解决问题的方案上，而是飘忽在后果与当前情境之间，从而贻误处置紧急情况的时机。

② 思维困难、犹豫不决：由于情绪过度紧张，导致飞行员不能迅速、准确地分析当前情境和备选方案，表现为犹豫不决，举棋不定。

③ 工作程序混乱：在过度应激状态时，飞行员往往倾向于过高地估计情境的危险性，因而常表现出一些冲动性动作，工作计划性不强、程序混乱，在行为上表现为"手忙脚乱"。

④ 肌肉震颤、语速过快或过慢、结巴：由于过高的唤醒使生理、心理能量动员过甚，从而导致肌肉震颤、语速过快或过慢，甚至结巴。其后果是使动作协调性降低，影响交流质量，破坏座舱资源管理的能力。

⑤ 反应迟钝、准确性降低：由于思维不清晰，心理负荷过重，故而反应迟钝、反应准确性降低。

⑥ 行为倒转：由于情绪过于紧张，从而使原有的行为自动呈现出来，如寻找原来飞机上的按钮或手柄，或执行旧有的飞行应急程序，以及用家乡土语代替座舱通话的标准表达方式等等。

⑦ 省略或遗漏检查单：在过度应激情况下，由于飞行员过分夸大时间的紧迫性，以及思维的不清晰和注意力的不集中，常出现省略或遗漏检查单项目以及其他飞行程序的现象。

⑧ 木僵：极度的紧张状态下，飞行员可出现呆滞的现象，有人将此称之为"自杀行为"。

使飞行员处于过度应激状态的因素很多，几乎所有应激源在达到一定强度时都可使飞行员处于这种状态。而且，由于应激具有累积效应，几个微小的应激事件同时出现，或很快地相继出现，都可能导致过度的应激状态。曲线右侧文字所示的因素便是一些常见的诱因，同时也是过度应激的结果。还要指出的是，过低与过高应激的不良影响，有时具有互换性，如省略与遗漏、注意涣散、反应迟钝等都是这两种状态所共有的表现。在过度应激后的衰竭期，也往往表现出过低的唤醒水平或低应激状态。在过低应激状态下若突然出现意外情况，亦会使低应激水平跃升为非常高的过度应激状态。因此，我们说过低与过高应激状态的效应具有一定的互换性。

如图 8-2 所示，在过低与过高应激的两端之间，存在着一个最佳的唤醒/激活区域，一般而言是指中等强度的应激水平。在这一区域里，飞行员的感觉敏锐、注意力集中、思维活跃且清晰、动作准确、反应迅速，飞行技能常可超水平地发挥，人的整个心理达到其最佳状态，故能使飞行操作效率达到最佳。我们可以把这一状态视为应激管理或控制所要达到的目标。而管理或控制的对象则应是过高和过低的应激状态。

## 四、应激的阶段

当内、外压力施加于人体时，人体所产生的应激反应可分为 3 个阶段：警觉反应阶段（Alarm stage）、抵抗阶段（Resistance stage）、衰竭阶段（Exhaustion stage）。这 3 个阶段是人类原始的生物学机制，可能来源于我们祖先的"战斗或逃逸"反应，也被称为"一般适应综合征（General Adaptation Syndrome，简称 GAS）"。

在警觉阶段，人体识别应激源，并准备以面对或逃逸的方式去应付它。此时，肾上腺素分泌进入血液，使人的心率增快，呼吸频率增加并泌汗，其结果是血糖增高，瞳孔放大，消化减慢。主观上体验到自己突然间变得非常强大，肌力增强，听觉、视觉以及警觉性均得到改善，所有这些都有助于提高我们分析问题、解决问题的能力，迅速地寻找到解决问题的方法。

从情绪的分类来说，应激属于复合性情绪，即由多种情绪复合而成，包括紧张、焦虑、恐惧、愤怒、忧伤、甚至狂喜等成分，它们引起的人体反应是不同的。如果在警觉阶段恐惧是其主导情绪，人体的反应将是血压降低，导致人脸色苍白。读者可以回忆一下你刚开始飞行时的警觉反应。例如，在离跑道很近，准备接地时，你会突然感觉到飞机的警告性抖动，你的身体的警觉反应便可能是心跳加速、苍白的脸上挂满汗珠并且气喘吁吁。由于血压降低，也许还伴有轻微的头痛。如果警觉阶段的主导情绪是愤怒，人体便分泌去甲肾上腺素，导致血压增高，脸色发红。由于血压增高使人思维不清楚，会降低飞行员制订解决问题的方案的能力。因此，飞行中的愤怒情绪是一种非常危险的情绪。与愤怒相比较，如果恐惧的强度不是太大，持续时间较短，它所产生的危害也并不会太严重。

在抵抗阶段，人体开始修复由应激引起的生理和心理创伤。在某些情况下是人体适应应激源，如对寒冷、繁重的体力劳动或焦急的适应。幸运的是，大多数生理应激源仅持续很短一段时间，而且人体亦能轻易地应付这些生理性应激。在人的一生中，许多时候都要经历上述两个阶段，它们有助于你应付许多内外要求和日常生活中面临的危险。

如果应激源一直存在，人体将长时间地一直处于警觉阶段。例如，如果在云上作 VFR 飞行或意识到燃油不够，可能到达不了目的地时，飞行员的警觉阶段便可能会持续好几个小时。由于生理与心理能量的大量消耗，最终不能满足飞行的需要时，就会导致应激的最后阶段：衰竭。此时，飞行员正确观察事物的能力丧失，思维迟钝，甚至放弃寻找解决问题的方案，让自己听天由命。很显然，这对飞行来说是一种非常危险的境地。

读者在了解了应激的 3 个阶段后，也许会问：作为飞行员，了解上述 3 个阶段有什么实用价值？我们的回答是：了解应激的 3 个阶段有助于我们识别自己处于哪个阶段，以便进行及时有效的管理或控制。3 个阶段的知识提示我们，人不可能长期处于应激状态中，在经历一段时间的应激后，应有意识地调整一段时间，即有意识地利用抵抗阶段"修身养息"。在飞行后的休息时间里应尽可能避免遭遇应激，如家庭纠纷、人际关系紧张等。很显然，应激的第三阶段是每一个飞行员都必须避免的。

# 第二节　飞行员常面临的应激源及应激

## 一、环境或生理性应激源

如果飞行员在不舒适的环境里工作，很快便会进入疲劳、厌倦以及紧张状态。如过热或过冷、噪声过大、过分潮湿或过分干燥、颠簸震动、光线太暗或太亮、浓烈的气味或缺氧等，都是不受人们欢迎的应激源。

### 1. 由过热引起的应激（过热症）

在非常高的环境温度下，即 35 ℃ 以上时，人体不断进行调节使体内温度保持在 37 ℃ 以下，以防止过热。此时，代谢率、心率以及血压都会升高。但如果座舱环境潮湿，人的热能将不能被蒸发，而是被封闭在皮肤和血液里，在这种情况下就很可能使身体过热。

为了减少过热性应激，飞行员应该尽可能地控制座舱环境温度（不幸的是，并非每一种飞机都有空调系统），饮用足够的饮料，最好是水。口渴是逐渐趋向脱水的征兆。因此，最好在真的感到口渴前就喝一些水。还需注意的是：飞行前的座舱外任务，如飞机装载或制订飞行计划，甚至在高温下站着或坐着，都可能使飞行员的身体过热或脱水。应对的适宜措施是：饮用饮料，待在荫凉处以及少跑动。

## 2. 由寒冷引起的应激（失热症）

在寒冷的环境里，人体会自动地将较多的血液运送到体内，从而导致体表血流量减少。其主要作用是减少皮肤表面热量的丧失，使体内温度保持在 37℃ 左右。热量丧失的途径主要有：

（1）辐射：从皮肤暴露处，尤其是从头部辐射散热，因为在头皮表面有丰富的血管。

（2）传导：当风吹过皮肤表面时便将热量带走，这种方式也称之为风寒因素。

（3）蒸发：通过排汗或呼吸将热量从皮肤和口腔蒸发出去，从而引起寒冷。

在低温条件下，人的脚趾和手指会感到很冷，肌肉僵硬无力，疲乏和嗜睡，也许身体还会瑟瑟发抖。很显然，这种状态对于飞行是极为不利的。预防与克服的方法除了着装外，还应经常活动肢体或搓揉肢体。

## 3. 由震动引起的应激

由飞机、座椅、安全带以及地板引起的人体震动可使飞行员感到不舒服，分散他完成主要任务的注意力，也可引起疲劳。震动的仪表板使仪表难以识读，强烈的震动甚至会引起眼球震颤，使飞行员几乎不可能识读仪表和航图，也不能扫视空域，搜索其他飞机。对于这种局面，要降低飞机本身的震动是不太可能的，应对的措施是配备性能良好的底座和坐垫以减小人体震动。

## 4. 由湍流引起的应激

湍流会引起飞机不规则的运动，其程度因湍流大小而异。当飞机穿越轻微的湍流区时，不规则运动的程度较轻，但若遇到非常强烈的湍流时，强烈的颠簸便会出现，有时甚至会损坏飞机。湍流使飞行员和乘客来回颠动，从而引起不舒适的体验。与震动的后果一样，它还可引起仪表板震动和眼球震颤，使飞行员识读仪表发生困难，操纵飞机的质量下降。因此，应尽可能避免在湍流区中飞行。

## 5. 由噪声引起的应激

座舱内过高的噪声，尤其是音程太高（高音）和响度太响时可引起应激和疲劳。工业噪声的限制一般为 85 dB，如高于这个水平就得配置噪声防护装置。在大多数的座舱里，噪声水平一般为 75~80 dB，但这仅仅是背景噪声，若加上无线电信号的噪声，飞行员实际承受的噪声可高达 90 dB 以上。在这一噪声水平上，便会使飞行员产生应激、唤醒水平过高，导致操作成绩下降、易激惹以及疲劳。因此，在噪声高于 80 dB 时，飞行员就应该佩戴噪声防护装置以保护听力，亦可以用高质量的耳机使你与背景噪声（如发动机声音和空气噪声）分离开来，起到保护听力的作用，使你在音量较低的情况下亦能听到无线电信号。

## 6. 由座舱不适引起的应激

飞行员的工作性质决定了他不得不长时间地被禁闭在狭小的驾驶舱内坐着，长时间地忍受着噪声、震动等应激源，再加上还要不断地处理一系列常见的飞行问题，如颠簸、领航、无线电通话等等，显然就会引起应激和疲劳的累积。

克服这类应激的最好措施是尽可能使自己舒适，如飞行前休息好，保持良好的坐姿，背靠座椅且低位腰部有所依托，定时地做一些扭动手、脚及伸臂等练习或活动。着装应与飞行工作相吻合，穿得过多或过少都会使你感到不适，引起注意力分散。还应注意的是，要确保服装的松紧适度，过紧的领圈和裤子也会分散飞行员的注意力。

### 7. 由身体不适引起的应激

如飞行员身体状态不好，将很容易处于负荷过载的状态，极易引起疲劳。在这种情况下，人体将动员许多能量以抵抗疾病，从而导致投入到工作任务上的能量减少，工作能力亦比平时下降许多。

如遇上头痛、上呼吸道感染、运动损伤、恶心、过敏性胃炎等疾病时，自己应考虑临时停飞。运动病（即感到晕机）可使人情绪低落，对周围事物兴趣淡漠。晕机的发生并不限于飞行学员和乘客，在极端的情况下，甚至很有经验的飞行员亦会感到晕机。但老飞行员与飞行学员不同的是，他们具有的知识和经验会告诉他们晕机的表现以及发展过程，这在一定程度上可以防止技能的下降。如果饮食无规律，如空腹飞行，也可能使飞行员陷入不必要的应激之中。常见的后果便是低血糖，即血糖水平过低。它的主要症状包括：头痛、胃痛、衰弱无力、神经质以及发抖等。克服的方法很简单，吃一份快餐便能很快得到缓解。

### 8. 由眼的紧张引起的应激

由座舱照明不良引起的眼的紧张可产生应激。克服的方法是将太暗的灯光调亮，但这并不意味着需要将整个座舱的灯光都调得很亮。当只需识读仪表和航图时，只要将仪表灯调亮一些就行了。如果有聚光灯，可使用聚光灯识读航图。其理由是，如果在夜间把座舱灯光调得太亮，飞行员的眼睛将处于紧张状态，这显然对扫视、搜索空域是极为不利的。

### 9. 由闪光灯引起的应激

设计闪光灯的目的是引起其他飞行器或飞机的注意。在一般情况下，闪烁光可提高人的警觉水平。但如果没有告警信号提示飞行员注意其他飞机的闪光灯时，飞行员老盯住其他飞机的闪光灯，就很容易引起注意力分散，甚至疲劳。例如，夜间正在完成飞行前准备时，在座舱右侧前方停靠的一辆加油车的琥珀色闪烁光就很容易分散飞行员的注意力，此时，可让驾驶员将车移动一下。夜间在云中飞行时，来自自己飞机的频闪光灯的反射光，也会使飞行员的注意力分散，此时应暂时关掉频闪光灯，因为即使你不关掉它，在云中飞行时其他飞机也照样看不见。

### 10. 由注意力高度集中引起的应激

如果飞行员不得不长时间地保持高水平的注意力集中以维持飞行操作，由此就会产生技能性应激，导致身心的疲劳。例如，在扰动气流中作 IFR 非自动驾驶仪飞行时，或飞行学员作目视直线平飞时，都会引起技能性应激，最终导致疲劳。

### 11. 由睡眠缺失引起的应激

缺乏足够的睡眠会使飞行员产生疲劳，此时飞行员需要付出艰辛的努力以保持清醒、满足飞行任务的需要。当飞行员不得不驱赶睡意、强迫自己集中注意力时，将会导致很高水平的应激，最终导致重度疲劳，这是一个恶性循环。唯一的措施是飞行前休息好，否则就不要飞行。

## 二、心理性或情绪性应激源

引起心理性或情绪性应激的因素很多，它既可能来自与工作相关的因素，也可能来自家庭的或社会的原因。为便于读者理解，我们将心理性或情绪性应激分为工作性应激以及焦虑两类来讨论。需要说明的是，我们将焦虑问题作为心理性应激的一部分，其主要理由是它与心理性应激有着密不可分的关系，甚至从某种意义上说，它们互有因果关系。但这并不意味着排斥现代情绪心理学对应激与焦虑之间差异的鉴别。

### 1. 工作性应激

对于飞行工作，我们可以将它分为两类，一是生产性工作，二是非生产性工作。

（1）引起生产性应激的主要因素有：① 不良的气象条件；② 飞行计划安排得太紧；③ 飞机故障；④ 空域拥挤/繁忙；⑤ 短时间内起降次数太多；⑥ 飞行速度太快等等。

生产性应激可以通过飞行前的周密计划来减轻。例如，飞行前多考虑未来的飞行任务，与其他机组成员一起讨论飞行计划，在这里，预期是关键。现代飞机的高速性增加了飞行员的工作强度。主要原因是随着飞行速度的加快，飞行员每天的航路任务、制订飞行计划、起飞与着陆的次数都会增加。在这种情况下，飞行员就必须讲究工作的程序性，精心安排时间。

（2）引起非生产性应激的因素有：① 等待乘客或货物；② 飞行计划改变；③ 假起飞（False Starts）；④ 气象延误；⑤ 维护延误；⑥ ATC 延误。

等待，对于大多数人来说都是一件不愉快的事，常常使飞行员感到沮丧、恼怒、受挫，甚至引起疲劳，损害飞行动机。因此它是飞行员必须进行管理的对象。对这类应激的管理方式可采用转换认知角度，将等待时间用于讨论飞行计划或做一些有益于飞行的事情来消磨时间。

### 2. 焦 虑

焦虑（Anxiety）是一种复杂的复合性负性情绪，是预料到压力但又无能为力去应付的痛苦反应。每一个人都曾经历过焦虑，但程度和持续的时间却有很大的个体差异。它既可以是一种正常的具有适应意义的情绪状态，又可以发展到一定的严重程度而成为异常的神经性焦虑症。人们一般认为，正常与异常焦虑的主要区别在于：

（1）焦虑体验的持续时间长短及程度的深浅。正常焦虑持续时间较短、程度较浅。

（2）焦虑产生及消失的条件。正常焦虑的原因经当事者分析和解释后可以变得比较清楚，异常焦虑则找不到直接的原因。正常焦虑易于消除，而异常焦虑消减后又会反复出现，且来去突然。

基于正常与异常焦虑的区别，R. B. Cattel 等人（1961）在因素分析的基础上，将焦虑划分为两大类别：

（1）特质焦虑（Trait Anxiety）指在焦虑易患性上相对稳定的个体差异，特质焦虑者具有把一切外界环境刺激都知觉为危险或威胁的倾向。特质焦虑作为一种人格特质，犹如一种动机或习得的行为倾向，有一种预先给定的对威胁环境的知觉，以及不适当的反应。

（2）状态焦虑（State Anxiety）是人类有机体的一种暂时的情绪状态，其特点表现为对烦恼和紧张的主观体验。

对以上两类焦虑的识别，有助于飞行员了解自己和他人的情绪状态，从而达到管理自己与机组成员的目的。至于识别的方法，可参见本书附录的自我评定问卷（STAI Form Y-1和 Y-2），请按指导语作答。若 Y-2 问卷的分数达到 44 分以上便需找心理工作者咨询。在航空领域里，焦虑是飞行员处于负荷过载，尤其是长期处于负荷过载状态下所产生的极度的担忧、不安和恐惧。焦虑的飞行员总担心将要发生什么，总是体验着弥漫性的恐惧。由于焦虑情绪的影响，飞行员的操作表现将变差。敏锐的观察者（如飞行教员或机组成员）常常使用以下信号或征兆来识别某人是否处于焦虑状态：

① 身体不舒服，如出汗、神经性的抽搐/颤动、口干、呼吸困难、心跳加速或心悸。

② 异常的行为，如在不恰当的时间里大笑或唱歌、过分地约束自己、埋头苦干、极不协调、情绪变化迅速、有冲动性行为或极端的消沉。

③ 心境变化快，当时还心情轻松愉快，一会儿就变得忧郁起来。

④ 对他人采取不理解的行为，如不必要的发怒、忍耐、粗野的行为等。

⑤ 疲劳，在长期的压力环境中常引起极度的疲劳和厌倦。

⑥ 不正确的思维过程，注意力难以集中或固着于某一点上而对其他刺激不予反应，分不清主次，忘记一些重要项目，如起飞或五边进近时忘放起落架，或不能很好地阅读检查单。

飞行员若长期处于焦虑之中，可表现出个性的变化，如行为质量低劣、对他人的态度飘忽不定、操作技能下降、胃痛或头痛、酗酒、过量吸烟或食欲增强，多次出现事故征兆。可见，焦虑对于飞行员来说是一个危险的状态。因此，在每一次飞行前都应首先降低焦虑水平。消除焦虑的方法与消除过度应激的方法类似，我们将在下面应激管理一节里详述。

# 第三节 飞行人员的应激管理

## 一、急性应激的管理

前面，我们已提到过急性与慢性应激的分类。急性应激是由当前发生的事件所引起，而慢性应激则是整个生活方式改变的产物。由于它们引起的原因不同，管理的策略也不一样。

在两类应激中，急性应激较易处理，具体的策略有：

（1）在感到紧张时，休息 5 min 以便使自己恢复平静。这有助于飞行员降低当前的负荷过载，保持良好的后续精力以及识别应激产生的原因。当然，在座舱里，这种方法有时是不可能的，在这种情况下，慢而深的呼吸将有助于减轻或消除应激。

（2）如果飞行员预料到某个情境会增加工作负荷和与之相应的应激，可在应激发生前有计划地做一次心理放松。例如，在到达一个不熟悉机场前，可先复习一下机场信息、跑道方向、起落航线方向以及无线电频率，然后在工作负荷较低的间隙里花几分钟放松一下，并在心理上准备一下对可能出现问题的应对措施。如果该飞行员经过了放松且在心理上作好了准备，那么，即使有意外变化，如现用跑道发生变化时，也不至于产生过度的应激。

（3）在突遇应激情况时，不要老想危险情境的后果，而应尽快地将注意力转向寻找解决问题的方案或途径，深思熟虑的决定产生后应立刻付诸行动。

（4）在进近着陆过程中，若遇上起落架故障，飞行员应考虑到要处理这一故障需要时间，而时间紧迫会使自己处于压力或应激之中。因此，在这种情况下应中断进场并复飞，加入等待航线。这样，飞行员就可获得较长的时间去处理故障，时间压力亦会随之减轻。

（5）早作决定：在飞入不良气象条件目的地机场前返航或改飞备降机场。

（6）不要分散执行检查单的注意力：要求乘客、教员或检查员不要干扰你。

（7）不要随便中断或改变正常的航路。

（8）如果你正忙于处理应激情况或正在忙于排除棘手的飞机故障，如飞行航路、空速等重要问题时，可要求 ATC 不要干扰你。

（9）作好飞行延误的心理准备，应意识到着急于事无补，反而会增加自己的心理负担。应意识到飞行延误是寻常事，气象条件、飞机加油、检修与维护，甚至驱车去机场都可能导致延误。

（10）应对飞行各阶段的工作负荷和自己的能力变化了如指掌，以便自己作好心理准备。图 8-3 所示是飞行各阶段的工作负荷与工作能力变化的曲线，每一个飞行员都应熟悉这一曲线。

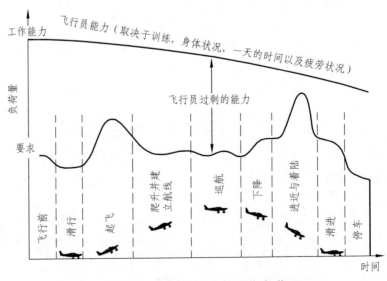

图 8-3　飞行员能力与工作负荷

该图下面一条曲线表明飞行各阶段的工作负荷，上面一条曲线表示飞行员的工作能力，两条曲线之间表示安全余度。如果两条曲线相交，便意味着飞行事故的发生。从工作负荷曲线来看，起飞、下降和着陆阶段的工作负荷最高，如果在这几个阶段出现异常情况，会进一步增大飞行员的工作负荷。飞行员工作能力曲线的趋势是，随着飞行时间的延续，能力曲线逐渐下降，在进近着陆阶段与工作负荷曲线最为接近，说明此时的安全余度最小。如在此时飞机出现故障或飞行员、ATC出错以及其他意外情况出现，两条曲线便会相交，这也正是该阶段飞行事故最频繁的原因。良好的训练、心情愉快、健康以及良好的休息等可使能力曲线上升，从而使能力曲线与工作负荷曲线之间的安全余度增加。而疲劳、紧张不安、缺乏自信以及身体不适等则会降低能力曲线，减小安全余度，甚至使安全余度消失。

在正常情况下，飞行员应该仅用50%的工作能力便能够操纵飞机，将其余50%的能力储备起来，用以应付意外事件和应急情况。能力储备的另一理由是，经过较长时间的飞行后，疲劳便会产生，能力曲线亦会逐渐下降，若没有一定的能力储备，安全余度便会变小。

## 二、慢性应激的管理

慢性应激并不是偶然危机的产物，而是长期性问题的结果。对它的处理通常需要一个长期的过程。应付慢性应激的最好途径是使用"全身性"的概念或"健康概念"。运用这一概念的目的是在应激变得严重前就予以克服。它主要包括以下几个方面：生理学方法；营养学方法；环境学方法；情绪心理学方法。

上述4个方面是相互联系的，实施其中之一必然会影响其他方面。这正如各种应激相互影响一样，应付的方法也是相互促进的。例如，不良的饮食习惯可使你的应激水平提高，引起体重下降，也可影响你的活力。而能量的缺乏又会降低你的工作效率和家庭生活质量，导致压力的增加，压力的存在又可降低你的自信心或产生防御性行为，这些问题使你的整个生活方式失去平衡，进一步影响你的食欲。可见，它们已形成了一个恶性循环链。

同样，一旦你采取了积极的措施去应付应激时，只要能对上述任一方面的控制获得了成功，都会对其他方面产生积极的影响，使你的努力更具有整体价值。处理慢性应激的最大难题是难以下决心开始并持之以恒，这需要坚强的意志去克服自己的惰性。在此，我们想让读者知道的是：没有单一的、魔术般的应付慢性应激的方法。对应激管理特殊方法的选择是因人、因环境而定的。适用于别人的方法不一定适合于你。当考虑适合于自己的行动步骤时，请自问一下以下两个问题，它们有助于引起你的深思：

（1）什么样的选择或行动可促进自己的健康，并能最大限度地降低自己的应激？

（2）采用什么方法才能促进他人的健康并降低应激？

通过以积极的态度考虑将要产生的变化，便能将应激转化为前进的力量。

### 1. 生理学方法

降低应激影响的最简便方法是增加有助于健康的活动，如锻炼、散步、游览以及参加舞会等。这些活动能使你感到健康、强壮有力，产生良好的自我形象，增加生活的信心，提高生活质量。这一点对于飞行员来说有着特殊的意义。这主要是因为，在大多数时间里，飞行活动都是坐在驾驶舱里没有身体活动，长此下去对飞行员的健康是极为不利的。因此，健康专家一再强调，飞行员每周至少应锻炼 3 次，每次时间不得少于 30 min。但是，他们同时也指出：狂热的身体运动对长期坐着工作的人是非常危险的，适宜的方式是热身运动，遵循循序渐进的原则。

### 2. 营养学方法

实施这一措施的总体策略是最大限度地减少或停止有害于健康的活动，如吸烟、饮酒、吃不利于健康的食物，以及无规律、不科学的饮食习惯等。关于吸烟、饮酒及药物滥用问题，我们已在第三章讨论过，这里不再赘述。至于饮食的规律性和科学性问题主要指三餐的定时性和定量性，忌暴饮暴食以及偏食。饮食成分要做到蛋白质、脂肪、糖以及维生素的合理搭配，这 4 个要素合理搭配便称之为食物的营养性。

### 3. 环境学方法

环境学方法是指采取一定的步骤来控制生活和工作的环境。例如，通过精心地设计使飞行员与应激情境相分离（如用消音装置以控制噪声）；通过离开应激情境作一会儿散步、脱岗休息一天、郊游、小睡一会儿以缓解生活应激等等。这些方法有助于恢复精力、缓解过度的负荷。但是，脱离应激源也具有一定的副作用，这主要取决于什么时候使用和怎样使用它。积极地脱离应该是能够改变生活节奏，使生活充满新鲜感，否则脱离就会成为逃避生活，从而引起更高的应激。需要指出的是，"脱离"应该是在其他方法无效时才使用。最好的环境措施是改变自己的行为，以下的行为变化是可取的：

（1）建立一个亲密朋友的支持网络，寻求社会支持。

（2）学会较多的交际手段和方法。

（3）学会肯定自我。

（4）对别人和自己的不完美应持较宽容的态度。

（5）学会并提高对环境应激源的洞察力，要分清你能改变的和你无法接受的事实，要能够识别自己的缺陷。

### 4. 情绪心理学方法

应付慢性应激的情绪心理学方法之一是改变你的工作态度和生活价值观。这意味着应放下包袱、克服自己的局限、形成积极的生活与工作态度。这些态度应该是：不要对引起应激的一切因素都感到担忧，要努力将应激源置于适当的情境之中，要记住：一定的应激是有益的，也是必要的。你的态度决定了你把知觉到的经验看作是愉快的还是不愉快的。例如，如果你发现自己老是抱怨副驾驶动作缓慢，那么就应该停止抱怨，并分析他为什么动作迟缓，是性格问题，还是不熟练，还是过分拘谨，等等，并在此基础上帮助他改正这一缺点。有时，你需要对自己彻底反思一下，以建立良好的角色和相应的角色心理。

放松（Relaxation）练习法是克服慢性应激的一种常用且最为有效的方法。这种方法有多种变式，它们既可以分别使用，也可以综合为一定的套语运用。综合运用的套语请见附录二，读者可以熟记这些套语自行练习。以下介绍的是一些常用的简便易行的放松练习法。

第一种练习称之为深层肌肉放松，这是一个积极的肌肉放松过程。具体步骤是：在一个椅子上或沙发上坐好，进入放松姿势；然后集中注意力于全身每一块肌肉。首先是紧张，然后放松每一块肌肉，同时对自己说："放松、放松、放松"。肌肉紧张与放松的顺序可由头到颈再到上肢、胸、腹、背阔、下肢、直到脚趾。练习时应注意身心合一，紧张与放松都要运用意念，即做到哪儿便想到哪儿。这种练习可建立起心理与身体放松之间的联系。

在驾驶舱里，也可以使用与上述类似的技术，但必须注意的是：不要因做放松练习而分散完成飞行主要任务的注意力。但这并不是说，这种方法就不能在驾驶舱里使用，在长距离的巡航飞行中，在低工作负荷阶段仍可使用上述方法。另外，即使你的注意力必须集中在飞行上，不可能创设一种心理上的冥想状态，但肌肉的交替紧张与放松对你保持旺盛的精力，降低应激亦是有益无害的。

第二种放松练习法称之为渐进放松法，这种方法与上述方法相似，不同点在于不紧张肌肉。它的原理是通过思维在心理上暗示放松，如默念或默想："我的头放松了，完全放松了……""我的颈部肌肉放松了……""我的右上臂肌肉放松了，前臂、手部肌肉放松了"等等，放松顺序与深层肌肉放松法一样。在暗示或默想的驱动下，意识此时便正在放松你的肌肉。若这种方法结合深呼吸与想象技术，效果会更好。

深呼吸练习是降低紧张的一种强有力技术，并且不受时间、地点的约束。如果做的时间较长，如 10 min 以上，这种方法可使你进入深度放松和安宁状态，从而达到控制情绪的作用。如果是在飞行中，做一些短时间的深呼吸，它将既有助于放松又不会影响你的注意力集中。因此，可以认为深呼吸法是缓解紧张或应激的快速而又简便的方法。

## 三、不可取的应付应激的方法

作为一名飞行员，有一些试图应付应激的方法显然是不能接受的，这些方法包括：

（1）对存在的问题"睁一只眼，闭一只眼"，甚至假设它不存在。

（2）滥用药物、酒精以缓解应激症状。

（3）否认：在潜意识里否认应激源的存在。

（4）文饰：在潜意识里试图证实行动的合理性，但事实上该行动却是不能为人们接受的，常常被用来文过饰非，以避免道歉或自责。

（5）幻想：用幻想来代替现实，其实质是回避必须面对的现实。

（6）白日梦：通过创设一种幻想中的愉悦情境或情况来逃避现实。

（7）屈从：在心理上迷失了自己，什么事都接受，也包括失败。

（8）发怒：既可能表现为温和的发怒行为，如说粗话，也可能是用狂暴的外在行为来宣泄怒气，如粗猛地使用飞机的操纵器。

（9）冲动性消费或赌博：在遭受挫折后用钱来消气，或用赌博来转移注意力，只能使自己陷入新的应激之中，其后果是有百害而无一利。

（10）"人无压力轻飘飘"的想法或生活中需要压力的观点也许是最不可取的。在短时间内，这种行为对于完成工作也许是必要的，但持续时间长了便不利于健康。例如，飞行前检查所投入的精力便具有双重作用，一是防患于未然，这是积极的一面；另外，如果无休止地持续很长时间的检查就会使人精疲力竭，反而不利于保障飞行安全。适宜的做法是，暂时的精力消耗应有助于达到检查的目的，又不至于引起大量的精力耗损。不幸的是，有的人总是沉溺于压力之中，自己无止境地创设应激情境。他们不仅与应激同在，简直是以应激为乐，总是表现自己怎样的坚忍不拔。对这类人，我们的忠告是：放慢你的生活节奏，干事适可而止，花较多的时间与你的家人和朋友一起休闲，多花时间干你喜欢干的事情。

## ·思 考 题·

1. 什么是应激和应激源？举例说明。
2. 举例说明飞行员可能面对的应激源。
3. 简述应激源的主要分类方式并举例说明。
4. 简述应激效应的主要表现。
5. 什么是叶克斯-道森定律？举例分析。
6. 简述心理性或情绪性应激的种类及诱发因素。
7. 什么是状态焦虑和特质焦虑？简述二者的区别与联系。
8. 简述有效的应激管理的途径。

## ·案例讨论·

某飞行员在一次飞行前的晚上，因来了一位多年不见的亲密朋友，于是便与朋友去餐馆聚会，并饮用了一定数量的烈性酒。回到家里已是晚上 10 时 30 分，而第二天的飞行任务是早上 8 时。妻子出于关心，埋怨他不该飞行前饮酒和回家太晚，但他不服，认为她多管闲事，于是便争执起来，一直折腾到深夜 12 时才勉强入睡。第二天早上起床时间晚了，他匆忙赶到机场，草草完成飞行前准备后，便开始起飞。由于睡眠不足及酒精作用，此时他感到头脑不清醒，在飞机滑行达到决断速度时，差点错过离地时机，他的心跳立即加快，担心自己是否能坚持完成这次飞行。昨夜与妻子争吵的情境浮现在脑中，他开始憎恨妻子，认为既然昨晚已回家迟了，她就不应唠叨，与自己争执，弄得现在精神恍惚，他越想越气。随着时间的延续他感到越来越累，到达目的地机场时，ATC 告诉他云底高度较低，出云后若找不到跑道，可考虑复飞或改飞备降机场。但他实在太累了，不愿改飞备降机场。连续 3 次复飞后他终于找到了跑道并在离跑道头 15 m 处使飞机停了下来，差一点便要冲出跑道，他惊出了一身大汗。回到家里，他把一切怒气全发在妻子身上，于是又爆发了另一次"战争"。自此以后，夫妻关系开始恶化……他感到非常痛苦，飞行能力逐渐下降。

结合案例，回答以下问题：

1. 案例中的飞行员所面临的应激源有哪些？ 应激会给个体带来哪些影响？
2. 作为飞行员，应该如何有效地进行应激管理？

# 第九章 学习、技能习得与迁移

学习是个体适应环境、与环境保持动态平衡的重要手段。学习一方面可以促进个体生理结构的生长、成熟，另一方面可以促进个体心理的发展，使人类个体从一个生物实体发展成为一个能适应社会生活的社会成员。随着社会的不断进步与发展，学习在其中的作用更为突出，学习的社会意义更为显著。飞行职业是一个特殊的职业，只要选择从事飞行工作，无论年龄和资历，理论知识和模拟机训练等知识技能的学习和考核就会伴随整个职业生涯。本章的内容主要包括学习的含义、类型与基本学习理论，飞行技能的习得，学习的迁移，以及促进飞行技能形成的方法。在中国民航局新近颁布的执照考试大纲和知识点中，要求重点掌握的内容包括学习的实质与基本理论，飞行技能形成的主要影响因素等。

## 第一节 学习概述

### 一、学习的含义

学习是人一生中都在经历或从事的一项活动，但对于什么是学习，不同学者的理解是不同的。比如联结派认为学习即形成刺激与反应间的联结，认知派主张学习即形成和改变认知结构。由于对学习实质理解的不同，不同学者做出了各种解释。本书中，我们选用一个现在已为多数学者所接受，且在中西方针对包括民航飞行员、空中交通管制员等民航相关人员在内的教材或培训课程中，广泛使用的有关学习含义的界定：学习是指某种体验所导致的行为相对持久的改变。

首先，这里所说的行为的改变一方面是指外显行为的变化，如儿童学会了骑自行车、学生学会写字、画画，飞行学员学会了驾驶飞机；同时也包括行为潜能的变化，或者说意识、态度的变化。另一方面，有时学习的结果并不一定以外显的行为或者并不立即以外显的行为变化表现出来，而是以一种内隐的方式存在，在特定的环境中，就可能会表现出相应的行为。例如，一名飞行学员在理论学习阶段已经学习到了"必须严格执行检查单"，但由于他没有真正驾驶飞机，也就无法表现出与这一准则相符的行为。事实上这名飞行学员的内部认知已经发生了变化，一旦开始学习飞行，就可能倾向于表现出相应的行为。在这种情况下，这名飞行学员获得的是一种行为的潜能。

再者，学习的发生是由于某种体验所导致。一般而言，有机体的行为的变化必须是在后天与环境的相互作用下发生的，由遗传素质的成熟或先天反应倾向所导致的行为变化不能称为学习。如飞行学员必须经历必要的飞行训练，才能获得飞行技能；而人不断长高的发育过程，则是身体随着年龄增长，生理机能逐渐成熟的结果，不是学习。

此外，学习所发生的行为的变化应当是相对持久的。由适应、疲劳、醉酒及药物等引起的变化持续时间较短的暂时行为变化，也不能称之为学习。

## 二、学习理论

学习理论是探究人类学习的本质及其形成机制的心理学理论。由于心理学家们各自的观点、视野和研究方法各不相同，形成了各种学习理论的流派。

### （一）联结学习理论

联结学习理论是 20 世纪初美国心理学家桑代克所首创，后经行为主义心理学家华生、赫尔、斯金纳等人的进一步发展，形成了用刺激与反应的联结来解释学习过程的完整的联结理论。

联结学习理论认为，一切学习都是通过条件作用，有机体在一定条件下形成刺激与反应的联结，从而获得新的经验的过程。在刺激-反应联结之中，个体学到的是习惯，而习惯是反复练习与强化的结果。习惯一旦形成，只要原来的或类似的刺激情境出现，习得的习惯反应就会自动出现。

#### 1."试误-联结"学习理论

桑代克认为所谓的学习就是动物（包括人）通过不断地尝试，形成"刺激"（S）与"反应"（R）之间的联结。学习的过程是一种渐进的尝试错误的过程，在这个过程中，随着错误反应的逐渐减少和正确反应的逐渐增加，而最终在刺激和反应之间形成牢固的联结。

根据自己的实验研究，桑代克总结了 3 条主要的学习定律：准备律、练习律和效果率。

（1）准备律。准备律强调学习开始前预备定势的作用，用于对学习的解释以及动机性原则。当学生为学习作好准备时（包括生理和心理的），其学习效果最好；而学习目的不明确时，学习效果较差。例如，初始飞行时学生经常忽视教员给出的使用配平的建议，可能会认为操纵杆是操纵飞机控制面的最合适方法。在随后的训练中，当必须将注意力从控制杆转移到其他任务上时，他们开始意识到配平的重要性，才会有不同的表现。

（2）练习律。"用进废退"，练习律强调联结的应用，联结通过练习得以增强，反之联结则会削弱。为了理解和记住所学的知识和技能，学习者需要使用所学习的知识、练习所学习的技能。另外，桑代克也非常重视练习中的反馈，他认为简单机械的重复不会造成学习的进步，告诉学习者练习正确或错误的信息有利于学习者在学习中不断纠正自己的学习内容。因此，飞行训练应具有比较强的目的性，练习必需的科目，尽量避免不必要的重复。例如，初始训练中的着陆练习是一个复杂的任务，要消耗相当大的精力，学生会很容易变得疲劳，如果学生在一次训练中练习太多的着陆，结果会适得其反。

（3）效果律。学习者在学习过程中所得到的积极或消极体验，会加强或减弱学习者已经形成的某种联结。也就是说，学习者在学习时伴随有愉快和满意的感觉时，学习的效果将更好；反之，学习的效果就会有所降低，甚至是明显降低。因此，积极的飞行训练体验更容易使飞行员取得成功，更容易调动其学习的积极性，而消极的训练体验可能使飞行员忘记或躲避飞行训练。例如在学生训练飞行的初始阶段，如果一开始教员就试图要求学员自行着陆，或者是为其设定比较高的目标，过分强调操作或机动的复杂性和危险性，学生可能感到自己能力很差，容易产生困惑和挫折感，过大的学习难度，也会使得学生产生焦虑和畏难情绪。应在训练中逐步设置目标，在每次训练中安排一些简单的，很容易被学生完成的新任务帮助学生产生成功体验，增强其成就感，进而提高学习的效果和兴趣。

## 2. 经典条件反射理论

1902 年，巴甫洛夫在狗的消化腺分泌反应的实验中发现了条件反射现象。条件反射的实验表明，条件刺激和无条件刺激多次重复呈现给动物（狗）之后，在单独呈现条件刺激的情况下，动物也能对其做出分泌唾液的反应。巴甫洛夫认为这是一种条件反射现象，条件反射的形成说明动物学会了对信号刺激做出条件反应。在实验的基础上，巴甫洛夫创立了条件反射学说，认为条件反射的形成是在中枢神经系统内形成了"暂时性神经联系"。

巴甫洛夫发现，在动物建立条件反射后继续让铃声与无条件刺激（食物）同时呈现，狗的条件反射行为（唾液分泌）会持续地保持下去。但当多次伴随条件刺激物（铃声）的出现而没有相应的食物时，则狗的唾液分泌量会随着实验次数的增加而自行减少，这便是反应的消退。飞行活动中，有时机长（教员）及时的肯定或表扬会促进副驾驶（学员）暂时形成某一良好的行为，但如果过了一些时候，当副驾驶（学员）在日常飞行工作中表现出良好的行为习惯而没有再得到机长（教员）的肯定或表扬，这一行为很有可能会随着时间的推移而逐渐消退。

## 3. 操作条件反射理论

桑代克之后，斯金纳用白鼠作为实验对象，进一步发展了桑代克的刺激-反应学说，提出了著名的操作条件反射理论。

斯金纳指出，人和动物有机体有两种习得性行为：一种是应答性行为，通过建立经典式条件反射的方式习得；另一种是操作性行为，通过操作式条件反射获得。据此，斯金纳又进一步提出两种学习：一种是经典性条件反射式学习，另一种是操作性条件反射式学习。两种学习形式同样重要，而操作式学习则更能代表实际生活中人的学习情况。学习过程就是分别形成两种条件反射的过程，就是有机体在某种情境中由于反应的结果得到强化而形成情境与行为的联系，提高它在该情境中做出这种行为的概率。

斯金纳认为，强化是增加某个反应概率的手段，强化在塑造行为和保持行为中是不可缺少的。所谓强化，从其最基本的形式来讲，指的是对一种行为的肯定或否定的后果（报酬或惩罚），它至少在一定程度上会决定这种行为在今后是否会重复发生。简单地讲，强化就是指个体的某种行为得到某种他所喜欢（不喜欢）的结果时，他以后再次产生这种行为的可能性会增强（减弱）。

强化可以分为正强化、负强化、惩罚和自然消退 4 种类型。

（1）正强化，又称积极强化，当人们产生某种行为时，能从他人那里得到某种令其感到愉快的结果，这种结果反过来又成为推进人们趋向或重复此种行为的力量。飞行训练中，当飞行学生展示出的飞行操纵达到预期要求时，或者是对天气状况做出一个正确的预判，来自于飞行教员的表扬，都是有助于学员学习的正强化。

（2）负强化是指为了使某种行为不断重复，减少或消除施于其身的某种不愉快的刺激，如批评、惩罚等。应用负强化的前提是，事先有不利的刺激存在。

（3）惩罚则是在我们所不希望的，或者是消极性行为发生后，给予其不愉快的刺激，以使这种行为以后尽可能少地发生。

（4）自然消退。对于所不希望发生的行为，除了直接的惩罚措施外，还可以 "冷处理" 或 "无为而治"，使这种行为自然消退。例如，飞行活动中，机长对副驾驶的一些与飞行无关的语言或其他行为不加理睬，也自然会减少这些行为的发生。

### 4. 社会学习理论

社会学习理论是由美国心理学家班杜拉于 1977 年提出的。班杜拉在反思行为主义所强调的刺激-反应的简单学习模式的基础上，接受了认知学习理论的有关成果，提出学习理论必须要研究学习者头脑中发生的反应过程的观点，形成了综合行为主义和认知心理学有关理论的认知-行为主义的模式，提出了"人在社会中学习"的基本观点。社会学习理论着眼于观察学习和自我调节在引发人的行为中的作用，重视人的行为和环境的相互作用。

班杜拉认为，人的行为的习得有两种不同的过程：一种是通过直接经验获得行为反应模式的过程，如飞行员通过模拟机训练，实际飞行操作获得的柔和带杆飞行操纵体验；另一种是通过观察示范者的行为而习得行为的过程，如学员压座或跟班飞行时观察机长和右座副驾驶执行相关程序所进行的学习。 班杜拉的社会学习理论所强调的是这种观察学习或模仿学习。飞行员在观察学习的过程中，获得了示范活动的象征性表象，并引导适当的操作。

依照社会学习理论，对于飞行员相应行为表现的强化方式有直接强化、替代强化和自我强化 3 种。飞行教员对学员做出的陆空通话、执行检查单程序等行为反应，当场予以积极或消极的反馈，就是直接强化。替代强化则是指飞行学员通过观察飞行教员或其他飞行员实施某种行为后所得到的结果，来决定自己的行为。三是自我强化，如飞行员依照自我确立的内部标准，将自己对行为的计划和预期与行为的结果加以对比和评价，进而调节自己的行为。

## （二）认知学习理论

认知学习理论认为，学习，即有机体获得经验的过程，不是在外部环境的支配下被动地形成刺激-反应（S-R）联结，而是通过积极主动的内部信息加工活动形成新的认知结构的过程。

### 1. 格式塔完形学习理论

格式塔心理学的学习顿悟说，是苛勒于 1913—1917 年间通过对黑猩猩的大量学习实验而提出的。

苛勒认为动物的学习不是尝试错误的学习，而是"顿悟"式学习。所谓顿悟就是对问题情境的突然理解。顿悟的过程就是相应的格式塔的组织（或构造）过程或形成内部格式塔的主动活动过程，也就是学习过程。因此，格式塔心理学家们认为学习是一种积极主动的过程而不是盲目的、被动的过程，不是通过试误获得成功，而是通过神经系统的组织作用达到"顿悟",从而建立与新情境相应的完形的过程。所谓"完形"即情境各方面、各部分的联系与关系。

### 2. 布鲁纳的认知发现学习理论

美国著名教育心理学家布鲁纳提出的认知发现学习理论强调学习的主动性，强调已有认知结构、学习内容的结构、学生独立思考等的重要作用。认为学习知识的最佳方式是发现学习，发现学习就是用有关材料或条件，独立思考，自行发现知识，掌握原理和规律。

布鲁纳认为学习是一个认知过程，是学习者主动地形成认知结构的过程。认知结构是指一种反映事物之间稳定联系或关系的内部认识系统，或者说，是某一学习者的观念的全部内容与组织。他认为学习是在原有认知结构的基础上产生的，不管采取的形式怎样，个人的学习，都是通过把新得到的信息和原有的认知结构联系起来，去积极地建构新的认知结构的。人是积极主动地选择知识的，是记住知识和改造知识的学习者，而不是一个知识的被动的接受者。

认知发现学习理论强调对学科的基本结构的学习。因此，无论学习什么学科，飞行学生一定要理解学科的基本结构，即概括化了的基本原理或思想，必须以有意义地联系起来的方式去理解事物的结构。这些基本思想、原理，对飞行学生来说，就构成了一种最佳的知识结构。知识的概括水平越高，知识就越容易被理解和迁移，能更好地理解和巩固学习的内容，并能更好地运用于飞行实践之中。同时，充分激发自身学习的主动性和学习的内在动机，从而更有兴趣、更有自信地主动学习。

### 3. 建构主义学习理论

建构主义学习理论认为，学习是在一定的情境即社会文化背景下，借助其他人的帮助即通过人际间的协作活动而实现的意义建构过程。教学应以学生为中心，强调学生对知识的主动探索、主动发现和对所学知识意义的主动建构。

建构主义认为，学习是学习者在当前的或原有的知识体系的基础上，建构新的思想的积极主动的过程。依照这一观点，飞行学员的知识不是通过教员传授得到，而是他们自己在一定的情境即社会文化背景下，借助其他人（包括教员和同伴）的帮助，利用必要的学习资料，通过意义建构的方式而获得。因此，学习的质量是学员自身建构意义能力的函数，而不是学员重现教员思维过程能力的函数。

关于学习的方法，建构主义提倡在教师指导下的，以学习者为中心的学习。因此，教员是意义建构的帮助者、促进者，而不是知识的传授者与灌输者。飞行学生才是信息加工的主体、是意义的主动建构者，而不是外部刺激的被动接受者和被灌输的对象。要成为意义的主动建构者，飞行学生在学习过程中应从以下几个方面发挥自身的主体作用：

（1）要用探索法、发现法去建构知识的意义。

（2）在建构意义过程中主动去搜集并分析有关的信息和资料，对所学习的问题要提出各种假设并努力加以验证。

（3）要把当前学习内容所反映的事物尽量和自己已经知道的事物相联系，并对这种联系加以认真的思考。"联系"与"思考"是意义构建的关键。如果能把联系与思考的过程与协作学习中的协商过程（即交流、讨论的过程）结合起来，则建构意义的效率会更高、质量会更好。

## 三、学习的类型

在学习类型的研究中，最有影响的当数布卢姆（B.S.Bloom）、奥苏伯尔 （D.P.Ausubel）、加涅（R.M.Gagne）等人的研究，我国的教育心理学家也提出了自己对学习类型划分的认识。这里只就布卢姆学习类型的划分进行说明。以下内容引自深圳航空公司翻译的航空教员手册（Aviation Instructor's Handbook，FAA）：

美国著名教育学家和心理学家布卢姆根据教育目标对学习进行分类，他认为，教育目标也是学习的结果，就此他把学习分为认知学习、动作技能学习与情感学习三大类，每一类学习又分为不同水平的目标。

认知学习即认知领域的学习，它有 6 个学习目标或教学目标：知识、理解、应用、分析、综合与评价。这 6 个教学目标也就是 6 个不同的层次，每一个层次都会为下一个层次打下坚实的基础。图 9-1 以转场训练为例，对布鲁姆认知领域分类法中 6 个主要的认知层次和行为类型进行了说明。在飞行训练中，认知领域的教学目标所涉及的知识的增长是一系列学习活动的结果，这些学习活动包括地面理论学习、阅读航图了解空域分类、听取飞行前简报、了解气象报告和预报、进行 CBT 训练等等。

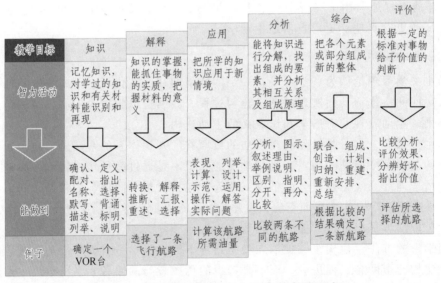

**图 9-1　认知领域包括 6 个层次的教育目标**

动作技能领域的学习目标由低到高分为 7 级：知觉、定向、有指导的反应、机械动作、复杂的外显反应、适应和创新。动作技能领域以技能为基础，它包括身体动作、协调以及动作技能领域的应用（见图 9-2）。这些技能的发展需要反复练习，并可以通过速度、精度、距离和技术来衡量。就飞行员而言，学习飞行需要形成良好的、精准的操作技能，教师对技能领域的理解对于能否有效实施飞行教学是至关重要的。飞行训练中，涉及的技能领域的典型技能包括飞行前准备、开车、滑行、起飞、爬升，直到进近着陆，滑行到制定停机位，最后关车的整个过程。

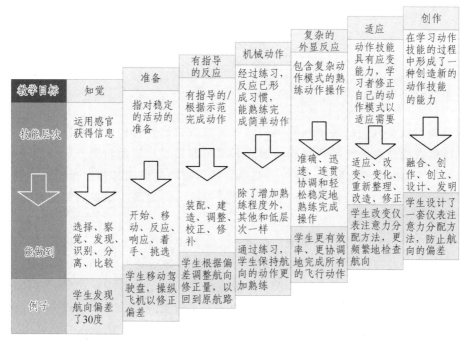

**图 9-2　动作技能领域包含 7 个层次的教育目标**

情感领域的学习目标由低到高分为 5 级：接受（注意）、反应、价值判断、组织化与价值体系的个性化（见图 9-3）。情感领域的学习目标分类更侧重于态度、个人信仰和价值观。对飞行员来说，安全意识和责任感是在飞行训练中和情感领域有关的最主要内容。

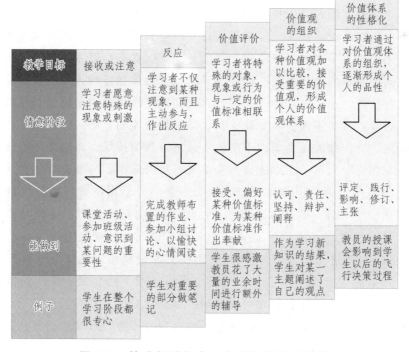

**图 9-3　情感领域包含 5 个层次的教育目标**

# 第二节　技能与飞行技能习得

## 一、技能的定义

所谓技能，就是人们已经掌握的顺利完成某种活动任务的合理的操作组织方式。高度发展和熟练的技能便称为技巧。技能的形成和发展都离不开知识和能力。技能同能力、知识是不同的概念，三者既有联系，又互有区别。任何技能的形成都是以知识的掌握为基础，以一定的能力为前提的，而技能的形成和发展又对能力的发展、知识的掌握具有重要促进作用。

在心理学上，对技能的划分存在着许多方式，其中按性质和特点可将技能划分为心智技能和动作技能。心智技能是指顺利完成某项任务的心智活动方式，即动脑技能，如心算、腹稿、计划以及在头脑中组织各种要素，形成完成某项活动的心理图式等；动作技能则是指在完成某一任务中，一系列动作以完善合理的方式组织起来，并表现出连锁化的现象。所谓连锁化，它包含一系列单个动作的串联、协调、形成自动化的熟练反应。某种职业活动经过学习，形成技能以后，一旦相应的刺激出现，即能自动地完成一系列的动作反应过程，表现出娴熟、准确、协调和应变能力强的特点。一般而言，心智技能与动作技能也是相辅相成，互相联系而又相互区别的。从信息加工的角度来说，心智技能是对信息进行编码、处理和加工的过程，而动作技能则是输出信息、执行决定的外在表现，两者缺一不可，相互联系，但又分属不同的加工阶段。因此，可以认为，在某种意义上心智技能是动作技能发展的基础。另外，随着动作技能的发展又会进一步促进心智技能的发展，这便是我们还要经常提到的反馈强化途径，它使心智活动不断得到验证，起着强化和矫正的作用，从而促进心智技能的进一步发展。还值得一提的是：某人具有高度发展的心智技能并不意味着他一定具有高度发展的动作技能；而一个具有高度动作技能的人并不意味着他一定具有高度发展的心智技能。读者也许会对这一观点感到迷惑，认为它与前面提到的"两者相互联系"的观点相悖。其实不然，心智技能仅仅是动作技能的基础，而不是动作技能本身。心智技能要转化为动作技能还必须以不断的实践练习作为桥梁，以必备的心理品质作为前提，这正是航空理论专家不一定都能成为合格飞行员的原因。另外，娴熟的飞行动作、技能是机长的必备条件之一，但却并不意味着每一个飞行动作技能娴熟的飞行员都一定能成为机长。美国航空心理学家 R.Roscoe（1982）的一项研究表明：机长与副驾驶之间的差异并不在于基本驾驶术，本质的差异在于对特殊情况的处置能力上。因此，我们可以认为，动作技能与心智技能之间互有联系，但两者又分属不同的概念，区别上述概念，对于读者大有裨益。它有助于澄清"心灵必定手巧，或手巧必定心灵"的错误观点，有助于增强飞行学员在重视动作技能学习的同时，也发展自己的心智技能的意识。在下面的飞行技能的阐述中，我们还将进一步强化这一观点。有关心智技能和动作技能的异同及其联系见表 9-1。

表 9-1 心智技能与动作技能的异同及联系

| 项　目 | | 心　智　技　能 | 动　作　技　能 |
|---|---|---|---|
| 不同点 | 活动对象 | 以有一定观念形态的脑内活动为客体，属心理活动范畴 | 以有一定的物质形态的脑外实际活动为客体，属实际操作活动范畴 |
| | 活动进行 | 在脑中借助于内部语言或映像进行，不必由视觉、动觉控制 | 在脑外借助于脑支配的外在动作进行，必须由视觉、动觉控制 |
| | 活动结构 | 结构可以高度省略，高度简缩 | 动作结构必须从实际出发，符合实际物体，不能省略，不能简缩 |
| | 活动结果 | 发展为心智熟练，形成智力活动 | 发展为动作技巧，形成专业或职业能力 |
| | 练习重点 | 从分析综合开始以练"心"为重点 | 练口、练手、练"心"相结合，以练动作为重 |
| 相同点 | | 1. 过程：都是从不会到会，从生到熟，由技能发展到技巧（熟练）；<br>2. 速度：都由初学时反应迟钝到反应迅速；<br>3. 结构：由单一的技能要素（思维片断或单个动作）逐渐融会贯通，发展成为整体技能；<br>4. 控制：由控制加工向自动加工过渡，意识控制都由紧张、呆板逐步发展到轻松、灵活和自动化 | |
| 联　系 | | 心智技能从分析、综合、判断与推理以及决策开始，并常常借助于动手。动作技能以心智技能为基础，常常是练口、练手更练"心"、练脑 | |

## 二、飞行技能的定义及其组成要素

### （一）定　义

飞行技能是指顺利完成飞行任务的身体素质和心理品质的合理组织方式，是心智技能和动作技能的有机结合。准确、快速以及随机应变是它的重要特点。心算偏流角、按方位角或电台相对方位角判定飞机位置、判断气象条件、定下着陆决心、判定飞机或发动机附件故障的原因以及风险评估、制订飞行方案等均属于飞行心智技能的范畴。而飞行动作技能则主要包括对座舱各种操纵器进行操纵的外显动作，如对操纵杆的前推后拉和左右压盘，以及对方向舵的控制等动作便属于飞行动作技能的范畴。

### （二）组成要素

#### 1. 飞行心智技能的组成要素

飞行心智技能所包含的因素虽多，但概括起来可归纳为如图 9-4 所示的要素。在这些要素中，思维能力是其核心，常表现为对各种飞行信息的分析与综合、判断与推理的能力。而创建力则是飞行心智技能发展的最高水平，是飞行中随机应变，迅速、准确地处置特殊情况的基础。从该图中还可以看到：各种组成要素之间彼此相关，互有联系。

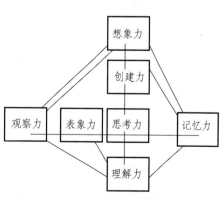

图 9-4 飞行心智技能的组成要素

## 2. 飞行动作技能的组成要素

任何飞行动作都可以从下面 3 个要素进行分析:

(1)动作反应时间:是指飞行中从飞行员感知到刺激直到完成相应动作的反应时距。反应时间的长短,可以相对地反映出技能动作的熟练程度和复杂程度,也是保障飞行安全所必需的要素之一。根据判断反应的复杂程度,可将动作反应分为简单动作反应和复杂反应。前者是指对某种特定的刺激作出特定的动作反应。与其他职业活动相比较,飞行中几乎没有绝对的简单反应,只有相对的简单反应,如平飞时天地线与风挡的相对关系位置改变时,就用杆修正等。复杂动作反应则是指在不同的刺激物和多种可能性中,根据需要选择一种符合要求的反应。复杂动作反应时间的长短主要取决于大脑作出决定所需要的时间长短。因此,它与刺激的强度、数目及难易程度,飞行员的情绪状态和疲劳状态,个人知识与经验以及飞行员是否有预先的心理准备等密切相关。飞行员的动作反应速度是飞行职业所必备的心理品质之一,它对于保障飞行安全具有特殊的意义,尤其在起飞、着陆阶段和特情处置中具有重要作用。

(2)动作的准确性:动作的准确性可以从动作的形式、速度、力量 3 个方面来考虑。这 3 个方面配合恰当,动作才算是准确。动作的准确性是衡量飞行技能是否形成以及熟练程度的标志之一。下面,我们将对构成动作准确性的 3 个方面逐一进行分析。

① 动作的形式:可分为动作的方向和幅度,即动作的向量。动作的方向是指动作的轨迹,即肢体移动的轨迹是否指向所要达到的目标;动作的幅度则是指动作量的大小,即肢体移动路程的长短。准确的飞行动作必须是方向正确,幅度适当。否则就将产生不准确的动作。飞行中常讲的杆舵向量要正确、适中便是这个意思。

② 动作的速度:是指肢体在单位时间内移动的路程。动作的速度不仅因人而异,而且同一个人也因条件不同而异。就同一个人而言,动作的速度在很多情况下取决于动作的目的,由于动作的目的不同,动作的速度也应有所不同,可能是等速的,也可能是等加速或等减速的,还可能是不等加速或不等减速的。众所周知,在飞行操作中,动作的柔和非常重要,而动作的速度则与此密切相关。一般而言,柔和动作是指那些不发生突变的、初速度很小的近等加速或近等减速的动作;而粗猛的动作则主要指那些突变的、初速度很大的加速或减速动作。这类动作不单会引起飞行轨迹的突变和乘客的不舒适感,而且还易使飞机进入危险状态,难以修正。因此,动作的速度是飞行动作准确性的重要指标之一。

③ 动作的协调性:是指两个或两个以上的动作互相配合时,能在动作时机、速度、方向和动作量等方面与飞机状态变化相适应。例如,飞机进入大坡度盘旋时需要杆、舵协调一致,互相配合。如果只是向一侧压杆而不蹬舵,是手和脚的动作不协调;拉杆而不加油门是手和手的动作不协调;蹬左舵而右舵抵住不回收是脚与脚的动作不协调。造成动作不协调的因素很多,其中最主要的原因是飞行学员对动作之间的配合缺乏正确的认识和练习不足,做协调动作前缺乏足够的思想准备或精神过于紧张等。

综上所述,飞行技能并不是各个独立动作和独立要素的简单组合,而是各个动作,各种心智要素的有机连锁。各个动作和心智要素必须高度有序、准确、熟练才谈得上飞行技能的形成和掌握。然而飞行技能的形成与发展并不是杂乱无章、无规律可循的,掌握飞行技能形成的规律将有助于我们按规律进行练习,从而促进我们更快、更好地掌握飞行技能。

# 第三节　飞行技能形成的规律

## 一、飞行技能形成的特征

前已述及，飞行技能是飞行心智技能与飞行动作技能的有机结合。因此，飞行技能形成的特征也应包含这两个相互联系、又相互区别的部分。下面，我们将以它们的组成要素为线索对飞行技能形成的特征进行分析。

### 1. 飞行心智技能形成的特征

（1）飞行职业思维能力得到高度发展。职业思维能力是飞行心智技能的核心成分，主要是指飞行员在飞行活动中能针对特定的飞行情境，利用已有的知识、经验，准确、迅速地对各种情况（如飞机性能、仪表信息、操纵程序和方法等）进行分析、综合、比较、分类、推理和判断决策的过程。具体表现是各种思维形式和思维要素能针对具体的飞行情境迅速、准确地有机组合起来，形成一个整体而直接导向问题的解决。

（2）飞行活动的职业创见力得到高度发展。主要表现在飞行活动中飞行员对特殊情况的处置能力上。其中，创造想象力是它的基础，它是飞行员在突然遭遇意外情况时将已有的经验表象进行加工改造从而创造出新形象的过程。在飞行中主要表现为在特情面前能迅速、准确地预见后果、构思行动方案及预见可能结果的过程。

（3）飞行表象清晰，能迅速准确地识记和提取储存在大脑中的记忆信息。主要表现在飞行员能迅速、准确地将抽象信息（如符号型仪表信息）转化为形象信息并能清晰地保持，仪表飞行时也能如同目视飞行一样在头脑中勾画出座舱外的一切以及飞机的运动状态和飞机各系统的状态。已识记过的信息（如空管员的指令、已学过的飞行程序及其他知识等）在各种情况下都能准确无误地提取和回忆出来。

（4）理解能力和观察力得到高度发展。主要表现在理解新的飞行知识的能力和综合理解座舱各类信息的能力（如目视、仪表信息、通话信息以及个体间交流信息等）得到进一步提高，能敏锐地观察和识别座舱内、外出现的细微异常信息。

（5）注意品质得到进一步发展。主要表现在注意范围扩大，注意分配合理，注意较为稳定和注意的转移及时、迅速。

（6）座舱资源管理的能力保持在较高水平。上述各种飞行心智技能要素的综合表现在于座舱资源管理能力的提高。按 Jensen（1989）等人的定义：座舱资源管理是指飞行员在飞行中对座舱内一切资源的管理（包括硬件、软件、环境以及人等资源）过程。合理、高效、熟练、有序、技巧性和安全的管理方式是评价座舱资源管理能力的主要指标，而心智技能的组成要素则是它形成的基础。

### 2. 飞行动作技能形成的特征

（1）动作反应时间缩短，能迅速地对座舱内外的各类信息作出合理的动作反应。主要原因是随着对座舱各类信息及其相互关系的熟悉，反应模式已接近 S-R 联结（刺激-反应），思维推理的中介过程减少所致。

（2）飞行动作的准确性得到提高。主要表现在各种飞行动作的方向和幅度、速度和力量都能与当前的飞行动作相一致。

（3）飞行动作的协调性得到提高。主要表现在相关的飞行动作能相互配合，一系列个别的动作逐渐联合起来形成一个完整和连续的动作系统，多余动作和肌肉过度紧张逐渐消失。

（4）对飞行动作的视觉控制减弱、动觉和触觉控制增强。虽然观察飞行状态、搜索空域、检查发动机工作情况以及部分操纵动作等仍需以视觉为主来完成，但杆、舵向量等操纵动作的控制则逐渐由视觉控制转变为动觉和触觉控制。

（5）飞行动作的动力定型，即自动化状态已经形成。主要表现为动作稳定性较好，很少受其他因素，如情绪紧张的干扰，一旦刺激出现便能采用相应的动作去处置，且意识的参与减少，整个动作已连锁成为自动化的过程。

（6）掌握了完成飞行活动的多种方法和方式。飞行中的情况千变万化，要求飞行员必须能在各种情况下采用相应方式和方法去完成飞行活动。在飞行技能形成时，飞行员针对当前的飞行情况的需要，采取不同的动作组合方式去处置。

## 二、飞行技能形成的阶段及特点

### （一）飞行心智技能形成的阶段及特点

按认知心理学的观点，飞行心智技能形成的过程是意义的获得和实现问题目标的过程；是刺激与反应之间的智力结构形成的过程；同时也是智力操作的过程。在此过程中，包含着认知结构的形成和改造、智力操纵和达到问题目标的解决。据此，我们可将飞行心智技能的形成过程划分为 3 个相互联系的阶段（见图 9-5）。

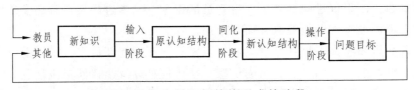

**图 9-5　飞行心智技能形成的阶段**

#### 1. 输入阶段

飞行学员从飞行教员或其他渠道获取新的信息和新的知识，经感知输入并与头脑中已有的原认知结构相互作用，使输入的信息被加工整理，原有的认知结构被改造和发展。这里，原有的认知结构起着制约作用，它决定着新知识的输入。这意味着新获取的信息和知识是否能与理论学习阶段所建立的认知结构相互匹配、吻合，如能相互匹配便很容易引起学员的注意，新信息和知识的摄取与加工处理，便变得相对容易。否则就易于使学员漏掉一些重要信息，或使获取的信息和知识不完整，甚至感到无所适从。在此阶段，学员的注意选择性、敏锐的观察力、迅速准确地提取已有知识经验的能力、丰富的想象力以及良好的理解能力和交际交流技能等尤为重要。其特点是：① 需要有原认知结构作为背景并与当前的新知识、新信息相匹配；② 需要利用尽可能多的信息渠道和感觉通道来获取新知识、新信息；③ 对同一信息或知识需要多次强化，对不同的信息需要进行比较和归类；④ 在众多的信息源中需要注意不断"过滤"。

2. 同化阶段

这是输入的新知识被原认知结构加工改造的过程，同化的方式有三：

（1）归属。新知识被纳入原认知结构而从属其结构之中。如飞行教员传授的飞机性能和操纵原理知识与理论学习阶段所建立的认知结构一致，则将其归属于原认知结构之中。人们常说的"产生了共鸣"便属此类。

（2）改组。新知识改造和发展原认知结构，使原认知结构得到改组和升级。如飞行教员传授的仪表飞行经验和知识比理论阶段所建立的原认知结构更为实用、新颖、丰富、合理，或飞行教员与理论教员所介绍的知识经验各有所长，学员便倾向于改组原有认知结构，使原认知结构得到升级和更为合理、有效。

（3）并列。新知识输入，形成新的认知结构并同原认知结构处于并列关系。譬如，飞行教员传授的知识和经验中，有一些是理论教员未讲到的，且头脑中没有相应的原认知结构可以利用，新知识无法归属于原认知结构，在这种情况下，学员便必须重建新的认知结构，从性质上来说并列原认知结构。

由上可知，同化阶段的特点是：新知识与旧结构互相作用、相互结合的过程；思维的分析与综合、比较与归类、判断与推理以及记忆信息的顺利提取是其必备的心理品质。

3. 操作阶段

这是运用头脑中的认知结构（知识经验）去达成问题解决的过程。操作，在这里是指智力过程，是一种心智操作的过程。按照吉尔福特的智力结构模式，操作过程包括认知（知觉）、记忆、复合思维、发散思维和评价5个方面。用于座舱内的心智操作则主要是指飞行员利用已经掌握的飞行程序和方法以及有关的飞行知识和经验，迅速准确地审视飞行相关信息，认识问题的性质，寻求解决策略和决定处置方案、途径的过程。在这里，良好的注意搜寻能力和知觉速度是飞行学员顺利发现问题的前提；而针对当前问题准确迅速地提取已有知识和经验并展开发散性思维，则是产生解决问题可选方案的基础；复合性思维和评价过程最终导向判断与决策，使解决问题的方案和方法得到确定。需要解释的是：这里所说的"问题"是因人因时间而定的，凡是学员尚未完全掌握的飞行知识、经验和方法，以及学员尚不十分熟悉的飞行程序和现象都属"问题"之列。这一阶段的特点是：① 飞行学员的心智操作直接指向问题的目标，是理论知识和经验向飞行实践的转化过程；② 再生性思维和创造性思维是本阶段的重要特点。一方面飞行学员要将已有的知识经验运用于飞行实践（再生性思维），另一方面还要根据飞行发展的进程，对突发的事件随机应变地运用已知知识和经验（创造性思维）；③ 心智操作的结果很快便会得到实际操纵结果的检验（如用杆、舵修正偏差），如果心智操作的结果是正确的和高质量的便进行自我强化（内在反馈）或得到教员的认同（外在强化），否则就得改进自己的心智操作过程。

事实上，学员的飞行心智技能形成的各阶段并不是孤立、无联系的，每一阶段不但互相联系、互相促进，而且飞行心智技能的形成还往往要经过上述过程的多次循环往复才能达到较高的水平。

（二）飞行动作技能形成的阶段及特点

和其他动作技能的形成过程一样，飞行动作技能也可分为相互联系的 4 个阶段：即单个局部动作的掌握阶段，动作的转换、连贯阶段，逐步协调、完善阶段和不断提高、达到"自动化"的阶段。

1. 掌握单个局部动作阶段

飞行技术是十分复杂的。在练习初期，人的注意范围比较狭小，只能集中注意于个别动作上，不能控制全部动作的细节。在生活中形成的一些习惯动作，往往与飞行所需动作方式不相符合。因此，在练习初期，教员或学员往往把复杂的动作分为若干个单个或局部的动作，分阶段来掌握，然后在此基础上有计划、有步骤地把它们联系起来，进行整个动作的连贯练习。如进行大坡度盘旋的练习时，开始可分为进入、保持、改出的分段练习，然后连贯起来进行整个动作的练习。事实上，教员与学员将复杂动作进行分解、分阶段完成，这是飞行训练所必需的。如果在新的动作方式没有形成以前，不把注意力集中在个别动作上或不把复杂动作分解为单个或局部动作来掌握，不仅会顾此失彼，引起情绪紧张和技术提高缓慢，而且还会因单个基础动作的不巩固，造成技术上的"夹生"，影响后继阶段技术的进一步提高，使"高原现象"提前到来。在此阶段，学员应该特别注意的是：在练习分解动作或掌握局部动作时，必须弄清楚分解动作或局部动作与整体技术的关系，它在整体动作中的地位、顺序以及与相邻动作的关系等，否则在以后的整体练习时便难以顺利地将相关动作连贯起来，造成技术动作的脱节或不协调。

概括起来，这一阶段的主要特点是：注意力分配忙乱，动作呆板而不协调，出现多余的动作，情绪紧张，肌肉僵硬，而且学员不能觉察自己动作的全部情况，难以发现错误和缺点。

如有的学员在初学起飞动作时，注意了抬前轮却忽略了方向的变化等。此类"单打一"的现象在飞行训练初期可谓屡见不鲜。因此，心理放松练习和表象练习可在此阶段使用。

2. 动作的转换、连贯阶段

这个阶段表现为学员对本科目练习的各个动作进行相互转换和系统地连贯起来并成为一个整体或动作系统。

其特点是：学员已经掌握了一系列的单个动作，并开始将这些动作联系起来，成套地进行练习。但各个动作间的联结还不够紧密，在从一个动作连接到另一个动作，即转换动作时，表现出动作的不协调，常出现偏差。学员的协调动作还是交替进行的，即先集中注意做出一个动作，然后才能注意到另一个动作。随着训练进程的延续，这种"交替"逐渐加快，乃至在大体上成为整体的协调动作。在此阶段，学员的紧张程度随着练习时间和次数的增多有所降低，但没有完全消除。动作的相互矛盾、干扰和多余动作趋于消除，客观刺激物（座舱内外的信息）与操纵动作间的联系更加巩固，因而反应时间有所缩短。由于情绪紧张度的降低和注意容量的相对扩大，学员发现错误的能力也较第一阶段有所增强，表现为在动作进行中或动作进行以后的短时间内能发现自己的错误。在此阶段学员应注意的是：进一步弄清各个动作间的内在联系，动作、仪表或目视信息以及飞机状态三者的关系，等等，自我表象训练法在此阶段具有特殊的作用。

### 3．逐渐协调、完善阶段

这个阶段表现为学员在训练后期，各科目中各个动作已联合成为一个有机的系统，并且巩固下来。各个动作相互协调、动作反应速度加快，能够依照准确的顺序灵活而且连锁地完成各个动作。做操纵动作时，意识的严密控制程度有所降低，紧张状态和多余动作较前一阶段又有所减少，注意范围进一步扩大，基本达到了训练大纲所规定的本机种毕（结）业技术水平。

这一阶段的特点可归纳为以下几点：① 各个动作相互协调、连贯，成为一个完整的整体，已达到了半自动化的程度；② 情绪紧张进一步降低，注意范围进一步扩大；③ 动作反应速度、准确性达到了较高水平，但抗干扰能力（如异常情况、情绪问题等）尚未完全形成。

### 4．不断提高、达到自动化阶段

在此阶段主要表现为各个动作间的相互联系和相互转化已非常熟练，已经形成了各个动作的连锁系统。完成动作的方式已由"意识控制加工"转变为"意识自动加工"，意味着完成动作时已不需要意识严密控制，一旦有关信息/刺激出现便能顺利、高效、连贯地完成各个动作。整个动作系统就如同"自动化"了一样。值得一提的是，这里所指的"不需要意识严密控制"仅具有相对意义，一旦异常情况或动作出现，操作者仍会立刻意识到并加以修正。这种情况便如同健全成人步行时突遇坑洼而引起警觉进而改变行走方式一样。

这一阶段的特点是：职业注意品质得到高度发展，整个动作变得灵活而省力，能根据当前情况去考虑，选择有效的途径和方法，发挥最大效率，创造性地完成飞行任务。

## 三、飞行技能形成的规律

总结飞行学员专业技能（心智与动作技能）形成的过程，可将它们形成的一些共同规律作如下概括。

### （一）从飞行技能练习曲线看飞行技术形成和发展的规律

飞行技能练习曲线是指在连续多次地练习期间所发生的飞行效率变化的图解。它反映了学员通过练习掌握飞行技能进程的一般趋势和规律。图 9-6 是方彪等人（1984）经研究绘制的我国空军飞行学员的飞行技能练习曲线。该图表明：

### 1．练习初期

在练习初期，学员的成绩提高较快，经过一个阶段后，成绩提高的速度减慢，出现这种情况的主要原因是：

（1）学员练习开始时可根据任务的要求，

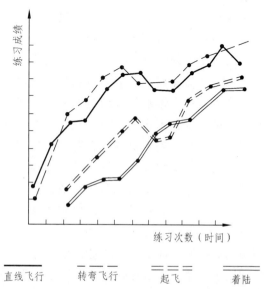

图 9-6　飞行技能练习曲线

177

把生活经验中已经掌握的许多技术动作和已经熟悉的动作方式、方法组织起来，"迁移"到当前的情境中加以利用，所以成绩提高较快。例如，曾经有过驾车经验或会骑自行车的人，在注意力分配和视觉广度上受到过良好的锻炼；喜欢某些球类运动的人，则在注意力转移和反应灵活性以及动作协调性上受到过良好的锻炼。他们在初学飞行时可以把许多与飞行技能类似的心智要素和动作要素组织起来，"迁移"过来加以利用，从而使训练初期的成绩提高较快。但是这种情形只是暂时的，到了练习中、后期，单飞之前，只利用已熟悉的生活经验中的技能要素已不能满足飞行技能提高的要求。客观上需要改变或改造旧的"动力定型"，建立新的"动力定型"。因此，成绩再提高就较缓慢。

（2）训练初期，可以把飞行技能动作分解成一些比较简单的单项动作进行练习。如起落航线学习可分为起飞、上升、建立航线、目测着陆和滑跑等。而每个步骤又可进一步加以分解，如起飞动作可分解为加油门、拉杆抬前轮、用舵保持滑跑方向等单项练习。由于这些单一的局部动作比较简单，而且又是单独进行练习，所以比较容易掌握，成绩提高也就较快。但是，复杂的飞行技能动作并不是许多单一局部动作的简单组合，而是各个动作之间的有机结合和对各种信息进行综合判断的过程。譬如，在练习完整的目视着陆动作时，并不是看地面、收油门、拉杆、用舵等单个动作的机械联结，而是各种相应的心智技能之间、各种单一动作之间以及相应心智技能与相应动作技能之间的有机复合。这样，就必须形成新的协调动作。由于协调动作中各局部动作的相互联系又相互制约的性质，每一局部动作的形式、力量和方向都有所改变。因此，建立新的协调比较困难，成绩提高也就较慢。

2. 飞行训练的练习曲线呈"峰""谷"形，练习成绩波浪式上升

从图 9-6 中可以看到，飞行成绩总的趋势是逐步提高，但提高的速度不均，而且有时还出现停滞退步的情况。产生这种现象的原因主要有：

（1）情绪障碍：有的学员在练习成绩提高缓慢时，由于过分夸大了学习中的困难，造成了对自己力量估计不足，失去信心，这种灰心失望的心理，反过来又会影响成绩的进一步提高；还有的学员满足于已有进步，产生骄傲自满的情绪；有的学员对学习和训练的困难估计不足，不认真准备，或急于求成的急躁情绪等等都会使学习停滞不前。另外，因与教员之间不良的人际关系所构成的心理压力也是影响成绩提高的重要因素。

（2）方法障碍：一个学员初学飞行时，如果有意或无意地离开教员的正确指导，只靠自己摸索，便会影响正确的技术基础形成。其学习效果是事倍功半，而且也难以继续提高或达到精湛的技术水平，这种现象就是方法障碍。譬如，在开始训练时，有的学员在下滑修正方向时杆、舵不协调，在着陆时有多余的"晃杆"动作，教员提醒后自己并未引起足够的重视。当成绩提高到一定的程度时，这些缺陷便会渐渐暴露出来，妨碍技术的进一步提高，而且由于习惯的原因，形成痼癖，很难改变。

（3）认识障碍：没有一定的知识基础或者基础知识学得不牢，想要学好新的知识是很困难的，掌握飞行技术也是如此。如果单凭主观条件好，如反应灵活、接受能力强，但不遵循掌握技能的规律，不讲究学习方法，其结果也会事与愿违。不了解航空理论知识，只靠机械模仿去学，成绩的提高、技术的发展必然受到阻碍。在苏联的飞行训练心理学中，有关专家按知识质量特性的发展程度，将飞行知识分为 4 级，这对我们是有重要启迪作用的：

① 第一级知识——"认识"。学员记住了所听到的内容，但不能完整、清楚和合乎逻辑地叙述自己的思想，处于"只能意会不能言传"的状态。这一级知识对初学飞行技能的学员来说是具有代表性的，它还不能作为指导学员活动方向的"指南针"。

② 第二级知识——"再现"（复制）。表面上，学员已能敏捷、连贯，有时甚至是合乎逻辑地回答问题。但他的知识由于只是从某教材、手册上简单地照搬来的，没有在飞行实践活动中加以领会，因而是不深刻的。譬如，虽然他已能详尽地列举出发动机故障的主要征候，但如果问他："在飞行中'顺桨泵'灯亮，应作何动作？"时，学员则很难回答出这是涡轮螺旋桨发动机故障的一个基本征候，以及应该做的动作。这意味着学员仅仅处于熟记有关知识的水平上，还未深刻理解现象的实质。即便学员掌握了教材的实质，在困难的飞行条件下也并不是总能运用自己的知识。

③ 第三级知识——"本领"。在这个水平上，学员已基本掌握了知识的实质，并能在飞行实践中运用现有的知识。

④ 第四级知识——"转化"。这是学员运用已掌握的知识形成新的知识，论证飞行教学经验的阶段。在此阶段学员已能熟练、灵活地运用各类知识。

很显然，上述4级飞行知识的划分对于我们理解学员的认识障碍有着积极意义。它告诫我们：每一个飞行学员都必须不断地克服各级"知识"的局限，最终达到"本领"和"转化"的水平，这也是克服认识障碍的必由之路。

（4）思维障碍：飞行是在三维空间内实施的，学员的思维将明显地受到高空、高速的影响以及时间、空间的严格限制，从而使思维能力有所降低。主要原因在于：理论学习阶段所获得的大都是间接知识，逻辑思维虽曾受到过较多的训练，但缺乏飞行实践经验，在空中飞行时大量具体形象信息多层次呈现的情况下，便需要飞行学员不断地将所学知识以具体形象的形式呈现出来，并与当前的情境进行匹配。如果学员不能或不能顺利地将抽象信息迅速地转化为形象信息，即缺乏抽象信息与形象信息的相互转化能力，就可能成为技术发展中的思维障碍。

另外，心理定势也可能成为影响飞行技术发展的重要因素。在心理学上，它是指有机体的一种暂时状态，使有机体以一定的方式准备反应，或对环境中某些刺激进行确定反应的暂时而常见的心理倾向。在这里是指学员利用学习中或生活经验中形成的一定思路和思维方式来考虑同一类问题的心理现象。如果这种习惯性的思维或思维定势符合当前任务的要求，就会有助于问题的解决，有利于飞行技能的形成和发展。如果当客观条件发生了变化，要求改变思维方式以适应变化了的情况而学员因思维定势的影响未能作出相应的变化时，它就成为影响学员飞行技能发展的不利因素。例如，在领航训练中，低速度低空飞行时，飞机可以按地标准确定位，而高速飞机在平流层飞行时，就很难用地标准确定位了。已经过渡到高教机的学员如果仍然按习惯的思维方式全靠地标领航的话，就很难完成高教机的领航任务。再如，在处理低速度大迎角离陆时，如果仍然采用推杆修正的思维方式去操纵就会造成迎角过多地减小，使飞机的升力骤然降低而再次触地。飞行中还有许多例子都可说明思维定势既可能促进问题的解决和飞行技能的发展，也可能成为阻碍技能发展的思维障碍。

（5）飞行动机障碍：在心理学上，动机常被定义为促进和推动个体从事某一活动或趋向某处目标的内在驱力。在此，飞行动机则是指飞行学员从事飞行活动或试图达到某飞行标准的内在动力或心理驱力。它与兴趣、态度、认识等密切相关。随着飞行训练进程的延续，困难和挫折此起彼伏，这是在所难免的。在这种情况下，如果学员的飞行兴趣降低，态度和认识发生改变，飞行动机也会受到影响，从而使飞行训练成绩下降。这种现象便称之为飞行动机障碍。简言之，飞行动机障碍是指：由于从事飞行的心理驱力降低，从而影响飞行技能的形成和发展的现象。这种现象常发生于学员遇上困难，遭受挫折时，如飞行动作未能完成好，突发事件处置不当或教员与学员的人际关系紧张等。

3. 练习中、后期

这期间出现成绩停顿的现象，即所谓"高原现象"。它是指练习曲线保持在一定的水平上，不再上升，甚至有些下降的现象（见图9-7）。

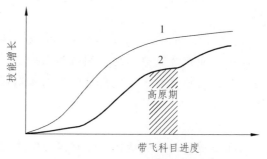

图 9-7　飞行技能提高曲线图

我国明朝学者朱熹曾对学习过程中的"高原现象"有过较好的描述："读书始，未知有疑。其次则渐渐有疑。中则节节是疑。过了一番后，疑渐渐解，以至融会贯通，都无所疑，方始是'学'。"言中"中则节节是疑"便是指学习过程中的"高原现象"。到"过了一番后，疑渐渐解"以至"都无所疑"才算渡过了"高原现象"，达到了新的学习高度。这段话虽然是用来描述理论学习中的"高原现象"的，但同样也适用于飞行技能的学习。在初始训练时，由于学员对飞行活动的认识不足，因而也就提不出什么疑问或问题，通常是简单地模仿飞行教员的动作。随着训练进程的延续和学员对飞行活动认识程度的深入，疑问便接踵而至，待"疑渐渐解"之后才算是融会贯通，技能水平才能跃上一个新的台阶。

概括起来，产生"高原现象"的主要原因是：旧有的技能结构已不适应更高的技能发展需要，而新的技能结构还未形成时。在改变旧有技能结构，即新旧技能的交替阶段，飞行成绩就会处于暂时停滞状态。譬如，学员在初始训练阶段如果没能完全理解教员的讲解内容，只是简单模仿教员的动作而未理解动作要领和实质，"疑"未能解且模仿动作时又掺入了一些不良的习惯动作，在初始阶段这可能不是一个严重的问题，但在训练的中、后期，随着训练要求的提高和技能的发展，上述问题便会暴露出来，成为阻碍技能进一步发展的重要因素。心理学的研究表明：技能的形成是建立正确的动力定型的过程。但不正确的动作经反复的练习和重复后也可能形成不正确的动力定型。动力定型越巩固就越难改变。如果学员在飞行训练初期经反复重复形成了错误的动力定型，在训练的中、后期需要改进原有技能结构时往往较为困难。飞行教员常把这种现象称为"痼癖"。在改变原有技能结构，即克服"痼癖"前，飞行技能就会在某一水平上出现停滞，甚至下降的现象。学员的外部表现是紧张度增大，姿势改变，动作不协调。经过一段时间的有意识改进训练后，不合理的技能结构得到改建，飞行技能又会向更高的水平发展。

## （二）从飞行技能形成的阶段看飞行技能形成和发展的规律

根据飞行技能形成的阶段及其特点：可提炼出以下几条规律：

### 1. 从单个或局部到完整系统

这一规律不但适用于飞行动作技能的形成过程，同时也适用于飞行心智技能的形成过程。对动作技能来说，学员在接受初始训练时，往往是逐个地和分阶段地掌握飞行动作（如开车、滑出、滑行、保持平飞、进入转弯等），经反复练习，学员掌握了各个动作的要领及其相互关系后，才逐渐将各个"动作单元"，即"动作群"综合成完整的动作系统。完成了各个动作之间，甚至各个"动作单元"之间的有机连锁，一旦刺激出现便以相应的动作去应答，且前一个动作成为后续动作的有效刺激。在心智技能的形成上，学员最初所获得的信息也是片面和不完整的（通过注意的选择，由视、听等感觉通道摄取并储存下来）。由此而形成的心理表象也并不十分完整和清晰，飞行职业的思考能力和对有关知识、原理、现象的理解力等并不完善，在经过一定时间的训练后，上述心智技能才会逐渐形成和发展完善起来。各种记忆元素相互发生联系，以"组块"的形式储存和提取，心理表象清晰且完整，思维的敏捷性和灵活性以及全面性、深刻性等品质形成，能充分利用各种思维形式（发散性思维、复合性思维以及操作思维等），迅速准确地指向特定问题目标并使问题得到解决。由此可见，飞行技能的形成是由从单个或局部到完整系统的过程。以下是苏联学者Ⅱ·А科尔切姆内（1986）写给飞行教员的一段话，但它对飞行学员也不无价值："在最初的几次飞行中，各种技能的形成通常都是缓慢的。因此，学员在开始时最好只要轻轻地握住杆即可，因为他还不能独立完成驾驶飞机的动作。当带飞大纲进行到 30% ~ 40%时，平飞驾驶技术就已经足够扎实地巩固了，而相对稳定的飞机着陆驾驶技能则只有当带飞大纲进行到 70% ~ 80% 时才能形成。因此，开始时不应要求学员独立驾驶飞机，要让他更多地注意做必要动作的准确性、及时性和连续性，而不是注意动作的速度。否则，在开始时学员虽然能很好地掌握飞行，但在以后这却会导致不正确动作，出现错误和有害习惯。纠正这些错误和克服有害的习惯要求飞行教员作出很大的努力，甚至可能导致学员因飞行成绩不好而被淘汰。"

### 2. 情绪紧张会随着技能的提高而降低，多余动作逐渐减少

在初始训练时，学员表现出紧张并出现很多多余动作。主要表现为：脉搏增快、面色潮红或苍白、肌肉震颤或僵硬、注意力不能集中、握杆握得很紧、出现多余动作等。随着技能的形成，紧张状态和多余动作就会逐渐减少。图 9-8 描述了示范飞行过程中和检查飞行时，以及高原期阶段学员的脉搏变化情况，可说明学员的情绪变化过程。

在心理学上，该图可解释为：在最初的示范飞行中，由于活动条件和活动性质都是新的，因而脉搏频率比基础指标平均增加 12 ~ 16 次。在以后的飞行中，脉搏频率始终在降低。一旦飞行教员开始要求学员完成所练习过的技能时（检查飞行），学员的脉搏频率又会平均

增加 22～26 次。随着训练飞行的延续，学员的紧张情绪逐渐下降，心情趋于平静，于是脉搏频率不断降低，而训练效果却逐渐提高。在出现"高原期"时，学员的脉搏又重新加快，每分钟增加 15～18 次，这证明学员的内部心理结构在改变。在进一步的训练中，学员的脉搏频率又重新下降到基础指标的水平。

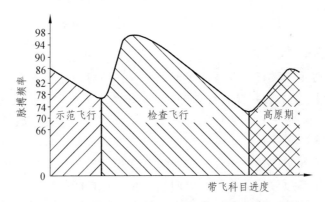

图 9-8　按带飞大纲飞行过程中的脉搏动态变化

3. 在飞行技能形成和发展的过程中，行为控制的方式和方法是一个动态变化的过程

主要表现在以下几个方面：

（1）行为的控制从有意识向相对的无意识转化。在初始训练阶段，内部言语起着重要的调节作用。各种动作都受意识控制，如果意识控制稍有削弱，动作就会停顿或出现错误。随着技能的形成和发展，意识控制逐渐减弱而被自动控制所取代。在熟练期，学员在完成某种飞行技能时，只关心怎样使这种技能服从于当前任务的需要，技能的整个动作系统已经是自动化的了。

（2）利用线索的变化。在初始训练时，学员只能对那些很明显的线索（如飞行教员的提醒）发生反应，不能觉察到自己动作的全部情况，难以发现自己的错误。随着技能的形成和发展，学员能觉察到自己动作的细微差别，能运用细微的线索，使动作日趋完善。技能相当熟练时，学员甚至能根据很少的线索进行动作。这时熟练者头脑中已储存了与特有的一系列线索有关的信息，当某一线索出现之后，便能预测出会产生怎样的局面。因而熟练者只要很少的线索，就能进行一系列反应。

（3）控制行为方法的变化。在初始训练时，学员依靠外部反馈，特别是视觉和听觉反馈来控制自己的行为。譬如，通过观察教员的动作和听教员的讲解来认识动作的基本要求，并利用这些信息来调整自己的动作，一边看着自己的手、脚和杆、舵，一边操纵杆、舵。随着飞行技能的形成和发展，运动控制逐渐开始不再依赖于视、听反馈，而是通过"心理图式"或记忆组块的形式来控制行为。在这里，各种飞行程序的记忆图式、动作顺序和要领的"记忆图式"以及识读、解释和综合各类信息的"心理图式"等有机地联系起来，使注意容量相对扩大，主观感觉已能够轻松自如地完成各种飞行动作。

#### 4. 飞行职业所必需的心理运动能力有一个逐渐形成和发展的过程

心理运动能力是任何操作技能都必须具备的心理品质。它主要包括手-眼之间的协调能力，手-脚之间的协调能力以及脚与脚之间、手与脚之间的协调能力。以篮球运动员的定位投篮为例，如果要准确地将球投入篮筐里，运动员首要的任务便是目测（自己与篮筐之间的距离），然后才是将手、脚的动作与目测的信息进行匹配（协调）。这个简单的动作便包含了眼-手-脚之间的协调一致。就飞行职业而言，心理运动能力所包含的成分就更为复杂。目视着陆时，飞行员不单要目测高度的变化，而且还要不断地操纵杆、舵、控制油门手柄等等。因此飞行职业的心理运动能力应该包括：双眼-双手-双脚之间的同时或继时性协调能力，这也正是驾驶飞机较驾驶其他交通工具难的重要原因之一。学员在初始训练阶段，由于对各动作之间的关系尚缺乏本质的认识，原有的动作经验与操纵飞机的动作不符，可借鉴的动作共同要素不多，因而在操纵飞机时显得不习惯、不协调。即便是有过球类运动经验的学员，也可能如此。其主要原因在于：

（1）动作要求的精细程度不同。多数球类项目都属大肌肉群运动，动作的凶猛往往成为制胜的重要因素，而操纵飞机的动作技能主要强调的是动作的准确性、柔和性以及及时性，多数动作属于小肌群运动，动作的精细性要求很高。

（2）动作的方向、幅度以及结构不同。综观现有的运动项目，几乎找不到类似于飞机操纵动作结构的项目，即找不到双手、双脚、双眼、有时还得双耳之间同时协调并用的体育项目。意味着可借鉴的动作共同要素很少，飞行学员必须重建新的动作结构，经过较长时间的训练才能逐渐形成飞行职业所必需的专业心理运动协调能力。

值得一提的是，即便飞行技能与球类运动技能有着本质的差别，但有过球类运动经验的学员，由于锻炼了相关的心理品质（如反应速度、动作的协调性、情绪自控能力等），在初学飞行时往往较没有球类运动经验的学员掌握飞行技能要快，许多飞行教员和心理学工作者已经注意到了这一点。

#### 5. 完成飞行任务的灵活性逐步提高

在初学飞行时，由于学员的知识和经验所限，动作要领和飞行的程序不熟以及"心理图式"的不完整且各种"心理图式"之间缺乏有机的联系，导致注意容量耗竭，注意分配不当，注意范围狭窄、转移不灵活等，常表现为完成飞行任务的各种动作刻板。以后随着飞行技能的掌握和发展，各动作之间，飞行程序与具体动作之间及各种飞行信息与动作之间便逐步形成了有机的联系，使注意的容量相对扩大，思维灵活性增加，不但表现出能顺利完成常规动作，而且在条件发生变化时也能随机应变，按照当前的具体情况将已形成的动作技能和心理图式加以重新组合以解决新情况下的活动任务，意味着技能的灵活性已经形成。例如，在飞机下滑着陆中，当气象条件发生变化时，有一定经验的学员就能应用过去的经验和已形成的飞行技能，迅速地判断出飞机是在受逆风、顺风或者是受侧风，灵活准确地依照变化着的气象条件，采取多种方式实施操纵。

# 第四节  技能的迁移与干扰

## 一、迁移的概念

迁移具有正与负之分，已经掌握的知识或已经形成的动作技能对学习另一种新知识或新技能具有促进作用，称为正迁移，简称迁移。其中，又可分为垂直迁移和水平迁移。垂直迁移是纵向升高，前一学习是较低层次，后一学习是较高层次。由低到高、由简到繁、逐级促进。如现有的飞行训练的阶段体系便是按垂直迁移的原理制订的[CBT（计算机辅助教学）—模拟练习器—模拟机—初教机—高教机—航线运输机]。它体现了由低到高、由简到繁、逐级促进的垂直渐进迁移过程。而水平迁移则是一种横向扩展，前、后学习都处在同一难度层次，如把飞行原理的有关知识迁移到具体的飞行情境中或把模拟机训练中所获得的特情（如失速、火警等）处置方案和经验迁移到实机飞行中便属水平迁移的范畴。垂直迁移和水平迁移都起着正向迁移的作用，但表现形式不同，水平迁移只在同难度层次向外扩展，学习者掌握原理，就可举一反三，触类旁通；而垂直迁移则是从易到难、由简到繁、由低到高的阶梯式渐进迁移，或由高到低，由一般到个别的演绎式迁移，各类迁移的比较见表 9-2。

表 9-2　各类迁移的比较

| 类别 | | 作用 | 反应 | 条件 | 迁移方式 | 知识性迁移举例 | 技能性迁移举例 |
|---|---|---|---|---|---|---|---|
| 正迁移 | 垂直迁移 | 加强新的学习 | 顺向反应 | 两种学习的内容、过程、原则类似 | ① 由下而上阶梯式的发展；② 由上而下，演绎推理 | ① 由了解飞机为什么能飞，到了解如何操纵飞机更好地飞；② 从原则、公式到各个例证例题 | ① CBT—模拟器—模拟机—初教机—高教机—航线运输机，前一阶段的学习，促进后一阶段的学习；② 会开飞机就会开汽车、摩托车；毛笔字写得好钢笔字也不会差 |
| | 水平迁移 | 加强新的学习 | 顺向反应 | 两种学习内容属同一难易层次 | 举一反三，触类旁通地向外扩展 | 由物理概念的平衡到生理平衡、心理平衡 | 军航运输机飞行员较歼击机飞行员更易完成民用运输机的改装训练 |
| 负迁移 | | 阻碍新的学习 | 逆向反应 | 新旧两种学习的异同未能很好区别 | 多以泛化抑制方式出现，常令学生混乱 | 以前飞苏制机型的性能知识与现在学习的欧美机型的性能知识混淆 | 在新改装或新飞机型上按原有机型的程序操纵飞机 |

184

负迁移是指先前学习的知识或旧有技能对学习新知识或新技能起干扰作用，使后来的学习费时费力，甚至出现搞混、不能分化的现象。如改装机型时原有机型的性能、操纵器、显示器的布局以及操纵方法等有时会成为学习新机型的混淆因素，甚至在机型改装完毕后，原有飞行技能仍有可能成为操纵新机型的干扰因素，这便是所谓的"行为倒转"现象。这种现象的主要表现是：在新飞机型上按原飞机型的操纵程序和操纵方法操纵新飞机型。在新飞机型上按原有的心理定势，寻找原飞机型的座舱仪表或操纵手柄，并按原有的心理图式去综合仪表信息等。它常发生于：① 飞行员注意涣散或锥形集中时；② 突遇特情，情绪极度紧张时；③ 极度疲劳或睡眠不足以及受到酒精和药物的影响时。综合上述 3 方面的情境，可归结为一点，即飞行员的意识控制程度减弱时。

在西方心理学中，"迁移"这个概念含义很广，主要包括 3 方面的内容：① 知识、技能的迁移，如前已述及的一门学科的学习影响对另一门学科的学习，前一种技能的学习影响对后一种技能的学习等；② 态度的迁移，如在日常生活和学习中养成了懒散、粗心或不求甚解的态度也可以迁移到飞行训练中去；③ 学科的学习可对发展能力产生迁移，如领航学的理论学习可对领航能力产生正迁移，飞行原理及操纵性能的理论学习有助于形成操纵技能等。也正因为"迁移"概念包含了教育心理学和训练心理学的精髓，所以"为迁移而教和为迁移而学"的口号已成为教员合理施教和学员高效学习的重要依据。那么，在什么条件下才会产生迁移？又怎样去促进迁移呢？

## 二、知识和技能迁移的条件以及促进迁移的策略

### 1. 新旧两种知识学习的内容是否包含有共同的要素

桑代克和武德沃斯（Thorndike & Woodworth，1901）认为，如果新情境或新学习的知识和技能在某一部分或某些部分上和原有已熟悉的刺激模式相同，那么学习者就可能把他已学会的反应模式从一种情境迁移到另一种情境中去，认为只有当两种学习情境中包含有共同要素时才会有迁移现象发生；迁移出现的程度是由新旧两种知识或技能之间的相似程度所决定的，二者之间呈正比例关系。根据这一原理，学员在飞行训练中便应注意：充分理解和深入认识理论学习阶段各学科知识之间的内在联系，它们的共同要素和非共同要素是什么，辨别出各种训练设备和手段的共同要素、主要区别、如何衔接等。譬如，计算机辅助教学（CBT）与飞行模拟练习器之间，飞行模拟练习器与训练模拟机之间，模拟机与初教机之间以及初教机与高教机、高教机与航线运输机之间的共同要素是什么，存在的主要区别是什么，等等，学员在训练过程中都应不断分析、不断总结以便做到心中有数，这样才有助于迁移并防止干扰。事实上，目前的飞行训练体制和设备、手段的设计已经充分考虑了如何促进迁移的因素（部分任务模拟到全任务模拟），每一阶段所使用的训练设施都包含有前一种设备或阶段的共同要素（如座舱仪表、操纵器等），而前一阶段或设备也包含有后一阶段或后一种设备的共同要素。为了使迁移的效果达到最佳，学员有必要在教员的指导下，离析出各个训练阶段和设备的共同要素以及不同要素。例如，"飞行模拟练习器"是近似飞机的练习设备，但它毕竟不是空中飞行，操纵中感受力的作用与实际飞行时大不相同，这些都是学员在练习过程中应不断分析和总结的。

2. 学员是否对以往的知识和经验进行过系统的概括是影响技能迁移的重要条件

贾德（Judd，1908）认为：只要学习者对已有的经验作了系统的概括，便可以使这种概括化的经验更广泛地应用于那些新情境的特殊场合。奥苏伯尔进一步地解释道：学生的认知结构（即已有的经验图式或知识结构）是否有适当的起固定作用的观念可以利用，这是影响学习迁移的第一个重要变量。这里，原有的认知结构起着先行的"组织者"的作用，用来同化新知识和新技能；新学习任务与同化它的原有观念系统的可辨别程度，是影响迁移的第二个重要变量。如果新的学习任务不能同认知结构中原有的观念清楚地分辨，则易于引起混淆；原有的起固定作用的观念的稳定性和清晰性，是影响迁移的第三个重要变量。如果这种起固定作用的观念不稳定、且模糊不清，它不仅不能为新的学习提供适当的关系和有力的固着点，而且还会引起新旧知识和技能的干扰。而上述 3 个变量又都受学生是否对已有知识、经验进行了分析、比较、概括等心智操作的影响。根据以上原理，学员在学习飞行技能的过程中便应注意：

（1）利用原理向飞行技能的迁移。将理论学习阶段所掌握的知识、经验进行概括，形成适当的起固定作用的观念，以便同化教员的讲解和示范以及其他新知识、新技能。

（2）严密地区分出新学知识和技能与原有知识、经验的异同，如球类运动技能与飞行技能的异同等。

（3）要经常复习已学过的知识和技能，以便保持起固定作用观念的稳定性和清晰性。

3. 学员是否对新旧情境或新旧技能的关系有所领悟是影响迁移的重要条件

格式塔心理学家认为，学习者对情境中关系的领悟是获得迁移的真正原因。这一原理提示我们：要想获得最佳的迁移效果，教员和学员都必须明确自己的最终目标和为达到这一目标所必经的阶段、阶段目标、阶段手段和设备以及它们之间的相互关系，如知识、原理与技能的关系，各动作之间的关系，各种仪表信息与操纵动作的关系，等等。图 9-9 描述了制订飞行训练大纲的过程，读者可依据这一思路来领悟飞行训练各阶段的关系。该图表明：制订训练大纲的过程始于飞行工作的清晰描述和分析，如操纵飞机的动作、资源管理能力（硬件、软件、环境及人的资源）、动机因素等；在此基础上确定训练

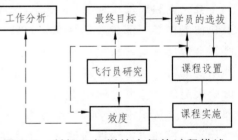

图 9-9　制订飞行训练大纲的过程描述

的最终目标，然后根据训练目标确定飞行学员的选拔标准（文化、心理、身体标准）。接下来便是确定训练的课程或科目，包括训练方法和设备的选择等。最后是课程或科目的实施，以及实施效果的检测。对于学员来说，应该充分理解各课程/科目之间的关系以及各课程/科目与训练最终目标以及飞行工作的关系，即明确自己正在训练什么、训练的内容与最终目标的关系等等。按格式塔心理学的观点来说，学习便是一个"完形"的过程。

## 三、造成负迁移的因素

为使学员在学习中能较好地避免原有知识和经验的干扰，现将我国学者李镜流先生总

结的造成负迁移的因素介绍如下：

（1）不理解，一知半解或不求甚解。

（2）不分化，对雷同的知识不能区别。

（3）不熟练，不能熟记，或经久不用而生疏。

（4）没有系统，知识杂乱无章。

（5）功能固定，呆读死记，不能灵活运用。

（6）习惯心向或心理定势，眼前的办法行得通以为长远也行得通，此一时的情况以为彼一时亦如此，等等。

## 第五节　影响飞行技能形成的因素及
## 促进飞行技能形成的方法

除本章第三节所讨论的学员原认知结构和动作技能会对飞行技能的形成具有积极或消极的影响外，以下因素亦会影响飞行技能的形成和发展。

### 一、动机、态度、自信心和情绪状态

在心理学上，动机、态度、自信心以及情绪状态是几个互有关联而又相互区别的概念，它们同属影响个体发展或获取知识、技能的非智力因素。

#### （一）飞行学习的动机

前已述及，动机是促使人类趋向某个目标的内部驱力。而飞行学习的动机则是指促使学员完成各个飞行训练科目，最终掌握飞行技能，获得相应的飞行驾驶执照的内部心理驱力。不同的飞行动机强度对飞行技能的学习具有不同的影响。一般而言，飞行学习动机低下往往使学生缺乏学习飞行的心理驱力，在学习过程中感到无趣，但如果飞行学习动机过高则往往会感到压力过大，而这一压力是自己施加给自己的。其结果是产生紧张、自责、失望、挫折感等等，进而引起动作失常、思维混乱和注意力不能集中等。显然，上述两种动机水平对于学习飞行都是极为不利的。在上述两种不良的飞行动机中，动机水平过高在飞行学员中最为常见，主要原因是由于学员缺乏对飞行技能形成规律的充分认识，往往把自己的阶段学习目标定得过高或根本没有阶段学习目标。在这种情况下，学员往往急于想达到飞行训练考核标准，却没有近期的学习目标。在感觉到自己进步太慢时就会出现急躁、自责、自卑、焦虑、紧张等情绪状态。譬如，在实机训练初期，即使是已经过了较充分的地面练习和训练，也需有一个重新适应的过程，但如果学员的飞行学习动机过高，急于想掌握飞行技能时，他便会把这种适应过程进行不恰当的归因，要么认为教员教学无方、要么便自责自己无能，越是着急便越是进步缓慢，即造成所谓的"欲速则不达"的局面。克服这种局限的方法是：① 在熟悉飞行训练考核标准和飞行训练计划的前提下，拟定适合于

自己的近期目标和详细的学习进展计划，并与自己的教员讨论；② 要善于自我强化，即要不断发现自己的进步，明确地知道自己已完成了什么，达到了什么样的水平，处于哪一种状态和哪一个阶段；③ 合理地归因，即在挫折和失败面前，应对引起失败或进步缓慢的因素进行多角度的分析后作出客观的归因。"切忌非此即彼、非我即教员"的归因方式，把失败完全归因于自己的无能或完全归因于教员或其他因素，前者易使学员产生过分自责、自卑，引起焦虑、紧张等情绪；后者则易使自己产生逆反心理和不恰当的攻击性，影响师生之间的人际关系。以上3条措施的最终目的是使自己的飞行学习的动机水平调整在适宜的中等强度范围内。

### （二）飞行学习的态度

态度原属社会心理学的基本概念，是一个人的认识、情绪或情感以及行为倾向性的综合体。不同的飞行学习态度对飞行技能的形成和发展具有不同的影响。概括起来不良的飞行学习态度主要有：

#### 1. 浅尝辄止、不求甚解的态度

这种学员在听教员讲解和观察教员的示范时处于较为被动的地位，不愿或很少向教员提出问题，也不愿与教员讨论，在自己练习遇到问题时也得过且过，不愿深究原因及改进的途径。产生这种态度的原因有：

（1）日常的生活态度或以往的学习态度迁移到了飞行训练中。前已述及，"迁移"是一个较为宽泛的概念，其中也包括态度的迁移。如果学员在日常生活中或在以往的学习中形成了浅尝辄止、不求甚解的态度，而在飞行训练中又没能有意识地加以改变的话，就有可能迁移到飞行训练中，并在飞行训练中以行为的方式表现出来。

（2）对飞行职业和飞行技能的实质认识不足。有的学员认为："飞行技术就是手工活儿……"也有的学员认为："现代航线运输机多么先进，只要在飞行前输入正确的数据，自动驾驶仪便可以完成由起飞到落地的全部工作，反正毕业之后都要改装机型，因此只要能顺利过关便万事大吉……"上述两种看法都隐含着"没必要深究"的态度。

（3）防御心理严重。这种学员过分担心自己的自尊心会受到损害，似乎是自己问得越多，自己的缺陷和弱点便暴露得越多，教员一旦形成了不良印象自己便难以过关，于是得过且过，不敢深究。针对以上3种原因，我们提出以下的矫正措施：

① 在日常生活和学习中便应严格要求自己，养成不懂就问，"知其然还得知其所以然"的良好习惯，如果经反省发现自己已经有上述不良习惯时，便应有意识地加以改正。值得一提的是：态度不同于个性，它是后天经学习而形成的。意味着态度具有很强的可塑性，只要自己主观上努力，不良态度是能够得到改善和矫正的。应该充分地认识到飞行不同于其他任何职业，不求甚解的态度事实上已经种下了被淘汰，甚至引起飞行事故的隐患因素。

② 对飞行技能的实质应该有深刻的认识。前已述及，飞行技能是由飞行心智技能与飞行动作技能组成的复杂技能，绝不是一种简单劳动。不管飞行器多么先进，飞行员都始终是飞行活动的主体，基本驾驶术和资源管理的能力乃是保障飞行安全的首要因素。具有第二种想法的学员应仔细思考以下几个问题：第一，为什么各航空公司不将从零开始的飞行

学员直接在大型客机上进行训练，而必须或不得不送到飞行学院接受训练？第二，为什么在航线飞行多年的飞行员甚至机长，在接受复训时还必须经过基本驾驶术的熟练性检查？第三，座舱设备的自动化是否已经十全十美，可靠性达到了100%吗？

③ 相信教员，加强与教员之间的沟通，应该相信教员能够客观地看待问题，看待你的提问。同时，加强与教员之间的沟通，有助于教员与学员之间的相互理解和谅解，从而激发你敢于提问、弄清问题的勇气。

### 2. 冲动性态度

主要表现为草率决定、粗心和轻浮，经常耍小聪明，但给人的感觉是比较灵活。产生这种态度的原因主要有：

（1）性格因素。在心理学上，有人曾根据人类的反应与思虑成分的差异而将个性划分为反应型和思虑型。前者倾向于反应的速度，有一个刺激出现便立即给出一个反应，但思考的成分较弱，易于草率和轻浮，思虑问题的中间环节往往被忽略。而后者则表现为踏实、认真、审慎，凡事都要想个明白，倾向于思虑，但反应速度较慢，表现为刻板，不太灵活。当然，上述仅是反应与思虑的两个极端。大多数人介于两者之间，或倾向于某一个端点，作为飞行人员/学员来说，则应该具备反应快而且准确的品质，必须仔细思考问题后才能作出快速反应，对于学员来说尤其应注意准确，反应应建立在思索的基础上。初始训练时反应缓慢是一种正常现象（不熟练），建立在冲动性态度上的反应速度快反而是不正常的。

（2）防御心理和情绪紧张。有的学员担心动作缓慢会给教员带来不良印象，担心被停飞，于是便有可能自欺欺人地盲目追求快速反应，反而造成动作、反应时机不当的后果。这种现象多次出现后学员更担心教员的看法，自己的心理压力会不断加重，冲动性行为亦会越演越烈。

（3）原有冲动性态度的迁移。如果学员在以往的生活和学习中已经形成了好冲动、草率、粗心的习惯，也有可能不自觉地被迁移到飞行训练中。

### 3. 冒险倾向性态度

这种态度一般发生于学员已基本适应空中飞行，并对飞行技能有一定程度的掌握时，具体地说，多发生于初教机飞行13 h以后。他们自认为自己已基本掌握了飞行技能，按捺不住跃跃欲试的心态，什么都想去试试。拿一些飞完初教机学员的话来说："13 小时以后，我们那时的胆子可真大，什么都敢去动，什么情况都敢飞，但越到后来胆子就没这么大了。现在想来简直感到后怕。"这说明造成学员冒险倾向性态度的原因主要在于：

（1）对飞行活动的认识不足和对自己的不正确估计。

（2）停飞压力减轻。一般来说，13 个小时左右是淘汰不合格学员的一个重要关口。这个关口一过，学员顿觉松了一口气，跃跃欲试及与此关联的冒险倾向态度便显现出来。

（3）性格因素。冒险倾向在不同的个体间具有不同的强度，以往形成的冒险态度也有可能迁移到飞行训练之中。矫正这种态度的措施是：① 应充分认识到冒险态度与飞行安全的关系；② 应保持严谨认真的行为习惯，注意克服原有的态度倾向。

### 4. 反权威态度

反权威态度常出现于教员与学员之间人际关系紧张，学员产生逆反心理时。主要表现为直接或间接地抵制教员的指导，甚至反其道而行之。常对自己说："你有什么了不起，不外乎就比我多飞了几年，我毕业后比你有出息……"这样的态度对于学习飞行技能极为不利，甚至影响飞行安全。譬如，在一次飞行训练中，某学员操纵不当被教员进行了严厉批评，由于学员已对教员产生了逆反心理，心里不痛快，有意又重复已发生过的不正确的操纵动作，教员再一次严厉地批评了他，此时的学员已经失去了理智，不断地粗猛推、拉操纵杆，幸而教员冷静下来，令其停止操纵，亲自驾机安全着陆。作为学员应该充分地认识到这种态度的危害性。其矫正方法有：① 搞好与教员之间的人际关系，应充分理解教员的所作所为，理解其教育与传授技能的真实意图；② 应该认识到学员的职责和任务就是接受教育和学习技能，不愿接受教育和由逆反心理带来的反权威态度不但会影响自己掌握飞行技能的进程，同时还会迁移到以后的飞行生涯中，危及飞行安全。

### （三）自信心

在心理学上，它常被定义为个体在长期生活中形成的对自己能力的信任程度。自信心不足在学员中是一种较为常见的、影响飞行技能形成的因素之一，亦是引起紧张情绪的重要因素。主要原因有：

（1）对飞行的有关知识掌握不够，从而使学员在学习飞行时显得心中无数。

（2）个性因素。不恰当的自我评价和自我认识有时易使学员过低地看待自己的能力，显得自卑和信心不足。

（3）挫折。在心理学上，挫折被定义为目的/目标未能达到所引起的情绪状态。如果学员在以往的生活和学习中经常遭受挫折，则会影响他的自信心，并有可能固着在他的个性中，在飞行训练中表现出来。其矫正措施是：① 认真学习、力求掌握飞行的相关知识，做到心中有数；② 正确评价自己和正确看待挫折。应看到自己的优势，少想挫折的负面效应，而应从挫折中吸取教训，并把挫折变成激发上进的动力。

### （四）情绪状态

伊扎德等人认为，情绪对于人类的认知活动具有组织或瓦解作用。良好的情绪状态，如愉快的心境是促进学员高质量快速掌握飞行技能的背景因素。不良的负性情绪如发怒、紧张、焦虑等则会阻碍飞行技能的形成。这一理论不但在实验研究中得到了证实，而且在日常生活和学习以及飞行训练实践中也反复得到了验证。情绪紧张，在学员的飞行训练中是一种常见的普遍现象。技术停飞的学员中，在很大程度上也与情绪紧张有关，引起学员情绪紧张的因素异常复杂，与飞行动机、飞行态度以及自信心等都互有关联。

## 二、智能因素

### （一）注意品质

注意品质包括注意的广度、注意的稳定性、注意的分配以及注意的转移。

**1. 注意的广度**

注意的广度指同一时间内个体能观察到的对象的数量。它与个体对任务的熟悉程度等因素有关。飞行学员的注意广度则是指同一时间内能够观察到的座舱仪表以及外景特征的数量。很显然，学员的注意广度品质越好，便越有益于对飞行相关信息的收集，技能的形成和发展速度也就越快。在最初的飞行训练中，学员的注意范围狭窄或固着在某一仪表或几个仪表上的现象比较常见，其原因一是对座舱仪表不熟，二是紧张情绪所造成。

**2. 注意的稳定性**

注意的稳定性主要表现为学员摒弃内（如情绪紧张等）、外（如噪声等）无关刺激的能力，即所谓的抗干扰能力。在飞行技能形成初期，学员的注意力不稳定，易受内、外无关刺激干扰的现象是客观存在的，如不能迅速克服便会影响飞行技能的掌握。

**3. 注意的分配**

注意的分配指飞行学员能在同一时间内将自己的注意力合理地分配到不同的对象上，如一边观察仪表，一边操纵杆、舵等。心理学的研究表明，注意的分配是有条件的，即在同时性任务中，只能有少数是陌生的，其他任务都应非常熟悉，否则注意的分配便不可能。也正因为这一原因，学员在接受初始训练时，由于座舱资源及相应的操纵任务都不十分熟悉，从而导致注意分配困难，有的学员注意了仪表，便忘了操纵；注意了操纵又忘了仪表。注意分配品质差往往是导致学员飞行技能不能提高甚至停飞的主要原因。

**4. 注意的转移**

注意的转移指学员根据任务的需要而将注意力从一个对象主动转移到另一对象上的心理品质。飞行活动的一个重要特征是需要飞行员不断地交叉检查和扫视飞行仪表或外景目视信息，这便对注意的转移品质提出了很高的要求。在学习飞行之初，学员的这种品质尚未形成，往往成为阻碍飞行技能掌握的重要因素。

为达到促进学员掌握飞行技能的目的，Π·Α科尔切姆内等人（1986）提出了"飞行各阶段学员注意转移顺序"，现择其要点摘录如下："学员初级训练时，注意转移的原则就在于检查仪表，此时要从航空地平仪开始到被检查的仪表，然后再回到航空地平仪，即：航空地平仪—升降速度表—航空地平仪；航空地平仪—速度—航空地平仪；航空地平仪—航向（自动无线电罗盘）—航空地平仪；航空地平仪—高度—航空地平仪；航空地平仪—转弯侧滑指示器—航空地平仪等。在掌握驾驶技术的中期，学员必须学会按仪表群分配和转移注意的技能，即：自左由航空地平仪（航空地平仪—速度—高度表—转弯侧滑指示器），尔后再自右由航空地平仪（航空地平仪—航向—升降速度表），即好像是按 8 字形（1—2—3—4—5—6—7，见图 9-10）进行仪表的检查。这种方法有助于形成稳定而灵活的仪表驾驶技能，并逐渐养成扫视仪表的良好习惯。

**图 9-10　注意分配与转移示意图**

（二）观察能力、记忆能力以及表象能力

　　观察能力是指学员迅速而准确地知觉到教员示范动作的能力,主要表现为知觉的广度、速度、准确性等品质。敏锐的观察力是获取有关信息的基础。而记忆能力则是学员将观察到的、收集到的信息进行编码、储存,在需要时进行提取的能力。人类在加工信息的过程中往往存在着两种基本形式,即语义加工和表象加工。前者以概念的、抽象的形式进行,而后者则是以具体的、形象的形式进行。两者之间可以相互转换,即人类在储存信息时可将抽象概念转化为形象的形式予以储存,在提取信息时亦可将储存的抽象概念转化为具体形象在头脑中再现出来。因此,表象便是指在头脑中出现的形象。衡量表象质量的两个基本指标是完整性和清晰性。在飞行训练过程中,学员通过观察将教员的示范信息输入大脑,通过记忆而储存起来,在需要时又以表象的形式再现出来。因此,观察、记忆、表象能力是 3 个相互关联的过程。每一种能力的缺乏都会影响飞行技能掌握的进程。为达到快速高质的掌握飞行技能,现提出以下建议:

　　（1）在观察教员示范和听讲解时,必须集中注意力,不但要观察动作的全貌和轮廓,而且还应留意动作技能的细节和要领、程序。

　　（2）记忆时要讲究策略和技巧,应及时复述和回忆已学过的内容,对一些抽象概念应尽可能转化为形象信息进行记忆。这在记忆术中常被称之为视觉心象法。可能情况下可采用口诀法和主题句法进行记忆。

　　（3）以表象的形式经常进行预想和回忆,以便保持表象的清晰性和完整性。

（三）思维能力和元认知能力

1. 思维是人脑对客观事物间接和概括的反映

　　思维借助于分析与综合、抽象与概括、比较与判断以及推理等心智操作体现着人类由表及里、由此及彼、由现象到本质的认识过程。飞行训练中思维的作用,在于形成动作概念,检查和分析、评定动作以及纠正不正确的动作结构、预测动作的结果和飞行活动的动态发展等等。学员要想迅速、准确地形成飞行技能,不但应具有较好的逻辑思维能力,而且还必须具备较好的操作思维、形象思维、聚合性思维和发散性思维的能力。其中,逻辑思维能力使学员能够明了各种飞行信息的相互关系,操作思维则是反映操纵动作与操作对象之间的关系及其规律的思维。这种思维对于改进技术动作、预测操纵结果具有重要作用。飞行活动是在三维空间内进行的，大量的信息都属于形象性的，因而形象思维能力在飞行学员的飞行技能形成中具有特殊的作用。关于聚合式思维和发散式思维是心理学家根据人类思维探索问题答案的方向而划分的两种思维方式。在飞行学习中，前者是指学员根据各种信息得出一个解决问题的最佳方案的过程（如根据各种仪表信息判断出当前的飞行状况并制订出行动方案的过程）；后者则是指由一个问题或现象诱发的、沿各种不同的方向去思考的过程。例如，当学员分析发动机失效的原因时可能会产生许多联想，作出种种假设，这便是发散式思维；通过思考或与教员、同学讨论，逐步放弃不合理的假设，最后找到唯一正确的原因和行动方案，这又是聚合式思维。可见，这两种思维方式是紧密联系的，是飞行学员在飞行技能形成过程中必不可少的两种思维方式。

综上所述，学员的思维能力是影响飞行技能形成的重要因素。任何一种思维能力的缺乏都会阻碍飞行技能的形成。目前，在美国的一些大学里，已流行着一种所谓的急骤思维联想法，意在训练大学生的思维能力。我们认为，它的基本原理对训练飞行学员的专业思维能力亦大有裨益。其设计基本思想是：① 创设一种情境或问题，要求学生在规定的时间内说出尽可能多的原因或解决的方案，以便训练学生的发散式思维；② 创设出多种原因或解决方案要求学生在规定的时间内找到唯一的解决问题的最佳方案，以便训练学生的聚合式思维。在飞行训练中，学员可根据这一原理，与教员或同学一起制订相应的急骤思维联想法，对自己的思维能力进行自我训练。

2. 元认知能力是近年来在教育心理学领域里提出的一个重要的新概念

元认知能力主要是指学习者对自己学习过程中认识的认知，简要地说便是认知的认知。此时，学习者似乎设立了另外一个自我，对自己的认知过程（如注意、记忆、思维、知觉等）实施监控。一旦自己的认知过程出现了偏差或不合理，元认知便提醒学习者注意，矫正不合理的认知过程。研究表明：元认知能力与学习者的学习效率呈正相关关系。新手与专家的差异之一便是元认知能力的高低。元认知能力强者能够及时发现自己出现的差错，不但能够回忆起已学习过的技能的细节，同时还能回忆出自己学习过程中的心理发展过程。经常不断地反省自己和剖析自己的心理过程有助于发展元认知能力。

## 三、改善飞行学习能力的经验方法

在前两个主题中我们已对影响飞行技能形成的非智力因素和智力因素进行了讨论，并提出了相应的应对措施。以下介绍的是改善飞行学习能力的一些常用经验方法：

### 1. 飞行学习笔记

飞行学习笔记是促进飞行技能学习的最简单、实用的技术。它可帮助学员随时查找可用的信息，便于复习和增强记忆。一般而言，飞行学习笔记可在飞行教员针对某个主题讲解完毕之后完成，在做笔记的过程中如有不明白的问题，可标注在相应的位置并及时向教员请教，弄清问题后亦应标注在相应的问题旁边。将信息组织成笔记的形式，有助于学员理解和回忆有关内容。

2. 概念图的制作

不同的人对文字和图形具有不同的喜好。喜欢图形表示法的学员可用概念图来总结所学内容。图 9-11 是计算起飞跑道需要量的概念图。该图的核心是起飞距离，围绕其周围的是影响起飞距离的因素，其中包含着加长起飞距离和缩短起飞距离的两方面因素。例如，影响起飞距离的因素之一是跑道质量，代表跑道质量的圆圈与起飞距离圆圈相连，且箭头向下，意味着跑道质量好时可缩短起飞距离。当学员完成了概念图的制作，便意味着他已基本掌握了有关主题的相关知识及其相互关系，并能以框架的形式储存在头脑里，不但有利于记忆，同时亦有利于提取和运用。

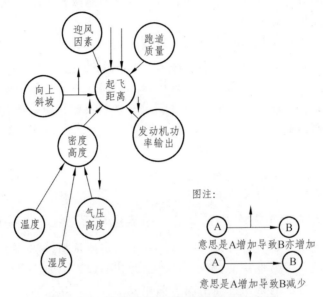

图 9-11　计算起飞跑道需要量的概念图

3. 飞行前的心理准备和飞行后的表象回忆

这两个方面是保障学员顺利掌握飞行技能的重要前提。良好的飞行前心理准备应该包括：① 高质量地完成常规性的飞行前准备；② 对即将到来的飞行进行飞行前的预想。预想的内容应该包括：飞行程序、操纵动作、注意分配的策略、可能发生的情况及预防、解决方案等等；③ 对自己的情绪、飞行动机和自信心进行适当的调整等。此外，想象训练法对于飞行学员具有特殊的意义。具体的做法便是有意识地利用头脑中已经形成的动作表象进行回顾、重复、修改、发展自己的动作技能。其要点是：首先使自己处于放松状态，然后生动逼真地在头脑中复演有关的飞行动作、座舱仪表以及当时的所思所想甚至当时的情绪状态，不断找出存在的问题，在头脑中提出解决问题的方案并加入到原有的表象回忆中去。具体实施时，既可进行整体练习，也可进行部分练习。所谓整体练习，就是对所要做的动作，从开始做到动作结束，连续想几遍。所谓部分练习，就是每次只想象已经做过的或所要做的动作的某一细节或几个动作。这种训练不但适用于飞行训练后的回忆总结，同时也适用于飞行训练前的预想。但每次的练习时间不宜过长，否则心理能量就会消耗过多，如在夜间练习时间过长反而会影响睡眠质量，不利于第二天的飞行。

1. 学习理论主要有哪些？它们的观点存在哪些差异？
2. 什么是动作技能和心智技能？简述它们的区别与联系，并说明飞行技能的属性。
3. 简述飞行技能的组成要素。
4. 简述飞行技能形成的特征。
5. 简述飞行技能形成的阶段及特点。
6. 简述飞行技能形成的规律。
7. 什么是技能的迁移与干扰？如何运用迁移的原理指导自己的飞行训练？
8. 简述影响飞行技能形成的因素及促进飞行技能形成的方法。

# 第十章　人格、态度与行为

观察各种各样的人格特征是我们在与他人交往时最有趣的事情之一。有的人总是愉快而友善，有的人总是冷漠而消沉，有的人却是好斗和怀有敌意。就飞行员群体而言，飞行员的人格特质将影响他与其他机组成员的交往方式，飞行员的需要和动机将影响飞行员的行为，进而影响飞行绩效。因此，掌握一个人的人格特质、需要和动机，可以对其行为进行预测和改变。本章将通过以下几个主题来对人格的有关问题进行讨论：人格、态度和行为；个体行为的影响因素；人格的五因素模型；理想飞行员的人格特质；飞行人员的需要和动机；飞行员的自我概念和自律。在中国民航局新近颁布的执照考试大纲和知识点中要求重点掌握的内容有：人格、态度与行为的含义与联系、个体行为的影响因素、性格和态度形成的影响因素，需要、动机与机组协作之间的关系，以及自我概念和自律。

## 第一节　人格、态度与行为

### 一、人格、态度与行为的含义与联系

人格（Personality）一词来源于拉丁语 Persona，原指演员在舞台上所戴的假面具，类似于中国京剧中的脸谱，后引申为一个人在生命舞台上所扮演的角色。心理学上的人格内涵极其丰富，但基本包括两方面的意义：一是个体在人生舞台上所表现出的种种言行，这就是我们可以观察到的外显行为和人格品质；二是内隐的人格成分，即面具后面的真实自我，是人格的内在特征。人格标志一个人具有的独特性，并反映人的自然性与社会性的交织。它是个体在适应环境的过程中所表现出来的系统的、独特的反应方式，由个体在其遗传、环境、成熟、学习等因素交互作用下形成，并具有很大的稳定性。

态度（Attitudes）是个体对某一特定事物、观念或他人的相对稳定的，由认知、情感和行为倾向3个成分组成的心理倾向。简单地说，态度就是指个体对某一对象所持有的评价和行为倾向。如不同飞行员对飞行安全规章持有不同的态度，有的飞行员认为飞行规章是前人经过大量探索和实践总结提炼出来的宝贵财富，遵守规章和由规章衍生出来的标准、程序，是飞行员必须遵循的基本准则；而有些具有明显反权威态度的飞行员，可能因为讨厌听从别人的指挥，从而藐视各种规则、条例或程序，对规章视而不见，对别人的警告充耳不闻。有的飞行员存在侥幸心理态度，对安全规章进行拆分，凡是对自己有利的就选择放大，凡是对自己不利的就进行弱化。比如起飞油量问题，签派员已经按照天气、飞机业

载等影响得出了科学的数据。按理说应该严格执行才对，但这些存在侥幸心理态度的飞行员可能为了节油，擅自减少油量。

从态度的构成看，态度主要包括3种成分，即认知成分、情感成分和行为倾向成分。认知成分是指个体对态度对象的认识、理解与评价，即我们通常所说的印象，它是态度形成的基础。例如，你希望到一家航空公司工作，可能是基于你对那家公司的一些了解：工作环境很好、老板比较民主、工资比较高等。情感成分是指对态度对象所做出的情感判断，例如喜欢、厌恶、爱、憎等。它带有感情色彩和情绪特征，是态度的核心，并和人们的行为紧密相连。行为倾向成分是指个体对态度对象的反应倾向，即行为的准备状态。例如，一名高中学生对飞行职业的态度包括以下3个方面：首先，他对飞行职业有自己的看法：认为飞行职业能实现自己的理想、抱负，或者认为飞行员的工作待遇好。第二，他对飞行职业有一定的情绪反应，可能觉得飞行职业很吸引人，自己也想成为一名飞行员，也可能觉得开飞机很危险；第三，考虑自己要不要学飞行，而这一"态度的行为倾向"成分可能反映出此人用实际行动在支持或反对学飞行。一般来说态度的3种成分之间是协调一致的。但在它们出现不一致时，情感成分往往占主导地位，决定态度的基本取向与行为倾向。

行为是指人的一切有目的的活动，是由一系列简单动作构成的，在日常生活中所表现出来的一切动作的统称。飞行员的行为不仅受以往经验和期望的影响，而且受到驾驶舱里友好、轻松的氛围和驾驶舱其他成员态度的影响。心理学家把行为分为两类：关系导向行为方式和任务导向行为方式。关系导向行为方式的飞行员在进行决策时首先考虑的是别人的感受，他们认为只要机组成员感到愉快、满足和被接纳，那么他们就会产生相互协作的需要，就能保持高效的飞行绩效。而任务导向行为方式的飞行员在决策过程中首先考虑自己认为是恰当和合理的观点，而对其他机组成员的思想、态度或感情等关心很少。

人的行为是个体与环境相互作用的结果。态度和行为关系密切，态度在一定程度上影响甚至决定行为，态度也通过行为得以体现。如同样选择了飞行专业，有的人可能是出于热爱飞行事业，有的人可能迫于父母的压力，也有的人可能是因为飞行工作的收入较高，不同的态度会使他们在学习飞行的时候表现出不同的行为。态度和行为可能存在不一致。一般情况下人们总是寻求态度和行为之间的一致性。个体的人格特质难以改变，但可以通过对人格的影响进而改变个体态度，从而达到影响其行为的目的。

## 二、性格和态度的形成

性格是十分复杂的心理结构，它的任何特征都不是一朝一夕形成的，也不只是受一种因素影响而形成的。影响性格形成的因素很多，诸如遗传因素、家庭因素、学校因素、社会因素等。神经系统的某些遗传特性可能会影响到某些性格的形成，加速或延缓某些行为方式的产生和发展。家庭是性格最初形成的重要环境。在个体性格形成的关键期——儿童期和青年早期，家庭生活的时间约占个体全部生活时间的 2/3。个体首先受家庭的影响，随时向家庭中的成人特别是向父母学习生活经验、价值观念、行为方式。心理学研究表明，父母的文化程度、教养方式、生活习惯等会直接影响子女不同性格特征的形成。俗话说：

"有其父必有其子"，这话不无道理，父母按照自己的意愿和方式教育孩子，使他们逐渐形成了某些性格特征。学校教育是一个系统的对个体施加影响的过程。学校通过有目的、有计划、有组织的教学活动，把文化知识、社会典范、道德准则、价值观念等传授给学生，对未来的社会成员施加规范的影响。个体一出生，便受到社会文化的熏陶与影响。社会文化塑造了社会成员的性格特征，使其成员的性格结构朝着相似的方向发展，而这种相似性又具有维系一个社会稳定的功能。这种共同的性格特征又使得个人正好稳稳地"嵌入"整个文化形态中。一般认为，性格是以遗传为基础，在后天环境和教育的影响下形成的。

态度是后天习得的，是个体在家庭、学校和社会生活中，通过与环境的交互作用而逐渐形成的。对于个体最初态度的形成，家庭及父母的影响是重要的。父母的教养方式对于个体态度的形成及其今后态度的变化和发展具有决定性的作用。随着年龄的增长，同辈群逐渐成为首要的参考群体。个体开始经常把自身所持有的态度观点与同伴们的态度、观点作比较，并以同伴们的态度、观点为依据来调整自己原有的态度，使自己与同伴们保持一致。个体从出生开始就生活在一定的社会环境之中，并受到社会环境的影响。这种影响主要是通过社会规范、准则的要求和约束，各种思想观念的宣传和教育，风俗习惯的潜移默化和文化的熏陶等方式进行的。

## 三、个体行为的影响因素

任何事物的运动都有其内部原因和外部原因，个体的行为也不例外。个体行为的影响因素可以分为外在因素和内在因素。外在因素主要是指客观存在的社会环境和自然环境的影响，内在因素主要是指人的各种心理因素和生理因素的影响，心理因素主要是指个体的认知、情感、意志过程特点、注意品质，以及能力、气质、性格、需要、动机、理想、信念和价值观等个性心理特点。

### （一）外在因素

#### 1. 薪资的影响

薪资报酬可以满足个体的基本物质需求；从"经济人"的角度来看，多数人干工作需要满足基本的生理需要和安全需要，因此，金钱和地位能够鼓励他们努力工作。

#### 2. 工作环境的影响

工作环境包括从上班地点远近、停车场的大小到办公楼、办公室或驾驶舱的设计等一切物质环境状况。其中照明、噪声、色彩、音乐、温度和湿度等具体环境因素对个体满意度与工作效率尤为关键。提升飞行员的"用户体验"，是民用客机驾驶舱设计所必须考虑到的重要问题之一。

#### 3. 人际关系的影响

在工作群体中，人与人之间的相互理解、信任、关心、友爱会造成良好、融洽的社会心理气氛，使人产生开朗、乐观的情绪，激发工作热情；反之则容易使人压抑、孤独、苦闷，从而对工作、生活、人生形成逃避，甚至对抗等消极态度。

### 4. 团队的影响

飞行员是否易于相处，有什么样的行为特点和习惯，直接影响到了其他机组成员的态度和行为。驾驶舱中，机组协作是完成飞行任务的关键要素，同伴压力、从众行为和驾驶舱氛围等，都可能对飞行员的操作产生影响。

### 5. 组织文化的影响

组织文化是组织中形成的文化观念、历史传统、共同价值观念、道德规范、行为准则等组织的意识形态。这些文化规定着哪些行为是可以接受的，哪些行为是不可以接受的。如国内某些航空公司的"节油奖"与机长的收入直接挂钩，导致机长上演"空中抢路"事件：7 min 内，6 次拒绝塔台命令，忽视"最高级别"（MAYDAY）求助、谎称油量告急、拒不给"危机"让路；而其他航空公司的飞行员听到"MAYDAY"求助后纷纷给"危机"让路……这些就是不同的组织文化对个体行为的影响。

## （二）内在因素

人在知觉外在事物的过程中有明显的情感因素与个体经验参与其中，这就会使人产生错误的知觉或偏见。

情绪为每个人所固有，当情绪处于适度兴奋状态时，人的思维与动作较快；当情绪处于消极状态时，思维与动作显得迟缓。

个体意志力往往与自觉确定行动目标，与克服困难、战胜挫折相联系，对行为起激励或克制作用。

其余包括动机、需要、理想、信念、价值观等心理成分都对个体行为产生影响。一名飞行员希望得到团队承认，并在团队中享有一定的地位，这种内部动力会成为推动他处理各种人际关系的动机。

# 四、人格差异

### 1. 人格模型

人格存在个体差异，可用于了解和预测个体的行为。关于人格有众多理论研究，如弗洛伊德的人格理论、卡特尔的人格特质理论（16PF）、艾森克的人格理论等。但以往学者提出的人格理论，彼此之间包含的因素数量和因素性质都有很大的不同，一致性很小，没有取得共识。20 世纪 80 年代以来，人格研究者们在人格描述模式上达成了比较一致的共识，提出了人格五因素模型。五因素模型又被称为"大五模型"（big five），是一种确定 5 个最基本的人格维度的系统（见表 10-1）。

五因素模型中，因素 1 是外向性（Extraversion），用于评估一个人是内向还是外向。外向者喜欢聚会，表现为他们经常参加社交活动，能够使枯燥的聚会具有活力，喜欢交谈。外向者对其所处的社会环境的影响大，通常处于领导地位，而内向者更像是局外人。但是外向性也存在不利的方面，例如外向者喜欢开快车，驾车时喜欢听音乐。因此，与内向者相比，他们更容易出现事故。需要注意的是，充满激情、乐观和愉快的外向性特质的人不一定在焦虑或抑郁维度上得分低。焦虑和抑郁与神经质相关。

表 10-1　五因素模型

| 高分者的人格特质 | 维度 | 低分者的人格特质 |
|---|---|---|
| 好社交、活跃、健谈、乐群、乐观、好玩乐、重感情 | 外向性（Extraversion）<br>评鉴顺应与情绪不稳定，识别那些容易有心理烦恼、不现实的想法、过分的奢望式要求以及不良反应的个体 | 谨慎、冷淡、无精打采、冷静、乐于做事、退让、寡言 |
| 心肠软、脾气好、信任人、助人、宽宏大量、轻信、直率 | 随和性（Agreeableness）<br>评鉴人际间互动的数量和强度、活动水平、刺激需求程度和快乐的容量 | 愤世嫉俗、粗鲁、多疑、不合作、报复心重、残忍、易怒、好操纵人 |
| 有条理、可靠、勤奋、自律、准时、细心、整洁、有抱负、有毅力 | 尽责性（Conscientiousness）<br>评鉴对经验本身的积极寻求和欣赏；喜欢接受并探索不熟悉的经验 | 无目标、不可靠、懒散、粗心、松懈、不检点、意志弱、享乐 |
| 烦恼、紧张、情绪化、不安全、不准确、忧郁 | 情绪稳定性（Neuroticism）<br>评鉴某人思想、感情和行为方面在同情至敌对这一连续体上的人际取向的性质 | 平静、放松、少情绪化、果敢、安全、自我陶醉 |
| 好奇、兴趣广泛、有创造力、富于想象、反对保守 | 开放性（Openness to experience）<br>评鉴个体在目标取向行为上的组织性、持久性和动力性的程度，把可靠的、严谨的人与那些懒散的、邋遢的人作对照 | 习俗化、讲实际、兴趣少、无艺术性 |

因素 2 是随和性（Agreeableness），随和性是指人际关系的质量——个体对他人的感受或对同伴的需要程度。那些在随和性上得分高者对人友好、有教养和关心他人，他们喜欢用协商解决冲突，他们也更容易从冲突中退出，回避不和谐的环境。而低随和者则冷漠、自我中心或对人抱有敌意，在解决冲突时总是试图强调自己的权威，他们也更具有攻击性。

因素 3 是尽责性（Conscientiousness），尽责性是指个体的组织性程度，包括物理性的，如办公室的整洁，以及精神上的，如提前计划和有目标。尽责性也包括我们如何控制冲突，如先想后做、表现出满足感、遵守规范和规则等。得高分者自律性很强，工作努力、认真，他们具有高于平均水平的学习成绩、更高的工作满意感、更强的工作安全感以及更多积极的、牢固的社会关系。而得低分者往往办事马虎，不可靠，以及在学习与工作中表现得较差。

因素 4 是情绪稳定性（或称神经过敏倾向，Neuroticism），每个人都必须面对生活中的压力与困难。情绪稳定性维度涉及人们处理这些压力的方式。得高分者（又称为神经质，即情绪不稳定，与情绪稳定性相反，是指个体适应"日常生活的坎坷"的能力）情绪消极，有神经过敏倾向，多是"坏脾气"；神经质的个体应对压力情境的技巧比较薄弱，健康状况更差，容易筋疲力尽和变换工作。这类人也容易体验消极情绪，如害怕、悲伤、尴尬、愤怒、内疚。人际关系方面，那些在神经质或情绪不稳定维度上得高分者，在社会关系中更容易经历起伏、波折。情绪稳定的个体性情平和、冷静、放松和镇定，他们对工作承诺度更高，对个人关系更满足。

因素 5 是开放性（Open to experience），开放性指对一系列新观点、新事物的开放性，如对新观点、思想、艺术和美的欣赏，但不包括对人的开放，对人的开放属于外向性特质。开放性与寻求刺激不同，寻求刺激是外向性的特质。开放性得分高的人不拘泥于过去经验，对新思想持开放态度，并努力使自己的修养水平不断提高，他们喜欢新经验，而不一定喜欢危险的或刺激的活动。而开放性得分低的人倾向于遵循传统、注重实用、务实。

这5种特质能告诉我们一个人在各种环境下将如何表现。例如，良好的飞行表现用尽责性（高）与情绪稳定性（高）能得到最好的预测，一个可能的原因是情绪稳定的、尽责的飞行员不太可能拖延时间。在尽责性上得高分者在飞行工作上一般表现不错，飞行水平优秀，而且很少犯错。

### 2. 理想飞行员的人格特征

成为一个飞行员需要特殊的人格特质吗？的确，不同的职业需要不同的人格特质，人格评鉴是很多公司人事甄选中的重要环节。以宇航员为例，成功的宇航员必须能够在远离家人的情况下，面对复杂和高压的环境，在狭小封闭的宇宙飞船中有效顺利地与他人一起工作。美国NASA必须定期从2 000~4 000名候选人中筛选出不到1%的人作为宇航员。什么特质的人能成为合适的宇航员候选人？

研究表明，成功的宇航员——无论男女，都必须能够在封闭危险的环境中与其他人一起工作——必须在独立性、成就动机和目标导向方面得高分；必须在人际热情、敏感性、关心他人方面得高分；在傲慢、自我中心、抱怨、语言攻击（人际攻击性）方面得分低。研究者通过对成功的宇航员的人格特质的分析发现，上述特质与高尽责性、高随和性和高情绪稳定性相关。

人格缺陷是许多航空事故的一个致因因素。对于保障航空安全最后一道防线的飞行员来说，他们需要具备哪些特质呢？有学者认为，某些人格特质的飞行员更容易出现飞行事故，虽然我们现在很难明确定义容易发生事故的飞行员的人格特质。但研究发现，具有攻击性，反社会性等低随和性特质的飞行员更容易发生事故，而具有高尽责性、高随和性和高情绪稳定性等人格特质的飞行员具有更好的飞行表现。也有人认为，与稳定外向的飞行员相比，焦虑外向的飞行员往往有更多的发生飞行事故的风险，可能是因为他们不喜欢同事挑战自己的权威，这和他们的过度自信与傲慢有关。焦虑内向的飞行员有不同的事故发生率，其死板和严格执行标准程序的做法可能会使他们在紧急情况下表现不佳，或在压力情况下束手无策。富于冒险精神和风险评估能力不足是许多事故中表现出的最大问题，尤其是在一名飞行员驾驶飞机时。一些冒险行为的出现可能与个人因素有关，如炫耀态度，而其他的冒险行为可能是由于商业压力造成的，如某些航空公司的"节油奖"。

不同人格特质的飞行员有不同的发生错误的概率，因此识别出容易出错的人格特质比较困难。不同人格特质的人对高工作负荷、压力和疲劳有不同的应对方法，这和个体在信息加工能力方面的差异有关。为了减少这些潜在的风险，飞行员应该认识到他们自己的人格类型，了解自己的能力及局限性，以及如果他们意识到他们人格因素中有焦虑、冲动、攻击性和追求刺激等特征时，他们应该采取措施使这些人格特征从驾驶舱中消失。

理想的飞行员可以有各种特征，通常认为外向、情绪稳定、稳重和谐、开放、善于接受经验等特征的综合平衡，是理想的飞行员应该具备的人格特征，而焦虑、压抑、敏感多疑、强敌对性、过于内向的人不适合驾驶飞机。笔者认为优先考虑的人格应该是稳定外向的人，但对于这是否是理想的飞行员人格类型仍存在争议。当然，由于军航飞行员需要进行极限飞行或冒更大的风险，可能的人格特征与商业运输飞行员的人格特征是不一样的。随着驾驶舱自动化程度的提高，以及长时间的单调飞行任务，飞行员必须能够严格自律，并且具备控制内在情感和外在行为的能力。这些特点应该是理想飞行员必不可少的特征。

# 第二节  飞行人员的需要与动机

## 一、飞行人员的需要

人是自然属性与社会属性的统一体，对其自身和外部生活条件有各种各样的要求。当某种生理或心理因素缺乏时，就导致生理或心理上的匮乏状态。当这种匮乏状态达到一定程度必须进行调节时，个体就感到需要的存在，进而产生恢复平衡的要求。首先是生理平衡。人体内必须不断补充一定的物质和能量才能生存，如食物、水、热量等。其次是心理平衡。人的生理失调主要在于有机体内部的刺激，而心理失调主要取决于有机体外部的刺激，这种外部刺激既有物质的，又有精神的。当心理失去平衡，个体就产生心理上的需求，如爱的需要、求知的需要、审美的需要等。可见，需要是有机体内部的某种缺乏或不平衡状态。它表现出有机体的生存和发展对于客观条件的依赖性，是有机体活动的积极性源泉。

人类的需要一直是心理学家门研究的对象，并产生了有关需要的不同理论。其中美国人本主义心理学家马斯洛的需要层次理论影响较大。马斯洛把人的多种多样的需要按照它们发生的先后次序分为 5 个等级。对飞行员来说，他们的需要是人的一般需要在飞行活动中的一种反映。因此，我们以马斯洛需要层次理论为依据，对飞行员的不同需要进行分析，以期最大限度地提高飞行人员的满意度。

### 1. 生理需要

即指飞行人员对飞行时间、休假时间、工作环境、薪酬、住房福利、交通福利、饮食福利、医疗保健福利等方面的需要。飞行时间长短、飞行时间间隔和飞行起止时间的安排，必须考虑到是否符合飞行人员的生理特点。飞行时间太长，影响身体健康，还大大增加了出错概率。飞行时间间隔太短，休息不充分，会影响下阶段的工作状态。合理的飞行时间安排，能消除飞行人员因生理上的不适应而产生的工作不满情绪。航空公司必须有明确的休假管理规定和细则，让飞行人员享受休息的权利，有充足的休息时间才能保持平衡的心态参加工作。良好的工作环境对飞行人员的身心健康大有益处，能提高飞行人员的工作效率。

目前在我国，对于绝大多数家庭而言，住房无论从其所需资金还是从其使用的长期性来看，都是家庭生活中最重要的问题。由于城市不断扩张，居住观念的改变，越来越多的飞行人员住在离工作地点较远的地方，上班需要乘坐交通工具，这就增加了上班的成本，航空公司应有相应的交通福利。除此之外，航空公司对飞行人员也应有相应的饮食福利和医疗保险福利。以上这些方面是飞行人员比较关注的生理需要，是保证飞行人员最低层次的需要。

### 2. 安全需要

对飞行人员来说，安全方面的需要主要指雇佣保证、退休金保证、意外的防止等方面的需要，航空公司要尽量满足飞行人员安全方面的需要。安全需要处于仅次于生理需要的较为基础的位置，由此可以看出安全需要的重要性。一般情况下，如果飞行人员的安全需要得不到满足，在工作中就很难产生更高级别的需要。

### 3. 归属与爱的需要

即飞行人员渴望得到家庭、团体、朋友、同事的关怀、爱护和理解。在企业中，归属与爱的需要可以被看作是飞行人员对企业文化的认同、同事之间的人际关系、上下级沟通理解等方面的需要。企业文化和企业精神的培养是非常有必要的，它有助于飞行人员找到归属感，增强企业的凝聚力，促使飞行人员之间更加团结。归属与爱的需要比生理需要和安全需要更细微，它与个人的性格、经历、生活区域、生活习惯、宗教信仰等都有一定的联系。2002年某航空公司飞行员集体返航事件就体现了生理需要（如工资待遇降低）和归属与爱的需要（地方航空公司并入国有航空公司，造成内部企业文化的冲突，地方航空公司飞行员对企业没有归属感）未得到满足时对行为的影响。

### 4. 尊重需要

即飞行人员对获得地位、名分、权力、责任等方面的需要，如公平、公正、透明、公开的人事考核制度，晋升制度，选拔进修制度，管理参与制度等都是尊重需要的具体表现。"敬人者，人恒敬之"，满足飞行人员的尊重需要是一个相互的过程，而自尊的保护或伤害往往是在相互的人际交往中形成的。因而在企业中管理者必须注意保护飞行人员的自尊心，相互尊重，相互体谅。如国内某航空公司飞行员强烈要求辞职，而其辞职的原因是管理层不尊重飞行员。国内某航空公司在引进飞行人员时，出现了外籍飞行人员与国内飞行人员同工但薪酬更高的现象，就引起了国内很多飞行人员的不满，这就是尊重需要没有得到满足的具体体现。

### 5. 自我实现的需要

根据马斯洛的需要层次理论，在满足了上述4个需要之后飞行人员才会出现较高级的自我实现的需要，即飞行人员希望公司具有能发展飞行人员特长的组织环境，能使自己承担更具有挑战性的工作的需要。"不想当将军的士兵不是好士兵"，对于处于满足这类需要的飞行人员来说，他们不再关心薪酬的多少，朋友对他们的看法，他们更渴望确立他在这个社会上所做的能够凸显自我价值的事情。他们最关心的是能否参与公司发展的决策，自己的潜能是否得到最大程度的发挥。

在马斯洛看来，人类的多数行为来自于需要，一般认为低层次需要的能量最大，随着低层次需要的满足，更高层次的需要逐渐占主导地位。但这种需要不是绝对的，有时只要低层次的需要得到了基本满足，便可能产生高层次的需要，甚至可以跳跃发展。2015年空军某飞行员在一次飞行训练中，面对所驾驶的单发飞机的发动机突然发生空中起火、动力迅速下降的情况下，果断驾驶飞机避开人口密集区域，终因高度过低处置时间短促，无法跳伞，壮烈牺牲。该飞行员的行为就是一种跨越了满足低级需要即安全需要的阶段，直接进入满足高级需要即自我实现需要的阶段。

综上所述，飞行人员的需要存在个体差异，个性化需要越来越强，多元化趋势越来越明显，因而航空公司需要了解不同飞行人员的需要偏好，最大限度地满足不同飞行人员的需要。

## 二、飞行人员的动机

动机是激发和维持个体进行活动，并导致该活动朝向某一目标的心理倾向或动力。动机是在需要的基础上产生的，一种需要演化为哪种动机会受到环境因素的影响。无论是低级需要还是高级需要，只要它以意向、愿望和理想的方式指向一定的对象，并激起人的希望时就可构成行为的动机。

根据需要的性质，可以将飞行人员的动机分为生理动机和社会动机。生理动机又叫生物动机或原发性动机，它起源于生理性需要，是由飞行人员个体的生理需要所驱动而产生的动机，主要指飞行人员对飞行时间、休假时间、工作环境、薪酬、住房福利、交通福利、饮食福利、医疗保健福利等方面的需要。社会动机又称为心理动机或习得动机，它起源于社会性需要，是人类特有的一种社会文化的需要，如飞行人员的成就动机、交往或亲和动机、权力动机、利他动机。飞行人员的社会动机具有清晰性、更替性和实践性特性，是通过后天学习获得的，因此社会动机在飞行人员之间存在着很大的个体差异。

根据动机产生的根源，可将飞行人员的动机分为外部动机和内部动机。外部动机是在受到外部刺激，为了获得某种满足而产生的动机，如飞行人员受到管理层的表扬和奖励而激发起工作热情的现象。内部动机是由飞行人员的内部需要所引起的动机，如飞行人员由好奇心、好胜心、兴趣、上进心、责任感等引发的热爱飞行的动机。如2009年飞机因鸟群撞击引擎而成功将飞机迫降在哈德逊河上的萨伦伯格机长，他之所以能成功将飞机迫降在河面上不仅在于他精湛的驾驶技术，更重要的是因为他内心对飞行的热爱。内部动机的获得，要求工作或活动、学习本身具有挑战性、新颖性和多样性，不仅能够使飞行人员从中学到新东西，而且还能发挥其创造力，保持持久的积极性。对飞行员来说，由飞行本身所带来的乐趣已经是最大的奖励了。成功的关键，是否存在相应的内在动机或为一项重要的因素。

根据动机所起的作用，可将飞行人员的动机分为主导动机和从属动机。主导动机的作用最大，支配着飞行人员活动发生的方向和强度，从属动机处于辅助从属地位，所起的作用较小。比如某飞行人员的主导动机是加薪，从属动机是升职，因而能否增加收入对他的激励作用最大。

需要指出的是，飞行人员动机的差异性很大，一些飞行人员的出色表现是处于自我挑战的目的，而另一些飞行人员可能处于获得报酬的考虑；一些飞行人员主动承担额外工作而不计报酬，而另一些飞行人员虽然拿着足够的报酬却逃避承担工作。由此可见，飞行人员的工作动机是非常复杂的。从2005年第一起国企离职案开始，机长们激烈的辞职抗争就屡见报端：同样是飞行员辞职，其背后的动机差异很大，有些飞行员辞职是因为民企成倍的薪酬，有些是因为想飞更重的飞机、更好的发展、更自由的生活，有些是因为民企的管理更加人性化……民航企业应更多从内在动机角度出发，提高飞行员的工作积极性。

## 三、需要和动机与机组协作

需要是人行为发生的原始动力，动机是在需要的基础上产生的。个体的某种需要得不到满足，就会推动他去寻找满足需要的对象，从而产生个体活动和行为的动机。如饥饿使人产生觅食的动机，疲劳使人产生休息的动机。如果说人的需要是个体行为的源泉，那么动机就是这种源泉的具体表现。动机和需要紧密地联系在一起，离开需要的动机是不存在的。事实上，有某种需要不一定就产生某种动机，只有当人的需要在强度上达到一定水平，并具有满足需要的对象存在时，需要才能转化为动机。例如，人有交际的需要，如果没有一定的社交条件，缺乏交往的具体对象，这种需要就无法转化为动机。人只有在群体中活动，才会产生交往动机，并进行交往行为。因此，某种需要不一定产生某种动机，同样，某种动机不一定引发某种行为。

同样的行为背后可能代表着不同的需要和动机。如同样是用功学习，有些飞行学员可能是为了求知，也可能是为了名利，还可能是为了某种理想或抱负，也可能多种动机并存。民航飞行员"为什么要离开体制？"答案有很多种——可能是民企成倍的薪酬；可能是更重型的飞机、更好的发展；也可能是更自由的生活、更加人性化的管理……机组成员之间的需要和动机不同，引发的行为也有差异。如成熟的机长薪酬较高，他们在执行飞行任务时可能更多的考虑航线，而对飞行时间的关注度较低，新上岗的飞行员更希望飞到飞行时间较长的航线。机组成员彼此之间认识到这种差异，是有效协作的基础，如果机组成员之间不能够考虑到彼此的需要和动机，良好的机组氛围无法建立，机组协作就会低效。

# 第三节　自我概念和自律

## 一、飞行人员的自我概念

### 1. 自我概念的含义

每个人都有自我概念，它是个体通过与父母、同伴、老师及其他重要人物的相互作用而形成的。一个人的自我概念对个体本身来说非常重要。从心理学的角度来看，自我概念是隐藏在个体内心深处的心理结构，是个体意识发生的高级阶段，是人格的自我调控系统。个体正是通过自我概念来认识和调控自己，在环境中获得动态平衡，求得独特发展的。

飞行员的自我概念是指飞行员与公司同事等参照群体相比较，形成的与其能力一致的自我评价。即飞行员对自身存在的体验，它包括飞行员通过经验、反省和他人的反馈，逐步加深对自身的了解。它涉及"我是谁""我是什么样的人""我应该是什么样的人"等一些基本的价值判断。自我概念是一个有机的认知结构，由态度、情感、信仰和价值观等组成，贯穿整个经验和行动，并把个体表现出来的各种特定习惯、能力、思想、观点等组织起来。

## 2. 自我概念的作用

自我概念是飞行员对自己的认识和评价，包括对自己心理倾向、个性心理特征和心理过程的认识与评价。正是由于飞行员具有自我概念，才能使飞行员对自己的思想和行为进行自我控制和调节，使自己形成完整的个性。自我概念在个体的发展中有十分重要的作用。首先，自我概念是认识外界客观事物的条件。一个人如果还不知道自己，也无法把自己与周围相区别时，他就不可能认识外界客观事物。其次，自我概念是人的自觉性、自控力的前提，对自我教育有推动作用。人只有意识到自己是谁，应该做什么的时候，才会自觉自律地去行动。一个人意识到自己的长处和不足，就有助于他发扬优点，克服缺点，取得自我教育积极的效果。再次，自我概念是改造自身主观因素的途径，它使人能不断地自我监督、自我修养、自我完善。可见，自我概念影响着人的道德判断和人格的形成，尤其对人格倾向性的形成更为重要。自我概念准确的飞行员能够在工作中表现出集中的真实飞行技能水平，能够和其他机组成员有恰当的协作，不会冒不必要的风险。

## 二、飞行人员的自律

### 1. 自律的含义

飞行员的自律是指飞行员的自我约束与自我管理，通常以事业心、使命感、社会责任感、人生理想和价值观作为基础。简而言之，自律就是自己约束自己，自己要求自己。如果我们总在一种被要求的环境下学习和生活是很难进步的，所以我们应该学会自己约束自己，自己要求自己，变被动为主动，用它来约束自己的一言一行。毕达哥拉斯说："不能约束自己的人不能称他为自由的人。"自律并不是让一大堆规章制度来层层地束缚自己，而是用自律的行动创造一种井然的秩序来为我们的生活争取更大的自由。

### 2. 自律的表现

飞行员的自律与飞行安全密切相关，职业的特殊性，要求飞行员必须有良好的自律性。飞行员的自律表现在以下几点：

（1）自爱。自爱就是自己爱护自己，即要塑造自己良好的形象，珍惜自己的名誉，珍爱自己的生命。俗话说："站有站相，坐有坐相"，这里所说的相就是形象。坐、站都要注意自己的形象，也就是说一个人时刻都应该按照一定的标准来塑造自己的形象。一个人的形象既有外在的方面，也有内在的方面。外在形象是看得见、听得到的，是有形地表露在外面的，如相貌、身材、穿着打扮、言谈举止等。内在形象则表现的是比较深层的气质，如性格、理想、学识、情操、情绪等。每一个自爱的人，都应该努力美化自己的内外形象。

（2）自省。自省就是检查自己的思想和行为。通过经常地、冷静地检查自己的思想和行为，寻找自己的缺点和差错，这就是自省。"金无足赤，人无完人"，世界上没有十全十美的人，每个人都会有缺点和差错。一个自律的人应该经常检查自己，对自己的言行进行反省，纠正差错，改正缺点，这是严于律己的表现，是不断取得进步的重要方法和途径。

有差错或缺点并不可怕，可怕的是无视它，不去改正它。

（3）自控。能够自律的人，还应该是善于自控的人。自控即自我控制、自我监督、自我引导、自我催促的心理过程。有时候你也觉察到了自己的弱点，也知道这样做不好，可是就是控制不了自己，而事后又埋怨自己。如有的飞行员经常走捷径，检查飞机、使用检查单马马虎虎，对影响安全的一些问题视而不见。自控可以帮助我们改正自己的缺点，克服惰性和不良习惯，使我们向着自己的目标前进。

## 三、飞行人员的职业道德

飞行人员的职业道德是从事飞行职业的飞行员在飞行活动中所应遵循的道德原则和行为规范的总和。中外民航业都对飞行员的职业道德有着相关的规定和说明。

法国国家宇航科学院对职业飞行员的道德规范为：飞行员必须忠实地、严格地执行规章标准手册，这是安全之要；飞行员必须能在任何情况下，正确评估本人能力和设备性能的极限；飞行员不论在空中还是在地面，都必须对实情保持客观而公正的判断，决不能隐瞒自己或部属的错误或过失；飞行员的特殊责任，是确保其身体和精神处于良好状态，以消除可能造成严重后果的人为错误；飞行员有责任保持与提高自身的飞行技术水平和专业知识；飞行员必须永远注意自己的行为，要与所穿制服一样保持威严，一定要对自己的行为负责并自我约束。

《中国民用航空运输机长职责》对飞行员提出了八项要求，即良好的职业道德品质，高度的负责精神，强烈的安全意识，牢固的章法观念，熟练的操作技能，精细的工作作风，严谨的组织纪律，健康的体魄。其中高度的负责精神、安全意识、章法观念、工作作风和组织纪律是构成飞行员良好职业道德品质的重要内容。

负责精神主要体现在两个方面：一是要完成好飞行员本职及所执行航班特殊职责范围内应该做好的事，如履行职责、尽到责任、完成任务等。二是如果因为本人原因没有做好本职工作，应主动承担不利后果或强制性义务。有了强烈的责任感，飞行员才能激发出长久的使命感，才能在飞行程序上、在规章遵守上、在安全决策上、在技术标准上不打折扣，确保飞行安全。

飞行员树立安全意识，最主要的一点就是严格遵守安全规章和执行标准操作程序，让每一步操作精细到位。章法观念是飞行员在长期的飞行活动中形成的对规章的综合认识。飞行员在实际飞行过程中，必须将其思维和行为限定在航空安全规章所划定的范围内。工作作风就是在工作时表现出来的比较稳定的态度或行为风格。因为飞行具有不可逆性，而且处于三维高速运动状态，飞行员要将飞行中的每一个动作、每一步程序分得非常细致，将每一个流程及操作，都做到非常严。组织纪律之所以要严谨，是因为航空运输活动是一个系统工程，只有按章做事、协同办事，才能保证整个运行体系安全、可靠和高效。

坚守职业道德将激励每一位飞行员热爱飞行事业，拥有保证安全的责任感和使命感，并以严谨的飞行作风和持之以恒的敬业精神守护飞行安全。

## ·思 考 题·

1. 性格形成受哪些因素的影响？
2. 动机水平和工作表现有怎样的关系？
3. 飞行员的自律具体是指什么？

## ·案例讨论·

### 肯尼亚航空 B737 在杜阿拉坠毁

2007 年 5 月 5 日，一架肯尼亚航空公司波音 737-700 型飞机（注册 5Y-KYA，载有 108 位乘客和 6 位机组人员），执行 KQ-507 航班（5 月 4 日的航班）从喀麦隆杜阿拉飞往肯尼亚内罗毕。该飞机于当地时间 5 月 5 日 00：06 在杜阿拉机场 12 号跑道起飞，在恶劣的天气条件下刚起飞就丧失高度。起飞 2 min 后，飞机坠入一片沼泽地中。机上所有人员全部遇难，飞机损毁。

喀麦隆民航当局（CCAA）报告称，在 KQ-507 之前的航班是从科特迪瓦的阿比让到杜阿拉的航班。本次飞往内罗毕的飞行准备过程一切正常。在一场大雨（大雨造成稍许的延误）过后，机组将飞机滑到 12 号跑道上，执行正常飞行操作系统的检查，将襟翼放到 5°，然后完成了滑行前和起飞前的检查单。飞机收到起飞后爬升到飞行高度 370 ft 的指令，离场程序 EDEBA 1E。

机长请求对放行许可稍作修改，由于天气原因，他们想保持在跑道中心线稍微偏左的位置。副驾驶马上纠正说："偏右"，机长说："不好意思，稍微偏右。"塔台批准了这一请求。

机长负责操纵飞机。他向飞机的主控制面板输入航向 118°和指示空速 150 kt。自动油门杆接通，发动机推力达到用于起飞的 99%$N_1$，副驾驶喊话抬前轮时机长拉起了飞机，9 s 后，飞机收起起落架。飞机升空之后，立即出现了向右滚转的趋势。机长利用左侧副翼输入（30°）矫正飞行姿态，随即将驾驶盘返回到中立位置。之后机长又进行了数次向左倾斜的修正动作，当飞机爬升到离地 1 000 ft 时，坡度保持在中立范围内，稍微偏右 3°。飞机穿越离地 1 000 ft 高度后，所有操纵输入停止 55 s。

机长喊话 HDG SEL（自动驾驶仪航向选择模式），副驾驶确认选择了航向选择模式。航向选择器从 118°调到 132°，进一步调到 139°，在接下来的 6 s 里，飞机坡度由向右不到 1°达到 6°。

在海拔 1 600 ft 时，引擎推力减小到爬升推力，坡度增加到向右 11°，飞行指挥仪开始指向左面。

机长喊道："好的，执行命令"，但没有收到副驾驶的回复。自动驾驶仪仍然没有接通。

副驾驶员问道："我们一直在航段上吗？"（注释：飞行管理系统航路显示页面）。机长确认："是的。"当航向超过 139°时，坡度已经增加到向右 15°。

航向选择器向左旋转到 120°，飞机继续向右滚转，坡度增大到 20°。

起飞后 69 s，机长选定航向 165°。飞机爬升到 2 600 ft 时，航向 190°，指示空速 190 kt，坡度 24°。

起飞后 79 s，操纵输入停止 55 s 后，坡度告警声音响起。操纵盘立即向右 22°，随即又向左 20°；之后再次向右 45°，又向左 11°，向右的坡度增大。

起飞后 83 s，在没有任何喊话的情况下，自动驾驶仪 A 在命令（CMD）模式接通。驾驶杆的操纵突然停止，但方向舵上的操作仍在继续。此时坡度角为 50°，在这个位置趋于稳定。

5 s 后，驾驶盘紧急向右，然后向左，之后继续向右，同时也有几次向右的在方向舵上的猛烈操纵。机长宣布："我们可能要坠机。"此时，飞机达到 2 800 ft，指示空速 220 kt，向右坡度 55°，而且在迅速增大。

1 s 后，向右坡度达到 70°，而且向右的方向舵猛烈操纵仍在继续。

起飞后 91 s，向右的方向舵输入仍在继续。驾驶杆向左压到底，飞机达到最大高度 2 900 ft，此时高度开始迅速下降。航向 290°，坡度 80°，而且还在急剧增加，指示空速为 220 kt。

起飞后 93 s，副驾驶开始呼叫："是的，机长，向左，左，左，向左修正。"此时坡度 90°，飞机俯冲穿过 2 700 ft，航向 330°。

起飞后 95 s，坡度达到峰值 115°，随后在驾驶杆向左压到底的作用下减少到 70°。副翼向左满程，但是方向舵继续向右。

起飞后 102 s 飞机撞地，指示空速为 287 kt，俯仰角为低头 48°，航向 90°，向右坡度 60°。飞机全损，机上所有人员遇难。应急定位发射机（ELT）同样也损坏，没有发出任何信号。

该机长 52 岁，飞行时间累计 8 682 h，作为机长飞行时间 3 464 h。其中，作为机长，波音 737-700 累计飞行 665 h，波音 737-800 累计飞行 158 h。在机组资源管理、遵守标准操作程序、驾驶舱扫描和情境意识上，机长都重复表现出能力缺陷。在升级为机长的训练过程中，一份进展报告这样评价该机长。该机长对飞机的操控能力令人满意，对同事有表现专横的倾向，有点傲慢，遵守飞行纪律不好，尤其表现在驾驶舱扫描和情境意识上。该报告建议继续关注该机长的这些性格特征。

副驾驶 23 岁，累计飞行时间共 831 h，其中波音 737-700 共 113 h，波音 737-800 共 57 h。在他的训练报告中提到，他需要在情境意识、无线电通信处理、监控和指出把杆飞行员的偏差、自动驾驶仪接通时的监控以及驾驶舱准备方面进一步提高，但他的整体表现还是被定性为令人满意的。在 2007 年年初的熟练程度检查中，主考官要求这名副驾驶员要学会监控和指出把杆飞行员的偏差，在自动驾驶仪接通时要监控它们的表现。没有任何证据表明这名副驾驶经历过机组资源管理的训练，尽管他已经在 2006 年就被安排进行训练。副驾驶天生是一个沉默寡言的人，他没有指出机长在执行飞行操作中的飞行失误。

参考以上案例，根据你的理解，分析人格与安全飞行的关系。

# 第十一章　飞行员身心健康

健康是人类生存和发展的最基本条件，是人生第一财富。健康远非人们日常理解的无病即是健康这么简单。世界卫生组织（WHO）将健康定义的："健康是一种身体上、心理上和社会适应上的完好状态，而不仅是没有疾病和虚弱的现象。"成为一名职业飞行员，需要有健康的体魄，健全的心理，以及对社会环境良好的适应。此外，由于飞行职业的特殊性，飞行员应该谨慎服用药物，并警惕吸烟、饮酒对自身及飞行安全的影响，对于一些常见的、可能对飞行安全不利的身心疾病，也需要有所了解。本章内容包括飞行员的药物使用原则；吸烟及饮酒对人体的影响；常见的生理疾病、心理疾病以及心理健康的调适方法。在中国民航局新近颁布的执照考试大纲和知识点中，要求重点掌握酒精与药物以及常见疾病对飞行工作的影响。

## 第一节　酒精与药物滥用

酒精（Alcohol）与药物滥用（Drug abuse）问题较为普遍，在飞行员群体中亦不例外。譬如，在节假日里，亲朋好友聚在一起举杯同庆；在孤独、寂寞时借酒消愁；在生病时就医吃药，或在零售药店买药自服等。在一般人眼里这是极为正常的现象，但对于飞行员这个特殊群体来说，若喝酒或吃药后间隔时间不久便参加飞行，有可能带来意想不到的严重后果。遗憾的是，虽然在一些国家的飞行条例中，已对酒精、药物的使用与飞行之间最大时间间隔作出了明文规定，但滥用现象却屡禁不止，其主要原因便是飞行员们缺乏常识。本节的目的是让读者了解这些常识与飞行安全的关系。需要说明的是，我们这里所说的酒精与药物滥用，并非一般意义上的酒精与药物依赖或过量服用，而是指只要有可能对飞行造成影响，便将其视为滥用。为叙述和读者便于归纳起见，我们将这些药物分为两类：一是具有抑制作用的药物，二是具有兴奋作用的药物。这些药物的用途各异，有的用于治疗疾病，有的是用于缓解疼痛，有的则是用于满足习惯或制造良好情绪。由于酒精的作用类似于镇静剂，尼古丁的作用类似于兴奋药物，故在本节中我们将它们作为一种药物来对待。

### 一、镇静药物

镇静药物是一类降低人体功能的药物，其共同的副作用是：降低血压和削弱信息加工能力，使人的运动迟缓和反应时间延长。

## 1. 酒　精

酒精是广为人们饮用，却又是使人误会最深的东西。人们普遍认为，它是一种兴奋剂，可以使人心情愉快，力量倍增且舒筋活血、解除疲劳。但科学实验研究的结果却表明，它是一种抑制剂。它像一般麻醉剂一样，对中枢神经系统具有抑制作用。与其他镇静剂所不同的是，酒精在抑制中枢神经系统的同时，反而使心率加快、血压增高。在饮酒后的短时间内使皮肤血管扩张，血液加速流向皮肤。由于兴奋剂与酒精所引起的反应都是产生温暖和兴奋感，因而常引起人们的误会。在酒精的影响下，人们常出现以下反应，这些反应对于飞行职业来说是极为不利的：

（1）使人感觉迟钝、观察能力降低。

（2）对短时记忆和长时记忆具有破坏作用。

（3）责任感降低，易草率行事。

（4）判断与决策能力下降，常表现为判断与决策过程缓慢，且出错率高。

（5）动作协调性下降，精细的动作技能受到破坏，动作粗猛。

（6）视、听能力下降，如视觉模糊、双影、幻象以及错听、漏听等。

（7）言语表达能力下降，如语速过快、含混不清或逻辑混乱等。

（8）情绪波动较大，如喜、怒、哀、乐无常，最常见的是易怒、攻击性增强。

（9）自我意识缺乏或丧失，表现为对自己所处状态和所处情境的不正确认知，常表现为过高地估计自己，冒险倾向性增高。

（10）使组织的摄氧能力下降，其后果是增加缺氧症的易患性。

很显然，酒精的上述副作用，对于飞行安全来说是不能接受的。飞行职业的高精确度和高安全余度特点，要求飞行人员在飞行过程中必须保持良好的身心状态，否则飞行事故便会在所难免。据 Trollip 和 Jensen（1991）等人的统计，美国自 1975—1981 年发生的通用航空事故中，至少有 10% 的机毁人亡事故与酒精滥用直接相关，同时他们还认为，由于许多事故发生后机毁人亡，无法查证是否与酒精有关，因此，实际的概率值肯定比上述高。也正因为这样，在美国联邦航空条例第 61 部和 91 部中规定：飞行前 8 h 内不得饮酒。如果饮酒 8 h 后，飞行员的血液酒精浓度仍达到 0.04%（40 mg/100 mL 血液）及其以上时，需等到血液酒精浓度低于 0.04% 时才能允许飞行。即使飞行员在飞行前血液酒精浓度已低于 0.04%，但饮酒与飞行之间的间隔时间不足 8 h，也不得参加飞行。在一些航空公司里，对酒精的限制则更为严厉，大多数公司都规定在饮酒后 12 h 内不得飞行，商用航空公司则一般要求他们的飞行员饮酒 24 h 后才能飞行。

最后要指出的是，人体对酒精的吸收速率取决于各类酒中的酒精浓度，饮用的速度和数量，伴酒的食物类型以及饮酒的时间长度。代谢的速率则取决于人体的新陈代谢能力，飞行高度以及肝脏功能。一般而言，宿醉后，由于人体代谢率较低，故酒精在体内的滞留时间可长达 16 h 以上。在海平面高度上，一般人代谢掉一盎司酒精只需花费 3 h，而在 12 000 ft 高度上，则要花费近 4 倍以上的时间，即 12 h 才能代谢掉一盎司酒精。酒精的代谢方式与食物不同，它先经过肝脏过滤，然后再吸收入血，因而会对肝脏构成严重的影响，加重肝脏的负担。因此，酒精与肝脏疾病有密切的关系。

### 2. 安眠药

飞行员在飞行前服用安眠药或其他松弛药物，如巴比士酸盐类、戊巴比妥钠、色肯钠、轻度安宁剂、眠尔通以及安定等，对飞行都是极为危险的。它们会降低飞行员的运动反应能力、动作协调能力、注意以及判断、决策能力。决策能力的降低，使飞行员不能恰当地权衡风险因素和顺利地加工信息。并且，随着高度的增加，其副作用亦越明显。因此，未经航医许可，飞行员不得以任何理由在飞行前服用这类药物。

### 3. 抗晕/运动病药物

虽然乘晕宁（Dramamine）及其他抗运动病药物对患空晕病的乘客是适用的，但作为一名飞行员，在飞行前及飞行时却不宜服用。因为这些药物通常含有镇静剂，使人昏昏欲睡，降低飞行员的警觉水平。因此，飞行员在服用抗运动病药物后，应至少间隔 24 h 才能飞行。

### 4. 抗肠胃疾病药物

缓解神经性肠胃疾病或消化道痉挛的药物通常含有抗胆碱能成分，这些药物对控制胃酸分泌量和胃、小肠消化液分泌量的神经具有抑制作用，有助于减轻肠胃疼痛和抑制溃疡的产生。但这类药物中，有许多都含有镇静剂，这些镇静剂可引起视觉模糊，反应能力及警觉水平降低。

### 5. 抗组氨药物

药店里有许多种抗充血药物和抗组氨药物出售。这些药物中，大多数用于缓解感冒及过敏症。它的副作用是：常常使人嗜睡、运动反应迟钝。因此，在飞行时使用非常危险。对某些人来说，抗充血药物还可产生类似兴奋剂一样的反应。疏通鼻腔和耳朵的滴鼻抗充血剂应有节制地使用。查阅印在药物说明书上的慎用栏目，飞行员就可知道特定的抗过敏症药物是否会产生副作用了。如果还有什么疑虑，在飞行前可问问航医，你将要服用的药物是否有副作用。在飞行前无论服用任何药物，飞行员都应对它们的作用和副作用有相当的了解。

## 二、兴 奋 剂

兴奋剂的作用是：使中枢神经系统兴奋，提高唤醒水平和使人活跃。常用的兴奋剂药物包括：降低食欲以便控制体重的、减轻疲劳的、改善抑郁心境的 3 种。这些药物都可能使人产生焦虑和剧烈的心境激荡，在飞行时若产生上述症状就会非常危险。有些药物在制作时虽然并非是有意制成兴奋剂的，但其副作用却会产生类似兴奋剂一样的反应。

### 1. 苯丙胺/安非他明

苯丙胺有可能以兴奋药片、刺激药物以及降低食欲剂的形式被人们所使用。在国外的市面上常以下列商标名称出售：得克西德莱茵（Dexedrin）、本泽德莱茵（Benzedrin）、麦西德莱茵（Methedrin）以及德林雷米尔（Drinamyl）。在苯丙胺的影响下，飞行非常危险，它使飞行员无法安静下来，产生焦虑、心情激荡、恐慌、心率失常、妄想狂、幻觉、痉挛和昏迷。

## 2. 咖啡因

咖啡因是一种非常常见的兴奋剂。在汽水、咖啡、茶叶、一些止痛药及抗充血药物中都含有咖啡因。每一天都有成千上万的人把它当成快速"提神剂"使用。服用这些药物后，在 5 min 内就被吸收入血，其药效可长达 14 h。服用大剂量的咖啡因可导致神经质和睡眠扰乱。其他副作用还包括：加重心理疲劳、肌肉震颤以及阵发性腹痛。虽然有关航空条例对咖啡因的使用没有限制，但飞行员仍然不可滥用咖啡因，以免产生副作用。

## 3. 尼古丁（Nicotine）

尼古丁是存在于烟草中的活性物质，它的几种副作用对人体健康十分有害。这些副作用包括：刺激神经系统使疲劳减轻，有的人还会出现异常兴奋和愉悦的感觉。在吸入尼古丁后的 20～30 min 内，上述症状开始逐渐消失，接踵而至的便是疲劳感觉。停服尼古丁后，还会产生易激惹、攻击或者敌意等行为。虽然服用尼古丁和吸烟容易上瘾，但在有关航空条例中却没有这方面的限制。然而，许多导致医学停飞的身体状况都是由长期吸烟引起的。如果飞行员吸烟已上了瘾，那么他的血液中携带的二氧化碳就可达到 5% 左右，使他的座舱生理高度由海平面提高到 7 000 ft 左右。与其他人相比，吸烟者对缺氧症的易感性要高得多，即使在较低的高度上也会感觉到缺氧。吸烟对同机组的飞行人员也极为有害，从燃着的烟头冒出来的烟雾中，其二氧化碳含量是吸烟者呼出烟雾的两倍，它不但容易引起乘客的缺氧症和加重全身性的不舒适感，而且还使他们对空晕病的易感性增加。另外，吸烟对飞机的危害性也是不可低估的。陀螺仪轴承和过滤器的灵敏度很高，烟里面所含的焦油及其他化学物质有可能使它们发生粘连，堵塞飞机压力输送系统的出流活门，这也是压力输送系统故障最常见的原因。

# 第二节　个人健康与卫生

飞行员是一个特殊职业群体，一方面，能够从事飞行职业的人，要求具备优秀的身体素质，另一方面，飞行员在日常工作中不得不经受缺氧、低气压、辐射、时差、振动、噪声、加速度、航空毒物、温度负荷、生产任务普遍繁重、饮食及睡眠难以达到健康化等的影响，以至于飞行员的健康状况并不乐观。飞行员常见的健康、卫生问题主要有以下几种：

## 一、冠心病（Coronary disease）

冠状动脉粥样硬化性心脏病是冠状动脉血管发生动脉粥样硬化病变而引起血管腔狭窄或阻塞，造成心肌缺血、缺氧或坏死而导致的心脏病，常常被称为"冠心病"。世界卫生组织将冠心病分为 5 大类：无症状心肌缺血（隐匿性冠心病）、心绞痛、心肌梗死、缺血性心力衰竭（缺血性心脏病）和猝死 5 种临床类型。冠心病是造成飞行事故和飞行人员停飞的最重要的医学原因，据国际民航组织成员国报告，每年都有 1～2 名飞机驾驶员因为冠心病而导致空中失能，只是由于驾驶舱内还有其他飞行人员，所引起的实际飞行事故才比报告的略低。

冠心病的危险因素包括可改变的危险因素和不可改变的危险因素。了解并干预危险因素有助于冠心病的防治。可改变的危险因素有：高血压、血脂异常（总胆固醇过高或低密度脂蛋白胆固醇过高、甘油三酯过高、高密度脂蛋白胆固醇过低）、超重/肥胖、高血糖/糖尿病，不良生活方式包括吸烟、不合理膳食（高脂肪、高胆固醇、高热量等）、缺少体力活动、过量饮酒，以及社会心理因素。不可改变的危险因素有：性别、年龄、家族史。

## 二、高血压（Hypertension）

高血压：血压过高是心血管疾病的主要表现，同时，高血压是中风的一大诱因。由于血压受生物节律、情绪、环境等诸多因素的影响，因此，高血压的诊断不能仅仅依靠某一次的测量值就做出，需要在观察期间内间隔一定的实践重复测量，有时甚至需要进行 24 h 动态血压监测。CCAR-67FS 中规定，高血压的鉴定应该在 7 日内连续测量 3 日，每日测量 2 次，取其平均值进行判断，当收缩压持续超过 155 mmHg 或舒张压持续超过 95 mmHg 时，各级体验合格证都不能取得。JAR 规定血压值高于 160/95 被认为不适合飞行。造成高血压的因素主要有以下：肥胖和超体重或腹型肥胖，饮酒（中度以上），膳食高钠盐，遗传因素，精神心理因素等。

飞行人员高血压治疗一般应该在医院进行。治疗高血压的很多药物均会降低飞行人员的工作能力，最危险的是神经节阻断剂，有一定的镇静作用，会使飞行人员注意力不集中和反应速度降低。飞行人员严禁自行用药，在用药的同时，还要采用减重、限制食盐摄入和锻炼等综合措施。

## 三、肥胖（Obesity）

肥胖意指体内过多的脂肪组织。肥胖是多种疾病的主要诱因，诸如心脏病、高血压、糖尿病、代谢综合征等，同时会导致个体缺氧症，减压病等易感性增加。目前，国际上常用的衡量人体胖瘦程度以及是否健康的一个标准是 BMI 指数（即身体质量指数，简称体质指数，又称体重，英文为 Body Mass Index，简称 BMI），是用体重公斤数除以身高米数平方得出的数字。

表 11-1　身体质量指数对照表（BMI）

| 体重 | 男性 | 女性 |
| --- | --- | --- |
| 偏瘦 | <20 | <19 |
| 正常 | 20～25 | 19～24 |
| 偏胖 | >25 | >24 |
| 肥胖 | >30 | >29 |

例如，一个人的身高为 1.75 m，体重为 68 kg，他的 BMI=68/（1.75²）=22.2（kg/m²）。当 BMI 指数为 18.5～23.9 时属正常。

除了上述健康问题以外，感冒也是飞行员的常见问题。感冒是一种自愈性疾病，总体上分为普通感冒和流行感冒两类。感冒通常表现为鼻塞、流涕、打喷嚏、咳嗽、咽部不适及畏寒、低热等局部和全身症状。如果飞行员感冒，飞机爬升和下降过程中更容易出现耳胀、疼痛等气压性损伤症状。

# 第三节　飞行员心理健康

## 一、学习心理健康知识的必要性和重要性

### 1. 是减少停飞率和保障飞行安全的需要

随着航空器可靠性和飞机自动化程度的不断增加，飞行员的体力负荷逐渐减少，但面临的心理负荷和压力却有增大趋势。飞行员从事着高技术、高难度和高风险的飞行任务，经常暴露在高应激作业条件下，承受着巨大的压力；在我国民航业快速发展的背景下，飞行员的工作任务与安全责任压力越来越重，加上驾驶舱空间狭小，压抑的工作环境、持续的高应激状态和昼夜节律的扰乱等都极易引发飞行员的心理健康问题；社会经济变革的日新月异，在价值观念、思维方式、生活方式和生活态度等方面都发生了深刻变化，引发婚姻、家庭和人际关系等日益的复杂化，有可能导致飞行员的价值观、职业观等缺失和错位；而飞行员面临的转机型、晋升的竞争、技术停飞等职业生涯发展问题，容易使其产生焦虑、困扰、情绪懈怠等心理问题。国际民航组织的统计资料表明，因人为因素而导致的飞行事故占到了全部事故的 70%～80%，其中飞行人员心理因素造成的飞行事故又占相当的比例。有调查显示，1979—1999 年，被停飞的民航飞行员近半是因为精神压力过大，而无法继续执行飞行任务。

近年来已发生多起因飞行员心理健康问题导致的飞行事故，比较典型的有以下几起事故：

（1）2015 年 3 月 24 日，德国之翼航空公司的副驾驶卢比茨"蓄意"将机长帕特里克锁在驾驶舱外，并驾驶 A320 飞机下坠撞山，坠毁于法国南部山区，机上 144 名乘客和 6 名机组成员全部遇难，事后调查发现他患有抑郁症和疲劳综合征。

（2）2013 年 3 月 27 日，美国捷蓝航空公司飞行员奥斯本（Clayton Osbon）在机上值勤时突然情绪崩溃，后被多名乘客制服，该航班原本是从纽约飞往拉斯维加斯，只好紧急降落在得克萨斯州阿马里洛（Amarillo）。对于捷蓝航空事件，德克萨斯大学医学部教授理查德·詹宁斯（Richard Jennings）表示：飞行员经常会因为各种原因（认为心理问题是一种耻辱，可能因此丢失工作等）瞒报心理问题。捷蓝航空发言人珍妮·戴文（Jenny Dervin）表示，奥斯本正在阿马里洛的一家医疗机构接受治疗，他被指控干扰机组正常工作，将面临最高 20 年监禁以及 25 万美元的罚款。这对航空公司和飞行员个人来说都造成了无法弥补的损失和伤害。

（3）1997 年 12 月 19 日，胜安航空一架编号 9V-TRF 的波音 737-36N 客机执行由印尼

雅加达到新加坡的飞行任务。该飞机于当地时间下午 3 时 37 分从印尼雅加达的苏加诺-哈达国际机场起飞，3 时 53 分，飞机爬升至预定高度 35 000 ft 高空。雷达显示，在下午 4 时 12 分，飞机突然从正常飞行高度急速下坠，飞行速度超过了音速，飞机在空中解体，于穆西河靠近苏门答腊巨港的地面坠毁。调查显示，语音记录器（CVR）、飞行资料显示器于坠毁前都已停止工作。美国美国国家运输安全委员会（NTSB）调查报告显示："失事原因是有人蓄意操控飞机坠毁，此人极有可能是机长。"调查发现该名机长在 1997 下半年的工作上曾遭受过挫折，而他当时在股票上又亏损大约 100 万美元。

2. 是提升人员资质和安全飞行、快乐飞行、幸福生活的需要

健康心理学的研究具有 3 项使命：一是治疗精神疾病；二是使人们的生活更加丰富充实；三是发现并培养有天赋的人。其中，治疗也是对人类自身所拥有的潜能、力量的发掘（人本主义）；同时，心理学也是关于工作、教育、爱、成长和娱乐的科学。一个健康的飞行员应该是具有积极的主观体验的人，那就是：幸福感和满意感（对过去）、希望和乐观主义（对未来）；积极的个人特质：爱和工作的能力、勇气、人际交往技巧、对美的感受力、毅力、宽容、创造性、关注未来、灵性、天赋和智慧。可见，学习心理健康的相关知识可以提升人员的资质，达到安全飞行、快乐飞行、幸福生活的目的。

3. 是 ICAO 和中国民航局的要求

ICAO 在其航空医学手册中指出："在民航系统中人是最重要的因素，健康而称职的飞行人员更是飞行安全和效率的先决条件。这些条件与飞机构造和性能的可靠性同等重要。"

中国民航局飞行标准司在 2015 年 1 月发布的《飞行员心理健康指南》中亦提出了飞行员应该掌握的心理健康知识：

（1）飞行员心理健康的含义与标准。

（2）工作压力与飞行员心理健康（参见应激一章）。

（3）飞行员心理危机与干预。

（4）飞行员创伤后应激障碍及治疗。

（5）飞行员的心理健康促进。

## 二、飞行员心理健康的含义与标准

### （一）人类心理健康的含义

1948 年，世界卫生组织（World Health Organization，WHO）在成立宪章中指出："人的健康乃是生理心理和适应能力日臻完满的状态，而不仅仅是没有疾病和虚弱的状态。"WHO 在 1978 年国际初级卫生保健大会上所发表的《阿拉木图宣言》中重申："健康不仅是没有疾病或不虚弱，且是身体的、精神的健康和社会适应良好的总称。"该宣言指出：健康是基本人权，达到尽可能的健康水平，是世界范围内一项重要的社会性目标；1986 年的第三届国际心理卫生大会又一次深化了健康的概念，认为健康包括：① 躯体健康（Physical health）；② 心理健康（Psychological health）；③ 社会适应良好（Good social adaptation）；④ 道德健康（Ethical health）。

迄今为止，学术界对"心理健康"的定义尚无统一定论，现阶段常用的是第三届国际心理卫生大会所下的定义。这种新的健康观念使医学模式从单一的生物医学模式演变为生物-心理-社会医学模式。

## （二）民航飞行员心理健康的含义

民航飞行员是一个特殊的群体，对其心理健康与否的评价首先应该考察其是否满足中国成人的心理健康标准，这是作为健康人类最基本的要求；其次，由于民航飞行员的职业特殊性，因此民航飞行员的心理健康标准还要满足飞行职业特点所要求的心理健康标准。二者是普遍性与特殊性的关系，缺一不可。

根据中国民航飞行学院与东方航空集团"飞行员行为特征及引导方式研究"联合课题组（以下简称课题组）的研究，可以将民航飞行员的心理健康定义为：是指飞行员具有良好的心理调适能力和心理效能体验、内部协调与外部适应相统一的良好状态，即飞行员在机组、公司、家庭和社会环境中均能保持一种良好的心理效能状态，并在与不断变化的外界环境的相互作用中，能不断调整自己的内部心理结构，基本心理活动的过程内容完整、协调一致，认知、情感、意志、行为、人格完整和协调，达到与环境的平稳与协调。

一个心理健康的民航飞行员，应该在有稳定的情绪的基础上能够合理地表达与控制自己的情绪；对自己的情况有充分了解的基础上接纳自己，并能做出切合实际的目标与计划；能够与机组、公司其他同事和上下级、家人以及社会中的其他人保持正常且良好的社会关系，并能给予他人以帮助，承担良好的家庭与社会功能，适应飞行环境，并能对环境产生积极的影响；在充分考虑机组、航空公司以及社会规范的前提下满足个人的需求并发挥自己的特长；热爱飞行职业，能从飞行职业中获得满足感并愿意为了将飞行工作做好而继续努力；个性倾向、心理过程和个性心理特征必须和谐而统一，没有矛盾与不协调的情况；具有良好的意志品质，愿意为了既定的目标而付出努力。

## （三）飞行员心理健康标准

心理健康标准是对心理健康定义的具体化，是衡量心理健康状况程度的标准化定义。对于心理健康参考标准的划分，虽然国内外学者提出过许多见解，但也是众说纷纭，无统一标准。据不完全的统计，国内外可查到的心理健康标准就有近40个之多，实际数量还远远不止这些；值得指出的是，针对不同人群的"心理健康"的定义和"心理健康标准"的划分存在着较大差异。制定心理健康的标准大致都遵循两种原则："精英原则"和"众数原则"。遵循"精英原则"制定的心理健康标准中，A.H.Maslow的研究对"精英原则"进行了佐证，他通过分析世界近代史上38位成功人士的人生历程，将"自我实现者"所共有的心理品质作为心理健康的标准。以社会环境中绝大多数人共有的心理品质和特征作为心理健康的标准是"众数原则"制定心理健康标准的最主要特点。

为了获得飞行员心理健康的各个维度/结构性指标和制定飞行员心理健康标准，"课题组"通过对国内某航空公司600余名飞行员/机长教员、飞行干部、飞行教员、地面教员、政工干部、心理学工作者、飞行员家属的调研、访谈和函询，在进行层次分析数据处理的基础上得到了如表11-2所示的飞行员心理健康维度/结构性指标体系。

**表 11-2 飞行员心理健康的维度/结构性指标**

| 一级指标 | 重要度排序 | 二级指标 | 重要度排序 | 三级指标 | 重要度排序 |
|---|---|---|---|---|---|
| 理性判断与认知 | 1 | 自我认知与接纳 | 1 | | |
| | | 目标设定 | 2 | | |
| | | 经验学习 | 3 | | |
| 意志品质 | 2 | 挫折容忍力 | 1 | | |
| | | 自觉性 | 2 | | |
| | | 自控力 | 3 | | |
| | | 果断性 | 4 | | |
| 工作满意度 | 3 | 职业期望 | 1 | | |
| | | 社会地位 | 2 | | |
| | | 职业效能 | 3 | | |
| | | 经济价值 | 4 | | |
| 飞行职业道德 | 4 | 严谨性/责任心 | 1 | | |
| | | 安全意识 | 2 | | |
| | | 组织纪律/章法观念 | 3 | | |
| 适应能力 | 5 | 行为适应 | 1 | | |
| | | 自我适应 | 2 | | |
| | | 人际适应 | 3 | | |
| 情绪 | 6 | 情绪稳定性 | 1 | | |
| | | 幸福感 | 2 | 愉悦 | 1 |
| | | | | 满足 | 2 |
| | | 情绪应对方式 | 3 | 解决问题 | 1 |
| | | | | 求助 | 2 |
| | | | | 倾诉 | 3 |
| | | | | 压抑 | 4 |
| | | 负面情绪 | 4 | 愤怒 | 1 |
| | | | | 焦虑 | 2 |
| | | | | 孤独 | 3 |
| | | | | 哀伤 | 4 |
| 个性 | 7 | 自信心 | 1 | | |
| | | 团队协作 | 2 | | |
| | | 坦诚性/开放性 | 3 | | |
| | | 乐群性 | 4 | | |
| | | 可塑性 | 5 | | |
| | | 成就动机 | 6 | | |
| | | 共情 | 7 | | |

根据上述研究，并结合已有文献，可提炼出 7 项民航飞行员的心理健康标准：

（1）能够合理地表达与控制自己的情绪。

（2）具有良好的认知与学习能力。

（3）具有良好的适应能力。

（4）具有良好的飞行职业道德。

（5）有满足感的工作。

（6）具有完整而和谐的个性。

（7）具有良好的意志品质。

以下是对上述 7 项心理健康标准的具体解释：

## 1. 能够合理地表达与控制自己的情绪

飞行员在日常工作中，由于各种因素的存在，所以正向与负向的情绪均有可能出现在飞行员中。因此，合理地表达以及调控情绪的能力就显得尤为重要了，积极正向的情绪可以提高飞行员的工作生活质量，而负向的情绪则会产生负面的影响（见表 11-3）。

**表 11-3　能够合理地表达与控制自己的情绪**

| 维度名 | 操作性定义 | 表　现 |
|---|---|---|
| 情绪状态 | 指飞行员情绪存在的性质、强度和持续时间等状态特征 | 幸福、满足、愉悦、欢乐、愤怒、恐惧、哀伤、焦虑、孤独、沮丧 |
| 情绪调控方式 | 指飞行员情绪调节方向、方法和时机。 | 倾诉、压抑、逃避、转移、评价、求助、遗忘、解决问题 |
| 情绪稳定性 | 指飞行员应对工作应激与生活应激事件的能力 | 采用正确方法努力调控情绪，使自己的情绪保持稳定，不至于进入失控状态和巨大起伏状态 |

（1）情绪状态。作为一个心理健康的飞行员来说，当面对不同的应激事件时，就有可能出现不同的情绪状态，但若飞行员长期表现出负面情绪则有可能是心理健康失衡的一个重要标志。

民航飞行员中常见的情绪状态有：幸福、满足、愉悦、欢乐、愤怒、恐惧、哀伤、焦虑、孤独、沮丧。

（2）情绪调控方式。作为一个心理健康的民航飞行员，应该主动选取积极正向的调控方式来调节自己的情绪，以使自己能保持一个良好的情绪状态。

民航飞行员中常见的情绪调控方式有：倾诉、压抑、逃避、转移、评价、求助、遗忘、解决问题

（3）情绪稳定性。情绪稳定性是指民航飞行员应对日常飞行与生活中的应激事件的能力。从民航飞行员的职业特点看，一个情绪稳定的飞行员能够把自己的情绪控制到适合飞行的状态，而不是带着极端化的情绪去飞行，从某种程度上能够起到保障飞行安全的作用。同时，一个情绪稳定的飞行员在保持机组良好工作氛围以及良好交流方面也将起到积极的作用。

## 2. 具有良好的认知与学习能力

一个心理健康的民航飞行员应该对自己的能力与局限以及优势与劣势能够做到认识清楚，不会过分的高估与低估自己。在此基础上应该能够接受完整的自我，不会出现同一性危机。能够为自己拟定恰当的目标与计划，并能从同事与朋友的经验中进行总结与学习，以提高自己（见表11-4）。

表 11-4　具有良好的认知与学习能力

| 维度名 | 操作性定义 | 表　现 |
|---|---|---|
| 自我认识与接纳 | 清晰、完整地认识和接纳自己 | 没有出现分裂人格、排斥自我的现象 |
| 对自己的目标设定恰当 | 能够为自己拟定恰当的目标与计划 | 拟定的目标应该是通过适当的努力就能达到，不会出现过高或过低的目标，能够保持恰当的自我激励水平，不至于因达不到目标而沮丧 |
| 从经验中学习并不断调整自己 | 能从自己、同事与朋友的经验中进行总结与学习以提高自己 | 具有内省提炼、吸取别人经验的意识和能力，方法得当，与时俱进，有上进心 |

（1）自我认识与接纳。就飞行员这一职业自身的特点而言，对自己以及机组成员有清醒的认识就非常重要；在清楚认识自己的基础上接纳自己，更是成人心理健康与否的一个重要参考指标，因此自我认识清楚并能接纳当前的自己对于飞行员来说也是非常必要的。

（2）对自己的目标设定恰当。在给自己拟定目标时，飞行员拟定的目标应该是飞行员做出适当的努力就能达到，不会出现过高或过低的目标，从而保障了恰当的自我激励水平。

（3）具有从经验中学习，并不断调整自己的能力。飞行这一职业本身即具有与时俱进的特征，需要飞行员不断地去进行总结，并不断地更新自己的知识体系以适应机型的改进、安全要求等变化。因此，能够从经验中学习对于民航飞行员来说就是非常必要的了。

## 3. 具有良好的适应能力

良好的适应能力是指飞行员能够根据客观环境的需要和变化，通过不断调整自己的心理、行为和身心功能，达到与周围环境保持协调的状态。它主要表现在以下几个方面（见表11-5）：

表 11-5　具有良好的适应能力

| 维度名 | 操作性定义 | 表　现 |
|---|---|---|
| 自我适应 | 表现出自我肯定，充满自信，满意现状，积极乐观的态度和行为 | 对自己始终能保持积极的态度，对自己充分肯定，满意自己的现状，对自己的发展充满信心 |
| 人际适应 | 具有适应工作关系、社会关系和家庭关系的意识和能力 | 工作中能与其他同事建立积极的人际关系，相互关爱帮助；在家庭中能适应家庭氛围与关系，给予家人关爱与支持 |
| 行为适应 | 能够适应规则约束和自觉遵守相关规则 | 在工作和社会生活中遵守相关规则，高效率地行为处事并取得相应成就的程度 |
| 环境适应 | 对飞行职业的特殊工作环境和工作方式的适应程度 | 能够适应驾驶舱的物理环境和人际环境以及工作强度与轮换班制度 |

（1）自我适应。是指飞行员对自己始终能保持积极的态度，对自己充分肯定，满意自己现在的状态，对自己的发展充满信心。

（2）人际适应。飞行员在工作中能与机组成员和公司里的其他同事建立积极的人际关系，相互关爱帮助，表现为亲社会倾向。在家庭中能适应家庭里的氛围与人际关系，给予家人关爱与支持。

（3）行为适应。指的是飞行员在航空公司工作和社会生活中遵守社会规则，高效率地行为处事并取得相应成就的程度，分为行事效率和违规行为。

（4）环境适应。飞行员对飞行这一职业的特殊工作环境和工作方式的适应程度。若不能很好地适应周围环境，则可能影响飞行员的工作安全与认同。

4. 良好的飞行职业道德

《中国民用航空运输机长的职责》对飞行员提出了八项素质要求，即良好的职业道德品质，高度的负责精神，强烈的安全意识，牢固的章法观念，熟练的操作技能，精细的工作作风，严谨的组织纪律，健康的体魄。其中的负责精神、安全意识、章法观念、工作作风和组织纪律是构成飞行员良好职业道德品质的重要内容（见图11-6）。

**表 11-6　良好的飞行职业道德**

| 维度名 | 操作性定义 | 表现 |
|---|---|---|
| 负责精神 | 履行职责的意识和行为以及效果 | 能够做好职责范围内的事情，不马虎、不推卸责任 |
| 安全意识 | 牢固树立了安全第一的思想，并体现在行为中 | 时刻想到安全、思考安全，并有保障安全的行为措施，如设置安全底线等 |
| 章法观念 | 遵守飞行相关法规和条例、规则的意识和行为 | 具有牢固的法规意识，并从行为上遵守空管的相关法规和规则、条例 |
| 工作作风 | 工作中表现出来的比较稳定的态度和行为风格 | 有的人粗心，有的人细致；有的人自我要求严格，有的人懈怠；有的人务实，有的人务虚 |
| 组织纪律 | 处理机组成员之间以及组织与个体飞行员关系的规范 | 守时遵章，正确处理公司内部和外部单位人员（如管制员、机场人员）的关系，无突破职业规范的行为 |

（1）负责精神：一是要完成好飞行员本职及所执行航班特殊职责范围内应该做好的事，如履行职责、尽到责任、完成任务等；二是指如果因为本人原因没有做好本职工作，应承担不利后果或强制性义务，如担负责任、承担后果等。

（2）安全意识：就是飞行员头脑中建立起来的"生产必须安全"的观念。飞行员树立安全意识，最主要的一点就是严格遵循安全规章和执行标准操作程序，让每一步操作精细到位，做到"有没有人管都一个样，有没有监控都一个样"。飞行员有了安全意识，才能决定其在工作中的行为，才能用良好的安全意识来掌控命运。

（3）章法观念：就是飞行员在长期的飞行活动和在航空运输生产实践当中形成的对规章的综合认识。飞行员在实际飞行过程中，必须将其思维和行为限定在航空安全规章所划定的范围内。

（4）工作作风：就是在工作时所表现出来的比较稳定的态度或行为风格。因为飞行具有不可逆性，而且处于三维高速运动状态，飞行员在前一时间发生的飞行差错或遗留的隐患，在后一时段没有更多的精力和时间来纠正和弥补，所以，飞行中特别强调"第一手工作质量"。飞行员要将飞行中的每一个动作、每一步程序分得非常细致，将每一个流程及其操作，都做到非常"严"，而不是非常"松"；做到非常"细"，而不是非常"粗"；做到非常"实"，而不是非常"虚"。

（5）组织纪律：即严谨性，之所以要严谨，是因为航空运输活动是一个系统工程，只有按章做事、协同办事，才能保证整个运行体系安全、可靠和高效。航空公司运行要符合运行规范，这是公司对行业管理者的书面承诺；而飞行员实施飞行生产则要遵循飞行手册，这是具体落实规章、组织纪律性强的最好行为。现代航空运输企业必须强化"手册法人""手册公司""手册领导""手册员工"和"手册飞行员"。作为规章手册的遵循者和执行者，飞行员应该将规章手册的标准、程序、规则融会在自己的飞行中和血液里。

5. 有满足感的工作

工作与职业对于飞行员的心理健康也是非常重要的，飞行员在工作中获得满足感与成就感，体现飞行员的存在价值，同时在工作中拓展人际关系，获得别人的认同与赞许，进而产生积极正向的情感（见表 11-7）。

表 11-7　有满足感的工作

| 维度名 | 操作性定义 | 表现 |
| --- | --- | --- |
| 职业期望 | 对当前职业的期许与愿望 | 认为飞行职业充满挑战与乐趣，愿意为该职业而付出，职业生涯发展前途良好 |
| 职业经济价值 | 对职业经济价值的判断 | 认为飞行职业具有良好的经济价值与效益 |
| 职业社会地位 | 对职业社会地位的判断 | 认为飞行职业能够被他人所认同和尊重，对于社会的发展与安定具有较大的作用 |
| 职业效能感 | 对自己能否胜任当前职业的判断 | 心理健康的飞行员应该认为自己能够完全胜任飞行职业 |
| 职业物化环境 | 对物理环境是否适合工作的判断 | 对自己工作的环境具有积极正向的评价 |
| 职业工作方式 | 对工作方式是否适合工作的判断 | 对飞行员的工作方式持积极正面的评价 |

（1）飞行职业期望：飞行员对当前职业存在期许与愿望，认为职业充满挑战与乐趣，飞行员愿意为了该职业而付出。

（2）飞行职业经济价值：飞行员对职业经济价值的判断，认为该职业具有良好的经济价值与效益。

（3）飞行职业社会地位：飞行员对职业社会地位的判断，认为该职业能够被他人所认同和尊重，对于社会的发展与安定具有较大的作用。

（4）飞行职业效能感：飞行员对自己能否胜任当前职业的判断，一个心理健康的飞行员应该认为自己能够完全胜任自己当前的职业。

（5）飞行职业物化环境：飞行员对物理环境是否适合工作的判断。

（6）飞行职业工作方式：飞行员对工作方式是否适合工作的判断。

## 6. 完整而和谐的人格

人格完整而和谐的飞行员能够将需要、思想、目标、行动统一协调起来，做到思想言行的一致，能够很好地胜任当前的工作任务，并承担良好的社会与家庭责任（见表 11-8）。

表 11-8　完整而和谐的个性

| 维度名 | 操作性定义 | 表　现 |
|---|---|---|
| 可靠性 | 严谨、诚实的行为风格 | 做事细致、严谨，对人对事都能坦诚相待，不隐瞒事实 |
| 成就动机 | 对工作和事业的愿望和热情以及追求 | 近期目标与远期目标相结合，有适宜的职业生涯规划 |
| 攻击性 | 意识和言行上的对抗和侵犯 | 超越伦理、规范的攻击言行，给他人带来困扰和不适，难以与之相处 |
| 可塑性 | 心理和行为上的适应变化的能力 | 能够与不同性格和行为风格的人相处，能够适应环境的变化 |
| 自信心/挫折容忍力 | 对自己相信的程度和抗挫折与压力的能力 | 没有自卑心理，能够正确面对挫折与压力，并有积极的应对措施 |
| 团队协作意识 | 机组成员之间、空地之间的协作意识与适宜的协作行为 | 对机组工作的团队工作性质有充分的认识，有适宜的沟通、质询和劝告行为 |
| 乐群性 | 乐于与他人相互交往，不喜欢独处 | 喜欢参加集体活动，有一定的人际交往 |
| 共情 | 体验他人内心世界的能力 | 能够换位思考和体验他人感受 |

（1）可靠性：严谨性、开放性/诚实性。

（2）个人价值：成就动机、可塑性/冒险性、攻击性、自信心/挫折容忍力。

（3）机组协作：团队协作、控制欲/组织协调、乐群性/外倾性、共情性/乐群性。

## 7. 良好的意志品质

良好的意志品质对于飞行员这一职业尤其重要。飞行员应具有明确的行动目标；能够合理地做出决策，并予以执行而不是优柔寡断；对自己的行为能够进行监控以保证任务的顺利完成；能克服困难、始终坚持（见图 11-9）。

（1）自觉性。即飞行员对自己的行动的目的和意义有明确认识，并能主动地支配和调节自己的行动，使之符合于自己行动的目的。自觉性强的人既能独立自主地按照客观规律支配和调节自己的行为，又能不屈从周围的压力和影响，坚定地去完成任务。与自觉性相反的意志品质是懒惰、盲从和独断。

（2）果断性。心理健康的飞行员善于迅速地明辨是非，坚决地采取决定和执行决定，而不是优柔寡断。相反，心理不健康的飞行员做出决定时犹豫不决，三心二意。做出决定后又畏缩不前，左顾右盼，迟迟不付诸行动，甚至行动开始后还犹犹豫豫。

（3）自制、自控性。心理健康的飞行员善于控制自己的行为，对自己的行为后果负责，能较好地抑制激动和愤怒、暴怒等激情的爆发，既不任性也不怯懦。

表 11-9 良好的意志品质

| 维度名 | 操作性定义 | 表 现 |
|---|---|---|
| 自觉性 | 对自己的行动的目的和意义有明确认识，并能主动地支配和调节自己的行动，使之符合于自己行动的目的 | 自觉性强的人既能独立自主地按照客观规律支配和调节自己的行为，又能不屈从周围的压力和影响，坚定地去完成任务；与自觉性相反的意志品质是懒惰、盲从和独断 |
| 果断性 | 善于迅速地明辨是非，坚决地采取决定和执行决定，而不是优柔寡断 | 能够在深思熟虑的基础上及时作出决定；做出决定后能够立即付诸行动 |
| 自制、自控性 | 善于控制自己的行为，对自己的行为后果负责 | 能较好地抑制激动和愤怒、暴怒等激情的爆发，既不任性也不怯懦 |
| 坚韧性/坚持性 | 达成目标的坚定性和坚持性 | 实现目标的过程中坚持不懈地克服困难，也能在失败时适时改变或放弃原先决定，重新做出调整 |

（4）坚韧性/坚持性/挫折容忍力。心理健康的飞行员在实现目标的过程中会坚持不懈地克服困难，同时也能在失败时适时地改变或放弃原先的决定重新做出调整。他们能正确面对挫折情境，不断加强自己的耐受能力。

## 三、心理健康的有关理论和心理健康问题的界定

### （一）心理健康的相关理论

在心理健康理论的发展过程中存在着两种截然不同或者说完全相对的理论类别，那就是积极心理学和消极心理学，它们都对人类心理健康的维护和促进以及心理问题的识别与矫治做出了贡献，其主要区别如表 11-10 所示。

表 11-10 积极心理学与消极心理学的主要区别

| 积极心理学 | 消极心理学 |
|---|---|
| 目的是提高心理生活质量 | 目的是防治心理疾病 |
| 以促进幸福为中心 | 以缓解痛苦为中心 |
| 研究对象：积极的主观体验、生理机制以及获得的途径；积极的个人特质；群体层面的公民美德 | 研究心理症状和心理障碍的心理学 |
| 相关用语：幸福、快乐、乐观、爱、道德、勇敢、坚强、无畏…… | 相关用语：心理病态、心理变态、心理疾病、心理问题、心理缺陷、抑郁、焦虑、恐惧、紧张、离婚、死亡、虐待 |
| 文学用语：幸福的生活、甜蜜的爱情、永恒的友谊、无私的奉献 | 文学用语：破碎的心、伤痛的心、流血的心 |
| 新近出现的理论，是国际心理学界正在兴起的一个新的理论流派，以 Seligman 2000 年 1 月《积极心理学导论》为标志，越来越多的心理学家开始涉足此领域的研究，矛头直指向过去近一个世纪中占主导地位的消极心理学模式，逐渐形成一场积极心理学运动 | 历史久远，占大多数：在对人类情绪的研究中，就有约 95% 的研究是关于抑郁、焦虑、偏见等负性情绪的 |

积极心理学（Positive Psychology）是心理学研究史上一个重要思潮，它强调从人类的力量和美德等积极方面出发对心理学进行研究，将心理学的任务从全新的视角进行了诠释。积极心理学研究方向主要体现在：积极的社会组织系统、积极情感体验和积极人格3个方面。3种主要的积极人格特质有：① 主观满意感（SWB），与期望目标、人际关系和宗教信仰等方面有关；② 自我决定性（Self-determination），涉及交往、胜任等方面，对自我决定有着显著影响；③ 乐观（Optimism），这里值得关注的是，不要过分强调乐观的积极方面，我们知道并不是所有乐观特性的行为都对人的发展有利。积极心理学主要代表人物及其主要观点如表11-11所示。

**表 11-11　积极心理学理论的主要代表人物及其主要观点**

| 理论名称 | 主要观点 |
|---|---|
| 马斯洛的"自我实现"理论 | 马斯洛（A. H. Maslow）的心理健康14条标准是在"自我实现"理论的基础上总结提炼的：现实知觉良好；全面接受自然、他人与自己；自觉、坦率、真实；以工作、事业为中心；独处和自立的需要；功能发挥自主；有持续的欣赏力；有神秘的高峰体验；社会兴趣强烈；人际关系深刻；具有民主的性格结构；处事幽默、风趣；富于创造精神；反对盲目遵从14条标准。马斯洛认为心理健康的另一个理论基础是动机需要论，他将人的基本需要分为了5个层次，即生理的需要、安全的需要、社交的需要、尊重的需要和自我实现的需要。查阅文献可知，在许多心理学研究方面马斯洛的动机需要理论都起到了基础理论的支撑作用 |
| 罗杰斯的"机能充分发挥者"理论 | 罗杰斯（C. R. Rogers）认为，一个自身机能充分发挥者应具有以下5个特征：乐于接受一切经验；充分地相信自己；时刻保持生活充实；无条件地自我关注；无条件地关注他人。其进一步指出，由于人们生活在自己的主观世界中，个体的主观世界是只为自己知晓的现象的实在，而非物质的实在，所以在知觉上即使面对同一事物也会产生不同的知觉，而针对不同的知觉其反应也不尽相同。从这一观点来看，人们对现象世界与客观物质世界的认知是否一致要因人而异 |
| 奥尔波特的"成熟者"理论 | 奥尔波特（G. W. Allport）认为：心理健康者不受无意识力量、童年心灵创伤或冲突的控制，功能发挥是在理性和意识水平上进行的。奥尔波特对"成熟者"健康心理特征的具体描绘为：个体的兴趣广泛（能主动地把自己推延到自身以外的兴趣和活动中），自我情绪上有安全感，具有良好的人际关系，具有各种技能，并且具备现实主义的认知并专注于工作，能够实现完成自我形象塑造，从而达到人生观的统一。"成熟者"心理健康表现在一种自我实现与需求的扩张。"成熟者"对很多事都很满意，他们不仅能够突破少数老套的活动的局限，而且能够积极地参加各种各样极其不同的活动并且还能够从中感到愉快 |
| 弗洛姆"创发者"理论 | 弗洛姆（E. From）的心理健康观：病态的心理源于社会现存的种种弊端，之所以更多的人未能达到健康人格的状态是因为社会的不合理，每个人在这样病态的社会中，在利用自己潜能成长和发展的固有倾向的束缚下，产生了病态人格。他强调社会变革是产生大量生产性人格或"创发者"的途径。创发是指一种既包含有智力方面的成分，也包括人格和情绪等方面因素的人生各个方面新思想、新态度的总体倾向。他把人分为两大类型：生产性倾向和非生产性倾向。认为非生产性倾向的人具有不健康、病态的人格表现；相反，生产性倾向是人格健康的表现。弗洛姆从4个方面界定了"创发者"健康个性特征：接受爱的能力、思维能力、幸福与良心 |
| 弗兰克尔的"自我超脱者"理论 | 弗兰克尔（V. E. Frankl）认为对理想、人生意义或目的的自觉探求是心理健康的人应该具备的基本特征，然而如果这种探求要完成，心理健康者就应该把自己同其他人、某种理想或者某项工作紧密联系起来，通过摆脱束缚自我牵绊从而找到人生的真正价值。要完成这种探索仅仅靠心理健康者自我实现是远远不够的，这一思想便是其"自我超脱者"理论模式 |

心理健康的消极心理学理论包括与焦虑有关的理论和与应激有关的理论，表 11-12 描述了心理健康焦虑理论及其主要观点。

表 11-12　心理健康理论中的焦虑理论

| 理论名称 | 主要观点 |
|---|---|
| 精神分析的理论 | 弗洛伊德（S. Freud）于 1894 年提出精神分析理论，这项理论被认为是现代心理学的奠基石。他主张把焦虑问题放在由"本我、自我、超我" 3 部分组成的人格结构中进行研究，他认为潜意识与现实的矛盾冲突是导致焦虑产生的主要原因，并强调从神经衰弱里分出一个特殊的综合征——焦虑神经症 |
| 行为主义的理论 | 20 世纪 50 年代中后期，由于焦虑变量的研究受学习理论的影响，其研究方向开始转为对学习过程及其效果的影响转变，并逐步形成了衣阿华学派和耶鲁学派两大对立的阵营，其代表人物分别是泰勒、斯彭斯和萨拉森。<br>泰勒、斯彭斯提出的一般性焦虑为特征的驱力理论，是以行为主义的立场为基础。认为，一般性焦虑是一种习得性的内驱力，其对于个体具有一种激活的效能。而以萨拉森为代表的耶鲁学派认为该理论在考试的标准化测验情境中，通常会表现出两种不同的焦虑反应，耶鲁学派的这种理论观点与驱力理论针锋相对 |
| 人格研究趋向 | 1960 年，卡特尔以因素分析的方法进行个性研究，这开启了对焦虑的心理学研究的第三种研究趋向——人格研究。大量研究证明，在高强度的焦虑状态条件下的个体，其注意过程将受到分散和阻断，从而对记忆和思维的效果进行干扰，使人的意识范围变得狭窄，导致过于敏感的心理反应，以致影响学习、工作的效率与质量，甚至有可能损害社会适应、人际关系和躯体健康 |

针对应激的相关研究距今已有近 70 多年的历史，HansSelye 最早对应激进行了系统的研究，他对应激定义为：能引起机体应激状态的外界刺激称为应激，它是机体对外界刺激的反应。许多研究者在此之后，根据不同的研究目的、不同的研究方法和不同的研究对象，对应激进行了更为深入的研究，在此基础上形成了许多应激概念和应激理论，归纳起来，可以总结为刺激理论模型、反应理论模型、刺激-反应理论模型 3 个模式，具体如表 11-13 所示。

表 11-13　心理健康理论中的应激理论

| 理论名称 | 主要观点 |
|---|---|
| 应激的刺激理论模型 | 该模型把应激定义为能引起人体相应生理心理反应的外界刺激，这种刺激被看作是被外部强加的负担或要求，影响个体并对个体存在潜在的危害性 |
| 应激的反应理论模型 | 该模型强调应激是紧张或唤醒的一种内部心理状态，是人体内部出现的解释性的、情感性的、防御性的应对过程。根据该模型的观点，把应激定义为人体对外界刺激的反应状态，强调机体或心理对刺激反应的心理生理状态 |
| 应激的刺激-反应互动模型 | 该模型将刺激模型和反应模型进了有效整合，指出应激是个体对刺激认知评价后的身心反应状态，强调认知评价在应激过程中的中介作用。由于个体对环境刺激的知觉和解释方式不同，才决定了该刺激能否，以及在多大程度上引起应激 |

## （二）心理问题的界定

### 1. 心理问题的含义

心理问题也称心理失衡，是正常心理活动中的局部异常状态，不存在心理状态的病理性变化，具有明显的偶发性和和暂时性，常与一定的情境相联系，常有一定的情景诱发，脱离该情景，个体的心理活动则完全正常。心理问题有时也是指人们心理上出现的问题，如情绪消沉、心情不好、焦虑、恐惧、人格障碍、变态心理等消极的与不良的心理。严格来说，心理问题无褒贬之意，既包括积极的，也包括消极的。

### 2. 心理问题的类别

根据对心理健康的定义，按照程度的不同，可以将个体心理问题的类型划分为3类：发展性心理问题、适应性心理问题与障碍性心理问题。

（1）发展性心理问题：所谓发展性心理问题，主要是指个体自身不能树立正确的自我认知，特别是对自我能力、自我素质方面的认知，其心理素质及心理潜能没有得到有效、全面的发展。其特点主要体现在自负或缺乏自信、志向愿望过高或偏低、责任目标缺失等几个方面。

（2）适应性心理健康问题：适应是个体通过不断做出身心调整，在现实生活环境中维持一种良好、有效的生存状态的过程。而适应性心理问题则是个人与环境不能取得协调一致所带来的心理困扰。

（3）障碍性心理健康问题：障碍性心理问题有时候也称为"心理障碍""心理疾病"。其特征是：一是个体持久地感受到痛苦（一般以6个月为界线）；二是社会功能受损，表现为人际关系糟糕，容易产生对抗甚至敌对行为；三是表现出非当地文化类型的特殊行为。

当个体遭遇人际关系的严重冲突、重大挫折、重大创始或面临重大抉择时，一般都会表现出情绪焦虑、恐惧或者抑郁，有的表现沮丧、退缩、自暴自弃，或者异常愤怒甚至冲动报复。有的往往是过度应用防卫机制来自我保护，且表现出一系列适应不良的行为。如果长期持续的心理障碍得不到适当的调适或从中解脱，就容易导致严重精神疾病的产生，产生比较严重的后果。

个体障碍性心理问题是多种多样的，常见的有以下几种类型：

① 焦虑性障碍：焦虑是一种不明原因的害怕，是不能达到目标和不能克服障碍时表现的紧张不安，心烦意乱，忧心忡忡；经常怨天尤人，自忧自怜，毫无缘由地悲叹不已；碰上一点小事，往往坐立不安；遇到一点紧张的心理压力，便会慌张地不知所措，注意力难以集中，难以完成工作任务，并伴有身体不适感，如出汗、口干、心悸、嗓子有堵塞感、失眠等。

焦虑和焦虑症是不同的概念。有的人把自己的紧张或者焦虑称为神经衰弱。焦虑是面对未来，紧张是面对现实。什么情况可能产生焦虑呢？一般来讲，50%以上的不确定未来事件，就容易产生焦虑。广泛性的焦虑症一般指持续性时间超过6个月（短时间的一般只称为一种焦虑现象），总是有对可能性不高的无理由的担忧，明明不可能也要过分地担忧。其特征主要有：

- 思绪狭窄、紊乱；
- 长时间过分担忧；
- 情绪急切、过于激动紧张（有时候歇斯底里）；
- 往往伴随失眠、反复噩梦等。广泛性的焦虑症几乎是一切精神心理障碍问题的一般特征。恐惧症也是一种以焦虑为基础的心理障碍。如"创伤和应急障碍"，亲临事故或事故征候、车祸、凶杀、战争、地震等都容易产生这样类似的后遗症。

当今学术界还认为焦虑性障碍可以包括十分典型的病态"完美主义"人格心理障碍。主要表现如：

- 过度的自我批评、过多的体验失败、自我强加的过高标准或者过高的目标追求；
- 恐惧失败；
- 不顾后果地追求成功；
- 饱受应该得到目标的折磨；
- 一般都很难有幸福的家庭生活感受；
- 喜欢把意志强加给别人。

② 抑郁性障碍：主要表现是情绪持续低落，郁郁寡欢，悲观厌世，心理功能下降，自我评价降低，不愿与人交往，情绪呆板，总以"灰色"的心情看待一切，对什么都不感兴趣，自罪自责，内心体验多不幸、苦闷、无助、无望，总感到活着没有意思。主要表现特征有：

- 心境恶劣；
- 对事物没有兴趣；
- 人际关系紧张，好像看哪个都不顺眼，缺乏亲情感；
- 自我评价降低，无自我价值感。

③ 恐怖性障碍：患有恐怖性障碍的个体，所害怕的对象在一般人看来并没有什么可怕的，但仍出现强制性的回避意愿和紧张、焦虑、眩晕等心理反应。如恐高症、利器恐怖、动物恐怖、广场恐怖及社交恐怖等。其中社交恐怖较为常见，主要表现就是赤面恐怖，也就是在众人面前脸红，面部表情惊恐失措，不敢正视对方，害怕别人看透自己的心思而难堪，心理产生紧张不安、心慌、胸闷等症状。

④ 强迫性障碍：做事反复思考，犹豫不决，自知不必想的事仍反复想，不该做的事仍反复做，因而感到紧张、痛苦。强迫性症状中常见的表现有：

- 强迫观念，如强迫回忆、强迫怀疑等；
- 强迫意向或强迫冲动等；
- 强迫动作，如反复检查门锁等。

强迫症状几乎每个人都曾出现过，但只要不成为他们的精神负担，不妨碍正常的工作、生活，就不应算作强迫性障碍。

⑤ 疑病性障碍：主要表现为对自己健康状态过分关注，深信自己患了某种疾病，经常诉述不适，顽固地怀疑、担心自己有病，经实验室检查和医生的多次解释后仍不能接受，反复就医，甚至影响其社会功能。这种对自身健康过度担忧的心理倾向就是疑病性障碍的表现。

产生心理障碍，几乎人人都可能会遇到，较长时间内不良心境的持续积累，就可能会造成兴趣减退、生活规律紊乱，甚至行为异常、性格偏离怪异等等，这些都需要寻求心理咨询的帮助。心理咨询也适用神经症，包括强迫症、焦虑症、恐惧症、疑病症等，还适用于生理心理障碍（即身心疾病）、神经系统器质性疾病引起的心理障碍、各种智力发育异常等。

### 3. 心理问题的等级

心理问题等级划分从健康状态到心理疾病状态一般可分为4个等级：健康状态、不良状态、心理障碍、心理疾病。从严重程度来分，可分为一般心理问题、严重心理问题、心理疾病。

（1）心理健康状态：可从本人评价、他人评价和社会功能状况3方面分析。

① 本人不觉得痛苦：即在一个时间段中（如一周、一月、一季或一年）快乐的感觉大于痛苦的感觉。

② 他人不感觉到异常：即心理活动与周围环境相协调，不出现与周围环境格格不入的现象。

③ 社会功能良好：即能胜任家庭和社会角色，能在一般社会环境下充分发挥自身能力，利用现有条件（或创造条件）实现自我价值。

（2）不良状态：又称第三状态，是介于健康状态与疾病状态之间的状态，是正常人群组中常见的一种亚健康状态，它是由于个人心理素质（如过于好胜、孤僻、敏感等）、生活事件（如工作压力大、晋升失败、被上司批评、婚恋挫折等）、身体不良状况（如长时间飞行劳累、身体疾病）等因素所引起的。它的特点是：

① 时间短暂：此状态持续时间较短，一般在一周以内能得到缓解。

② 损害轻微：此状态对其社会功能影响比较小。处于此类状态的人一般都能完成日常工作学习和生活，只是感觉到的愉快感小于痛苦感，"很累""没劲""不高兴""应付"是他们常说的词汇。

③ 能自己调整：此状态者大部分通过自我调整如休息、聊天、运动、唱歌、旅游、娱乐等放松方式能使自己的心理状态得到改善。小部分人若长时间得不到缓解可能形成一种相对固定的状态。这小部分人应该寻求心理医生的帮助，以尽快得到调整。

（3）心理障碍：心理障碍是因为个人及外界因素造成心理状态的某一方面（或几方面）发展的超前、停滞、延迟、退缩或偏离。它的特点是：

① 不协调性：其心理活动的外在表现与其生理年龄不相称或反应方式与常人不同。如成人表现出幼稚状态（停滞、延迟、退缩）；少年老成行为（不均衡的超前发展）；对外界刺激的反应方式异常（偏离）等。

② 针对性：处于此类状态的人往往对障碍对象（如敏感的事、物及环境等）有强烈的心理反应（包括思维和行为），而对非障碍对象可能表现很正常。

③ 损害较大：此状态对其社会功能影响较大。它可能使当事人不能按常人的标准完成其某项（或某几项）社会功能。如社交焦虑者（又名社交恐惧）不能完成社交活动，锐器恐怖者不敢使用刀、剪，性心理障碍者难以与异性正常交往。

④ 需求助于心理医生：此状态者大部分不能通过自我调整和非专业人员的帮助而解决根本问题。因此，心理医生的指导是必需的。

（4）心理疾病：心理疾病是由于个人及外界因素引起的个体强烈的心理反应（思维、情感、动作行为、意志）并伴有明显的躯体不适感，是大脑功能失调的外在表现。其特点是：

① 强烈的心理反应：可出现思维判断上的失误，思维敏捷性的下降，记忆力下降，头脑黏滞感、空白感，强烈自卑感及痛苦感，缺乏精力，情绪低落或忧郁，紧张焦虑，行为失常（如重复动作，动作减少，退缩行为等），意志减退，等等。

② 明显的躯体不适感：由于中枢控制系统功能失调可引起人体各个系统功能失调，如影响消化系统则可出现食欲不振、腹部胀满、便秘或腹泻（或便秘-腹泻交替）等症状；影响心血管系统则可出现心慌、胸闷、头晕等症状；影响到内分泌系统可出现性功能障碍等。

③ 损害大：处于此状态下的患者不能或只能勉强完成其社会功能，缺乏轻松、愉快的体验，痛苦感极为强烈，"哪里都不舒服""活着不如死了的好"是他们真实的内心体验。

④ 需心理医生的治疗：处于此状态下的患者一般不能通过自身调整和非心理科专业医生的治疗而康复。心理医生对此类患者的治疗一般采用心理治疗和药物治疗相结合的综合治疗手段。在治疗早期通过情绪调节、药物快速调整情绪，中后期结合心理治疗解除心理障碍并通过心理训练达到社会功能的恢复并提高其心理健康水平。

**4. 心理问题的判断标准**

有关学者和临床治疗医生在长期实践的基础上总结出如表 11-14 所示的心理问题判断标准。

表 11-14　如何判断一般心理问题和严重心理问题

| 判断指标 | 一般心理问题 | 严重心理问题 |
| --- | --- | --- |
| 情绪反应强度 | 由现实生活、工作压力等因素而产生内心冲突，引起的不良情绪反应，有现实意义且带有明显的道德色彩 | 是较强烈的、对个体威胁较大的现实刺激引起的心理障碍，体验着痛苦情绪 |
| 情绪体验持续时间 | 求助者的情绪体验时间不间断地持续 1 个月或者间断地持续 2 个月 | 情绪体验超过 2 个月，未超过半年，不能自行化解 |
| 行为受理智控制程度 | 不良情绪反应在理智控制下，不失常态，基本维持正常生活、社会交往，但效率下降，没有对社会功能造成影响 | 遭受的刺激越大，反应越强烈。多数情况下，会短暂失去理智控制，难以解脱，对生活、工作和社会交往有一定程度影响 |
| 泛化程度 | 情绪反应的内容对象没有泛化 | 情绪反应的内容对象被泛化 |

在心理学界与精神病学界有普遍公认的判断病与非病三原则，即：第一、是否出现了幻觉（如幻听、幻视等）或妄想；第二、自我认知是否出现问题，能否或是否愿意接受心理或精神治疗；第三、情感与认知是否倒错混乱，知、情、意是否统一，社会功能是否受到严重损害（即行为情绪是否已经严重脱离理智控制）。重点在于对幻觉妄想与情感是否倒错混乱两个方面，对于是否有自我认知的判断应是在这两个重要判断基础之上。若是属于精神病范畴，需要由具有处方权的心理医生或精神病医生提供专门的治疗，特别是药物治疗。

## 四、10种易于误解的正常的心理现象

精神正常并不意味着没有一点问题，关键是这些症状的产生背景、持续时间、严重程度以及对个体和环境的不良影响如何。正常人也可能出现短暂的异常现象，时间短、程度轻，尚不能贴上精神病的标签。

### 1. 疲劳感

通常有相应的原因，持续时间较短，不伴有明显的睡眠和情绪改变，经过良好的休息和适当的娱乐即可消除。这种现象在飞行员群体中比较常见，尤其是飞行任务繁忙的暑运和春运期间，飞行员往往感到非常疲倦，但经过一段时间的调整后会很快恢复。

### 2. 焦虑反应

焦虑反应是人们适应某种特定环境的一种反应方式。但正常的焦虑反应常有其现实原因（现实性焦虑），如面临飞行前检查，飞行学员很多感到压力大、很焦虑、睡不着觉，随着事件结束很快会得到缓解。

### 3. 类似歇斯底里现象

多见于妇女和儿童。有些女性和丈夫吵架尽情发泄、大喊大叫、撕衣毁物、痛打小孩，甚至威胁自杀。儿童可有白日梦、幻想性谎言表现，把自己幻想的内容当成现实。这是由于中枢神经系统发育不充分、不成熟所致。

### 4. 强迫现象

有些脑力劳动者（飞行工作以消耗脑力为主），特别是办事认真的人反复思考一些自己都意识到没有必要的事，如是不是得罪了某个人，反复检查门是否锁好了等。但持续时间不长，不影响生活工作。

### 5. 恐怖和对立

我们站在很高但很安全的地方时仍会出现恐怖感，有时也想到会不会往下跳，甚至于想到跳下去是什么情景。这种想法如果很快得到纠正不再继续思考，属正常现象。

### 6. 疑病现象

很多人都将轻微的不适现象看成严重疾病，反复多次检查，特别是当亲友、邻居、同事因某病英年早逝和意外死亡后容易出现。但检查如排除相关疾病后能接受医生的劝告，属正常现象。

### 7. 偏执和自我牵连

任何人都有自我牵连倾向，即假设外界事物对自己影射着某种意义，特别是对自己有不利影响时。如走进办公室时，人们停止谈话，这时往往会怀疑人们在议论自己。这种现象通常是一过性的，而且经过片刻的疑虑之后就会醒悟过来，其性质和内容与当时的处境联系紧密。

## 8. 错　觉

正常人在光线暗淡、恐惧紧张及期待等心理状态下可出现错觉，但经重复验证后可迅速纠正。成语"草木皆兵""杯弓蛇影"等均是典型的例子。

## 9. 幻　觉

正常人在迫切期待的情况下，可听到"叩门声""呼唤声"。经过确认后，自己意识到是幻觉现象，医学上称之为心因性幻觉。正常人在睡前和醒前偶有幻觉体验，不能视为病态。

## 10. 自笑、自言自语

有些人在独处时自言自语甚至边说边笑，但有客观原因，能选择场合，能自我控制，属正常现象。

# 五、心理健康的维护与促进

经常性地对照飞行员心理健康的 7 项标准（参见前述相关内容），树立正确的认知、形成良好的人生态度、规范自己的行为，不但要看到积极的自己，也要接受负面的自己。在此，重述一遍这 7 项心理健康标准：

（1）能够合理地表达与控制自己的情绪。

（2）具有良好的认知与学习能力。

（3）具有良好的适应能力。

（4）具有良好的飞行职业道德。

（5）有满足感的工作。

（6）具有完整而和谐的个性。

（7）具有良好的意志品质。

## （一）对压力进行合理管理

压力亦可称之为心理性应激，这在本书应激管理一章中有比较多的篇幅进行讨论。飞行员压力水平过高或者压力长期持续，有可能影响生理机能和心理健康，导致心理和生理上的疲惫，如失眠、肠胃失调、血压升高、工作能力下降、工作热情丧失甚至对飞行工作产生倦怠。压力管理是指在压力产生前或产生后，个体主动采用合理的应对方式，以缓解或消除压力的消极影响。压力管理的目的并非是彻底消除压力，而是通过一套有效的压力管理方法来缓解、调节和分散压力。表 11-15 所示是中国民航飞行学院与东方航空集团联合课题组经过广泛调研和测试得到的飞行员的主要压力源及其排序。

对压力的应对方式主要有宣泄、咨询、引导、放松练习以及听舒缓的音乐。

宣泄作为一种对压力的释放方式，效果很好。宣泄可采取各种办法，有研究表明：体育运动、休闲活动、与家人游玩等对减轻压力是非常有益的。

咨询就是向专业心理人员或亲朋好友倾诉自己心中的郁闷紧张情绪。向自己的好友或父母倾诉几乎是每个人都有过的经历。不论被倾诉对象能否为自己排忧解难，倾诉本身就是一种很好的调整压力的方法。这里效果较好的当属和专业人员进行沟通的心理咨询了。

心理咨询是专业心理咨询人员通过语言、文字等媒介物与员工进行信息沟通，以调整员工心理或情绪的过程。通过心理咨询可以帮助飞行员在对待压力的看法、感觉、情绪等方面有所变化，解决其出现的心理问题，从而调整心态，能够正确面对和处理压力，保持身心健康，提高工作效率和生活质量。

表 11-15　飞行员主要压力源及其排序

| 一级指标 | 重要度排序 |
| --- | --- |
| 飞行安全 | 1 |
| 职业前景 | 2 |
| 公司人际 | 3 |
| 家庭需要 | 4 |
| 工作变动 | 4 |
| 工作环境 | 5 |
| 生活事件 | 6 |
| 职业落差 | 7 |
| 工作负荷 | 8 |

引导是教育工作者（如学生队干部和教师）帮助飞行员改变其心态和行为方式，使飞行员能正确对待压力。诸如重新确定发展目标、培养飞行员多种业余兴趣爱好等都是很好的引导方法。飞行员确立正确适当的目标，通过自身努力可以达到此目标，相关压力自然也就消失了。而飞行员如果有丰富多彩的兴趣爱好活动，可以很容易转移注意力，投入到兴趣爱好中，从中陶冶情操、保护身心健康，心态亦会平和，压力自然也就减轻直至消失。

放松练习在本书应激管理一章中有较为详细的阐述，书后附录已列出了放松指导语，这里不再赘述。其他一些行之有效的方法如下：

（1）健康的开怀大笑可消除压力。

（2）轻松、舒缓的音乐有助于缓解压力，如果你懂得弹吉他或其他乐器，不妨以此来对付心绪不宁。

（3）阅读书报可说是最简单、消费最低的轻松消遣方式，不仅有助于缓解压力，还可使人增加知识与乐趣。

（4）做错了事，要想到谁都有可能犯错误，因而继续正常地工作。

（5）与人为善，千万别怀恨在心。

（6）世上没有完美，甚至缺少公正：我努力了，能好最好，好不了也不是自己的错。

（7）学会一定程度的放松，对工作统筹安排，从而能劳逸结合，自在生活。

（8）学会躲避一些不必要、纷繁复杂的活动，从一些人为制造的杂乱和疲劳中摆脱出来。

（9）不要害怕承认自己的能力有限，学会在适当的时候对别人说"不"。

（10）超然洒脱面对人生。想得开没有精神负担，放得下没有心理压力，淡泊为怀，知足常乐。

（11）在非原则问题上不去计较，在细小问题上不去纠缠，对不便回答的问题佯作不懂，对危害自身的问题假装不知，以聪明的"糊涂"舒缓压力。

（12）遇事是否沉着，是一个人是否成熟的标志之一。沉着冷静地处理各种复杂问题，有助于舒缓紧张压力。

（13）当你无力改变现状时，你应学会换一个角度看待问题。请独自对困扰你的问题进行分析，然后找出一个最适合的解决方法。

## （二）对负性情绪进行合理管理

情绪是人们对客观事物的态度体验及相应的行为反应，包括喜、怒、忧、思、悲、恐、惊7种。情绪管理就是要善于把握自我，善于合理调节情绪，对生活中矛盾和事件引起的反应能适可而止地排解，能以乐观的态度、幽默的情趣及时地缓解紧张的心理状态。

（1）体察自己的情绪，这是情绪管理的第一步。

（2）适当表达自己的情绪。要在适当的场合、适当的时机把自己的情绪表现出来。

（3）以合宜的方式缓解不当情绪。缓解情绪的方法很多，有些人会痛哭一场，有些人找好友诉苦一番，另外一些人会逛街、听音乐、散步或强迫自己做别的事情以免老想起不愉快。比较有效缓解情绪的方式有以下几种：

① 通过一些陶冶性情的艺术类兴趣爱好活动，就是琴棋书画之类的，唱歌也行。很多艺术类的活动都能给人发泄感情的空间，不在乎做得多好，关键是既有兴趣，又能抒发情感。

② 锻炼身体方面的活动，比如健身，打球，舞蹈，深层放松，做按摩。想象着坏情绪像球一样被打出去，或者随着汗水挥洒出去，会给人一种痛快的感觉。

③ 身边一定要有三两个知心人，让你随时心情不好时都能够打电话或当面向他们倾诉自己的烦恼（一般在心理咨询中辅导员也会让当事人把几个名字列出来，并讨论当事人对名单中亲友的信任度）。所谓"分享的快乐是加倍的快乐，分担的痛苦是减半的痛苦"。

④ 通过记日记来理清思绪。一个必然规律是，写在纸上的越多，积压在心里的越少。并且在写日记的过程中，人可以自己对过去发生的事情进行总结，并更加客观地对待。当事人也可收集一些警句和座右铭，在关键的时候能够自我激励。

⑤ 给自己创造一个愉快的生活环境，比如放音乐，熏香，还有柔和的灯光等等，或者将自己置身于一个令人心旷神怡的自然环境中，从生理上来舒缓紧张的神经。

## （三）良好的职业生涯规划

有的飞行员对职业期望关注度很高，往往把职业期望作为工作满意度评价的最主要指标。然而飞行员要了解自己职业的特殊性：成为一个成熟的飞行员需要一个相当漫长的过程，需要经过严格的选拔和长达数年的培养时间，以及终身不断的培训和磨炼。需要经历新雇员、第二副驾驶、第一副驾驶、新机长、成熟机长、机长教员/飞行干部的漫长过程。所以，对自己职业有一个清醒的认识对自己的职业生涯发展很有好处。以下是良好职业生涯规划应具备的条件：

1. 良好的自我认知

一个好的职业生涯设计必须是在充分、正确认识自身条件与相关环境的基础上进行的。要审视自己、认识自己、了解自己，做好自我评价，包括自己的兴趣、特长、性格、学识、技能、智商、情商、思维方式等。评价自我时要客观、冷静，不能以点代面，既要看到自己的优点，又要面对自己的缺点。只有这样，才能避免设计中的盲目性，达到规划高度适宜。还要清晰地知道我能干什么、我现在在干什么、我应该干什么、我将来要干什么等问题。

2. 设立好恰当的目标，做好本职工作

飞行员个人需要了解和掌握航空公司各方面的信息，如公司的发展战略、人力资源的需求状况、职位的空缺与晋升等。仔细制订自己的短期目标、中期目标、长期目标和人生目标等。此外，千里之行始于足下，在确定了职业生涯目标后，行动便成了关键的环节。没有达成目标的行动，目标就难以实现，也就谈不上事业的成功。例如，为达成目标，在工作方面应计划采取什么措施，提高自己的工作效率？在业务素质方面，应计划学习哪些知识，掌握哪些技能，提高自己的业务能力？在潜能开发方面，采取什么措施开发自己的潜能等，都要有具体的计划与明确的措施。并且这些计划应具体，以便于定时检查。

3. 不断提高自身能力，以适应职业发展的需要

随着社会与科学技术的发展，民航工作在内容、方式、管理、运营等方面，也在不断地发展变化。自身必须通过不断地学习、培训来提高自己的业务能力以适应客观的需要。另外，职业生涯管理是一种动态管理，始终贯穿于职业生涯发展的全过程，但又不会一成不变。每个飞行员在职业生涯的不同发展阶段，其发展特征、发展任务、发展重点以及应注意的问题都不相同。每一个阶段都有各自的特点、目标和发展重点。要学会及时调整自己，适应外界变化。

（四）良好的人际关系

人际关系是指社会人群中因交往而构成的相互联系的社会关系，包括亲属关系、朋友关系、同学关系、同事关系、雇佣关系、领导与被领导的关系等。人际关系对每个人的情绪、生活、工作都有很大影响。每个人均有其独特的思想、背景、态度、个性、行为模式及价值观等，所以往往会导致在人际交往中对事物的意见、看法、处理问题的方式不同，容易产生矛盾。

（五）处理好家庭关系

家庭关系核心是亲情关系，具体来说涉及以下6个方面，它们中的每一个关系处理起来都非常复杂，而且也会因时间、地点、环境、个体差异有很大变化，没有固定的和唯一正确的处理方式。这6种关系是：

（1）正确对待和处理婚恋关系。

（2）正确对待和处理夫妻关系。

（3）正确对待和处理与子女的关系。

（4）正确对待和处理与父母的关系。

（5）正确对待和处理与岳父岳母的关系。

（6）正确对待和处理与亲戚的关系。

### （六）掌握和领会积极心理学知识与技能

积极心理学是致力于研究普通人的活力与美德的科学。积极心理学主张研究人类积极的品质，充分挖掘人固有的潜在的具有建设性的力量，促进个人和社会的发展，使人类走向幸福。如果人生就是为了追求幸福，那么这个人生事实上是不太幸福的。因为幸福应该是一个过程，不是一个终点。我们幸福的程度不是由掌握多少信息决定的，而是我们对信息的理解、我们关注的重点，以及我们自己的心灵容器的形状来决定我们幸福与否。学习积极心理学有一个重点，那就是强调关注自我的改变。永远不要用一种置身事外的角度去看待那些观点和建议，学习和研究的最终归宿应该是自我。

#### 1. 关注生活的积极面

人们越是关注什么，什么就越有可能变成现实。如果我们总是关注负面的东西，个人的潜能是很难真正被开发出来的。

快乐不等于没有不快乐，所以负面情绪的体验是一种自然而正常的生命现象。在这个世界上，没有人能够带你到达幸福的彼岸，只有自己才能够对自己的幸福、快乐承担责任。若是身处逆境，遭遇各种困难，却以积极的态度和想法来对待，便可容易地逆转处境，同时收获智慧与结果。若以怨天尤人的态度抱怨，你将丧失接下来更多的逆转机会。

#### 2. 从正确的角度提出问题

当我们看到一个人非常成功的时候，我们会问："为什么我不能做到"，于是我们便关注着我们的弱点，但是若变成问："为什么他有了今天的成就？他是怎样做到的？为什么有的人尽管处境恶劣却依然能够获得成功和幸福？"关注的重点就大不相同。

#### 3. 改变认知是关键

心理学领域的一项研究成果是：如果你是一个太看重结果的人，那么你达到目标后得到的幸福只能维持短暂的一段时间，然后你会回到原有的幸福感水平上；同样，如果你因为一件事情而感到挫败，一段时间后，你也会回到原来的幸福感水平上。这项结果表明，外在的种种指标并不会影响你的幸福感，而内在的认知则决定你幸福与否。

通常我们只看到一场巨大的改变需要的时间和带来的影响，而不去看让这个巨大的质变产生的一些基础性的量变。而人改变认知的历程是长久的，是需要坚持的，一个人若真的希望能够改变自己的生活，那么他一定会主动、认真地思考什么样的认知是健康有益的、需要他学习并付诸行动的。

#### 4. 不需把自己变成完人

这个世界是一个相对的世界，万事万物的好与坏都是相对的，因为好坏是人定义的。很多负面情绪也是人性的一部分，需要我们接受。如果我们能够接受不良情绪，我们就可以从那些负面情绪中得到一些东西。现实中很多人为了追求完美，只愿肯定自己正面的部分，否定甚至想遗弃负面的部分，所以才导致了那么多的不如意甚至是悲剧的发生。我们的幸福感，很大部分就在这种"比你更好"的比较中流失。

对美好东西的向往和对坏东西的厌恶是我们自己的本能，对熟悉的事物产生的厌倦、对新鲜事物的好奇心，也是我们人性中的一部分。我们要改变自己，就先要允许自己是一个普通的人，以及有各种各样的情感体验。对于负面情绪，我们需要做的就是疏导各种情绪，体验它们、接受它们。

### 5. 相信自己，不要愧疚

如果你相信自己能更幸福，你就一定能更幸福，这是一种必要的、积极的人生态度，如果一个人对自己失去了信心，满怀愧疚，他就不可能生活得幸福，就会长期处于压力和不愉快的体验之中。因此，应该对自己抱有信心，不应过分地责备自己，看到自己的优点的同时，也要接纳负面的自己。

## · 思 考 题 ·

1. 酒精与尼古丁对飞行有哪些影响？
2. 飞行员服用药物的基本原则是什么？
3. 你以什么样的方法或手段来维持和促进自身的健康状况？
4. 为什么说没有绝对的心理健康和绝对的心理不健康？
5. 哪些想法或者观念有助于保持心理健康？

## · 案例讨论 ·

### 案例 1：压力管理

尽管飞行员紧缺，但每年都会有飞行员被停飞，有的甚至终身停飞。有调查显示，被停飞的民航飞行员近半是因为精神压力过大，而无法继续执行飞行任务。每一次飞行，对飞行员来说都可能是新的：新的航线、新降落的机场、新的乘客、新的天气情况。即使每天都在飞同一条航线，但可能今天的天气不一样，航路上或许会遇到乱流，也许会因为雷雨天气备降其他机场，但飞行员碰巧不熟悉那个新机场……甚至可能因为航班延误遭到一些情绪激动的乘客辱骂……种种情况都构成让飞行员产生压力的原因。

讨论问题：

1. 请对上述情景进行评估，并说明飞行员可能会面对哪些压力和压力源。
2. 应该如何应对这些压力源？有哪些措施和方法可以缓解压力？

### 案例 2：情绪管理

2008 年，某航空公司发生了"不正常返航事件"，掀起了公众与媒体的"声讨运动"。该公司 14 个从昆明起飞的航班在同一天出现了临时返航事件。这些航班在到达目的地的上空后，告知乘客无法降落并折回昆明，导致昆明机场更多的航班延误。民航局经过技术调查，调查组认定，该公司 3 月 31 日和 4 月 1 日返航的 21 个航班中，因飞机故障原因返航的 1 班；因天气原因返航的 2 班；非技术原因故意返航的 4 班；听到前机返航，处置不当，盲目返航的 5 班；因译码设备工作不正常，QAR 无数据或数据错误，无法从技术上判定返航原因的 9 班。

讨论问题：请对该事件进行评价，分析其原因和合理的应对方式以及改进措施。

## 案例 3：情绪管理

李某，男，30 岁，某航空公司副驾驶，已婚。最近常常控制不住自己的情绪，几乎每周都会和家人或者同事吵架，严重影响了自己的生活和工作。李某自己也知道自己最近容易发怒，有时候就是觉得突然有股不可控制的火气充满内心，明知道应该抑制，但一遇到事情就失去了控制。

讨论问题：请对该案例的发生原因、危害进行分析，并提出合理管理的措施。

## 案例 4：职业生涯规划

李先生是某航空公司的一名副驾驶，积累飞行时间将近 3 000 h。然而，李先生感觉自己在该公司发展受限，按照自己的资历应该提升为机长，特别是薪酬也达不到自己的要求。也正因此，当国内另外一家航空公司对其抛出橄榄枝，并许以高职、高薪、良好发展前途时，为了更高的发展前途，李先生最终下定决心，递交了辞职申请。公司一再挽留无果，既没有为他办理任何退工手续，同时还停止了他的一切飞行驾驶工作。于己于公司，均造成了严重的损失。

讨论问题：请对上述案例进行评价，分析其原因，并提出合理的措施。

## 案例 5：家庭问题

刘某是一家航空公司的飞行员，妻子是乘务员，都是国际航班，典型的双飞家庭。俩人有一个 4 岁的孩子，由刘某的父母帮忙带着。两人均处于事业发展上升期，面临着升职机遇，加上工作比较繁忙，所以就很少有时间去照顾孩子。纠结的事情就是，由于是隔代教育，老人的价值观念、生活方式、教育方式等让妻子接受不了，而刘某认为自己的父母从小就是这样教育自己的，没什么不好，而且那么大年纪还来照顾自己的孩子，很不容易。两人往往因此产生很严重的矛盾，孩子的爷爷奶奶也觉得很委屈。

讨论问题：请对上述案例进行评价，分析其成因，提出合理的处理方法。

# 第十二章　机组资源管理绪论

　　航空技术的高度发展已经极大地提高了当今民用喷气机的飞行安全，但与此同时也产生了更加重视飞行中人的因素的需要。基于对飞行中的"人"这一最重要界面的重新认识，机组资源管理目前已经发展成为体现个体与群体价值以及行为塑造和行为学习的重要手段，而这些正是使机组具有现代机组资源管理技能的基础。

　　作为机组资源管理入门课程的绪论，本章的主要目的是为读者建立起这门学科的知识框架，以便读者在以后各章的学习中，能够在把握这一理论框架的前提下掌握机组资源管理的精髓。为了达到这一目的，本章的内容主要包括：机组资源管理的含义；CRM 训练所要达到的目标；驾驶舱资源的组成要素；机组资源管理的学科性质和研究范围；机组资源管理的理论模型。在中国民航局新近颁布的执照考试大纲和知识点中，主要包含了机组资源管理的含义、机组资源类型以及理论模型。

## 第一节　机组资源管理概述

### 一、机组资源管理的含义

　　1984 年，曾效力于 NTSB（The National Transportation Safety Board）的心理学家 John K. Lauber 将 CRM 定义为"利用一切可以利用的资源——信息、设备和人，以实现安全高效运行目的的过程"。CRM 不仅仅涵盖人-机界面的操控和及时地获取适当的信息等方面的内容，它还包括人际间的协作、领导力、影响力、团队处境意识的共享与保持、问题的解决与决策的制定等，这些内容将在后面的章节详细介绍。需要注意的是，CRM 最早是驾驶舱资源管理（Cockpit Resource Management）的缩写。1989 年，通过对发生在加拿大德莱登和英国凯维斯的两起事故调查分析发现：客舱乘务员掌握着很重要的信息，如果能将信息及时传递给飞行机组，有可能使后果得到减轻或使整个事件朝着好的方向发展。因此 CRM 中的 C 从 "Cockpit" 演变为 "Crew"，进行资源管理的主体从局限于驾驶舱内扩展到包括客舱乘务人员在内的整个机组。随着 CRM 的发展与演变，CRM 的研究范围不断扩大。现在，人们已经普遍认可了公司资源管理的概念，资源管理的范围逐渐从飞机内部扩展到整个航空系统。除了飞行机组和客舱乘务以外，签派员、管制员和机务维修人员都需要接受相应的 CRM 训练。这种变化是因为人们逐渐发现，一起航空事故的责任人是一个难以界定的问题，飞机内部和飞机外部的人员都会在事故责任中有所涉及。通过扩大 CRM 的定义范围，人们也逐渐意识到民航系统是一个包含了错综复杂网络关系的系统。然而，由于 CRM 的标准定义中没有阐明以下问题：需要管理的资源具体有哪些，为什么不能充分利用这些资源，要求从业人员具备哪些管理技巧，以及谁最应该做管理工作。所以，在扩大了 CRM 的定义范围后，反而让人不知从何入手，"到底什么才是 CRM""CRM 是用来干什么的"等基本问题变得更加模糊不清。

在第五代 CRM 理论中，CRM 可以被理解为一种避免差错、降低风险的工具或技能。与"人的因素"这门学科相比，它侧重于在化解威胁和在正确处理机组错误的过程中机组所应做出的正确反应或者说应有的行为。在国际民航组织的建议（ICAO217- AN/132 通告）和大多数国际民航组织成员国有关文献的描述中，可以将机组资源管理（Crew Resources Management，CRM）定义为：（以全体机组为主体）有效、充分、合理、正确地利用一切可用的资源（包括硬件、软件、环境以及人力资源），以便达到安全、高效以及舒适的飞行目的运行过程。

## 二、CRM 的发展史

在过去近 40 年的时间里，航空安全领域发生的最显著的变化当属对 CRM 研究和训练的支持与推广。美国国家航空航天局（NTSB）对 20 世纪 60—70 年代喷气式客机事故进行调查后发现：70% 左右的事故原因涉及人为因素。NTSB 在 1978 年 12 月 28 日美国联合航空公司 173 航班事故调查的报告中指出：飞行机组间的沟通不良是失事的原因之一。随后，驾驶舱资源管理培训应运而生。其实，驾驶舱资源管理概念的提出并不是突然的，此前发生的各种航空事故已经在行业内孕育出了有关驾驶舱资源管理的意识萌芽。早在 1974 年泛美航空公司就已经提出了"机组概念培训"，要求机组人员作为一个有效的团队来工作，这是第一次将机组作为一个社会团队来讨论。1979 年，美国机长 Smith 在一次全任务模拟机训练中也发现：机组成员之间的协调与配合是影响飞行安全和效益的重要因素，在许多文献中认为这是 CRM 概念提出的起点。

在 CRM 短暂的发展历史中，CRM 的研究范畴不断扩大，名称也几经更迭。CRM 的概念及由此产生的训练方法的改变大致可划分为 6 个历程，如图 12-1 所示。

### （一）第一代 CRM——驾驶舱资源管理

1981 年，美国联合航空公司首次开设了驾驶舱资源管理培训课程。第一代 CRM 训练着眼于个人行为方式的改变和对不良行为的认知，主要集中在机组成员缺乏沟通性和对机长错误指令的矫正上，同时也强调个体的管理风格和人际沟通技能。基于第一代 CRM 所设计的课程主要介绍与心理学相关的内容，目的是要使航空组织和机组成员认识到 CRM 的概念及其内涵。在这个时期人们已经认识到，CRM 培训对于飞行员来说不应该是单纯的经验之谈，而应该是一个重复循环的过程。除讲座以外，飞行员还应模拟航线飞行任务进行训练，提出了面向航线飞行训练的概念和方法（Line Oriented Flight Training，LOFT）下练习 CRM 技能，包括沟通、交际能力以及相互配合工作等。这些训练对一名初级阶段的飞行学员来说仍然十分重要。

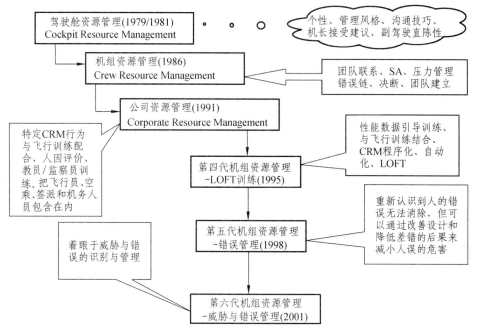

**图 12-1 机组资源管理的发展历程及其研究重点**

从本质上讲，第一代 CRM 训练属于心理学的范畴。它侧重于人的心理行为，重点强调交流和领导等一般概念，但对飞行驾驶舱的交流行为没有给出明确定义；训练中所采用的许多游戏和训练方法往往和飞行无关，因而遭到了很多飞行员的否定和排斥。

## （二）第二代 CRM——机组资源管理

1986 年，中国民用航空局举办了两次与 CRM 有关的飞行安全研讨会，会议上专家们对 CRM 的培训方案进行了讨论和评估，最后得出结论：CRM 是介于航线飞行和地面培训的训练，CRM 训练应该和飞行训练以及飞行操作有机地结合起来。1989 年美国的两起航空事故使人们发现，有效地利用整个机组的资源对于减轻差错的后果、避免事故的发生至关重要。因此，将原来以驾驶舱为中心的 CRM 训练扩展为以机组为中心的 CRM 训练。

与第一代 CRM 相比，第二代 CRM——机组资源管理的主要变化体现在培训对象范围扩大和培训理念更加重视团队训练两个方面。

### 1. 培训人员的范围扩大

第一代 CRM 的培训对象局限于驾驶舱中的飞行员，而第二代 CRM 从安全角度出发，将整个飞行机组（包括飞行员、乘务员、通信员、机械师）都纳入到 CRM 培训中。这样就使得驾驶舱机组资源管理转变为机组资源管理，机长在飞行机组中的权威性得到了进一步地强调，同时将更多的注意力放在了机长应该具有的非技术技能如领导能力、判断、决策能力和沟通能力以及其他机组成员所应具备的从属能力上。

### 2. 培训理念的改变

第二代 CRM 旨在对机组成员进行团队训练,共同参与飞行任务模拟训练。第一代 CRM

训练被很多飞行员否定甚至排斥的主要原因在于其训练方式往往和飞行理念相脱节。第二代 CRM 训练课程主要解决与航线飞行密切相关的一些问题，课程内容主要涉及比飞行操作更为具体的运行概念，训练方案更加趋于模块化和团体化。主要培训内容包括团体组建、简述策略、情景意识和应激管理等模块，此外还包括一些特殊的模块，如决策策略的训练以及如何中断事故链。

### （三）第三代 CRM——公司资源管理

一起事故的责任通常会从飞机的内部扩大到飞机的外部，事故调查分析的对象已经转移至整个航空公司。20 世纪 90 年代初期，机组资源管理开始向复合型方向发展，训练内容开始涉及飞行系统的特征，包括与飞行安全相关的企业组织文化等方面。同时训练方案更注重将 CRM 训练和技能训练结合起来，强化飞行人员应该具有的特殊能力和技能，使机组成员能够在飞行紧急状况下充分发挥人的主动性作用。这类训练方案更加强调对人的因素问题的认识和评价，同时也对其他人员展开了高级的 CRM 训练（Advanced Crew Resource Management，ACRM）。

如果把这一时期的 CRM 目标看作通过管理来获取公司的某种回报（如安全、信誉、经济等）的话，那么第三代 CRM——公司资源管理可以帮助我们"利用所有可获得的资源"，并将风险控制的意识扩展至整个公司。第三代 CRM 不仅注重飞行过程的安全，而且也强调了飞行任务的效率。许多航空公司都开展了 CRM 的联合训练，其参训人员扩展到了通信和空中机械以及驾驶舱外的地面相关人员，如空中交通管制人员等。大部分航空公司还为新机长提供特殊的 CRM 训练，以此强化他们的领导角色。

第三代 CRM 在第二代的基础上，进一步扩大了训练对象的范围，同时随着这种训练体系在航空领域的不断深入，它已渐渐成为机组训练的主流方式。但不足的是，这一代的 CRM 训练仍然没有突出减少和避免人的差错这一主旨。

### （四）第四代 CRM——整合时期

这个阶段的机组资源管理处于整合时期，并逐渐呈现程序化的模式。第四代 CRM 已经完全将人的因素融入航空领域。在 20 世纪 90 年代初期，哈姆海赫、马利特和威尔哈姆回顾了 CRM 的发展历程，发现仅用"代"的发展模式使 CRM 被动适应航空业某个发展时期的需要可能过于乐观。美国联邦航空局于 1990 年总结了飞行机组训练和资格培训的重大变化，并提出了高级资格大纲（Advanced Qualification Program，AQP）。AQP 具有很强的自主性，它允许航空机构开展一些满足特定组织需求的新型训练。美国多数大型航空公司和几家地区性运输机构已逐步从原有的训练模式过渡到 AQP 模式。这种训练程序由于强调课程的适应性，研究者需要为所有的飞行机组同时提供 CRM 和面向航线飞行训练（Line Oriented Flight Training，LOFT），将 CRM 的概念融入飞行技术训练之中。为了使 AQP 变得更加完善，一些研究者需要对每一种机型训练的所有技术要求进行细致的分析，并且要对每一个训练任务中人的因素（CRM）问题进行说明。作为综合的 CRM 的一部分，一些航空公司开始将一些与某一特殊行为表现相关的概念程序化，并将它们引入检查单中。这一做法的目的是确保飞行员的决策和行动是在对"Bottom Lines"（基线/底线）的充分考虑基础之上做出的，并且注意到了基本的 CRM 技术。尽管还没有充分的试验依据，但是在美国的大多数航空公司中都认为实施 AQP 标准有助于提高机组的训练质量和飞行机组的素质。

尽管 CRM 训练在不断地更新换代，但解决如何避免差错的初衷却在渐渐淡化，CRM 训练课程与各国飞行员民族文化的相融性问题也日渐突出（Helmreich & Merritt, 1998; Merritt & Helmreich, 1996）。

## （五）第五代 CRM——差错管理

"人非圣贤，孰能无过"，第五代 CRM 训练的前提是基于人的错误的普遍性：人自身存在局限性和人的状态的不稳定性，同时又受到复杂系统的影响，在这种状况下，飞行中人的错误是普遍存在和无法避免的。由于前几代 CRM 的局限性，航空部门逐渐认识到 CRM 的功能应该是管理飞行人员的差错，因此 1996 年诞生了第五代 CRM——差错管理。第五代 CRM 的重点集中于飞行差错管理，CRM 又回到了它最初的本质：避免差错。很多航空领域的安全专家认为可将 CRM 分为三道防线来避免差错：第一道防护栏是最根本的——避免差错的发生；第二道防护栏是在出现错误发生征兆时及时控制和阻止已发生的差错；第三道防护栏亦即最后的措施，就是尽可能减轻已发生的错误带来的后果，并控制那些还没有发生的错误。因此，第五代 CRM 的训练在于认识差错的常态化和差错管理策略的发展，开展有关人类操作局限的正式训练，内容涉及认识差错与事故的性质，以及疲劳、工作负荷和空中特殊情况等的有害影响。

与前几代 CRM 相比，第五代 CRM 更加强调 CRM 训练与组织文化的结合，这个概念也更容易为机组成员所认可。尤其是在面向航线飞行训练和航线检查中，关注差错管理可以为机组成员提供有用的反馈和强化。同时，第五代 CRM 与前几代 CRM 具有兼容性，它巧妙地将各种训练方式结合起来，成为一种更综合、更容易被接受的 CRM。这一代方案包含了第三代 CRM 驾驶舱自动控制的使用及指挥员领导作用的特殊训练，其差错管理重点是 AQP 方案；也实现了 CRM 与技术训练的有机结合以及 CRM 训练的程序化；情景意识、信息沟通和相互报告等训练模块可视为基本差错管理技术；客舱和驾驶舱机组的联合训练，可认为是将差错管理的范围扩大到了安全训练的所有人员。总之，第五代 CRM 继承了前四代 CRM 的训练模式，同时又在它们的基础上有新的发展。

## （六）第六代 CRM——威胁与差错管理

第六代 CRM 继承了第五代 CRM 的错误管理模型，又基于风险管理理论提出了威胁和错误管理模型（Threat and Error Management, TEM）。威胁和错误是日常飞行运行的组成部分，这类事件使运行的复杂性增加，给飞行构成潜在的安全风险。威胁和错误管理模型为搜集和分类整理安全数据提供了一个可以量化的框架。该模型对飞行中潜在的安全威胁和对这些威胁的处理情况进行编码和记录，同时编码和记录的还有这些威胁引起的错误和飞行机组对错误进行管理的情况。这个项目就是国际航空界提倡的航线运行安全审计（Line Operation Safety Audit, LOSA）系统，它以威胁和错误管理模型（TEM）为基础，以分析和研究航空安全管理中的关键性因素——人的因素为目标，目的是搜集和分析正常运行中的安全数据。

基于威胁和错误管理的 CRM 训练，能够使机组成员对如何确保飞行安全有更清楚的理解和认识。首先，它将安全关口前移，以预防为主，使机组成员能够估计和识别飞行中的各种威胁和错误，以及它们将会给飞行安全带来的风险，然后运用 CRM 消除或减少风险的发生或降低后果的严重性。其次，CRM 训练的内容和形式更加实际，更容易被接受。它是根据飞行中的常见的威胁和错误制订的，同时也兼顾到那些潜在的风险，对机组成员进行专门的技能培训。最终，它使机组成员具备各项基于风险管理的 CRM 能力：飞行前，机组成员能够充分估计所要面临的威胁，比如地形或不利的天气状况等，制订出飞行计划；飞行中，机组成员相互沟通、合理分工、保持良好的警觉意识；近地着陆时，保持良好、稳定的进近形态，机组合理分工，密切注意环境等因素的变化，及时相互提醒，安全完成飞行任务。

## 三、学习 CRM 的目的与意义

### （一）CRM 训练的最终目标

CRM 训练是指培养飞行机组"……有效地利用所有可以利用的资源（包括硬件、软件、环境以及人力资源），以便达到安全、高效以及舒适目的的过程"。很显然，CRM 训练的最终或总体目标就是要达到安全、高效以及舒适飞行的目的，而达到这一目标的必由之路便是"系统地形成飞行职业所需要的态度、知识以及技能行为模式"。如图 12-2 所示，对于飞行员来说，好的能力并不意味着好的表现；对于 CRM 训练来说，训练的效果会在一定时间内有所消减，实际的 CRM 技能养成是一个逐渐积累的过程，如图 12-3 所示。这意味着 CRM 训练需要间隔一段时间就开展一次，针对不同级别和飞行经历的飞行员，训练的内容应有所调整，以使课程能够不断强化飞行员的 CRM 技能，并且使飞行员能够得到他们真正需要的 CRM 知识。这一点与我国民航局提出的 CRM 训练要求也是一致的。

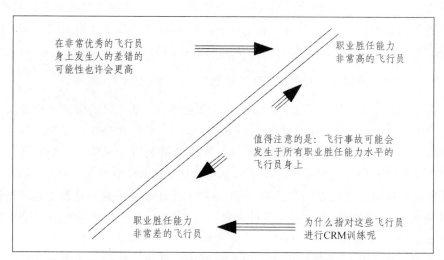

**图 12-2 发生飞行事故的飞行员示意图**
（SAS 飞行学院《机组资源管理》，1997）

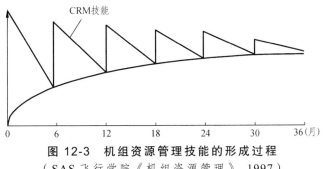

**图 12-3　机组资源管理技能的形成过程**

（SAS 飞行学院《机组资源管理》，1997）

那么，首先我们需要给每个阶段或不同对象的 CRM 训练制订一个目标，目标制约着它的内容体系和实现途径以及评价标准。在设计 CRM 训练之初，研究者首先应该明确训练所要达到的目标是什么，并根据训练目标制订出在训练后所使用的测验标准，该标准将揭示某些人是否已经达到了目标；然后确定训练内容，即什么是应该训练的。第三步是设计呈现给受训者的训练方法和设备；最后是将受训者和材料融入到训练程序中，如图 12-4 所示。

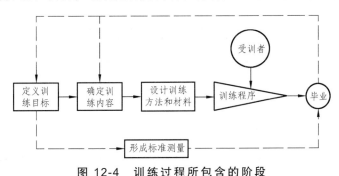

**图 12-4　训练过程所包含的阶段**

（A·Droog，1998）

## （二）CRM 的次级目标

在 CRM 训练的总体目标确定之后，为便于在训练过程中实施，还应该对它所包含的次级目标进行分析。CRM 训练的次级目标可从 3 个不同层面予以分析：

（1）实现认知目标：学习、理解 CRM 的概念和原理，以便解释人类心理表现、局限及其相互关系、主要影响因素等。

（2）实现情感目标：关心并鉴别面临的问题——成为问题的主人。

（3）实现心理学目标：修正行为以便改善飞行安全、服务以及整个机组成员的群体工作水平。

## （三）CRM 训练的内容及模块

在总体目标和次级目标都确定以后，就应该在对飞行任务进行仔细分析的前提下，确定人的因素和 CRM 训练的主题及其训练模块，并使这些模块能够针对每一个特定的问题。

### 1. CRM 训练的类型

根据我国民航 CRM 受训者的来源，可将 CRM 训练分为以下几种类型，它们都是在未来的研究中需要进行精心设计的：

（1）初始训练中的 CRM 训练：学员在校期间进行，建立概念、养成习惯。

（2）复训中的 CRM 训练：重复基本的 CRM 主题，并引入新的主题。

（3）改装中的 CRM 训练：改变机型时进行，针对新机型确定训练内容。

（4）指挥中的 CRM 训练：提升机长时使用，根据机长所需品质进行训练。

（5）结合点的 CRM：包括客舱机组训练、空中交通管理（ATC）训练以及机务维护训练。

2. 航线飞行员的任务模型

将飞行员看作一个"飞行管理者"和"资源管理者"在当今已经是非常普遍的了（尤其是对于航线飞行员或机长）。Droog（1986）运用 Minzberg 的范畴学解释了航线机长的职责与作用，即机长将他所领导的单元（飞机和机组）和操纵环境纳入其思考的范围。机长既是机组的领导、信息的发布者和代言人（例如，向乘客致辞），也是决策者（资源分配者和干扰处理者）和行政领导（他所在航空公司的大使）。机长领导着他的系统（飞机＋机组＋乘客）以安全、高效、舒适以及令人满意的方式到达他的目的地。表 12-1 说明了航线飞行员的技能模型，由此可以引申出航线飞行员的任务模型。

表 12-1　航线飞行员的技能模型

| 技能范围 | 技　能 | 特殊技能 |
|---|---|---|
| 信息加工 | 知觉 | 视觉/空间判断 |
| | 注意 | 空间定向<br>警觉性<br>多重任务 |
| | 心理运动 | 心理运动协调<br>反应速度 |
| 处境意识 | 监视<br>错误觉察 | |
| 问题解决 | 收集信息<br>分析信息<br>逻辑推理<br>产生变式/可选方案 | |
| 决　策 | 详尽地质询<br>综合判断<br>评估资源<br>优先权设置<br>时间管理 | |
| 计　划 | 预料 | |
| 协　作 | 倾听<br>交流技能<br>冲突的解决 | |
| 技能范围 | 技　能 | 特殊技能 |
| 领导艺术 | 果断性/直陈性<br>权威性<br>任务定向<br>群体建构 | 激发<br>冲突的解决 |
| 应激管理 | 陈述<br>应激的识别<br>应付技术 | |

### 3. 航线飞行员的 CRM 训练内容

根据表 12-1 所示的航线飞行员技能模型，航线飞行员的 CRM 训练应侧重于提高飞行机组交流、管理以及机组协调配合的技能，使飞行员能够作为驾驶舱机组的一部分进行职业化的工作，以便安全地操纵多人制飞机。在此，应强调检查单的使用，并使飞行员理解这些检查单的设计背景。上述 CRM 训练类型可能包含的主题有：

① 与人的因素和 CRM 有关的事故统计和事例。

② 人的信息加工。

③ 处境意识。

④ 工作负荷管理、厌倦或疲劳以及警觉性与应激的管理。

⑤ 操作者的标准操作程序。

⑥ 个性类型、授权与委派、领导艺术。

⑦ CRM 环：

- 质询（或探究、检查）
- 劝告（支持某个理由、陈述某个观点）
- 冲突的解决
- 决策
- 评价
- 反馈

⑧ 在飞行机组内、机组成员间以及与其他操作人员间（ATC、维护人员等）的有效交流和相互协调：

- 使用检查单
- 交流
- 任务分工
- 交互监视
- 相互支持
- 决策

⑨ 错误链以及中断错误链应采取的行动。

⑩ 驾驶舱文化差异。

⑪ 自动化所蕴含的 CRM。

上述主题的训练应贯穿于正常、非正常以及紧急情况各个阶段的飞行。不仅应该将 CRM 看作是培养个体胜任能力的一种训练，同时还应该将它视为培养飞行员以机组为价值取向的努力。为了实现这一思想，受训者必须要有机会在真实的机组环境下练习必要的技能。在 CRM 课程中，受训者需要识别影响机组整体功能的个体行为以及机组领导和机组成员的职责、措施。该训练方法与许多航空公司的要求是一致的，航空公司要求飞行机组分担驾驶舱的职责，如在五边进近期间授权给副驾驶具有无可争议的复飞操作权力。

## （四）机组资源管理训练的具体目标

机组资源管理训练的主要目的是促进机组的日常营运行为向着良好的资源管理实践发

展。具体地说，就是要达到以下目的：

（1）强化机组的群体概念。

（2）形成和发展飞行人员以及飞行机组的决策技能。

（3）形成和发展个体间有效的交流技能。

（4）形成和发展良好的驾驶舱领导技能。

（5）培养飞行员处理应激的能力。

（6）培养妥善处理驾驶舱冲突的能力。

（7）培养良好的注意力分配和注意力转移的能力。

（8）培养良好的驾驶舱处境意识。

## 四、实现 CRM 训练的途径

如图 12-5 所示，实现 CRM 训练的途径或形式应该包括课堂教学、CBT 教学、角色扮演、模拟机训练、初教机训练、高教机训练以及航线飞行等相互关联的环节。这些途径并不是独立的，在实际训练中它们往往是相互重叠、结合进行的，CRM 训练应该贯穿于理论教学和飞行训练的始终。

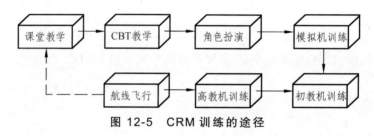

图 12-5　CRM 训练的途径

### 1. 课堂教学

通过 CRM 的课堂教学或者讲座，使飞行学员和航线飞行员掌握 CRM 的基本知识和基本原理。采用的形式包括：知识传授、角色扮演、个案研究与讨论、观看录像带与讨论、听座舱录音与讨论、CBT 自我定速学习以及问卷自测与讨论等。

### 2. 模拟机训练

通过在全飞行模拟机上实施 CRM 训练，使飞行学员或在飞飞行员进一步加深对 CRM 知识和原理的理解，初步形成 CRM 的有关技能（如处境意识、注意分配和转移能力、良好的个体间交流技能以及判断与决策技能等）。采用的主要形式是 LOFT 训练，并将情境设置、角色扮演、个案研究与讨论、观看录像带与讨论、听座舱录音与讨论融入 LOFT 训练方法之中。

### 3. 初教机和高教机训练

通过在初教机和高教机阶段的训练中融入 CRM 训练，初步完成受训者驾驶舱管理行为的转化过程，使学员具备较强的 CRM 能力，采用的主要形式应以 LOFT 训练为主，并同时辅以角色扮演、简述与讲评、讨论以及表象训练等方法。

### 4. 航线飞行和复训

通过航线飞行和复训，进一步巩固和加深对 CRM 的理解，完善 CRM 技能。尤其是在复训阶段，不但应该复习已经学习过的 CRM 知识和技能，同时还应该引入新的课题并提出更高的要求，以便使飞行员的 CRM 技能保持在较高的水平上。

### 5. CRM 训练和飞行技术训练的整合

目前，无论是国际民航组织还是世界各国的研究者和飞行员都形成了一个共识，即人的因素和 CRM 训练不能从飞行技术训练中分离出来。这意味着需要在技术训练和 CRM 训练之间采取一种结构化的整合途径。

但令人遗憾的是，许多航空公司虽然在一定程度上认识到了 CRM 在保障飞行安全中的意义，但在实施训练时却不能很好地将传统的技术训练与 CRM 予以平衡。最后的结果便是传统的技术技能总是会得到很好的发展（机型复训和熟练性检查），CRM 技能本应训练到同样水平，但由于它在训练中没达到应有的地位，从而使航空公司内进行的 CRM 技能教学训练并没有达到它应有的效果。

将 CRM 训练整合到已有的初始训练中之前，在已有训练程序的基础上制订 CRM 训练程序是非常重要的。在这种方法下，各种因素所起的作用及它们之间的相互影响将变得清晰，应该考虑清楚在哪一点和什么时间开始整合。我们对此的认识也是近年来才逐步形成的，在 1995 年，我们酝酿 CRM 实机训练方案时认为："鉴于初教机飞行训练阶段学员的飞行技能尚未形成，飞行经验和知识以及注意容量尚不足以加入 CRM 训练，应该在高教机阶段、学员初步掌握了基本驾驶术，且有足够精力的时候，才是 CRM 训练的最佳时机。"其后，经过与高年级飞行学员和飞行教员访谈，他们一致认为：应该在初教机阶段就加入 CRM 训练，机组协调与配合训练实际上在初教机训练 40 h 以后就已经在进行了。因此 CRM 训练在初教机训练阶段就应该加入，而且是越早越好。我们都知道人类的技能性行为在形成之初是最为重要的，在初教机训练的早期加入 CRM 训练有利于形成良好的 CRM 意识并使之固着于学员的飞行行为之中。

## 五、CRM 训练效果的评价

对 CRM 训练效果进行评价，是检验训练目标是否达到和改善训练方法、进一步激发飞行员学习、训练动机以及完善飞行员行为的重要手段，世界各国的研究者们目前正在对此进行热烈的讨论。

### 1. 正确认识 CRM 训练效果的评价与测量

首先应该明确的是，CRM 训练的效果只能进行评价和相对的测量，而不能像物理测量那样进行精确的数学定量。与数学和物理学的测量不同的是，CRM 训练的目的是要引起受训者的知识、心理品质、行为以及态度向着飞行职业所需要的方向改变。人的心理、行为以及态度往往不像物理现象那样具体和具有数量化的特征，并且将随环境的改变而发生变化。要想像物理现象那样精确地对受训者的 CRM 训练效果进行定量化的评价，这是不现实的。

## 2. CRM 训练效果的评价指标与评价水平

评价指标是使评价和测量有效的重要条件，它确定了评价和测量的工作方向。根据国内外文献和我们已有的经验，可以将 CRM 训练的评价指标归纳为以下几个方面，它们分别处在不同的评价水平上：

（1）机组人员是否知道训练的价值。

（2）是否有明显的态度迁移。

（3）按照 CRM 概念，可观察到机组成员的行为是否有明显改变。

（4）人为差错和安全记录是否有所改善。

（5）组织氛围是否强调 CRM 概念。

## 3. CRM 训练效果的评价和测量途径与方法

对 CRM 训练效果的评价与测量途径是多种多样的，课堂教学、角色扮演、模拟机训练、实机训练以及航线飞行表现都可以对受训者的 CRM 训练效果进行评价和测量。在 CRM 课程的授课过程中和结束时，可以通过考试、自测问卷以及讨论的形式了解受训者对 CRM 有关理论和原理的掌握程度。虽然在这一阶段尚不能观察到受训者在真实飞行环境下的行为表现，但理论和原理的掌握是可以迁移到飞行行为中去的，可以认为它是养成和提高受训者 CRM 行为的基础；受训者在模拟训练和实机训练期间的 CRM 行为表现是检验 CRM 训练效果的重要来源，在此阶段结合 LOFT 训练和经过精心设计的 CRM 行为观察单以及测试问卷或量表，可以对受训者的 CRM 训练效果进行较为客观的评价与测量；航线飞行表现也是检验 CRM 训练效果的有效途径，CRM 训练的效果最终将在航线飞行过程中表现出来。具体方法既可采用精心设计的 CRM 行为观察单进行观察，也可以采用访谈法对知情者进行访谈，如能建立非强制性的航空安全报告系统，则应该使用有关信息对受训者的 CRM 行为进行分析和评价。

心理测量学的方法在 CRM 训练效果的评价中起着非常重要的作用。虽然不能够期望编制如同智力量表那样严格的测量工具，但我们仍然可以采用一些相对量表如等级评价量表以及测试问卷和自测问卷的编制方法，以便对受训者的 CRM 训练效果作出相对客观的评价，如以上提到的 CRM 行为观察单便可以采用等级量表原理进行设计。国外一些航空公司或飞行学院，如汉莎航空公司和南澳飞行学院，他们对受训者的 CRM 行为的评价也采用了等级评价量表。

# 第二节　机组资源管理的组成要素

## 一、驾驶舱资源的概念

飞行资源包括所有可以利用的人、信息、设备以及易耗品，它们既可能存在于驾驶舱内，也可能存在于驾驶舱之外（包括提供飞行服务和地面服务的所有人员以及设备）。

驾驶舱资源的类型及其用途具有较大的变异性，这主要取决于机型和机载设备、机组的搭配、营运环境以及地理位置等。为了有效地管理资源，飞行员首先必须知道这些资源的所在，熟悉有哪些资源可以利用，并应该知道这些资源的作用和功能以及它们的主要局限。只有这样，才能使机组的处境意识得到提高，机组资源管理的能力才能够得到充分的体现，从而达到保障飞行安全的目的。

## 二、驾驶舱资源的分类

根据资源的性质和来源，可以将驾驶舱资源划分为人力资源、营运信息、机载设备资源以及易耗资源。

（一）人力资源

人力资源是指那些具有独到技能、能够提供有价值的帮助的人。这些人应该拥有的技能主要包括以下几个方面。

（1）航空学技能：民用航空领域的从业人员应该具备与自己专业相关的知识和能力以及一贯性和创建性地运用这些知识的能力潜质。也就是说，他们必须要具备与自己工作岗位相吻合的心智技能和动作技能。就飞行员而言，不但要具备良好、精细的动作技能，同时还应该具备良好的空间定向能力、判断与决策能力、程序能力以及协作配合能力等心智技能。

（2）个体间交流技能：民用航空领域的从业人员必须具备人际互动的能力和与人交往的技能，必须具有很强的管理能力，能够以明白无误的方式与其他人进行交流、倾听，理解他人的意图并明白无误地传递信息。有效的双向式的交流方式是航空活动参与者所必须具备的特殊能力，即便是单人制飞机的飞行员，在其飞行活动中也必须与其他人发生相互作用。

（3）术语化技能：民用航空领域的从业人员分析和解释所有彼此相关联的活动时必须采用共同的语言。在航空活动中，人们必须将每一次飞行看作一个整体，并能够将飞行的各个阶段与整个飞行剖面发生联系。这样，术语化技能就显得特别重要，人们只有通过采用共同的术语才能够较好地理解彼此的意图和当前的处境，否则误解也就在所难免。在民用航空领域里，已经有许多起灾难都是由于交流双方没有采用标准化术语而导致的。

人力资源是飞行员面临的最复杂、可变性最大，也是最有利用价值的资源。这些可利用的人力资源主要包括以下几种。

1. 飞行机组资源

飞行机组资源是飞行员在飞行中需要优先使用的资源，包括飞行员的个人资源和飞行机组的组织资源。

飞行员的个人资源是指飞行员的技术、交际能力以及术语化技能的总和，飞行员必须对自己的飞行技术、交际能力以及术语化能力进行合理管理才能够安全高效地飞行，这同时也意味着飞行员对自己就应该首先加以资源管理。如同技术熟练性一样，一个人的术语化能力和与他人交往的能力也是可以改善和衰退的。因此，应该对个人技能进行不断的、有目的的评估，并通过富有成效的职业训练计划来对这些技能予以强化。当飞行员在面对各种各样的处境和问题时，他们必须在利用其他辅助资源之前集中自己的注意力和使用自己的各种技能。实际的飞行技能和训练水平以及与之相应的技术熟练性就是飞行员首先应该利用的资源。不断地补充自己的经验图式是飞行员识别各种新的图式和回忆过去经验的基础，正是这些经验图式为飞行员提供了准确观察和判断以及决策的能力。飞行机组的组织资源则是指除自己以外的、在驾驶舱内可以利用的人力资源，包括其他机组成员和空乘人员。除了使用自己的个人资源以外，一个飞行员还应该使用其他可以利用的机组资源，其他机组成员的存在意味着为自己多增加了两个耳朵、两只眼睛和两只手，这从实质上来说也就有可能减轻单个飞行员的工作负担。每一个飞行员都应该清楚地认识到：在驾驶舱内，很少有其他资源有比训练有素的副驾驶或者机组成员更有价值。那些事事都坚持自己亲自去做的飞行员，即便副驾驶或者机组成员是可以利用的，他们也会弃而不用，这实际上就在无形中加重了他们自己的工作负荷，也浪费了可以利用的资源，将会使自己陷入穷于应付的局面，没有更多的时间用于分析、计划以及判断与决策，而这些又恰恰是现代飞行员的最重要的职能。这类飞行员通常情况下会降低机组的整体处境意识。在这种情况下，个人的处境意识也可能会较高，但由于处于指挥地位的飞行员的处境意识较低，从而使机组的整体处境意识处于相对较低的水平之上。

2. 地面服务人员

地面人员主要包括气象人员、机械人员、公司调度、制造厂家的技术代表以及固定基地的操作人员等。这些人员可以提供丰富的信息和各种各样的服务，是飞行员可以利用的宝贵资源。他们的知识和技能经常可以为机组提供各种各样的支持。虽然我们常常把他们叫做地面人员，但我们在飞行前、飞行后以及飞行中都应该使用这些资源。遗憾的是，地面人员常常被误认为仅仅是提供燃料和维护的给养站，事实上他们的作用远不止于此。

3. 飞行服务人员

飞行服务人员主要包括签派、航行管制以及飞行情报人员，他们都是飞行服务的主要提供者，也是为飞行机组提供帮助的快捷工具。传统的飞行服务包括交通顺序和飞行间隔、气象简述、飞行中计划、飞行许可、无线电引导、交通通告、机场条件以及其他类型的飞行中帮助项目等。空中交通管制员都接受过一些特殊训练，主要内容包括：在飞行紧急情况下的机组援助，提供医学支持，优先权处理，紧急区域分配，以及飞机失事后的救援等。总而言之，飞行服务人员提供的帮助是非常广泛的，但为了不至于使空中交通管制人员负荷过载，许多可以利用的服务必须由机组提出要求。飞行机组应该查阅有关的资料，以便全面了解哪些服务是可以利用的、什么时候使用和怎样去利用这些资源。当要求飞行服务人员提供帮助并获得这些帮助时，飞行员就绝不应该放弃对存在疑问的环节进行提问。其他的飞行服务可由其他的飞行员和飞机提供，这些服务包括目视检查飞机、气象信息以及交通信息等。

（二）营运信息

营运信息是飞行员有效地进行计划和做出决策所需要的各种资料，这些资料为飞行机组提供了非常有用的信息。这些信息包括：飞行手册、检查单、性能手册、飞行员操作手册、民用航空条例、航图、机场细则以及公司营运手册等。所有这些资源都应该随机携带以便于机组在必要时查找。营运信息也是航行准备不可缺少的必要组成部分。这些信息包括：气象简述、飞行计划、NOTAMS（航行通告）、载运单以及重量和平衡计算数据等。为了使这些营运信息得到有效的利用，营运信息必须具有可靠性。间断的气象预报、陈旧的航图、过时的进近航图计算尺、陈旧的手册以及非权威性的出版物都是一些不可靠的资源，这些不完善的或者说无效的营运信息实际上会增加飞行机组的工作负荷，导致不良的计划和决策。在当今飞行环境要求越来越高的情况下，对营运信息进行有效的管理已成为保障飞行安全的要素之一。

（三）机载设备

为了使飞行机组能够在更为复杂的环境中操纵好飞机，目前已经研究出了许多精密的机载设备，可将这些机载设备资源作如下划分：

1. 通信设备（Communications Equipment）

机载通信设备提高了驾驶舱内外的信息传递速度和质量，无线电、驾驶舱电话以及异频雷达发射机使得飞行员与许多可用的资源联结起来。由于这些信息网络的存在，使得飞行机组收集信息、加工信息以及传播信息的能力得到了进一步地提高，例如，无线电通话使得飞行机组与许多可以利用的人力资源联系起来。除了接受指导和各种劝告以外，机组还可以通过这些通话装置表达自己的意图和需要、要求那些能够提供帮助的人提供支持和帮助。驾驶舱电话则扩展了飞行机组的双向式或者交互式的交流能力，它对飞行的作用是难以用语言来进行描述的。通过这种方式的交流，机组可以与协调办公室、技术部门以及其他人员建立起直接的通话和交流，从而也大大地扩展了无线电通话的能力。异频雷达发射机（Transponder）是一种自动化程度更高的系统，它可以帮助机组识别交通状况和保持适宜的飞行间隔。机组也可在失去通信或者通信设备发生冲突的情况下有选择性地使用这些设备。异频雷达发射机既是减小空中相撞可能性的一个重要途径，同时也是防撞信标系统（Beacon Collision Avoidance System，BCAS）的基础。异频雷达发射机技术促进了数据连接装置的发展：借助于这种数据连接装置，飞行员可以接收到连续的和最新的信息，并使这些信息在整个飞行中显示出来。数据连接装置的进一步运用还包括自动传输自己和其他飞机的航路信息，作为这种运用的一个事例是填写飞行中的各种计划表格、传递飞行许可、传送气象报告和机场条件以及当前的飞行状态等。

2. 状态指示器（Status Indicators）

状态指示器是获得和保持高水平的处境意识的基础。它们不但提供了有关飞机和飞行的现实信息，而且还有助于提高机组的计划和判断决策能力。状态指示器的一些良好事例包括气象雷达、导航设备、飞行仪表、系统指示器、指示灯以及听觉警告系统。通过规范化地使用状态指示器，飞行机组就可以知道当时飞机所处的真实物理状态以及飞机的燃料情况。系统指示器、指示灯以及听觉警告系统有助于飞行员识别正常、异常以及紧急情况。对各种状态指示器进行比较和分析通常还可以帮助飞行员解决一些模棱两可的问题。许多系统有不止一个的状态指示器,它们的综合作用在于帮助飞行机组解决这些有歧义的问题。对各种各样的状态指示器进行扫视，如对告警信号灯和听觉警告系统的解释，可对飞行员起唤醒作用，从而预防他们处境意识的进一步丧失。

### 3. 趋势预测指示器（Predictors）

趋势预测指示器有助于飞行员准确地知道未来的飞行需要，并根据这些需要做出相应的计划。实时状态解释、燃油管理计算机、飞行计划计算机、内部导航系统以及与这些设备有关的装置实时地指出了潜在的问题，并使机组有足够的时间采取修正措施。这些趋势预测指示器的另外一些事例还包括：失速警告系统、近地警告系统以及风切变提醒装置。趋势预测指示器使得飞行机组能够知道在他们身边将要发生的事情和飞行进程中有可能发生的事情，通过这种方式也就使飞行员的处境意识建立在一个坚实的基础之上。这些趋势预测指示器可以提供非常准确的数据，以帮助飞行员分析未来的处境，并在做出实际的行动之前准备出若干的备选方案。准确地预测到达时间、剩余燃料以及其他飞行条件的能力使得飞行员能够在处境意识提高的情况下做出良好的计划和较为成熟的决策。大多数趋势预测指示器都具有一些非常特殊的功能，但如果对这些设备使用不当，也会对飞行安全构成威胁。例如，近地警告系统设计的目的就不是用做低空飞行的。趋势预测指示器通常情况下需要一些计划的形式，也只有在提供给它们的信息是正确的时候才能发挥其作用。

### 4. 劳动保护服务装置（Labor Saving Devices）

通过提供负荷的分担，劳动保护装置可以降低飞行员的工作负荷。通过对飞行进程趋势的呈现使得飞行管理建立在更为坚实的基础之上，并能使飞行员将一些常规性的飞行任务交给自动驾驶系统去处理。当飞行员从常规性的工作任务中解脱出来之后，其处境意识就有可能得到提高。劳动保护装置使得飞行机组能够将他们较多的时间用于诸如计划、监视和分析等必需的飞行任务之中。此外，当这些精密的系统自动地执行原来属于飞行员的任务的时候，就有可能使飞行员的生理性疲劳和心理性疲劳得到进一步的降低。目前，劳动保护装置在现代驾驶舱中已经扮演着十分重要的角色，其功能是非常强大的。在某些情况下，它们通过一系列的操纵和检查，可以比飞行员更连续和更准确地完成飞行活动。但是，我们也应该防止过分依赖精密设备的倾向。这些精密的设备本身并不对飞行安全负责，对于飞行员来说飞行安全则是其首要职责。

如同所有的飞行资源一样，这些种类繁多的机载设备是相互支持和相互补充的。综合使用这些设备资源可以使飞行机组获得和保持较高的处境意识水平。通信设备、状态指示器以及趋势预测指示器是飞行机组做出许多行动的基础。这3类设备主要是为飞行员提供信息和行动的结果，主要目的是使飞行员获得和保持适宜的处境意识。通过对状态指示器的监视与分析以及从趋势预测指示器那里获得警告或者指示信息,再加上与其他人的交流,就可以提高飞行机组的处境意识。如果某个飞行员的处境意识已处于较高的水平时，这些设备所提供的信息便起着维持其处境意识水平的作用。劳动保护装置可以为工作负荷的分担和工作任务的分配提供指导，有助于降低对飞行员的工作能力的需要，其结果是为飞行机组节省了大量的时间，使他们能够有时间去收集、监视和分析飞行中的大量信息。

## （四）易耗资源

易耗资源是指在飞行过程中的消耗品。由于这些资源非常昂贵，因此在每一次的飞行中所配给的数量是相当有限的。最重要的 3 种易耗资源是燃油、个人精力和时间。有效地管理这些资源对于飞行来说非常重要，而有效地使用这些资源的关键是精细的计划，在飞行前和飞行中飞行机组必须要反复思考和回答以下几个问题：

（1）需要多少这类资源？

（2）有多少资源是可以利用的？

（3）怎样有效地使用这些资源？

（4）怎样确保这些资源够用？

从某种程度上说，资源管理是对飞行活动施加的一些限制。但是，也存在着一些最大限度地合理使用和扩展易耗资源的途径。例如，燃油就是一种给飞行活动带来限制的易耗资源。对燃油进行精细的计划和管理可以减小固定燃油负荷的限制。虽然飞行员可以通过有效的资源管理来对某些限制予以定义，但这些限制的减小却是有限的，它受到一定客观条件的制约。

个人精力也是一种易耗资源，但它常常未能受到人们足够的重视。如同飞机需要燃料一样，人体也需要能量来运转。足够的能量水平使机组能够保持觉醒水平并在生理上能够履行他们的职责。当能量水平耗竭时，疲劳就会到来，处境意识也就会受到破坏。个体的能量可通过获得足够的休息、适宜的营养、饮用适当的饮料、使用恰当的放松技术以及保持良好的身体状况来进行储备。

同人的精力一样，时间也是一种易耗资源，常见于离场、进近时间、等待、机场开放时间以及其他一些时间限制因素。时间具有一维性，一旦耗竭，也就意味着时间不会再有。新的离场许可和进近时间意味着燃油的不断消耗，坚持计划将会引起燃油消耗的增加。离场延误、等待以及改飞备降机场不仅涉及燃油问题，同时也增加了机组的飞行时间，在这种情况下就会引起飞行机组的疲劳。对整个飞行建立现实的目标和实施时间管理将会帮助飞行机组避免时间的浪费，并能够允许他们对其他易耗资源进行更为有效的管理。对飞行资源进行恰当的管理和整合是每一个飞行员应该形成和不断加以磨炼的技能。飞行员可用的飞行资源是非常丰富的，一个成功的资源管理者应该知道这些资源的种类，以及怎样才能有效地使用这些资源。

# 第三节　机组资源管理的学科性质及其研究范围

## 一、机组资源管理的学科性质

从以上对机组资源管理的含义、研究目的以及方法体系的分析中，我们可以概括出机组资源管理的几个主要性质。

机组资源管理和飞行中人的因素一样，也是由多学科组成的一门边缘性学科。主要的相关学科包括以下 6 点。

### 1. 飞行中人的因素

应该说机组资源管理与人的因素之间没有严格的界限。它是在"飞行中人的因素"的基础上发展起来的，把机组作为一个整体来对待和研究的一门实用学科。从它们研究的主要内容来说，都是以人为研究重心。它们的主要区别在于：飞行中人的因素侧重于研究驾驶舱内的个体行为、个体生理、心理现象；而机组资源管理则更多地侧重于机组群体行为的研究。与飞行中人的因素相比较，它的一些本质特征是：机组资源管理侧重于群体相互作用的飞行机组功能，而不是个人技术上的胜任能力的简单累积；这种训练应该为机组成员综合性地实践他们飞行中的角色技能提供机会；这种训练应该教会机组成员怎样使用有助于提高机组效益的个人和集体领导艺术；这种训练还应该教会机组成员们在正常情况下和高工作负荷以及高应激情景下能够维持机组整体效益的行为。应该知道，在极端紧急的情况下，基本技能和知识并不是自动地发挥作用，也不可能使所有的机组成员都能够自始至终地使用机组资源管理的技能予以反应。如果机组成员们接受过类似的训练，并且在训练中体验过类似的情景的话，就有可能会增强他们对实际应激情景的处理能力，从而使他们的职业胜任能力得到提高。

### 2. 管理心理学

可以认为，机组资源管理是管理心理学在驾驶舱中的具体运用。机组资源管理的许多理论框架都来源于这门学科。例如，驾驶舱领导行为和领导艺术已成为机组资源管理的重要内容之一，但对它的讨论目前大多采用方格理论和情境理论作为其理论依据。这两个理论是由美国学者莫顿和克莱恩以及华盛顿大学心理学教授菲德勒于20世纪60年代中期创立的，目前已成为管理心理学中领导心理的两个经典理论。20世纪80年代中期以后，莫顿和克莱恩与美国联合航空公司合作，首次将方格理论引进机组资源管理课程之中，并完成了《驾驶舱资源管理》一书，这本专著实际上已成为最早的一本驾驶舱资源管理教材，以后的其他一些教材则正是在这本教材的基础上发展起来的。至于领导情境理论，近年来也有人将其引入了机组资源管理之中。

### 3. 社会心理学

"社会心理学是研究个体在其社会和文化情境中的行为的科学"（新大英百科全书，1974），既然机组资源管理的研究中心侧重于机组的群体行为和群体行为效益，那么社会心理学作为研究全人类社会心理现象的科学，理所当然地便成为了它的一个不可缺少的理论知识来源。譬如，社会动机、自我意识、角色心理、挫折心理、工作态度、人际交往、群体心理以及组织文化等就既是社会心理学研究的主要内容，也是机组资源管理必要的组成部分。社会心理学可以为机组资源管理的研究与运用不断地提供知识养料和理论指导。

### 4. 航空工效学

由于机组资源管理是对驾驶舱内所有资源，包括硬件、软件、环境以及人力资源的有效和合理使用的过程，它不可避免地就要涉及人-机界面的诸多问题。航空工效学正是研究显示器设计、操纵器设计、精密系统设计以及模拟器设计中人的因素问题的科学。因此，它也是机组资源管理课程的必要组成部分。

5. 测量学和统计学

机组资源管理研究和教学以及训练的一个重要手段是采用定性分析和定量分析相结合。这就要涉及测试问卷或者测验量表的编制、施测以及统计分析等过程。通过测量和统计，不但可以使研究者获得宝贵的定量分析数据，从中总结出一些有规律性和有代表性的趋势、原理和法则，也可以使被测者了解自己或者他人的机组资源管理行为倾向，加深自己对机组资源管理原理和方法的理解，从而有针对性地改善自己的行为方式。因此，测量学和统计学的知识便成为机组资源管理科学的一个重要的知识来源和方法体系。在附录部分，我们列出了一些机组资源管理方面的问卷和量表，其目的便是作为课堂教学的一个辅助措施，为读者提供一个自测和参与讨论的机会。

6. 事故调查研究

虽然在国际民航组织的通告中明确指出了"机组资源管理训练大纲并不是局限于使用几个特殊的或者固定的案例"，但不可否认的是，人的因素的飞行事故分析，是帮助读者理解机组资源管理有关知识、原理的强有力的手段，它不但可以有效地引起读者的共鸣，也可以起到告诫飞行机组避免自己去犯同样的错误的作用，同时更有利于他们在真实的飞行实践中运用所学到的机组资源管理技能。因此，飞行事故调查和案例分析也是机组资源管理科学的必然组成部分。

另外，与其他飞行专业课程相比，机组资源管理课程属于一种处于较高层次之上的学科，机组资源管理课程和训练是使飞行员综合各门学科的知识和技能，直接指向飞行安全和效益的较高层次的一门学科。从其学科地位来说，可将这门学科称为飞行哲学或飞行方法学（Flying Philosophy），其学科地位可用图 12-6 来表示。

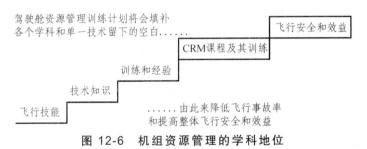

**图 12-6　机组资源管理的学科地位**

## 二、机组资源管理的研究范围

从机组资源的组成要素和机组资源管理科学的学科性质以及研究目的可以看出，机组资源管理研究的领域非常广泛。根据近年来 CRM 研究内容的描述，可将机组资源管理的研究范围概括如下。

1. 机组交流

（1）文化差异对机组交流的影响。

（2）不同角色（年龄、机组成员的地位等）对机组交流的影响。

（3）交流的果断性（Assertiveness）。

（4）机组活动的参与对机组交流的影响。

（5）倾听技能对机组交流的影响。

（6）机组交流中的信息反馈。

## 2．机组处境意识

（1）对周围环境的总体意识。

（2）现实与知觉到的现实。

（3）注意力固着。

（4）监视。

（5）失能（部分失能与全部失能，生理性失能与心理性失能）。

## 3．问题的解决、判断与决策

（1）冲突的解决。

（2）有时间压力的讲评（Review Time-constrained）。

（3）群体判断和群体决策。

## 4．领导艺术与从属艺术

（1）群体的建构。

（2）管理性和监视性技能。

（3）权威性。

（4）直陈性。

（5）交流障碍。

（6）文化影响。

（7）角色。

（8）专家的地位。

（9）可信度。

（10）群体的职责。

## 5．应激的管理

（1）飞行的适合性。

（2）疲劳。

（3）心理状态。

## 6．质询（3种基本类型）

（1）飞行前的分析和计划。

（2）飞行中的简述。

（3）飞行后的讲评。

7. 人际交往技能

（1）倾听。

（2）冲突的解决。

（3）调解。

# 第四节  机组资源管理理论模型

机组资源管理在分析问题、预防差错时并不是无章可循的。在学术领域，前人的大量研究为机组资源管理的研究与发展提供了科学的理论工具。在之后的章节中，我们将逐步学习如何利用这些理论工具来认识、分析飞行中所遇到的实际问题。常用的机组资源管理理论模型包括以下 4 个。

## 一、墨菲定律

1949 年，墨菲定律由当时参与美国空军高速载人工具火箭雪橇 MX981 发展计划的 John Paul Stapp 上校所领导的研究员首先提出，以当时参与计划研发的工程师爱德华·A·墨菲的名字（Major Edward A. Murphy, Jr.）命名。墨菲定律是指"凡是可能出错的事均会出错"（Anything that can go wrong will go wrong），引申为"所有的程序都有缺陷"，或"若缺陷有很多个可能性，则它必然会朝往令情况最坏的方向发展"。其实，早有类似的民间谚语："面包落地的时候，永远是抹牛油的一面着地"（I never had a slice of bread particularly large and wide that did not fall upon the floor and always on the buttered side）。在日常的飞行任务中，任何侥幸行为和狂妄自大、骄傲自满的情绪都可能导致一场严重的灾难。它告诫我们：面对人类的自身缺陷，我们最好还是想得更周到、全面一些，采取多种保险措施，防止偶然发生失误所导致的灾难和损失。错误是普遍存在的，我们必须学会如何接受错误，并不断从中学习成功的经验。

## 二、Reason 模型

Reason 模型又叫瑞士奶酪模型，它是曼彻斯特大学教授 James Reason（1990）在其著名的心理学专著 *Human error* 一书中提出的概念模型，通过国际民航组织（International Civil Aviation Organization，ICAO）的推荐成为航空事故调查与分析的理论模型之一。Reason 模型的内在逻辑是：事故的发生不仅有一个事件本身的反应链，还同时存在一个被穿透的组织缺陷集，事故促发因素和组织各层次的缺陷（或安全风险）是长期存在、并不断自行演化的，但这些事故促因和组织缺陷并不一定造成不安全事件，当多个层次的组织缺陷在一个事故促发因子上同时或相继出现缺陷时，不安全事件就失去多层次的阻断屏障而发生，如图 12-7 所示。

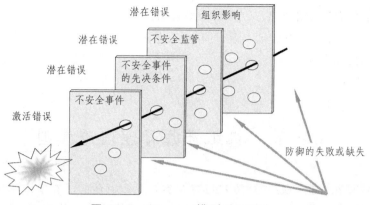

**图 12-7　Reason 模型（1990）**

## 三、SHEL 模型

1972 年，爱德华教授首次提出了安全工作中"人"所处的特定系统界面的原理，1975 年霍金斯（Frank Hawkins）用模型图对该理论进行了描述，如图 12-8 所示。该模型由软件（Software）、硬件（Hardware）、环境（Environment）和人（Liveware）所构成，认为失误/差错容易产生在以人为中心的与硬件、软件、环境及其他方面的连接点上，而人是这些连接上的中心，如果与其他界面不相匹配则会直接导致人因失误的发生。因此，系统的有效运转不仅仅取决于个人要素，还取决于人与其他要素的和谐互动。组成这个模型的元素包括软件、硬件、环境和人，分别用其首字母 S、H、E、L 来代表，这 4 个元素组成的模型即为 SHEL 模型。

**图 12-8　SHEL 模型**

（1）人-软件（L-S）界面：指系统人员与其工作场所中的支持系统之间的关系。如程序、手册、检查单、出版物和计算机程序等之间的界面。

（2）人-硬件（L-H）界面：指系统中人与设备之间的界面。它决定了人员如何与物理工作环境相互作用。如驾驶舱座椅的人体工学设计，显示器与人体信息处理特征的匹配等。

（3）人-环境（L-E）界面：是指人员与内部、外部环境，自然与非自然环境之间的关系。内部环境包括机场内环境和公司企业内环境，外部环境包括气象自然环境和政治、经济环境。

（4）人-人（L-L）界面：指工作场所中人与人之间的关系。包括机长、副驾驶、乘务员、安全员、管制员甚至旅客。它并不是像人-硬件界面那样，可以被监控或控制。人与人之间总存在着很多的可变和不可预知的因素，这些都能体现在机组之间的交流和协作上，交流和协作的好坏直接对飞行安全的保障起决定性的作用。

## 四、海恩法则

海恩法则是德国飞机涡轮机的发明者德国人帕布斯·海恩提出的一个在航空界关于飞

行安全的法则。海恩法则指出：每一起严重事故的背后，必然有 29 次轻微事故和 300 起未遂先兆/不安全事件以及 1 000 起事故隐患。虽然这一分析会随着飞行器的安全系数增加和飞行器的总量变化而发生变化，但它确实说明了飞行安全与事故隐患之间的必然联系。根据人的因素中对差错概念和民航安全事件的划分原则，可以把事故征候的苗头进一步细化为：严重差错、一般差错和不安全事件，如图 12-9 所示。

图 12-9　错误累积模型

按照海恩法则分析，当一件重大事故发生后，我们在处理事故本身的同时，还要及时对同类问题的事故征兆和事故苗头进行排查处理，以防止类似问题的重复发生，及时解决再次发生重大事故的隐患，把问题解决在萌芽状态。

## ·思考题·

1. 什么是机组资源管理？怎样才能正确理解机组资源管理的概念？
2. 学习机组资源管理课程和接受机组源管理训练的目的是什么？
3. 简要叙述机组资源管理训练所要达到的目标及其评价方法。
4. 请用图示法表示机组资源管理训练体系，并对其进行简要分析。
5. 为什么说"所有飞行员都应该接受机组资源管理的训练"？
6. 根据资源的性质和来源，简要分析机组资源的分类，并说明它们与机组资源管理的关系。
7. 简要分析机组资源管理的学科性质。

# 第十三章 驾驶舱情景意识与注意力分散

飞行员的驾驶舱情景意识是影响飞行安全的重要因素，许多飞行事故都是由于飞行员的驾驶舱情景意识较差或者丧失所引起的。在大多数情况下，飞行员之所以没有能够发现潜在的危险因素和不能做出恰当的判断与决策，主要原因就在于情景意识较差所导致。良好的驾驶舱资源管理行为必须以良好的驾驶舱情景意识为基础，可以认为情景意识是驾驶舱资源管理的一个重要前提。本章的内容包括情景意识的定义、层次与分类，影响情景意识的因素以及情景意识下降的标志，保持良好情景意识的方法，驾驶舱注意力转移与驾驶舱注意力分散。在中国民航局新近颁布的执照考试大纲和知识点中要求重点掌握的内容包括：情景意识的概念与影响因素，保持良好情景意识的方法，驾驶舱注意力分散与驾驶舱注意力转移的区别，驾驶舱注意力分散的类型和管理方法。

## 第一节 驾驶舱情景意识的含义及其影响因素

### 一、情景意识的含义及分类

#### （一）情景意识的含义

情景意识（Situational Awareness，简称 SA）是飞行机组在特定的时段里和特定的情境中对影响飞机和机组的各种因素、各种条件的准确知觉。简言之，情景意识就是飞行员对自己所处环境的认识，也就是说飞行员要知道自己周围将要发生什么事情。关于情景意识的概念，我们也可以用图 13-1 来表示。该图表示驾驶舱情景意识包括飞行员或飞行机组对现在和即将发生的事件的认识。情景意识包括发现重要事件或者问题、对问题进行理解

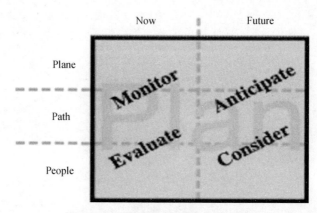

图 13-1 驾驶舱情景意识的含义

和评价、对未来进行预测 3 个层次。因此，要提高和保持良好的情景意识，飞行员或飞行机组就必须密切监视、评价、预料和思考飞机状况、航路情况以及人员情况等信息资源，并对这些资源进行合理的管理。

## （二）情景意识的分类

情景意识有个体情景意识和群体情景意识之分。它们之间既有密切的联系，也存在一定的区别。

### 1. 个体情景意识

顾名思义，个体情景意识是指某个飞行员对影响飞行环境的各种因素和各种条件的知觉。由于每一个个体的知识经验不同、飞行态度和飞行动机不同，从而使情景意识在不同的个体之间存在着差异，每一个机组成员的情景意识水平就有可能不同。

例如，在一个双人制机组当中，可能有一名飞行员的情景意识高一些，而另一名飞行员的情景意识则有可能处于较低的水平。与此相似，也有可能两名机组成员的情景意识都较高或者两名机组成员的情景意识都较低。并且，即便是两名飞行员的情景意识水平都差不多，他们的情景意识的指向性也有可能存在着差异。

另外，正如我们常常观察到的机组表现那样，飞行员的情景意识绝不是一种固定不变的现象，它总是处于不断地变化之中。引起这些变化的因素既可能是生理方面的，也可能是心理方面的或者社会方面的，以及环境方面的。

### 2. 机组的群体情景意识

机组的群体情景意识是指作为一个完整整体的机组所具有的情景意识。飞行安全则主要取决于这种作为机组整体所能获得的情景意识。而机组群体的情景意识又主要取决于责任机长所能获得的情景意识水平。值得一提的是：这样的情景意识绝不是每一个个体情景意识的简单叠加。为了说明这一现象，请让我们来思考一下以下事例：

一架双发飞机的双人制机组正在作水平直线飞行，风速 250 kt。其所处的高度低于前方 2 mile 处的山峰 500 ft，也就是说，如不及时采取措施，撞山事故将在所难免。在此时，为了避免撞山，该机组既可以采用快速爬升飞越的方式，也可以向右绕飞。A 飞行员处在指挥飞行的地位上，并正在操纵着飞机。

在这种情况下可能存在的情景意识效应是：B 飞行员作为副驾驶对于飞机及当时的飞行处境具有非常高的情景意识水平。他知道当时的飞机与周围地形的关系和飞机所处的位置，也知道对于避免这次灾难有必要采取的修正行动。因此，可以认为此时的副驾驶的情景意识非常高。

但是，A 飞行员却不知道飞机当时的真实处境，不知道如果继续按现有的航路飞行将有可能撞山。此时，他的情景意识就处于非常低的水平。

此时的飞机已处于非常危险的境地，如果不立即采取行动，灾难将是不可避免的。如果此时的 B 飞行员未能将他对飞行处境的看法有效地传递给 A 飞行员或者 A 飞行员未能充分地分享 B 飞行员的情景意识的话(对 B 飞行员的质询没有做出应有的反应或听不进劝告)，那么该次飞行的事故链就不可能被中断，飞行事故也就在所难免。这就是为什么机组群体情景意识受指挥飞行员的情景意识所制约的原因。

因此，为了提高该机组的群体情景意识，该副驾驶就必须将他的情景意识提供给机长，而机长也必须接受和分享副驾驶所提供的情景意识。在此时，机组对交流和指挥概念的恰当理解以及适宜的领导艺术就是非常必要的了。

情景意识的分类如图 13-2 所示。

图 13-2　情景意识的分类

## 二、影响飞行员驾驶舱情景意识的因素

有许多因素都会影响飞行员的情景意识水平。其中包括：飞行动作技能、飞行经验和训练水平、空间定向能力、身体健康状况和态度，以及驾驶舱资源管理技能。

### 1. 飞行动作技能

飞行员动作技能是驾驶舱情景意识的基础。没有适宜水平的飞行动作技能就谈不上驾驶舱情景意识，没有飞行动作技能意味着驾驶舱处于忙乱状态。我们都可以回忆在学生时代第一次上飞机的情境。在那时，我们必须竭尽全力于简单的飞机操纵动作。很少有时间去顾及交通状况的观察、领航，或者关于飞行艺术的深层次的方法学的思考。其结果是，我们的情景意识经常是处于非常低的水平。现在，我们许多人之所以能够继续飞行生涯，那是由于在初始飞行训练期间发展了情景意识，使我们有足够高的情景意识去应付各种各样的情境。在经过了初教机的初始训练之后，学员的飞行动作技能都有了很大的发展。其结果是：只需要付出很少的时间就可以完成飞行动作技能，并较好地操纵好飞机，从而使我们能够将更多的时间用于飞行的心智方面。需要指出的是，即便是飞行员已经获得了飞行动作技能，也必须不断地磨炼，以便确保能够有更多的余力用于其他更重要的飞行任务上去。

### 2. 飞行经验和训练水平

经验就是实用的知识和技能。它们要么是我们通过实际的观察、要么是我们直接参与了对某类事件的处理或者是参与了特定的活动获得的。每一次飞行都是积累经验的良好机会。从经验的意义上说，我们的经验建立了飞行心理图式，这些图式有助于我们对经历的事件和情况进行合理的解释，并帮助我们对特定的情景做出适宜的反应。事实上，在飞行中所采取的许多行动都是建立在经验的基础之上的。我们不断地利用经验数据库或称经验图式来做出适合于特定情境的决策和行动，它使解决问题的速度进一步加快，进而使我们能够将注意力更多地投入到需要高度重视的问题之上。

经验与训练水平有着紧密的联系，训练使我们较为容易地完善自己的知识系统和身体动作技能，同时也是建构我们的经验和扩展我们的经验数据库的最有效的途径。事实上，飞行员所面对的许多问题都是在他将要上飞机前就得以解决了。模拟机训练使飞行员能够安全地重建日常飞行中很少遇到的处境，这便使得他们能够在不冒死亡、伤害以及飞机受损风险的前提下增添其经验数据库内容。这样，当我们在真正面临飞机故障时，就能够从我们的经验数据库中提取相应的文件，并做出正确的反应。通过不断地复习特定的紧急情况程序，许多问题都可以通过我们在经验数据库中选择恰当的措施而比较容易地得到解决。譬如，与起飞时发动机失效有关的程序，对于一个经过精心训练的飞行员来说便几乎是一个自动化的过程。

### 3. 空间定向能力

空间定向可以简单地定义为是飞行员对飞机的姿态、航向、高度以及空速的认知。它通常包括飞行员通过导航辅助设施、机场、地形以及与其他飞机的相对位置来对飞机所处位置的准确认识。它告诉机组飞机当时所在的位置以及我们将要飞往何处。没有良好的空间定向能力，飞行员或机组就会失去方位和航向，情景意识就会削弱，甚至丧失。1995 年发生在加利福尼亚州，哥伦比亚的一次飞行事故就是一个很好的例证，其结果是机组改变了飞机航向，直接飞向并撞进了大山。以下是事故发生前所记录的机组对话。副驾驶："嗯，我们将要达到……我们现在正向……？"机长："好吧，我们右转航向，嗯，先到 Tulna 检查点，怎么样？"副驾驶："好吧，但我们刚才飞向哪里呢？"几秒钟后，机长说："我怎么觉得什么地方不对劲，但不知道为什么！"2 min 后，飞机撞毁在大山中。在 ASRS（航空安全报告系统）的报告中这样的事例很普遍。这种情况一般都发生在机组所熟悉的机场、航线、程序中，因为很熟悉，所以就根据经验，就会对未来具有强烈的期望，就会降低我们对当前情况变化的警觉，即降低了我们的情景意识。

### 4. 健康与态度

许多身体上的和情绪上的因素都会制约我们达到和维持较高的情景意识水平。身体状况和情绪状态直接影响我们对周围环境事件的知觉和对这些事件的解释。疾病或者个人问题可以削弱飞行员的能力，使他们的生理和心理功能不能满足特定飞行环境的需要。反过来说，良好的情绪和身体健康状况是我们建构和保持良好的情景意识的重要激发因素；态度也同样会直接影响飞行员达到和维持较高情景意识的能力。良好的职业态度使他们能够以积极的方式集中精力于需要解决的问题之上。航空职业态度已成为每一个飞行员保障飞行安全所必需的个性风范。

### 5. 驾驶舱资源管理

所有影响情景意识的因素都必须以一种系统的方式加以整合才能发挥其作用。驾驶舱资源管理便是对这些要素加以整合的有效工具。

### 三、驾驶舱情景意识丧失或者削弱的表现

前已述及，情景意识与飞行安全有着密切的关系，许多飞行事故都是由于飞行员缺乏适宜的情景意识所造成。事实上，情景意识水平较高的飞行员往往也是一个较为安全的飞行员，而那些情景意识较差的飞行员则容易发生飞行事故。为了说明驾驶舱情景意识丧失或者削弱的表现，请让我们先来看一看由于机组情景意识较差所引起的一些飞行事故和飞行事件：

**事例1** 一架波音727飞机正在Dulles机场以西向该机场进近，允许着陆的跑道是12号跑道。但机长却将此理解为允许在进入五边之前下降到已公布的最低高度。而空管员的意思却并不是这样，其中的一名机组成员最后也意识到了机长的理解是错误的。机长坚持自己的意见，并使飞机下降到较低的高度上，结果使飞机撞在了山脊上，造成92人丧命。这次事故可作为责任机长情景意识丧失，且驾驶舱资源管理技能较差的一个较好的佐证。

**事例2** 一架大型涡轮发动机飞机在起飞后不久产生了振动并坠毁，导致6名机组成员和64名乘客死亡。NTSB（美国运输安全委员会）在事故报告中指出：该次事故很明显是由于机长在起飞期间试图查明振动的原因，较大幅度地降低了4台发动机的功率所造成。在此过程中，机长未能控制好飞机，而副驾驶又未能监视飞行航路和空速。当在最后试图修正时，撞击已是无法避免的了。很明显，在该次事故中，机长和副驾驶的情景意识水平都处于较低的水平。

**事例3** 一架DC-10飞机在完成向波士顿Logan机场的进近后，正在一条刹车性能非常差的湿跑道上着陆。大约在14 s以后，飞机滑出了跑道并撞入了波士顿港，造成两人死亡。NTSB指出：该次事故的可能原因是机组对跑道状况和刹车性能缺乏足够的了解。从而使机组未能针对这次着陆做出深思熟虑的决策。

**事例4** 一架涡轮喷气式飞机准备在夜间进行一次商业演示性起飞。执行该次演示飞行的飞行员是该公司的总裁，当时的实际情况是飞机停靠在17号跑道，而不是13号跑道，该跑道长3 863 ft，而13号跑道的长度是6 904 ft。该机场属于非控制机场，呈"V"形跑道布局。结果该架飞机在跑道尽头起飞时撞在了防护栏上，穿过一条公路后撞毁，使机上的3名乘员都受了重伤。机上3名乘员都具有ATP驾驶等级。

为什么这些经过了精心训练，都具有较高工作热情的机组人员在驾驶最先进的飞机时却在飞行的重要关头犯了严重错误呢？当然，这绝不是他们故意那样做的！越来越多的证据表明，导致重大航空事故的主要原因并不是机械故障和维护错误或者气象原因，而是由人的错误所造成。这些错误的产生则正是飞行机组缺乏适宜的情景意识所引起。

上述的事故分析报告和其他一些研究表明：情景意识的丧失存在着许多可以识别的线索。驾驶舱的语音记录也一再揭示出在事故发生之前，机组通常都讨论过情景意识丧失的种种线索。但不幸的是，机组经常又未能真正地意识到这些线索的意义所在，并不知道这些线索是情景意识正在偏离常态的警告信号。很显然，对这些线索的识别是保持情景意识的关键环节。如果机组不能够识别出这些线索，也就意味着他们不能够及时地采取行动以避免灾难的发生。在这些标志情景意识正在丧失的可能线索中，以下一些线索是至关重要的：

（1）与既定的目标不吻合。不能够满足既定的目标有可能是情景意识丧失的一个信号。常见的一些现象包括：不能获得所期望的地面速度、不适宜的燃油燃烧速率，或者不能达到航图所指示的巡航性能。如果不能分析出为什么未能满足所计划目标的原因，也就不可能做出必要的修正行动，情景意识的丧失也就在所难免。

（2）模棱两可的信息或者语义模糊。模棱两可的信息或者语义模糊会导致两个或者两个以上意思截然不同的歧义信息。例如，有些信息既可能来自同一飞机系统两个或者两个以上的显示器，也可能来自机长与副驾驶之间的不同理解，或者既定的飞行位置与实际位置之间的差异等等。只要这些模棱两可的局面没有被识别出或者没有被解决，情景意识便处于非常危险的状态之中。

（3）当可靠的系统出现错误的时候。目前最先进的大型机如 B747、B777，A340、A320，MD11 等座舱中的仪表系统和飞行管理系统（FMS），可以说已经非常可靠了。但从理论上讲，即便是误差再小，可靠性再高的系统，在执行一次完整的飞行任务时也有可能会出现错误。然而，调查所得到的结果却是：人们往往不会对可靠的系统进行不断检查，因为它可靠，所以人们往往会忘记它有可能出现错误。因此，当可靠系统出现问题时，机组通常不会知道，即便知道了那也是很晚的事情，以至于常常不知所措，从而大大增大了风险程度。解决这一问题的唯一方法是提醒自己用其他系统的信息数据与可靠系统进行对比检查，要清楚了解飞机各个系统的工作情况，在飞行任务的全过程中都要不断做这个工作，以便保持良好的情景意识。

（4）无人操纵飞机或者无人扫视驾驶舱外。即便已经接通了自动驾驶仪，都需要一个飞行员监视驾驶舱内外的情况，监视飞机的飞行进程。如果没有这样的监视存在，就有可能使机组不能够注意到实际上已经存在的偏差，情景意识就有可能受到削弱。当没有人操纵飞机或者没有注视驾驶舱外的环境时，情景意识就会削弱，甚至丧失。并且，如果飞行员正在进行多个飞行任务时，这些多头绪的任务也可能使飞行员的工作量处于超负荷状态。

（5）冲动行为。在很大程度上，我们的意识状态对潜意识具有抑制作用。冲动行为既是这些潜意识的一种表达方式，同时也是情景意识有可能丧失的一个信号。

（6）固着或者全神贯注。在这种情况下的飞行员通常都不会注意到其他任务，情景意识的丧失是极为明显的。处在这种情况下的人们通常是把自己局限在一个狭小的范围之内，这是他们的情景意识严重削弱的一个重要线索。

# 第二节　驾驶舱注意力分散与情景意识

驾驶舱注意力分散既是驾驶舱情景意识降低的一个重要原因，也是驾驶舱情景意识降低的一个主要表现，许多飞行事故都是由于机组的驾驶舱注意力分散造成的。

## 一、驾驶舱注意力分散的概念

在韦伯辞典中，注意力分散被定义为："由于某事的干扰而使某人在同一时间内将注意力转向其他事物或其他方向的现象。"很显然，注意力分散与注意力转移是两个截然不同的概念。前者是指个体受分心因素的干扰而将注意力转向无关刺激或者脱离当前主要任务的现象。在驾驶舱环境中，飞行员的注意力分散还包括他们对自己注意力不合理分配。注意力的转移则是指个体根据当前任务的需要，有意识地将自己的注意力从某一个对象或者某一个任务转向另一个对象和另一个任务的现象。也包括飞行员在同一时间内合理地将自己的注意重心由某一个对象或者某一个任务转移到另一个对象或者任务上的现象。

许多飞行员都将驾驶舱注意力分散视为使他们难以完成飞机操纵工作的不寻常的事件。机载设备故障、乘客的抱怨或者不良的气象条件都是引起飞行员注意力分散的常见原因，这些导致注意力分散的因素使得飞行员的工作变得更为复杂，尤其是在一些关键的飞行阶段发生注意力分散将是非常危险的。美国国家航空学会和航空航天局的一项研究表明：驾驶舱注意力分散经常导致飞行员的常规飞行任务受到干扰，或者使飞行员们不能够执行其他的常规任务。飞行员识别、管理或者消除注意力分散将能够极大地改善他的操作效益，使他能够将他的注意力集中在主要的飞行任务上面，并提高他的情景意识。为了说明驾驶舱注意力分散对飞行员情景意识的影响，让我们来看几个驾驶舱注意力分散的事例：

**事例 1** 某飞行学员不顾塔台管制员的连续 3 次警告，继续他的不放起落架着陆。当他幸免于受伤、从飞机残骸中爬出来的时候，他立刻面对的是那位发怒的管制员。

管制员对着这位呆若木鸡的飞行学员吼叫道："你为什么要这样着陆？！关于你的起落架问题我曾经呼叫了你 3 次。"

"对不起，先生"，这位学生机械地重复着这句话。"在那样的噪音环境下我没有能够听见你的声音。"在这一事例中，该学员显然是由于注意力过于集中在飞行动作和其他任务上，没有能够注意到管制员的指令造成的，也就是说他的注意力分散是由于其他飞行事件的干扰或者说没有合理分配自己的注意力造成的。

**事例 2** 1972 年，一架宽体型运输机在迈阿密附近的 Everglades 坠毁，当时机组正试图更换一个失效的前起落架灯。事后的调查揭示出以下的事件演变过程：

23：36：04，机长告诉正在操纵飞机的副驾驶接通自动驾驶仪。

1 min 以后，副驾驶成功地移动了前起落架灯罩组件，但当他试图更换起落架灯时却被卡阻了。23：38：34，机长再一次指示空中机械师下到前电子舱，检查前起落架标志校准值。

从 23：38：56 到 23：41：05，机长和副驾驶一直在讨论失效的前起落架位置灯灯罩组件和怎样才能正确地将它安装上。

23：40：38，座舱高度警戒系统响起了半秒钟的高度警戒信号，意味着飞机已偏离选定高度 250 ft。但没有任何一个机组成员对这一声音信号做出过评价，也没有人改变飞机的俯仰姿态以修正损失的高度。

23：42：12，飞机撞上了 Everglades。

对于上述事故，NTSB 分析道：注意力分散可能打乱了机组的正常飞行。主要表现为：

① 正常的进近和着陆被异常的起落架指示打乱了。

② 虽然飞机将要飞向的是安全高度，自动驾驶仪也被接通以便减小工作负荷，但却没有完成对飞机操纵人员的正确指派。

③ 他们移动了前起落架位置灯灯罩组件，却没有正确地重新安装上。

④ 副驾驶一直试图取下被卡阻的起落架灯罩组件，并且他的注意力一直被这一想法所吸引。

⑤ 机长将他的注意力分配在试图帮助副驾驶更换起落架灯和指示其他机组成员针对出现的问题尝试另外的进近方式这两项任务上。

⑥ 飞行机组的注意力分散时间大约为 4 min，在这段时间里，他们对飞行其他需求的注意力降到了最低。

⑦ 最后，机长没有确保有一名飞行员始终对飞机的动态发展处于监视状态。

**事例 3** 以下报告来自一个航空公司的飞行员，它描述了驾驶舱资源管理中存在的问题，而这些不良的驾驶舱资源管理行为则主要是由于机组注意力分散所引起的：

在机长与乘客进行 PA（内话系统）交谈期间，收到了航向和高度从 9 000 ft 到 14 000 ft 的变化。于是机长一边与乘客继续交谈，一边开始爬升并改变推力。当他与乘客的交谈结束时，副驾驶说左转 160°，机长按此做了，并保持爬升。此时高度提示舱内的高度值是 16 000 ft。我们在 16 000 ft 的高度上改平，同时呼叫起飞管制员，要求较高的高度。起飞管制员劝告我们应该与中心频率联系。于是我们呼叫中心塔台管制员，他问我们是否是第一次呼叫，我们说：“是的”，中心管制员接着说：除非爬升到 FL230，否则我们就应待在 14 000 ft 的高度上，于是我们按他说的那样做了。我们不知道是谁将高度提示舱内的数值调到了 16 000 ft，因为我们谁也不能回忆起与中心管制员交谈中有关变化的内容了。我感到很有可能是机长将航向 160 误解成了某个高度值，从而在高度调定舱内将调定值调到了 160。副驾驶当时正忙于其他事情，却未能发现舱内的错误高度。结果无论是机长还是副驾驶都记不住是谁将高度值拨到了 160。

以上描述的几个事故包含着几个带有普遍性的因素，其中最为重要的因素是所有机组成员都没有能够有效地利用对他们来说可以利用的资源，而它们的更深层次的原因则是机组由于注意力的分散削弱了机组的驾驶舱情景意识。如果机组在上述情境中合理地分配了他们的注意力，从而使他们的情景意识处于较高水平的话，上述的每一个事故都是可以避免的。

## 二、驾驶舱注意力分散的类型

为了便于讨论，我们将驾驶舱注意力分散分为 3 种类型，即营运性注意力分散、非营运性注意力分散以及生理性注意力分散，如图 13-3 所示。

### （一）营运性注意力分散

营运性注意力分散指执行飞行操作任务所引起的驾驶舱注意力分散。这种注意力分散是在正常的飞行工作条件下，由于工作负荷过载所引起的注意力分散现象。执行检查单程序、交通情况观察、ATC（空中交通管制）通话以及简述进近航图等，都可能会引起这类注意力分散。

```
          已报告的注意力分散类型
    营运性任务：
    1. 交通观察              16
    2. 检查单               22
    3. 故障                19
    4. 航空管制通话           6
    5. 研究进近航图           14
    6. 雷达监视             12
    7. 新的副驾驶            10
    8. 寻找机场              3
    9. 疲劳                10
    10. 其他因素             2
       总计               114
    非营运性任务：
    1. 书面工作              7
    2. PA系统通告           12
    3. 驾驶舱交谈            9
    4. 飞行乘务员的干扰         11
    5. 公司无线电通话          16
       总计               55
```

**图 13-3　驾驶舱注意力分散的类型**

注：图中的数字是指由这类分心因素所诱发的注意力分散的飞行员人次。

　　已有的研究（NASA，美国航空航天局）表明：在高工作负荷期间或者说飞行员的工作负荷处于高峰阶段，有时也可能伴随完成检查单、雷达监视以及处理一些微小的机械故障的任务。另外，在常规性的交通情况观察以及 ATC 通话，尤其是在移交塔台时，飞行员们却明显地没有进行工作优先秩序的安排，从而也就使他们不能防止进入注意力分散的危险境地。当雷达管制员呼叫某一时刻的交通情况时，所有的机组成员又都忙于搜索交通情况，在这样的情境中使得机组没有更多的时间用于驾驶舱资源管理和机组的协调配合。一种典型的情况是：当机组在同一时间里同时完成几项任务时常常会分散飞行员完成主要任务的注意力。例如，在滑行过程中执行检查单任务、在改变高度时又要进行雷达监视、改平时进行交通观察（尤其是下降进入航站区以后）以及在绕飞雷暴区的操纵期间进行 ATC 通话情况下，有可能使飞行员的注意力处于分散状态。NASA 的研究还进一步指出：大多数注意力分散事件都发生于目视飞行条件下，隐含着虽然在这样的条件下机组的工作负荷并不高，但由于机组人的因素的局限，从而使他们在这种情况下飞行显得更不安全。一名飞行员在给航空安全报告系统的资料中写道："机组成员们应该多注意细节，尤其是在气象条件良好的时候，更应该引起高度警惕"，这是不无道理的。

### 1. 交通观察引起的注意力分散

　　"注意正前方的交通情况"这样的呼叫信息对于每一个机组成员来说都会立刻引起他们的高度注意。诸如此类的管制员警告，飞行员们都会出于本能的自我保护激发起他们的自动化反应，以便避免即将到来的危险。与此相似，一个特别的交通情况通告也常常会将机组的注意力全部吸引过去，使他们忙于交通情况的扫视，在这样的情况下有可能使机组失去对方向的控制，其他任务也可能被完全抛弃。另外，大多数的空中相撞事故又是由于机组未能进行恰当的空中交通观察所引起，这些机组之所以未能进行恰当的空中交通观察，也往往是由于一些微小的航向偏差或者高度冲突所引起,在有雷达交通管制监视的情况下,这样的现象表现得尤为突出。图 13-4 是 NASA 根据航空安全系统数据库归纳出的因空中交通观察所引起注意力分散的情况。

| 进行交通观察所引起的注意力分散 | |
| --- | --- |
| **注意力分散的结果** | |
| 1. 偏离许可高度 | 12 |
| 2. 危险接近 | 1 |
| 3. 误解塔台着陆许可 | 2 |
| 4. 不稳定进近 | 1 |
| **高度偏差的时间** | |
| 1. 在较早的爬升阶段 | 10 |
| 2. 在较晚的爬升阶段 | 2 |

**图 13-4　进行交通观察所引起的注意力分散**

注：图中所列的数字是报告此类事件的人数。

### 2. 执行检查单引起的注意力分散

在机组报告的飞行事件中,因执行检查单而引起的注意力分散事件比例最高。图 13-5 是 NASA 根据航空安全报告系统数据库统计出的因执行检查单所引起的注意力分散情况。它们揭示出了以下一些共同特征:

| 执行检查单引起的注意力分散 | |
| --- | --- |
| **飞行的阶段** | |
| 1. 爬升 | 7 |
| 2. 下降 | 6 |
| 3. 着陆前 | 6 |
| 4. 滑行 | 3 |
| **结果** | |
| 1. 高度偏差 | 9 |
| 2. 无着陆许可 | 6 |
| 3. 错误地将其他飞机的着陆许可视为自己的着陆许可 | 2 |
| 4. 非法侵入活动跑道 | 3 |
| 5. 无法观察其他飞机和做出规避 | 2 |

**图 13-5　执行检查单引起的注意力分散**

（1）飞行员们都把执行检查单任务视为比空管要求更为重要的事情,并且每一个已发生的检查单注意力分散事件都导致了潜在的或者实际的与空管规则或者条例相冲突的情况。

（2）检查单活动几乎总是在其他驾驶舱任务也在进行的同一时间内开始。在这种情况下,检查单既是引起机组注意力分散的因素,同时也变成了牺牲品。几乎所有的报告都陈述道:"当时的工作负荷过大""没有足够的时间来完成所需要的任务"。

271

（3）与执行检查单任务相似的另一种注意力分散因素是机组阅读进场着陆图和航图。在 NASA 所搜集到的自愿报告中，其中就有 14 名飞行员在下降期间阅读进场着陆图或者阅读航站区域航图，从而导致了非常危险的事件。在这 14 名飞行员中，其中有 9 名飞行员发生了高度偏差、3 名飞行员发生了危险接近、1 名飞行员发生了偏航。而其中的 13 名飞行员所发生的注意力分散都是在 1 100 ft 高度以下发生的，只有 1 名飞行员的注意力分散发生于 17 000 ft 的等待航线上。

### 3. 系统故障引起的注意力分散

飞机系统故障所引起的注意力分散也具有两个方面的特点：

（1）所有的机组成员都有可能被飞机系统的故障引起他们的注意力分散，从而使他们不能够有效地监视飞机的飞行航路和飞行的状态。

（2）驾驶舱的监视功能将被削弱，由于飞行员注意力的分散，从而使得飞行员的错误不能够被其他飞行员觉察出来。

在收到的自愿报告系统中，其中有 5 名飞行员报告当他们正在注意系统故障时，却又发生了高度偏差，而在这些情况下他们都已接通了自动驾驶仪。上述现象说明，由于机组过于依赖自动驾驶议，从而使他们将所有的精力都用在了问题诊断上，导致了他们对其他仪表的忽略。图 13-6 是 NASA 的统计结果，它说明了因机械故障所引起的机组注意力分散情况。

| 系统故障引起的注意力分散 | |
|---|---|
| **故障的类型** | |
| 1. 由发电机来驱动发动机 | 4 |
| 2. 舱门警告 | 3 |
| 3. 增压装置故障 | 2 |
| 4. 管道过热 | 2 |
| 5. 除冰灯故障 | 2 |
| 6. 发动机振动 | 1 |
| 7. 起落架灯故障 | 1 |
| 8. 自动驾驶仪故障 | 1 |
| 9. 客舱烟雾 | 1 |
| 10. 罗盘故障 | 1 |
| 11. 机械问题 | 1 |
| | |
| **注意力分散的结果** | |
| 1. 高度偏差 | 12 |
| 2. 航路偏差 | 3 |
| 3. 无着陆许可的情况下着陆 | 2 |
| 4. 穿越严格控制的空域 | 1 |

**图 13-6　系统故障引起的注意力分散**

## （二）非营运性注意力分散

非营运性注意力分散是指与飞行员的主要任务没有直接关系的因素所导致的注意力分散现象。主要的因素包括与飞行无关的交谈、常规性的书面工作或者安顿乘客以及地面等待等。如果通话飞行员对自己的精力分配不当的话，就有可能会使他的主要精力从监视在飞飞行员的任务中脱离开来，使他不能够发现在飞飞行员已经发生的错误。例如，在一次飞行事件中，空中机械师正在与公司通话，机长却在利用客舱 PA（内话）系统与乘客讲话，而此时正在飞行的副驾驶在下降期间误解了空中管制员的许可，空中机械师和机长也没能识别出副驾驶出现的错误。这类事件大多数都发生于 10 000 ft 的高度以下。

1987 年，美国西北航空公司一架 DC-9-82 飞机在密歇根州底特律都会机场起飞时坠毁。这架执行明尼阿波利斯 – 圣安娜航班任务的飞机，经停底特律都会机场后继续飞往加利福尼亚的圣安娜。由于空中交通管制系统延误，该航班离开登机桥时，已经晚于预定起飞时间。机组人员知道他们必须马上起飞，否则他们可能在圣安娜机场关闭和实行噪声限制之前不能飞抵圣安娜机场。

在 DC-9 开始滑行之前，因为有风切变而改变了飞机的起飞跑道，这样 DC-9 飞机的机组人员就要重新计算飞机的起飞速度。机组人员在改变跑道时，超过了转点，只好又向后滑行。驾驶舱语音记录器的录音还证明，机组人员没有完成滑行阶段的检查单，没有检查襟翼位置。很显然，机组没有完成检查单与飞行员注意力分散的环境和延误起飞、改变跑道等因素有关，这些复杂因素综合在一起，造成了飞机在襟翼仍处于收上状态时就起飞。由于某种原因，襟翼位置报警系统也没有发出警报。这架飞机离地后发生失速，飞机上仰 13°或 14°并开始滚转。

据 NTSB 分析，如果机长压低机头，把滚转振动减到最小限度，机长可以恢复对飞机的操纵。可是机长仍然保持飞机上仰姿态，疏忽了阻止飞机继续爬升的措施。最后飞机的左机翼撞上了停车场一根高 42 ft 的照明灯杆，飞机开始滚转，撞上一座建筑物后坠毁在一条环形公路上。该机共载客 155 人，除 1 人幸存外，其余 154 人全部遇难。这架飞机坠毁时，还造成地面 2 人死亡。

基于这次事故和其他类似事故，NTSB 最后指出：

（1）大部分检查单事故都是与驾驶员注意力分散和正常的飞行秩序被打乱有关。

（2）多数情况下飞行条件不正常，而且许多飞行事故都伴随着另一种紧急情况。

（3）当遇到注意力分散或其他不正常情况时，常常造成飞行员没有正常使用或参看检查单，忘记检查单关键项目。

（4）最常见的现象是起飞着陆前，飞行员忘记放起落架，一个燃油箱的燃油用完之前，忘记转换油箱电门，或者在起飞前没有按规定检查飞机结构位置。

（5）解决上述问题的最好方法就是每次飞行都要保持职业化，使用检查单和按规定程序操作。即使驾驶员记住了检查单的所有内容，也一定要使用检查单。

（三）生理性注意力分散

生理性注意力分散是指由影响个体操作能力的生理性或情绪性干扰因素所导致的注意力分散，其后果见图 13-7。

| 机组疲劳引起注意力分散的后果 | |
|---|---|
| 事件 | |
| 1. 高度偏差 | 6 |
| 2. 航路偏差 | 2 |
| 3. 飞错跑道 | 1 |
| 4. 误读航图 | 1 |

**图 13-7　机组疲劳引起注意力分散的后果**

## 三、对注意力分散的处理

当我们在思考营运性和非营运性注意力分散现象时，每一个人都能够较容易地回忆起引起我们犯错误的情境。例如，我们每一个人都能够完成以下不完整的句子："由于当时我正忙于……所以我忘记了……"但是，更深层次的原因是什么呢？这就不是每一个飞行员都能够回答的问题了。

飞行员们对所发生的注意力分散予以识别和分类的能力是处理这些问题的第一步。但要达到这一目的却并不是我们所想象的那么容易。事实上，飞行员常常不能够识别出所发生的驾驶舱注意力分散。更为糟糕的是，即便我们已经识别出了注意力分散的现象，也常常简单地把它们视为我们工作中的一部分而未能对它们予以恰当的管理。这样，我们的情景意识将会被削弱，甚至丧失。由于驾驶舱的注意力分散具有 3 种类型，因此对它们的处理方式也应该具有不同的形式：

### 1. 对营运性注意力分散的处理

营运性注意力分散包括与操纵飞机有关的常规性工作负荷。交通情况的观察、检查单的执行、空中交通管制通话以及其他一些营运性注意力分散因素是不能够被消除的，我们只能对它们进行缜密的管理，以确保它们不至于使注意力离开主要操纵任务，使我们能够维持对飞机的操纵和控制。精细的计划和对不确定任务的预期，有助于防止在同一时间内试图完成太多的任务，从而达到预防注意力分散的作用。正如飞机制造厂的经理精细地控制组装车间的工作流程一样，驾驶舱内的"经理"（机长）也必须对驾驶舱内的任务完成进行定速，类似瓶颈口的工作任务分配通常会导致严重的精力危机。

例如，当空中交通管制员说明交通通告或者当一个雷暴在雷达显示器上出现时，飞行员此时就是无法选择的。在这些事件发生时，飞行员便必须识别出那些有可能削弱重要任务注意力的因素。在上述事例中，对当前的驾驶舱处境进行一次快速的审视和调查可以防止因注意力分散所引起的情景意识丧失或者降低情景意识丧失的程度。在通常情况下，清晰的任务分配（或重新分配）和明确各自的职责，将有助于最大限度地降低因这些注意力分散所引起的负面效应。再如，开始执行检查单的时机也是可以进行精细的管理和控制的。对检查单开始执行的时机，应考虑检查单的执行不会引起分散重要任务的注意力，同时检查单的执行也不太可能受到其他分心因素的干扰。

### 2. 对非营运性注意力分散的处理

与飞行员的主要任务没有直接关系的非营运性注意力分散现象通常是可以消除的。我们可以以积极的方式来对非操作性的注意力分散进行控制。例如，与飞行任务无关的交流在关键的飞行阶段可以予以消除。许多航空公司都严格禁止飞行员在低于特定的高度时进行无关交谈。和营运性注意力分散一样，飞行员必须首先认识到这些非营运性注意力分散的潜在危险，应该意识到它们是导致情景意识下降的因素。

### 3. 对生理性注意力分散的处理

生理性注意力分散处理起来较为复杂。例如，要测量飞行员在驾驶舱内的身体疾病、过热或过冷、疲劳、身体不适、情绪问题以及其他形式的应激效应，就是一件非常困难的事情。在这样一些应激因素中，有一些是在驾驶舱以外形成，而又由飞行员带进驾驶舱内的，它们如同飞行员的一个沉重包袱影响着飞行员的飞行表现。诸如慢性疾病、慢性疲劳以及家庭问题等应激因素通常都会引起飞行员的注意力分散，而这些应激因素绝不是一日之间就形成的，往往是飞行前的一周、一月、甚至一年以前就开始形成了的。它们对飞行员飞行操作的影响则因人、因环境而异。譬如，作为注意力分散因素的缺氧症在个体之间就有很大的个体差异。其他一些因素，如过热和过冷以及身体不适，又有可能是在驾驶舱内形成的。而这些因素在很大程度上是可以得到较好控制的。概括起来，与处理生理性注意力分散相联系的问题主要存在于两个方面：

第一，在注意力分散时，我们经常不能够识别出这些生理性的注意力分散因素。例如，当我们在休息不好的情况下飞行时，交叉检查仪表的速度就会减慢，也可能是注意力过分集中在某一个单一的仪表之上，但我们却经常不能够觉察到这是休息不好的缘故。

第二，与上述情况相似，要对头痛或者其他小病对飞行员有效操纵飞机的影响进行准确的定量也是非常困难的事情。在进近阶段，家庭问题老是缠绕我们的思绪也是影响注意力集中的事例，在这种情况下将会导致严重的后果。

正如前述，有许多生理性的分心因素是我们在进入驾驶舱之前就存在的。这样，许多管理行为就必须延伸到驾驶舱之外。例如，对于疲劳现象来说，一种现实的处理措施便是为机组提供良好的休息环境，使他们在进入驾驶舱之前就获得足够时间的高质量睡眠。此外，总体健康水平和精力还可以通过适宜的营养和恰当的锻炼来得到改善。但是，当在飞行中感到身体不适或者面临情绪问题时，我们又该如何去应付呢？

飞行员飞行前的自我诊断，在这里我们想再次提醒的是：关键在于增强对这些问题的识别。通过对自己和他人身体状态以及心理状态的识别，就能够预防注意力的分散，从而增强警觉水平。措施之一是假设我们的表现和警觉性在应激效应的影响下被削弱了，并假定我们在这样的状况下会犯错误。通过这样的假设，我们就会义无反顾地对自己的身体和心理状况进行检查，并劝告自己所在的机组成员提高对注意力分散的警惕性。在此，我们介绍一种自我状态检查单，即 I'MSAFE 检查单。它有助于飞行员在飞行前识别自己的身体和心理状态，达到在飞行前预防潜在的营运性注意力分散因素进入驾驶舱内的目的。

① I — illness，疾病：是否患病；

② M — medication，药物：是否服用过对飞行有害的药物；

③ S — stress，应激：应激状态是否过高或过低；

④ A — alcohol，酒精：是否饮用过酒精饮料；

⑤ F — fatigue，疲劳：是否感到非常疲劳；

⑥ E — emotion，情绪：情绪状态是否良好。

综上所述，驾驶舱的注意力分散对于飞行安全来说是非常危险的。我们必须及时地识别出各种分心因素，并以积极的方式对它们予以管理。营运性的注意力分散因素是无法消除的，我们只能通过适当的管理以降低它们对完成飞行任务的影响。非营运性的分心因素是可以消除的，应该努力地消除这些分心因素，尤其是在飞行的关键阶段更应该如此。至于生理性的分心因素，我们一方面应该消除它们，另一方面还应该最大限度地对它们予以预防和管理。这些分心因素可以通过对导致注意力分散的因素予以控制来进行消除。然而，当我们已经遭遇这些应激因素时，应该引起我们足够的重视，这也是预防生理性注意力分散的主要措施。总而言之，对驾驶舱分心因素进行恰当的管理和消除，便可确保飞行安全，并使我们的飞行充满乐趣。

# 第三节　提高飞行员驾驶舱情景意识的途径

在我们对驾驶舱情景意识的概念、类型以及影响因素进行了较为详细的讨论以后，就应该对以下几个问题进行回答：如果飞行事故可以通过良好的情景意识来得到避免，飞行员怎样才能够建立起情景意识？一旦情景意识建立起来以后，又怎样才能够保持良好的情景意识呢？最后，飞行员怎样才能够在他的情景意识将要丧失时及时地觉察出来呢？这些都将是本节将要回答的问题。

## 一、建立驾驶舱情景意识的途径

### 1. 扎实的航空理论知识是建立驾驶舱情景意识的重要前提

现代航空事业是集高科技、高风险以及复杂性于一体的特殊行业。一方面，随着航空科技的迅猛发展，现代飞行器的自动化程度已越来越高，其先进性和可靠性是以往任何时候都无法比拟的。另一方面，飞机系统和机载设备以及飞行环境也越来越复杂。由于这些变化，一个合格的职业飞行员要想获得较高的驾驶舱情景意识，就必须对飞行中的人、飞机以及飞行环境等因素有较为深入的认识。如果没有这些认识，驾驶舱情景意识就无从谈起。只有在具备了扎实的航空理论知识之后，飞行员才有可能在飞行中及时、准确地识别自己和飞机所处的各种状态，建立情景意识才有坚实的基础。在现代航空史上，由于飞行员缺乏航空理论知识，而不知道自己和飞机所处状态，即缺乏驾驶舱情景意识的现象可谓屡见不鲜。因此，无论是飞行学员，还是飞行经验丰富的在飞飞行员都应该不断地自觉学习和巩固航空知识，以便使自己在飞行中能够对发生的各种现象做出合理的解释，并能够使自己最大限度地合理使用一切可以利用的驾驶舱资源来处理特殊情况。

### 2. 通过初始飞行训练建立良好的驾驶舱情景意识

正如我们已经讨论过的那样，飞行员们最初是通过训练来建构驾驶舱情景意识的。我国的飞行员初始训练体系，大致由四级训练构成：即地面准备（含有关理论知识的复习、模拟器练习）、初教机训练、模拟机训练以及高教机训练。如图 13-8 所示，在飞行训练的每一个阶段都是飞行学员获得和建立驾驶舱情景意识的契机。在此，需要强调的是：每一位飞行学员都应该避免只重视基本驾驶术，忽视有意识建立自己的情景意识的错误倾向。要想使自己的情景意识建立在一个较高的水平之上，不但应该善于观察，而且更为重要的是还应该经常不断地总结飞行训练中所发生的各种事件，并与教员进行深入细致的讨论，应从教员的飞行前、飞行中以及飞行后的讲评中归纳，总结出具有普遍意义的规律。只有这样，才有可能使自己的经验逐渐完善、丰富和逐渐变得"清晰可见"。

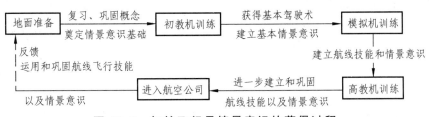

**图 13-8　初始飞行员情景意识的获得过程**

3. 通过合理使用驾驶舱资源管理的工具来建立情景意识

这些工具主要包括：驾驶舱交流、质询与反应系统、短期策略等。需要指出的是，机组的整体效益取决于机组的协调与配合程度，机组的整体效益并不等于单个机组成员各种技能的简单叠加。为了使机组的整体效益和机组群体情景意识达到一个较高的水平，就必需合理地使用驾驶舱交流和质询与反应系统，通过使用这些工具可以使我们自己的情景意识建立在一个较高的水平上，同时也可以使整个机组的群体情景意识达到较高的水平。对某一次飞行而言，情景意识还包括适合于特定飞行的目的和目标设置。这些目的和目标便成为我们衡量情景意识的标尺，驾驶舱资源管理中的短期策略工具可以帮助我们解决这一问题。

## 二、识别情景意识下降和保持驾驶舱情景意识的途径

一旦情景意识建立起来以后，就应该通过觉察和修正偏差来维持情景意识，维持情景意识的关键便成了搜索那些有可能使我们的情景意识丧失的线索。驾驶舱资源管理课程的目的就是为了检验这些技能和方法，以便在特定的环境条件下通过达到和维持较高的情景意识水平来提高飞行安全。如同商业管理技能一样，驾驶舱管理技能也可以通过学习和实践而获得。情景意识是鉴别人的错误与飞行员良好表现的一个极为重要的因素。通过驾驶舱资源管理技能可以建立和维持情景意识。目前有关专家已经鉴别出 8 种与驾驶舱资源管理技能有关的重要主题。每一个主题都可以自成一体，作为一个独立的学习单元来使用。以下便是这些主题的概要。

1. 驾驶舱注意力分散

驾驶舱注意力分散这一知识主题，讨论和描述了注意力分散对驾驶舱情景意识的负面效应，对该主题内容的了解有助于飞行员们识别引起注意力分散的因素，提出了对驾驶舱注意力分散进行合理管理的方式。

## 2．应激管理

过高或者过低的应激会削弱飞行员的表现和降低我们的情景意识，反过来又可能会增加我们犯错误的可能性。另外，如果飞行员能够对应激进行有效的管理，犯错误的概率就可能降低，也可能会意识到其他人存在的错误。

## 3．使用和发挥检查单的功能

使用检查单是引起人们争论最多，也是使人误会最深的一个主题。因此，理解检查单的功能和它的弊端是非常必要的。检查单是帮助飞行员们记忆的辅助工具，尤其是在应激条件下和注意力分散的情况下，检查单就成为了建立和维持较高情景意识的强有力的工具。

## 4．交流技能

良好的交流技能不但对于建立高水平的情景意识具有极为重要的作用，而且对识别驾驶舱情景意识下降和丧失、对于保持个体飞行员和机组群体情景意识也具有非常重要的作用。具有良好交流技能的飞行员往往犯的错误要少得多，这些飞行员能够快速地抓住问题的实质，并有可能更容易地识别出存在的错误。

## 5．工作负荷评估和时间管理

这一知识主题的内容涉及对驾驶舱状态的识别、工作任务的识别、优先权的评估、时间分配以及任务分配。在这一章中，我们指出了在飞行的关键阶段建立起飞行任务的轻重缓急或者优先秩序，以确保必要的任务能够及时完成。在驾驶舱中，如果飞行机组不能够对工作负荷和时间进行恰当的管理，将会使机组因丧失情景意识而处于非常危险的境地。

## 6．判断与决策

飞行员的判断与决策对于保障飞行安全来说是非常重要的。实际上，飞行员在驾驶舱中所做出的任何行动都是建立在判断与决策基础之上的。在"飞行中人的因素"相关章节中，我们已经对飞行员个体的判断过程进行了较为详细的介绍。

## 7．飞行计划和进程监视

飞行计划是为某种特殊飞行或者建立情景意识的关键因素。仔细的飞行计划是为安全、高效以及舒适的飞行建立各种参数和限制的过程。良好的飞行计划使得飞行员在开机之前就能够做出许多飞行决策，并为飞行中的决策奠定良好的基础。进程监视则是比较预先设置目标与实际飞行进程差异的有用工具。其结果是，它有助于维持我们的情景意识，并能够使我们在丧失情景意识或者即将丧失情景意识时能够及时地识别出来。一旦我们偏离了我们既定的目的或者目标时，那就意味着我们的情景意识正在受到威胁。

## 8．驾驶舱领导艺术

驾驶舱机组群体的情景意识，主要取决于指挥飞行员的情景意识水平。因此，驾驶舱的领导艺术便成为制约机组群体情景意识的一个十分重要的因素。我们将通过驾驶舱管理方式和领导艺术一章来对这一问题进行较为详细的讨论。其理论框架将采用管理方格理论来作为讨论线索，以飞行中的事例作为素材。通过这一章的学习之后，将使读者建立起良好驾驶舱管理方式和领导艺术的知识框架。

传统的飞行训练曾经将其主要的注意力集中于形成我们的动作技能、飞机系统知识以及作为扩展我们经验基础的空间定向技能。我们这里还要强调的是：必须要不断地改善我们的动作技能、加强飞机系统知识的学习，并不断地丰富我们的经验。如果忽略了对这些方面的学习和锻炼，将会使我们的航空安全现状出现大的后退。

但是，当今航空技术的不断进步和发展已经改变和扩展了飞行员们的角色和他们的职责。仅限于将自己塑造为一个具有良好的飞机系统知识的操作员的做法，对于保障飞行安全来说是远远不够的。目前，关于航空事故的统计学资料表明，单一地依靠传统训练所获得的技能是不能够保障飞行安全的。

当今的飞行环境已日益要求飞行员不但应该具备传统训练所要求的技能，更为重要的是除此以外他们还必须获得一些额外的技能，其中就包括具有广泛意义的实用驾驶舱管理，这些技能包括：

（1）处理驾驶舱内外日益增加的可用信息流。

（2）理解现代飞机的性能。虽然现代飞机的自动化水平已经越来越高，但也变得日益复杂化了。

（3）避免自鸣得意。

（4）适应越来越高的空管环境要求。

（5）整合到达新的地方和区域变换的组织压力。

（6）应付我们的组织中正在变化的技能和经验。

## ·思考题·

1. 请描述一个你感觉到你的情景意识非常高和非常低的情境。

2. 根据你自己的经验，什么是影响你达到和保持良好情景意识的最大障碍？

3. 请列出能够使你达到和保持良好情景意识的驾驶舱管理技术的清单。

4. 哪些线索可以帮助你识别情景意识的降低或者受到了破坏？

5. 怎样才能对驾驶舱任务进行定量，以便确保你在执行这些任务时不至于注意力分散？

6. 请列出那些能够使你降低非营运性注意力分散的离场方法。

7. 就你个人的观点来说，你将怎样处理诸如在飞行中安顿乘客等带来的注意力分散？

8. 请写出一个你成功地管理生理性注意力分散的事例。

9. 你（或者你的飞行部门）采用了哪些方法来确保在存在干扰的情况下（如交通观察、无线电通话等等），所有的检查单项目都能够很好地完成？

10. 请简述并分析建立情景意识的途径。

11. 简要说明识别情景意识下降和保持驾驶舱情景意识的途径。

# 第十四章　机组交流

机组交流是机组资源管理的一个重要组成部分，甚至许多人提到机组交流就联想到CRM，提到CRM马上想到的就是交流问题。可以这么说，机组交流不是CRM的全部内涵更不能等价于CRM，但机组交流确是机组资源管理的重要组成和主要实现手段。机组通过机组成员之间的交流来实现对机组资源的管理，没有交流便谈不上机组管理。在实际飞行活动中，飞行机组往往会花费许多时间用于他们的交流。如果机组的交流是有效的，驾驶舱的工作效率将会提高，高水平的处境意识才有可能达到和保持。而不良的机组交流则会削弱驾驶舱的表现，引起误解和错误，并导致处境意识的丧失，其结果是引起重大的灾难。因此，机组资源管理训练的中心任务便在于提高个体间的交流技能。本章将通过以下主题来对机组交流的有关问题进行讨论：机组交流的概念、过程、交流的范围以及机组交流的类型；机组交流障碍；机组交流的技能：质询与反应、劝告以及简述与讲评；冲突和冲突管理。在中国民航局新近颁布的执照考试大纲和知识点中，要求掌握的内容有：机组交流的概念和过程，交流的类型，机组交流障碍，冲突和冲突管理。

## 第一节　机组交流概述

### 一、机组交流的含义

#### （一）机组交流的含义

机组交流是以令人愉快和易于理解的方式及时交换信息、思维与情感的过程。机组交流过程中的信息传递，必需借助于一定的符号系统作为信息的载体才能实现，符号系统是机组交流的工具。

机组交流的符号系统可分为两类，即语言符号系统和非语言符号系统。运用语言符号系统进行的交流称之为言语交流，而利用非语言符号系统进行的交流则称之为非言语交流。口头语言和书面语言属于语言符号系统，利用这一符号系统进行的交流称之为言语交流。手势、面部表情、体态变化以及目光接触等则属于非语言符号系统，即人们常说的身体语言系统，利用这一符号系统进行的交流则属于非言语交流。有一些符号是大多数人所共同使用并能为大多数人理解的，而有一些符号则是只为特定的人群所熟悉，这就是专业术语。因此，对这些特定的符号必须进行仔细的考虑和谨慎的使用，以便在传输这些信息时能够被接收者理解和做出正确的反应。

从交流的功能来说，交流可分为工具性交流和满足需要的交流两类。工具性交流的主要目的是为了交流思想、传递信息。信息的传递者将自己的知识、经验以及对当前飞行处境等信息告诉其他机组成员，达到影响其他机组成员或管制员的知觉、思维以及态度体系，进而改变其行为的目的。而满足需要的交流则是为了表达感情，解除内心紧张，求得对方同情和理解。飞行机组通过这种形式的交流，可以确定和维持与其他机组成员以及管制人员、机务维护人员等的人际关系，发展交往双方的友情。这种形式的交流主要在于满足个人精神上的需要，同时也可为工具性的交流奠定基础。可以认为，上述两种交流都是飞行机组所需要的，飞行员们每时每刻都在使用这两种交流。事实上交流的过程是非常复杂的，根据需求的不同交流可以归纳成以下 4 个层面：

1. 事实层面或"信息功能"

交流的第一个功能就是发送和接收信息。但是交流的含义不仅仅指信息的传输。

2. 自我表露层面或"自我定位功能"

交流包含了一定程度的自我表露。我们以一种可以传达给他人形象的方式来交际，也会为了各种目的而试图传达一种特殊的身份。无论是工作中还是生活上，我们总会希望扮演一个喜欢的社会角色（如严格的机长、温厚的副驾驶，公司最具权威的飞行员等）或是希望得到或保卫特定的势力范围。所有这些角色都预先确定了含义，因此我们采取行动时，会加上许多限制，包括哪些话能说哪些话不能说以及怎样说。

3. 请求层面或"说服功能"

交流通常还包括试图影响他人、使人信服或说服他人，或使他人按我们所要求的去做。影响他人通常是交流过程的核心部分，即便其隐藏在更多普通交流形式的后面。比如，告诉别人你今晚打算去餐馆吃饭，这也是委婉邀请她或他共进晚餐的间接方式。当然，你也可以透露你的晚餐计划，不带任何潜在的邀请。因此，交流过程还包括揣测他人真实意图的部分，包括找出最佳办法来影响他人以达到你自己的目的的部分。

4. 关系层面或"相关功能"

交流的最后一个主要功能，是调节交流本身的关系。启动交流、维系交流是一个非常短暂的过程，尤其是当人们相互之间了解不多的情况下。试想一位年轻的副驾驶不得不与一位年长且资深的机长飞行，他们之间交流的大部分将是有关怎样开始对话，怎样将对话维系下去。动物行为学论证了动物之间的交流，这对人类是一个极好的启发。动物行为学研究表明，动物中的某个个体想靠近另一个个体时并不是那么简单：其间总是存在着潜在的敌对情绪或冲突危险。交流是一种程序化的过程：它遵循一定的规则。在上个例子中，年轻的副驾驶也许是出于尊敬，从而采取低姿态的做法，以便使机长来启动他们之间的交流关系。这些规则虽因各公司与各国文化的不同而大相径庭，但却有章可循，它可能是明确的或是大家默认的。

## （二）机组交流的特点

无论哪一种类型哪一种层面的交流，它们都具有以下几个特点：

（1）大多数情况下，机组的交流都存在言语交流与非言语交流相分离的现象。也就是说，除机组成员之间的交流以外，陆空通话、PA 通话等缺乏身体语言（非言语交流）的信息作为支撑，从而加大了交流双方的信息传递和理解的困难，这也是目前世界空难发生的一个重要原因。现有的研究表明，人们在交流过程中言语交流与非言语交流相配合，可以较好地实现信息传递，并被信息接收者理解，其理解率为 90%左右，而缺乏非言语信息的交流则不能很好地传递信息和被信息接收者所理解，其理解率仅为 70%左右。

（2）交流双方都应该是积极的主体。在交流的过程中，每一个参与者都必须是积极地活动着的主体，即使是某一时刻处于次要地位的副驾驶或者空中机械师，也不能只是被动地接收信息或者机械地回答机长的提问，信息接收方必须是根据自己已有的经验、自己对处境的看法、按照自己的要求和采取适宜的态度来理解对方，分析对方言语的目的和意图，并及时做出反馈。与此同时，信息的发送方也必须根据反馈的信息及时地调整自己的行动。因此，交流是一个双方相互作用的过程。

（3）交流在一定程度上改变了双方的关系。交流并不是单纯地交流信息的过程。非常重要的是，机组成员们总是力图通过交流来达到影响对方的目的，使双方的态度和行为能够趋于一致和情感上更为融洽。因此，交流是双方相互积极地施加影响的过程。

（4）交流中有可能存在着社会障碍和心理障碍。良好的信息传递系统并不能总是保证交流的顺利完成，某些与信息交流渠道无关的因素，如文化因素、社会因素、心理因素，包括个人的需要、动机以及知识结构等问题，都会在很大程度上影响人们对言语情境以及交流信息的理解，从而妨碍交流的正常开展。

## （三）机组交流的范围和类型

机组交流的范围非常广泛，一个飞行员在飞行过程中交流的对象主要包括：与空中交通管制员之间的交流；与其他飞机的交流；与客舱乘务员之间的交流；与乘客之间的交流；与飞机本身的交流以及与地面人员的交流等。而这些交流过程所使用的交流工具则是综合性的，既有口头语言，也有书面语言，如果是机组成员之间的交流，身体语言则总是伴随交流的始终。只是在不同的情境下，机组使用这些交流工具的侧重点不同而已。这里我们主要介绍言语与非言语交流、单向与双向交流以及显性与隐性交流。

### 1. 言语与非言语交流

（1）言语交流。

言语交流通常指借助语言文字符号系统所进行的交流。言语交流大致可以分成两类：一类是书面交流，即借助于书面文字材料实现的信息交流。机组成员在飞行过程中会接收到各种形式的书面信息，如检查单、标准操作程序、通告、备忘录等等。书面交流的优点是表述清楚，以及有机会迅速修订内容和便于保留，如通告与备忘录可以被迅速发放。缺点是这种交流是一种单向交流，容易出现模棱两可而至误解，没办法核实信息是否被理解，也没有办法确定文档是最新的。为确保交流有效，书面材料必须组织得当，且易于使用。另一类是口头交流，是指借助于口头语言实现的交流，即面谈、电话交谈等运用口头语言所进行的交流。口头交流是机组交流中最为经常的交流形式。口头交流是保持整体信息交流的最好交流方式，它可以及时得到反馈并据此对交流过程进行调节。缺点在于说话者的语速、语调和语气很容易暴露他的情感。驾驶舱中的机组成员之间出现口头交流障碍的主要原因是处于高负荷工作状态下，机组的正常交流就会发生一定的改变，从而影响交流的顺利进行。在高负荷时段机组的交流差错可能会导致事故的发生，因此机组成员必须认识到言语交流的内容以及表达方式对于顺利进行交流至关重要。

飞行机组工作的特殊性要求机组成员在驾驶舱中更多地使用标准化的、清晰的言语交流方式，即标准操作程序交流（Standard Operation Procedures，简称 SOP 交流）。SOP 交流主要涉及一些常见的和可以预见到的情况。它为大多数的机组交流提供了一个基本的结构，同时也是机组管理的重要功能之一。值得一提的是，虽然 SOP 交流在正常飞行情境中是非常有效的，但在非正常条件下却不一定有效。要知道，程序设计者不可能考虑到所有的飞行情景和所有的异常情况。作为机组来说，应该决定在什么时候使用 SOP 交流，在什么时候应该使用其他类型的机组交流。

管理性交流与标准操作程序以外的管理直接有关。在非正常情况下特别需要加强管理性的机组交流。机组资源管理中所讨论的交流便属此类。

无关交流是指与飞行活动和情景没有直接关系的交流。它既可能是积极的和有价值的交流，也可能是消极的、降低机组警觉性和操作效能的交流。一些航空公司规定，在 10 000 ft 以下，驾驶舱内不允许与飞行无关的交流和活动，其目的是使飞行机组在飞行的关键阶段不会受到干扰，能够集中精力于当前的判断与决策以及正确的操纵。

需要特别强调的是：建立良好的交流和相互作用的氛围是机长的职责，这并不意味着失去了他的权威性。与失去权威性相反，如果机长能够建立起交流和相互作用的氛围，就可以通过全面而深入的交流，体现作为机长的领导艺术，增强自己的权威性。其他机组成员才有可能把他看作是自己行动的向导，并接纳自己的机长，从而进一步增强机长的权威性。但是，维持良好的交流气氛并不是机长一个人的事情，而是全机组成员的共同职责。驾驶舱所有的机组成员的共同努力，对于改善驾驶舱的交流是非常重要的。

（2）非言语交流。

在交流过程中，除了言语之外，其他许多非言语性的表情、语态、体态等方式，都会对交流效果起积极的促进作用。非言语交流是指借助语言文字之外的符号系统所进行的交流。

眼睛是心灵的窗户。人的情绪、态度和感情的变化，都可以从眼睛里显示出来。如果机组成员在交流中缺乏目光接触的支持，那么交流会变成一个高度令人不快、高度困难的过程。看不到对方的眼睛，就无法了解对方说话时处于一个怎么的状态，也难以确认对方对自己的谈话究竟做怎样的反应。

面部表情是另一个可以实现精细交流的身体语言途径。与目光一样，面部表情可以表现肯定与否定、接纳与拒绝、积极与消极、强烈与轻微等各种情感。在驾驶舱里，机组人员可以通过面部表情来表达对别人的话题感兴趣，对一个事情的理解，也可以表达如轻视、厌恶等情绪。在飞行集中的交流过程中，面部表情是人们运用最多的身体语言交流之一。

姿势和身体动作是发现听众兴趣的一个线索，一个人的站姿或坐姿都会向交流对象传递某种情感。在需要对别人尊敬时，人们的坐姿就会比较规范，腰板挺直、身体稍稍前倾。有些人则干脆正襟危坐。如果人们对别人的谈话表示不耐烦，则坐姿就会后仰，全身肌肉的紧张程度就会明显降低。需要注意的是传统驾驶舱里两个机组人员并排坐的方式并不利于良好的身体语言交流。

### 2. 单向交流与双向交流

从信息交流的方向和发送者与接收者的地位是否互相转变的角度，可以将交流分为单向交流和双向交流。

如果信息的发送者与接收者的地位始终不变，发送者始终在发送信息，接收者始终在接收信息而不做出反馈，即为单向交流。如"填鸭式"教学、做报告、下达命令等都属于单向交流。优点是保证了信息传递的速度，显示信息的权威性，但并没有实现真正意义上的交流，因为单向交流只是信息的传递，没有信息的分享，信息解码的准确性也大打折扣。

当信息的发送者与接收者的位置不断变换，发送者将信息传递给接收者，接收者要给发送者以反馈，最后双方确认对欲交换的信息有了共同的理解，这种交流方式就是双向交流。双向交流既传递信息又分享信息，提高了信息的准确性，加强了信息传递各方的参与度，易于形成平等的交流气氛，有助于建立良好的人际关系。缺点是由于信息传递中的多次反馈，会延长信息传递时间，降低信息传递的速度，同时也会给信息发送者带来一定的心理压力，因为信息发送者可能面临来自接收者的挑战。如老师上课时若允许学生随时提问，就要做好接受质询、批评及回答挑剔问题的准备。

由于单向交流的信息传递速度比较快，因此，当要完成紧急任务（如飞机在空中出现故障，机长与副驾驶的交流方式最好使用单向交流，"你来监控飞机，我来处理问题"。）或者工作任务比较简单，属于例行的事务时，可以采用单向交流的方式。而双向交流则是提高信息传递准确性的一个好方法。

### 3. 显性交流与隐性交流

显性交流又称为自我显性交流，是指承认思想源泉属于自己而非他人或集体，承担个人评论的责任。常使用第一人称单数的"我""我的"，以表明自我显性。显性交流表明了希望建立联系，希望成为伙伴的意愿。

隐性交流又称为自我隐性交流，它是指将信息归之于不为人知的第三者、群体或外部，常采用第三人称或第一人称复数，"我们、他们、有人"，逃避对信息承担责任，因而无法进入真正的交流。自我隐性交流透露出想要保持距离的意愿。在飞行活动中，每名飞行员都有自己的岗位及岗位职责，每名飞行员与其他人交流时都会站在自己的职责岗位上组织语言。比如飞行员在某件事上受到批评时把责任推卸给别人，自己却没有意识到自身存在的问题，这种交流方式就是隐性交流。自我显性交流就是把自身的问题显示出来，自己认识到本身的问题，自己承担自己该承担的责任。

## 二、机组交流的过程

交流是一个过程，并且这一过程的每一个步骤都是非常重要的。交流过程始于交流的需要，即当某个机组成员根据当前的飞行处境认为有必要，并且能够向其他机组成员交流信息时，他才有可能发动一次交流。在产生了交流的需要之后，首先是形成需要传送的信息、然后是确定怎样来传递这些信息，最后才是发送。在需要的时候，信息接收方就会做出行动或者反应。而反馈信息被信息发送者接收到时，可检验原来的需要是否在最大程度上得到满足。反馈也同样需要较多的信息、思想以及情感，以便使交流继续下去，直至原来的需要得到满足。图 14-1 所示的交流模型说明了交流的过程，它是我们以后继续讨论的基础。

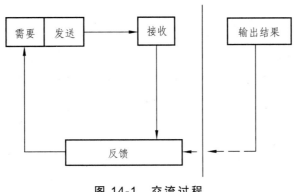

**图 14-1　交流过程**

## 1. 发　送

前已述及，交流始于需要，需要为开始交流提供了交流的动因。例如，当机长试图开始作进近检查单准备时，他就有了让副驾驶也开始这一行动的需要，在这种需要的驱动下，机长与副驾驶之间可能会发动一次交流。一旦需要被证实，所要传递的信息也就建立起来了。在此基础上，信息发送者必须首先系统地编码和阐述所要传送的信息。他必须决定哪些内容是必须说的以及怎样来表达这些信息。这一过程还可能包括需要传送的信息量应该有多大、时间的长度应该多长、是否应该询问，是否应该告诉、澄清、表达某种反应或者操纵控制等等。

在对需要发送的信息进行了系统的描述和编码之后，发送者还必须选择传递通道和传递媒介。这一过程决定了发送信息所要使用的传递媒介和将要传递的方向。例如，机长想要通知副驾驶开始他的进近前检查单准备时，他就需要在驾驶舱内面对面地告诉副驾驶这一信息。在此，"面对面地口头告诉"便是信息发送者所选取的传递媒介，而副驾驶则是信息发送的方向。与此类似，如果副驾驶需要获得管制员下降到较低高度的许可时，他也必须使用机载无线电这一传递媒介来向管制员表达这一想法。

信息发送的第三个步骤是传递信息。该步骤需要将信息输入已选定的传播媒介中去。机长对副驾驶说话的行为，或者副驾驶按下无线电按钮对管制员进行通话的行为属于传递信息。

## 2. 接　收

接收始于通过一个或者多个感官，如视、听、触觉器官等来觉察信息。此时，信息的接收者必须对接收到的信息进行解码，这是一个对信息赋予意义的过程。解码既可能是识别气象演变顺序中的每一个符号含义，也可能是辨别交通管制员许可中每一个词的含义的过程。

接收信息的第二个步骤是理解。当接收者对这些信息赋予了特定意义，并对这些信息的含义进行了评估之后，才能谈得上对信息真正理解了。例如，飞行员将管制员的信息理解为右转 285°并从 6 000 ft 下降到 4 000 ft。该信息便被解释为同时转弯和下降。为了确保该次转弯和下降不会削弱安全的余度，同时也使飞行进程能够顺利进行，接收者还应该对接收到的信息进行评估。

### 3．反　馈

我们可以将交流过程看作一个环，在这个环中，信息在发送者和接收者之间进行交换，并通过使用反馈将信息反馈到发送者那里。这个环一直要持续到信息接收者完全清晰地理解了所接收到的信息，并且发送者又已确认最初的需要得到满足之后。如果信息未能被理解、不能够被顺利解释，或者这个信息显得不恰当或者前后不一致时，接收者就可以采用反馈来予以进一步说明。这一过程可能会采取了解、确认、观察、提问、否认、回答、澄清或者解决冲突等形式来进行。表 14-1 中的例子说明了这一反馈过程。

**表 14-1　闭环式交流概念示例**

| 发信者发出自己的信息 | 受信者做出反应，并将实质性的概念反馈给发信者 |
|---|---|
| 发信者确认受信者已经正确地接收了信息 | 最后，通过反复前述的闭环过程，确认交流双方都已明白无误，没有任何误解存在，如果存在误解，就必须加以进一步说明以便澄清概念 |
| ATC：银翼 142，联系塔台 119.5<br>机组：银翼 142，联系塔台 119.5<br>ATC：银翼 142，正确<br>以上事例中，机组复述了新的频率，并且塔台做出了正确的反应，因此是一个闭环式的交流 | ATC：金星 216，联系离场 120.5<br>机组：银翼 142，离场 120.9<br>ATC：祝你们旅途愉快<br>以上交流不是一个闭环式的交流，因为塔台并没有检查机组发回的反馈信息是否正确 |

### 4．输出结果

虽然输出可以为信息的发送者提供反馈信息，但输出始终是交流过程的结果，而不是交流过程的一部分。驾驶舱交流的目的是为了获得某个操作性的输出或者结果。如果需要获得某个输出或者结果，信息的接收者便会根据获得信息采取一定的行动。这一过程可能会包括信息的接收者移动某个开关、回答某个问题、提供信息或者给予某种指导。根据不同的情境和情况，输出既可能是即时性的，也可能是延时性的。例如，即时性的输出可能来源于与机长关于放下起落架的交流结果。根据机长的指示，副驾驶便会及时地放下起落架手柄。延时性的输出则可能来源于机长告诉副驾驶飞机下降期间会遇上结冰条件的信息，在 10 000 ft 时需要打开防冰开关。在这种情况下，交流虽然完成了，但输出则只有在飞机下降到 10 000 ft、副驾驶打开防冰开关时才会完成。

## 三、交流的 3 种模式

### （一）Shannon & Weaver 模式

Shannon & Weaver 介绍了一种简单的交流模式（见图 14-2），这一模式至今仍然作为参考运用于技术应用。这种简单、线性的模式被发展成了交流的数学理论的一部分。

该模式认为所有的交流都包括 6 个元素：交流源、编码器、信息、通道、解码器以及接收者。例如，驾驶舱无线电的使用包括：驾驶员讲话，无线电将其声波转换为甚高频（VHF），甚高频在线的另一端又被无线电转换成声波（如 ATC 方）。

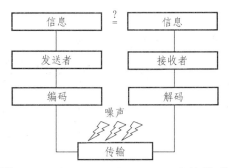

**图 14-2 Shannon & Weaver 交流模式**

该模式在这里所强调的是信息的传递与接收，由此，它通常被称为"信息模式"。当接收者所解码的信息与发送者所编码的信息完全吻合时，我们将其界定为成功的交流。该模式分析并论证了噪声的作用以及影响信号的方式（信号/噪声比）。换句话说，人们最初发展"信息理论"或"统计通信理论"，旨在通过最大限度地传送信息，使噪声失真最小化以提高交流的技术质量。第一次运用这一方法的技术：在条件界定明确的情况下，分析不同的交流通道、代码以及系统配置，以找出最佳的技术方案。

然而，该模式通常也是首先介绍给学生们的有关人的交流模式。这样的传送方式有用吗？有什么限制吗？人类的交流能不能简化成只是一种信息交换呢？这些都是我们将在下面部分将要回答的问题。

（二）Berlo 模式

由于 Shannon 与 Weaver 的交流线性模式太过简单而无法诠释人类交流的丰富性。Berlo 提出了另一种更适合解释人类交流复杂性的方法。他的研究主要集中在双向交流上，也称之为"一对一"交流（即两人相互交流），他寻求一种成功交流或保真度高的非技术性条件。

从这点上来看，我们对交流成功的定义就不能像在 Shannon & Weaver 模式中只将其界定为发送与接收信息。相反，Berlo 特别强调交流双方之间的关系对交流成功或失败所起的作用。

为此，他引入了受社会学影响的模式。该模式将交流分为 4 个组成部分：发送者、信息、通道及接收者，每一组成部分的品质或方式都有几个特征。例如，信息源（发送者）与接收者就都具有以下几个特征："交流能力""知识""社会体系"及"文化"与"态度"。

Berlo 的模式表明交流成功与否取决于信息发送者与接收者的态度与能力的相互匹配。换句话说，二者的态度和能力越相似，交流成功的机会也越大。而在 Shannon & Weaver 的理论中，提高发送者或接收者任一方的交流能力就能提高交流质量，就像改善任一部分都能提高整个系统的性能一样。Berlo 模式中，信息发送者与接收者之间能力水平是否相当则显得更为重要，因为，正如作者自己所指出的一样："假定发送者的能力水平很高，与一个接收者的水平不相当，反而与另一个接收者相当。这时如果单从发送者的能力水平来分析的话，很难预料交流的成功性。"综上所述，该模式在处理交流的不可预见性以及研究交流不可预知的一些因素上（至少在双向交流语境中）具有优势。Berlo 交流模式如图 14-3 所示。

| 发送者 | 信息 | 接收者 | 通道 |
| SOURCE | MESSAGE | RECEIVER | CHANNEL |
| --- | --- | --- | --- |
| 交流能力 | 内容 | 交流能力 | 看 |
| 知识 | 元素 | 知识 | 听 |
| 社会体系 | 处理 | 社会体系 | 触摸 |
| 文化 | 结构 | 文化 | 闻 |
| 态度 | 编码 | 态度 | 品尝 |

**图 14-3　Berlo 交流模式**

### （三）"语境"模式

另一种试图丰富完善 Shannon&Weaver 交流线性模式的是语境模式。该模式认为，交流的成功取决于两个基本的方面：形式与含义。

#### 1. 形　式

发送者与接收者必须使用共同的语言。尽管这是必备条件，但还远不止这些。交流的语句必须以正确的形式表达出来，尽可能没有歧义。此外，手势与态度能代替话语，可以削弱或者加强话语内容。被解码的信息包括所有语言表达及非语言表达（如态度等）。

#### 2. 含　义

然而交流所表达的含义并不只取决于形式，它还决于发送者与接收者的交流语境，在不同的语境中，同一短语可能有极其不同的含义。如机组成员之间没有相同的语境，交流中就会产生一系列的误解。

## 四、交流含糊不清的案例

一次通常的仪表飞行进近，天气不好，云高很低、离最低高度 1 000 ft，副驾驶正在头顶板上操纵一个系统，机长被其动作所吸引，同时机组放出襟翼 1 和 2。

机长："一号发电机失效？不管他，我们快到了……"（高度 800 ft）

副驾驶："不，没确定……"

机长："什么意思？"（高度 600 ft）

副驾驶："一号发电机不是真正失效……"

机长："那电压正常吗？"（高度 400 ft）

副驾驶："是的，没什么事，只是电压有点摆动。小心，我们快到了。"

机长："好的，全襟翼。"

当襟翼全部放出时，响起"Landing Gear"（着陆起落架）的警告（高度 100 ft）。

起落架在最后时刻放出。

这段进近中的通话，列举了语音交流中几种常见的使机长中断他的"进近语境"（1），转而注意到由副驾驶所造成的隐含语境。于是，机长试图将副驾驶拉回到他自己的语境中："别管这个故障，继续进近。"副驾驶处于"故障语境"中，他最初并没有理解到他应该忽略这个故障。相反，他认为应该继续他的故障分析。于是，他回答了第（2）句话，这使得机长的注意力停留在他们的交流上。然后，机长离开自己的进近语境（3），转向副驾驶的故障语境，以使自己能够与副驾驶对话。再一次，副驾驶的回答（4）吸引住了机长的注意力，他告诉机长自己对故障的分析结果。幸运的是，在最后一刻，副驾驶重新将机长带回到进近语境中，状况得到了扭转。因此，为了理解信息，必须要转换语境，至少暂时要放弃先前的语境。不管交流还有其他什么优点，仅从这点看，交流绝对是有益无害的。发送者在他或她试图与接收者交流之前，应该考虑对方正在进行的活动，并尽可能不打断他们（如打断语境）。知道这一点是非常重要的。反之亦然：当你正在执行两项任务时，要特别注意他人对你的干扰。

# 第二节　机组交流障碍

虽然交流是通过感觉进行的，但我们都知道这些感觉经常都会欺骗我们。例如，我们会由于背景噪声或其他因素而听错……还会因期望听到自己所期望的信息而错误地解释当前的信息。在英文当中的"Right"就有两个不同的含义，一是"右"，另一个意思则是"正确"，"Two"与"To"虽然发音相同，但意思却截然不同。与此类似，我们的视觉也可能歪曲地看待外部世界，例如，在有闪光的条件下，或光线昏暗或者因工作负荷过高，厌倦以及高应激情境而受到干扰的条件下，我们就有可能歪曲地看待外部世界。我们都是根据各自的参照框架和不同的观点来看待当前的事物。如图 14-4 所示的两个人头像和一个花瓶所引起的视觉差异，说明了人类对外部世界的解释取决于知觉者所采用的参照框架。因此，我们可以把输入信息的过程视为物理过程，而把对输入信息的解释称之为心理过程（参见图 14-4，图 14-5）。

图 14-4　说明知觉与背景相互关系的两可图形

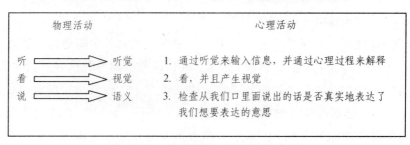

图 14-5　信息输入与解释的差异

　　如图 14-6 所示，交流障碍是干扰或者阻碍交流以及削弱交流的一切事件。它们存在于交流过程的始终，并随时有可能影响我们的信息发送、接收以及反馈。障碍既可能存在于交流双方的内部，也可能来源于我们的外部。交流过程的有效性以及由此带来的处境意识水平取决于或者部分取决于飞行机组觉察和处理外部及内部交流障碍的能力。

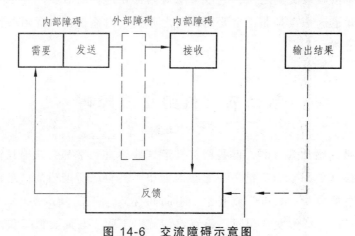

图 14-6　交流障碍示意图

# 一、外部障碍

　　外部障碍是影响交流的媒介。这些障碍包括：噪声、灯光、温度、机组工作负荷、资源的物理位置、政策以及程序等。

　　交流与其他任何一项活动一样，都需要并且消耗脑力资源。我们都知道人类的认知资源受到严格限制，推理过程及行动都必须依靠这一认知资源，有限的脑力资源在进行一项工作时就不可能同时进行交流，因此交流的效率容易受到工作量变化以及干扰的影响。工作量增加容易导致交流时间缩短、对话次数减少，从而相应地增加交流的错误。反之亦然。如果你希望与一位全神贯注于一项棘手问题的人交谈，对方可能不会明白你所说的内容。如果可能，就等对方完成或稳定好他手上工作后再与他们交谈。目前已经形成了许多程序和技术用以预防和克服这些外部障碍。例如，耳机可以用于防止驾驶舱内的噪声，检查单的使用可以使飞行机组的操作程序标准化并有助于他们合理地分配工作负荷。

## 二、内部障碍

内部障碍是影响交流的一系列心理因素，它存在于交流双方的大脑中，并在交流过程表现出来。它不但影响信息编码（系统阐述）和解码（赋予意义和理解），同时也影响信息的发送方式以及对信息的解释。内部障碍包括偏见、态度、生活阅历、所受教育程度、语词的选择、人际关系、知觉、假设、成见、担忧、首因效应、胆怯、自我意识、心理图式、身体语言（如目光接触以及面部表情）、音调以及习惯、动机等因素。内部障碍较难理解，现有的程序也很难对它们做出准确的定义。

身体语言会影响信息的传输和接收。在面对面的交流过程中，不能进行适宜的视线接触、呆板的面部表情或者不恰当的距离都会引起交流的内部障碍。

不恰当的语言表达也是引起内部障碍的一个重要原因。它主要包括：语言的完整性、语境、用词的准确性、音调、语言感染力、语速、音量、停顿以及犹豫不决。以下是几个语言表达不当的事例：

**事例 1** 基本情况：一次通常的仪表飞行进近，天气不好，云高很低、离最低高度1 000 ft，副驾驶正在头顶板上操纵一个系统，机长被其动作所吸引，同时机组放出襟翼1和2。

机长："一号发电机失效？不管他，我们快到了……"（高度800 ft）

副驾驶："不，没确定……"

机长："什么意思？"（高度600 ft）

副驾驶："一号发电机不是真正失效……"

机长："那电压正常吗？"（高度400 ft）

副驾驶："是的，没什么事，只是电压有点摆动。小心，我们快到了。"

机长："好的，全襟翼。"

当襟翼全部放出时，响起"Landing Gear"（着陆起落架）的警告（高度100 ft），起落架在最后时刻放出。

分析：这次进近中的对话，反映了语言交流中的几个隐患：

① 机长没有完整地表达他的意思，他的原意是"不管故障，继续进近"。但却表达为"不管它，我们快到了"

② 副驾驶没有能够很好地理解机长的意图，他未能理解机长的意思是让他"不要管故障，继续进近"。相反，他认为应该继续分析，于是接着说"不，没确定"。这样就进一步

地引起了机长的误解，同时也吸引或分散了机长的注意力。

③ 由于副驾驶对发动机是否失效的关注，吸引了机长的注意力，从而使他离开了进近的情景，没有进一步对进近的有关问题下达指令，而是继续与副驾驶讨论飞机故障问题。值得庆幸的是在最后时刻，即 400 ft 时，随着副驾驶的警告"……小心，我们快到了"，机长才猛然醒悟，发出指令"……全襟翼"。

事例 2　1977 年 3 月 27 日，荷兰皇家航空公司的一架波音 747 飞机的飞行员通过无线电报告："我们在起飞"，当时他驾驶的飞机正在加那利群岛机场的跑道上。空中交通管制员误将他的通话理解为正在起飞点上等待进一步的指示，于是没有警告飞行员另有一架泛美航空公司的波音 747 飞机已在跑道上，因大雾看不见，结果两机相撞，造成 583 人死亡。

事故中，荷兰皇家航空公司飞行员莫名其妙地使用了不标准的"在起飞（At Takeoff）"，而没有使用更清晰的短语"正在起飞（Taking Off）"。这便是被语言学家称之为"代码转换"的现象。仔细研究用双语或多种语言讲话的人，可以发现他们在交谈中习惯地从一种语言转换到另一种语言。这不是因为懒惰或缺乏注意力，而是因为对语言固有的社会和认知特征因素缺乏了解。在该事例中，英语中带 ing 后缀的动词形式恰巧与荷兰语中的 At（在）＋不定式动词形式相等，或许是因为疲劳，或许是因为能见度降低而紧张，讲荷兰语的飞行员下意识地在讲英语时使用了荷兰语语法结构，而讲西班牙语的管制员精通的是英语，而不是荷兰语，没有注意到这一微妙的语言现象，没有意识到飞行员报告中的语法改变。他仅仅将 at（在）按常理来理解，认为是指一个地方，一个起飞点。当事管制员在此几秒钟之前，在塔台与飞行员交换信息时还犯了另一个"含糊不清"的错误。管制员说"KLM8705，你获准飞往 Papa Beacon""爬升保持飞行水平 90，起飞后向左转……"塔台的意思是说 KLM 飞机在获准起飞之后才执行上述指令，但这一准许还未发出，而不是已经允许飞行员起飞，遗憾的是飞行员理解为"你已获准起飞"。

事例 3　即使两人讲同一母语，因口音或同一词的不同读法也会出现代码转换。1981 年 2 月 17 日发生在美国加利福尼亚圣安纳机场的事故便是一例。当时加利福尼亚航空公司 336 次航班（波音 737）被准许着陆，而另一架加利福尼亚航空公司的 913 次航班（波音 737）被准许滑入起飞位置。继后，管制员决定让两架飞机的间隔更大，于是指示 336 航班"复飞"。336 航班的机长让他的副驾驶用无线电联系请求继续着陆，但机长用的是 Hold（继续）来表示请求继续着陆，当他向副驾驶说时，无意识地把航空通话用语转换成普通英语方言，于是副驾驶便通过无线电说："塔台，我们可以着陆吗？"在航空英语中，Hold 永远是停止你正在做的事情的意思，但在普通英语中，它也可以被理解为继续你正在做的事情，与此同时管制员向 913 次航班发出了似乎是自我矛盾的指示。"前进"和"停止"使形势更加严峻，因为两架飞机的识别呼叫信号是相同的，从而使两架飞机弄不清塔台在向谁下指示。机长最终决定执行复飞命令，但为时已晚。这一混乱造成 34 人轻伤、4 人重伤。

在生活中几乎每天都会发生因语言交流引起的各种传递错误。即使两人面对面地直接交谈，使用同一种语言，对交谈的主题具有相同的背景，也常常会出现所听非所言的误解。在非正式交流中，误解只会让人一笑了之，在商务活动中，误解会造成巨大损失，而在航空运输中，语言交流错误则是致命的。在这一点上，航空中的陆空通话错误所付出的代价是所有领域中最高的。

格雷森和毕灵斯在对飞行员－管制员通话的研究中识别出 3 项典型的语言错误。① 含糊不清的术语：对 ASR 6 527 份报告的研究表明，其中的 529 份属于含糊不清的术语；② 不准确的语序转换：在通话语言中有可能存在着具有两种或两种以上解释的语词和短语；③ 错误地理解同音词。

莫南则按错误的形式将飞行员－管制员的通话错误归纳为以下几种：

① "错听了管制员的许可指令"；

② "明显未注意对管制员许可或指示的修正"；

③ "管制员没有听出飞行员复述中的错误"；

④ "飞行员没能通知许可修正或没有引起管制员的注意"。

上述通话错误往往会被非语言因素，如注意力分散、疲劳、缺乏耐心、固执以及冒险态度进一步恶化。

无根据的假设也是一种内部障碍。某个人可能会假设其他人所接收到的信息与发送者的原意完全相同，这似乎是人类的一种自然属性，但客观情况却不一定如此。人的因素既是交流的关键因素，也是交流的一个薄弱环节。虽然科学技术已经有能力发明和建造高质量的通信设备，并能够在高保真的前提下传输复杂信息。然而，科学技术却未能消除人类不良的语言用词，也不能倾听或者理解人类的内在心理状态。航空灾难的事例引起了人们对驾驶舱交流有效性的重视。以下是一个不良的驾驶舱交流，它发生于 1974 年 12 月，导致了一架波音 727 飞机在华盛顿 Dulles 国际机场以西的撞山事故。很明显的是，机组误解了管制员的指令。管制员通过无线电通知机组的是："……允许向 12 号跑道作 VOR/DME 进近。"对于管制员来说，"允许进近"的意思是当机长安全地越过了机场附近的群山后，他才可以下降。而机长却理解为管制员允许他下降到进近高度。虽然他曾对这样的指令产生过一些怀疑，该机长检查了进近着陆图的信息后发现，进近着陆图上的信息与他对管制员的指令信息的理解是矛盾的，但当他获得"允许进近"的许可时，却认为按照管制员的指令开始下降高度是安全的。为什么这位机长没有就这一模棱两可的信息做出反应，以便进一步核实这一潜在威胁的信息呢？这就涉及机组的心理状态，他们都希望准时到达，对管制员都具有强烈的依赖心理，没有遵循驾驶舱交流的有关原则。

注意力较差是另一种内部障碍，常发生于信息的接收者专注于自己的内部心理过程而未对发送者传播的信息引起足够的注意。这种人的一个常见表现是答非所问或者询问一些不必要的问题，或者不能做出恰当的评价，或者重复询问一些别人已经回答过的问题。

期望听到想听到的信息是交流的另一种障碍。在这种人的潜意识里，他总是期望听到他所希望听到的信息。如果某个飞行员在执行着陆检查单时说："收起落架，锁定。"其他飞行员也许会听成："放起落架，锁定。"主要原因便是他们在此时期望听到的是："放起落架，锁定。"并且，有的人在获得少量的事实，没有足够的信息可以支持的情况下便匆忙做出结论。这也是上述现象的一个表现。在这样的内部障碍驱动下，信息的接收者就可能真的会只接收了他希望听到的信息和做出自欺欺人的结论。

其他内部交流障碍还包括：不良的自我认知、不良的身体或者情绪状态、疲劳、思维的组织性较差、冲突的个性特征、自鸣得意、英雄主义或者自我满足的态度，简单地说就是不愿意交流。在驾驶舱内，具有个性品质脆弱的机组成员经常不愿意要求对方澄清概念，主要原因是这有可能会反映出他们的缺陷。而这两个方面对于保持飞行状态和职业胜任能力都是非常重要的。这种自我保护的意识使得他们担心其他机组成员或者管制员会认为自己愚蠢，连这样的问题都要问。但是，从保障飞行安全的角度来说，有些问题是必须弄清楚的。以下是一个自我防御机制过强导致的飞行事故：

某机长在某机场做 ILS 进近时，按照 ATC 的指令保持大速度，因调速时机过晚，造成飞机无法在 1 000 ft 以上建立稳定的着陆形态，以至于在五边高度 400 多英尺时，才放好全襟翼。按其公司规定，此种情况下机组应该复飞并重新进近，但碍于面子勉强落地。机长的这种行为属于违规行为。

# 第三节　机组交流技能

机组交流是以特定的目标来定向的。因此，在目标达到之前有必要维持这一交流过程。虽然交流的基本过程或者技能是发送和接收以及反馈信息，但为了有效地完成这些交流过程和合理使用这些基本的交流技能，我们还需要在这些基本技能的基础上发展有利于机组交流的一些特殊技能。这就是质询与反应、劝告以及简述与讲评（见图 14-7）。

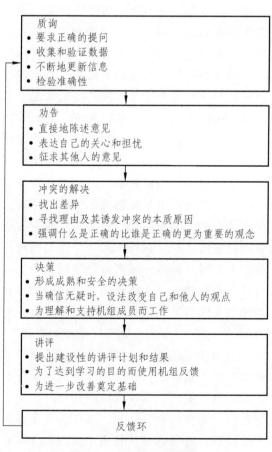

**图 14-7　机组交流技能**

# 一、质询与反应技能

质询是针对特定的处境要求获得观点、意见或者建议的过程。质询是机组资源管理的第一个步骤,良好的决策是建立在良好的信息之上的,能够获得必需的信息标志着飞行员有效决定的起点。它使得机组成员对正在发生的事情进行提问和审视。如果说劝告可用于提高其他人的处境意识的话,那么质询则是提高自己的处境意识的一个有效方法。它既可以用于证实某人的想法,也可以用于收集信息或者澄清误解。它对于处理模棱两可的处境或者信息、冲突的信息以及需要强化或者证实某些信息时显得特别有用。所有的机组成员都应该善于使用这种质询方法向其他人进行质询。需要引起重视的是,质询的本身也是质询者缺乏信息和需要信息以及他已经处于较低处境意识水平的一个信号。

质询是建立在好奇、怀疑、兴趣以及反对自鸣得意的基础之上的。它直接影响座舱里的一些重要方面,对改善座舱的总体效益有着深远的意义。质询有助于使机组成员在所有的时间里都能够从他人那里获得知识和经验,并保持良好的处境意识。尽管所有的训练和努力都是围绕着避免人的错误展开的,但从人的错误的性质来看,要完全避免人的错误还是不可能的。质询便正是通过在较早阶段使问题得到暴露,从而减少人的错误的良好行为方式。机组成员应该对质询式的提问方式进行练习,以便审视其他人正在进行的行动、持有的观点或者建议。另外,每一个机组成员还应该认识到他们自己的知识、信念以及行动有可能是错误的,应不断地向自己可能的僵化思维模式挑战。良好的座舱表现应该是能够鉴别和解决众多的问题。在这些存在的问题中,虽然大多数问题是常见的和较容易理解的,但仍有一些问题是不常见的,并且是使用标准操作程序不太容易解决的。由于对常见的或重要的问题处置不当会导致严重的后果,因此良好的飞行表现应该包括对这些问题进行客观的定义。不能觉察到已经存在的问题将会使机组陷入非常困难的境地。积极的质询是促进机组尽早发现和定义问题的一个有效途径,它有助于机组识别出什么会发生和什么是应该发生之间的差异。同时,质询对于鉴别将要出现的和似乎要出现的情况也非常有用。也就是说,它能够使所有的事情都建立在客观分析的基础上,而不是通过假设来处理有关的问题。质询是每一个机组成员的职责。当机组成员在进行质询态度的探索性练习时,一种可能走向成功的手段是强化对人力资源的利用,从而达到鉴别和避免人的错误的目的。

## (一)质询与反应的原则

从机组的实际情况出发,质询与反应过程中应遵循以下原则:

1. 阐述观点,以便激发机组成员思索所处的情境

这一原则由 5 个要素组成:

(1)自己所知觉到的处境。

(2)如有必要,设置容许值。该容许值既可以由机组成员提出,也可以由机长提出。有一些容许值可能已经包含在标准操作程序之中,有一些则需要机组成员根据特定的飞行情境予以定义。但要注意的是,并不是所有的情景都需要设置容许值。

(3)积极地要求质询,以便确保飞行活动能够保持在容许值的范围内。为了确保信息

被正确地接收和理解，副驾驶应该向机长复述容许值。要记住，交流应该是一个闭环系统。简单地说一声 OK 是不能保证所传送的信息被正确地接收和理解的。

（4）信息的接受者应该对接收到的质询信息进行正确的分析和理解。

（5）在必要的时候更新已有的观点。概念或者容许值需要随条件的改变而更新，机长积极地要求质询的行为可以建立起质询和对质询进行反应的气氛。有的机长担心质询会削弱自己的威信，但实际上在要求机组成员提出质询后，不但不会削弱机长的权威性，反而会提高自己的威信。

### 2. 及时地提出质询

限制被超越或有人注意到飞行活动偏离了正确的规范时，就应该及时地提出质询。良好的质询应该包括以下 3 个要点：

（1）设置质询的环境以便激发质询。只有在对质询环境进行恰当的设置之后，机组成员之间的质询才有可能产生和进行。

（2）总是对不同的观点进行质询。当有不同的观点时，或者发现有异常的情况时，以及有疑问时，应该及时地提出质询。质询既可来源于所有的飞行活动参与者（ATC、气象预报、客舱、地面人员等），也可来源于飞机本身。特别重要的是质询还应该来源于我们自己。我们应该对自己的概念进行不断的质询，应该对我们存在的疑问进行大胆的提问，决不要放过可疑的现象。

（3）在提出质询时，尽可能采用一定的外交手段。有的时候，你也许不得不在没有质询要求的情况下提出质询。在这种情况下，你便应该尽可能地使用一定的外交手段，以便使机长不会感觉到他的权威性受到了威胁。

### 3. 对质询及时做出反应

提出质询后，必须对提出的质询做出及时和恰当的反应。这一原则应该包括以下几个要素：

（1）识别出最严重的威胁，即首先是识别出对飞行安全构成最严重威胁的因素，由机组成员知觉到的任何威胁因素都应该引起高度重视。

（2）评价提出的质询。如果时间允许，应该采取行动以证实或拒绝所提出的质询。在可能的情况下，应该参照第三个要素来检查别人提出的质询与你自己的观点之间的差别。

（3）采取保守或稳妥的行动。如果没有充足的时间对质询进行核实，则应该采取保守的或者稳妥的行动，以便确保飞行安全。尤其是在特别紧急的情况下，飞行员们也许会不得不立即采取行动，此时就更应该采取保守或稳妥的行动。

## （二）质询与反应障碍

在机组交流过程中，质询障碍和对质询进行反应的障碍都是客观存在的。质询与反应障碍主要存在于飞行机组成员的头脑之中。我们不但必须警惕质询障碍，同时还应该对反应障碍引起高度警惕。要达到这样的目的，所有的机组成员都应该努力维持质询与反应的气氛。由于机组成员角色意识的差异，机长与机组成员产生这些障碍的原因是不一样的。

**1. 机组成员产生质询与反应障碍的可能原因和主要表现**

（1）沉默：可能会由于缺乏自信心或缺乏果断性品质而保持沉默。

（2）缺乏自信心或缺乏果断性：由于不良的个性品质和对自己知识、能力的不良认知，从而使他们在进行质询和反应的时候缺乏自信心和果断性。

（3）不知道质询、反应系统的重要性：由于没有接受过CRM的训练或CRM知识贫乏。

（4）没有明确自己的职责：每一个机组成员都有义务和责任对每一个存在疑问的信息进行质询和反应，质询与反应不良的飞行员在很大程度上是不知道自己的这一职责和义务的。

（5）个体间冲突及以往的经验：也许是个体间存在着冲突，或者是以往的质询曾经受到过不正确的对待，从而使他不能够进行有效的质询。

**2. 机长产生质询与反应障碍的可能原因和主要表现**

（1）权威性受到了威胁：认为质询与反应会损害自己作为机长的权威性，机组成员的质询意味着是对自己权威性的挑战，认为对质询做出积极反应是没有必要的。

（2）防御心理过重：由于担心自己的权威性会受到影响，自我保护的心理就会特别强烈。在这样的心理状态下，有些机长就会把质询视为一种对自己人格、地位的威胁，其结果是在心理上就对质询持一种排斥的态度，这种不良的自我防御心理，对飞行安全有着极大的危害。

（3）缺乏自信：由于没有接受过CRM的训练或CRM知识贫乏或者在能力和技能上存在缺陷，这类机长对质询也具有排斥和拒绝的心理倾向。

（4）情绪反应：具有不良情绪状态的机长，如机长处于发怒、紧张、悲伤等情绪状态时，对质询和反应的态度就会发生根本性的变化，往往表现为对别人的质询显得心烦，不愿意别人提问，对质询持一种否认和拒绝的态度。

（5）贫乏的管理者：这类机长的管理能力贫乏，不具备相关的管理知识和技能，因而对质询与反应产生不正确的认识。

## （三）质询与反应过程中应注意的事项

为了确保质询与反应的效果，提高驾驶舱交流的质量，每一个机组成员在使用质询与反应技能时都应该注意以下事项：

（1）机组成员对飞行情景应该具有预见性并乐意提供相关的信息。

（2）在驾驶舱内，质询不仅包括利用视觉扫视驾驶舱以便搜集信息和向其他机组成员或者管制员进行提问来获取信息，同时也包括在信息未能清晰地理解时要求澄清概念。

（3）每一次质询之前，机组成员应该首先决定问些什么，该向谁问以及怎样提问。应该从有效的信息中做出自己的结论，而不是通过假设。如果在质询之后，所得到的信息是诸如："可能是""可能性""我想是的""我希望如此"等回答时，质询者就要特别小心，此时应该就自己存在的疑问进一步地质询以便获得肯定的信息。

（4）所提的问题应该简明扼要。对有关处境的担忧应该是准确的，通过特定的提问激发起反馈，并且应该对别人的观点采取开放的态度，应乐意接受别人的意见。

（5）每当在特定的操作环境中感觉到有错误发生或者存在模棱两可的信息时，机长和机组成员就应该自觉要求别人对此进行验证和质询。每当机组成员意识到正在发生的事情与自己知觉到的事实不相吻合时，他们就应该想办法获得其他信息来证实自己的看法。

（6）提出问题时，可以采用如下的形式来开始："我们是否是错了？""对现在发生的事情还有其他的解释吗？""是否还有其他的信息可用于对当前处境的解释？"请再次思考一下前面我们曾经介绍过的事例。在那次事故中，一架波音 727 飞机在华盛顿的 Dulles 撞山。当时，虽然机长从进近航图上发现了他自己理解的 1 800 ft 高度许可与航图上的信息相矛盾，但他最后还是相信了自己最初理解的高度许可。在他看来情况不至于那么糟糕，也就没有引起他的进一步注意，适宜的行动就更谈不上了。在他看来，如果有什么问题的话，管制员也就不会给他们进近的许可了。当存在明显的冲突信息时，他没有征求其他机组成员的意见。就这次进近许可来说，该机长应该向管制员进行质询，问一问是否管制员的意图是要求机组立即下降到初始进近高度。

（7）支持、鼓励和建立有利于质询的环境或氛围是机长的职责，机长是简述和交流环境的定调人。如果机长没有设置这样的环境，其他机组成员也应该采用一定的外交手段促使机组建立起这样的质询氛围。我们这里所说的质询与反应环境是指：支持每一个人感觉到能够自由地提出自己的假设、问题和行动方案的氛围以及支持每一个人做出正常反应的集体氛围。

### （四）机长与机组成员在质询与反应过程中的基本职责

#### 1. 机长的基本职责

（1）确保驾驶舱内合理地使用了质询与反应系统。这句话的含义是指：

① 告诉机组成员自己关于处境的看法；

② 设置最低的容许值；

③ 要求机组成员相互之间提出质询；

④ 在必要时更新自己对处境的看法；

⑤ 如果时间允许，应该验证或拒绝自己所接收到的质询；

⑥ 如果没有时间评价别人提出的质询，应该采用稳妥或保守的方式对质询做出反应。

（2）当所处的情境已经威胁着飞行安全或超出了机组或公司制订的最低限制时，并且副驾驶较年轻、缺乏飞行经验、提出的质询又未能获得应有的正确反应时，机长就应该接替对飞机的操纵。

（3）要强调质询是每一个机组成员的职责，这不仅适用于实施已经陈述的最低限制，同样也适用于他们在任何时候对可能存在的、与现有处境的看法有异议的时候。

#### 2. 机组成员的基本职责

（1）如果是非飞行的飞行员，他应该理解机长所提出的质询，并能够对机长提出的质询进行再质询。

（2）如果是在飞的飞行员，他应该陈述自己的看法并与其他机组成员一起讨论自己的看法。

（3）在建立最低限制时，或者存在不同看法的时候，应该向机长或其他机组成员提出质询。

（4）当所处的处境已经威胁着飞行安全或当超越了公司或机长建立的最低限制，并且第二次质询又未获得应有的反应时，机组成员就应该接替对飞机的操纵。

## 二、劝告技能

劝告技能是指机组成员针对正在计划要做的和将要采取的行动毫无顾虑地提出自己的意见，即以预见的形式陈述他所知道的或者认为的事实。这意味着劝告者不仅应该陈述自己的观点，而且还应该坚持自己的观点，直至被对方完全接受。在驾驶舱内不应该过分地迷信权威，而应该尊重事实。在很多的航空事故中，其他机组成员都曾经陈述过自己的观点，但由于惧怕机长的权威性而未能坚持。

作为劝告的接收方来说，则应该乐意倾听其他机组成员提出的意见和建议，哪怕这些观点与自己原有的观点相矛盾也应该这样。劝告的方式可以是："关于……我有一个问题。"这样的机组氛围标志着其他机组成员的存在对于交互监视仍然是有价值的。这种类型的关心是一种富有建设性的提问，标志着机组成员的相互尊重和相互支持，而不是对权威或权力的不满和削弱。

座舱内的语言交流使得机组成员能够以快速、有效的方式相互提供信息和数据，并能够将他们各自的努力凝聚在一起，变个人行为为机组行为。如果机组成员之间能够以坦率、中肯的方式提出劝告，就有可能使信息得到更好的理解，并为全体机组成员所接受。它将有利于机组对潜在问题进行预料，并进行更为妥善的处理。

劝告是一种责任和义务，是对某种已有观点的支持或反对，而不是故意挑剔。例如，某个机组成员所计划的行动已被证实是缺乏根据和不成熟的，其他机组成员就应该不留情面地向他提出劝告，建议他用更好的座舱行动来替代这一不成熟的行动。当然，当事人对于他人意见的采纳并不是没有条件的，这个条件便是接受别人的建议后不会构成对座舱职责的削弱，能够有利于保持机组的警觉性，所有机组成员都应该对座舱内的问题或潜在的问题以及与此相关的信息保持清醒的认识。

劝告也是交流的一种特殊宣言形式，它有助于使交流的环路始终保持开放。在这种开放的交流环路中，可以针对特定的情境向某人表述信息、观点以及建议，使信息的接收方能够获得这些信息。有效的劝告需要交流的双方都对上述的发送和接收这两种交流技能有较好的理解，并能够熟练地使用它们。利用劝告来证实信息以便提高机组的处境意识，避免错误发生，这是每一个机组成员的基本职责。

机组的指挥结构使劝告对于副驾驶和空中机械师来说显得尤其重要，这对于提高和促进机长的处境意识水平具有非常重要的作用。机长也可以使用劝告来敦促机组成员们来证实可疑的信息。与此相似，机长还应该认识到劝告是使自己和机组成员建立相互信任的基础。要注意倾听和能够听得进劝告。当某个人感觉到应该对当前的处境发表不同的意见时，他就应该及时地予以劝告，而接受劝告的人也应该认真考虑别人的劝告。

当在进行劝告时，应该陈述自己的观点并利用事实来证实观点的正确性。应该以一种肯定、自信的形式提出建议和恰当的行动步骤。在劝告的时候，应该使用基本的信息发送技术。在表达你的观点时应该简明扼要。使用的语词和短语应该简明扼要地针对你自己的观点，应该避免不必要的交谈，以免引起歧义和误解。以下事例是一架 DC-8 飞机副驾驶在飞机坠毁前不久所进行的劝告：

副驾驶：我们在这儿应该稍高一些，是吗？

机长：不，40DME（测距仪数据）我们现在的高度是正确的。

在此事例中，副驾驶的观点是正确的，而机长的判断却是错误的。结果是由于机长坚持了自己对处境的错误看法导致他们两人都送了命。在此情境中，副驾驶在询问时仅仅进行了非常微弱的劝告。而机长也根本没有对副驾驶的劝告做出质询，副驾驶也就让这一处境延续下去了。也许该副驾驶惧怕机长的威望，正在为自己对如此有经验，且熟悉这一地区的机长提出这样的问题而感到愚蠢呢！

在上述事例中，副驾驶要想发挥强有力的劝告作用，他应该按照下列方法来进行："我真的为我们的高度是否安全而感到担忧。有什么依据使你认为我们的高度是正确的呢？"这样强有力的质询一般会激发起机长做出这样的回答："我认为我们在 40DME 是正确的，那你又有什么依据说我们的高度是危险的呢？"通过第二次的进一步劝告，该副驾驶就有可能获得机长的适宜反馈，即"……你有什么依据说我们的高度是危险的呢？"

## 三、简述与讲评技能

飞行前和飞行中简述以及飞行后讲评既是机组交流概念的一个重要的运用，同时也是促进机组交流的一种重要技能。在驾驶舱内常见的简述主要包括：起飞前简述、进近简述以及客舱简述。

### （一）简　述

飞行前的简述为整个飞行活动中的交流和相互作用设置了一个基调。飞行前简述虽然也有可能提出一些现实的问题，但要以一种客观的方式来予以描述却是困难的，因为这毕竟是一种对即将开始的飞行活动的预料和计划。而飞行中简述则可以使机组针对当前存在的飞行问题或者潜在的飞行问题进行讨论，其特点是更具有针对性。上述两种简述都是驾驶舱交流的必要组成部分，也是提高飞行机组处境意识的一个有效途径。良好的简述应该遵循以下 3 个原则：

（1）简述应该是双向或者三向式的交流过程，而不是某一个人的独角戏。

（2）简述应该针对与当前情境有关的问题，即应该涉及现实的飞行问题。

（3）和所有的交流一样，简述应该是一个闭环系统，以便使交流双方都能够明白无误和达成共识。

以上简述的原则适用于所有的交流，而不仅仅是飞行前的简述。需要引起注意的是，飞行员们有可能将简述等同于日常的 SOP 简述，这样的误解对于飞行安全是极为不利的。例如，在起飞的标准操作程序简述中通常包含有诸如发动机可能失效或失火时应该采取的有关行动，但却没有包含一些非正常的特殊飞行情境，如滑溜跑道、短跑道或过长跑道以及阵发性侧风条件下的起飞，这些都需要机组在管理性简述中进行。将飞行机组和飞行情境相结合的简述，有助于使每一个机组成员都提高警惕，并能够提高机组交流的效益。

对简述的时机和时间进行控制是一种具有管理功能的决策行为。机组成员必须能够有机会对简述予以充分地注意。在时间仓促的情况下，机组成员有可能忽略或匆忙草率地进行简述。切实地避免这种情况的发生是机组资源管理的一项重要职能。

## （二）飞行后讲评

飞行后的讲评与前面谈到的飞行前简述同等重要，但在飞行中却又常常被飞行员们所忽视。主要的原因有可能是因为机组没有充足的时间来进行飞行后讲评，也可能是由于机组对于飞行后讲评的重要性认识不足。与飞行前简述不同的是：飞行后讲评的价值在于为以后的飞行安全奠定基础。只需要几分钟时间，机长就可完成与机组成员们就飞行有关问题进行的讨论，从而为改善以后的飞行打下基础。为了提高飞行后讲评的效果，我们特提出以下几条讲评的原则：

（1）尽可能在事件发生后立刻进行讲评。如果时间不允许，应该将有关内容记下来，以便以后简述和讲评时使用。

（2）应首先考虑自己应该改进的方面，然后才对其他机组成员的行为进行评价。应该给予机组成员就自己的问题发表意见的机会，要记住：机组成员们对事件的亲身感受和实际发生的事件一样重要。

（3）不要忘记在指出不足方面的同时还应该提出改进的意见，这两个方面是同等重要的。每一个机组成员都有可能提供有用的值得学习的经验。

（4）应将所发生的每一个问题都视为全体机组成员的问题。即便是某一个飞行员犯了错误，也应该由全体机组成员负责把它找出来并加以矫正。

（5）尽可能使机组成员保持一定的激活水平和有趣状态。机组成员应该抛弃一切偏见，以确保有用的信息能够被接收。

（6）虽然对犯错误的人不应该施以责罚，但其发生的错误却必须给他指出来并加以讨论，而不是对其错误碍于情面熟视无睹。

（7）如果飞行后讲评得到了较好的实施，每一个机组成员都可以从中获得学习的机会，使他们通过学习矫正自己的行为，避免今后再犯同样的错误。

（8）建立检查和改正计划，以用于未来的飞行之中。

## （三）简述和讲评过程中机长与机组成员的职责

### 1. 机长的职责

（1）领导机组成员进行飞行前简述，并使这些简述能够：

① 满足公司所做出的有关规定；

② 应该具有相互作用的性质；

③ 识别并处理飞行中可能遇到的薄弱环节或可能出现的问题；

④ 建立在飞行期间可能会遇到的处理问题的标准和指南；

⑤ 设置有效的、以群体为价值取向的氛围。

（2）证实与客舱乘务员需要协调的因素并对其职责进行简述。

（3）建立一种有效的交流模式，即：

① 交互作用的交流；

② 所进行的交流应该是与飞行活动密切相关的；

③ 应该形成一种闭环式的交流。

（4）在飞行期间每次遇到问题时，只要时间允许，都应该向机组成员做出简要说明，或在飞行后尽快地做出讲评。这些讲评应该包括：

① 成为所有机组成员的事情；

② 既包括积极的方面又包括不良的表现；

③ 不带责罚性质；

④ 成为机组成员积累经验的良好机会；

⑤ 导致机组成员进一步改善识别错误和修正方法的计划。

2．机组成员的职责

（1）积极地支持和参与由机长发动的简述和讲评。

（2）积极地参与建立符合有效交流原则的工作氛围。

（3）如果机长没有使用有利于简述和交流的原则，机组成员就应该采用一定的外交手段给机长提出来，之所以要采用一定的外交手段，其主要目的是避免引起机长的防御心理，使他感觉到自己的权威性受到了威胁。


# 第四节　冲突和冲突的管理

## 一、冲突的来源

冲突产生于对需求或目标的不一致的理解，也来自于对这些需求或目标进行调和的失败。在驾驶舱内，冲突是指机组成员之间的意见不一致，也包括相互不满和较为过激的行为。飞行中的冲突对飞行安全的影响既有积极的方面也有消极的方面。很显然，飞行中的冲突是不可避免的，冲突的负面影响主要是对冲突处理不当所造成的。

冲突有 4 种类型：

（1）个人内心的冲突：它指存在于个人头脑中矛盾的目标。如，想到较大航空公司任职的愿望，与一旦这种愿望被管理层知道了就有被开除的危险之间的冲突；想买跑车与想节约燃油的矛盾。

（2）人与人之间的冲突：两个或两个以上的人存在着不一致的需求或目标，并且在达到目标的过程中存在着来自他人的干扰。

（3）团体内部的冲突：一个团体中的两个或两个以上的人之间存在着不一致的需求或目标。

（4）团体之间的冲突：定位在团体层面上的冲突目标。如，合并企业间、职业人员间

（飞行员、乘务员、管理员、维护人员以及管制员等等）或亚文化群（如合并过程中的航空公司）。

## 二、破坏性冲突的升级过程

Forsyth 冲突发展变化如图 14-8 所示。

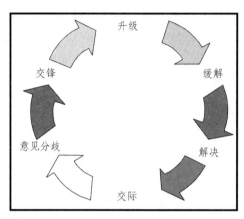

**图 14-8　Forsyth 冲突发展变化示意图**

### 1. 意见分歧阶段

意见不一致产生于与他人的交际中，如机长与副驾驶之间的交际。产生意见不一致可能有几个原因或理由，诸如资历、经验或在飞行中关于安全的重要决策分歧（是复飞还是备降）等。

### 2. 对抗阶段

对抗是冲突发展的阶段。它也是冲突中引发情绪反应与关系紧张的个人反应。

### 3. 升级阶段

升级是冲突扩展、反向加强的方式发展的过程。每个对话者都坚信自己的主张正确而证明他人的观点错误。但是没有一个人是真正在听取他人意见或是能够吸纳别人的意见，每个人都深信对方应当对误解和冲突负责。当每个人都把过失归咎于对方的时候，冲突就会升级。因此，冲突升级遵循对抗关系的原则。如果在这一阶段不做任何处理，冲突就会具有破坏性，从而导致整个交流进程的失败。

### 4. 缓解阶段

缓解是冲突在某种意义上逐渐减弱或"冷却"的阶段。对发生冲突的参与者来说，这一危险期之后的典型反应是保持沉默，并努力从已经形成的紧张关系中恢复过来。接下来的典型反应是，找到局外人倾诉以寻求支持（"告诉我，我是对的""告诉我，我是个很和善的人"），缓解紧张情绪（"跟你谈了这件事后我感觉好多了"）。如果在飞行中，暂时离开驾驶舱几分钟（如巡航中）请乘务员来杯咖啡或是开开玩笑等，都是缓解气氛的好办法。

5．解决阶段

彻底解决冲突是最后的目标和阶段，只有冲突得以解决交流才能继续。在下面的教学中我们会详细介绍冲突解决的策略和技巧。

## 三、冲突处理的态度、策略和技巧

为了解决冲突，所有卷入冲突的人都必须认识到，在交流中存在着不一致的观点，所以才会有冲突。而且，他们还必须愿意解决这一冲突。在交流的过程中交流的任何一方都可能引起破坏性的冲突，军事学家认为一个攻击者就能引发战争，但是所有他的对手都必须保持平和来避免这一场战争。

（一）处理冲突的态度

冲突处理首先是态度问题：

（1）避免在工作量大的时候解决冲突。先把精力集中在任务上，尽量争取时间，延缓关于冲突的讨论。

（2）不能只从自己的立场来处理冲突。面对冲突要尝试换位思考。

（3）考虑你自己的观点。接受批评以增强其他机组成员的信心。预计可能会出现的争执，运用"我们都有错"的原则。

（4）学会倾听。倾听所要求的不是被动地关注，而是要有意识地参与。密切关注他人所谈论的内容还包括：提出澄清事实的观点，其目的在于真正明白交流的内容，被称为积极倾听，积极倾听是一项重要而且综合的能力。成功的倾听意味着你必须听到而且要明白对方所说的内容。

如果采取积极倾听他人的谈话，不仅可以抓住更多信息，理解得更透彻，而且他人也更可能会同样采取这样的倾听方式来注意你的谈话。此外，积极倾听还是一种礼貌的表现，它为创造相互间的尊重打下了基础。在一个团体中，如果每个人都积极倾听，将会很大程度地提高交流的质量。

（5）对"尚未解决的"问题不要先入为主。站在他人的角度，用你所理解的形式把问题提出来。

（6）态度要谦虚，但必要时也可以强硬起来。

（7）承认差异，允许不同。

（二）冲突解决的策略和技巧

冲突的管理和处理冲突的技巧对飞行安全来说非常重要，合理地管理冲突和正确的技巧有助于防止冲突的升级。解决飞行中遇到的冲突，常见的策略有以下几种：

1．质　询

质询是通过提问、询问、调查、寻找事实以及原因来收集信息，以便更好地理解每一个人的目标、动机、需求以及限制。

## 2. 辩　护

辩护指参与方通过争辩表明有利于他们自己的立场，支持并维护自己的观点。一个更有效但有难度的方法包括为以第三方的立场辩护。这项策略可以加快解决冲突，因为每个人都不得不考虑他人的意见，这就可促成协商（见下面）或达成共识（发现新的解决办法）。

## 3. 反　馈

提供反馈是将你从对方那里所理解的内容又重复给他们以寻求正确输入的一种方法。它对于解决冲突作用不大，但是，至少它可以防止误解观点带来的争论。

## 4. 元信息传递

正如前面的讨论所提到，元信息传递是用于讨论交流本身给定的目标。阻止冲突发展的一个办法是在争论中找到一个突破口来讨论实施交流的方式。但是，所作讨论的方式本质上是非常重要的。比如，你不能这样说："我认为你根本听不进我的话，这使我非常恼怒。"而应该这样说："我意识到我很难听你的意见，这使我陷入麻烦当中。你在听我说话的时候也有同样的感觉吗？"对冲突变化的交流使得每个人都有机会在交流的过程中意识到什么是错误的，并且有机会纠正这一错误。

## 5. 协　商

协商是冲突双方或多方试图阐释清楚他们中的每一方准备接受的是输还是赢的后果，以避免"全负"的结局；或任由冲突发展而不解决的过程。协商按照交易或协议而论，是一种相互协调的过程。

## 6. 和　解

协商的目的是为了寻找和解办法，也就是通过相互让步达成解决差异的办法，或通过压制对方来调整冲突的主张。因此，没有相互的让步，协商也就不能成功。由于人人都真正认可的才是最好的决策，因而，在由权威决策之前总是倡导（大家就不同的观点进行）辩论。

## 7. 仲　裁

一旦和解或调解的努力失败，就可由冲突方之外的"中立"人士来裁决（如同事、知识渊博的人）；或指定负有专门义务的人（如飞行师、安全部门的官员）来判定。

## 8. 如果需要，延迟解决冲突

最后，如果在飞行过程中，你无法成功解决冲突，那就在整个飞行中严格执行标准的机组通话规则（简令、喊话、复诵等等），并且同意推迟解决冲突，落地后再说。

## 小　　结

交流是通过使用共同的声音、符号系统在信息的发送方和接收方之间进行信息交换的过程。良好的交流是有效的机组资源管理和保障飞行安全的基础。最近的 NASA 研究已经揭示出：交流较多的机组所犯的错误也较少。但是，这并不是单纯指交流的数量，同时也指交流的质量。

为了成为一个有效的交流者，每一个机组成员都必须理解交流过程的每一个要素并熟练地使用这些基本的交流技能。

发送信息的技能包括系统描述和传输信息，使用信息发送技术时应该注意的问题是：

（1）愿意和乐意将自己获得的飞行处境信息与其他机组成员分享是保证信息能够顺利发送的前提。如果信息的发送者不愿意将自己的信息与别人分享，就有可能产生人际关系方面的障碍。需要特别指出的是：为了确保飞行安全，任何机组成员都有责任防止其他机组成员或者其他与分享信息相关的人员在缺乏信息的条件下进行操作，不要认为他们没有权利知道或者假设他们不想知道有关的信息。如果一个人不愿意让别人知道自己的所思所想，那他就不可能就有关的问题进行交流，其结果便是丧失处境意识，其他机组成员的处境意识也不能够被自己所分享。

（2）对信息进行良好的系统描述包括获取信息和形成一定的逻辑顺序。信息应该是可以描述的、准确的、有礼貌的和简明扼要的，应该有利于鼓励反馈。描述性的语词和短语有助于消除因误解或者过分概括化的信息所引起的障碍。例如，当在操纵飞机时所说的：“我已经接替了对飞机的操纵”就比“我已经接替了它”表达了更为明确的含义。当与管制员进行通话时也是这样，应该小心使用一些缩写的呼叫信号。仅仅使用数字或者公司名称有可能导致混淆。两架飞机具有同样的呼叫代码或者同一个公司名称具有相同的无线电频率并不是不可能发生的。因此，在传送信息时应该予以特别的定义。

（3）应该确保信息是准确的和恰当的。如果某个人说“我知道我想要说的意思，但却不知道怎样去表达它”时，这个人就有必要花一点时间来思考一下他想要表达的信息。在制订飞行计划时应尽可能保证有时间进行飞行前简述。通过对飞行程序的讨论和理解，可以引起大量需要进行的交流。在许多情况下，标准术语的交流方法已经建立起来了。其中一个例子便是常规性的、异常的以及紧急情况的检查单。在这些标准术语的交流方法中，质询与反应项目按适宜的顺序排列在了这些检查单上。其他标准交流方法的事例则是写于飞行人员信息手册上的飞行员和管制员术语。这些术语定义了特定管制员和飞行员经常需要使用的常用词汇和短语的含义。应该经常复习飞行员信息手册上的术语，这样才不至于使自己滥用航空学词汇，避免引起信息接收者的误解。准确和恰当的标准表达方式有助于提高航空安全，并使飞行员的处境意识保持在一个较高的水平之上，这也是职业飞行员的一个标志。

（4）准备一种平缓，而不是生硬的信息。为了不至于引起信息接收者胆怯或者紧张以及过度的防御心理障碍，信息发送者所准备的信息应该是较为平缓的和不生硬的。

（5）所发送的信息应该是简明扼要的。由于在驾驶舱内时间限制性较大，因此语言的简洁性就变得非常重要。这不仅是指飞行机组成员之间的信息传递应该是简明扼要的，而且包括管制员的通话也应该是尽可能简洁的。管制员在实施其行动方案前必须知道飞行员的需要。反过来说，飞行员也必须理解管制员所要求的一切。

（6）信息发送者所描述的信息应该有利于鼓励反馈。通过反馈，可以为信息的接收者提供澄清问题的机会。假定机长试图要针对某个问题进行提问，他对副驾驶说：“我想，我们已经获得了有关今天下午所有客货载量的信息。”在这样的情境下，副驾驶是否知道怎样对当时的情境进行反应呢，他是否能够对这句话的所有信息做出正确反应呢？也许机长此时需要从副驾驶那里获得的反馈信息是："你是否给签派室挂了电话，是否获得了关于我们今天下午客货载量的信息。"该机长应该鼓励反馈以便继续讨论更为广泛的和必要的问题。

（7）当编码或者确定信息传输工具以及决定这些信息该向哪些人传送时，信息的发送者就应该考虑哪些信息资源应该传递和哪些信息的携载工具是可以利用的，所处的环境怎么样以及存在着哪些可能的交流障碍，等等。例如，当在驾驶舱噪声背景下需要说话时，就应该有足够的大的声音以便听话者能够听得清楚。在此时，机载电话便能够克服这一问题。此外，驾驶舱内的交流还可以通过视觉接触、面部表情或者用笔在一张纸上画一个简图来得到加强。

（8）接收信息包括感觉信息和对信息赋予意义的过程。使用信息接收技术时应该注意的事项有：

① 消极的态度可能会影响交流的过程。消极的态度往往会引起倾听者的注意力分散，使他的注意力总是集中在信息发送者的态度上，从而使他获取信息的注意力分散。当觉察到自己或者其他人具有这种消极态度时，就应该对影响交流的潜在问题予以特别的注意。积极的态度和有礼貌的交流有助于使倾听者将他的注意力集中在相关的问题或者信息上，而不是集中在信息发送者的个性上。

② 作为信息接收方的倾听者应该通过目光接触、点头或者摇头或者语言参与来引起说话者的注意。这同时也给信息的发送者一个提示：他所说的话正在被接收者所注意，交流的障碍是不存在的。

应该注意的是，诸如无线电频率的干扰有可能会引起交流过程中的注意力分散。当这些分心因素无法消除时，就应该推迟交流，直到这些分心因素被处理得比较好时或者这些分心因素自动消失或者变得在容许值以下时，才重新开始交流并完成这一交流过程。

③ 如果信息的接收方不能够清楚地看见或者听到传输的信息的话，他应该将这一情况告诉发送方。不要局限于仅仅是获得信息，也不要对存在的交流障碍采取睁一只眼闭一只眼的态度，这样会使交流的障碍一直存在着。如果交流的障碍是属于语音性的，应该要求说话者说大声一点，在必要的时候还应该复述对方的话语，以便信息的发送方能够识别出你所发生的误解。如果信息是属于视觉方面的，距离就应该移近一些或者改变光线以便能够清晰地识别这些信息。

④ 信息发送者发出的信息有可能会由于外部或者内部障碍的影响而不能够被全面理解。此时，倾听者就应该具有耐心，不应该生气或者抱怨，因为这样的行为对于交流不但没有帮助，反而会成为交流的进一步障碍，引起信息发送者停止对信息的进一步传送和解释，更多的信息就会丢失。通过反馈的途径来澄清误解和消除其后果是交流过程的一个常见的途径。当倾听者未能完全理解时，他应该提出问题以便予以澄清。

应该警惕的是，在信息的发送者未能结束其信息传输的时候干扰他的传输过程。一个良好的倾听者应该是在发送者完成其信息传输之后才进行适宜的反应。仔细地倾听、思考信息，最后才是反应。

## ·思 考 题·

1. 简述机组交流的含义及其种类、特点。
2. 绘出机组交流过程图，并作简要分析。
3. 用图示法表示机组交流中可能存在的主要障碍，并作简要分析。
4. 简述质询与反应应遵循的基本原则及其要素。
5. 质询与反应障碍主要有哪些？怎样才能够克服这些障碍？
6. 驾驶舱简述应该遵循的三项基本原则是什么？请结合飞行实际情况进行简要分析。
7. 飞行后讲评应该遵循的原则是什么？请结合飞行实际情况进行简要分析。
8. 请简要分析驾驶舱冲突的性质及处理驾驶舱冲突的基本原则。

## ·集体讨论问题[①]·

1. 为什么说飞行前简述特别重要？
2. 请叙述你对飞行后讲评的看法和观点！
3. 在起飞期间，飞机尾部某处冒出的浓烟开始进入客舱。从驾驶舱交流的角度来说，你应该怎样处置这一情景？
4. 在某次飞行中，机组成员已经加入了最低气象条件进近，并使他们在两次复飞后改飞到了附近的一个备降机场。但是，在这一事件的整个过程中，该驾驶舱内始终没有人对这一情境做出任何评价和描述。

这是一次成功的驾驶舱交流吗？请分析其原因和后果以及应有的交流！

5. 请思考以下情境：你是一架喷气机的机长，正在向一个"黑洞"类型的跑道做目视进近，即没有下滑道信息可以利用，你的感觉是一切正常。

而副驾驶却感觉到飞机的高度太低，据此他向你质询，但你不假思索地立刻回答他没有异常情况。

于是，副驾驶接替了操纵，并且执行了复飞，因为他感觉到飞机已处于太低的危险高度，而你却一直没有感觉到有什么严重问题存在。

在以上的情境中，积极的质询和反应系统对这次飞行会有什么样的效果？

## ·案例讨论·

### 哥伦比亚航空 052 号班机空难

1990 年 1 月 25 日，由于哥伦比亚 052 航班的飞行员与纽约肯尼迪机场管制员之间出现了交流障碍，导致了一场空难的发生，生还者 85 名，其余包括机组人员在内的 73 名人员全部遇难。

晚 7 点 40 分，哥伦比亚 052 航班飞行在南新泽西海岸上空 11 277.7 m 高空。机上的油量可以维持近两个小时的航程，在正常情况下飞机降落至纽约肯尼迪机场仅需不到半个

---

① 按个人观点、集体评价两种方式进行。

小时的时间，可以说飞机上的油量足够维持飞机的飞行直至降落。然而，此后发生了一系列耽搁。那晚天气非常糟糕，在东南沿海地区有很猛烈的风暴，随之而来的是浓雾和大风，052 航班被空中交通管制中心拦截 3 次，无法飞到纽约。该飞机在弗吉尼亚的诺福克上空盘旋了 19 min，在亚特兰大城上空盘旋了 29 min，并且在肯尼迪机场南部的 40 mile 处飞行了第二个 29 min。

当飞机在肯尼迪的东南部盘旋了 40 min 后——驾驶舱里的每个人都非常清楚地知道他们已经没有燃料了——飞行员可以直接要求将飞机降落在宾夕法尼亚，那儿只有 65 mile 之遥。但他并没有这样做，机舱内死一般的沉寂。根据飞行记录，驾驶舱内有很长一段时间，除了瑟瑟声和引擎的噪声声外别无它响。同空中交通指挥控制中心交流是克鲁兹的职责，那个晚上，他的角色十分重要，但他却表现得异常被动。直到在肯尼迪机场东南部因等候降落而盘旋了 3 个地方之后，克鲁兹才对交通指挥控制中心报告说，飞机的燃料无法支持飞机到达他们指定的机场着陆。然后他得到 ATC 的回复："再等等。"此后是："正清理肯尼迪机场。"过后调查人员曾猜想，阿维安卡的飞行员一定认为，ATC 将优先考虑让他们着陆，将他们排在肯尼迪机场长龙般候降队伍的最前面。但实际上，他们没有被优先考虑，他们只是被排到队伍的后面。这是个多么严重的误解，这会导致飞机机毁人亡。但飞行员有没有再次提起并进行求证呢？没有，在后来的 38 min 内他们没有再提起没有燃油这件事。

下面是副驾驶和机长的谈话记录，请仔细注意，不是注意他们说话的内容而是注意说话的方式，特别要注意他们谈话之间间隔的长度以及克鲁兹的谈话语气。

机长说："跑道在哪里？我看不见，我看不见它。"他们启动着陆引擎。机长告诉副驾驶去换一种着陆方式。10 s 过去了。机长像在自言自语说："我们没有燃料了。"飞行员们用了 17 s 来进行技术上的交流。

机长说："跑道在哪里？我看不见。"

副驾驶说："我也看不见。"

ATC 提示他们向左转。

机长说："告诉他们，我们现在情况非常危急。"

副驾驶对 ATC 说："我们正在 18 000 ft 的右上方，嗯，我们将再试一次。我们的燃油快用完了。"想象一下驾驶舱中的情形。他们由于缺油而变得极度危险，并且刚刚在第一次着陆中失败，他们也不知道飞机还能坚持多久。机长有点绝望："告诉他们我们情况危急！"听听副驾驶说了些什么？"我们正在 18 000 ft 的右上方，嗯，我们将再试一次，我们的燃油快用完了。"整个飞行过程中机长 9 次向副驾驶询问是否将燃油即将耗尽的情况传达给管制员。

坠毁前数分钟，飞机与塔台进行最后一次电台联络。询问副驾驶油到底够不够。副驾驶说："我猜行。非常感谢。"这时飞行员转向副驾驶问："他（管制员）怎么说。"副驾驶说："这人有点生气。"当机场指示飞机进行第二次试降时，机组成员再次提醒燃料将要用尽，但飞行员却告诉管制员新分配的跑道"可行"。

晚上 9：32，在 75 min 的延误后，052 航班被允许着陆，当飞机正准备做最后一次着陆时，飞机遇到了严重的气流。最后关头，飞行员做出了爬升飞机并采取"复飞"策略，飞机围绕长岛兜了一大圈，并再次靠近肯尼迪机场。突然飞机的两个引擎失灵，1 min 后，另两个也停止工作，耗尽燃料的飞机于晚上 9：34 分坠毁于长岛，飞机上 158 名乘客中的 73 人丧生。

请分析该航班失事的主要原因。

# 第十五章　驾驶舱领导艺术

关于领导的理论可谓繁多，但在驾驶舱内得到较好运用的理论则主要以管理方格理论为代表。本章主要讨论驾驶舱管理的方格理论及 5 种典型的机组管理方式、权威性与直陈性以及紧急情况下的领导等问题。通过本章的学习，读者应该达到以下目的：陈述 5 种典型的机组管理风格；了解识别不同的管理风格的线索；知道与具有不同的管理风格进行合作的方法；认识在权威性和直陈性之间予以平衡的必要性；陈述导致两种极端情况的可能原因，并能够充分认识 4 种极端组合的危害性；能正确理解紧急情况的含义，掌握紧急情况下的领导方式。在中国民航局新近颁布的执照考试大纲和知识点中，要求重点掌握的内容包括领导与协作部分。

## 第一节　几种典型的机组管理方式

合理利用人力资源和运用必要的领导艺术以便激活座舱内的有效因素是机组资源管理永恒的主题。为了使读者能够理解驾驶舱内存在的各种管理方式和管理风格，以及这些管理方式对其他机组成员行为变化的影响，我们需要一个较好的参照框架来对它们进行分析。管理方格便是一个简便易懂的理论框架，它最初由美国德克萨斯大学管理心理学家 R·布莱克和 S·莫顿于 1964 年提出，以后他们与美国联合航空公司合作，将该理论用于机组管理方式的研究之中，于 1989 年完成了其著名的《机组资源管理》一书，该书的问世实际上成了最早的一本机组资源管理教材，以后的其他一些同类教材则几乎都是在此基础上发展起来的，其影响可见一斑。

### 一、管理方格的概念及管理方格的建构方法

管理方格是一种采用图式和量表方式来衡量驾驶舱领导和机组成员的管理方式是否有效的方法和手段。该理论认为，最有效的管理者应该是一位既关心工作绩效，同时又关心人的人。它作为分析机组管理方式的一个参照框架，不但为理解个体间的行为差异奠定了基础，同时也为理解不同个体在不同的工作环境中有什么样的行为表现和为什么有这些行为表现提供了一个实用的工具。

在方格框架中有两个基本的维度。第一个维度是关于工作绩效的：它包括飞行性能、飞行的经济性、飞行的安全性等飞行任务和目标。第二个维度是关于人的：是指在工作活动中与其他人发生相互作用的个体。在这里，"人"是指座舱里的其他机组成员、地面人员、空乘人员、管理人员以及将要与机组人员发生接触的所有飞行活动关联者。

## 1. 对工作绩效的关心

在机组成员中并不是所有的机组成员对绩效或者飞行任务都总是具有相同的关心程度。这种关心程度的差异可由某个个体在不同的情境下对绩效具有不同重视程度这一现象来加以说明。为了使我们对飞行员们的关心程度进行相对地量化，在这里我们需要引入一个等级量表来进行思考和分析。如图 15-1 所示，该量表的最低分为 1 分，最高分为 9 分，1 分表示对性能的关心水平非常低，9 分表示对绩效的关心程度非常高。

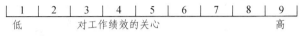

**图 15-1　对工作绩效的关心等级量表**

## 2. 对人的关心

对人的关心这一维度的变化也相当大。图 15-2 采用了一个 9 分等级量表来表示这一变化的程度。与上述相同，1 分表示某飞行员或者机组对人的关心程度非常低，而 9 分则表示对人的关心程度非常高。

**图 15-2　对人的关心**

建构方格参照框架的第二个步骤是将对绩效的关心和对人的关心这两个维度综合在一起，如图 15-3 所示，当这一步骤的工作做完后，两个维度相互交叉便形成了一个方格框架。图中的横坐标表示对工作绩效的关心程度，而纵坐标则表示对人的关心程度。这两个坐标都被划分成 9 个刻度，便组成了 $9 \times 9 = 81$ 种管理方式的方格，通过对该图的分析可以对各种各样的管理方式进行相对量化的分析。例如，某飞行员对人的关心程度非常高，达到 9，而对工作绩效的关心程度却非常低，只有 1，那么他就是（1，9）型的管理者。反之，如果某飞行员对人的关心程度很低，只有 1，而对绩效的关心程度却非常高，达到 9，那么他就是（9，1）型的管理者。

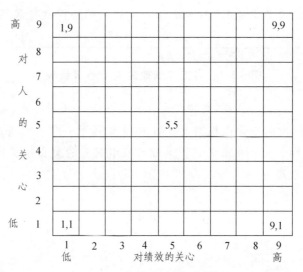

图 15-3　管理方格量表框架

## 二、关于管理方格的几项说明

### 1. 关于管理方格用途的说明

管理方格框架是为描述飞行员或者飞行机组的态度和行为而设计的一个实用工具，将这一分析框架在座舱内的具体运用，有助于机组成员对行为方式的选择，可以使飞行员们摒弃那些不良的行为或者不完全有效的行为，用更为有效的行为方式去替代它们。但必须引起注意的是，它并不是一种严格意义上的心理学量表，因而它不具备心理学的评价或评判机制。设计管理方格框架的目的也并不是为了对个体进行划分或者使人们对号入座般地将自己划入方格框架中的某个位置内。如果非要把某个人贴上属于某个方格位置的标签，就将导致对方格框架的误用。主要原因在于：在不同的时间里人们对两个维度的关心可能采取不同的等级量表，即表现出的关心水平可能是不一样的。利用管理方格来对管理方式进行的描述仅仅是对现实的一种假设，而不是现实本身。大多数人都不会认为绩效或任务与人无关。

然而，我们也不得不承认这样一种事实：对于大多数人而言，上述假设已经成为了一种生活方式。一旦某种特定的情境出现，某些人会以惯常的行为方式去对它做出反应，甚至有一些机组成员所采用的管理方式已经深深地植根于他们的个性之中，在与他人相互作用和相互交往的过程中，他们会按照固有的模式进行。

在一个机组中，管理方式影响着机组表现和飞行工作的质量。因此，每一个机组成员都应该具备他们自己的管理方式。在一般人的眼里，机长的管理能力对于机组的表现和工作质量有着直接的影响，领导能力的锻炼通常与机长相联系，这是不言而喻和无可厚非的。但是，我们还应该知道，领导是一种功能，而不应该仅仅被局限于被赋予最高地位的"机长"。每一个机组成员都应该具有一定的权威性，在进行飞行课程或者与飞行有关的活动中应该使每一个机组成员获得领导能力的锻炼机会。每一个机组成员都有保障飞行安全、遵守飞行条例、操纵飞机和处理意外突发事件的职责。管理风格就是帮助机组成员研究有效的管理所包含要素的参照框架，其目的是使机组管理工作尽可能达到最高水平。

2. 关于主导方格和从属风格的说明

以上所列出各种管理方格通常能够覆盖所有情境，机组成员也可能从一种管理方式转到另一种管理方式上去。之所以会发生这种现象，主要原因是大多数人不但具有一个起主导作用的管理方格定向方式，而且他们还具有一个或者几个处于从属地位的变通管理方格定向方式。当在特定的情况下难以使用或不可能使用主导方格时，便会使用原来处于从属地位的管理方格。从属地位的变通管理方格是当事人在压力、紧张、疲劳、挫折、冲突等情境下，当使用主导方格无效时所采用的一种备份管理方式。

任何管理方格方式都可能会产生其他的变通或者从属管理方式。例如，一个（1，9）定向的机组成员在原有的管理方式受到严重挑战的情况下，通常会产生关心绩效和任务的需要，从而变成一个（9，1）定向方式的人。一个采取（9，1）定向方式、寻求支配和控制的人的管理者可能会面临机组成员的持续对抗，当找不到一种有效的方式来获得对其他机组成员的控制时，他就可能改变成以协作方式为基础来解决问题的（9，9）定向方式者。这样的波动也可见于某个人每天按照（9，9）定向方式与其他人一起工作的过程中，当危机出现时，他也可能滑向（9，1）定向方式，也可能忽视对人力资源的合理利用，而一味地越俎代庖、我行我素。

这种一系列主辅定向方式的有机结合使每一个机组成员都具有自己的独特风格。在这里，需要再一次强调的是：方格定向的风格并不是固定不变的，虽然某个人有着自己起支配作用的管理方式，但在通常情况下他们都会是几种不同定向方式的使用者。

# 三、5种不同的机组管理方式

对绩效和人的关心程度相对来说有五种类型，对于研究和理解机组的管理行为极为重要。以下我们将按管理方格中的（1，1）、（5，5）、（9，1）、（1，9）以及（9，9）5种管理方式依次进行简要的讨论。

## 1.（9，1）定向

（9，1）定向的飞行员倾向于努力追求最大的性能，却对其他机组成员的思想、态度或者感情等关心很少，权力常常被用作驱动和控制。他倾向于要求机组成员服从命令、不折不扣地按照分派的要求完成任何事情，也就是说，机组成员所做的是别人要求他那样做的，他自己一点也没有自主权。这类人强烈地认为，任务比人际关系更为重要。他可能是一个粗暴、并且是追求权威的领导者，经常是对自己高度关心，但对别人的关心程度却非常低。

但是，这类人常常又是一个铁腕的领导者，易于作出决策，并且勇于对自己的行动负责，并且通常是非常忠实于自己的公司。

（9，1）定向途径是一个强硬的、以权力服从为基础的领导方式。采用这种定向方式的人认为：人仅仅是生产产品的工具，他们的任务就是使操作能够进行下去。在这里，机组成员并没有被看作是有思想、有感情甚至能够解决问题的贡献因素。

### 2.（1，9）定向

（1，9）定向的人过分地强调良好人际关系的重要性。持有这种观点的人认为：只要机组成员愉快、满足、有温暖感和被接纳感，那么他们就会产生相互协作的需要，就能确保有效的飞行性能。与（9，1）定向的人相比这是另一个极端类型的人。这类人认为任务不及人重要。他们也许会把自己装饰得很随和，但效率却并不高。但是，与这种人一起飞行会使人感到很舒服，并且驾驶舱内也可能充满了友谊的气氛。这类人虽然是一个良好的倾听者，但他所交流的信息并不总是与飞行情境有关。

（1，9）定向方式的管理者总是寻求在座舱里营造一种温暖、和睦的气氛，它最大限度地降低实施权力的需要。由于机组成员之间有着很强的凝聚力，便很容易达成一致的意见。（1，9）定向的机长以促进机组成员的友谊和同志间的忠诚的方式来实施领导。其基本思路是：当机组成员们都能意见一致时，问题就能得到较好地解决，直接实施权力的机会就会变得很少。有关（1，9）定向者权力的进一步描述，可反映在他的态度上，即"你不能拒绝其他人或将其他人从自己身边推开，如果你这样做了，他们就会阻挠你的工作，并反对你"。非正式的交谈、一个玩笑、善意的拍拍肩膀等，这些举动都会使生活充满欢乐。

### 3.（1，1）定向

（1，1）定向方式不但对飞行绩效的关心程度很低，而且对人的关心程度也很低，即双低方式。该定向方式的机组成员待在工作岗位上无所事事，似乎在等着退休，他们似乎在玩着一种叫作"随波逐流"的游戏。这种人什么事都怕麻烦，尽可能少地付出，只要轻松就行。这种类型的人是一种典型的对自己的工作无兴趣的人。他将有必要做的工作降至最低限度，并且使自己远离冲突。这种定向方式的成员客观上是存在的，但往往又不被人们所注意。说他客观存在是指他属于机组成员的一分子，说他不被人们所注意，则是因为他不做、甚至不参与任何事情，引不起人们对他的注意，往往又忽略了他的存在。也就是说，好事、坏事都轮不到这种人身上。

在（1，1）定向方式中，权力的实施是建立在以下假设的基础之上的："飞行活动是由自动系统自行管理的。"机组成员的职责仅仅是建立程序。这样做的结果便是增加了其他机组成员的负担，使他们不得不付出加倍的努力以弥补由于此人的懒散所造成的任务空隙。

（1，1）定向途径的交流将保持在最低限度，因为只有这样才能使自己保持中立，不至于被卷入到冲突之中，也就是说，可以最大限度地避免冲突。这种人的工作方式也是随大流，别人说什么他也跟着说什么、别人做什么他也跟着做什么。这种人对错误的看法是：由于错误是不可避免的，因此，为了避免卷入麻烦，最好的办法就是对错误睁一只眼闭一只眼，必要时可将错误推在其他人身上或者只指责别人的缺点和错误。

（1，1）定向的条件下，来自其他人的抱怨是客观存在的，但并不会被这种人所真正接受或者说引不起他的恰当反应。如果抱怨者的抱怨引不起（1，1）定向者的反应，抱怨者很快便会觉得自己的抱怨显得无趣，只好停止抱怨了。更为糟糕的是，这种风气一旦形成，还会对其他机组成员构成影响，使其他机组成员也进行效仿。

总而言之，具有（1，1）定向的人往往是不务实的人，可见于所有机组角色。他们采取的方法是尽可能敷衍过去。其结果是问题来得快去得也快，没有受到任何注意便滑过去了，也就是说他们没有对问题的解决做出过任何努力或者贡献。

### 4.（5，5）定向

在（5，5）定向方式中，这种人倾向于采用其他人已经习惯的方式按部就班地处理一切事物，在方式方法上讲究使人感到舒适，在完成工作的速度上则体现为稳健。即使采用其他方法能够使工作完成的速度得到提高，但他们也会按照既定的、大家习惯的方式来处理和解决问题，而不愿去冒任何风险。这种定向方式将有可能使每一个机组成员都感到工作有所进展，并在一定程度上会有成就感。机组成员之间的分歧出现时，他们会通过一些外部的调解措施来使分歧迅速得到解决，常见的措施包括：相互妥协、折中以及相互调整。这种人采取的是一种折中的管理风格/方式，即他倾向于在任务与群体人际关系之间进行折中，而搞好人际关系的目的则是为了轻松地生活。

这类定向方式的机长对人和座舱任务采取的是一种折衷的态度。一方面，他要尽可能使座舱任务得以完成，另一方面，又要使机组的士气保持在一定的水平。采用这种管理方式的目的是为了既满足完成任务的需要，又满足机组成员的需要以维持机组内部的稳定。采用这种定向方式的人认为：当大多数人的问题得到解决时，机组的表现和座舱任务的完成都会达到一个令人满意的水平。当与其他机组成员之间的分歧不可避免地发生时，他们就通过采用折中、中庸的方式使问题在机组成员之间进行平均分担，以便缓和机组成员之间的矛盾。

（5，5）定向途径的努力方向是在不使机组成员产生过度压力的情况下，寻求最佳工作表现和工作业绩。它既不像（9，1）定向方式那样对人倾向于过于严厉的管理，也不像（1，9）定向方式那样倾向于对人进行"太软"的管理，它所采用的是上述两种定向方式的折中，即中间型道路。这类人在明确错误的责任时倾向于浮于表面的分析和批评，而不愿深入分析错误的原因，认为只有这样，其他人才能信服。采用这种途径的思想根源是：认为只要保证重要的观点和行为是正确的就行了，并且认为不同的见解仅仅来源于那些喜欢抱怨的人，实际上，这样的安全观念形同虚设，是没有什么事实基础的。而且，这种"数量安全"态度既不可能带来成熟的决策，也不利于提高机组成员的素质。（5，5）定向者对权力的实施是以仔细平衡工作任务和人际关系之间的关系为目的。在这种情境下，除了重要的规则外，许多观点也同样得不到公开讨论。

总而言之，（5，5）定向方式不但一方面要获得人的"良好表现"，同时还得避免或者延迟人的问题。在既要保持工作成绩又要满足人的需要方面，这显然是一个较为成功的方式。但不能说这种定向方式就是最佳的定向方式，事实上，这种定向方式最终对工作成绩和人的因素两个方面都会具有削弱作用。

5.（9，9）定向

（9，9）定向的机组管理方式建立在参与、加入以及委托的基础之上。与其他定向方式相比较，这种定向方式具有更多的相互作用形式。这类人是一种理想的管理者。他不但对任务寄予最大程度的关心，同时也密切注意人的行为，对人的关心程度也达到最高。他不但集中了（9，1）和（1，9）两个极端的管理定向的优点，而且他还将随处境的变化而修正自己的管理风格/方式，其目的是充分地使用所有的资源以便达到最佳的结果。

（9，9）定向的飞行员寻求建立和支持相互信任、相互尊重以及共同承担义务，其目的是使机组的操纵尽可能达到安全和性能的最高标准。（9，9）定向的基本设想是：机长权力的实施是为了最大限度地促进机组成员的义务感和责任感，便于将飞行任务在机组成员之间进行分工和委托授权。这便意味着决策的做出是建立在吸收其他机组成员信息输入的基础之上的。机组成员之间的交流是以一种开放、坦诚以及自由交换的形式进行的。

机组的价值取向产生于飞行表现目标和事先达成共识的各级目的。这便使得机组的操纵建立在自律或者自我约束的基础上。抱怨有可能来自各个方面，但最为重要的是（9.9）定向的机组领导方式对抱怨采取的是理解和认真对待的态度，并尽可能按分级的方式来进行处理。全体机组成员对敌意情感的共识是：这样的情感是一种危险的信号。而消除敌意的做法则是通过机组成员之间开放、坦率的交流来使彼此之间达到相互理解，在这里机组成员之间的防御心理被视为机组的大敌，如果机组成员之间彼此怀有戒备之心或者防御心理，机组成员之间的交流将会受到严重阻碍，因此，机组成员之间彼此坦诚的心态和防御心理的消除是机组成员之间进行明智交流的基础。

总而言之，上述行为为妥善处理未来类似的情境奠定了一种职业化的解决方式。机组成员之间也极有可能形成高度的默契和相互信任。

# 第二节　不同定向方式在特定 CRM 行为下的表现

在上一节里我们简述了 5 种典型管理方式的主要表现（见图 15-4）。在本节中，我们将重点讨论一下这 5 种管理方式在质询、劝告、冲突解决、简述与讲评以及决策方面的 CRM行为。希望这些内容能够帮助大家识别不同的机组管理风格，发现自身在机组管理方面的不足，启发大家找到改善自身的协作能力和机组协作氛围的途径。

## 一、质　询

（9，1）定向的人常常使用的是一种单向式的交流方式，总是尽可能地避免与别人讨论问题；他不喜欢质询，并且拒绝别人提出的质询，不能对别人提出的质询做出正确的反应；这类人常常会深入地研究我自己的和其他人的情况、决策以及信念，以便自己在任何情境下都能处于绝对权威的位置上，并在此基础上确保其他人不会犯错误。关于定义和解决问题所需要的行动，往往是自己做出结论。其他人的见解和观点可被忽视或者被降至最低。

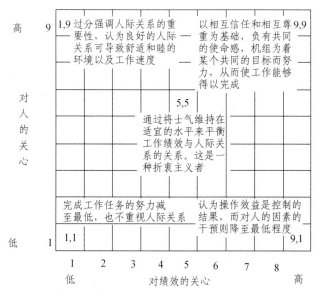

图 15-4　对绩效的关心

（1，9）定向的人常常会与其他机组成员一起检查以便确保全体人员在明显的问题上能够达成意见一致。尽最大努力降低机组在观点和意见上的分歧，以便保持机组的和睦气氛，努力寻找适合于所有人的事实、决定以及信念，几乎没有向其他机组成员挑战的倾向。就算当问题变得十分明显时，在其他机组成员恳求帮助前，他都会避免定义问题。如果其他人都同意某种意见，他也会迅速采纳别人对问题的定义，并将此作为自己行动的基础。

（1，1）定向的人经常不假思索地接受别人的决定、事实以及信念。当有人质询时，也往往不予理睬。这种人可能会接受其他人提供的数据，但却不愿意主动向其他人进行质询。结果是使做出的计划考虑不充分、也不愿为可能出现的问题付出努力。采用这种定向方式的人很容易接受那些显而易见的事实，而对将要发生的问题并不是积极地参与质询。由于该定向者不愿参与决策，这就使得其他机组成员被迫对他们并不熟悉的问题进行权衡。

（5，5）定向的人在一般情况下倾向于看事物的表面价值，只有在分歧变得很明显时才深入地对问题进行研究。这类人虽然检验事实、决定以及信念，但通常都检查得不是十分深入。通常会考虑其他人提出的观点和意见，以便能够发现他们对问题的合理看法。该定向者质询的注意中心主要围绕着按习惯传递和检查信息。认为每一个机组成员都必须做好挑战和迎接挑战的准备，但挑战和迎接挑战都不应超越机组共同建立起来的约定，质询应取决于机组成员的自觉性，而不是通过检查所有可用的信息来有意识地激发起机组成员的提问。当出乎预料的事件发生时，该定向的机组成员往往低估这些事件的危害，并寻求可用的折中处置办法。

（9，9）定向的人经常会积极收集并确认数据，为稳妥起见和与最终的目的一致，不断地重新评价自己和他人的信念、决策以及事实。此类人的质询绝不认为操纵行为是想当然的事情。在这样的思维背景下，各种各样的决策、事实以及信念都被不断地对照自己的经验反复进行评价。评价的内容既包括所有的技术数据资源，也包括其他人观察到的资源，这些资源既可能是通过请求来获得，也可以是通过自由交流的方式来获得。质询一旦进行，便利用可用的事实、通过确认的方式来验证已有的假设。座舱内的良好表现包括鉴别和解决多重问题或者说一系列彼此关联的问题。解决问题的关键主要取决于以客观的态度对多重问题进行恰当的定义，无论是常规性错误还是重大错误，如果处置措施不好，都有可能导致不可逆转的后果。在评价某个问题的过程中，（9，9）定向的机组成员不但始终保持着开放的头脑，同时也会不断地激发其他机组成员保持开放的头脑。这样做的结果将更有可能提出新的信息，并使呈现出的信息清晰和彻底。

## 二、劝告特点

（9，1）定向的人常常会对自己认为是恰当的和合理的观点、见解和行动坚信不疑，即使这意味着会拒绝其他人的观点和见解也在所不惜。他会用一种准确、简洁和直截了当的方式告诉人们他们应该知道的内容（这些内容是他认为他们需要知道的），而不管他们有什么感受，他们的情感、他们的需要以及他们对此有何新的见解。

（1，9）定向的人即使有自己的主意，也愿意接受和采纳、并支持其他机组成员的观点、意见以及行动。他会向其他人表达积极的情感，并告诉他们自己所想到的、他们希望听到的信息。该定向者的劝告是一种使自己迎合他人意见的定向方式，主要表现为尽可能支持别人提出来的行动方案，即使质询有可能引起机组行动方向上的变化也应该这样。这类人会尽可能避免陷入被人拒绝的局面，如果自己没有百分之百的把握或预料到有可能遭到其他人的反对时，他们便不愿表达自己的观点。在必要时，这样的机组成员也会以间接的方式进行质询，原因是为了避免使他人难堪，这类人还可能过分地限制自己劝告的内容，其结果是削弱了其他人对劝告内容的注意力。这类人的信息传送，往往是只说别人喜欢听的话。他们认为只有这样才能维持一种良好的关系，并促进交流双方能够友善地交换相互的意见，即使这有可能会阻碍清晰的交流。

（1，1）定向的人在交流中会尽可能保持中立，并且迎合别人提出的观点、意见和行动方案，很少表达自己与别人不同的见解。当别人要求提供信息时，才会做出反应。具有此类定向方式的机组成员，其劝告的质量和数量都将会降至最低。主要原因在于该定向者具有中立和退缩的特点。由于这种人被动接受质询，于是他就不可能有提出劝告的愿望。

（5，5）定向的人为了避免引起太大的分歧，通常试探性地表达自己的观点、意见以及将要采取的行动，以便能够有回旋的余地。其思维和情感都是为了让别人能够接受。如果要这类定向的机组成员站在与别人意见不同的立场上说话，将会令他感到不舒服和不适应。因此，这种定向途径的劝告一方面是为了鉴别分歧之所在，同时又以试探性的方式提出自己的担忧或者保留自己的意见，他们随时准备改变初衷，当没有人支持自己或者有阻力时，通常不会坚持自己的主张。这类人为了达到协调人际关系的目的，有可能向机组成员们交谈一些与飞行有关的问题，目的是使交流维持在一个适宜的水平，但遗憾的是最终不能充分利用所有可利用的信息，以便达到最佳的效果。

（9，9）定向者的劝告是建立在对存在问题的详尽评价基础之上的。为了确保采取的行动是正确的，一旦认识到异常情况，他们就会对每一种可选方案进行重新评价。如果遇上其他机组成员反对或者对自己的意见犹豫不决时，该定向的机组成员在没有确认其他机组成员的见解比自己的好之前，仍然会坚持自己的意见和观点，同时对更为有效的行动方案采取的是开放和热情欢迎的态度。这类定向者的特点是知无不言和坦率的交流，这就使得所有的机组成员能够将注意力集中在与当前问题有关的所有信息上。很显然，这种形式的劝告和交流是有助于机组决策的。但是，当一些可用的选择方案尚未彻底得到检验时，有的决策也可能是临时性的。为了寻找到最佳的行动方案，这种定向方式不断地探索并不断地检验存在的可选方案。这种定向方式能够使机组成员们以一种率直和知无不言的方式表达自己的思想、事实以及情感，而且机组成员之间对于这样的表达方式都采取相互支持和相互鼓励的态度。

## 三、解决冲突的特点

（9，1）定向者对配合的态度属于自上而下的管理。即便是几乎没有或根本没有其他机组成员提供信息，也持无所谓的态度。当冲突产生时，他们可能会用其他话题来岔开，或者根本就不予理睬，以便使冲突终止，或者奋力抗争以赢得自己的地位。该类定向的人试图规范飞行表现的所有方面。采用这种途径的结果是使机长的思维和地位清晰可见，但作为贡献因素的其他机组成员的协作与配合却未得到开发。在这种方式中，机长的计划能力可得到充分的利用，但机组成员们潜在的、并且是有价值的贡献却会受到严重的削弱。

对此类定向者来说，解决冲突的方式便是压制。在座舱环境中会通过使用和坚持地位上的权力来终止冲突。当然，也存在着机组的其他成员试图采用同样的方式来解决冲突的可能性，这样的局面一旦产生，就有可能使座舱变成战场。这类人会在坚持自己观点的前提下传递信息，不会考虑别人是否对接收到的信息进行了良好的理解。拒绝其他机组成员对问题进行质疑，对他人的观点和见解却一概予以拒绝。当别人坚持相反的观点，并且每一个人都坚信自己较强大时，等级和职位便被用于终止分歧的途径。被击败、被屈服或被孤立的人以后将不再愿意提出劝告，除非他坚信自己有能力坚持下去，并能最终击败其他（9，1）定向的机组成员。

（1，9）定向者解决冲突的措施是寻求一致、降低紧张和减少对峙。他们总是想避免产生冲突，但当冲突产生时，会想办法使情绪冷静下来，尽可能维护机组团结。在他们看来使机组成员们的行为协调一致总比为了弄清冲突原因却要冒引起机组分裂的风险好得多。也就是说，安抚比面对问题要好得多，因为在面对问题的同时，也有可能会增加敌意和引起其他机组成员的反对。

（1，1）定向者在任何情境下都保持着一张冷酷和没有表情的面孔，当冲突产生时，尽量保持中立，或者尽可能置身事外。他通过回避问题和将问题推给别人，尽可能使自己保持冷静，解决冲突的方法便是忽视冲突，并尽最大可能保持中立，因为他知道问题本身就是引起分歧和关系紧张、甚至争吵的导火索。此类定向者回避冲突的另一种方式是形式化地效忠于特定的角色和职位以及公司规定的政策。

（5，5）定向者在冲突产生时会尽可能寻找到一个大家都能接受的处事方法。根据自己的长期实践经验来处理机组成员之间的冲突，并且只有在问题产生之后，才会对冲突本身进行考虑。他们解决冲突的途径是追求其他人都能接受的措施。这种方式有可能在冲突解决过程中，导致不必要的妥协和半途而废或者不彻底的解决问题的态度。其结果是使可用的方法和措施局限于某个狭窄的范围。在这样的情况下，此类定向的飞行员就会摇摆于是自己承担责任、还是将责任推诿给其他人之间。并且该类定向者总体倾向是提出的计划仅仅局限于眼前的或短期的情境，而不是建立起长期的，所有机组成员都能接受的长远计划。在此基础上建立起来的计划对预料到的因素可能会描述得很细，但却缺乏深度和特点。

（9，9）定向者会在冲突产生的时候探究产生冲突的原因，以便在明了冲突原因的基础上来解决冲突。在他们看来虽然冲突是不可避免，但同时也是可以解决的。关键在于如何对冲突进行管理。在机组成员形成某种观念和机组关系僵化之前就预料到即将产生的冲突、并有步骤地确保机组成员之间的相互理解和意见一致，比起忽视冲突的存在、希望冲突会自动消失的做法要好得多。当分歧出现时，该类定向的机组成员不是回避客观存在的分歧，而是通过采用开放式的方式，将所有的分歧公开化，正视存在的分歧。然后，再寻找事实、数据，采用逻辑推理的方式来解决这些冲突。这样，由于采取了尊重事实的态度，就很容易达到对复杂问题的解决。由于鉴别出成熟的解决措施是其目的，机组成员就没有必要否认、歪曲自己的立场或者为自己的立场辩护。与此相反，此时他所具有的是开放的头脑和善于听取别人意见的态度。通过探究各种各样的立场、观点以及意见，就会揭示出机组成员存在的缺点、疑问以及尚未表露出来的保留意见，在此基础上通过讨论后，以解决问题的方式来使冲突得到解决。除此以外，每一个机组成员的见识也是全体机组成员共享的。

## 四、简述与讲评特点

（9，1）定向者会用建立起来的某种评价尺度来详尽地指出别人的弱点或缺陷，以便设置批评机制。错误和缺点在此被视为是由不良态度引起的。设置批评机制的目的是为了防止错误的重复发生。"在这种定向条件下，讲评等同于挑毛病和以一种否定的方式来找出其他人的不足。对接受者来说，这样的批评可能是一种惩罚，因为在他们看来这是不公正的。这种方式产生的唯一后果便是被责罚的人对责罚人产生强烈的不满。

（1，9）定向者在讲评过程中通常采用的是鼓励。一旦有积极的事情发生，就予以表扬，在任何情况下都尽可能避免批评和指责。在这里，讲评被等同于唱赞歌或说好听的话。即使机组的真实表现有点牵强附会，也应该尽可能地找出他们的优点。他们认为人们都知道自己的缺点，过多的提醒只能增加他们的挫折感，而积极地强化、鼓励以及表扬将会激励他们做得更好。

（1，1）定向者会尽可能避免给别人以信息反馈，甚至在别人问起时也不愿说，除非错误和缺点归咎在自己的身上了才会做出反应。通常对错误持忽视的态度。这类定向者对讲评的态度是尽可能避免将自己卷入其他飞行员的问题之中。他们会尽可能地少做讲评，即使别人明确地提出了讲评的要求时，他们对讲评的态度也是消极的，所做出的讲评也不会有很强的针对性。当确实有必要讲评时，这类人通常会避免深层次的分析和讲评，好像既没有看见错误，也没有听见错误，更不会去说自己和别人的错误。

（5，5）定向者的讲评是在必要时向机组成员提供反馈，但其形式却是追求圆滑，尽可能以好听的语词向别人提供反馈信息。通常以以下几种方式来完成讲评：一种形式是尽可能保持泛泛而谈的交流，尽可能使讲评抽象化，其目的是避免其他人在接收讲评信息时产生抵触，甚至攻击性行为；另一种方式是在两次积极的评价之间插入一次消极的评价，以便使被评价者比较容易接受；第三种方式是采用讲故事的方式来进行讲评，这种方式将要讲评的，或者需要某人注意的内容融入故事之中，希望听故事的人能够从中获取有关信息。定向者会在讲评时给予非正式的或者间接的反馈，但这些反馈通常都是空洞和浮于表面的。"

（9，9）定向者在飞行期间会恰当地给予反馈。飞行结束后在机组成员中所作的讲评为诊断问题、总结表现以及学习提供了一个良好的机会，是全体机组成员不断进步的一个重要基础。竭力鉴别出缺点和错误的原因所在，并在此基础上挖掘出它们的教育价值。讲评所包含的内容包括研究已经计划的行动方案或者过去的表现，其目的是机组成员学会如何去完善它们。为了使机组成员们认识到讲评的益处，有必要在机组成员之间形成坦诚的心态，从而使他们在不带有防御心理的情况下检查他们的操纵。当机组成员之间以坦率和开放的形式进行交流，并且他们具有面对冲突和以解决问题的方式来解决分歧的技能时，有效的讲评就最有可能实现。通过在采取行动前使用讲评，可以使讲评的功用发挥到最大。行动前的讲评可以确保机组成员对行动计划的意见一致，使机组成员对各种可用的选择进行恰当地理解，在此基础上促进有效飞行活动的步骤就可得到确立。飞行期间的讲评或者即时性讲评则使机组成员们对飞行程序、飞行进程以及彼此之间的行动进行分析和给予反馈。在这种情况下，无论是已经暴露出来的问题的原因，还是潜在的因素都可能在事情发生的同时被及时指出，从而也就能够防止一些小的纰漏向重大错误的转化。飞行后的讲评或者事后讲评有助于机组成员们对已经发生的事情及其原因做出总结。在这里，为了使机组成员们获得更为恰当的处理类似事件的知识，防止类似事件的发生，对曾经遭遇过的问题进行检查就显得极为重要。

## 五、决策特点

（9，1）定向者对自己做出的决策、不受他人影响的行为方式赋予很高的评价。乐意听取与工作相关的数据，但对有关自己的表现的否定评价却必须要坚守住自己的防线。该类定向者的决策主要表现为坚信自己已具备了做出决策所必需的资源（如已经具备了相关的知识、经验以及适宜的权力），认为其他人仅仅是参与执行的角色。虽然这种人通常被看作是充满信心和目的明确的强者，但从另一角度来看，由于他们拒绝接受他人的建议，因而他们往往又是封闭和呆板的一类人。这种定向方式可导致不满和抱怨，他们在决策过程中得不到其他人的配合。

（1，9）定向者为了保持良好的人际关系，尽可能地鼓励其他人做决策。自己善于接受其他人的关心，有时甚至不惜牺牲工作绩效。这类人认为和谐相处的人们能够达成意见一致，从而也就使决策很容易在不同的人之间进行分配。由于这种决策是在追求意见高度一致的基础上做出的，因此这种途径较难通过富有生气的质询、劝告以及深入分析分歧的原因来尽可能达到最好的决策。为了保持和提高机组的和谐气氛，此类定向的机组成员在自己的意见与他人不一致时就会尽可能地消除这些分歧，甚至急于使自己改变初衷以迎合别人的观点，以便使其他人保持良好的心情。

（1，1）定向者会让其他人去做决策，或者让决策以自发的形式进行。除非决策会严重地对自己构成影响，倾向于避免参与决策。这类定向者对决策的态度是对决策无趣和漠不关心。他们认为飞行操纵已经非常常规化了，真正需要做决策的时间已经很少。在重要情境下，此类定向者采用自发的形式来进行决策，意味着其他人必须参与，但在这种情况下往往会延误决策的时机。

（5，5）定向者的决策是一种结合其他人的意见和观点，以便找到某种所有人都能接受的行动步骤，换一句话说，其决策是折中各种意见的结果。这种方式也许会简单地综合其中两个机组成员的意见，而把第三名机组成员的劝告作为一种变通的意见，在权衡主要的利弊后便做出决定。定向者倾向于寻找可用的，并且是其他机组成员都能接受的决策。另外一种途径是权衡怎样执行的不同意见，并将它们拼凑在一起以适合标准操纵程序和公司政策的要求。其结果是，通过搬用规则和条例有助于使分歧得到解决。于是，当这类定向者做出了一个高质量的决策时，其他机组成员也会认为这是协商的结果，是全体机组成员共同努力的结果。

（9，9）定向者对全面考虑他人意见和所有其他信息的基础上所做出的完美决策赋予很高的评价，寻求相互理解和达成意见一致。以该定向为基础的决策认为成熟的决策是所有机组成员相互理解和相互协调的结果。在此过程中，人们对有关的意见和数据进行思考，并对不同的观点进行理性化的审视和分析。这种不流于形式的检查使得机组成员以洞察和相互信任为基础来达到意见的一致，而不是以折中、调整或者屈服于权力或者数量上的优势。少数人的意见并不是被搁置在一边，相反，机组对少数人的意见的潜在价值仍然要进行仔细的评价，如果有充分的证据证实它是正确的，机组就予以采纳。此类定向途径的基本步骤是：倾听、理解以及对接收到信息的真伪、优劣进行评价。由于提供信息的人知道他们所提供的信息将被其他机组成员认真倾听，因此，（9，9）定向者对倾听的态度有助于鼓励其他人表达他们自己的意见。

## 六、总　结

表 15-1 所示为 5 种不同机组管理方式的比较。

表 15-1　5 种不同机组管理方式的比较

| CRM 特征 | 特　点 | 影响效果 | 应对方式 |
|---|---|---|---|
| （9，1）定向者 | 1. 这类人是独裁者或权力主义者，具有强烈的支配他人的倾向，在危险状态下较适合；<br>2. 他使用的是一种单向式的交流方式，总是尽可能地避免与别人讨论问题；<br>3. 他不喜欢质询，并且拒绝别人提出的质询，不能对别人提出的质询做出正确的反应；<br>4. 这类人是充满魅力的领导者，他常常为别人做出表率，并因此受到人们的尊重。但这类人总是事必躬亲，什么事都由自己去完成，很少将任务分派给其他人，从而也就不能充分地利用他所拥有的资源。因此，虽然他具有强烈的责任心和使命感，但却不能获得最佳的结果 | 1. 其他机组成员很可能变得防御心理增强，并且担心会受到抨击而不愿意积极地参与质询，也不愿对质询做出应有的反应；<br>2. 交流将受到削弱，机组成员因自己的质询引不起重视而避免质询；<br>3. 由于所有的机组资源没能被利用，飞行表现和效率将会下降；<br>4. 由于机组成员们没有从经验中获得学习的机会，个人的进步就可能非常缓慢。<br>5. 机组士气将会降低 | 1. 当面临的是一个高工作绩效取向，低人的取向管理方式的困难情境时，需要增强自己的自信心，继续坚持质询；<br>2. 需要使用所有的外交技能（适宜的辞令、语气和言语机智等）提高机长对人力资源的关心程度。不但要显示自己具有处理情境的能力，而且还不能使机长感到他的权威性受到威胁和损害；<br>3. 如果这些努力都是徒劳无益的话，你就不得不坚持安全基线或最低容许值 |
| （1，9）定向者 | 1. 他认为没有管理也同样可以激发机组功能：这是一种极端的以人为价值取向的管理者。他认为，如果对机组成员采取关心的态度，他们的积极性就会调动起来，飞行活动就会自然而然地顺利进行下去了；<br>2. 与飞行活动无关的交流太多：交流虽然是频繁的和双向的，但多数的交流都与飞行活动无关，大多数的交流都可能是关于人际关系的；<br>3. 质询与反应氛围很差：质询与反应很可能被削弱，因为人们都不愿意破坏良好的工作关系；<br>4. 尽可能地回避冲突：以人为价值取向的管理者为了避免冲突，很容易原谅机组成员的错误。即便有飞行后的讲评，也只说好的一面，却不能指出存在的问题 | 1. 普遍地降低任务标准：由于坚持高任务标准有可能会受到别人的攻击或者伤害到别人，从而破坏人际关系。因此，最可能的结果就是降低职业标准；<br>2. 士气也许较高：以群体为价值取向的机组士气可能很高，但以任务为价值取向的机组成员的工作动机将被削弱；<br>3. 工作训练的机会较少：由于这种管理方式无形中是在支持机组成员犯错误和避免提出质询，因此对机组成员进行工作训练的机会就较少；<br>4. 对领导艺术持贬义态度：由于缺乏讨论操作和技术问题的动因，人们对领导艺术的评价就将持贬义的态度 | 1. 对于这种管理方式较易应付。因为具有这种管理方式的机长为了维持良好的人际关系，愿意倾听你的意见。在这种情况下，你应该有意识地多交流一些与工作任务和飞行活动有关的信息，对计划的行动方案提出建议，尽可能引出与操作和技术有关的话题（如果时间允许的话）；<br>2. 应该表现出乐意接受质询，你自己就是坚持较高标准的人和并不惧怕权威的人 |

| CRM 特征 | 特 点 | 影响效果 | 应对方式 |
|---|---|---|---|
| （1，1）定向者 | 1. 设置的标准很低：这类人为自己和别人设置的工作任务标准都很低。并且对自己和别人的能力的评价也很低；<br>2. 贫乏的交流者：他是一个贫乏的交流者，总是试图回避交流环境；<br>3. 没有威信：他对正式的权力和非正式权力（个人威信）都没有兴趣 | 1. 对士气起负面影响：这种价值取向的管理所产生的效果都是负面的，即士气低下、机组标准较低以及工作训练水平较低；<br>2. 对坚持标准起负面影响：这种管理方式所引起的后果还不仅仅是负面的，它甚至是非常危险的。它使机组不但缺乏工作动机，而且由于缺乏质询，将导致机组成员很难发现危及飞行安全的威胁因素，短期策略的质量也不会高，即便是最终发现了威胁因素，也很难做到机组成员协同配合地处置问题，配合也会随之丧失；<br>3. 对学习和积累经验起负面影响：这种类型的人通常很难被识别出，因为他们似乎已经学会了自我包装的本领，很少将自己的不足之处暴露在公众之中 | 1. 这是一种善于掩饰自己的人，因此很难被识别出。一旦你认识到他是属于这一种类型的人的时候，你就需要促动他向着工作任务和人际关系这两个方面拔高自己。<br>2. 作为改善这类人管理方式的第一步，最好是先建立起良好的人际关系。当相互的接触建立起来以后，你就能够慢慢地与他讨论一些与飞行活动有关的问题了。<br>3. 如果进步不是太快，你也不要灰心丧气。只要能够将他拔高到（5，5）定向水平就是一个很大的进步 |
| （5，5）定向者 | 1. 合理的交流：虽然折中平衡型的管理者知道低任务取向是不可取的，他也不会为自己设置足够高的任务目标。与此相似，在对人的重视程度上，他也不会对别人的行为施加积极地影响；<br>2. 质询能够被接受：在这种管理风格的氛围内，一般来说交流虽然是良好的，但有时也会偏离标准的交流方式；<br>3. 质询通常能够被接收，也常常能够得到恰当的反应。但有时为了避免冲突，这类人有时就会采取一种折中的态度来应付质询和反应；<br>4. 运用短期策略。在一定程度上短期策略能够得以实施，但有时也会被忽略，即制订和实施短期策略的一贯性不是坚持得很好 | 这种管理风格照理说是较好的，但从改善飞行安全和效率以及使飞行活动职业化的角度来说却存在着一定的间歇或漏洞 | 1. 这种管理风格或方式相对来说是较好的，但这仅仅是可接受而已。这类机长将有可能听得进你的改进意见；<br>2. 你即便是一个年轻的飞行员，经验也并不是很丰富，你也需要做出良好的表率。你应该积极地为普遍改善工作任务质量而努力，并将这一过程视为学习的机会；<br>3. 你应该证实你自己没有在平凡的才能面前而沾沾自喜 |

| CRM 特征 | 特 点 | 影响效果 | 应对方式 |
|---|---|---|---|
| （9，9）定向者 | 1. 这是一种理想的管理者。这类人不但最大限度地关心工作任务，同时也要建立起在最大程度上利用可用工具和资源的氛围，尤其是对人力资源非常重视；<br>2. 交流与简述都能够以正确的方式实施；<br>3. 他建立了一个良好的质询与反应环境；<br>4. 他总是恰当地运用短期策略 | 1. 在对任务的关心和对人的关心两个方面进行平衡：这是一种理想的、在对工作任务的关心和对人的关心之间进行平衡的管理方式，随着环境的变化这类管理者还能够对自己的管理风格或方式进行恰当的调整，以便与变化了的环境相适应；<br>2. 激发机组成员的工作热情：交流与简述都能以恰当的方式进行；<br>3. 努力达到最佳结果：这类管理者即便是达到了良好的结果，他也绝不会十分满足，并且会做出进一步的努力，以便进一步改善飞行活动，从而达到最佳的结果 | |

虽然这 5 种定向方式中所描述的行为已经覆盖了较为广泛的机组管理行为方式，但在实际的机组活动中还存在着其他一些包含两种或者两种以上的综合定向形式，它们在机组活动中往往被飞行员们频繁地使用着。由于对上述 5 种定向方式的组合形式较为复杂，我们在本书中不打算对每一种组合形式都进行深入地讨论，只对两种具有代表性的、并且是飞行员们使用频率较高的"综合"形式进行简单介绍。

1. 家长式的定向方式

家长式的定向方式是指机长与其机组成员之间的关系既包含（9，1）定向的成分，又包含（1.9）定向的思维方式。它一方面对机组成员的表现采用（9，1）定向的管理，同时又试图给予机组成员以（1，9）定向的承诺和回报。其实质是严厉的要求和在需要完成的任务完成之后，紧接着的便是和颜悦色和以个人形式或者公司形式的承诺和回报，其目的是为了使机组成员们今后能够继续服从自己的支配和指挥。这种关系非常类似于许多家长与小孩的关系。一个采用家长式定向方式的机长对整个飞行活动都采取严格的控制，这种机长往往以不确定的术语告诉其他的机组成员们由谁做、做什么、在哪里做以及怎样做，但却很少告诉他们为什么。同时，为了平衡关系和使机组成员们能够接纳自己和不致产生逆反心理，这种机长又会在其他机组成员执行自己的决定时表现得慷慨和和蔼可亲。

这种管理方式的不利之处在于人们对这种管理方式的不满情绪。这种不满类似于前面提到的人们对（9，1）和（1，9）定向方式的消极反应。一方面，飞行员们由于受到（9，1）

定向方式的严厉管理，他们必须服从机长的权力，他们只能做机长要求他们做的事情，却很少知道机长为什么要求他们那样去做，他们工作的创造性和自我完善的机会受到了严重的压抑，在这种情况下机组成员们就会感到愤懑和敌意。另一方面，（1，9）定向方式的回报和奖励又将使（9，1）定向的管理方式得到进一步的强化，从长远的观点来说，将会使这些飞行员产生严重的挫折感。某个人对（9，1）定向方式的本能的反抗驱力取决于（1，9）定向系统所能激发的忠诚心理驱力的强弱和大小，可以认为这两种驱力之间的平衡关系将是一个不断变化的变量。这种紧张关系的循环往复可导致机组成员的不安感和相互挑剔，在此基础上很容易引起不满情绪。家长式的定向方式通常可归纳为以下两句话："慈善的独裁者""金色的手铐"以及"爱恨交织的关系"。

## 2. 情境性定向者

也许对某些飞行员来说：很难确定他采取的是哪一种定向方式，在不同的时间环境下，他的定向方式似乎可能出现在方格上的任何一个位置。情境性定向的机组成员使用两种，甚至所有5种基本的定向方式来对任务与人这一两难境地进行反应。其本质特征是在任何特定的时间里，他会适应当前的情境来进行构思，从而实施管理。

这种定向方式忽视行为科学原则，这类机组成员以一种自认为最为简便的形式来"适应"每一种情境，而不是追求以某种最佳的方式来进行管理。如果某个机组成员的动机不足或者主动性较差，一个"情境定向"的机长就可能分配这个机组成员做很少的事情或者根本就不分配工作给他，此时该机长采用的是（1，1）定向途径，因为他忽视了其他机组成员的存在。如果某个机组成员容易不安和紧张，这种类型的机长也许会减轻他的工作任务的压力，即便是没有什么值得表扬，也给予该机组成员以表扬，此时，这类机长似乎采用的是（1，9）定向方式。如果某个机组成员落后了，并且该飞行员不知道自己将要失去作为机组成员的资格和别人的尊敬时，情境性定向的机长就会指出该飞行员存在的次要缺点，要求他履行作为机组成员应尽的义务，与其他机组成员共同分担飞行任务，并告述他如果不这样，其他机组成员就会取代他的重要地位，而且最终会将他排斥在外。在这里，这类机长又依赖（5，5）定向方式来处理存在的问题。如果某个机组成员有较高的标准并且是对飞行活动有益的时候，即使他的表现可能会与其他机组成员发生冲突，该机长也会站在这个飞行员的一边，在保证飞行安全和效益的前提下尽力解决产生的冲突，在这种情况下，这类机长依据的又是（9，9）定向途径。如果某个机组成员提出的建议是武断和专横的，这类机长又可能采用（9，1）定向的方式要求这样的机组成员服从自己的决定。

从普通常识来说，一般的人也许会坚持认为，一个机组成员要使他的操作达到最佳最好的方式就是依赖于所处的情境，但实际情况却是：要针对特定情境做出对机组成员定向方式的合理匹配并不是一件容易的事情。机组成员通常是坚持最容易的或者说采用最舒适的方式来进行操作，而不是寻求基于最佳工作表现和最佳人际关系的操作。其结果是，冲突的解决也许很快，但质量却不一定高。那些本来在紧急情况下或者其他一些重要情境下可以大大改善操作效益的解决冲突的措施往往迟迟不能做出，甚至根本就不能达到。

情境性定向与稳定的（9，9）定向的不同在于情境定向具有"可塑性"而（9，9）定向则具有"全能性"。由于这种定向方式存在较大可塑性，从而也就使人感觉到这种定向方式的运用面较宽，似乎是适用于各种不同的情境。也正因为如此，这种情境定向途径经常被认为是一种积极的定向方式。这种定向方式的结果是它将导致在某个时间或者在其他时间点上机组成员同时依赖于所有的5种微格方式。然而，那些以可塑性为荣的情境定向的机长或者机组成员很有可能会体验到因其他机组成员的飘忽不定、不尊重事实以及欺骗行为所带来的苦恼，而这些不诚实的行为有时却并不是机组成员们有意这样做的。

# 第三节　不同领导风格下的机组氛围

前面我们所提到的5种CRM行为定向特征将会导致5种不同的领导风格和5种不同的机组氛围。在本章节中，我们将重点讨论一下不同的领导风格对驾驶舱氛围的影响以及随之产生的新问题——机长与副驾驶之间如何过渡驾驶舱职权梯度的问题，并给出相应的交流方面的建议。我们希望这些信息能够引起读者对自己的交流方式的思考。

领导工作实质是对人员和工作的关注。前面我们已经了解到了人与人在对人员的关心（关系）和确保完成工作的关心（任务）方面是存在差异的。根据管理方格，我们大致把领导风格分为5类："权威-服从"型领导风格、"乡村俱乐部"型领导风格、"自由主义"型领导风格、"自我中心"型领导风格、"民主团队"型领导风格。

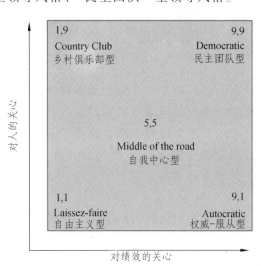

图 15-5　管理模式和领导风格（Blake & Mouton，1964）

## 一、（9，1）"权威-服从"型领导风格

这种风格的机长最关心的是完成任务，而对人员关心最小。在这种独断管理的机组中，实际在飞行的只有一个人，机长根本不考虑他人的意见，他独自决断，强加决策，很少告诉机组人员关于行动计划的任何变更，几乎不授权，也很少交流。

1. "权威-服从"型领导风格产生的原因

（1）机长和其他机组人员在资格和技术水平方面差异很大，例如，一个经验丰富的机长或飞行领导与一个新副驾驶共同飞行。

（2）机长本身具有强烈的独断个性。

（3）机长缺乏自信，利用职权或权威来掩饰自己的弱点，他们将其他机组成员的协作拒于千里之外，视其为批评。

2. "权威-服从"型领导风格对飞行的影响

这种管理方式会使机组的权威梯度急剧上升（见图 15-6），给飞行安全带来的危害很大。因为在这种机组氛围中，机长的权威性过高，使得机长实际上是一个人在驾驶飞机，如果出现紧急情况，他很容易受工作负荷过大的影响出现差错或失误。

图 15-6　过陡的机组权威梯度

另外，机长这种独断专行的管理方式可能会使副驾驶产生以下 4 种不良反应：

（1）变得具有攻击性，增加机组的紧张氛围。

（2）将不满强行埋在心里，产生退却心理，回避交流和协助，袖手旁观。

（3）寻找替罪羊（管制员或乘务员），以发泄没表露出的攻击性。

（4）隐蔽攻击性，将其情绪发泄在事后不相关的事情上。


二、（1，9）"乡村俱乐部"型领导风格与（1，1）"自由主义"型领导风格

这两种领导风格的相似之处是都将对工作的关注降到了最低。在（1，1）"自由主义"型领导风格下的机组中，机长往往非常被动，在进行决策时副驾驶有绝对的自由权。在与之相类似的（1，9）"乡村俱乐部"型领导风格下，机组气氛松懈，交谈话题漫无边际且绝大多数与工作无关。在此时，机组的权威梯度几乎为 0，如图 15-7 所示。

通常，这种情况产生的原因是由于机长与经验丰富的副驾驶一起执行任务，机长与副驾驶在资历与级别上相差不大，特别是由副驾驶负责操纵飞机时，机长不愿意鲁莽地说出自己的想法而选择沉默。这种机组氛围的危险性不在于权威而在于缺乏明确的领导，副驾驶或许会被迫取代机长来控制工作节奏。

图 15-7　过平的机组权威梯度

以上这 3 种领导风格都存在着权威性与直陈性的冲突问题。

所谓权威性是指机长在机组内的威望和地位；而直陈性是用来标志副驾驶和其他机组成员陈述自己观点的果断性和勇气。一般而言，权威性是一种居高临下的方式施加于职位较低的人身上，而直陈则是由下而上地对领导者产生影响的过程。

大多数人都会同意，机长的权威性与其他机组成员的直陈性之间达到某种平衡的关系，将会给机组带来最安全的处境。机长必须以某种方式实施他的个人方面的和行政上的权威性，但这种权威性本身并不意味着削弱其他机组成员的直陈性。与此相反，机长还应该为机组成员提供足够的机会，使机组成员们能够陈述自己的观点，在必要的时候还应该允许机组成员对自己的决策进行质询。因为集体的智慧将会比一个人的智慧要全面、完善得多。

## 三、（5，5）"自我中心"型领导风格

在这种领导风格下，驾驶舱里只存在两个独立的个人而不存在机组。机组人员各行其是，相互之间没有信息的沟通，对其他人员的工作不闻不问（见图 15-8）。由于机组缺乏交流，没有及时共享情景意识，因此差错和误解产生的概率非常高。

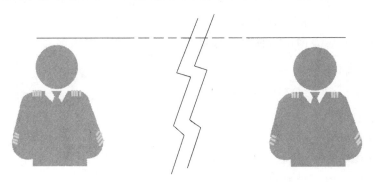

图 15-8　以自我为中心的机组

这种情况往往发生在存在矛盾的组员中间或发生在冲突过后的过渡期。中断交流是这种关系或这一时期的典型反应。这是一种最危险的机组氛围，机组之间完全不存在配合甚至还可能相互掣肘。在这种情况下，最重要的是分清个人矛盾与飞行安全之间的利害关系，以大局为重，并且能够大度地做出让步以缓解紧张气氛。

## 四、（9，9）"民主团队"型领导风格

这种领导下的机组氛围是最理想的状态：机长做出决策，但副驾驶和其他机组成员积极参与，齐心协力地完成飞行任务；机长能掌握一切有关信息，弄清实现目标的各个连续阶段，但机长不会包揽一切工作，不会超负荷地工作；机长会向副驾驶和其他机组人员提供展示才华、学习知识的机会。这种领导下的机组梯度总体为机长略高于副驾驶，但不会太陡（见图 15-9）。在不同情况下，梯度会向权威方向倾斜，机组的适应性强。

图 15-9　理想的机组梯度

## 五、机长创造并保持良好机组氛围的方法

机长的一个简单的行为可能会对飞行时间里的机组氛围带来重大影响。例如，让副驾驶决定机载燃油且事后不检查，或告诉副驾驶选择不是副驾驶该管的事，或更糟的是，让副驾驶自己选择，然后立即告诉他说他选错了。这些不良的做法都会影响到机组的氛围。

1. 机长创造和保持良好机组氛围的步骤

（1）确定整体目标，描述人物，特别要介绍注意事项（如燃油、时刻等）。

（2）确定中间目标（获取气象资料、通过等）。

（3）建议全体机组人员共同承担任务，利用简单的语言如："我们大家一起完成这次飞行任务……"这样简单有效的方式来确定共同的行为目标。

（4）确定业绩预期，委派任务。

（5）邀请所有机组人员参与，畅所欲言。

（6）在机组人员间"建立桥梁"（不要忘记乘务人员）。

2. 建立良好的机组氛围还需机长做的事情

近年来，在我国的很多航空公司中都存在着由于机队人员迅速扩充所造成的机组人员

相互不熟悉甚至完全不认识的情况。在这种情况下，建立一个良好的机组氛围还需要做到：

（1）在飞行前准备时，采用点名问候的方式认识每一个机组成员（包括乘务员），并且尽量记住每一个人的名字，简单地了解他/她的性格。

（2）花一点时间打量每一个人，通过友善的眼神交流奠定沟通的基础。这样做还可以让你尽可能地记住那些从来没见过的机组成员，记住别人的名字和相貌是一种基本的礼貌。

（3）始终铭记：人与人之间的关系中最重要的并非你的意图，而是你的意图被别人获知的方式。

（4）听取别人的意见，对他人感兴趣。

（5）鼓励同事，知道怎样说"谢谢"也知道怎样说"对不起"，对出色的工作要给予肯定。

### 3．讲评工作

具有建设性的讲评对形成机组合力至关重要。在必要的时候，每个飞行阶段之后都要进行飞行情况的讲评。讲评的要领是：

（1）讨论任何发生的事件和冲突。

（2）让每个机组人员有机会畅所欲言。

（3）澄清误会，不要压制疑虑。

（4）强调积极行为。

# 第四节　紧急情况下的领导

## 一、紧急情况的含义和范围

紧急情况是指需要引起特别注意的处境，它要求机组具有良好的判断和很强的个人能力。在面临紧急情况期间需要领导，领导作用在此时才会真正地体现出来。发挥领导功能在此时显得特别重要。

紧急情况可分为可以预见的紧急情况和不能预见的紧急情况。对于可以预见的紧急情况而言，也许存在着一些明显的警告和线索，使我们能够对它们进行预料，并且可以使用已经准备好了的特殊程序来处置。但对于不可预见的紧急情况来说，就可能是飞行过程中突然发生的、没有任何预兆的事件，我们就没有现成的、已经准备好了的程序来处置它们。在这种情况下，飞行机组只能依靠自己的判断来对它们进行处置。

可预料的紧急情况并不需要快速反应，在这种情况下机组有充分的时间对它们做出恰当的反应。而不可预料的紧急情况却不然，它需要机组做出快速反应，最糟糕的是机组在这种情况下，由于情绪紧张和缺乏思想准备有可能做出反射性反应。紧急情况有时并不为机组所明确意识到。虽然我们可能会观察到一些线索，但却会因为不能够对问题做出恰当的判别而不能够形成和实施一个良好的方案。很明显，可预料的紧急情况以及并不需要快速反应的紧急情况相对来说较容易处置，而对不可预见的以及需要做出快速反应的紧急情况的处置就要困难得多。从策略上来说，飞行机组应该将上述较难处置的紧急情况转化为可预料的慢速反应情境。那么，怎样转化呢？这是一个很难回答的问题，这要根据具体情况来决定。飞行员或者飞行机组可以通过心理上的排演、通过保持警惕性以及为各种可能发生的紧急情况做好必要的准备来达到对不同的处境进行计划和预料的目的。为了使机组的工作具有创建性，每一位飞行员还应该与自己的机组成员们一起讨论发生各种紧急情况的可能性及其处置方案。只有这样，才有可能在紧急情况出现时放慢你的反应速度，从而降低犯错误的概率。然而，一旦飞行机组处于紧急情况时，事实上，机组就不得不做出反应。最关键的是对于飞行机组来说，他们应该在紧急情况的处境到来之前就建构起处置紧急情况的防护栏。这同时也意味着，所有的机组成员都应该利用机组资源管理的方法，不断地增加自己的知识和锻炼自己的技能，不断地制订出自己的个人成长计划。

## 二、紧急情况下的领导

紧急情况需要领导这是毋庸置疑的了。另外，机组却可能很少有时间考虑短期策略问题或者在一起讨论管理方式。不管怎么说，领导都始终是重要的，这并不仅仅局限于紧急情况。值得一提的是领导与管理之间是存在着区别的。领导，意味着自己走在前面，并为机组指明方向。而管理，则是指导、控制和监视的过程。没有管理的情况下可能存在着领导，但没有领导却绝不可能会有管理。在机组资源管理中，我们是通过管理来讨论领导的。领导的方式有多种多样，一个好的领导就是要选择良好的领导方式。这些领导方式主要有：

### 1. 通过率先行动

身先士卒是最常见的领导方式。在这样的领导模式下，用不着必须回答所有的问题，所需要的仅仅是自己首先行动起来，以便显示你承担了处置某种情境的责任。

### 2. 通过示范

设置一个良好的榜样显然是非常有必要的。如果你自己都不能做得很好，那你又怎么能够期望其他人为自己设立一个较高的标准和具有积极的态度呢？

### 3. 通过指导

为了确保每一个人都能够按照领导的旨意去行动，一个好的领导应该检查机组成员对自己的意图是否完全理解了，如有必要，还应该对未能完全理解的问题予以解释。

### 4. 通过激励

激励并不是经常在某个人的肩上拍一拍而已，虽然这样做并无害处，但其效果却并不佳。一个好的领导应该是尽力理解他的机组成员并把他们作为一个独立的人来尊重。这样的领导应该真正地使他的机组成员们参与到飞行任务中来。

### 5. 通过设置目标

一个领导只有在他自己知道该往何处走时，才能够实施领导。因此，设置一个清晰的目标并将其向机组成员清楚地说明就变得尤为重要。所设置的目标既可以直接指向某个特殊的飞行任务，也可以指向一般意义上的飞行安全和飞行效益。

6. 通过授权和委派

既然授权是管理的功能之一，也就必然包含着领导。作为一个领导者，虽然没有必要准备立刻对所有问题做出回答，但你却必须准备利用所有可以利用的资源去达到对问题的解决。通过授权和任务的委派可以使你的整个机组的效益达到最佳。

7. 通过设置环境

领导功能只有在条件适宜的条件下才能够发挥得淋漓尽致。因此，领导者的首要职责便是建立这些条件。这同时也意味着要建立这些条件，就必须使用所有的机组资源管理工具，特别是应该建立良好的交流与简述、健康的质询与反应环境、建立短期策略、进行工作负荷的控制以及使用恰当的管理方式。

另外，作为一个好的下属，必须理解领导者的职责，给他以支持。如果在必要时自己步入了领导者的角色时，他还应该不至于威胁到机长的权威性。这就需要机智和外交手段。最好的学习机会存在于真实的生活和实时的情景中，而不是课堂教学。作为机长，应该考虑怎样采取他的第一个行动、怎样才能争取到额外的时间以便解决问题；他应该树立一个良好的榜样，而不是盲目地采取行动和自己完成所有的事情；他应该与副驾驶交流，并给予他们锻炼的机会。

## 三、给机长和机组成员的特别建议

1. 给机长的特别建议

（1）证实自己具有处置紧急情况的能力，能够使机组摆脱非计划的、出乎预料的和快速反应的情境，使机组步入有计划、可预料的和慢速反应的处境。

（2）通过使用所有可以利用的资源来实施解决问题的领导功能。但要注意的是：没有必要在每一时刻都立即做出正确的回答。

（3）证实自己具有区分处境的能力，以便能够有选择地将操纵权授权给副驾驶。

2. 给机组成员的特别建议

（1）被授权操纵飞机时，机组成员应该证实自己具有操纵飞机的能力，无论是在正常、还是在紧急情况下他都应该将自己的主要注意力集中在飞行操作上，并在有余力的情况下参与对问题的解决。

（2）如果机长没有实施领导职能，副驾驶应该采取一定的行动以便激发领导职能。但要注意的是，应该采取一定的外交手段使机长重新回到对情境的控制上来。

（3）密切监视所使用的管理功能，并在发现误用时用更为有效的管理来替代它。

**·集体讨论问题·**

1. 请指出在一个自鸣得意的机组之中，在以下特殊的飞行情境里，我们可以发现什么现象？

① 在长航线飞行的途中；

② 低能见度条件下的进近。

2. 写出以下所列的管理方式的典型特征：

① 极端的任务取向的管理方式；

② 极端的群体取向的管理方式；

③ 平衡的管理方式。

3. 年轻的机组成员所面临的一个较为困难的情境是：他需要与没有采取平衡管理方式的机长打交道。请讨论：一个副驾驶怎样才能够很好地与非常极端的任务取向的机长进行配合？

4. 思考以下片断：经过短暂的地面停留以后，飞机开始滑出，准备在低能见度条件下起飞，气象预报起飞机场的能见度很快会变为 300 m，有雾。

副驾驶：滑行检查单完毕。

机长：小伙子，能见度肯定会很快变得越来越糟，你应该尽快获得起飞许可。我看这里的交通情况尚可，我们应该尽快离开这儿。

副驾驶：我刚刚听见塔台报告跑道能见距离，现在低于着陆限制。我们选择的起飞备降场怎么办？

机长：好的，我们准备好了起飞是一件好事。你是否已经获得了起飞许可？你还没有呼叫他们，是吗！

副驾驶：好吧。塔台，AJAX123 请尽可能快地给我们起飞许可。

塔台：AJAX123，你们被允许起飞。左转弯飞向 VOR，然后按照许可的计划飞行。

副驾驶：明白，AJAX123 可以起飞，左转弯直飞 VOR。

机长：我们这就起飞！功率设置。

副驾驶：明白，功率设置。

① 你对该机组的权威性和直陈性的关系有何看法？

② 该机长应该怎样改善他的表现？

③ 该副驾驶做了哪些努力来使权威性和直陈性得到平衡？

5. 有人认为：通过协调机组成员之间的人际关系可以对机组内的权威性和直陈性发生积极影响。

请思考人际关系对权威性和直陈性的积极影响与消极影响，它对于维持两者之间平衡关系的作用以及它对驾驶舱活动的影响。

6. 当机长在面临进近问题而发挥领导职能时，他的当务之急是否必须是做出直接导向问题解决的决策？

7. 飞机就如同轮船的操纵一样，是以某一个人的权威性为基础的。

既然飞行机组都是由经过精心培养、获得了飞行执照，并拥有较高职业标准的人员组成，那么为什么还不能简单地使每一个机组成员独当一面，让他们单独地各行其是呢？为什么我们还需要全体机组成员协调配合，发挥机组的整体功能呢？为什么我们必须要强调某一个人的权威性呢？

# 第十六章　飞行人员的判断与决策

在今后几十年，随着航空器的进一步发展，飞行员的许多工作将逐渐被电子、微电子智能机械所代替。飞行员的主要任务将由"一杆两舵"转变为对驾驶舱信息资源的管理。其中，飞行员的判断与决策是其核心内容。综观现有飞行事故调查报告，我们不难发现，在民用航空事故中至少有 2/3 的事故都与机组有关，其中与飞行员错误判断和决策有关的就占 50%。这意味着人类的有意识行为是以心理为中介的，飞行员行为上的失误和差错，往往都是由于其内在心理判断和决策失误所造成，行为上的失误仅仅是心理判断和决策失误的外在表现。基于以上认识，近年来，英、美、加、澳等国为了改善飞行员判断和决策的质量，已对这一主题进行了大量研究，部分内容已逐渐应用于飞行训练之中。本章的内容包括判断决策的定义，飞行员判断的类型和飞行员判断决策过程中的陷阱。在中国民航局新近颁布的执照考试大纲和知识点中要求重点掌握的内容有：飞行员判断的类型，不同的决策类型，DECIDE 模型以及影响飞行员决策的 5 种危险态度。

## 第一节　飞行员判断与决策的含义

### 一、飞行员判断与决策的含义

按 Jensen 等人的观点（1989），飞行员判断（Pilot Judgement，PJ）是指飞行员在作出决策的过程中所进行的一切心理过程。其中包括：觉察信息、评估信息、产生变式（可选方案）、鉴别变式、执行决定及评价执行等环节。在美、英等国的文献中，他们常把判断与决策视为同义语，并未作出明确的区别。但笔者认为，从人类信息加工的流程看，判断与决策的含义应该是有区别的。判断是决策的前提，决策则是以判断为基础并导向行动的中介环节。从这一意义上说，飞行员的决策是指在判断的基础上从众多的可选方案中选择唯一方案并导向行动的过程。很显然，Jensen 等人的判断概念包含了判断与决策的全过程。在前面的有关章节中，我们已经知道，飞行员获取的大量信息来自视、听、触及前庭觉通道。每一种感觉通道都有可能输入错误的信息，从而使飞行员作出错误的判断和决策。另外，即使各种感觉通道输入的信息是正确的，在分析、加工和处理信息的过程中，大脑也可能会因使用错误的或质量低劣的过去经验使飞行员的判断和决策失误。以下两个事例将有助于我们进一步理解上述概念。

**事例 1**　美国某大型跨国交通服务部的一个飞行员被指派去完成一次到美国中西部某机场的飞行任务。但在临行前的天气预报报告："在云中会有中度积冰。"他认为这次飞行对于一架单发飞机来说是不安全的，所以拒绝了这次飞行。而他的飞行部主任是这些乘客的私交，是他劝朋友们来坐飞机的，于是对这个飞行员的决定大为不满。因为朋友们已经在机场等候了，他匆忙地让乘客上了飞机并决定由他本人来完成这次飞行。飞机一路无事接近了目的地，由于机场上空天气不正常，他被通知等待进近许可，大多数进场飞机都迫于这样的坏天气而改航。这时他突然想起飞机起飞前没有加油，而他并不清楚还有多少油量剩余，只是觉得油量要比仪表显示的多，加上飞机在操纵上并无异常，也就不太恐慌了。不久燃油耗尽造成发动机熄火，幸运的是他还能平安地从迫降在田地里的飞机中爬出来，而一名乘客却因此而丧生。

**事例 2**　在南部非洲的津巴布韦发生的一件事却正好与上例相反。该次飞行是由 Kaniba 飞往 Mana Pools（跑道又短又脏的小机场），然后再飞往邻近的一个大机场。飞行前，飞行员估计飞往目的地的航程大约为 3 h，于是准备了 3 h 45 min 的燃油，因为他不想加重飞机的起飞负载。飞行第一站一切正常，他安全地降落在 Mana Pools 机场。但此时他却惊异地发现所剩燃油已不足以飞抵目的地了。而最近的加油地点是在 Victoria Falls，大约需要 30 min 的飞行。犹豫良久后，他决定去 Victoria Falls 将油拉回来后再飞。这一决定使他延误了整整一天，使许多乘客失去了洽谈生意和参加重要会议的机会。

根据飞行员判断的定义，我们可以认为：在第一个事例中，飞行部主任接收到了正确的信息（天气不好），却因一系列社会心理学因素而进行了错误的评价，侥幸地认为不会出问题，做出了错误的判断和决策；在第二个事例中，飞行员觉察到了油量不足的信息并对这一信息进行了正确的评价，在诸多的方案中选择并鉴别出了正确的方案，于是才有了正确的行为。虽然晚了一天，但却保证了安全。两个事例情形相似，但判断和决策不同，处置也就截然不同。

## 二、飞行员判断的分类

根据飞行员判断过程中对信息加工的水平，可将飞行员判断分为知觉性判断、认知性判断和直觉判断 3 类。

### 1. 知觉性判断（Perceptual Judgement）

知觉性判断是以知觉为基础的判断。它不需要飞行员进行复杂的思维，信息加工的水平相对较低，对飞行员完成简单的知觉性任务和操纵任务具有非常重要的作用。

在前面的有关章节中，我们曾经提及：飞行员经常以知觉和经验为基础作出一些简单的判断。例如，对于距离、间隔余度、高度、接近率以及速度的判断，熟练的飞行员便常常以视知觉的经验为基础。这类判断易于习得，且具有相对的稳定性，不需要飞行员进行复杂的思维便能很快地做出，似乎具有半自动化的性质。特别是当飞行员知道异常状态和飞行错觉产生的现象时，这类判断便能够较容易地作出。

### 2. 认知性判断（Cognitive Judgment）

认知性判断是基于思维，尤其是逻辑思维基础上的判断。与知觉性判断相比，其主要特点是：① 获得的信息更不可靠；② 飞行员需要更多的时间去思考；③ 通常具有两种以上的可能性或可选方案；④ 每一种方案的风险系数都很难确定；⑤ 最后的决策更容易受非飞行因素（如应激、疲劳、经济压力、个人功利心等）的影响。

知觉性判断与认知性判断可视为认知复杂性连续统一体维度中的两个端点，其关系如图 16-1 所示。

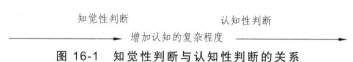

**图 16-1　知觉性判断与认知性判断的关系**

当飞行员仅接受过很少的训练或者飞行经验很少时，许多决定对他们来说都是属于认知性的，即需要大量的思索后才能作出决策。以后，随着经验的积累，这些最初是认知性的决策便逐渐转化为知觉性判断。例如，飞行学员第一次学习落地时，他必须思考："我是否是偏高或是偏低了？"教员也许会告诉他："你太高了，把机头向下顶！"。此时，学员的思索便是认知性判断，而教员对高度的判断则属于知觉性判断，是建立在他多年的飞行经验之上的。经过一段时间的训练后，飞行学员很快便能学会判断"高"或"低"而用不着过多地思考了，这就是经验。它使飞行员的行为逐渐达到自动化的程度，使认知性判断转化为知觉性判断。一般而言，随飞行小时和经验的积累，很多老飞行员对许多问题的判断都是属于知觉性的。

3. 直觉判断（Intuition Judgement）

直觉判断是指飞行员在飞行中不依赖三段式的逻辑推理方式和步骤，直接导向问题解决的特殊思维方式。这一概念最初源于哲学，以后美国学者西蒙（Simom）和纽维尔（Newell）等人于 20 世纪 70 年代将此引入认知心理学领域，并用认知心理学的观点给予解释。自此以后，许多学者用实验方法对西蒙等人的解释进行了验证。自 1989 年以来，Clain 和 Mosier 等人在进行广泛调查和模拟机实验的基础上，认为成熟的航线飞行员，尤其是经验丰富的机长的判断形式主要以直觉判断为主。其主要表现是，在飞行过程中，成熟的航线飞行员的判断主要侧重于对异常信息的觉察，一旦觉察到异常情况，便能迅速、甚至自动地提取已有的知识经验，使当前的问题得到解决。这便意味着这类飞行员的判断已经省略了导向决策和行动的中介环节，其思维具有高度压缩的性质。这便是 Mosier 等人（1994）所提出的所谓"专家系统模式"概念。从表面上看，它比较类似于前面提到的知觉性判断，但从思维的性质上看，它显得更为高级。可以认为，直觉判断是飞行员在知觉性判断和认知性判断的基础上建立起来的更为高级的思维形式。其特点是：

（1）迅速性。由于省略或跨过了思维的许多中介环节，从而提高了判断和决策的速度。

（2）预见性。直觉思维高度发展的飞行员往往具有比其他人更高的洞察力，能够从常人不能发现的或被忽略的现象中预见即将到来的异常情况。Secrest（1993）等人在"临近阈限刺激对提高飞行员处境意识的作用"实验中已间接证实了这一点。

（3）潜意识性。由于成熟飞行员的思维操作已非常熟练，达到了自动化的程度，意识的控制相对减弱，因而一旦刺激出现便能自动地给予一个应答性反应，表现出潜意识的性质。甚至自己利用直觉判断已经解决了问题，但自己有时却无法准确地解释当时自己为什么要这样去做，只有通过反复的内省才能回忆起当时的判断过程。

（4）或然性。是指直觉判断的结果有时是正确的，而有时却是错误的，从准确性来说它不及逻辑思维形式的认知性判断。其正确率与错误率的高低，主要取决于已有的知识经验和直觉思维发展的水平。因此，从安全的角度考虑，即便是一个经验丰富的飞行员，在利用直觉判断时，也应该采取审慎的态度。Mosier 等人（1994）的研究表明：成熟机长的判断模式是，利用直觉觉察到异常情况，并迅速在头脑中勾画出解决问题的最佳方案，然后回过头来审视自己的判断过程和方案的安全系数，最后才执行自己的决策。可见，谨慎是克服直觉判断或然性的最佳途径。

## 三、飞行员判断决策中的常见陷阱

由于各种因素的影响，在飞行员判断过程中还明显存在一些陷阱，下面我们来一一介绍。

### 1. 定势/固着

定势/固着（Mind set）是指一种心理上的"定向趋势"，常见于飞行员对某件事情已经有固定的看法或者期望，甚至是相应的操作模式，在环境不变的条件下，定势使人能够应用已掌握的方法迅速解决问题，而在情境发生变化时，它则会妨碍人采用新的方法。例如某机场新修跑道，将原有跑道变更为滑行道，飞行员会下意识地试图使用原先的跑道，即便是事先已经了解了相关的航行通告，落错跑道的可能性也依然存在。

### 2. "锚定"效应

锚定效应（Anchoring effect）是指飞行员固着于一开始获得的目标或印象，影响和削弱判断力，从而忽视其他可能选择。在"锚定"效应中，飞行员第一个接收到的信息或数据就像沉入海底的锚一样，把飞行员的思维牢牢地束缚在了最初的数据与信息附近，所以该陷阱也被命名为"沉锚"陷阱。飞行员的判断过程，应该是随环境的变化而变化，是一种动态过程，如果发生了"沉锚"陷阱，就有可能使飞行员做出与当前情况与问题不相符合的判断。

### 3. "有利证据"陷阱

在飞行员日常飞行中常常有这样的情况：当自己带着倾向性去收集信息时，收集到的信息会基本都是支持自己最初的想法的；或者当自己做了一个决定以后再去审视这个决定时，会有越来越多的证据支持该决定，这就是"有利证据"陷阱，也被称为"证实偏见（Confirmation bias）"。"有利证据"陷阱会诱使飞行员寻找那些支持自己意见的证据，避开同自己意见相矛盾的信息。

### 4. "过度自信"陷阱

人们在判断过程中普遍存在的另一个现象就是过度自信（Over confident），这一判断陷阱在历史上已经有很多先例。日本人偷袭珍珠港、挑战者号航天飞机的发射失败、切尔诺贝利核电站的泄漏这些事件中都存在过度自信的问题。当飞行员面临着时间与安全的压力，在工作中又存在诸多的分心因素的干扰时，这样的倾向性就可能会表露出来，进而对自己与机组的能力、容错的空间和可利用的时间与资源存在着过度高估的现象。

## 5. 投机心态

投机心态（Speculative mentality）是指当天气或设备条件低于最低要求或标准时，飞行员往往基于侥幸心理或不想接受失败而放弃较为谨慎的方案，转而寻求更为冒险和激进的行为。

同伴压力虽并不能明确地归于决策陷阱，但却是影响飞行员决策的另外一个重要因素。同伴压力（Peer pressure）是指飞行员在决策中，感受到来自机组其他成员或飞行员团体的心理压力，不愿意提出不同的意见或看法，或者不再尝试现实地评估其他可替代的方案，以达到表面一致。一般而言，来自于上级或较高资历者的心理压力较大，比如副驾驶较容易受到机长的同伴压力，反过来，副驾驶对机长的影响就较小。

# 第二节　飞行员决策过程

从飞行员判断的定义中，我们已经知道飞行员的判断是一个过程，需要一系列相互关联的步骤才能完成。基于这一考虑，研究者们已提出了许多种飞行员决策模型，试图确定能够代表飞行员总体的判断决策过程及相应的心理品质，进而对这些品质进行有针对性的训练。然而，由于飞行情境错综复杂、不同的年龄、不同技术等级以及不同机型飞行员的决策过程不尽相同，因而在提出模型和验证模型的过程中，困难重重，有的甚至以失败而告终（Clain，1989；Mosier，1994）。在经过了长期研究以后，飞行员的决策过程最终被归纳为理性模型和自然直观模型两个大类，下面来一一对其进行介绍。

## 一、飞行员决策的理性模型

该模型认为，飞行员的决策包括：警觉、发现问题、诊断问题、产生可选方案、风险分析、背景问题、决策、行动等8个步骤。

（1）警觉。这是飞行员决策过程的首要因素。飞行员必须在飞行过程中时时刻刻搜寻和预料可能影响飞行安全的问题。例如，一些飞行教员告诉飞行多发动机飞机的学员，每一次起飞都要做好一台发动机可能失效的准备，要随时预料这一应急情况的出现。在第二章里，我们曾讨论过人类期望、预料的副作用，它有时会诱使人犯错误。但在这里我们却要强调预料对飞行安全的益处，它能使人的警觉性增高并提高飞行员的处境意识。对潜在的问题保持良好警觉状态是一个优秀飞行员作出准确而及时决策的前提。例如，如果前面的气象条件正在恶化，飞行员便必须决定是否继续飞行。如果意识到继续飞行的决定将带来不良后果，就可能避免决策错误。因此，可以认为，对即将出错的警觉性与注意到已经发生的错误具有同等的重要性。意识到潜在的问题可使飞行员在低应激的状态下提前计划应对方案，在问题真正出现时便有可能作出正确的决定，也就不会带来过高的应激。这一阶段需要飞行员具有较强的观察技能。

（2）发现问题。这一阶段是飞行员捕捉到危及飞行安全的动态信息，它需要飞行员具备较强的好奇心和知觉技能，也与飞行员的注意力是否集中在飞行问题上有关。

（3）诊断问题。在此阶段飞行员运用已有知识和经验，试图鉴别出问题的性质。它需要一定的信息加工能力、知识、记忆以及解决问题的能力。

（4）产生可选方案。在此阶段，飞行员针对问题的性质产生一系列可行的解决或避免问题的方案。这一阶段需要飞行员的思维富有创造性，通过发散性思维将可选的方案在头脑中勾画出来。丰富的专业知识和经验在此阶段也是必不可少的。

（5）风险分析。在此阶段，飞行员对每一种可选方案进行风险分析，确定它们的风险大小，为决策做好准备。在这一阶段需要飞行员具有较强的计算能力和对后果的预料能力。

（6）背景问题。从本质上说，这一阶段并不是飞行员决策过程中的独立环节。它仅仅像一个背景或更直观地说像一个云团笼罩在飞行员决策的整个过程中。即便如此，它对飞行员的决策却非常重要。主要原因是：背景问题通常包含影响飞行员认知性决策的一系列因素，如功利心、自我形象、处罚、隐约出现的压力、疾病以及疲劳等。要处理这类压力，需要飞行员具有坚忍不拔的意志努力和自我约束力。

（7）决策。在此阶段，飞行员在诸多的可选方案中选择出唯一的方案，下定决心并准备行动。这一阶段需要飞行员具有果断的意志品质和领导技能。

（8）行动。在此阶段，飞行员开始执行决策，如移动杆、舵或油门手柄等。这一步需要飞行员具备较强的手-眼协调能力和处理人际关系的能力。

以上8个步骤不但分析了飞行员决策的过程，而且还指出了每一步骤飞行员所必须具备的能力品质。这些品质包括：观察能力、知觉能力、好奇心、信息加工能力、知识、解决问题的能力、创造力、心理承受力、自律性、领导才能和社交技能等。很显然，飞行员知道做出决策的步骤及每一步骤所需的相应技能，将有助于确定自己努力的方向，改善决策能力。

飞行员决策的理性八步模型较为详细，但在内容上有重复之处且难于记忆，因此Benner等人于1975年提出了飞行员决策的两部模型。两部模型是前述八步模型的简化，更加接近飞行实际，具有更强的实用性。现今两部模型已逐渐发展成为分析飞行员决策过程及其影响因素的工具，目前，在美、英、加、澳等国的飞行训练中已将这一模型思想用于训练飞行员的决策技能。

（一）DECIDE 模型

该模型是两部模型中的智能部分，是指飞行员觉察、识别、诊断问题，确定可用方案并进行风险评估等过程。该部分属于纯理性的推理活动。如果没有其他非智力因素的参与，人便会类似于像计算机那样的方式去解决问题。虽然人类的智力活动绝不会像计算机那样简单，时时刻刻都会受到非智力因素（如动机、情绪、个性、态度等）的影响，但为了便于研究和分析，将纯智力活动的决策过程和影响决策的非智力因素分别予以讨论，将有助于我们更深入地理解飞行员的决策过程。

### 1. DECIDE 的含义

D——Detect：觉察，是指飞行员觉察异常情况的过程。它与飞行员的注意警觉性和搜寻能力有关，与飞行经验和知识密不可分。

E——Estimate：估计，是指飞行员对觉察到的异常情况进行分析和评价，确定它的来源和对飞行的危害。

C——Choose：选择，飞行员在众多的可选方案中选择出一项最佳的解决问题的方案。

I——Identify：鉴别，飞行员对选择的方案和即将实施的行动进行风险分析，确定这一方案是否能有效地改变异常情况，确保飞行安全。

D——Do：执行，飞行员执行最佳方案，机组成员相互监视完成。

E——Evaluate：评价，飞行员对实施行动的效果进行监视，并作出评价。

### 2. 运用 DECIDE 模型的飞行事故分析

（1）事故经过。710 航班执行 Springfield Carbondale 夜航任务，起飞后不久左发电机失效，副驾驶错误地断开了右发电机（良好工作状态）并向起飞管制员报告故障，管制员建议返航 Springfield，机长拒绝了建议，继续执行航线飞行。右发电机失效不再供应电能。机长请求目视条件，副驾驶报告机长电压下降严重；机长要求关闭不必要负载，副驾驶提醒机长 Carbondale 仪表飞行条件，机长没有反应。机长打开雷达定位，副驾驶报告电压急剧下降；机长关闭雷达，副驾驶提醒机长电源能量将要耗尽。机长驾驶飞机下降到 2 400 ft，座舱仪表全部失效。飞机在离目的地 7 mile 处坠毁。

（2）事故分析。根据上述事故经过，我们可运用 DECIDE 模型技术将其制作成图 16-2，并进行分析。图中的"Y"表示此项目/步骤被实施，而"N"则表示该项目/步骤未被实施。在许多情况下，我们还必须根据飞行员所采取的行动来推测思维过程。因此，右图中"行动"一栏里，"Y"表示正确的行为，而"N"则表示有可能诱发飞行事故的思维过程。例如，图中顺数第三栏的改变或变化是："机组获得了起飞管制员要求返航 Springfield 的建议。"第一个字母是 D（Detect，觉察），说明机组清楚地觉察到了情况的变化，或管制员的建议；第 2 个字母是 E（Estimate，估计），虽然不能绝对肯定地认为机组对管制员的建议进行了有意义地评价，但根据他们都是训练有素的航线飞行员这一事实，可以认为他们对管制员的建议进行过正确的评价，因此，在此项中为"Y"；第三个字母是 C（Choose，选择），根据机组没有为这一变化选择安全的结果，而是拒绝了管制员的建议，我们可将此项标注为"N"；第四个字母是 I（Identify，鉴别），即机组是否考虑过其他方案，是否对产生的可选方案进行过鉴别，根据事故情境，机组显然没有鉴别出导向安全结果的最佳方案，故在该项目中标注为"N"；第五个字母是 D（Do，执行），意指机组为控制这一变化执行某些行动，本例中机组拒绝了管制员返航 Springfield 的建议，这显然是非常错误的，故此项标注为"N"；最后一个字母是 E（Evaluate，评价），在本例中，虽然没有足够的信息说明机组是否对其行动进行过全面的评价，但根据其职业训练经历，可认为他们是对自己的行动进行过评价的，故将它标注为"Y"。图 16-2 中的每一栏情境都可采用如第三栏一样的方式进行分析。虽然，要准确地知道机组每一步骤的思维决策过程非常困难，但通过试图确定他们曾有过的思维决策过程，我们仍然能够鉴别出一些导致事故的思维模式。

通过几个类似的练习及尽量想象飞行员的思维过程之后，读者便会开始联想到与这一变化过程有关的、自己可能的思维决策过程和自己面对类似的情境时应该如何思维。另外，作为职业飞行员，在一生的飞行生涯中各种各样的情况都可能会遇到，运用 DECIDE 模型来分析自己的决策过程，将会更容易一些。主要原因在于，分析已发生的飞行事故属于事后分析，事故当事者可能已不存在，唯一的线索主要来自座舱语音记录器和飞行性能参数记录器。而飞行事件当事者则是免于事故的幸存者，发生事情的经过及自己在当时的思维过程只要稍加内省便能获得。因此，经常利用 DECIDE 模型对自己的决策过程进行分析，无疑会有助于提高自己的决策能力。在图 16-2 的"I"栏中，读者会发现许多"N"标记，它表明机组未能鉴别出应付变化的正确行动。当副驾驶提醒机长 Carbondale 为仪表飞行气象条件时，机长却迟迟没有任何反应。待最后下降高度时为时已晚，这是鉴别正确方案时发生的一项重要失误。副驾驶似乎知道避免事故的方案和措施，但却没有向机长明确地提出建议，也没有对机长采取的行动给出明确的语言提醒。

| 伊利诺斯航空公司飞行事故的DECIDE模型图 | | | | | | | |
|---|---|---|---|---|---|---|---|
| 变化 | D | E | C | I | D | 行动 | E |
| 左发电机在起飞后失效 | Y | Y | N | N | N | 副驾驶错误鉴别失效发电机，关断了正常工作的发电机 | |
| 副驾驶告诉起飞管制员"稍微"有点电路问题 | Y | Y | Y | Y | Y | 起飞管制员建议返回Sprinfield机场 | |
| 机组获得了起飞管制员返航Sprinfield的建议 | Y | Y | N | N | N | 机长拒绝了起飞管制员的建议继续飞往Carbordale | |
| 右发电机不能携带电荷 | Y | Y | Y | Y | Y | 副驾驶告诉机长右发电机失效 | |
| 副驾驶告诉机长发电机失效 | Y | Y | N | N | Y | 机长要求降低高度以便进行VFR飞行 | |
| 副驾驶告诉机长蓄电池电压急剧下降 | Y | N | N | N | N | 机长告诉副驾驶关闭不必要的负载 | |
| 副驾驶提醒机长Carbordale为IFR气象条件 | Y | N | N | N | N | 机长没有反应 | |
| 副驾驶打开雷达定位 | Y | Y | N | N | Y | 副驾驶告诉机长电压正在下降 | |
| 副驾驶告诉机长蓄电池电压正在下降 | Y | Y | Y | Y | Y | 机长关闭雷达 | |
| 副驾驶警告机长蓄电池电压很低 | Y | Y | Y | Y | Y | 机长开始下降 | |
| 座舱仪表开始失效 | Y | Y | Y | N | Y | 机长问副驾驶是否他能识读仪表 | |

**图 16-2　伊丽诺斯飞行事故的 DECIDE 分析**

## （二）影响飞行员决策的 5 种危险态度

### 1. 危险态度的性质

两部模型中的第二部分便是影响飞行员决策的非智力因素。在这一部分里，我们将会看到，人类的决策过程很少是纯理性的推理。经历许多年的社会生活后，我们每一个人都形成了应付生活和与人交往以便达到特定目标的策略。在这些策略中，有一些心理品质逐渐深深地植根于我们的行为风格和认识倾向之中，我们把它们称之为个性特质，个性特质在 6 岁左右便已基本形成，以后很难改变。因此，可以肯定地说，个性因素会影响一个人的决策，但由于它难以被改变的性质，试图在飞行员训练中改变它们显然是徒劳无功的（Trollip，1991. Jensen，1989）。目前比较一致的看法是：通过心理选拔的方法可解决这一棘手的问题。另外，态度却相对来说具有较大的可塑性，尤其是在同一时刻遭受几个方面的压力时，一个人的态度就有可能被改变。在现实生活中，我们常常被我们的父母、老师、朋友以及上级改变着态度。在驾驶舱内，飞行员倾向于冒险的态度与飞行技能一样，通过训练也是可以得到改善的。例如，工作动机、功利心、自我评价等都会影响一个人的态度，使飞行员的理性决策受到影响。如果通过动机性训练和转换飞行员认知角度的训练，不良态度便会得到改善，使飞行员的决策直接指向更理性的信息，作出更为理性的决策。因此，飞行员决策训练（PJT）的寓意便在于：使影响飞行决策的非智力因素或背景力量从属于人类的理性思维过程并为人类的理性思维服务。

## 2. 5 种危险态度的含义

在经过大量研究的基础上，航空心理学家目前已识别出以下 5 种影响飞行员决策的危险态度：

（1）反权威态度：这种态度存在于不喜欢任何人告诉他做什么的人身上。他们也许经常对自己说："我不需要遵守条例"（认为条例是为别人制定的），或"不用你告诉我做什么和怎么做"（认为别人并不比自己强）。机长与副驾驶都有可能产生这样的态度。

（2）冲动性态度：经常感到时间紧迫、需要立刻做某事的人往往具有这种态度。他们也许会对自己说："赶快行动起来，现在就得做某事。"产生这种态度的飞行员往往过分夸大了处境的严重性，这是由不良认知方式所引起的，同时也与他个性的急躁不无关系。

（3）侥幸心理态度：认为事故只会发生在别人身上、自己运气总是很好的人容易产生这种态度。他们也许会对自己说："我的运气一向很好，这次也不例外，发生在别人身上的事故不一定就会发生在我身上。"或者"车到山前必有路，到时候再说"。

（4）炫耀态度：总是试图显示自己如何能干、如何优秀的人往往具有这种态度。他们也许会经常想："我会做给你看，我能做到。"这种态度常由飞行员对自己能力的不合理评价和对飞行条例的认识不足所引起。

（5）屈从态度：感到无法控制自己命运的人往往持有这种态度。他们也许会对自己说："有什么用，一切都是命运决定的，一切努力都是白费。"产生这种态度的原因一方面是当事者性格懦弱，另一方面则是与他经常遭受挫折的生活经历有关。

## 3. 危险态度的自我检查

在本书附录部分附有"飞行员决策归因问卷"（Pilot Deci-sional Attributes Questionaire）。该问卷包含 10 个情境，每个情境有 5 个反应，用以揭示你自己思维模式中 5 种危险态度的相对量。但这并不是一个标准化的决策测验。从某种程度上说，我们每一个人都可能具有这些态度。该问卷将简要地勾画出你主要的态度倾向，即哪一种态度的成分所占的比例要大一些。因此，它有助于你觉察自己面临困难的飞行决策局面时，自己有可能产生的危险态度倾向。对你在日常生活和训练中有意识地改变自己的危险态度倾向具有重要价值。

## 二、飞行员决策的自然直观模型

飞行员的自然直观决策模式（Naturalistic decision making）是一种基于知识、经验、性格和认知倾向性等因素的基础上，在短时间内飞行员直接导向问题解决的一种决策模式。在这种方式的决策中，飞行员并未像理性决策那样详细地去对问题进行分析、对方案进行比较和优选最终方案，而是一种快速获得问题解决方案的决策模式。

自然直观决策模式具有以下特点：

（1）寻求满意方案。在理性决策的模型中认为飞行员选择的方案是所有方案中的最佳方案；但若飞行员使用的是自然直观决策，他会在找到令自己满意的方案以后就停止对于方案的搜索，而非一直找到最佳的方案为止。

（2）整体性。理性决策过程认为飞行员会把握影响决策的所有因素，并仔细权衡这些因素对决策的影响；但在实际飞行中飞行员往往是将决策的目标、对象和影响因素作为一个整体因素来考虑，而不是排除其他因素只考虑单一因素的影响。

（3）参考点原则。理性决策认为飞行员能够准确地预测出每一个方案在不同的客观条件下所能产生的所有结果；但在实际中飞行员仅仅是根据已有的知识与经验对方案进行评估，而不能超越自己的经验与知识对方案进行评估。

（4）逐一排除。理性决策认为飞行员会找到问题解决的所有方案，并将所有方案放在同一基准线上进行比较，然后直接选择出最优的方案。而实际飞行中，飞行员往往是将方案进行一一比较，选择出两个方案中比较好的方案，然后再将较好的方案与新方案比较，如此反复最终选择出自己满意的方案。

（5）创新性。自然直观决策还有一个很重要的特点就是具有创新性的特点，通过自然直观决策产生的方案常常具有打破常规、突破创新的特点。该特点若能善加利用将产生很多好的问题解决方案。

（6）时效性。飞行员当时所处的环境与情况，将有利于他根据自然直观模式做出适合当前情况的决策；如果脱离了当前的情形，其决策也可能截然不同。

若详细地去分析自然直观决策所涵盖的基础，大致可以认为是在以下几个因素的基础上所进行的：

（1）经验。如果飞行员在以往的飞行经历中处理过类似或者完全相同的情况，在下一次遇到相似情况时飞行员很可能直接套用上次所采用的方案来解决当前的问题。如此方式可以大幅度地提高飞行员在飞行中的决策效率，但所付出的代价是可能没有察觉到两次不同情境中的差异，进而采取了与当前情境不适宜的措施。

（2）价值观。如果一个飞行员是更注重安全的，那么他在选择方案时可能会不自觉地去选择那些安全系数更高的方案。一个飞行员的价值观影响将会在飞行员做出决策的整个过程中有所体现，并最终影响飞行员的方案选择与行动。

（3）潜意识。飞行员在进行方案选择时，有时会出现选择了一个方案却不能清楚地说出该方案的决策过程的情况，这就充分体现了自然直观决策模式的潜意识性。往往是飞行员利用阈下加工帮助其做出决策，因此只能通过飞行员反复而深刻的内省过程才能明白选择该方案的原因与理由。

（4）认知。自然直观决策方式并不代表没有飞行员认知过程的参与，飞行员的技能、知识和训练水平都会最终体现在飞行员的直观决策中。

（5）情绪。飞行员的情绪也将最终影响飞行员的决策，一个处于激动情绪中的飞行员，其方案的最终可能选择更偏向于激进与冒险；而一个情绪平静的飞行员的方案选择可能更倾向于安全。

自然直观决策模式如图 16-3 所示。

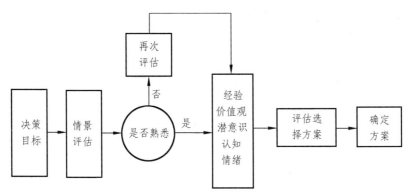

**图 16-3 自然直观决策模式**

理性决策与自然直观决策这两种决策模式可以说是各有优劣。理性决策在信息的收集、最佳方案的选择、防止出现遗漏等方面具有独特的优势，但其在决策过程中需要消耗大量注意力资源和时间；而自然直观决策在决策的速度与效率、时效性与创新性方面有优势，但其可能受到态度、价值观与情绪等方面的影响，同时在决策过程中可能会出现偏差与遗漏，具有极大的不确定性。在日常的飞行中，飞行员是较多采用理性决策还是自然直观决策，这依旧是一个值得去探讨的问题。但可以肯定的是，在飞行员决策过程中往往是理性决策与自然直观决策并存的一个状况。

# 第三节　提高飞行员决策能力的途径

## 一、对抗危险态度的措施

前已述及，危险态度是影响飞行员决策的主要因素，它们的存在往往使飞行员的决策带上不理智的色彩。因此，要提高飞行员决策的质量，就必须对它们进行预防和克服。目前的研究已经表明，对于危险态度的矫正可采用逆向思维的方法。即当飞行员产生了 5 种危险态度之一，或几种危险态度同时产生，且飞行员已经意识到自己产生了这些危险态度时，应通过自己的意志努力，转换自己的认知角度。这种方法适用于飞行前、飞行中以及飞行后。如果在日常生活中经常有意识地采用这种方法，还可达到预防危险态度的目的。具体措施如表 16-1 所示。

表 16-1　5 种危险态度的矫正方法

| 危 险 态 度 | 矫 正 措 施 |
| --- | --- |
| 反权威态度："不用你管""条例是为别人制定的" | "别人的建议也许是合理的""条例通常都是正确的" |
| 冲动性态度："没时间了。我必须现在就动手" | "不要过于冲动，三思而后行" |
| 侥幸心理态度："不会发生在我身上" | "有可能发生在我身上" |
| 炫耀态度："我做给你看，我能做到" | "无谓的冒险是愚蠢的" |
| 屈从态度："一切努力都是无用的" | "我不是无助的，我能改变现状" |

## 二、提高专业技能有助于改善飞行员的决策能力

研究表明：专业技能对飞行员如何觉察问题和对问题做何反应有重要影响。通常，专业技能有助于我们快速评估情境，抓住重要信息和找到好的解决办法。

驾驶舱的专业技能主要反映在处境意识方面。良好处境评估的一个表现是对表明出现问题的信号有正确的和及时的认识，大多数好的机组通过得到的信息，意识到这些信息的意义。例如，一个有警觉性的机组可能会注意到向目的地移动的天气情况，并且预计到复飞或改飞备降机场的可能性。他们这种对处境状况的正确认识，使他们有了"以防万一"的准备，并且在他们面临进近压力和工作负荷之前就有了可选择的方案。

良好的处境评估的另一表现是正确评估风险和时间压力。如果机组在弄清处境的严重性时花了较长时间，那么他们的反应就太迟了。例如，有一个机组低估了后部厕所里出现的火情，继续起飞，在空中绕飞一周后着陆，由于滑跑和撤离过程时间的耽搁，导致人员因烟呛致死的事故。另外，在客观上不要求很快做出反应的时候，如果机组过分地感到时间压力反应太快，就有可能对问题的基本方面考虑不全，或可能对有关的选择方案考虑不周。有了良好的处境评估能力，就可以认识到要做出一个好的决断需要哪些信息，从而有针对性地去寻找和应用这些信息。例如，在一架 B727 由飞机出现液压故障需要选择备用操纵的时候，机组必须认识到液压故障的后果：手动操纵起落架和备用襟翼放出程序会比正常情况需要更多的时间，并要有更长距离的直线最终进近；一旦起落架放下后，就不能再收回，因此复飞是不合适的。同时还要考虑到天气的情况。这些限制性条件可以指导飞行员去收集那些每个需要的信息，并且也决定了由什么来构成一个好的解决该问题的方法。无论是要做出一个快速的决断还是要做出一个深思熟虑的决断，一个重要的方法是要有一个对付偶然性的计划，要预计到可能出现的情况，并制订出相应的处理措施。这样才能在情况一旦恶化时，心理上有所准备，不至出现惊慌失措。好的机组应该能够在高工作负荷和高时间压力到来之前去思考问题，并制订自己的行动方案。

## 三、利用 DECIDE 模型训练飞行员的决策能力

飞行员决策的 DECIDE 模型既是描述飞行员决策过程的理论框架，同时也可作为训练

飞行员决策能力的工具和技术。其训练的方式有两种，一是自我训练，二是在模拟机飞行训练中在教员的指导下运用 DECIDE 模型进行训练。

1. 利用 DECIDE 模型对自己的决策能力进行自我训练

前面在介绍 DECIDE 模型时，我们已运用该模型对伊利诺斯飞行事故进行了分析。事实上，如果飞行员掌握了运用该模型对自己和他人的决策过程进行分析的技术，并在日常生活、飞行训练以及飞行中有意识地剖析自己的决策过程，无疑会使自己的决策能力得到提高。譬如，自己某一次进近速度太快，高度太高或太低，姿态未能控制好……但经过努力最终还是安全着陆了。对于这样的事件，有的飞行员事后可能很少会分析事情的前因后果，有的可能会简要回顾一下事情的经过，机组相互交换一下意见。但如果机组掌握了 DECIDE 模型，并用该模型有意识地对自己的决策过程进行分析，那么该机组便会剖析出更多的相关信息，知道自己在特定的时间、情境中决策的优点与缺陷，从而提出进一步的防范措施。从长远的观点来看，经常不断地利用 DECIDE 模型对自己的决策过程进行分析，有利于提高自己的处境意识，提高自己对特殊情况的决策能力。而且 DECIDE 模型的内省和表象训练技术还可使自己的元认知能力得到提高。

对决策能力进行自我训练的第二种方式是运用 DECIDE 模型对他人已经发生的飞行事件或事故进行分析，并提出相应的应对措施。这种方式有助于从别人的成功与失败中吸取经验和教训，从而达到提高自己决策能力的目的。以下事故的情境曾刊载于 1980 年 5 月 15 日的《航空用户》杂志上，请为它建构一个 DECIDE 模型图。完成该图的制作后，看看你能发现该飞行员存在多少个决策错误。据 Jensen 及 Trollip 等人（1991）的计算，该飞行员的决策过程存在 15 种错误。

该事故的当事者是一位刚获得私人驾驶执照、飞行经验不多的私人飞行员。他的死亡并非是因为他的基本驾驶术的拙劣，而完全是由于他缺乏决策力造成的。他于 1978 年 10 月 30 日获得私人飞行执照，是德克萨斯西部油田的一名工人，事故发生时 31 岁。总飞行小时为 107 h，其中 58 h 带飞，49 h 单飞。他有 3.9 h 的仪表模拟飞行训练、2.9 h 的夜间带飞、4.9 h 的夜间单飞经历。

1978 年 12 月 15 日，星期五。该飞行员在油田值完班，搭朋友的飞机到达德克萨斯中部地区。在此他租了一架飞机，计划飞往德克萨斯的科罗雷多（Colorado）城，带上他的妻子和儿女后再飞往 Memphis。机场人员告诉调查员说：该飞行员从他那里租了一架派珀弓箭 Ⅱ 型飞机，他曾礼貌地向该飞行员建议，他应该在家里待一夜，待天亮后再飞往 Memphis。但该飞行员却说，我想与 Memphis 的冷峰搏一搏，并接着说："我喜欢夜间飞行。"然后，他为油箱加了油，于下午 5 时过起飞。

在科罗雷多城等他的朋友事后告诉调查人员说：由于顺风的原因，该飞行员虽然作了 3 次着陆，但他还是差一点未能使飞机在 3 000 ft 长的跑道上停住。

该飞行员在科罗雷多带上了他的乘客，即他的妻子，一个 5 岁的儿子和一个 3 岁的女儿。他的朋友建议他等到第二天早晨再起飞，但他拒绝了。然后，他的朋友又向他建议，应该给油箱加满油，但他说时间来不及了，他有足够的油料到达 Texarkana，在那里他准备再加油。于是，这位飞行员在没有申报飞行计划，也未获得美国联邦航空局飞行服务站的气象简令的条件下起飞了。

与该飞机（弓箭 6902J）建立通话联系的时间是傍晚 8 时 35 分左右，估计当时飞机正在向 Texsarkana 进近。飞行员呼叫 Shreveport 飞行服务站，并询问该地区各机场的气象信息。此时，该地区有的机场的气象条件已发展为边界目视飞行规则，另一些则为仪表飞行规则。云顶高度正在由 3 000 ft 上升为 6 000 ft，近地区域有雾。显然弓箭飞机是在云上飞行。以下是通话片断：

FSS："You are IFR，is that Correct？"

6902J："It is a VOR，ah VFR。"

FSS："A VFR flight plan，Sir？"

6902J："Hey，10—4 on a VFR。"

该飞行员询问了 Memphis 的气象情况，得知该机场的云顶高度为 3 000 ft 后，希望待在此航路上并等到雾散（但事实上，所剩燃油很难使他在 Memphis 上空停留很长时间）。飞行员向 ATC 致谢后，于夜间 8 时 45 分左右便从 Shreveport 机场的无线电频率中消失。

直到晚上 10 时 15 分，Shreveport 机场才从一架飞机上听到"遇上麻烦"的微弱信号。在 Fort Worth 中心与 6902J 建立联系前，ATC 和飞行服务站人员协同动作，试了所有的无线电频道并询问了其他飞机，这一过程费了好几分钟的时间。

当从雷达上发现该飞机时已是夜间 10 时 29 分，该机仍在 Texsarkana Municipal 机场以西 25 mile 处。这便意味着，在与 FSS 通完话后，该飞行员已兜了 1 个多小时的圈子。他告诉 FSS 说："我遇上麻烦了，我飞入了云中，什么也看不见，我迷航了。"FSS 发布了引导该机飞往 Texsarkana 的指令。该飞行员提示，他还有大约 15 min 的燃油储备。FSS 提醒他使用最经济的燃油设置，并质疑道："你具有 IFR 资格吗？"飞行员回答："没有，没有。"10 时 34 分 FSS 移交后，新的 FSS 询问："你还剩多少时间？"飞行员回答："呵，我……我……，很难说，现在燃油就要用光了，我估计大约还能维持 10 min。"（注：弓箭飞机的储油量为 50 加仑，可用油量为 48 加仑。）

机场的气象条件为：云底高度 200 ft，天空灰暗，雾中能见度 1.5 mile。最低仪表飞行条件为 200 ft 和 1.5 mile。22 号跑道有仪表着陆系统，但要使用该系统，飞机则必须飞越机场并通过着陆航向信标台（反航线角）进近到 4 号跑道。并通过甚高频全向无线电指向标（VOR）进近到 13 号跑道。管制员用最近的航路将飞机引导到 4 号跑道。过了一会儿，6902J 处于 5 300 ft 的云顶高度上。以下是通话片断：

Center："How much flying experience do you have？"

6902J："Very little，uh，I just got my private License and I'm still a student."

Center："OKey，02J，have you had any instrument at all？"

6902J："uh，just on private training."

然后，管制员说了一些鼓励的话："好的，02J，你现在将尽快穿过这片云，你要逐渐习惯将你的头转入座舱内，就像你曾经训练过的那样，逐渐适应地平仪上的天地线。"

再后，进近开始了。管制员进行引导并不断给他以鼓励，飞行员准确地照做。在这样的引导下飞机准确地向跑道下降，但直到下降到平均海平面 650 ft（离地高度 250 ft）时，飞行员仍然未能看到跑道灯。当飞行员报告"我妻子说她看见了灯光"时，管制员指示他中断进近复飞。飞行员试图调头，从机场以北返回。针对管制员的航向指示，他说："明白，

348

让我，让我升高一点，我现在高度 400 ft，刚能看见房子。"

管制员冷静地说："好的，02J，你所处的高度也许稍低，但从北进近没有任何障碍物。记住：机场标高为 399 ft。"

最后的通话是：

6902J："Roger，now giving me the heading."

Center："okay，heading 160，160 02J."

6902J："Roger，just a second……uh，give me a heading now.I'm hurting. I'm out of gas."

Center："Okay，heading 130，heading 130. you are one mile from the airport，heading 130."

飞行员没有回答，因为飞机已经失事了。机头笔直向下，机翼较低，冲入了密林中。只有小女孩幸存，但也受了重伤。

在读完上述事故经过后，请完成下面的 DECIDE 模型图（图 16-4），并计算一下你能发现的飞行员决策错误的数量。

| 德克萨斯油田工人飞行事故的DECIDE模型图 | | | | | | | | |
|---|---|---|---|---|---|---|---|---|
| 变化 | D | E | C | I | D | 行动 | | E |
| 1 | | | | | | | | |
| 2 | | | | | | | | |
| 3 | | | | | | | | |
| 4 | | | | | | | | |
| 5 | | | | | | | | |
| 6 | | | | | | | | |
| 7 | | | | | | | | |
| 8 | | | | | | | | |
| 9 | | | | | | | | |
| 10 | | | | | | | | |
| 11 | | | | | | | | |
| 12 | | | | | | | | |
| 13 | | | | | | | | |
| 14 | | | | | | | | |
| 15 | | | | | | | | |
| 16 | | | | | | | | |
| 17 | | | | | | | | |
| 18 | | | | | | | | |
| 19 | | | | | | | | |
| 20 | | | | | | | | |

**图 16-4　德克萨斯油田工人飞行事故的 DECIDE 模型图**

2. 模拟机飞行训练中在教员的指导下运用 DECIDE 模型进行训练

高保真模拟机的问世，使真飞机上不能实现的许多特情决策与处置训练成为可能。目前，大多数民用航空发达国家已充分利用了高等级模拟机的逼真性和训练的安全性，在模拟机上对飞行人员的判断与决策进行有效的训练，并收到了良好效果。其主要程序包括：

在模拟飞行的特定阶段，尤其是起飞与进近着陆阶段，将飞行中可能遇上的特殊情况，如发动机失效、失速等进行预先设置；飞行员对特情出现的时间以及可能出现的特情种类可以是未知的，也可以事先告知。在飞行训练过程中进行实时录像和录音，完成一次飞行训练后要求飞行员或学员对自己的决策过程运用 DECIDE 模型进行自我分析。最后由飞行教员对照录像带对其决策过程进行总结。多次重复这样的训练后，将有助于增强飞行员的处境意识，提高其判断与决策的能力。

最后，我们用英国"人的因素"专家 T. Thorm（1995）的建议来结束讨论。他认为，当飞行员进行决策，尤其是在处理一些棘手的问题时，主要取决于：① 飞行员已有的知识；② 是否使用了标准操作程序（SOPS）；③ 他的理解力和思维能力；④ 他的实际技能。

在进行决策时，飞行员应该：① 识别相关信息并对它们进行评价，运用已有知识和经验将当前信息与过去发生的事件进行比较；② 将事实与情绪进行分离，能够识别出当前的真实处境，而不是想当然地按自己的喜好去评价当前处境，能够辨别问题的所在；③ 在考虑可用时间、飞机条件（如燃油处境）、环境（气象条件、昼/夜）以及自己的技能水平的基础上，对可选方案进行分析；④ 风险分析；⑤ 及时决策；⑥ 及时准确的行动。

## 四、利用短期策略提高飞行员的决策质量

根据目标的远近和达到目标所需要的时间的长短，我们可将策略分为长期策略、中期策略以及短期策略，合理利用短期策略有助于提高飞行员决策的质量。

（1）长期策略：是指针对长远的目标而制订的各种计划。这些计划既可能是针对飞行员个人的事业奋斗目标而制订的计划，也可能是为了公司的发展和保障飞行安全所制订的长期性计划。

（2）中期策略：可把它视为飞行员对飞行和公司政策以及对整个飞行程序的一般想法和态度。标准操作程序实际上就是一种中期性计划或者策略，它不仅覆盖了飞行员们经常可能会遇到的飞行处境，而且还针对这些情境进行了预测。

（3）短期策略：是飞行员或者飞行机组针对某一次飞行或者某一特殊的处境而制订的计划。其特点是对处境的针对性更强，它不但包含飞行机组预料之中和预料之外的问题产生时飞行员必须采取的行动，同时还包括针对某些特殊的处境而制订的最低限制。因此，它比起长期性计划和中期性计划来显得更为实际和更具有价值。

（一）短期策略

短期策略是驾驶舱资源管理的一项基本工具，通过短期策略，飞行员或者飞行机组不但可以对即将发生的驾驶舱变化做出有针对性的计划，同时也有利于提高整个机组的处境意识水平，从而使飞行员或者飞行机组的驾驶舱状态保持在适宜的水平，并使机组工作负荷得到合理的分配。因此，机组短期策略是提高决策质量、保障飞行安全的一项重要措施。在本节中，我们将主要针对机组短期策略进行较为详细的讨论。

一般来说，制订短期策略可以划分为 5 个步骤：

1. 识别问题

首先是利用所有可以利用的资源和时间识别出问题。

2. 建立计划

识别出问题以后，接下来便是建构计划。在这里，应该再一次地利用所有可以利用的资源和时间，并分清轻重缓急，做出先后次序的排列，以便说明对飞行安全真正构成威胁的因素。每一个机组成员都应该建构自己的计划，并在飞行的整个过程中与其他机组成员相互交流，为建构机组的群体计划做出积极的贡献。

3. 校正计划

当计划建立起来以后，就应该以征求意见的方式来获取其他人的建议，并对他们的建议予以认真地思考，不断地对已经形成的建议予以校正。要确保没有遗漏什么事情，在校正计划时也应该小心仔细，切忌匆忙草率地完成校正和决策。通过比较和交互检查，使形成的计划得到校正。检查的内容包括：计划是否考虑到了所有的可能性、收集到的信息是否是正确的、是否有些问题被遗漏掉了。

4. 总结性简述

总结性简述，应该包括对存在的问题进行总结以及解决问题的措施两个方面。应该准确地定义监视细则和职责分配，这些定义必须能够被机组成员所接受。授权，意味着能够使每一个机组成员都积极地参与到计划的实施中来。通过总结问题和形成措施来向机组成员进行简述，简述的内容应该包括：监视细则，每一个人的职责和任务。但是，还要指出的是：简述应包含在短期策略的每一个步骤中，并且在整个短期策略中，自始至终都应该是交互式的。

5. 监 视

最后是监视计划的执行情况。关键的问题是，当情况发生变化时，飞行员也必须对计划做出适当的修订，以便与变化了的条件相适应。通过仔细地监视来确保计划的准确实施。为了加强监视，对监视性质询的恰当反应是非常重要的，同时也有助于修正监视过程中的错误。

制订短期策略的基本步骤如图 16-5 所示。

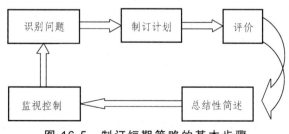

**图 16-5 制订短期策略的基本步骤**

短期策略对于建立良好的驾驶舱交流非常有效。它不但能够促进机组成员之间的相互作用，在交流时更多地指向与飞行相关的信息，而且还有助于在质询氛围内建立起闭环式的交流方式。为了对短期策略的以上 5 个步骤进行较好的说明，现在让我们来看一看发生于大西洋上空的一次 DC10 飞行事件（见图 16-6）。

---

识别问题

1. 副驾驶怀疑燃油即将耗尽；
2. 机长将操纵交给副驾驶；
3. 机长要求机械师和乘务长检查燃油泄漏的可能原因；
4. 燃油由一个应急放油阀泄漏得到了证实。

---

建立计划和校正计划

1. 副驾驶建议断开燃油输送器以便停止泄漏；
2. 机长注意到，他们可能会没有足够的燃油抵达纽约，他们不得不备降到冰岛或斯堪迪威亚；
3. 机长视图与营运部门取得联系以便获得性能数据和Keflavic、斯德哥尔摩和奥斯陆的气象条件信息，副驾驶建议增加询问哥本哈根的气象条件；
4. 机械师注意到他们必须决定是应急放油还是超重着陆。

---

总结简述和监视

机长："很好。在决定计划之前，我们先等一等营运部门的回话。让我们对当前所处的处境进行一次总结吧：由于应急放油阀问题，我们现在不可能继续抵达纽约了。唯一的选择就是返回斯堪迪威亚的某个机场。（转向副驾驶）：请你监视飞行活动，以便使我们对意外的情况不至于显得太惊慌。（然后转向机械师）：当我与营运部门通话时，请你检查一下燃油情况。在那以后，我们将继续我们的计划。你们两个都明白了吗？

副驾驶："是的，明白了。"
机械师："我也明白了。"

---

**图 16-6　短期策略示例**

根据这一事件发生的情境，我们可以作如下分析：

（1）机长开始了最为重要的第一步："你来操纵"，这便使他从具体的飞行活动中解脱出来，使他自己有时间和精力来对存在的问题进行思考和管理。因此，该机组在识别问题这一环节上是做得较好的。他们利用了所有可以利用的资源，如燃油记录、飞行仪表、乘务长以及所有机组成员的经验。

（2）在建构计划的过程中，机长再一次利用了所有可以利用的资源。在时间管理方面，该机长也进行了恰当的管理和合理的利用，既没有匆忙地做出决定又没有贻误做出决策的时机。他对当前存在的问题进行了轻重缓急的排列，以便使他自己能够对飞行安全构成威胁的真正因素做出判断。通过机组成员们的建议，机长的计划得到了较好的校正。

（3）机长对他们所处的处境进行了一次简要的总结，并且与之相应的计划也很快形成了。同时，他还为机组成员们的特定任务进行了定义，并询问他们对已经形成的计划是否有其他建议。在短期策略的阶段中，制订更为详细的特殊监视细则也许是不太需要的了。

## （二）对机长和机组成员的特别建议

### 1. 对机长的特别建议

（1）只要时间允许，机长就应该建立短期策略，这一短期策略应该尽可能多地覆盖标准操作程序未能包含的飞行问题。这样的短期策略应该包括以下 5 个特别的步骤：

① 识别问题；

② 建构处理问题的计划；

③ 通过交互式的简述与机组成员一起校正计划；

④ 在机组成员都认可的前提下，执行总结性的简述；

⑤ 对计划的实施过程进行监控。

（2）如果条件发生变化，就应该修订和更新计划，以便与变化了的条件相吻合。

　2．对机组成员的特别建议

（1）积极支持机长制订和实施短期策略的行为。

（2）如果年轻的机组成员是一个副驾驶，而机长未能制订短期策略时，副驾驶在得到授权的情况下就应该发动短期策略的制订。

## ·思 考 题·

1．什么是飞行员判断决策？各举一个好的与差的飞行员判断决策的事例。

2．飞行员的决策可分为哪几类？举例说明它们的特点。

3．什么是飞行员决策的八步模型？简述每一步骤所包含的主要内容及所需的心理品质。

4．什么是飞行员决策的两部模型？简述该模型所包含的主要内容。

5．自查一例因决策失误导致的飞行事故资料，并用 DECIDE 模型和 5 种危险态度对其进行分析。

6．举例说明提高飞行员决策能力的途径。

7．什么是短期策略？简述制订短期策略的步骤。

# 第十七章 安全文化、标准操作程序与
# 机组资源管理

对于民用航空来说，安全是重中之重，是民航能否得以长远发展的基石。安全文化，又是企业安全工作的核心与灵魂，是企业全体员工对安全工作集体形成的一种共识，是实现长期安全的最强有力的支持，对航空飞行而言，它从根本上影响了飞行人员对飞行工作的认识、情感和行为，包括如何执行标准操作程序、沟通、协作与配合、决策等。本章的内容包括文化与安全文化的含义，民航安全文化的概念和重要性，文化差异对机组资源管理的影响，标准操作程序与机组协作的关系，安全文化对标准操作程序和机组资源管理的影响等。在中国民航局新近颁布的执照考试大纲和知识点中要求重点掌握的内容包括：文化差异对机组资源管理的影响，标准操作程序与机组协作的关系等。

## 第一节 文化与安全文化

### 一、文化的含义

文化（Culture）是一个非常广泛的概念，笼统地说，文化是一种社会现象，是人们长期生产生活所形成的产物，同时又是一种历史现象，是社会历史的积淀物。确切地说，文化是凝结在物质之中又游离于物质之外的，能够被传承的国家或民族的历史、地理、风土人情、传统习俗、生活方式、文学艺术、行为规范、思维方式、价值观念等的总和，是人们之间进行交流的普遍认可的一种能够传承的意识形态，其核心思想和价值取向是长期实践活动的沉淀物，并物化于物质文化中，其生命力是长久的和有传承的，它影响着人们的一言一行，能够潜移默化地浸润人的思想和心理，形成特定的思维方式和心理定势，甚至演变为人性不可或缺的要素，从而使得人的行为多多少少要打上文化的烙印。因此，现代企业的管理者都力图打造自己的企业文化，并向员工的思想渗透，希望在更广泛的范围内规范员工的行为。

在中国，"文化"一词最早源之于《易经》："观乎天文，以察时变；观乎人文，以化成天下。""文化"是"文"和"化"的合成，故有"人文化成""文治与教化"的意思，因此，文化不仅是"自然人化"的过程，而且是"提升人自身"的过程。著名学者梁漱溟说："文化非别的，乃是人类生活的样法。"清代学者陈之藩在《剑桥倒影》一书中有句话："许多许多的历史，才可以培养一点点传统，许多许多的传统，才可以培养一点点文化。"可见，一方面，文化可以通过时间积累和沉淀，单纯自然形成；另一方面，文化又是可以通过自我"思辨"和外在力量"培养"从而促进形成的，也即我们今天常说的"文化建设"，即通过文化价值体系的构建、观念和制度的宣贯以及长期的潜移默化在较短的时间内形成。当今各企业在形成自身独特企业文化的过程中，都是既有时间的积累和沉淀，又有文化建设在其中。

民航的文化建设也必然是一个"时间积累"和"思辨培养"的持续过程，每一步都不会绝对完善，必须学习、再学习，才能形成有强大生命力的相对完善的体系。如"安全第一"的民航核心文化理念，在国际上，自20世纪80年代提出，持续改进至今，才成为当前改善航空安全的重要理念。从航空公司来看，如国航的"三坚持、四严、一保证"，坚持几十年，安全观念深入人心，才有了如此稳固的基础。正如人类也是经历了数百万年甚至更长的时间才进化到今天一样，任何相对完善的、复杂的事物都不可能一蹴而就。

## 二、安全的界定

民航运营的核心就是安全，安全究竟该怎样定义？有人说安全就是没有潜在的危害，不出事，不发生事故。这样的定义针对民航安全来说未免显得有些浅显和武断。我们应该用产生后果的可能性和严重性反过来对安全进行描述。因此，国际民航组织对安全的界定是："安全是一种状态，即通过持续的危险识别和风险管理过程，将人员伤害或财产损失的风险降低并保持在可以接受的水平或其以下。"举个例子：一架飞机的机组氧气面罩失效，这架飞机能不能起飞或者是不是安全呢？有人可能会说："没事，氧气面罩是在应急时候使用的，正常情况下飞机是安全的。"也有人会说："飞机一旦出事，氧气面罩又不能使用，飞机就是不安全的。"针对飞机是不是安全这个问题，我们不能主管臆断，要用风险评价的方法对其评价，充分考虑机型、飞行高度、飞行时间等各要素，如果得出的风险值超过了设定的安全值时，我们就说这是不安全的。可以说，安全就是将风险控制在可接受的水平，对民航而言，安全是一个系统的结果。常态下的安全是灰色的，是相对的，介乎于黑色（发生事故）与白色（绝对安全）之间的中间状态（见图 17-1），不同航空公司之间，只是灰色度不同而已。系统是否安全不能只看到是否发生了不安全事件。真的发生了不安全事件，事实已经证明了当然是不安全的；危害尚未发生时，危险因素也可能存在，系统也不一定就处于安全的状态。因此说，安全是动态的，保证了安全并不能够说明系统和过程中没有问题。树立"安全是灰色的"观点，对于准确把握安全趋势，有效控制安全走向，用是否存在危险而不是只看到是否发生了危害来判定安全，有利于保持警觉性，防止自满情绪的滋生，对于促进安全无疑会有积极作用。

绝对安全　　　　　　　　　常态下的安全　　　　　　　发生事故

**图 17-1　灰色安全观**

## 三、民航安全文化

安全文化，是关于安全的文化，其概念最先由国际核安全咨询组（INSAG）于 1986 年针对切尔诺贝利事故的报告中提出，在 1991 年出版的（INSAG-4）报告中给出了安全文化的定义：安全文化是存在于单位和个人中的种种素质和态度的总和。1991 年，美国大陆跨运 2574 航班发生空难，14 人死亡，NTSB 报告认为，事故原因在于维修程序和公司文化问题，这是较早提出民航安全文化的起始，此次事故之后，民航界开始了对安全文化的思考，促进了 21 世纪航空业改革法案。2004 年，国际劳工组织在讨论制定关于《促进职业安全与卫生框架》的政策性文件时，将促进安全文化作为重要的内容之一，指出："雇主和员工的安全与卫生认识水平或意识水平，是确保工作场所的安全与卫生的一个关键因素，因此，创立并促进安全文化是重要的。"2008 年国家安全生产监督管理总局发布的《企业安全文化建设导则》中认为：企业安全文化是被企业组织的员工群体所共享的安全价值观、态度、道德和行为规范组成的统一体。国际民航组织安全管理手册将"营造组织的安全文化"作为管理层最重要的职责之一。《中国民航安全生产"十一五"规划》中安全文化建设的目标是：营造安全文化氛围，继承民航在实践中创造出的经验和有民航特色的安全文化，并结合科技进步、民航发展和市场经济规律，不断赋予安全文化新的内涵。建立健全民航安全文化，赋予安全文化新的内涵，健全民航安全文化评价体系，使安全文化建设不仅有定性的要求，还有定量的衡量指标。

民用航空运输行业的高风险性和高社会关注性，使得一旦发生事故，除了造成生命财产的巨大损失以外，公众对民用航空运输业的信任度也会急剧降低，带来长期的负面影响和间接损失。据航空事故调查的数据，一架中型客机空难所造成的直接经济损失高达数亿元人民币，间接经济损失则高达十亿元人民币以上。所以说，在论及民航的安全和效益的关系时，有人形象地将二者比喻为 1 和 0 的关系，即民航没有安全，就根本谈不上效益，因此，安全文化是民航事业发展的必然结果。

英国著名学者马林诺夫斯基认为，文化是一个整合的复合体，其中包括具体物（使用的器物和生活消费品）和无形的思想（观点、见解、信仰、制度）。民航的安全文化和其他文化现象一样，具有人类文化的共性，也可分为器物、制度、观念。航空设备的安全设计理念，看重安全的机制，多重备用、应急设备、逃生通道等的完备，是支持安全生产的物质基础；制度是安全活动的各种建制、量化程序，如各种规章制度、操作手册、标准操作程序等；观念是安全文化的核心，安全的观念有多少人、在多大程度上进入人心，是安全文化存在的标志。三者既有区别，又是相互支持的有机整体，从航空设备的设计、维修、使用、各种制度是否完善、是否真正落实，可看出安全观念是否到位；安全观念的形成又依赖于安全制度真正的落实。安全文化的作用是通过对人的观念、道德、伦理、态度、情感、品行等深层次的人文因素的强化，利用领导、教育、宣传、奖惩、创建群体氛围等手段，不断提高人的安全素质，改进其安全意识和行为，从而使人们从被动地服从安全管理制度，转变成自觉主动地按安全要求采取行动，即从"要我安全"转变成"我要安全"。

综合各种对安全文化的定义，我们认为：民航的安全文化，是指在民航安全生产及服务保障中逐渐形成和发展起来的共同的价值观念、行为准则、规章制度、技术系统等的总和，外在体现为每一个员工、班组和部门对安全的认识、情感和行为方式。

## 四、文化及安全文化对企业发展的重要性

21世纪，随着知识经济和经济全球化的发展，企业之间的竞争越来越表现为文化的竞争，企业文化对企业的生存和发展的作用越来越大，成为企业竞争力的基石和决定企业兴衰的关键因素。有一种说法认为"今天的文化是明天的经济"很好地说明了企业文化的重要性。

美国知名管理行为和领导权威约翰科特教授与其研究小组,用了11年时间对企业文化对企业经营业绩的影响力进行研究，结果证明：凡是重视企业文化因素特征（消费者、股东、员工）的公司，其经营业绩远远胜于那些不重视企业文化建设的公司。11年的考察期后，所得结论如表17-1所示。

表 17-1　是否重视企业文化的公司各项指标比较

| 业 绩 | 重视企业文化的公司 | 不重视企业文化的公司 |
|---|---|---|
| 总收入平均增长率 | 682% | 166% |
| 员工增长 | 282% | 36% |
| 公司股票价格增长 | 901% | 74% |
| 公司净收入 | 756% | 1% |

可见，重视企业文化的公司在多个重要指标上都远远好于不重视企业文化的公司。

在民用航空建设自身品牌文化的过程中，一个最核心的要素就是重视航空安全管理。世界上一些著名航空公司，在品牌文化建设上，以安全文化、安全管理为切入点，作为竞争要素之一，从而从市场竞争中取得优势地位。如英国航空公司自1976年以来共飞行了大约600万架次的航班，从没有发生过事故，作为世界上最大最古老的航空公司之一，它每年会运送3 000万～4 000万名旅客，安全已经成为其品牌形象的最好代言人。中国海南航空已连续安全运行500万飞行小时，创造了安全运营22年的优秀纪录，于2015年荣获中国民航局颁发的"飞行安全五星奖"，而此前海南航空自2011年开始已连续4年被德国权威飞行安全数据评估机构JACDEC评为年度"全球最安全航空公司"的前10名，居内地航空公司之首。相反，美国瓦卢航空公司因1996年发生了一起空难，不得不在重组中更名。某低成本航空公司为了减少维修成本,他们将水平尾翼连杆的检查周期擅自突破适航规章，延长了1倍，结果却因1架飞机的连杆螺帽脱落，导致飞机俯仰失控，以大俯冲角直接冲进了大海，该航空公司最终因此而一蹶不振，最终破产。欧盟2015年更新的"黑名单"中，包括全球20个国家的228家航空公司,被列入黑名单的主要原因是这些国家的民航当局缺乏安全监管，因安全问题被列入"黑名单"的航空公司，被禁止进入欧盟国家领空。可见，航空安全是航空企业进入市场的最基本的通行证，重视安全文化，安全水平较高的公司能够获得经济效益和社会效益的"双丰收"。

## 五、中国民航的安全文化发展

中国民航历经半个多世纪的发展，由小到大，由弱到强，已成为民航大国。在航空安全方面，中国民航的运输航空事故率不断降低，到21世纪初，已经达到国际平均水平，这是了不起的成就。但是，与世界航空发达国家相比，我国民航仍有一定差距；而且，中国经济是世界经济增长最快的国家之一，中国民航也必然会是世界民航中发展最快的国家之一，与世界民航一样，中国民航也面临大幅度降低航空事故率的艰巨任务。所以，提高中国民航安全水平仍是任重而道远。

新中国民航成立伊始，就明确要求"全体人员树立安全第一的思想"，标志着民航安全文化的萌芽。虽然没有明确讲安全文化建设，但军委民航局已经充分认识到了安全思想对保证安全的至关重要性。当时，局党委扩大会议明确指出，"未能贯彻安全第一思想"是发生飞行安全问题的主要原因。1957年10月，周恩来总理在中缅航线开通一周年的总结会上批示"保证安全第一，改善服务工作，争取飞行正常。"这一批示以其对民航工作特点和规律的科学概括而成为此后新中国民航工作的指导方针，安全第一的理念得以更加明确地树立和倡导。

但是，中国民航的安全文化建设并不是一帆风顺的，几十年来，航空工作安全第一的思想至少受到了3次重大冲击。第一次发生在1958年前后的"大跃进"时期；第二次是在1966年开始的"文革"动乱年代；第三次是在1985年前后，这3次冲击的共同特征是在不正确的安全理念影响下，"安全第一"的思想要么没有落到实处，要不就受到了"浮夸风"或"发展第一"的影响，忽视安全现状，安全形势严峻，违章违纪现象明显增多，这几段时期事故率也居高不下。

进入20世纪90年代，我国民航业内部基本上已经形成了完备的运行规章、政府监督和飞机运行规范化的安全运行体系，一定程度上降低了航空事故的发生水平，但是这一时期也遇到了一些瓶颈，如健全的法规体系无法顾及到民航安全的方方面面、安全管理人员的管理水平比较落后等等。因此，自2005年起，中国民航借鉴国际先进经验，开始启动安全管理体系（Security Management System，简称SMS）建设，力求建立并实施系统的、清晰的、全面的安全风险管理和安全基础运行系统，力求通过SMS的实施使现有的事件管理模式转变为事态管理模式，这是民航安全制度和安全文化建设的一个新阶段。

这一时期，一些民航企事业单位认识到安全文化的重要性，积极探索安全文化建设，如2005年中国东方航空股份有限公司提出"安全文化建设年"的主题，对安全文化进行整合、创新，形成了独特的安全文化体系；中国南方航空股份有限公司吉林分公司于2006年启动了安全文化提升项目，积极推进安全文化建设。

如今，国内各民航企事业单位纷纷建立起了基于自身情况的安全文化体系，如中国国航，通过"三坚持、四严、一保证"，把"安全第一"的指导思想牢牢落实在日常训练、技术把关和飞行作风建设上，而且长期坚持，代代相传，在企业内形成了良好的安全文化氛围，使企业创造了良好的安全记录。山东航空建立了独具特色的规章标准体系，以适航法规为"骨架"，ISO9001和IOSA两个标准为"血肉"，相互融合，互相补充，构成一个统一的整体。在遵守规章标准方面，提出"手册员工，手册飞行员""按照规章走、差错不会有"等口号;在不同的岗位上,建立了针对性的标准,如针对飞行特情处置的"八该一反对",针对机务工作的"工具三清点",针对飞机放行的"三个坚决",针对具体工作的"三想四到"等。四川航空股份有限公司提出了"安全是航空运输企业永恒的主题;安全责任重于泰山;保障安全,人人有责;安全管理无小事,安全关口要前移;以人为本,按章办事,协同作战"等安全理念。中国南航北方地服部提出了两个"下沉",即安全责任下沉、安全管理下沉,据此思路把安全工作目标进行了层层分解,逐级签订了安全责任书,形成了千斤重担大家挑、人人肩上有指标的局面。地服部特别制订了《安全责任追究和安全绩效考核实施方案》《地服部现场生产运行管理奖罚条例》等规定,自上而下实行重奖重罚激励机制,将安全压力传导给每个干部员工,从而有效地落实安全责任,建立了安全长效机制。对各级管理者提出了"三常"要求,即常监督、常纠错、常落实,对员工提出了"三牢记"的要求,即牢记职责、牢记流程、牢记规章等。

总的来说,几代民航人为建设良好的安全文化付出了艰辛的努力,取得了显著的成绩。但是,现状离大幅度降低事故率的时代要求仍有差距。中国民航的安全文化基础尚不巩固,许多对安全不正确的认识尚在不断产生并传播,就连"安全第一"这个讲了几十年的核心思想,随时有受到冲击并动摇的可能,历史上的波动仍有可能再次发生。为了进一步推进中国民航的安全文化建设,停留在现有的就事论事的水平上,显然是不够的,有必要使过去的经验进一步升华,上升到一个新的理论高度,从而找到更有效的建设途径。

## 六、民航安全文化的特点

### 1. 民航安全文化的差异性

不同国家或民族或组织的安全文化是有差异的,这种差异体现出了不同国家或民族在长期发展过程中内在的价值观念和相对应的行为选择。我们可以从以下的一个实例中了解这一点:2014 年 2 月 17 日,一架载有 193 名旅客的埃塞俄比亚航空公司 767-300 型飞机原本定于当地时间 00:30 由埃塞俄比亚的首都亚的斯亚贝巴起飞,并于当地时间 04:40 抵达意大利的罗马,在飞经苏丹上空时发生了劫机事件,劫机者为该航班的副机师。最后飞机在当地时间 06:00 迫降于瑞士的日内瓦。在被劫持飞机飞行过程中,意大利空军和法国空军先后对这架埃塞俄比亚飞机进行了护航,但当飞机飞越瑞士领空时,令人吃惊的是,瑞士空军并未按照国际航空惯例起飞战斗机对被劫持飞机进行护航,瑞士空军发言人声称,瑞士空军只在办公时间内工作,办公时间为早 8:00—12:00 及下午 13:30—17:00,晚上和周末都是非办公时间。

### 2. 民航安全文化的行业特性

安全,是民航的生命线,同其他行业的安全管理相比,航空安全管理具有特殊性,民航比任何一个商业运输行业都更重视安全。从系统论的角度来说,民用航空是一个庞大的、繁杂的、系统性和连锁性工程,涉及飞机性能、管理制度和人的因素,所以航空安全管理具有一定的不确定性。从飞机性能上来说,民用飞机共涉及动力装置系统、飞行操纵系统、起落架系统、飞行管理系统、液压系统、自动飞行控制系统,还有通信系统、仪表系统、导航系统、燃油系统、警告系统、电源系统、防冰排雨系统、空调系统、防火系统、氧气系统、照明系统等数十个系统，任何系统发生故障，都可能导致严重的事故发生。因此，在航空安全管理理论方面，存在着一个多米诺骨牌连锁理论，即航空安全管理各环节均为多米诺骨牌的一环，抽掉其中任何一环，都可能造成其他环节的崩溃，而其崩溃结果往往是整个系统的失效，是航空公司、航空业界所不能接受的，这也是民航如此重视安全的原因所在。

### 3. 安全文化的时代性

安全文化是人类安全活动的产物，是在一定的时空条件下产生的，必然受到当时的政治、经济、科技和大众需求的制约和影响，因而具有鲜明的时代性。每年，在 AVIATION SAFETY NETWORK（飞安）的网站上，都有前一年的世界民航安全情况统计图，这些统计图表示，21 世纪以来的 10 多年，中国民航运行安全平稳，安全水平达到甚至超越了世界平均水平，但是，中国民航今天的安全水平并不是一蹴而就的，在 20 世纪 90 年代以前，中国民用航空基础薄弱，发展缓慢。当时在国外旅客眼里，"中国民航"是安全记录极差、没有服务、航班延误的代名词。中国民航那些年，几乎一年摔一架飞机。中国民航的进步积累和世界民航历史一样，都是从鲜血开始的。在我国"大跃进"期间，民航安全文化就打上了"大跃进"的时代烙印，民航在基础建设极其薄弱的情况下，提出"运输航空四通八达，专业航空遍地开花"的口号，订立不切实际的最高指标，在安全工作上，把"安全第一"的理念置之脑后，安全工作不讲客观规律、不重视客观条件、不讲技术标准，安全管理失控，违章作业现象突出。从 20 世纪 80 年代末开始，中国民航进入了制度管理、规章管理、科学管理的阶段。90 年代开始，民航法规开始走向系统化，特别是 1996 年 3 月 1日，《中华人民共和国民用航空法》颁布实施，这是一部让民航走向正规的"大法"。从这个阶段开始，民航发展经历了 3 次体制改革，也形成了现在中国民航三大航空公司并驾齐驱，数家航空公司紧紧追赶，良性竞争的局面。2009 年，国际飞行安全基金会将全球唯一的"世界民航安全杰出贡献奖"授予中国民航。至今，我国现有的安全文化，顺应世界安全文化发展、科技发展的时代大潮，融入了以人为本、科学发展的先进文化因素，既是时代的产物，也凝结了中国民航人数十年的心血。

### 4. 民航安全文化的系统性

为了说明这个问题，我们看看如下的案例：2011 年 4 月 2 日，一架湾流 G650 飞机在新墨西哥州从罗斯威尔国际机场 21 号跑道起飞过程中坠毁，全部机组成员——两名飞行员和两名试飞工程师罹难。本次飞行是进行一个发动机起飞失效的试验。

NTSB 的调查报告显示，如下几方面是事故的主要致因：

（1）在技术规划和监督方面，湾流公司没有有效地分配飞行测试工程师的工作量。

（2）先前的试飞测试过程中，数据不用于测试之前计算精确速度。

（3）项目经理没有建立适当的控制，以确保测试前完成必备任务，也没有确保有效的验证过程，如动态模拟方式被用来确保计算准确的起飞速度。

（4）湾流公司为飞行测试项目已经设立了一个雄心勃勃的时间表，但该项目频繁出现延误，致使不能实现最后完成期限。

（5）公司还缺乏技术和安全监督的组织过程，用于减轻延误压力的影响，减少差错，识别并更正错误。

（6）湾流公司承认过紧的时间表可能助长了在飞机测试过程中"不愿意挑战关键的假设"。

（7）湾流公司建立了美国联邦航空局批准的飞行测试风险评估项目，飞机认证测试过程中进行评估将风险降至最低。然而，这个项目并未发现低空失速或飞机非指令性滚转的潜在危害。

（8）最后，该公司的安全程序缺乏安全保证。在调查时 NTSB 发现以前出现过类似问题的报告。湾流公司并没有适当的政策和程序，将这些异常事件报告进行正式分析。

从以上事例我们可以看到，民航企业的安全文化不是由某些人、某些部门来负责的，安全文化是一个系统，关乎企业运行的各方面都是这个系统的有机组成部分，任何一个环节出现问题或者低效都会降低企业安全文化的水平。曾出版过《人的差错》一书的 James Reason 博士曾强调"安全文化是一个系统工程"。

## 七、民航安全文化的基本功能

### 1. 民航安全文化的导向功能

民航安全文化一经形成与发展起来，就成为了组织成员思想、行为的依据，带有非常明显的倾向性，其往往以"应该"或"必须"来引导从业人员的安全工作行为，使之符合民航安全生产的要求，而以"反对"或"不能"来规范引导民航从业人员的行为，使得不符合民航安全生产作业的行为尽可能地不出现，对民航从业人员的安全思想与行为会产生指导性、方向性的作用，能够深刻影响民航从业人员的安全工作思维和行为方式。如民航局在 1992 年《中国民用航空局关于确保飞行安全的命令》中完整地提出了"八该一反对"的概念和详细条款。其精华纲目是："该复飞的复飞、该穿云的穿云、该返航的返航、该备降的备降、该绕飞的绕飞、该等待的等待、该提醒的提醒、该动手的动手，反对盲目蛮干。"这是在当年飞行规章不全、安全管理经验不足、人员专业素养偏低、勤务保障手段落后的情况下，中国民航围绕飞行运行全过程中最容易发生问题的九大方面，总结提炼出的相应的针对性原则，经历数十年的不断教育后，已经成为中国民航安全文化的重要组成部分，经过一代代民航人的实践和完善，"八该一反对"共形成了 45 条具体条款。其中，有 38 条是用来描述和设定"该"做什么的定量或定性标准的，其余是用来描述和设定"反对"什么的标准的。"八该一反对"作为一种独特的安全文化，已经化作了中国民航飞行员的安全行为，对保证飞行安全起到了非常明显的促进作用。

### 2. 民航安全文化的凝聚功能

民航安全文化是以安全价值观为核心的，一旦其安全价值观念体系被企业的员工认同后，就会产生一种黏合力，形成具有持续性的共同的认知系统和习惯性的行为方式。这种共同的认知系统和习惯性的行为方式使企业员工彼此之间能够达成共识，形成心理契约，从而形成强大的凝聚力。如中国东方航空公司于 2004 年正式确定企业的核心价值观——精诚共进，并在东航范围内全面推广，其中，"精"体现"精益求精"，将公司打造成精品航空企业，吸引和培养具有精明头脑和竞争素质的人才，树立和落实精简务实的工作态度和一丝不苟、精益求精的工作作风；"诚"体现"诚信与忠诚"，诚信对待客户与股东，企业诚信于社会，员工忠诚于企业；"共"体现"以人为本"，指东航的事业来自全体员工和谐与共的团队意识和同舟共济、共同发展的坚定信念；"进"体现"开拓创新"，这是企业生存的硬道理，永不满足，不断超越，用创新来推动进步。一旦东航的员工认同了这样的企业文化，就会将自身发展与企业发展联系到一起，心往一处想，劲往一处使，形成强大的凝聚力，促进个体和企业的发展。

### 3. 民航安全文化的激励功能

良好的安全文化激发人的能动性，可促使人们千方百计弥补设备和规章的不足。在设备、技术存在缺陷，规章、标准尚未覆盖的情况下，激发人的能动性，可以使人发挥出最大潜能，产生强有力的互补作用。这一点在发展中国家尤为突出。发展中国家通常都技术底子薄，基础设施落后，规章制度不完善，必须靠人积极想办法来弥补，才能构成一个安全运行的体系。同样，处在我国这样一个发展中国家的基本条件之下，有的航空公司安全飞行几十年，如国际航空公司飞行总队安全飞行 45 年，而有的航空公司却经常发生事故，其根本差别就在于管理，在于调动人的积极性，在于思想作风，在于安全文化建设。

### 4. 民航安全文化的同化功能

人是文化的创造者，同时也受到文化的塑造与熏陶。在民航企业，员工的工作作风和行为不断受到所处环境的安全文化的强烈影响，不断发生着变化。民航安全文化在其发展过程中，对民航从业人员不断进行着培育、塑造和改造，使之成为与组织要求相一致的人，这就是民航安全文化的同化功能。这种同化功能主要表现在两个方面，一方面是通过工作生活中有形的教育、培训、规章制度的要求和无形的潜移默化，对每个员工的认识和行为进行改变，把员工塑造为具有鲜明行业特色的"民航人"，如民航的制度和量化程序有强烈的经验实证和理性科学的特色，"民航人"做事要求严谨、守时；凡事按照手册、规章制度执行；遇到问题以实证、数据说话等。另一方面是对整个民航系统或企事业单位的观念和行动通过法律法规、咨询通告、文件等进行规范和整合，使之达到整体统一，确保民航的系统性。两个方面的有机结合，才能保证民航安全生产沿着既定的目标发展。

# 第二节　安全文化与标准操作程序

## 一、标准操作程序

### 1. 标准操作程序的含义

标准操作程序（Standard Operating Procedure，SOP）是指为有效地实施和完成某一工作所拟定的标准而详细的书面规程，通俗地说就是我们在进行各项工作前，要学习的相关工作流程，这个工作流程也可称为标准操作程序。各行业都有各自的标准操作程序，在民航，各个不同的工作岗位上也有各自不同的标准操作程序。在本书中，我们谈的标准操作程序主要是指机组标准操作程序。

机组标准操作程序是飞行员在执行飞行任务中必须遵守的行为规范，它用标准的流程和语言，明确了每一飞行阶段飞行机组的任务和职责，主要包含：机组责任分工；自动设备的使用；检查单的使用；正常程序；标准喊话等。飞机制造商从技术和使用的角度考虑，为飞行机组提供飞行中安全有效地操作飞机的最佳程序，并且会根据制造商的经验和用户的意见，不断进行更新和修订。标准操作程序既是飞行安全操作的必需程序，也是飞行员初始训练、定期复训的操作指南。

国际民航组织充分确认了机组标准操作程序对安全飞行的重要性，在其发布的国际民用航空公约附件6（增补）以及 PANS OPS 8168 号文件第五卷中明确规定：各成员国运行合格证持有人（即航空公司）的飞行手册中，每一飞行阶段都应有机组标准操作程序。

2. 机组标准操作程序主要特点

有效的机组标准操作程序应具备以下特点：

（1）具有适用性。

（2）具有可操作性。

（3）易于理解。

（4）机组职责划分明确。

如果机组标准操作程序不具备以上特点，则说明该程序可能流于形式。当这种情况出现时，表明该机组标准操作程序没有达到效果，应当重新修订或需要更新。

## 二、安全文化与标准操作程序的关系

### 1. 指导和制订标准操作程序

一个航空公司的安全文化决定了航空公司以什么样的指导方针来制订本公司的标准操作程序。由于有效的机组标准操作程序是通过航空公司管理者与飞行运行人员，包括机组之间的良好配合产生的，因此良好的安全文化能够促进机组成员和其他运行相关人员对于机组操作程序使用情况进行持续的反馈，从而促进航空公司的运行管理部门对机组标准操作程序做定期的修改，保持程序的持续有效和适用性。良好的安全文化还能够使航空公司充分认识机组标准操作程序的重要性，并将对其重要性的认识充分贯彻在整个运行体系中。民用航空安全依赖于良好的机组表现，然而良好的机组表现是建立在清楚、易理解的适于机组使用的标准操作程序之上的，机组标准操作程序建立后应当不断地审核和更新。

### 2. 标准操作程序是保证飞行安全的基础

标准操作程序经过严格分析、精心设计并经实践检验，在某种程度上反映了制造商的驾驶舱设计理念以及运行理念，它考虑了效能的优化、操作的简便和充分的安全裕度。因此，严格按标准程序操作是现代飞行的基本要求。只有使用标准操作程序才能保证系统参数保持在正常的工作范围内，各设备才能最好地发挥作用。一旦使用了非标准操作或超出了正常运行范围，随时都可能发生意想不到的情况。许多航空安全组织研究结果表明，具有良好安全记录的航空运营人都建立了较为完善的机组标准操作程序并坚持按程序运行，可见机组标准操作程序是保证安全飞行的基础。

一旦偏离标准操作程序则会增加潜在的风险、增加工作负荷和额外失误的可能性，从而降低飞行效益和安全裕度。如1973年的运-5型8097号飞机撞山失事事故，就是典型的违背"严格机长教员标准"而送人情放机长酿成的严重恶果。再如执行检查单方面，民航局多次要求机组按规定程序执行检查单。1992年7月我国一架雅克42飞机因机组没执行检查单致使飞机起飞时平尾设置错误而失事后，民航局更是三令五申要求执行检查单。血的教训，按理应能引起人们警觉。但一年后的1993年7月份，一架BAe146飞机在银川因起飞时襟翼未放出而失事，舱音记录证明，机组又没有执行检查单！4个月后，1993年11月，MD-82乌鲁木齐空难，事故的一个重要原因就是没有执行检查单。可见，一旦不按照标准操作程序操作，飞行余度就会大大降低。

### 3. 安全文化影响标准操作程序的执行

一个组织的安全文化最终通过一些具体的行为来体现，如组织对偏离标准程序的操作以什么样的方式进行惩罚等，这会在组织内部形成一种共识，这种共识就形成了一种氛围。如果一个航空公司的飞行员在低于标准的情况下勉强落地成功，有人认为是技术过硬；在海上飞行发生单发，不按规定就近备降，而是违章飞到目的地，有人主张表扬。如果飞行员在类似的违规操作中被认为是好样的，少受甚至不受惩罚，那么该公司的其他飞行员在执行"该复飞时复飞"这一类的安全准则时就会犹疑，甚至有可能作出错误的选择，这样一种文化氛围必然造成规章、标准失去其严肃性，得不到执行。

如果对偏离标准操作程序进行严厉的惩罚，飞行员自然会做出行为上的选择，久而久之，这种选择就会融入安全文化，成为一种理所当然的事情。如2010年伊春空难过后，中国民航局发布文件规定"凡发生未建立目视参考低于决断高度或最低下降高度飞行的事件，航班责任机长一律吊销执照"，并在各航空公司组织飞行人员进行学习，随后，又对数名违反了规定的飞行员执行了停飞、吊销飞行执照等严厉的惩罚，从而大大减少了类似不安全事件的发生。

## 三、安全事件会推进安全文化和标准操作程序的完善

飞行事故会带来巨大的人员财产损失和经济、政治影响，从这个角度来说，我们都不愿意看到飞行事故的发生。但是，过往的经验表明，包括空难在内的安全事件是推进民航安全文化和标准操作程序的巨大力量，可以说，没有前人的血的教训，也就不会有今天蓬勃发展的航空业。

一般来说，空难过后人们关心的一个问题之一就是："我们如何才能避免再次发生类似的灾难呢？"这样的思考促使人们在空难过后积极推动技术的进步和标准操作程序的完善。我们用一些案例来说明：

案例 1：1952 年 4 月美国泛美航空公司的 DC-4 迫降于水面，全机 69 人只有 17 人获救，没有更多人获救的主要原因是机组没有及时把飞机情况通知乘务员，甚至没有告知他们飞机准备水上迫降。而救生筏放在后舱，飞机接水后，仅仅来得及打开一个救生筏。这起空难使得当今各国的航空公司改变了安全须知的内容，现在，每架定期航班都在起飞前向乘客介绍水上逃生知识。

案例 2：1956 年 12 月，泛加拿大航空公司一架 DC-4 飞机起飞后报告 2 号发动机起火并关闭，在返回机场的过程中，遇到恶劣的结冰条件，飞机坠毁于山上，62 人全体罹难。此后，各国适航当局陆续要求当飞机在遭遇故障时，首先考虑放掉部分燃油，减轻自重，以弥补动力不足时的性能下降。当前，空中放油仍然是飞机遇险时一条最基本的安全保障措施。

案例 3：1985 年 8 月 12 日，日本航空 123 号航班搭载 509 名乘客及 15 名机组成员，从日本东京的羽田机场，预定飞往大阪伊丹机场，却最终撞毁在距离东京 100 km 的山上，仅 4 人奇迹生还，成为民航史上单一架次飞机空难中死伤最惨重的一次空难。从那以后，对飞机舱壁上的此类型维修得到了更严格的监测与控制。

案例 4：2009 年 6 月 1 日，法航 447 航班在从巴西里约热内卢飞往法国巴黎途中遭遇恶劣天气，坠毁在大西洋，216 名乘客和 12 名机组人员无一生还。调查认为，这起空难祸起飞行员对自动飞行控制系统的过度依赖。事故发生时，经验丰富的机长正在休息中，留在驾驶舱的两名副驾驶无力力挽狂澜。法航 447 直接促使空客与波音两大飞机制造商修改其操作章程，促使航空业更重视飞行员手动操纵飞机的培训。

# 第三节　安全文化与机组资源管理

人们对安全问题的态度和处理方式受安全理念的制约，例如，系统安全的观点认为发生事故是系统存在这样那样缺陷的结果，要求查出系统各个方面、各个层次的隐患，防微杜渐，不断完善系统，从而真正落实"预防为主"的方针，把安全关口前移。反之，则会"头痛医头，脚痛医脚"，疲于被动应付事故。又如，当今航空界普遍接受的机组资源管理概念，提倡团队精神，强调发挥机组（或班组）的整体功能，要求机组（或班组）成为防止错误产生的坚强屏障。20 世纪 70 年代初提出的这一概念（当时称为"驾驶舱资源管理"），经过 40 多年来的传播和发展，现已成为民用航空运输业的重要安全准则，导致了许多方面的深刻变革。例如，在驾驶员的训练方面，以往全力培训个人，而现在重在培训机组；在飞行人员的选拔上，以往注重的是身体素质和技能基础，而现在则同时要求具有良好的心理素质和团队精神，既有严肃认真的工作态度，又能对人友善，能团结其他人一道工作；在飞行程序上，强调合理分工，协调配合；在工作氛围上，强调沟通和信息交流，主张"有疑问就说出来"，要求整个机组（或班组）始终都能保持清醒的处境意识，等等。可以说，一个公司的机组资源管理的效果，就体现了这个公司的安全文化。

## 一、良好的安全文化是实施机组资源管理的基础

机组资源管理强调发挥机组的整体作用，提倡相互信任、坦诚交流、密切协作、发扬团队精神，这些都有着丰富的文化内涵。没有良好的文化氛围，再好的程序也会流于形式，产生不了预期的效果。以安全文化为基础的标准操作程序是机组资源管理的基础，机组通过执行标准操作程序运行达到安全飞行的目的，同时，机组操作程序为建立良好的驾驶舱资源管理提供一个有效、具有可操作性的基础。

## 二、文化差异对 CRM 实施有显著影响

航空业界越来越认识到文化差异对 CRM 的影响和重要性，尤其需要关注的是，随着中国民航业的快速发展，飞行员培养数量不能满足中国民航发展的需求，国内许多航空公司开始引进外籍如美国、德国、巴西、委内瑞拉、挪威等国家的飞行员，由于来自不同国家、不同航空公司的飞行员在民族文化、语言类型及表达方式、生活习惯以及其过去所在航空公司的组织文化等都与中国民航飞行员存在较大的差别，对驾驶舱协作、CRM 训练内容及实施都有相应的影响：

### 1. 民族文化对 CRM 的影响

在民族文化中，"权力距离"是最常提到且影响最大的因素。权力距离是荷兰的霍夫斯泰德（Hofstede）教授所做关于跨文化的研究中提出的，权力距离是指一种特定文化中重视和尊重权威的程度，权力距离较高的国家的飞行员，如部分东南亚国家，机长的威信较高，通常具有不容置疑的决策权和操作权，而副驾驶即使对机长的决策与操作行为有异议，也较少提出质疑，如果提出质询也会以相当委婉的方式，他们在沟通时注意措辞，表达意见时比较犹豫，尽可能避免冒犯机长，倾向于接受专制独裁的领导方式，单向交流较多。如 2010 年 4 月 10 日，波兰总统卡钦斯基乘坐的一架图-154 飞机在俄罗斯斯摩棱斯克州北部一军用机场降落时失事，机上 96 人全部遇难，其中包括总统和总统夫人以及很多波兰高官，俄罗斯国家航空委员会在公布的最终调查报告中表示，当时天气恶劣，不合适飞机降落，但有波兰高级官员出现在驾驶舱，并对机组成员造成心理压力，影响机长在不当状况下作出不惜一切代价降落的决定，多次复飞失败后最终坠毁，这是飞行员屈从于权威的典型案例。权利距离较低的国家，如美国、爱尔兰和澳大利亚，飞行员在驾驶舱内地位较为平等，副驾驶在发出质疑时倾向于大胆直接，机长也较少感受到自己的权威遭到质疑，驾驶舱内双向交流居多。

### 2. 企业安全文化对 CRM 的影响

安全文化是企业文化的核心，对飞行员的决策与操作行为具有深刻影响，会促使或防止违规行为的发生。如 1987 年 3 月 4 日，一架 CASA C-212-C 飞机在美国密歇根州的机场跑道入口处坠毁，导致 9 人丧生。其直接原因是机长违规飞行，故意使用螺旋桨的反推方式下降，这样飞机在进近时可以快速减速便于着陆。不幸的是，机长在试图从低速不对称推力状态下改出时未能控制住飞机。机长擅自改变操作规程在飞行手册和公司运行程序中

都是严格禁止的，但是副驾驶却没有提醒和劝告。事故调查表明，其背后的深层次原因是该公司容忍快速、省时、"高效"的进近方式，久而久之成为公司组织文化的一部分，飞行员慢慢将这种方式视作合乎规范的标准程序，并按照这种程序进行操作。

2009年2月12日，一架庞巴迪Dash-8 Q400飞机在飞往水牛城途中坠毁，造成50人死亡。NTSB的事故调查报告显示，该航班机长未能恰当操纵以应对失速抖杆，从而导致飞机没能从空气动力失速中改出。报告还指出，该航班机长在公司的飞行检查中3次不合格，原因是其训练不足和熟练度不够，而航空公司并没有对其在飞行检查中暴露的这些问题进行恰当的管理，进一步的调查显示，本次空难中所发现的机组训练不足的问题普遍存在于支线航空公司中，并逐渐成为一种惯例，是公司安全文化的一种体现，由此，FAA连续推出了多项改进措施，分别针对机组考核及训练管理、领导能力训练、失速改出训练等，并重新修改了飞行员飞行与执勤时间的规定，以降低机组疲劳。

### 3. 职业文化对CRM的影响

飞行员的职业文化是对于其职业有很强的自豪感，热爱飞行工作并有强烈的动机将工作做好。该文化有助于组织将安全及效率贯注于日常运行中，但是飞行员普遍存在的个人完美操作的倾向，也会给机组协作与飞行安全带来负面影响。依据研究指出，不同民族文化的飞行员普遍认为他们的决策能力在紧急状况时与正常情况下一样好，飞行表现不会受到个人问题的影响，在高度压力下不会犯下较多的差错。这些个人完美操作的错误认知可能导致机组协作行为的缺失（如缺乏交叉检查）或失败（如决策错误）等。

## 三、安全文化会转变人的"不安全行为"

人的不安全行为是指作业人员违反安全生产规章制度和安全操作规程的行为，从机组操纵的角度来说，不安全行为就是不遵守标准操作程序、操作手册及规章制度。这些不安全行为主要表现为操作上的"错、忘、漏"以及忽视安全、忽视警告、未佩戴和正确使用防护用品等。产生不安全行为的内在因素包括各种心理态度，如侥幸、走捷径、从众、炫耀、厌倦、逆反等，从外在因素来看，包括环境的影响、作业程序的影响及管理不当等。安全文化通过设定的一系列政策、规则、行为习惯、奖惩制度等，对人的行为进行控制，不断转变人的不安全行为到安全行为，具体来说，包括：

（1）政策与规则控制。政策与规则控制具有强制性、规范性，这种控制方式有助于限定部门或个人的主观判断及要采取的行动。

（2）管理控制。是依靠安全生产机构的权威，运用命令、规定、指示等手段，直接对管理对象执行控制管理。安全生产控制内容包括：建立机构、信息沟通、建立安全生产管理体系，以及划定不同层次安全生产管理职位的权利和责任。

（3）团队影响力控制。团队压力的存在，可以促进团队思想和行动一致，有利于安全生产目标的完成，有利于改变个体的不安全行为，这种作用在某些情况下，其影响力会较大。

（4）实施评价控制。实施评价是安全生产为了防止并更正不安全行为的一种有效的控制手段。在安全生产中，一系列奖励和惩罚往往都来自于实施评价，奖励与惩罚是实施评价的结果。

（5）纪律控制。纪律控制即纪律惩处，通常采用累进纪律惩处制度，它是采用循序渐进的惩处步骤来规范职工的行为。如惩处累进从口头警告、书面警告、组织通报、留职查看、降职降薪直至最终开除。

## 四、良好的安全文化塑造出行为上的"自觉性"

当员工认识到安全的重要性，并以安全的需求不断塑造和改进自身的行为后，逐渐会不再把安全要求视为一种自我约束，而是一种自然而然的行为习惯，在日常飞行和突发情况时，会自然地做出符合安全要求的行为，可以说达到了自由自觉的道德境界。如 2010 年"8·24"伊春空难中，当班乘务长卢璐和空乘周宾浩在客机坠毁后，放弃逃生机会，卢璐在飞机破裂的上方缝隙紧急疏散乘客，周宾浩则站在尾舱指挥者数十名乘客撤离，最后在飞机爆炸中遇难。2009 年 1 月将空客 320 安全迫降到哈德逊河上的英雄机长切斯利·萨伦伯格在自己的自传《最高职责》中写道："航空飞行要求有一种对于卓越的不懈追求。"他能够完成"哈得逊河奇迹"，是因为他和他的同事"在一个历经数十年发展起来的、健全的安全系统中操作……拥有卓有成效的安全文化……学会了减少驾驶舱层级管理……"为了一个令人满意的结果和共同的目标，每一个从事飞行职业的人，都需要承担应尽的责任。归根到底，一切都是为了我们的乘客。更难能可贵的是，萨伦伯格机长在所有乘客撤离后，手持手电筒在飞机中巡视了数遍，确认是否还有其他人在飞机上，他是所有人中最后一个离开飞机的人，也是所有人当中最后离开救生筏的人。萨伦伯格说："我的职业操守很明确：我必须精心照料我的旅客都得救后，我才能离开。"

## ·思 考 题·

1. 民航企业的安全文化需要注意哪些问题？
2. 在今天航空公司多国籍、多地区飞行员的情况下，其安全文化应有什么样的变化？
3. 机组标准操作程序如何体现出公司安全文化？
4. 安全文化与机组资源管理有什么样的交互作用？

## ·案 例 讨 论·

阅读资料：*outliters*"第七章　飞机失事的族裔理论"节选
大韩航空的安全文化演变

大韩航空（Korean Air）全名是"大韩航空株式会社"。其母公司是 Korean Air ITDC。大韩航空的前身是成立于 1962 年的韩国航空公社（Korean Air Lines），原是由韩国政府所有的国营航空公司，1969 年私有化时由韩进运输集团接管。大韩航空是韩国最大的航空公司，是代表大韩民国的航空公司，同时也是亚洲最具规模的航空公司之一。大韩航空是"天合联盟"航空联盟的创始成员之一。

1997 年 8 月 6 日，大韩航空 801 号班机从汉城飞往关岛阿加尼亚市。夜间飞机试图降落过程中，机组人员错误地将飞机下降至较预定高度 440 m 低 243 m 的高度，导致飞机在 198 m 的高度撞上海拔 216 m 的尼米兹山，17 名机组人员和 237 名乘客中，只有 3 名机组人员和 23 名乘客生还。事后调查显示，机长未能正确执行非精确着陆程序，以及副机长和各机师未能互相监督机长的操作行为，是导致事故发生的主要原因。此次事件被称为关岛空难。

美国国家运输安全委员会是专门负责美国国内飞行事故调查的政府机关，关岛空难发生后，NTSB 负责调查此次事故。按规定，调查报告必须包含自调查之日起到调查结束止，大韩航空公司新发生的其他事故。而大韩航空的事故如此之多，调查人员在附件中列出了长长的一串：

就在关岛事件发生一年后，大韩航空 8702 号班机（波音 747-4B5）在首尔金浦机场着陆时冲出跑道。接下来的 3 月份，大韩航空 1533 号航班（麦道 MD-83）直接冲向浦项机场的护栏。一个月后，大韩航空 6316 号班机（MD-11F 型货机）由上海飞往汉城，在起飞后不久坠落于虹桥机场附近的莘庄镇，造成机上 3 名机组人员和地面 5 人遇难，该事故的起因是机组将塔台指示高度 1 500 m 错判成 1 500 ft，这就是上海坠机事件。

如果美国国家交通安全委员会能够再等上几个月，他们的失事记录中将会增加一条：一架大韩航空的货机从伦敦斯坦斯泰德机场起飞，不久就发生了坠机事故。在这次事故中，调查人员发现驾驶舱中的蜂鸣器报警达 14 次之多。

大韩航空原名为韩国航空公司，关岛事故后更名为大韩航空。在巴伦支海事故之前的 1971 年和 1976 年，该航空公司还有过两次航空事故。

我们可以比较一下事故的相关统计。1988 到 1998 年，美国联合航空公司的航空器损失率为百万分之 0.27，也就是说联合航空每飞行 400 万次会在一次事故中损失一架飞机。而大韩航空同期损失率为百万分之 4.79，是前者的 17 倍之多。

1999 年在伦敦斯坦斯泰德机场严重坠机事故发生后，大韩航空被指责为"航空界安全记录最差的航空公司之一"。频繁的飞行事故，导致 1990 年代末期加拿大航空（Air Canada）、法国航空（Air France）、达美航空（Delta Airlines）中止与大韩航空实行"代码共享计划"。美国国防部也多次将大韩航空公司列入黑名单，并力劝部门工作人员尽可能避免乘坐大韩航空的班机。加拿大官方也通知大韩航空管理层，他们正在考虑禁止其飞机飞越或降落加拿大领空。

事实上，答案并不复杂，但如果不能了解韩国文化中等级制度对整件事故的重要性，那么大韩航空公司就不会取得如此成功的转变。

先来了解韩国的文化对于沟通的影响：

在韩语中，根据不同场合以及谈话对象，可以分为 6 种不同程度的谈话方式。根据讲话者和听话者的关系可以分为：尊敬阶、对等阶、对下阶、基本阶和非格式阶。

那天晚上，当他们为飞行计划做准备的时候，副驾、工程师都会向机长鞠躬，当下级对机长讲话的时候，他不敢使用任何亲密或者熟悉的语体。通过谈话来确认两个人之间的关系是韩语文化中最需要重视的部分（用谈话的用词来显示的地位和身份的差别）。

韩国语言学家侯名松（Ho-min Sonhn）写道：

在餐桌上，晚辈或者下级必须等长辈坐下开始就餐以后才能入座；下级不可以在上级面前抽烟；当与上级喝酒的时候，下级必须把杯子藏起来并在喝酒时将脸转向侧面……下级问候上级的时候必须鞠躬。当遇见上级或上级出现在某种场合时，下级必须站立，且不可以在上级面前走过。所有的社会礼仪和行为都与人们的社会地位和资历息息相关。正如韩国人说的，喝凉水都应该是有顺序的。

我们来看看大韩航空公司 801 航班最后 30 min 的飞行录音，首先是机长疲惫的抱怨。

然后进入最关键时刻，副驾决定讲出他的看法（上下级等级文化，没那么容易直接讲）。

副驾：是不是下雨了？

在决定讲这番话之前这位副驾一定想了很久，因为在韩国的驾驶舱里，氛围并不轻松，直接表达出自己的想法被认为是不礼貌的。一个小的例证就是：在大韩航空公司，所有飞行员都希望在中途休息时，下级能够为上级安排就餐并送上礼物。

当副驾委婉地提醒机长"是不是下雨了？"时，我们知道他的意思是这样子的：

机长，你要求执行目视进近，又没有备选方案，并且外面的天气如此糟糕，你认为我们能够穿越云层看到跑道吗？如果我们失败了呢？况且外面漆黑又下着大雨，跑道灯（指机场里面为飞机着陆的设备）又关掉了！

但是，这位下级没有直接讲出来，他做了暗示，并且他的想法中，他已经向上级讲了一个下级能对上级说的最多的话（在韩语等级文化中，下级这样子已经说的够多了）。

副驾因此再也没有提及天气（第一个错误没有纠正，接下来继续看多个错误的叠加导致的致命灾难）。

这个时候，飞机突破云层，机长看到了远方的光芒。

飞行工程师问道：那是关岛吗？

飞行工程师在稍做停顿后，他继续说道：那是关岛，关岛。

机长边笑边说："好。"

但事实上，情况并不好，那只是幻觉。因为他们刚刚穿过云层，他们距离机场还有 20 mile，并且等待他们的气候状况不容乐观。飞行工程师了解这一切，因为飞行工程师的职责就是检测气候状况，因此现在他决定讲出来。

"今天，气候雷达对我们提供了很大帮助。"飞行工程师对机长说。

气候雷达对我们提供了很大帮助，这其实是机组人员向机长做的第二个暗示。飞行工程师所说的，正是前面副驾所提到的（他当时说下雨了是暗示）："今天晚上不适合进行目测着陆，天气雷达的检测告诉我们，我们前面有危险。"

在西方人听来，在这个时候谈论这个话题是件很奇怪的事情。语言学家称西方人的沟通为"以说话人为导向"——这意味着清楚并准确地表达想法是说话者的责任（英文就是简单清晰明了，没那么委婉）。

韩国与其他亚洲国家一样，是以倾听者为导向的国家文化。他们倾向于去倾听理解对方所说的事物。在那位大韩航空的工程师眼里，由于处在那种文化环境下，他心里觉得已经说的够多的了（所以不会明确讲）。

后来发生在伦敦的空难是这种文化影响飞行安全的典型例证。1999 年 12 月 22 日，圣诞前夕，大韩航空 8509 次航班（波音 747-2B5F 型货机）从伦敦斯坦斯泰德机场飞往意大利米兰，机长朴得圭，是韩国空军退役中将，有数千小时波音系列飞行驾驶经验，技术过硬，不仅在大韩航空，在韩国航空界都有相当高的威望。

飞机刚刚升空，还在第一个转弯的过程中，突然向左侧剧烈倾斜，同时机头下倾。最终，在升空后仅 55 s，飞机就以下倾 40°，左倾 90° 的离奇角度狠狠撞击地面。撞击时速度高达 250~300 kt，合 470~570 km/h。事故调查表明，飞机上的 3 台姿态仪中，有 1 台曾经报告故障，坏掉的那台刚好就是机长用的。原来，这次空难是因为仪器出了故障，机长操纵飞机转弯的时候，姿态仪没有正确反应，或者说，它干脆什么反应都没有，以至于机长觉得飞机没有响应自己的操纵，于是继续向左压操纵杆直到飞机失控，最终才坠毁的，这是一次仪表故障造成的事故。但奇怪的是，飞机上剩余的两台姿态仪是正常工作的，得知机长操作失误的副驾由始至终都没有提醒机长，原因是他很年轻，经验和资历都远远不及机长，而且在地面等待时，由于延误，心情变糟的机长毫不客气地狠狠骂了副驾一顿，导致在飞机撞地的最后几十秒，副驾都没有开口说一个字，也没有做任何操作来挽救飞机和自己的生命，只是眼睁睁地看着资历威望远高于自己的机长开着飞机撞向地面。可以说，为了退役中将的面子，为了不挑战所谓的"权威"，副驾甚至不惜付出自己的生命。

讨论：

1. 韩国的民族文化如何影响到大韩航空的机组的操作？

2. 我国的民族文化可能以什么样的方式影响到机组的操作？

# 第十八章　威胁和差错管理

第六代 CRM 在继承了第五代 CRM——差错管理的基础上，又结合飞行风险管理，提出了威胁和差错管理模型（Threat and Error Management，简称 TEM）。威胁和差错管理模型为搜集和分类整理安全数据提供了一个可以量化的框架。对飞行中潜在的安全威胁和对这些威胁的处理情况进行编码和记录，同时编码和记录的还有这些威胁引起的错误和飞行机组对错误进行管理的情况，这个项目就是国际航空界提倡的航线运行安全审计（LOSA）系统。它以威胁和差错管理模型（TEM）为基础，以分析和研究航空安全管理中的关键性因素——人的因素为目标，来搜集和分析正常运行中的安全数据。在中国民航局新近颁布的执照考试大纲和知识点中要求重点掌握的内容有：威胁的概念，威胁的识别与管理，差错的概念及差错管理，非预期航空器状态的概念，非预期航空器状态的识别与管理。

# 第一节　威胁和差错管理概述

威胁和差错管理是一种包含了航空运行和人的表现的安全概念。它并不是一个革命性的概念，而是通过人的因素在实践中的综合应用，从而不断深入改进航空运行的安全裕度而逐渐发展的产物，是行业经验集中的产物。通过认识运行环境对人的表现的影响得出进一步结论：在航空运行领域仅单纯研究和考虑人的表现是不够的。在关系到改善航空运行的安全裕度的问题上，抛开环境仅研究和考虑人的表现是远远不够的。因此，威胁和差错管理目标是提供广泛审核动态和复杂操作时人的行为的原则性方法，这些复杂影响所产生的后果将直接影响安全。

## 一、威胁和差错管理的基本概念

### 1. 威　胁

威胁是指在飞行期间应加以注意和应对的外部事件或差错。这些外部情况增加了飞行操作的复杂程度，容易诱发机组出现差错，并在一定程度上影响飞行安全，应加以管理才能保证足够的安全裕度。威胁可能是预料之中的也可能是预料之外的，如恶劣天气、组织失效、运行压力等，如图 18-1 所示。

美国联邦空管局（FAA）采用航线运行安全审计（LOSA）系统对 3 500 架次飞行进行数据采集。通过统计分析发现，72%的飞行都经历过至少 1 次，最多 11 次的威胁。平均每次飞行面临 2 次威胁。常见的威胁分布如表 18-1 示。

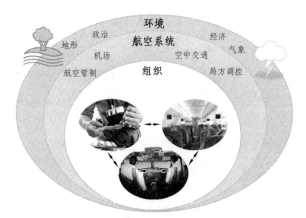

**图 18-1　飞行中的威胁**

**表 18-1　威胁分布表**

| 复杂的地形 | 30% |
|---|---|
| 不利的天气状况 | 28% |
| 飞机故障 | 15% |
| 不正常的空管指令 | 11% |
| 外部错误（机务、签派） | 8% |
| 工作压力 | 8% |

## 2. 差　错

差错指背离机组意图或预期的机组成员的行为或既定工作的错、忘、漏现象。差错包括不遵守规章制度、违反标准操作程序和政策，以及背离机组、公司或空中交通管制的指令或要求等。运行过程中的差错往往会降低飞行安全裕度，差错管理不当容易导致或诱发新差错或非预期的航空器状态，增加事故征候或事故发生的概率。

**表 18-2　差错举例**

| | |
|---|---|
| 飞机操作差错 | • 人工操作/飞行控制：垂直/水平/速度偏差，不正确的襟翼/减速板、反推或功率设置。<br>• 自动设备：不正确的高度、速度、航向、自动油门设置，使用不正确的模式。<br>• 系统/无线电/仪表：错误使用组件、防冰、高度表、燃油开关，错误的速度游标设置，错误的无线电调谐频率。<br>• 地面导航：试图落向错的滑行道/跑道，滑行过快，错过等待点，错过滑行道/跑道。 |
| 程序差错 | • SOPs：为交叉检查自动设备输入。<br>• 检查单：错误口令和回答，漏项，检查单执行过晚或执行时机不当。<br>• 喊话：漏掉/不正确的喊话。<br>• 简令：遗漏，漏项。<br>• 文件：错误的重量和平衡、燃油信息、ATIS、放行信息记录，错误理解文字说明，错误填写记录本，错误事实 MEL 程序 |
| 交流差错 | • 机组对外通信：错误呼叫，错误理解指令，错误地复诵，得到错误的许可、滑行道、停机位或跑道信息。<br>• 飞行员之间交流：机组间交流错误或理解错误 |

### 3. 非预期的航空器状态

非预期的航空器状态指明显降低飞行安全裕度的航空器位置、状况或姿态。例如，不稳定进近、航空器侧向偏差、重着陆等。由于无效的威胁和/或差错的管理所导致的非预期航空器状态可能造成危及安全的情况并降低运行的安全裕度，而非预期航空器状态通常被认为是导致事故征候或事故的首要因素，所以飞行机组必须进行有效管理。

表 18-3  非预期航空器状态举例

| | |
|---|---|
| 飞机操作 | • 飞机控制（姿态）<br>• 垂直、水平或速度偏差<br>• 非必要的穿越气象环境<br>• 穿越未批准空域<br>• 超出飞机限制操作<br>• 不稳定进近<br>• 在不稳定进近后继续着陆<br>• 着陆目测高、拉漂，重着陆或偏离中心线着陆 |
| 地面导航 | • 滑向错误的滑行道/跑道<br>• 错误的滑行道，机坪，停机位或等待点 |
| 错误的飞机构型 | • 错误的系统构型<br>• 错误的飞行操作构型<br>• 错误的自动设备构型<br>• 错误的发动机构型<br>• 错误的重量和平衡构型 |

## 二、威胁和差错管理模型

威胁和差错管理模型（见图 18-2）是一个概念性框架，它帮助我们从运行角度来理解在动态和复杂的运行环境中，安全和人的表现之间的内部关系。威胁和差错管理模型在兼顾运行环境的同时还需要考虑在这种环境下履行运行职责的人。因此，这一模型具有对人和系统表现的分析性和诊断性。

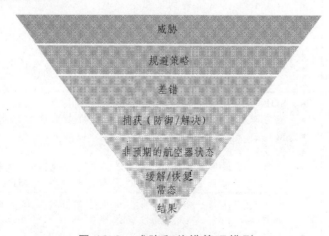

图 18-2  威胁和差错管理模型

威胁和差错管理模型主要应用于以下 3 个方面：

（1）威胁和差错管理模型作为一种安全分析工具，它在进行事故或事故征候分析时能够关注单个事件，能够在运行审计时从安全管理角度来对能力进行定义。

（2）威胁和差错管理模型也被作为一种执照考核工具，用来帮助明确对人行为的要求、能力标准和人行为的弱点，并从安全管理的角度来对能力进行定义。

（3）威胁和差错管理模型被作为一种训练工具，帮助训练机构改善训练的有效性。

威胁和差错管理最初是为了机组内的运行操作而开发的。而现在，它可以被用在一个组织内部的不同层面和部门，还可以用于航空业的不同组织之间，但有别于单纯的第三代 CRM 理论（公司资源管理），在进行威胁和差错管理时要时刻保持一线用户的视角，根据由"谁"来进行威胁和差错管理（飞行员、乘务员、签派员、机务或空管甚至公司的中层管理人员，高层管理人员），可以按需对相关定义稍作调整。在这里，我们以飞行机组作为主要的"用户"来讨论机组使用威胁和差错管理的相关问题。

# 三、机组对策

使用恰当的对策来避免威胁、差错和非预期的航空器状态以提高航班运行的安全裕度是机组正常运行职责的一部分。机组在确保飞机安全运行的对策上花费的时间和精力是相当多的，有观察表明，飞行机组多达 70%的活动与对策相关。这些对策可以被分为两类：

## 1. 基于系统的对策

机组使用的避免威胁、差错和非预期航空器状态的对策是利用航空系统提供的"硬件"资源建立的。这些资源是机组履行职责之前已经在系统中存在的，因此他们被视为基于系统的对策。这些资源包括：空中防撞系统（ACAS）、近地警告系统（GPWS）、标准运行程序（SOPs）、检查单、简令、训练等。

## 2. 基于个人和机组的战略和策略的对策

典型的个体和机组战略和策略对策包括通过对人的能力训练尤其是机组资源管理训练所获得的技能、知识和态度，它们与安全运行的人为影响关系更为直接。这种个人和机组的对策有 3 个基本类型：

（1）计划对策：管理预见的和意外的威胁。

（2）执行对策：发现差错并做出反应。

（3）检查对策：管理改变的飞行条件。

表 18-4　个人和机组的战略和策略对策举例

| 计划策略 | | |
|---|---|---|
| SOP 简令 | 简令应具有交互性和可操作性 | • 简明，不匆忙，符合 SOP 要求<br>• 设置安全底线 |
| 陈述计划 | 将要实施的计划和决定是经过沟通和相互确认的 | • 对计划的共同理解——建立共识 |

| 计划策略 | | |
|---|---|---|
| 工作分工 | 对正常和不正常情形下的工作角色和职责进行了明确的分工 | • 工作分工是经过沟通和相互确认的 |
| 偶然事件管理 | 机组使用有效策略来管理威胁、保证安全 | • 预知威胁及后果<br>• 使用所有可用资源管理威胁 |
| 执行策略 | | |
| 监控和交叉检查 | 机组成员积极监控和交叉检查系统及其他机组成员 | • 飞机位置、飞机状态设定<br>• 机组动作都经过证实 |
| 工作负荷管理 | 对运行任务进行优先排序和适当管理，已处理主要飞行工作 | • 向其他成员简述自动设备设置情况<br>• 对自动设备有效地恢复技术 |
| 检查对策 | | |
| 评估和修改计划 | 适时检查并修改现有的飞行计划 | • 共同分析机组的决策和行为，以确保现有计划为最佳 |
| 质询 | 机组成员提出问题来探讨和/或证实当前行动计划 | • 机组成员不惧怕暴露自己的知识不足 |
| 决策 | 机组成员坚决果断地陈述关键信息和/或结论 | • 及时果断的机组交流 |

# 第二节　来自客舱的威胁与支持

在运行中机组面临的威胁可能是来自飞机内部和外部多个方面的，比如天气、特殊机场和陌生机场、不规范的管制指令、飞机故障等等。在本章节中我们将重点讲述来自客舱内的威胁。与其他威胁不同的是，机组成员既可能是威胁的来源也是应对威胁时的支持与资源。驾驶舱机组和客舱乘务组的工作目标尽管是一致的，但却来自不同的文化背景，两者之间的沟通并不那么完美无缺。"存在历史、组织、环境、心理以及规章方面的诸多因素，它们会导致驾驶舱机组和客舱机组之间的误解，产生质疑态度并导致相互之间沟通不畅"（Chute and Wiener，1995）。我们将通过介绍客舱乘务人员充满挑战性的工作，来帮助读者了解客舱中潜在的威胁。

## 一、具有挑战的乘务员工作

乘务员有两项基本职责，一项与他们的服务职责有关，另一项则更为重要，与在正常和非正常状况下旅客和他们自身的安全有关。乘务员的工作要求他们在工作期间对旅客进行亲切贴心的服务，并要求他们具备处理飞行中各种医疗或其他突发事件的能力。除此之外，乘务员是经过专业训练的救生员，是旅客应急撤离时最关键的资源。然而，很多航空运输事故都是由客舱乘务的工作失职或与驾驶舱机组的沟通问题所致，其中原委与乘务工作所面临的多因素的挑战有关，这些挑战因素包括：

## 1. 历史因素

第一批客舱乘务员是 3 名 14 岁少年，1922 年由大英戴姆勒航空公司雇佣，他们穿着侍者的衣服参与航班飞行但并不提供任何服务，这些男孩在飞机上更多的是装饰作用。随后，戴姆勒航空公司的男侍职责逐渐升级，在航班运行期间向旅客提供服务。20 世纪 30 年代中后期，欧洲航空公司继续强调飞行中的旅客服务，几家航空公司都雇佣男性担任空中服务员提供旅客服务，这些人和戴姆勒航空公司的男侍就是航空史上第一批客舱乘务员。20 世纪 30 年代，艾伦·丘奇——全球第一名航空公司女乘务员的说服和联合航空公司高层管理人员的远见使联合航空公司永远地改变了飞行中服务的性质。联合航空公司开始雇佣有吸引力的、单身的注册护士作为世界上第一批女性乘务员在其航班上为旅客提供服务。她们的年龄必须小于 25 岁，其全部职责就是增加旅客的舒适感和安宁感，让旅客对这种新兴的旅行方式的安全、舒适、便利更有信心。有很长一段时间，飞行乘务工作（早期的女性乘务员）不被认为是一种职业。其主要原因是此项工作严格要求：当这些迷人的、赏心悦目的、未加入工会的年轻女性结婚之后就必须从工作岗位上退下来。虽然今天的乘务员，护士背景要求、年龄、性别、婚姻状况等方面的限制已被取消，很多客舱乘务员都是已婚人士，且大约有 20%左右的乘务员是男性，但对旅客提供服务和营造舒适客舱氛围的基本关注点一直被行业认为是乘务工作的特点。这仍然是航空旅行促销广告中的一个重要卖点。这种历史因素导致驾驶舱机组长期忽略客舱安全保障资源的存在，并对乘务人员的能力存有偏见。

直到最近，乘务员在安全方面的职责才开始得到关注。之所以如此是因为在对事故或严重事故征候的结果进行分析后发现，乘务的职责、训练、行为以及他们与驾驶舱机组的交流常常是导致事故或严重事故征候发生的原因。

1989 年 3 月 28 日发生在加拿大安大略省 Dryden 的安大略航空公司事故生动地说明了这一问题。当时安大略航空公司的一架 F-28 客机在起飞时由于机翼表面附着积冰而坠毁。一名客舱乘务看到了附着在机翼表面的积雪，但担心机长不会认可来自乘务员的操作信息便没有通知驾驶舱机组。尽管这起事故还存在其他方面的问题，但驾驶舱机组和客舱乘务员交流不畅的问题成为了事故起因的核心。而这一问题和这种心理产生的原因与乘务员职业的历史因素有着密切的关系。

## 2. 组织因素

从女性乘务员提供服务时就开始出现的、持续影响飞行机组成员和乘务员沟通的一个重要组织因素是航空公司流行的观点——客舱乘务员的首要职责是关心旅客的舒适度，包括在撤离时承担有关的职责。随之即产生了客舱服务仅是飞行机组成员外围工作的观点，这种观点使行业继续把飞行员和客舱乘务员放在不同的部门。从这两个群体的基本职责来看，这种安排并没有问题，但不幸的是，这种安排不能促进两个群体之间良好的互动。直到今天，几乎所有航空公司都开展了飞行员与乘务员之间的联合 CRM 训练，但绝大多数航空公司的联合训练仅局限在紧急撤离任务时的相互配合。

## 3. 规章因素

对乘务员来说，他们主要的业务压力是获取各种有效执照，这些执照是他们从业和取得晋升机会的首要条件。这种行业规章的存在有两个主要的益处：第一，它使从业者的素质能够得到一个基本的保障；第二，取消官方颁发的各种乘务员执照，在诸如罢工等人力资源危机时公司更容易临时或永久性地找到替代人选，这不利于保护乘务从业者的利益。但从另一方面来看，这类行业规章使航空公司需要花费大量的时间和资源向乘务员提供各类培训以使其取得并保持执照有效。这类培训占用了大量的时间和精力，但通常不够深入和有效。

### 4. 环境因素

一些任务要求和环境因素会妨碍驾驶舱和客舱之间的更好交流。例如，飞行员首先要在飞行前向签派员进行报告，以便在电脑上制订飞行计划或者批准飞行计划，分析天气状况，对航班所需油量进行预估。在事先安排好的飞行机组柜台提前办理值机手续也是一个非常重要的过程，但通常这个过程往往流于形式。客舱乘务组此时则面临不同的问题，他们一般会在不同的机组柜台办理值机手续，然后到达乘务员简令下达室。飞行机组和客舱乘务组的柜台总是分开的，有时甚至不在同一楼层上。机组成员在这段时间内都非常忙碌，机长对客舱乘务组下达简令大多数时候也只是例行公事，现在的驾驶舱内飞行员只有两名，而乘务员却可能达到 19 ~ 20 人，充分的交流在这段时间内是不现实的。

另外一个阻碍交流的环境因素是现代飞机驾驶舱和客舱连接门所形成的物理上的障碍。它使驾驶舱和客舱分割开来，按照我国现行规定，驾驶舱和客舱连接门在飞行中全程关闭。这使驾驶舱机组和客舱乘务组双方都不知道对方在做什么。封闭的驾驶舱和细分的旅客区都加剧了物理上的隔离问题。

这些情况的存在使得驾驶舱机组和客舱乘务之间很难进行有意义的沟通。它们也使良好的 CRM 培训和基于 CRM 的威胁和差错管理变得更加困难，同时也更加重要。

### 5. 旅客因素

一般说来，波音 737 配备 3 名乘务员，远程喷气式飞机上配备有多达 21 名乘务员，所有乘务员必须作为团队开展工作。由于很少有旅客会被限制登机（除非明显处于醉酒状态或不符合反恐条例），乘务员常常会遇到各种类型的旅客。他们要向年龄、性别、体格、经历、语言以及旅行感受各不相同的各种旅客提供服务，其中的挑战是显而易见的。特别是在当前的全球安全局势下，警惕和防范恐怖袭击的职责通常要求乘务员在看似和风细雨的客舱服务过程中做到"眼观六路耳听八方"。

### 6. 其他因素

鉴于一些事故及事故征候中出现的在运行上多余的驾驶舱/客舱界面问题，美国 FAA 出台了《联邦航空条例》121.542 规章（FAR121.542），规定任何飞行机组（包括乘务员）"在飞行的关键阶段都不得履行保障飞机安全运行以外的任何指责"。按照 FAA 的定义，飞机关键阶段包括所有的地面运行过程，如滑行、起飞和着陆以及所有在 10 000 ft 以下进行的飞行活动，但不包括巡航飞行。在我国的相关法规中也有类似规定：在飞行中的关键阶段及所有 10 000 ft 以下的飞行运行（除巡航阶段外）期间，任何机组成员都不得进行与安全运行无关的活动或谈话。

这种"不受干扰驾驶舱"规定的基本目的是可行的，但由于各航空公司对客舱乘务组和驾驶舱机组协作和沟通的重视程度不同，对规章的理解不同，对某些交流是否与安全相关，或是否有必要提醒驾驶舱注意的界定不清，这一规定在实施中造成了一些两难的局面。化解这一局面的一个问题是，如何界定什么是与安全有关的事项以及什么是不必要的沟通；第二个问题是，需要确切地告知客舱乘务员飞机已经下降到 10 000 ft 以下或是爬升到 10 000 ft 以上，是否脱离关键阶段。有些航空公司使用特殊的 PA 通知，有些是使用排好顺序的声音信号，有些只是简单告知乘务员起飞后 10 min 和着陆前 10 min 为不受干扰阶段，但总之，清晰的时间和交流内容界定能够帮助驾驶舱机组获取来自乘务员的安全支持。例如，美国航空公司安全热线提出的 23 种乘务员必须报告的情况（1998 年 6 月）：

（1）当发生侵犯性活动时（例如，炸弹威胁或劫机）。

（2）当违反了保安程序时。

（3）当客舱准备好紧急着陆时。

（4）当通信系统（如 PA、录像设备或呼唤铃）失效或损坏时。

（5）当飞机释压时。

（6）当遇到破坏性旅客时。

（7）当应急设备不能使用或丢失时。

（8）当发生了紧急着陆时。

（9）当航空器实施了应急撤离时。

（10）当客舱出现火/烟/雾时。

（11）当客舱出现危险物品时。

（12）当客舱遇到醉酒旅客时。

（13）当折叠椅损坏或不能使用时。

（14）当厕所的水外溢时。

（15）当潜在的危险会导致乘客或乘务员受伤时，例如，破损的地毯或损坏的手推车。

（16）当出现有必要强制执行 FAR 的问题时。

（17）在不得干扰驾驶舱期间发生了干扰驾驶舱的安全问题时。

（18）当遇到明显的颠簸时。

（19）当因不注意而放下滑梯时。

（20）当厕所烟雾探测器报警或被损坏时。

（21）当由于旅客吸烟导致事故征候时。

（22）当发生会降低安全标准的任何事件时。

（23）能为提高客舱安全提供有用信息的任何事件。


## 二、乘务员的沟通与协作

1985 年，FAA 人为因素研究计划提出的目标之一就是提高驾驶舱和客舱机组成员之间沟通和协作有效性。"机组的协作不仅发生在发生紧急情况时非常关键，在正常运行中也非常关键……尽管他们是作为两个不同的机组进行培训、排班以及被认为是两个独立的机组，但是驾驶舱和客舱机组成员应当作为融为一体的机组成员工作"（Cardosi and Huntley，1988）。目前，几乎所有人都认同飞行员和乘务员联合训练这种训练方式具有激发性、积极性和教育意义，应当值得推崇和鼓励。

乘务员在航班运行中通常有两类沟通，一类是驾驶舱与客舱之间的沟通，另一类是客舱机组成员之间的沟通。1985年，寇安列出了客舱和驾驶舱之间进行良好沟通的前提条件：

（1）机组成员之间相互尊重、关系友好。

（2）紧急情况下不会失败的沟通。

（3）理解其他机组成员的职责。

（4）特定情况下相同的信息（例如，代码字）。例如，除非乘务员和飞行员理解使用的代码字或信号以及使用它们时将要采取的行动，否则在发生劫机时或者应急撤离时使用这些代码字或信号是毫无用处的。

当然，通过我们简短的介绍对加强机组之间的协作，特别是驾驶舱机组与客舱乘务员协作的帮助可能非常有限。但是，我们可以从中了解到，接受向乘务员获取相关信息的训练，并且知道在非正常情况下乘务员及早得到清楚的信息对于他们的表现或旅客的行动来说非常重要。相比飞行员在运行中可能遇到的其他威胁，来自客舱的威胁和与乘务协作不当所造成的威胁可能更容易被我们忽视。因为这种威胁来自于我们监控不到的区域，通常客舱突发事件的处置程序也并非有章可循，因此，有效的交流和必要的 CRM 技巧在这类威胁面前显得尤为重要。

# 第三节　来自驾驶舱的潜在威胁

在现代化玻璃驾驶舱中，驾驶舱内的飞行人员减少至两名——机长和副驾驶，先进的自动设备常常被作为第三成员看待，但驾驶舱中的人始终是航班安全运行最重要的资源。因为无论飞机设备如何先进，我们始终强调飞机是由人来驾驶的而不是计算机。飞机系统的故障和处置当然是一种常见的驾驶舱威胁，但来自机组飞行员方面的威胁比系统威胁更为普遍和常见，因此了解和识别这类威胁，掌握管理驾驶舱威胁的技巧是 CRM 的重要组成部分。

## 一、机长的作用与潜在威胁

在早期，有一种不成文的规定在这个行业里根深蒂固——机长总是正确的。似乎机长对所有运行问题都很在行，以至于从属的机组成员从未怀疑过机长的决定。在许多国家的航空法规和公司的运行手册中都包含有机长基本职责的概念，这一概念在所有层面上不断得到强化，例如，某著名航空公司的飞行运行手册中有如下内容："本手册中任何内容都不能替代准确的判断。"尽管所有机组成员的判断都非常重要，但是机长的判断是最具有权威性的。一个被再三转述的有关机长决策的例子是：某麦道 DC-3 飞机执行早上从迈阿密飞往纽约的北上航线以及从纽约返回迈阿密的南下航线，该航线正好位于阿巴拉契亚山脉东侧并与其平行。由于是夏季，天气状况是云层经过长距离的积聚后最终容易形成塔状积云和积雨云，在这种情况下，如果可能的话应尽可能避开云层中心。这对于当时的非增压客机极其有限的攀升能力来讲是一个非常严重的问题。这种云层状态几乎每天下午都会引起剧烈的雷暴和极端湍流。麦道 DC-3 飞机的爬升速度根本不可能快过云层内部积聚速度。碰巧一位毫无经验的副驾驶和一位资深机长一起执行此次飞行任务。这位急切的副驾驶渴望从经验丰富的机长身上学到尽可能多的技巧。当前方有大范围活跃的积雨云时，这位副驾驶完全不知道该如何绕飞，而机长轻易地就给出了他绕飞的路线。直到为期一个月的排班飞行任务结束之后，副驾驶终于问出了这个困扰已久的问题。机长非常疑惑地看着他说："这非常简单，年轻人，如果你往北飞就向西饶飞，往南飞就向东饶飞。"副驾驶对这一答案困惑不解，他从未听过如此简单的气象原理。机长回答说："这或许并不是科学，不过这样做确实可以让你不再感到晃眼。"

这是一个说明如何应用规定并做出决策的很好案例，但显然这并不意味着效果最佳。正如加里·克莱恩和朱迪·斯沃萨诺后来所指出的，专家们即使在做出非常正确的决策的时候也很少会照搬那些作为范例的标准决策。而在规范决策中，各种选择方案要一视同仁，并经过检验，直到找出最佳方案。但此时专家直接对情况进行观察，省却了对选择方案的检验过程采取以前类似情况下行之有效的解决方案（Klein，1985；Orasanu，1993）。这种决策过程明显具有局限性，隐藏着潜在的安全威胁。案例中那位用词简练的机长的表现就并非良好的 CRM 行为。

全球先进的航空公司都把变革后全新的 CRM 理念作为运营的一部分，新西兰航空公司飞行员协会（NZALPA）为这一说法确立了典范：

……无论每个机组成员确定与否，高兴与否，总之无论怎样，他的固有责任都是对处于指挥地位的机长提出质疑，就跟对自己所关注事情的性质进行质疑一样。事实上，如果处于指挥地位的飞行员制造一种氛围，借此使得其他机组成员不愿对行动作出评论，那么他作为指挥员是失职的，这样说并不为过。（Vette，1983）

## 二、副驾驶的作用和潜在威胁

一些事故和事故征候的记录表明，副驾驶有时已经察觉到机长的表现出现了严重问题，却不愿或没有能力去改变事件的进程。副驾驶（作为飞机操纵监控者）对机长（作为飞机的操纵者）的监控既不实用且效率较低，因为这只会引起冗余和重复检查。有些情况下问题变得更为复杂，毫无经验的副驾驶可能干脆忘记了那些机长未察觉的、忽视了的危险。航空安全报告系统早期的一项研究（NASA CR 166433）表明，机长作为飞机操纵者时能发现所报告异常情况中的 33%，而当机长作为飞机监控者时这一数字是 35%。副驾驶发现异常情况的数据分别是 15%（作为飞机操纵者）和 18%（作为飞机操纵监控者）。副驾驶在监控方面的欠佳表现并非因为他们对运行不理解。事实上，出现上述异常情况的原因非常简单，处于从属的机组成员（副驾驶）不愿意干涉机长的操作行为，或者是机长在未受质疑的情况下没有对自己的操作行为进行回顾。

### 三、由疲劳造成的运行威胁

NTSB 在关于 1993 年 8 月 18 日美国航空公司 808 航班在关塔那摩海湾坠机事件的报告中首次正式将疲劳作为"可能诱发事故的原因"。报告（NTSB/AAR-94/04）指出"此次可能的原因中包括，由于疲劳的影响导致机长和飞行机组判断、决策和飞行能力下降……"，3 位机组人员之前累计缺少睡眠时间长达 65 h，生理周期被破坏，长时间失眠最终导致飞机失事。这起事故促成了 24 h 工作时间和 12 h 休息时间的规定。

飞行的特点决定了疲劳的产生，因此建议在运输过程中消除疲劳是违背正常规律的。关于如何处理远程或短途运行中的疲劳问题，目前还没有什么有效的手段，没有一个简单的解决方案能够适合于航空业中的所有人、所有运营需求和所有技术。飞行员在自己的职业生涯中应当能够预料到可能遭遇到的疲劳，并应该了解疲劳状态下可能产生的问题，如果疲劳过度必须对运行做出调整。

### ·思 考 题·

1. 哪些内外部因素引发了人为差错？
2. 哪些措施有助于更好地识别与管理威胁？
3. 如何管理飞行中的差错？
4. 来自客舱的威胁可能以什么样的方式出现？
5. 如何理解飞行员本身也是威胁的来源之一？

### ·案 例 讨 论·

**案例 1：**1977 年 3 月 27 日，荷兰皇家航空公司的一架 B747 飞机和美国泛美航空公司的一架 B747 飞机在特内里费岛相撞，造成 583 人死亡，经济损失一亿五千万美元，这是除美国"9·11"之外，迄今为止世界航空史上最大的灾难。以下是管制员和飞行员的通话：

荷航 4805：The KLM4805 is now ready for take-off and we are waiting for clearance.（准备好起飞，请发 ATC 许可）

塔台：You are cleared to the PaPa Beacon, climb to and maintain flight level nine zero, right turn after take-off, proceed with heading……（可以飞往 P，上升并保持飞行高度 9000 ft，起飞后右转飞航向……）

荷航 4805：Ah-Roger, sir, we are cleared to the PaPa Beacon, flight level nine zero until intercepting the three two five, we are now at take-off.（明白，可以飞往 P，飞行高度 9000 ft，切入 325 径向线，我们现在起飞）

塔台：OK……Stand by for take-off, I will call you.（好的（噪音响起）……稍等起飞，等我叫你）

管制员第一次发出指令的意思是 KLM 飞机在获准起飞后才执行上述命令，但遗憾的是这一准许还未发出，飞行员理解为"你已获准起飞"。荷兰皇家航空公司的飞行员复述指令时使用了不标准的"we are now at take-off（我们现在起飞）"，而没有使用更为清晰的"we are now taking off"。在该事例中，英语中带"ing"后缀的动词形式恰巧与荷兰语中的"at + 不定式动词"形式相等，或许是因为疲劳，或许是因为能见度降低而紧张，讲荷兰语的飞行员讲英语时使用了荷兰语语法结构，而讲西班牙语的管制员没有意识到飞行员报告中的语法改变，仅仅将"at"理解为一个地方，一个起飞点。接下来管制员本意是让飞机稍等起飞，因为泛美航空 B747 此时正滑行穿越跑道，但他使用的是不标准的"OK，stand by"。而在 OK 后有一个小停顿且 stand by 又被其他无线电信号干扰，荷兰机组只听到"OK"而没有听到"stand by"，致使荷航 4805 全马力起飞滑跑撞上了正在滑行的泛美客机，造成 583 人死亡。

案例 2：2001 年 10 月 8 日，意大利米兰机场，一架塞斯纳飞机于当地时间 05：45 从德国波恩机场起飞飞抵米兰，机上包括 2 名飞行员和 2 名乘客，正准备从米兰机场起飞飞往巴黎。报告说能见度很差，而且航行通告说地面雷达不能用。塔台位于撞机发生所在交叉点约 580 m 处，所以管制员既不能目视、也不能通过雷达看到赛斯纳飞机。

当斯堪的纳维亚航空公司（SAS）686 次航班的 MD-87 飞机向 36R 跑道滑行准备起飞时，跑道能见度很差，约为 225 m。同时赛斯纳飞机接到指令，准备从通用飞机坪滑出。塞斯纳机组接到指令："经 R5 向北，到达主跑道延长部分的停止线后回叫。"塞斯纳机长回答："明白，经 R5 到达主跑道前回叫"，他省掉了"向北、停止线和延长部分"3 个词。ATC 未提出异议。塞斯纳经 R6 滑行道向东滑出。06：07，MD-87 接到指令进入 36R 跑道等待起飞。06：08，塞斯纳机组报告说正在接近 S4 并被通知在停止线等待。06：09：19，ATC 允许其"继续在主机坪滑行"。仅仅 10 s 后，SK686 航班被放行起飞。

06：10：21，MD-87 刚刚抬轮便与赛斯纳飞机相撞。MD-87 右侧机翼前缘毁坏，右侧主起落架支柱折断，随后打坏右侧襟翼并打到 2 号发动机上，发动机随后从挂梁上脱落。MD-87 在空中前冲了数秒钟，随后在距跑道端头 140 m 的地方跌落回跑道。飞机滑过缓冲草地，冲过一条地勤通道，侧向撞入行李楼，行李楼随之部分被毁。该建筑物位于跑道右侧 20 m，距跑道端头 460 m。事故共造成 118 人死亡，其中斯堪的纳维亚航空公司客机上的 104 名乘客和 6 名机组人员全部遇难，塞斯纳商务客机上的两名德国飞行员和两名意大利乘客当场丧生。此外，4 名机场的工作人员也在事故中殉职。

1. 根据以上的案例，请分析机组遇到的威胁是什么，出现的差错以及非预期的航空器状态分别是什么？

2. 请查阅资料，出事的民航公司和所在国的民航监管局针对此事故进行了哪些改进？

# 第十九章 驾驶舱自动化与硬件资源管理

驾驶舱仪表是飞行员信息的主要来源，驾驶舱是飞行员操纵飞机的工作场所。对飞行的工作场所及其所包含资源了解越多、越透彻，将越有助于飞行员对这些资源进行合理的管理。尽管现代运输机和通用机的驾驶舱设计已日趋合理，与早期的驾驶舱相比，在适合人的特点、减少人为差错方面已有了长足的进步，但到目前为止仍未达到尽善尽美的程度，这些局限仍有可能诱发人的错误。很显然，了解和熟悉这些局限，对于预防人为差错、保障飞行安全是有重大的现实意义的。航空事业飞速发展，驾驶舱也在不断变化，未来的驾驶舱设计将更多地突出人的因素原理，使飞行员能够以更容易、更舒适和更安全的方式操纵飞机。了解驾驶舱设计中人的因素原理，将有助于把握这一变化的脉搏，更好地适应未来航空事业的发展。本章的内容包括人与机器在信息的收集、处理等方面各自的优缺点，人-机系统设计的基本要素，飞机设计中仪表、显示器、飞机操纵等系统中的人为因素问题，驾驶舱自动化，自动化系统的优点与劣势等。在中国民航局新近颁布的执照考试大纲和知识点中，要求重点掌握的内容有：人与机器各自的优点与劣势，自动化系统的优点与劣势等问题。

# 第一节 人-机系统

## 一、系统及人-机系统的概念

所谓系统是指：由相互依赖、相互制约和相互作用的各个要素所组成的、具有整体功能和综合行为的统一体。而人-机系统则是指由人与机器所组成的，为达到某种目的的综合体。按照系统对自己的反应所能控制的程度，系统主要可分为"开环"和"闭环"两种类型。

在"开环"系统中，动作一旦被激发，就不能再加以控制，反应的最后结果完全根据对系统的最初调整上。例如，用弓箭向某个目标射击时，张弓、瞄准和放箭后，射箭者对于箭的行程和轨迹便不能再予以控制。唯一的反馈便是看箭是否射中了目标。反之，在"闭环"系统中，控制者对系统的整个反应过程都保持高度的控制。例如，飞行员-飞机系统便可视为一个闭环系统。在这个系统中，飞行员操纵控制器使飞机运动，然后观察飞行仪表或者风挡以检验操纵的效果，看是否达到了预期的目的，如果没有，便进一步操纵控制器，使飞机的运动逐渐接近自己的要求。这就形成了飞行员-控制器-显示器-飞行员的闭合回路。

从图 19-1 中可知，在闭环系统中，基本的原理是要进行"反馈"，反馈具有随时感知自身活动状况、不断比较任务要求与系统实际工作状态之间的差异，并进行调整的能力。请注意图 19-2 中的信息流动过程：首先是信息从飞行控制器（杆舵）流向飞机（方向舵、副翼和升降舵），然后是从飞机流向飞行显示器，飞行员从显示器获得飞机的状态信息。与此同时，信息还会不断地在飞行员与显示器、飞行员与控制器之间流动，因为飞行员必须恰当地调整显示器以便获得准确的信息，必须不断地感知操纵控制器时由控制器提供的反馈信息（如力度、杆力）等。基于以上的信息，飞行员便可不断地改善对信息的输入，从而使飞机的运动达到所需要的状态。因此，我们可以说，在闭环系统中，准确而敏感的信息反馈是使系统高效、安全运转的前提。就飞行员-飞机系统来说，则主要取决于构成该系统的两个要素的质量的好坏，即飞行员的基本素质和技能的高低、操纵器与显示器的优劣。

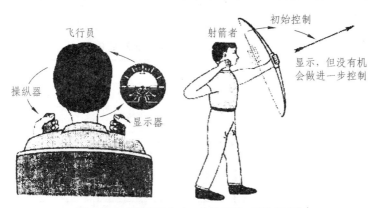

图 19-1 "开环"与"闭环"系统示例

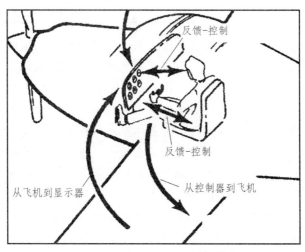

图 19-2 飞行员-飞机系统模式图

## 二、人的信息加工过程

既然飞行员-飞机系统是由飞行员与飞机所组成的，那么，对于这两个要素的优劣进行剖析便有助于我们确立驾驶舱设计中人的因素的一般原则，即根据人与机器信息加工的特点，将适合于机器做的工作交给机器去做，将适合于人做的工作交给飞行员去做，并构成良好的人-机界面，减少人为差错。这一原则也是飞行员在操纵飞机的过程中必须了解的。

我们在本书第五章中已经提及了人的信息加工模型，在此就不再赘述。

## 三、人与机器各自的优势

### 1. 人与机器收集信息的特点

在飞行过程中，飞行员需要获得当前飞机性能和状态的信息以便安全、有效地操纵好飞机。而呈现给飞行员的信息则必须便于他能够很容易地做出解释，使他在不存在疑惑的情况下操纵控制器的运动。表 19-1 列出的人与机器在收集信息方面的优劣，对于解释这一问题具有指导意义。

表 19-1　人与机器在收集信息方面的特点

| 能　　　力 | 人 | 机器 |
| --- | :---: | :---: |
| 1. 觉察视听信息中的细微变化的能力 | ★ | |
| 2. 在众多的背景噪声中觉察特定目标的能力，如觉察城市上空的飞机灯光 | ★ | |
| 3. 觉察非常短或非常长的声波，如 X 射线和无线电波的能力 | | ★ |
| 4. 在复杂的"图式"中识别微小变化的能力，如识别图形或者辨音 | ★ | |
| 5. 监测和预料能力，如监测实际的燃油消耗是否高于预定值 | | ★ |
| 6. 对异常或者意外事件的感觉能力 | ★ | |

由上可知，人类在对视听信息的解释能力上，尤其是在辨别细微变化或者识别噪声背景下的信息时，比机器具有优势。但是，机器在处理超出人类感知范围的声波和光波的能力上则比人类优越。从设计的角度来说，这便意味着，如果飞机上没有装备专门觉察其他飞机的电子设备（如近地警告系统，GPWS），那么规避其他飞机的任务就得交给飞行员负责。事实上，现行的空中交通管制间隔系统或体系也同样使用了这一设计原理。例如，在驾驶舱中，飞行员必须持续不断地监视空域。在地面，空中交通管制员则必须借助于计算机辅助的雷达屏幕来觉察目标。当然，如果安装有电子接近警告系统，如 TCAS，计算机将在防止飞机空中相撞中起到日益重要的作用。

收集信息的第二部分是觉察信息，即预期微小事件变化的能力，如觉察飞行期间实际燃油消耗是否高于预定值的能力。如表 19-1 所示，人类在这方面的能力不及机器，特别是当飞机长时间地监视信息后，由于注意容量的有限性和对枯燥乏味的监视信息任务的厌倦，就有可能使飞行员遗漏重要信息。机器则是非常优秀的性能监视者，只要不发生故障，它便可永无止境地"集中注意力"，对飞行信息进行监视。

最后，在对异常和意外情况的感觉上，人类比机器优越。这正是在现代驾驶舱中保留飞行员的重要原因之一。虽然，计算机比人类更能准确和有效地控制飞机，但这是在一切正常、没有意外情况发生的前提下。因此，可以说，人类比计算机能够更容易地觉察意外的情况，也能够对这些情况进行合理的处理。

以上所述的监视和预测能力以及对意外情况的感觉能力产生了驾驶舱设计中的基本问题。现代飞机，尤其是大型、复杂的运输机的设计趋势是大多数的操纵交由机载计算机和自动驾驶仪去完成，留给飞行员的任务则主要是监视所有系统的功能是否正常。这便与我们已经讨论过的人的能力特点发生了矛盾，即人类并不擅长从事长时间的监视任务，而计算机却能够。并且，即使某人在经历了数小时的监视任务后发现了问题，他也会因为找不到所有系统工作的"感觉"而难以接替对飞机的操纵。因此，美国学者Trollip（1991）等人认为：一个好的驾驶舱设计应该是让飞行员进行常规性的飞行，让计算机实施监视功能。这样，飞行员便会始终位于闭环系统之中，准确地知道所有系统的状态。如果飞行员的注意力和表现能力下降，计算机也能够迅速地提醒飞行员注意，使他做出必要的修正。当然，这仅仅是 Trollip 博士基于人-机信息加工特点提出的一项建议，座舱自动化的程度正日益增高，至于未来机型的驾驶舱将朝什么方向变化，还有待于实践的检验。

2. 人与机器加工信息的特点

在飞行员收集到信息之后，他便需要对这些信息进行加工和处理。表 19-2 列出了与加工信息有关的因素，同时也指出了在执行特定任务时人与机器的相对能力。

表 19-2　人与机器加工信息的特点

| 能　　力 | 人 | 机器 |
| --- | :-: | :-: |
| 长时间储存概括化信息（如原理和策略）的能力 | ★ | |
| 长时间储存细节信息（速度或者性能数据）的能力 | | ★ |
| 归纳推理能力 | ★ | |
| 做出主观评价或估计的能力 | ★ | |
| 在负荷过载时权衡任务的轻重缓急，并进行优化排序的能力 | ★ | |
| 演绎推理能力 | | ★ |
| 快速而准确地提取信息的能力 | | ★ |
| 对多位数进行计算的能力 | | ★ |

正如读者从表 19-2 中所看到的那样，人与机器在加工信息能力上的差异主要在于加工的复杂程度上。机器能比人更快地记住特定的信息，能够更快地提取信息，比人也更擅长于计算，能利用已有的法则产生措施。与此相反，人类则更擅长于记忆原理和原则，记忆细节的能力和识记的速度以及准确性却不如机器。虽然在计算能力上人类也不如机器，但人类却更擅长于推理，能够训练自己的判断能力，使自己的注意力分配到不同的任务上去。

从设计的角度来说，这意味着飞行员不必准确地记住细节信息。这也正是为什么检查单如此重要的原因，也是为什么要求飞行员应该将需要记住的管制信息记下来的缘由。因为这些信息通常呈现的时间很短、且数量太大，难以使人准确记住。

3. 人与机器的决策特点

信息加工模型的第三个阶段是决策。在许多方面，它类似于信息的加工阶段。但对问题的判断和选择处置方案却是该阶段的特点。从表 19-3 中读者将会发现：人类的决策能力是机器所无法媲美的。

表 19-3　人与机器的决策特点

| 能　　力 | 人 | 机　器 |
|---|---|---|
| 归纳推理能力 | ★ | |
| 做出主观评价和估计的能力 | ★ | |
| 在负荷过载时，按任务的轻重缓急进行优化排序的能力 | ★ | |
| 设计策略以解决新问题的能力 | ★ | |

上表意味着，当有不确定性的情境出现时，飞行员应该起决策者的作用。机器虽然能在法则和条件都是已知的情况下做出高质量的决策，但在不确定的情况下其决策能力就不及人类。而且，人类能够对不同的决定做出评价并根据评价做出最后的选择，这是机器所无法做到的。

4．人与机器的行为特点

在做出决策之后，紧接着便是根据已经做出的决策实施行动。表 19-4 列出了人与机器在实施行动时的差异。

表 19-4　人与机器的行为特点

| 能　　力 | 人 | 机　器 |
|---|---|---|
| 对特定信号做出快速持久反应的能力 | | ★ |
| 执行重复性活动的可靠性 | | ★ |
| 长时间保持良好技能的能力 | | ★ |
| 同时执行几种活动的能力 | | ★ |
| 在大负荷条件下保持有效操作的能力 | | ★ |
| 在分心因素存在的条件下保持有效操作的能力 | | ★ |

上表说明，在操作方面机器的能力优于人类。这便产生了设计中的另一个基本问题。如果机器（如计算机）比人类能更好地操纵飞机，而人类又需要处于闭环系统中以便在机器出现故障、不能操纵飞机时接替操纵，那么设计者应怎样设计任务分配才能兼顾人与机器的特点，发挥他们各自的优势呢？有人认为：解决这一两难问题的途径是"半自动化"。目前，大多数商用运输机设计者之所以选择让计算机执行大多数操纵任务，而将飞行员置于闭环系统之外的方案，其部分的原因便是基于计算机比飞行员会飞得更为经济和更为平稳。但这种方案的潜在危险则是在设备出现故障或失效时，飞行员有可能不能迅速地判明原因，不能迅速地接替操纵和扭转危机。

以下各节的内容都与上述内容有关，读者应根据人与机器的优势和局限来反复思考自己所飞机型的设计特点、设计者在将驾驶舱任务分配给飞行员和机载设备时考虑了哪些人的因素问题。

## 四、人-机系统设计的基本要素

根据对上述两个问题的讨论，我们可以将人-机系统设计的基本要素归纳如图 19-3 所示。该图从明确系统要达到的目标开始，接着列出了达到这个目标所需要的机能，即列出了各种具体的特定要素。下一个步骤是各要素的职能，并在人和机器之间进行分工。因此，该设计图解到此可分为 3 个不同的方面：第一，在分配给人的职能方面，必须选拔适当的人来担任，并需加以训练；第二，为了提供给操纵者在系统中执行其职能的使用工具，就必须设计一些仪器，提供必需的显示器和操纵器；第三，当一些职能必须由机器去分担时，就应该对这种机器进行设计、制造、测试以及保养。最后，将上述 3 方面组成一个系统进行试验，评定其符合所要求达到目标的程度。

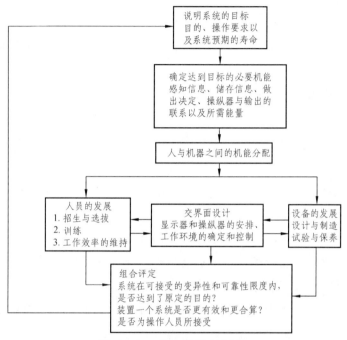

**图 19-3　系统的设计图解**

注：最先说明的是系统的目标，经过各阶段到最后的评定阶段，评定得出的信息又反馈回去检查这个系统，再评定它的机能是否满足系统原来设计所要求的目标。

很显然，在人-机系统的设计方案中，最重要的一步是在工作任务确定之后，必须在人与机器之间进行职能的分工。它需要首先弄清楚人与机器的优势与局限，据此才能将任务在人与机器之间进行分配。值得一提的是：人-机系统中人和机器必须看成是相互补充的两种成分，而不是相互竞争的对手，人如果没有适当的机器可用，有许多工作就难以进行。

# 第二节　飞机设计中的人的因素

1988 年，法国的 Habsheim 航展上，一架空客 320 在表演时坠毁。通过事故调查发现，造成这起事故的原因之一是由于飞机当时在做低空通场表演，飞行员应该将高度保持在

100 ft，然而飞机却在毫无察觉的情况下降到了 30 ft。机长阿塞利在事故调查中坚称是仪表误导了他。阿塞利机长依靠气压高度仪来获取飞机的高度信息，这种数据是通过大气压力测量飞机与地面的距离获得的。当时阿塞利机长准确无误地设置了当地的标准气压，他认为造成高度偏差的问题来自于气压高度表的误差和无线电高度表的设计不良。在 A320 上，除了气压式高度仪以外还有另一种高度仪，它通过无线电波来计算飞机与地面的高度，这个读数显示在数码显示屏上的一个小方框内，在实际的低空飞行中它是一串随时发生变化的数字。阿塞利机长认为这个数字非常难读、很难看清。除了通过视觉通道获取高度信息外，无线电高度表还会通过数字语音提示的方式来提醒飞行员飞机所在的高度。但阿塞利机长和他的副驾驶声称：在当时的情况下驾驶舱的噪声非常大，而且他们还戴着耳机，他们都没办法听到那个语音提示。飞机当时没有在他们佩戴的耳机里给出语音警告。在他们看到跑道头的树林时，他们立即将油门杆推到最大，设法拉起飞机飞越树林，然而，阿塞利机长却声称他当时并没有感到发动机对操控做出响应。事实上这是因为发动机转速在低空条件下可能反应迟缓，导致飞机无法及时加速，而这一切对飞行员来说原本应该是意料之中的事。

由此我们可以看出，不但飞行员需要掌握飞机的性能、了解飞机的系统，工程技术人员在飞机设计时也需要充分考虑人的因素。而对于我们来说，理解飞机设计中的人的因素有助于我们掌握飞机的性能和系统，也有助于推进设计的改进，形成设计与运营的良性循环，从而达到提高系统安全的目的。

飞机的生命安全周期（LSC）的概念如图 19-4 所示，这意味着提高飞机设计的安全系数不仅局限于机型设计开发阶段，还要扩展到生产和运营安全方案中。该程序形成了一个闭环，从方案的需求阶段到设计实施阶段，再到原型机的生产以及验证和取证阶段，最后到该机型的整个运营期。作为飞机的操纵者，飞行员总结和反馈其操纵感受对保证飞机的持续适航是非常重要的。因此，我们接下来将重点谈一谈飞机设计中人的因素问题。这些知识可以帮助我们加深对飞机系统的认识。

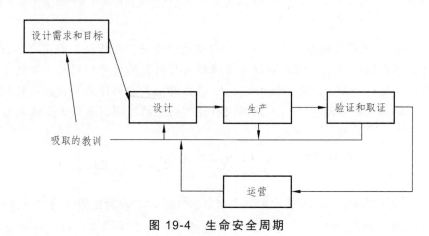

图 19-4　生命安全周期

## 一、信号检测论

在绝大多数系统中，信息的加工过程开始于对特定环境事件的检测。在很多情况下，环境事件显而易见，可以肯定地做出快速检测。这时，信息加工问题就剩下确认和判断了。但是，有些情况下，检测具有不确定性，或者存在着潜藏的操作瓶颈，其原因是检测的环境事件是接近知觉阈限的事件。

信号检测论理论（Green & Swets，1966）假设在检测任务中存在以下两种信息加工过程：① 涉及信号是否呈现的感觉加工；② 主要考虑感觉加工的结果是否表明了信号的存在的决策加工。首先，在检测过程中会出现“有”（我检测到了信号）和“没有”（我没有检测到信号）。其次，任何系统信号都不可能做到百分之百可靠，其中难免会存在虚假告警的情况。那么，如前面提到的案例中，阿塞利机长对气压高度表的感知可能存在以下 4 种情况：① 气压高度表信号正常，飞行员收到了高度信息（击中）；② 气压高度表正常，飞行员看错或没有及时更新情景意识（漏报）；③ 气压高度表存在误差，飞行员误以为飞机在 100 ft（误报）；④ 气压高度表存在误差，飞行员参照其他仪表排除了该信息。这 4 种情况如图 19-5 所示。

| | | 刺激：信号 | 刺激：噪声 |
|---|---|---|---|
| 反应 | 有 | 击中<br>(H) | 误报<br>(FA) |
| 反应 | 无 | 漏报<br>(M) | 正确拒斥<br>(CR) |

**图 19-5　信号检测轮的 4 种输出**

两种情形和两种反应类型构成了 2×2 的矩阵，其中包括了击中、漏报、误报（虚报）和正确拒斥 4 类相互关联的事件。显然，没有发生漏报或误报是正确的反应。在信号检测任务中若信号的强度并不大或者噪声很高掩盖了信号时，漏报或误报的情况就会发生。例如，当飞行员观察有噪声的雷达屏幕时，有些地方云和雨反射造成的刺激强度随机波动会使信号强度出现一个额外的增加，而刺激信号额外增加表示有飞机在该位置出现。

在驾驶舱中，飞行员需要对各种警告进行监控（长时间地进行信号检验），这属于一种警戒任务。在这种警戒任务中，信号往往是间歇出现，不可预测，而且数量较少的。为了解释警戒绩效及显示类型、任务类型或环境压力等对其产生的影响，下面我们将讨论有关警戒水平的 3 个理论：

1. *敏感性丧失：疲劳和维持需求理论*（Fatigue and sustained demand theory）

警戒任务有时也被称为维持注意任务（Parasuraman，1979）。研究者认为，警戒任务在工作及以上附加了一个持续的负荷（例如，在持续的任务中，不得不回忆目标信号看起来或听起来像什么），这将要求加工资源的持续供应。心理工作负荷的评估显示，警戒任务的工作负荷通常较高。这种心理需要或许和要求眼睛连续保持睁着的状态一样疲劳，最终疲劳导致了敏感性的丧失。有研究表明，出现以下情况就会要求有更多的加工资源，这将会产生更严重的疲劳感，从而导致更低的警戒水平。这些情况包括：目标很难检测；目标出现的时间和地点不确定；事件率很快；观察者不得不回忆目标看起来或听起来像什么；目标不熟悉等等。此外，还有证据表明，连续任务有更多的资源限制（Matthews, Davies & Holly, 1993）。也可以预期：在上述这些情况下，长时间持续任务有更多的资源要求，从而导致更大的敏感性衰退。因此，这也是为什么飞行员需要了解相关机型的知识并定期进行复训的原因之一。飞机上的警告只在特定情境下才会触发，长时间没有增强对某一警告的记忆，一旦该警告触发后很可能回忆不起该警告的含义或不清楚英文语音提示要表达的意思，造成对信号的误报或漏报。

### 2. 标准转换：期望理论（Criterion shifts: expectancy theory）

在很多警戒情况中，警戒的衰退不是因为敏感性衰退造成的，而是因为反应偏向增加造成的。操作者对目标出现的期望程度会影响其反应标准。当信号出现的概率低时，操作者对信号的期望比较低。这将会增加漏报的可能。

### 3. 唤醒理论（Arousal theory）

当标准保持不变时，在一个长时间的低事件环境中，脑部神经元的触发频率会随之降低。这种唤醒水平的降低可能和警戒任务中影响敏感性的维持注意需求有关。也就是说在长时间的巡航过程中，尤其是自动驾驶代替人在操控飞机时，我们的唤醒水平可能就会降低，这将影响到我们对飞机的监控效果。

## 二、视觉、注意、显示器与仪表设计

人的工作效率与其接受信息的速度和准确性有着密切的关系。在飞行中，飞行员失误的原因虽然是多方面的，但如果重要的信息不至于被误解，或者只需要略加解释，或者直接以所需要的反应形式呈现给飞行员的话，飞行员的失误就将得以避免。因此，驾驶舱信号显示中的人的因素原因便成为设计者必须考虑的问题。概括地说，良好的信号显示设计应该遵循以下一些原则：

（1）容易看到。

（2）在显示器的位置排列上，应该按照逻辑关系进行排列，最好是相应的显示器与控制器排列得较近。

（3）显示器的布局应该标准化。

（4）信号显示应该是可靠的和不容易发生故障，即使发生了故障亦能够有信号显示以便及时提醒飞行员，使他明确地知道故障之所在，在必要的时候还应该提示飞行员应该采取的措施。

根据以上原则或者设计要求，在显示器设计中便应该考虑以下一些问题：

## （一）视觉的生理学限度

研究表明，如图 19-6 所示，人的视野范围在水平方向左右离视中心线大约 94°，而上方离视中心线是 50°，下方为 70°，这样的视野就决定了显示器可以安装的面积。由于整个视野各处的视敏度并不是一样的，故又必须考虑到眼睛的转动能力。观察微小细节，如仪表盘上的指针转动的能力，只限于视野中非常小的一部分。同样，能看到颜色的也只有一小部分视网膜。这些限制意味着仪器的布局必须合理。如图 19-7 所示，只用眼睛的转动所能扫视到的视野可称之为第一视野。第二视野是只用头转动所能扫视到的范围。第三视野则是头和眼睛一起转动所能看到的范围。

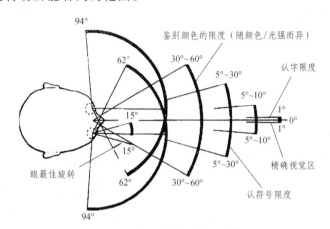

**图 19-6 人眼的各种视觉范围**

注：本图的视角表示各种视觉能力的限度。在所标视角上注明了视觉所能有效进行的工作。

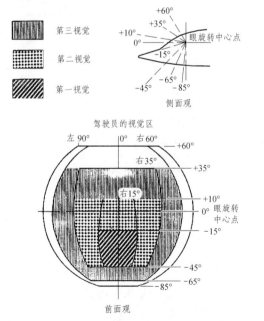

**图 19-7 飞行员的视觉区域**

注：第一视野是只用眼球转动所能扫视的区域；第二视野是只转动头部所能扫视的区域；第三视野是头部和眼一起转动所能看清的区域。

人眼生理学限度的另一个问题是：为适应观察近物和远物的要求，眼睛的聚焦点需要不断地进行调整。而调节焦点又需要一定的时间，并且眼睛的调节力随年龄的增长而减小。这两点对于以下两种情况很重要。第一，应把仪表板安装在离眼的适当距离内，以便使飞行员观察时调节眼睛的焦距不至于太费劲。一般而言，眼睛与仪表板之间的最佳距离是72 cm，仪表板的布局应尽可能与视线垂直。第二，要考虑到眼睛的调节力，从近处向远处调节焦距需要费一定时间，这就会对视觉反应时起延迟作用。在目视飞行中，飞行员约有一半时间花在驾驶舱外到驾驶舱内的眼睛位置变换，即阅读仪表后需要向外观察，然后在将视线由外移向仪表板上。正是由于这一原因，电子光学显示器（如平视显示器）的采用可认为是有利的，这种显示器能够把显示内容附加到飞行员所见到的外景上面。

## （二）显示器设计的标准化——"基本 T 分布"

过去，在一些飞机上，各种飞行仪表凌乱地布满了驾驶舱，各种机型之间，甚至同一种类不同型号飞机之间的仪表分布都不是按同一标准进行排列的，这就给改机型的飞行员带来了极大的困难。解决这一问题的途径之一便是使驾驶舱的仪表分布标准化。第二次世界大战后，著名的航空心理学家费茨（P·Fitts）在经过了大量研究后提出了驾驶舱仪表设计的"基本 T 分布"原则，使驾驶舱仪表排列的标准化成为现实。现在，几乎所有的驾驶舱仪表都是按照这一法则来进行分布的。如图 19-8 所示，"基本 T 分布"位于飞行员的正前方，其目的便是将最重要的仪表安置在最显眼、最易被飞行员觉察到的位置上。在"T"分布中，姿态仪位于最中心的位置，原因是该仪表是飞行员观察频率最高的仪表，是低能见度条件下真实天地线的替代物，它能迅速而形象地为飞

图 19-8　"基本 T 分布"

行员提供飞机的俯仰和坡度信息。事实上，姿态仪也是驾驶舱中同时具有两种功能的唯一仪表，因而它是驾驶舱中最重要的仪表。其他仪表，如左侧的空速表、右侧的高度表、下方的航向仪表则紧邻着姿态仪，构成了一个"T"形状。其他的两个次重要仪表，即坡度位标器和垂直速度指示器则分别排列于姿态仪的左下方和右下方。可以说，费茨是第一个将人的因素原理用于驾驶舱的人，他提出的"基本 T 分布"原则已经使飞行员们受益匪浅。然而，在解决了驾驶舱的仪表分布问题之后，仪表本生设计中人的因素问题也同样是值得研究的。

## （三）仪表设计中的人的因素

### 1. 姿态显示仪（Attitude Indicator，AI）

姿态显示仪又称航空地平仪（AH）或者姿态指引指示仪（ADI），它是所有航空仪表中最重要的一种，它以模像显示的形式向飞行员提供飞机相对于天地线的机翼和机头姿态，但是，迄今为止，该仪表的设计也并非十全十美，它存在的一些缺陷仍然是诱发飞行员出错的来源。

前已述及，一个广为人们接受的驾驶舱设计原则是显示器元件的运动方向应该与相关的控制器运动一致才符合人的思维习惯，这一原则也称之为控制-显示一致性原则。譬如，飞行员放下襟翼时，指针也应该向下。这一原则虽然从逻辑关系上来说是顺理成章的，设计者不应该违背它。但不幸的是，在现有的驾驶舱设计中却至少有 3 种主要的显示器设计违背了这一原则，它们是：姿态仪、航道偏离指示仪（Course Deviation Indicator）以及磁罗盘。由于这些仪表缺乏"控制-显示"的一致性，所以我们可以说它们的设计存在"运动方向"问题。

现有的姿态仪设计标准是仪表板内的模型飞机固定不动，而人工天地线运动。当飞行员向右压盘、飞机向右带坡度时，人工天地线向左倾斜，模型飞机不动。当飞行员向左压盘、飞机向左带坡度时，人工天地线则向右倾斜，向后拉杆、飞机带仰角时天地线向下移动，当向前推杆、机头下俯时天地线却向上移动。这种人工天地线运动而模型飞机不动的姿态显示方式常被称作由内向外看的显示[Inside-out，见图 19-9（a）]。它反应的是飞行员由驾驶舱风挡看出去天地线的变化情况。人的因素专家认为：这样的设计完全是以工程学原理为依据的，而没有充分考虑到人类的习惯反应问题。飞行实践也表明：大多数飞行学生在学习飞行之初都感到很难解释姿态仪。常见的表现是将左右坡度混淆，甚至出现反操纵。此时飞行教员也许会告诉学生："除非你想象自己是从飞机正前方的一个小洞看出去的，否则你便会认为仪表显示的天地线运动飞行错了。"事实上，即使是成熟的飞行员，在紧急情况下和情绪过于紧张时，本能的行为习惯也仍有可能出现。在民用航空史上，因反向操纵所引起的飞行事故亦并非少见。

与上述设计思想相反的一个事例是由外向内看的姿态显示方式。这种姿态显示方式是：人工天地线不动，而仪表内的模型飞机运动，即当飞行员向右压盘，飞机向右带坡度时，仪表内的模型飞机也向右倾斜，人工天地线保持不动，当向左压盘、飞机向左带坡度时，模型飞机也向左倾斜。这种显示方式常被人们称作由外向内看的显示方式[Outside-in，见图 19-9（b）]。它所反应的是飞机姿态的实际变化状况，是假设飞行员从驾驶舱外看飞机姿态变化的情况。这类显示方式常见于苏联设计的飞机。新学飞行的学生以及不会操纵飞机的人很容易掌握这类姿态仪。因为它符合"操纵-显示"一致性的逻辑关系、符合人类的本能习惯，许多飞行员也喜欢这类姿态仪。由于我国目前使用的民用机型既有苏制飞机，也有欧美国家的飞机，这就要求飞行员在改装机型时应该格外注意姿态仪显示方式上的区别，以免在大意或者紧张时出现反操纵。

(a)                                        (b)

图 19-9　由内向外和由外向内看的显示方式

## 2. 航向仪（Heading Indicators）

现代航向仪（HI）位于"T"分布中姿态仪的下方易于辨认和解释，且符合人类的定向习惯。在转弯和加速过程中仍能为飞行员提供准确的航向信息，如图 19-10 所示。对于大多数飞行员来说，要将航向由 360°变为 340°，再进而变为 320°都是非常容易的事情，因为将要变化的航向与仪表上的读数的变化方向是一致的。

然而，早期的航向陀螺仪（DG）和磁罗盘却不符合人的本能习惯（见图 19-11，19-12）。磁罗盘提供给飞行员的是磁北方向，是飞机上最原始的航向参照。目前虽然在大多数情况下飞行员都使用 HI，但磁罗盘仍然作为 HI 的备用装置保留在驾驶舱内。主要原因在于：虽然它有一定的指示误差、也不符合人类的本能习惯，但由于它不需要动力，在 HI 发生故障时，它便成为飞行员必需依赖的定向工具。但飞行员在使用这一仪表时必须注意的是，它与 HI 的显示方向恰好相反。譬如，在航向 360°向 340°变化时，在罗盘刻度盘上的 340°将会在右侧出现，即使飞机正在向右转弯，340°也仍然在右侧。这在应激情况下便会使飞行员感到定向困难。譬如，当飞行员在云中或者夜间遇上航向仪失效时，他便必须依赖磁罗盘。当雷达管制员引导他向最近的跑道进近时，每当飞行员得到一个新的指令时，他都得花时间去思考究竟该向哪个方向转弯，这就是因为他不习惯磁罗盘反向显示的发生造成的。而且，飞行员越是急于对管制员的指令做出反应，就越是容易搞错方向，其反应也会越慢。

图 19-10　现代航向仪　　图 19-11　早期的陀螺方位指示器　　图 19-12　磁罗盘

## 3. 空速表（The Airspeed Indicator，ASI）

空速表是指示航空动力学参数的一个非常重要的仪表。在飞行中，如在进近着陆阶段，飞行员需要经常不断地快速扫视空速。因此，该仪表的显示必须是清晰易懂的。按传统的设计方法，空速是在圆形表盘上显示，指针顺时针转动表明空速增加，反时针转动表明空速减小。另外，设计者还为各种空速限制编制了不同的颜色码，这些空速限制包括：最大操作速度、失速速度、襟翼在放下位置的限制速度等。但这些限速都只适用于最大重量时。还有一些老式的空速表，表示空速的单位并不是节，而是以每小时英里或者每小时千米数来表示。因此，如果长时期使用这种空速表的飞行员在改装新机型时就应该特别注意。如果将 80 km/h（50 kt）因过去形成的心理定势误认为是 80 kt 的话，那将是非常危险的。

在现代先进的大型运输机，如波音、空客系列的飞机上，已装备有"玻璃"仪表或称"玻璃座舱"，它采用了空速在垂直速度带上显示的方式。具体的显示方法是速度带在固定的指针后运动。诸如襟翼放下时的限制速度、失速速度以及抖动界限（Buffet boundary）等速度限制以及建议速度都可按实际重量和外形在电子速度带上显示出来。但是，在关于速度带的设计问题上，设计者们却面临着两种可选方案：第一是将高速设计在速度带的上端，这种方案与传统的设计习惯相一致；第二种方案则是将高速设计在速度带的低端，它有助于鼓励飞行员降低机头以增加空速（参见图19-13）。事实上，虽然目前已有通用的参照设计标准，但上述两种设计方案在空速表的设计中都可见到。从飞行实践的情况来看，大多数飞行员经过长期地使用，已经习惯了速度带，但仍有一些老飞行员认为，他们更喜欢传统的空速指示器，常常在现代飞机上使用作为备用的空速指示器而忽略电子空速带。究其原因，空速带有它自身的缺陷，即飞机的整个速度变动范围并不能一直处于飞行员的视觉监视之下，一种折中的办法是通过获得玻璃座舱内的关键/决断速度来了解速度带上不能直接观察到的速度范围。例如"$V_2$"安全速度便是为飞行员设置的起飞决断速度。

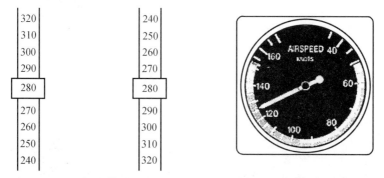

图 19-13    空速带的两种设计以及传统的空速指示器（ASI）

### 4. 高度表

高度表是非常重要的，也是经常被误用的仪表之一。许多颇具戏剧性的飞行事故便是因飞行员未能在高度表气压刻度盘上设置正确的气压调定值而引起的，误读高度表的指示值则是更为常见的原因。

（1）按照场压调定的修正海压（QNH）。

用现有高度表刻度盘上的 QNH 气压调定值识读高度时，高度位于气压海平面之上。因此，当在较低高度上操纵、地形有可能成为影响因素时，QNH 便是修正调定值。它在起飞与着陆以及过渡高度层以下操纵时适用。

当气压分布形式跨越地球时，平均海平面气压便随时间和地点而变化。因此，飞行员必须知道当前的 QNH 值，并将其设置在高度表气压刻度盘内，以便为高度表提供高质量的信息。

在过渡高度层以上飞行时，标准气压为 1 013.2 mbar，它被设置在高度表气压刻度盘上（假定不存在地形问题）。然而，在同一空域里操纵飞机时需要有相同的高度表气压调定值，以便确保与其他飞机的垂直间隔。不同的国家规定有不同的气压调定值水平，如英国为 3 000 ft，澳大利亚为 10 000 ft，美国为 18 000 ft。因此，如果飞行员不遵守规则，没有坚持执行交互检查程序，错误的气压调定值就有可能被设置在气压刻度盘上，这不仅会降低自己飞机的安全余度，同时还会危及其他飞机的安全。

当精密仪表进近至离地 200 ft 的决断高度（AGL）时，如果高度表气压窗没有从标准气压 1 013 mbar 重新调定到当前的 QNH，那就有可能是非常危险的。如果实际的 QNH 值是 1 006 mbar，但没有被设置在气压窗内的话，高度表将指示离地高度为 210 ft，而事实上的飞机已处于接地水平（假定 1 mbar 相当于 30 ft）。图 19-14 反映了由不正确的高度表设置导致的垂直间隔问题。

飞行员在到达 200 ft 决断高度前没有过渡到目视飞行时就很有可能造成出乎预料的接地（见图 19-15）。因此，每一个飞行员必须记住这一导致严重错误的潜在因素，必须坚持适当的纪律和标准操作程序，严格执行检查单。

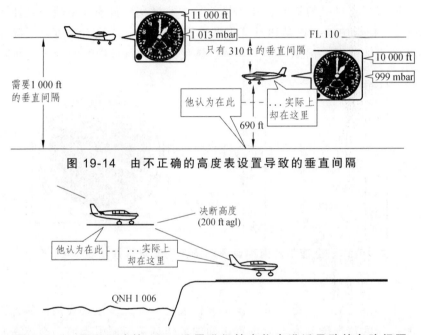

图 19-14　由不正确的高度表设置导致的垂直间隔

图 19-15　用不正确的 QNH 设置进行精密仪表进近导致的危险间隔

另一种可能诱发飞行员调定高度表的因素是一些仪表的不良设计。我们一般认为旋钮沿顺时针方向移动时意味着表盘内的读数增加，于是也就理所当然地认为高度表气压刻度盘的气压调定值的变化也随调定旋钮的顺时针旋转而增加，随反时针旋转而下降。但要注意的是这一规律并不适用于所有的高度表。在有些高度表上，调定旋钮的顺时针旋转表示的是气压调定值降低，这显然是设计上的一个缺陷。作为一个改装机型和同时飞几种机型的飞行员来说，应该检查自己的高度表，不断地检查自己的气压调定值是否正确，是否适合自己当前的飞行阶段。高度表气压刻度盘和调定旋钮的设计优劣对比见图 19-16。

由于飞行总是处于动态变化之中，虽然目前还没有设计出能够自动将气压窗调定到 1 013 mbar 或者当前 QNH 的装置，但有一些装置可以有助于避免高度问题，如：

① 高度警告系统：当飞行员接近或者离开选定高度时，它将利用光或声信号来提醒飞行员，有助于预防飞入不正确的高度层；

图 19-16　高度表气压刻度盘和调定旋钮的设计优劣对比

② 雷达高度表或者无线电高度表以及近地警告系统（GPWS）：用于警告飞行员飞机即将触地或者已经接近障碍物；

③ 交通警告或者防撞系统（TCAS）：用来表示地图显示器上的潜在交通冲突。

（2）识读和误读高度表。

在"飞行中人的因素"中，我们曾经提到误读三指针高度表已经导致了许多事故。为什么像高度表这样简单的仪表会如此危险呢？这便是因为设计不良易于诱发飞行员错误引起的。常见的错误是：飞行员在云中或夜间下降高度时，经常将万英尺指针看错，使高度误差达 10 000 ft 或更多。有的飞行员自认为其高度表读数为 13 000 ft 时却已经撞上了离地 3 000 ft 的障碍物。另外，并非每一个飞行员都真正牢记了哪一个是万英尺针、哪一个是千英尺针和百英尺针。这是飞行员误读三指针高度表的另一原因。以后，为了帮助飞行员判断自己是处于 10 000 ft 以上还是处于 10 000 ft 以下，在三指针高度表上设计了一个窗口，用数字显示低于 10 000 ft 的高度值（参见图 19-17）。

A　　　　　　　　　B　　　　　　　　　C

图 19-17　三指针高度表及其读数

图 19-17 高度值：A：7 300 ft；B：2 900 ft；C：11 750 ft

（3）一些较好的设计。

持续地用数字显示高度值的数字式高度表有可能是一种较好的设计方案。譬如，13 430 ft 很难被误读为 3 430 ft。然而，纯粹的数字式显示高度也并非十全十美，它的一个主要弱点在爬升和下降阶段便会暴露出来。研究表明，在模像型高度表上通过移动的指针来判断高度变化速率比通过数字示读窗的一系列变化要容易得多，利用指针并使其固定来保持恒定的高度也比采用数字要容易一些。

改进老式高度表的另一个方案是保留百英尺针，它转动一周等于 100 ft，而千英尺针和万英尺针则用数字代替。这种设计方案保留了指针有利于保持高度或者估计升降率的优点，排除了误读达 10 000 ft 的可能性。可以说，这一改进是成功的，它使高度表变得简单易懂（见图 19-18）。

在高度表的设计中，垂直高度带式的高度表也是一种较好的设计方案。它有别于传统拨号盘式的高度表，常可在"玻璃座舱"中见到。在这种高度表中，顶端表示较高的高度，低端表示较低的高度，这是根据人类的思维习惯和思维逻辑设计的。高度变化速率可通过指示标记后带子的移动速度来判断（也可通过升降速度表来判断），实际高度 1 值可从指示标记后的数字读出或从高度盒（Altitude box）中的显示值读出。重要的高度可用数字在高度带上方或者下方显示，直到进入恰当的空域（见图 19-19）。

图 19-18　数字式显示、模像式显示以及数字与模像显示相结合的综合显示

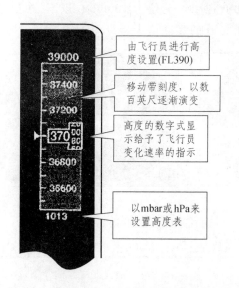

图 19-19　电子飞行显示器上的高度带示例

5. 升降速度表（VSI）

典型的升降速度表是一种模像型的显示器，它利用静止表盘上一个指针指示飞机的上升或者下降速率。在"玻璃座舱"内，升降速度表有时有可能与高度带相联系。它易于识读，可认为是一个成功的设计。

然而，传统的升降速度表由静压驱动，在高度变化时它常常反应迟钝或者在高度变化之初表现出错误的高度变化。以后，人们采用了一种称之为瞬时升降速度表（IVSI），用一个很小的加速计克服了反应延滞的弱点。目前，在一些高级航线运输机上已采用激光陀螺仪来测量垂直加速度，从而取代了以前利用静压驱动升降速度表的做法。

6. 转弯协调仪（The turn coordinator）

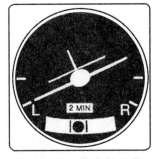

图 19-20　转弯协调仪

在大多数现代轻型飞机上，转弯协调仪用于指示飞机显示机翼的倾斜状态。如图 19-20 所示，模型飞机的机头固定，通过机翼的运动来表示滚转状态和滚转的程度。当真飞机滚转带有坡度时，模型飞机的机翼也向相应的方向运动，以指示飞机的滚转率。一旦飞机进入稳定转弯，机翼位置便表示转弯率。在表上读数为"1"时，表示每秒 3°的转弯率（2 min 内完成 360°的转弯），读数为"2"时，表示每秒 6°的转弯率。在仪表飞行中通常的转弯率为 1。

对于飞行员来说，转弯协调仪是一种直觉式的仪表，可用于在转弯时保持所期望的转弯率。例如，通过保持转弯率为 1，模型飞机机翼保持水平，且使平衡球保持在中心位时，便可控制滚转，使飞机实现水平转弯。但必须注意的是，不要将转弯协调仪内的模型飞机与姿态仪中的模型飞机混淆起来。姿态仪中的模型飞机是固定不动的，只有其后的天地线运动以便指示飞机的俯仰和滚转姿态。为了提醒飞行员注意，许多转弯协调仪上都标有"无俯仰指示"或者其他字句。在转弯协调仪上通常可以看到一个协调球。这是一种简单的摆型指示器，它用首尾是否一致或是否侧滑来告诉飞行员飞机是否正在有效飞行。如果飞机处于协调状态或平衡状态，那么小球就应该处于中心位置。如果不是处于中心位，而是偏向某一侧的话，飞行员通过使用同侧舵压便可对此进行弥补，使小球处于中心位协调球是一个简单易懂的仪器，包括大型和先进的飞机上都可见到。但是，在这些飞机上却不一定有转弯协调仪，在某种程度上它的许多功能都被飞行指引仪所取代。

7. 飞行指引仪（The Flight Director，FD）

飞行指引仪是一种附加在姿态仪上的装置，它为飞行员提供俯仰和坡度方面的指导，但并不告诉飞行员飞机的俯仰和坡度姿态，只是告诉飞行员在现有的俯仰和坡度姿态下应该做什么，以便获得所期望的航路。

飞行指引仪接收来自各种感受器的输入信息，并将它们整合成能为飞行员使用的简要引导指示，它的某些特征具有自动化的性质，但飞行员可依据需要设置一些程序，也可取消飞行指引仪的符号，只保留基本的姿态指示仪。关于飞行指引仪，目前存在着两种典型的设计：

（1）飞行机翼。飞行员操纵飞机以便使 ADI 上的模型飞机能够嵌入飞行指引仪的飞行机翼之中。

（2）十字指示器。飞行员使用操纵器使模型飞机的机头正对两条十字线下方。

图 19-21 和图 19-22 所示的飞行指引仪的指令可作为爬升左转弯的输入信号。虽然仪表对飞行员（或自动驾驶仪）操纵输入如何进行反应取决于设计，但在大多数飞机上可见到的典型 ADI 上的模型飞机保持不动，只是天地线运动以便与外界的真实天地线保持一致。飞行指引仪的指令指示器在仪表内运动，当飞行员已经达到了所要求的俯仰和坡度姿态时，指令指示器便覆盖在模型飞机上。

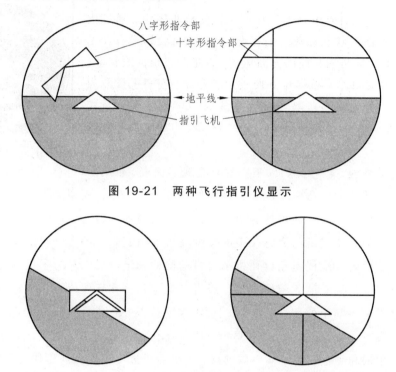

图 19-21　两种飞行指引仪显示

图 19-22　当飞行员根据飞行指引仪指令完成了姿态定位时的仪表指示

通常，飞行员可为飞行指引仪的指示器编制计划，以便使其能够提供许多期望的指令类型。譬如：

① 将飞行指引仪与一个可移动的方位指示器上的雷达测试器连接，便可保持或者改变航向；

② 将飞行指引仪与空速系统连接，可以保持或者获得选定的空速；

③ 将飞行指引仪与高度系统连接，可以保持高度或获得选定的爬升或者下降速率；

④ 将飞行指引仪与电子仪表着陆系统（ILS）连接，可以保持着陆航向信标台轨迹和下滑道。

现代飞行指引仪是如此之好，以至于飞行员很容易依赖它们。但是，和所有的事物一样，它也有出错或者失效的时候。也正因为如此，设计者们便发展了许多模拟飞行指引仪失效或者出错的情境。在这些情况下，飞行员便不得不又回到使用基本仪表姿态飞行的情形中去，用基本的姿态仪和其他飞行仪表以及基本的无线电导航仪表去替代飞行指引仪。

8. 自动定向仪和无线电磁指示器（The ADF and The RMI）

自动定向仪是一颗简单的指针，它指向地面的无方向信标（NDB）。老式的 ADF 有一个固定的刻度盘，用以指示与 NDB 的相对方位角，如机头左 30°。这便意味着如果飞行员要根据 NDB 切入或者保持某一特定的航路，他就必须将航向指示器（或磁罗盘）与 ADF 协调使用。这样，就需要飞行员具备良好的心理品质，尤其是在强风中，漂移成为影响因素时，对飞行员心理品质的要求将会更高。

ADF 与 HI 两个仪表的结合是仪表设计上的一个重大进步，现在的 ADF 指针（或双 ADF 设置中的多指针）已经被设计在罗盘刻度盘上。这种仪表便称之为无线电磁指示器（RMI），如图 19-23 所示。早期的 RMI 有一个 ADF 指针位于可旋动的操作盘后面，并与罗盘或者航向仪匹配。

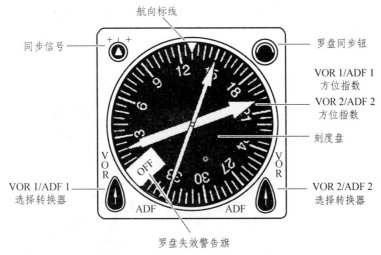

图 19-23 双指针式无线电磁指示器

仪表对于飞行员来说，另一项进步是飞行员能够调整甚高频全向信标台站。这使飞行员在不改变 VOR 显示器上航路选择的条件下便能获得相对于 VOR 的较好位置概念。RMI 指针的尾部表明飞机在 VOR 的位置方位线，但并不显示飞机的航向。图 19-24 和图 19-25 表明了在一个简单的 ADF 指示器上和一个 RMI 上相对于 NDB 的飞行轨迹。

9. 甚高频全向无线电指向标和水平位置指示器（VOR 和 HSI）

几乎每一个飞行员都曾经使用过早期的 VOR 显示器（见图 19-26），并用它来显示与选定的 VOR 位置方位线的角度偏差，但应该注意的是该仪表对于航向并不灵敏。如果飞行员在全向方位选择器（OBS）上选定了归航航向，正在向着无线电信标飞归航航向，使飞机接近航路轨迹，那么，来自设备上的航路偏差信息便具有直觉判断的性质。

与此相似，如果飞行员选择了背台飞行航向（称之为位置方位线），正接近航路上的航向作背台飞行，航向偏差信息的判断也具有直觉判断的性质。如果这些条件不能被满足，那么，这些仍在使用的老式 VOR 就可能因其不易辨认而被初学者所混淆。例如，偏航指示针在左面，航向也应该在左面，否则便会被初学者混淆。

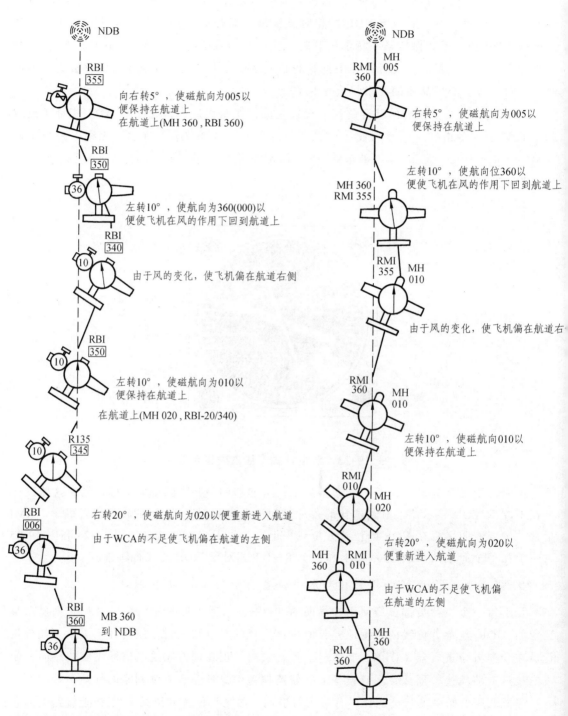

向右转5°，使磁航向为005以
便保持在航道上
在航道上(MH 360，RBI 360)

右转5°，使磁航向为005以
便保持在航道上

左转10°，使航向为360(000)以
便使飞机在风的作用下回到航道上

左转10°，使航向位360以
便使飞机在风的作用下回到航道上

由于风的变化，使飞机偏在航道右侧

由于风的变化，使飞机偏在航道右

左转10°，使磁航向为010以
便保持在航道上
在航道上(MH 020，RBI-20/340)

左转10°，使磁航向010以
便保持在航道上

右转20°，使磁航向为020以便重新进入航道
由于WCA的不足使飞机偏在航道的左侧

右转20°，使磁航向为020以
便重新进入航道

由于WCA的不足使飞机偏
在航道的左侧

MB 360
到 NDB

图 19-24　在固定刻度盘上的 ADF 和 HI 上，
　　　　　相对于 NDB 的飞行轨迹

图 19-25　在 RMI 上相对于 NDB 的飞行轨迹

图 19-26　早期的 VOR 显示器或航路偏差指示器

　　将 VOR 显示器与 HI 相结合是仪表设计上的一大进步，两者结合后产生的新仪表被人们称之为水平指示仪（HSI）（见图 19-27）。这意味着 VOR 显示器在所有时间里都是一个指令仪表，而 HSI 的图解式设计使该仪表成为非常优秀的显示器。和 VOR 一样，飞行员也可在 HSI 上选择仪表着陆系统，并且下滑道指针也会与航路标志同时出现。（当然，飞行员在用仪表着陆系统时，也可用沿航向信标轨迹上特定航路点的标志灯或声音来检查下滑道姿态。）随着 HSI 的出现，现代"玻璃座舱"内的导航显示通常可在仪表进近时转换成 VOR 或者 ILS 模式，这也证实了 HSI 在设计上是成功的。

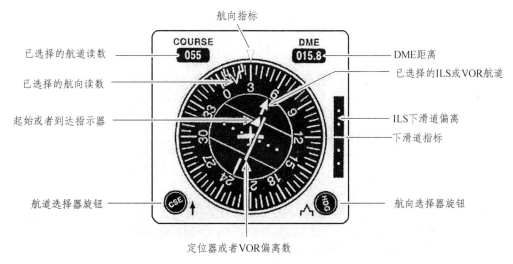

图 19-27　水平位置指示器

## 三、"玻璃"导航显示器

　　电子飞行仪表系统（EFIS）通常用两个很小的阴极射线管监视器来显示姿态和航向信息。它的导航显示可通过各种不同的方式被使用，包括 VOR 和 ILS，但在航路中它通常以地图的方式显示信息。在这种显示方式中，玻璃导航显示器显示磁体中已编入的各航路点之间的航路，飞行轨迹用白色清晰地显示出来，同时还包括航向和风等信息。有的显示器属平视显示，另一些则属于上视显示（Track-up）。如果需要的话，还可产生许多其他的项目，包括附近适当的机场、VORS 和各航路点上的有效真空速（ETAS）、气象雷达显示以及防撞信息（TCAS）（见图 19-28）。如图 19-29 所示，它还可以预示水平（转弯）性能和垂直性能（爬升或者下降）。

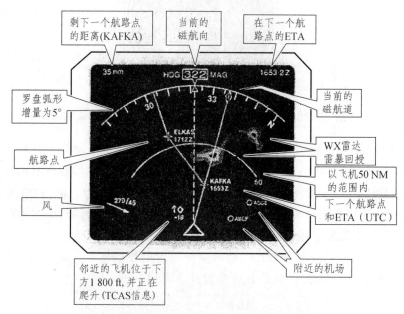

剩下一个航路点的距离(KAFKA)

当前的磁航向

在下一个航路点的ETA

罗盘弧形增量为5°

航路点

风

当前的磁航道

WX雷达雷暴回授

以飞机50 NM的范围内

下一个航路点和ETA（UTC）

邻近的飞机位于下方1 800 ft，并正在爬升(TCAS信息)

附近的机场

图 19-28　电子导航显示器示例

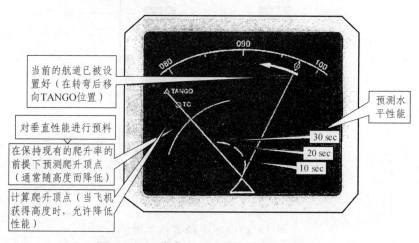

当前的航道已被设置好（在转弯后移向TANGO位置）

对垂直性能进行预料

在保持现有的爬升率的前提下预测爬升顶点（通常随高度而降低）

计算爬升顶点（当飞机获得高度时，允许降低性能）

预测水平性能

30 sec

20 sec

10 sec

图 19-29　在导航显示器上的预示信息

## 四、平视显示器

平视显示器（HUD）将信息在飞行员的头前显示，以便飞行员在透过风挡玻璃向前看时能够看到仪表指示。这与传统的下俯式显示（Head-Down）截然相反。下俯式显示是将仪表安装在下方的仪表板上，当飞行员透过风挡玻璃向前看，同时又需要观察仪表时，就得强迫飞行员将视线由平视改为下视才能识读它们。

HUDS 一般是将一个透明屏幕或者一个透明物质块安装于飞行员与驾驶舱风挡之间，并用它来呈现图像，以便为飞行员指示各种飞行参数，如空速、姿态、高度以及高度变化速率等（见图 19-30）。

**图 19-30　平视显示方式**

设计平视显示器的最初想法是在无限远处聚集物像，设计人员考虑到了飞行员在看窗外时眼睛的自然焦距问题，认为应该在让飞行员不必重新聚焦的前提下就能够识读仪表。

HUDS 也存在一些问题。例如，它影响休息眼的自然焦距（比无限远近得多），引起对外界景象的歪曲，而且，要找到适当的符号来清晰地代表诸多飞行参数也并非易事。

虽然大多数 HUDS 都应用于军用飞机上，但法国民用机却已经采用这种设计方案多年了。采用这种设计后的飞机在低云、低能见度等非常受限制的气象条件下能够成功地着陆。类似的成功经验是目前在传统下视式仪表中装备了性能优良的自动驾驶仪，它能够完成自动着陆和滑跑。

## 五、告警信号系统

在驾驶舱显示器中，告警信号系统是发展最快、包含人的因素最多的一个领域。随着飞机复杂程度的增加，告警信号系统也日趋复杂。譬如，DC8 飞机上的告警信号系统有 172 种，在 DC10 中已发展到 418 种；波音 707 为 188 种，而波音 747 已发展到 455 种之多。在告警信号的种类上，除视觉信号外，还采用了不和谐的听觉信号和触觉信号。其中，视觉信号包括：红色、琥珀色、蓝色或绿色等；听觉信号包括：铃声、噼啪声、蜂鸣声、尖啸声、音调、喇叭声、间歇性喇叭声、钟声、间歇性钟声以及人工合成声音等。这些警告信号用于吸引飞行员对诸如失火、起飞形态、着陆形态、安定面配平、超速、高度、自动驾驶仪断开、疏散、近地警告以及决断高度等情况的注意。

概括而言，在驾驶舱告警信号系统的设计中，应遵循以下 3 个原则：第一，告警信号应该能够唤起飞行员的注意；第二，应该能够说明状态的性质；第三，应该能够告诉飞行员采取什么样的正确行动。图 19-31 形象地说明了这 3 个原则。

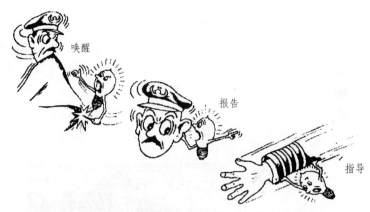

唤醒

报告

指导

**图 19-31　告警信号系统的 3 个基本目的**

　　目前，以上设计原则在民用航空中已得到了广泛的运用。就视觉告警信号而言，一般可分为 4 级：一级为最高优先级，与飞机性能或偏离安全飞行剖面有关，主要包括失速、超速和近地警告等，其颜色编码为红色，意味着需要立即行动才能确保飞机安全；二级为优先级，与飞机形态，如着陆时起落架或襟翼位置等有关，意味着存在某种异常情况，如果不加以及时修正便可能成为紧急情况，通常用术语"caution（注意/当心）"来表示，其颜色编码为琥珀色；三级为紧急级，与飞机各系统的状态等有关，常用仪表上的"限制带"（limiting bands）和旗以及灯光来表示，意味着某些需要劝告的条件和在某时某地需要做的动作；四级为低紧急级，与通话，如选择呼叫系统和内部通话系统等有关，其颜色编码通常为蓝色或绿色，它只为机组提供唤醒信息而不要求机组采取特殊的行动。对视觉性告警信号的要求，首要前提是适合人的感觉特性，它所表示的意义容易理解。以上对各级告警信号的颜色编码并不是凭空设计和没有依据的。上述视觉告警信号是符合人类习惯的，易于引起飞行员的注意，也便于飞行员的直觉理解和判断。

　　在听觉告警信号方面，可谓种类繁多。波音 747 飞机上的听觉告警信号便多达 15 种之多，飞行员必须经过特殊的训练，才能达到迅速、准确识别的程度。为了达到警告、报告和劝导的目的，在设计告警信号时主要应该避免 3 个方面的问题。第一，是声音的熟悉性问题。如果设计的听觉告警信号是经常听到的，就有可能被飞行员所忽略。在进近着陆、当油门减小至某一特定值以下，而起落架仍未放下时，某些飞机上的听觉性告警信号便会响起以便引起飞行员的注意，及时采取补救措施。如果飞行员此时正在练习无动力失速，这种听觉性告警信号便会在飞行员减功率时消失。这样，飞行员就可能忽略告警信号，即使飞机处于起落架收上位着陆时，飞行员也可能听不到告警信号。第二，听觉告警信号系统的可靠性问题。如果告警信号系统不断提供虚假告警信号，在真实的危险状态到来时，听觉性告警信号就不能唤起飞行员的注意。这一现象在民用航空史上已是屡见不鲜，它已导致了许多飞行事故。譬如，据 ALPA 估计，在 1982 年以前出现的 GPWS 告警信号大约有 65%都是不必要的，这在很大程度上降低了它的可信度。许多飞行员反复发现它的不真实性后，要么不再对近地警告信号反应，要么干脆关掉 GPWS。以后，经过若干年的不断改进，GPWS 的可靠性已经有所提高，目前在许多民用机上都装备了这一设备。第三，信噪比问题。信噪比是指信号强度大于噪声强度的分贝数。在听觉性告警信号的设计中必须使其强度大于噪声的强度，不至于被噪声所掩盖。即使飞行员正在集中精力完成某种任务或疲劳时，也能够唤起他的注意，不至于使飞行员漏掉告警信号。但也应该避免一味加大告警信号强度的倾向，否则又会引起飞行员的过度紧张和慌乱情绪。

触觉性告警信号在驾驶舱中的使用相对来说较少，主要用于失速警告。例如，在 B737-300 飞机上，失速警告或抖杆器（Stick shaker）包括两个偏心马达。每个驾驶杆上有一个。该马达通过抖动两个驾驶杆来警告飞行员飞机即将失速。最后，需要指出的是，警告信号在实际运用中并非都是单独使用，非常紧急情况出现时（如火警）往往是两种或者两种以上的告警信号同时出现，其目的便是为了防止飞行员脱漏信号。关于各种信号的结合与反应时和脱漏信号的关系可参见表 19-5。

表 19-5　告警种类与操纵时间及信号脱漏的关系

| 告警种类 | 操作时间 /s | 信号脱漏 /% |
|---|---|---|
| 主告警音 + 灯光信号 | 2.22 | 1.3 |
| 主告警灯 + 灯光信号 | 2.70 | 0.8 |
| 主告警灯 + 主告警音 + 灯光信号 | 2.39 | 0.0 |
| 灯光信号 | 4.42 | 47.5 |

## 六、飞机操纵系统

飞行员通过对操纵器的操纵可以改变飞机的外形，以便控制飞行轨迹，因此我们将它视为飞机-飞行员界面的动作部分。由于操纵飞机的动作较为复杂，有时需要飞行员在同一时间内向飞机协调地输入几种信息，这便对操纵器的设计提出了很高的要求。如果操纵器的设计不符合人的身体和心理特点，就有可能诱发人的错误，甚至引起飞行事故。

驾驶舱内的操纵器可分为两类：一类是尺寸较大的操纵器，另一类是尺寸较小的操纵器。尺寸较大的操纵器包括操作盘或操纵杆、舵蹬、襟翼和起落架手柄、油门杆或者手柄等。其运动方向主要有前、后、左、右运动或者旋动，通常用手或者脚操纵，有时属于大肌群运动。尺寸较小的操纵器主要有气压调定旋钮、无线电旋钮、仪表板灯光调节钮、自动驾驶仪开关、飞行管理计算机键盘等，这些操纵器需要手指运动，运动方向是推拉或者旋转运动。

对于一个新飞行员或者改装机型的飞行员来说，应该逐渐熟悉和适应自己飞机的各种操纵器，这是操纵好飞机、保障飞行安全的前提。为使飞行员能够尽快地熟悉所飞机型，目前在一定程度上已采用了一些标准化设计。但是，随着民用航空制造业的迅速发展，制造者在制作飞机时也采用了一定的变通性。以下是适用于所有飞机操纵器设计的一些普遍原则：

（1）操纵器应该设置在飞行员肢体能够达到的范围内，并能够毫无阻碍地完成整个移动范围，而且还不必使用过大的力量。航空工效学的研究表明：两臂伸展开，让肢体达到极限位置进行活动，这种活动不仅消耗大量的时间和能量，而且会加快疲劳的发生和发展，其动作的稳定性也很差。一般认为，关节呈中等幅度弯曲的运动最为适合，因此，操纵器中最重要的操纵部件，如驾驶杆、油门杆或油门手柄和脚蹬均应设置在此范围内。Barnes曾研究了手的最大和最优活动范围（见图19-32），根据这一研究，驾驶舱内的各种操纵器在配置上就应该注意将使用频率高的、重要的操纵器放在前方正常范围的作业区内，将使用频率低的或在特定情况下使用的，放在靠近最大活动范围的作业区内。目前，在一些飞机上采用了"电传操纵"系统，取消了飞行员与舵面之间的机械联系，从而减轻了飞行员的工作负荷。由于取消了机械系统，飞行员的操纵部件也由常规的驾驶盘改为"侧杆"（如A320以上的空客飞机）。它具有操纵简便容易、对仪表板前方的观察不受阻挡、进出座椅方便等优点。

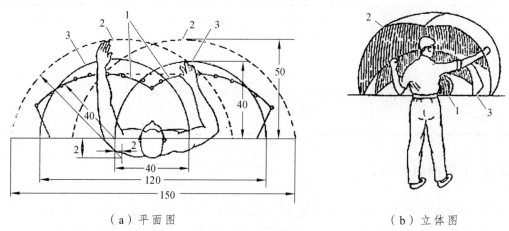

（a）平面图　　　　　　　　　　　　　　（b）立体图

**图 19-32　手的最大和最优活动范围**（单位：cm）

1—最优范围；2—最大范围；3—正常范围

（2）操纵器的设计应尽可能标准化，以便于飞行员在改装机型后能够在相同的位置找到它，其功能也应该是一样的；功能不同的操纵器应有足够大的区别，以避免飞行员在操纵时误用操纵器。如襟翼手柄与起落架手柄的大小、形状以及颜色编码便应该有所区别以免飞行员误用。在一些老式飞机上这两个手柄的形状和大小相似，且两个手柄并行排列，唯一的颜色区别对于夜间处于疲劳状态的飞行员也不易引起他们的注意。这在飞行史上已经诱发了许多飞行事故（参见图19-33）。Fitts等人曾经调查过飞行员的操纵错误情况，并将操纵错误分为6类：① 把两个操纵器混淆；② 忘记操纵；③ 操纵不当；④ 反方向操纵；⑤ 注意行为不良；⑥ 不能操纵。其中，操纵器混淆是最普遍的现象（见图19-34）。目前，在一些飞机上已经采用了符号式的操纵器。这种操纵器的特点是，它将人类触觉容易辨认和视觉容易再认的优势结合起来，将飞机起落架手柄制作成机轮型的手柄，把副翼操纵杆制作成机翼型的操纵杆等。这在一定程度上减少了飞行员误用操纵器的概率。实际飞行证明，这种形状的操纵器在紧急情况下被摸错的机会要比无意义联系的操纵器少得多。

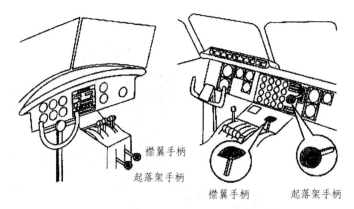

图 19-33　老式与新型起落架手柄和襟翼手柄设计

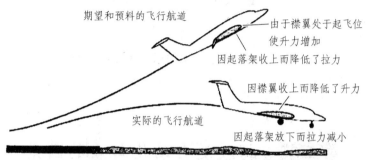

图 19-34　设计不良使飞行员误用操纵器的后果

（3）操纵器的设计应该具有逻辑性，尤其是某些操纵器需要同时使用或者相继使用时，更应该注意这一问题。另外，功能上有联系的操纵器也应该成组排列。例如，发动机操纵器（油门杆和俯仰通路控制手柄）便应靠近排列。当操纵器需要配备相应的显示器时，应该保证操纵器与显示器的一致性。例如，心理学的研究表明：当操纵者进行盲目定位运动时，做短距离位移运动倾向于推过头，而做长距离位移运动时则倾向于推得不足。所以，若仅依靠操纵油门杆手柄的动作来判断操纵器的准确性，这是远远不够的，它远不如同时扫视转速显示器那样准确。这便要求在显示器与操纵器的位置之间有一种功能联系，操纵器应该靠近显示器安装，最好装在显示器的下面，使操作时手不会挡住显示器，平视显示便具有这一优点。其次，操纵器与显示器之间应该相互对应。两者都应按所要呈现的信息方式确定其设计。不连续的显示方式，如表示襟翼拉起或放下，起落架的收起或放下，不仅要求用一种不连续的显示方式（如指示灯的亮或灭），并且也要求用一种不连续的操纵器（例如，双向开关）。如果信息是连续的，例如发动机的每分转速，显示器和操纵器就需要能够连续输入信息和连续输出信息的形式。第三，操纵器的运动方向和运动量大小应与显示器所表示的情况密切配合。目前普遍采用的各种操纵器与显示器的相关情况如图 19-35 所示。

（4）操纵器的设计应遵循的第三条原则是应具有可靠的防误性或者错误操作保护。在"飞行中人的因素"中我们已经阐明了"人都有犯错误的可能"这一观点，那么作为驾驶舱设计者来说，在实施设计时亦应为防止飞行员的错误操作提供余地。目前的起落架锁定装置及指示灯和襟翼门的设计，以及波音飞机某些操作程序的设计（操纵器内部联结）便是充分考虑了这一设计原则。具体的事例如油门杆若未置于慢车位，反推力杆便不能操作。

411

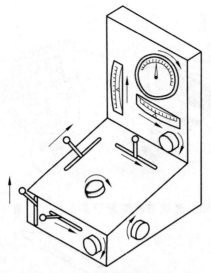

**图 19-35 操纵器和显示器移动的配合**

注：该图表示操纵器的习惯移动方向：顺时针方向、由左到右、由上向下，都表示数量的
增大。显示器的移动方向是和移动操纵器的方向一致的。

# 第三节 驾驶舱自动化与人的因素

驾驶舱自动化并非新鲜事物，它自诞生至今已经伴随我们 50 年了。但是，在过去的 20 年中，计算机技术取得了巨大发展，被广泛应用到驾驶舱中，带来了飞机操作的革命性变革。现代飞机被称为玻璃驾驶舱，并在以下 3 个方面大量使用自动化操作技术：

（1）计算机显示技术的使用（例如 CRT-阴极射线管），能够显示更多的合成及灵活信息。这便于更好地模仿外部世界（地图显示）、更强大的系统状态的表示（电子监控图），以及复杂的系统或机组交流（电子检查单）。

（2）通过功能强大的飞机管理系统（FMS），飞行员可以编制、管理飞行的程序。

（3）计算机革命用软件和电线连接逐步取代了机械连接，并将高智能引入操作系统，向操作人员提供前所未有的操作模式和保护。这使飞行操纵和系统命令结构发生了革命性的变化。

## 一、自动化的基本概念

自动化本身包含了许多系统，不同的自动化系统的人际交流模式也不尽相同。下面我们将简单介绍以下不同的自动化系统和其基本概念：

（1）自动化：自动化指在启动后以完全自动的方式使整个或部分系统执行预定的行为（或按顺序行为）。在通常条件下，飞行员无须控制自动化系统（当然，除了断开系统外）。自动化主要用于一定功能的执行链中，飞行员无法直接看到（例如，FADEC、偏航阻尼器、增压控制系统、座舱温度控制系统等）。

（2）自动保护：超过设计的安全极限时，自动保护功能被启动；飞行员无法断开它们（迎角极限、襟翼负载释放、自动驾驶仪方式、推杆器）。

（3）自动化系统：功能组件通常是由自动装置组成，在一般情况下，飞行员主动地启动自动装置，自动装置随时可以断开。自动系统执行部分高级任务（多数是与飞行操纵和导航相关），飞行员也可以进行人工操作。例如，自动驾驶仪处于不同工作方式；自动油门、自动推理调节、自动刹车等。现代计算机自动系统更加准确，并提供了许多复杂的工作方式，比以前的系统处理的参数要多。

（4）辅助系统：辅助系统显示计算机生成信息。将信息清楚地显示在 ECAM（空客）或 EICAS 屏幕（波音）上的自动诊断和排故系统、飞行指引仪（FD）、带有地图显示的飞行管理和制导系统（FMS，FMGS）等都是此类系统。

（5）自动化飞机：飞机上装有复杂的自动驾驶仪和许多自动系统，只需两名飞行人员。

（6）玻璃驾驶舱：驾驶舱仪表设计的特征是计算机组成的显示器，有与飞行管理系统（FMS）相连的一个主飞行显示器（PFD）和导航显示器（ND）。

（7）电传飞行：新式的玻璃驾驶舱飞机的特征是通过计算机和电信号控制飞机（无电缆），用高度自动化控制飞机所有系统（如发动机、刹车装置、转向机构、空调和增压等）。

驾驶舱自动化示例如图 19-36 所示。

**图 19-36　驾驶舱自动化示例**

## 二、现代自动化的设计理念

FAA 总结了 3 种关于自动化的观点：

### 1. 空　客

（1）自动化不能降低飞机的整体可靠性；应当提高飞机以及系统的安全性、高效性和经济性。

（2）自动化不能使飞机超出安全飞行的界线，并应当使飞机保持在正常飞行范围以内。

（3）自动化应当允许操作人员最大限度地使用安全飞行极限数据，尤其是在非常规环境中更是必需的。

（4）在正常飞行范围内，自动化不应与操作人员的操作输入冲突，除非是出于安全考虑必须这样做。

### 2. 波　音

（1）飞行员对飞机的操纵具有最终权威。

（2）机组成员对飞行的安全操控负有最终的责任。

（3）飞行机组的任务，按照优先级排列，依次为安全、乘客舒适和高效。

（4）对机组操作的设置，应当以飞行员的前期训练和操作经验为基础。

（5）设计系统须有容错能力。

（6）设计选项的层次分为简单、冗余和自动化。

（7）自动化只作为一种辅助飞行员的工具，而非取代飞行员。

（8）处理所有正常及非正常操作情况下的基本人为能力、人为限制和个体差异。

（9）只有当新技术和新功能确认具有清楚明确的操作优势和高效性，并且对人机界面没有负面影响时，才可以使用它们。

### 3. 麦　道

运用技术自然地去辅助飞行员，同时给予飞行员最终推翻计算机使用经验和技能的权威。

但是，自动化方式已经逐渐转变了飞行员的职责，即从直接操纵和主动监控转换到监控操纵和被动监视。而设计人员的目的是希望通过功能优势分配的方式，优化飞行员-自动化系统的安全和效率，减轻飞行员的工作负荷。然而，自动化却以不可预见的方式影响到整个系统的性能（见表 19-6）。

**表 19-6　对自动化系统的期望与实际产生的结果**

| 预期优势 | 实际结果 |
| --- | --- |
| 相同系统，更好的性能 | 实践转变、飞行员职责转变 |
| 工作负荷减少 | 创造出新的认知任务，且通常在不利的时间 |
| 将注意力集中在正确的答案上 | 操作人员很难认识到周围所有的活动和变化 |
| 需要的知识更少 | 新的知识和技能需求 |
| 同样的反馈支持 | 需要新职责的反馈等级和类型 |

注：摘自 Dekker & Woods，1999。

## 三、自动化的积极效果

驾驶舱自动化具有许多优点，概括起来主要有以下几点：第一，它能够完成许多持续性的任务，减轻飞行员的工作负荷，使飞行员能够有更多的精力去完成更为重要的任务，如决策等。第二，由于驾驶舱的自动化，可以去掉许多人的错误的来源。如果能够用性能稳定、可靠的机器去代替人类操纵的话，那么人类的易变性和易犯错误的状态便可得到克服。驾驶舱自动化的第三个优点是它能够减小驾驶舱空间，提供更好的燃油管理，所有这些都有助于降低飞行成本。第四，驾驶舱自动化能够比人工操作具有更为平稳、精确的控制。第五，通过计算机控制和程序显示。

航空工业界已经对驾驶舱自动化的优点进行过权衡，认为自动化是未来驾驶舱发展的方向，现在让我们再来看一看自动化的缺陷。

## 四、使用自动化的缺陷

澳大利亚航空安全局（BASI，1998）对驾驶过波音和空客飞机的飞行员进行了一次调查，见表19-7。

**表 19-7　飞行员对飞机自动化意见调查统计表（BASI，1998）**

| 飞行员意见 | 所占比例/% |
| --- | --- |
| 自动化程度过高 | 10 |
| 虽然飞机上有自动化设备，但有时也有一些意外情况的出现 | 61 |
| 没有足够提示的情况下可能发生飞行方式的改变 | 32 |
| 无法理解有些模式 | 15 |
| 我有时不能理解显示在 FMC 上的语言和信息 | 42 |

从整体上看，自动化设备是受欢迎的。自动化的主要问题在机组与自动化设备的人机交流上，而不在于自动化设备本身。这些问题在飞行学习的过渡阶段和某一机型的适应阶段体现得尤为突出。下面我们将这些问题归纳总结为六大方面，并逐一进行分析。

### 1. 使用自动化设备后飞行员职责的转变

自动化的设计初衷是减轻飞行员的工作负荷和难度，是飞行员不再做重复劳动，并帮助飞行员进行决策的制订。然而，实际的结果往往与设计目标完全相反。这是由于这些设计无法兼顾所有的人的因素方面的问题。在第一节中我们了解到，人脑需要一定的刺激才能保持警惕；在行动计划、相关预期的条件下人们的情景意识会改变；在低工作负荷是保持良好的认知状态的先决条件，低于这个标准大脑会处于"休息"状态。结果，在自动化状态下，飞行员的工作是监视自动系统的运作，特别是在自动化系统可靠性高、工作量小的巡航阶段更是如此。人的工作负荷似乎被降得很低。但是，如果遇到突发情况，大脑在这种休息状态下很难及时反映，导致工作负荷突然增加至负荷的峰值。Weiner 在 NASA 的一篇报告中评述道：自动化方便了人们擅长的那部分工作，却使本来简单的工作变得更复杂。

### 2. 决策偏见

电子飞行仪表系统的独特之处在于其地图显示大大地方便了导航，诸如空客的 ECAM 和波音的 EICAS 等自动分析和咨询系统在辅助飞行员进行信息处理方面所起到的重要作用。结果使多数飞行员认为 ECAM 或 EICAS 有助于提高情景意识和帮助决策。但事实上，这些自动设备常常会愚弄飞行员。如果对这类设备存在认识上的不足或者理解上的误区的话就会陷入由于自动化设备所带来的决策陷阱。

### 3. 自满或过分依赖自动化设备

驾驶舱内的自满情绪意味着：飞行员感到乏味，低警觉性，缺乏注意甚至缺乏按照程序和标准规范操作的动机。正如 Dekker 和 Orasan 所说的那样："自满是以缺乏机组动机为基础的协调中断模式，其内容是：如果飞行员真正地全身心地投入到工作中，他们之间能够配合……机组缺乏动机，就会错误地表达自动化如何大大地改变了系统中的运行环境和人员任务及职责。"

除此以外，在 FMS 时代，飞行员更多的是忙于核对自动化设备的行为是否与意图一致，而不是操作飞机。自动化设备使飞行员逐步地依赖它来完成飞行。飞行员对自动化设备很有信心、感觉到有自动化设备很舒适，以前的主动监控已经成为被动监控，他们只需要确认显示，不时张望一下，而缺乏警惕性。监视一个运行完全正常的系统是一种乏味的工作，但如果没有监控，它可能会威胁到飞机的安全。飞行模式的修改、遗漏、反向选择或错误的理解系统的实际行为如果没有被及时发现将会直接威胁飞行安全。

### 4. 自动化设备的编程困难

飞行管理的改进在于飞行管理系统（FMS）的出现，它便于飞行员在飞行前编制从起飞到目的地的水平导航和垂直导航飞行程序，将飞行计划输入自动驾驶仪去执行。自动驾驶仪执行程序是根据实际外界反馈进行自动管理（如选择和利用相关无线电导航台）以及参照储存在数据库中的模式（如导航地图、飞机性能等）方式进行工作。但这种方式也随之产生了相应的副作用：

（1）错误的后果转移到后面的工作。编制程序是一个较长的过程，通常是在过站时间紧迫的情况下进行的，又是在发动机启动后，如果管制员通知修改初始许可，也需要编程。输入时的错误如果没有被检查出来，将会导致飞行阶段出现异常飞行行为。

（2）导航数据库的数据更新不够也会导致飞行状态异常。导航错误源于数据更新不够（如实际的 VOR 地点和频率已经改变，而飞机数据库中的数据没有更新）会导致"地图漂移"。数据库中相似的地名，也经常对飞行员造成迷惑。

（3）飞行计划要做较大修改时意味着需要重新编制飞行管理系统的程序，而编程需要消耗一定的时间，当复飞后或五边进近更换预定跑道时，飞行员如果重新编辑飞行程序就会造成很大的压力。比如 1992 年加德满都机场泰国 A310 撞山事故就是由于这方面的原因造成的。通常，有经验的飞行员在编制飞行计划时通常会留有一定灵活性，在备用程序中输入复飞程序或另一条可能的着陆跑道信息，在天气情况不好的时候输入备降场信息等，在飞行计划发生变化时只需要激活备用程序即可。

### 5. 自动化导致的机组交流和配合困难

玻璃驾驶舱的结构和技术提高了对外界环境的显示，但减少了机组人员之间的非语言交流和行为的同步性。通常，完成一项任务所需的动作很少，信息集中显示在为数不多的几块仪表上，另一名机组人员不可能从手势上判断该飞行员在进行什么操作，或者可以说，机长无法猜出副驾驶在多功能显示器上输入了些什么，甚至连操纵杆和油门杆的移动也减少了，眼睛余光部分的作用丧失了。计算机也消除了靠触觉感受噪声大小和飞行姿态改变的可能性。因此，玻璃驾驶舱的设计需要飞行员更加注重机组配合，以补偿非语言交流的损失。

6. 信息处理困难

玻璃驾驶舱中的很多信息以书面形式显示出来。并且这些信息均用英语显示，且夹杂着大量的缩略语。对于非英语母语国家的飞行员来说阅读信息需要消耗大量时间。飞行员常常忽略出现频率不高的缩略语，或与常用的缩略语混淆。

## ·思 考 题·

1. 什么是开环系统和闭环系统？飞行员-飞机系统属于什么系统？请举例说明。

2. 人与机器各有哪些优势和局限？请举例说明。

3. 什么是眼基准位置？它与飞行员的视野有何关系？

4. 什么是驾驶舱设计的"T分布"？为什么要这样设计？

5. 简述姿态仪的两种主要显示方式，并根据人的因素原理进行简要分析。

6. 简述高度表误读和错误高度设置的主要原因。

7. 请举例说明飞行员了解显示器、控制器设计原理及存在局限的意义。

8. 简述驾驶舱告警信号系统设计的基本原则及目前大多数民用机告警信号的类别与设计原理。

9. 简述操纵器设计中应该考虑的人的因素原理及目前民用机设计中已考虑了哪些因素。

10. 请作图表示驾驶舱自动化的 3 个级别，并简述驾驶舱自动化与人的因素的关系。

# 附录一

## 自我评定问卷（STAI Form Y-1）

说明：以下是人们经常讲述的一些状况。阅读每一种状况，并在右边符合你现在感受的圆圈上打个"√"就是你此时此刻的感受。答案是没有对或错的。你不需在任何一种状况上花很多时间考虑，但是要给出最能表达你现在感受的答案。

| | 毫不 | 有点 | 中度 | 非常 |
|---|---|---|---|---|
| 1. 我感到平静 | ① | ② | ③ | ④ |
| 2. 我感到安心踏实 | ① | ② | ③ | ④ |
| 3. 我感到紧张 | ① | ② | ③ | ④ |
| 4. 我感到耗尽了全力 | ① | ② | ③ | ④ |
| 5. 我感到舒适 | ① | ② | ③ | ④ |
| 6. 我感到心烦意乱 | ① | ② | ③ | ④ |
| 7. 我现在担心运气会不好 | ① | ② | ③ | ④ |
| 8. 我感到满意 | ① | ② | ③ | ④ |
| 9. 我感到害怕 | ① | ② | ③ | ④ |
| 10. 我感到安逸 | ① | ② | ③ | ④ |
| 11. 我感到有自信心 | ① | ② | ③ | ④ |
| 12. 我感到神经过敏 | ① | ② | ③ | ④ |
| 13. 我心神不定 | ① | ② | ③ | ④ |
| 14. 我感到犹豫不定 | ① | ② | ③ | ④ |
| 15. 我感到轻松 | ① | ② | ③ | ④ |
| 16. 我感到满足自得 | ① | ② | ③ | ④ |
| 17. 我感到担忧 | ① | ② | ③ | ④ |
| 18. 我感到迷惑 | ① | ② | ③ | ④ |
| 19. 我感到镇定、沉着 | ① | ② | ③ | ④ |
| 20. 我感到愉快 | ① | ② | ③ | ④ |

# 自我评定问卷（STAI Form Y-2）

说明：以下是人们经常讲述的一些状况。阅读每一种状况，并在右边符合你通常感受的状况的圆圈上

打个"√"，答案是没有对或错的，你不需在任何一种状况上花很多时间考虑，但是要给出最能表达你平时一般感受的答案。

|  | 毫不 | 有点 | 中度 | 非常 |
|---|---|---|---|---|
| 21. 我感到愉快适意 | ① | ② | ③ | ④ |
| 22. 我感到不安和神经过敏 | ① | ② | ③ | ④ |
| 23. 我对自己感到满意 | ① | ② | ③ | ④ |
| 24. 我希望我能像别人那样快乐 | ① | ② | ③ | ④ |
| 25. 我好像感到有一种失落感 | ① | ② | ③ | ④ |
| 26. 我感到安宁 | ① | ② | ③ | ④ |
| 27. 我感到沉着、冷静、注意力集中 | ① | ② | ③ | ④ |
| 28. 我感到困难重重，不能克服 | ① | ② | ③ | ④ |
| 29. 我过多地担心那些实际上并不重要的事情 | ① | ② | ③ | ④ |
| 30. 我感到幸福快乐 | ① | ② | ③ | ④ |
| 31. 我的心情烦躁不安 | ① | ② | ③ | ④ |
| 32. 我缺乏自信心 | ① | ② | ③ | ④ |
| 33. 我感到安全踏实 | ① | ② | ③ | ④ |
| 34. 我容易地做出决定 | ① | ② | ③ | ④ |
| 35. 我感到力不从心 | ① | ② | ③ | ④ |
| 36. 我感到满足自得 | ① | ② | ③ | ④ |
| 37. 我脑海中涌现一些不重要的想法，烦扰着我 | ① | ② | ③ | ④ |
| 38. 我感到极端失意，并难以把它排除心头 | ① | ② | ③ | ④ |
| 39. 我是一个坚强、稳重的人 | ① | ② | ③ | ④ |
| 40. 当我仔细考虑目前的各种利害关系时，便陷入紧张或混乱状态 | ① | ② | ③ | ④ |

# 附录二

## 放松训练指导语

### 一、舒尔兹的自我暗示和放松训练的基本内容

① 我非常安静

② 我的右（左）手或脚感到很沉重

③ 我的左（右）手或脚感到很暖和

④ 心跳得很平稳、有力

⑤ 呼吸非常轻松

⑥ 腹腔感到很暖和

⑦ 前额凉丝丝的很舒服

### 二、苏联的放松训练内容

① 我放松了、安静了

② 我的两臂完全放松了，暖和了

③ 我的腿完全放松了，暖和了

④ 我的躯干完全放松了，暖和了

⑤ 我的颈部完全放松了，暖和了

⑥ 我的脸完全放松了，暖和了

### 三、我国的放松训练指导语和暗示语

你尽量安静、舒适地坐好

轻轻地闭上双眼

慢而深地呼吸

先吸一口气，然后憋住几秒钟

慢慢地呼出

再慢而深的吸气

让吸的气到一个手的手指

收紧背和肩的肌肉，感觉到它的紧张

然后呼气

尽量地呼完全

慢而深地吸气

憋住气，咬牙，闭嘴

感到下巴的肌肉在发紧

然后放松，呼气

你尽量地呼完全

尽可能使全身的肌肉都发紧

然后放松，呼气

尽可能地呼完全

深深地缓慢地呼吸

并使你能听到呼吸的声音

你好像听到了呼吸的声音

你现在感到很舒适，很安静

你感到很放松

你感到双脚沉重和放松

你感到脚腕沉重和放松

你感到膝盖沉重和放松

你感到臀部沉重和放松

双脚、脚腕、臂部全部感到沉重和放松

你的双手感到沉重和放松

慢而深地吸气，憋住气

你的双肩感到沉重和放松

你的脖子感到沉重和放松

你的下巴感到沉重和放松

你的脑门感到沉重和放松

脖子、下巴、脑门，全部感到沉重和放松

全身都感到沉重和放松

呼吸越来越深，越来越慢

你好像感到太阳光在照着你

照着你的脑门

你的头顶感到温暖和沉重

深深的暖流流进了你的右肩

右肩感到温暖沉重

呼吸越来越慢，越来越深

深深的暖流流进了你的右手

右手感到温暖和沉重

暖流又流回到你的右臂

右臂感到温暖和沉重

轻松的暖流流进了你整个的后背，

你感到后背暖和、放松、沉重

轻松的暖流从后背转到脖子

脖子感到温暖和沉重

轻松的暖流流到了你的左肩

左肩感到温暖和沉重

你的呼吸又缓慢又轻松

轻松的暖流流进了你的左手

左手感到温暖和沉重

呼吸又暖又慢

心跳慢而有力

轻松的暖流流到了右大腿

右大腿感到温暖和沉重

轻松的暖流流到右脚

右脚感到温暖沉重

轻松的暖流慢慢流过右小腿、膝盖、右大腿

整个右大腿感到温暖沉重

呼吸越来越松

轻松的暖流流到了左大腿

左大腿感到温暖和沉重

你的手臂感到沉重和放松

轻松的暖流流到了左小腿、膝盖和左大腿

整个左腿感到温暖和沉重

呼吸越来越松

轻松的暖流流到小肚子、胃部和心脏

心脏感到暖和轻松

心脏把暖流送到全身

整个身体温暖放松

你越来越深地呼吸

整个身体都很平静

你心里安静极了

脑子里完全平静

你感觉不到周围的一切

周围好像没有任何东西

你的注意力全部转入到了你的内部

你十分自由自在

深深感到全身放松

你感到十分舒服安静

你现在感到很有精神

呼吸更深了

现在慢慢地举起你的双手

现在慢慢地举起你的双手

高举过你的头

深吸一口气，憋住气

然后放松、呼气

再慢慢地放松手臂

再慢慢地放松手臂

当手碰到椅子的扶手时

完全呼出你的气

深吸一口气，憋住气

慢慢举起双手

慢慢举起双手

使手心对着面部

当手心刚要碰到你的面部时，呼出你的气

完全放松

慢慢放下手臂

再进一步深深地呼吸

慢慢地说下面的话

轻松的暖流流到左脚
左脚感到温暖和沉重
我的思想从周围拉了回来。我感到十分
舒适安静。
我的思想完全转向内部。我感觉非常轻松。
（重复）。我已经深入到了我的内部，我感
到我自己完全放松。（重复）。我的脑子完
全安宁平静。我现在感到放松灵活。我
感到、轻松。

"我的整个身体感到松弛放松。我的手臂感到温暖和
放松。我的大脚感到温暖和放松。我的心里十分安静。

我已经进行了一次放松练习。"
请慢慢睁开双眼
请慢慢睁开双眼
看到眼前的一切都非常清晰
呼吸转入正常非常愉快

## 四、艺术想象型

这类放松训练方法不用控制肌肉的紧张与放松，也不屏息憋气，更为安全，禁忌少，适用面宽。内容比较简单，所用时间短，其语词生动，意境优美。为帮助你消除紧张和烦恼，安然入睡，请不妨一试：

仰卧在床上
手脚舒适地伸展放平
闭上眼睛
缓慢而深深地呼吸
如果你觉得心中有些不快
你深深地吸气
长长地呼气
你的烦恼也随着呼出的气而消散净尽
深深地吸气
缓慢地完全地呼出
你的烦恼被分散开来了
深深地吸气
完全地呼出
你的烦恼消失了
你感到轻松了
你仰卧在水清沙白的海滩上
沙子细而柔软
你躺在温暖的沙滩上
感到非常舒服
闭着的双眼感受到温暖的阳光
耳边响着海浪拍岸的声音
你感到温暖舒适
微风徐徐吹来
使你有说不出来的舒畅感受

微风带走了你的一切思想
只剩下那一片金黄的阳光
温暖的阳光照着你的全身暖洋洋的
海浪不停地拍打着海岸
思绪也随着它的节奏而飘荡
涌上来又退下去
温暖的海风轻轻吹来
又悄然离去
也带走了你心中的思绪
你只感到细沙的柔软
阳光的温暖，海风的轻缓
只有蓝天、碧海笼罩着你的身心
你闭着眼睛
安然躺在大自然的怀抱里
你的呼吸有节奏地慢下来，变得又长又慢
你的眼皮沉重了
越来越沉重了
睁不开了
你的四肢沉重了
你的呼吸又沉又慢
你的眼皮沉重了
你的心里安静极了
你的脑子里完全平静了
你睡着了，睡着了

# 附录三

# 飞行员决策归因问卷

该问卷最初由 Embry-Riddle 航空航天大学与 FAA 联合研制。以下是原版本的修订版，我们根据中国民航的具体情况对个别措辞做了适当调整。

指导语：以下问卷有助于你了解自己的决策归因，请如实填写。答案没有正、误之分。请注意：

1. 阅读每一个情境及其对应的 5 个选择项。在阅读时，将你自己熟悉的机型与给定的情境结合起来考虑，并假定你是处于这一情境中的飞行员。

2. 按可能性大小，将你的思维模式在最左侧排出 1、2、3、4、5 个等级，必须 5 个等级排完，即首先选择你最有可能的思维方式，并在左侧标注为 1，次可能的标注为 2，其余的按可能性大小依次排列。

**情境 1**

你将到达的是一个不熟悉的设备简陋的机场，现在正在途中。飞行调度指示，由于气象预报海岸浓雾将在你着陆时到达目的地机场，因此不宜采用目视飞行。你首先想到的是在能见度变坏以前返回起飞机场，但随后又决定继续执行原飞行计划，历尽艰辛后你终于着陆了。你为什么会形成继续维持原计划的决定？

—a 你恨自己不能完成原来决定的飞行计划。

—b 你恨飞行调度提出的改变自己原来决定的建议。

—c 你确信情况会好转，没有危险。

—d 你认为自己有能力排除险情，因此应该维护原计划。

—e 你感到需要尽快决定，因此你便选择了最简单的行为。

**情境 2**

当滑行准备起飞时，你发现你的右刹车比左侧松。爬升时又发现无线电设备有问题。气象预报目的地机场有强风。此时，另一名机组成员向你建议，应该放弃这次飞行，回到起飞机场。但你仍然决定飞行，以后也没遇到什么麻烦。你为什么要继续飞行？

—a 你认为在这种情境中，该建议是过分谨慎了。

—b 你认为你的刹车以前从未坏过，因此这一次也不一定会坏。

—c 你认为决定应该由目的地塔台做出。

—d 不想半途而废，应该立即决定。

—e 你确信，如果其他人能在这种情况下着陆，你也能够。

**情境 3**

你平常所飞的飞机由于机体问题正在地面维护。此时安排你飞另一架飞机，但你发现你并不熟悉该飞机。在做完飞行前检查后，你决定按计划飞行。你的理由是什么？

——a  你认为不会出现困境，因此没有理由不飞。

——b  你对自己说：即使有危险，你也不至于摔飞机。

——c  你心里很着急，不想花时间考虑可选方案。

——d  你不允许自己是一个遇上困难就退缩的人，即使是不熟悉的飞机也应该飞。

——e  当别人提醒你在飞行前彻底检查不熟悉的飞机时，你认为他是一个过于保守和谨小慎微的人。

**情境 4**

你已经收到结冰条件的简令，但你并不认为会有什么麻烦，因为你所在的起飞机场的温度仍为 60°F。当接近目的地机场时，你遇上了冰结降水，黏附在你的飞机上。机组成员之一此时开始恐慌，你曾考虑过返回机场，但随之又打消了念头。你为什么不返航呢？

——a  你感到已经飞了这么远，情况已经到了无法控制的地步。

——b  机组成员的恐慌使你自责没有仔细考虑处境。

——c  你不想别人认为你胆小。

——d  你不想同伴认为他能影响你的行动。

——e  你不相信在这种情境中的结冰会使你摔飞机。

**情境 5**

你不厌其烦地检查目的地机场的气象条件。飞行途中你遇上了迎风。虽然你的油量足够你到达目的地，但如有紧急情况出现，燃油就可能不够。你仍然继续飞行，着陆时燃油几乎全用光了。是什么因素促使你这样做的？

——a  不喜欢带着压力去考虑怎么做，干脆以不变应万变。

——b  你不想让朋友们得知你返过场。

——c  你认为飞行手册对燃油储备总是留有安全余度。

——d  你认为所有的事情通常都会变好，这次也不例外。

——e  你认为情境是确定的，目的地机场比其他任何机场都近。

**情境 6**

离起飞还有 40 min 了，鉴于前几天飞机状态一直很好，于是你决定省略大多数飞行检查。是什么原因导致你做出这种决定的？

——a  你认为应该节约时间。

——b  你认为准时才能维护自己的威信，必要时可以走捷径。

——c  你认为某些飞行前检查是白费时间。

——d  你觉得没有理由认为这次飞行就非出问题不可。

——e  你认为即使问题发生，责任也不会是你的，应该由机务人员负责。

**情境 7**

你要飞的飞机是一架旧飞机并且维护较差。在磁电机上检查的结果表明，每分钟转速比常规低得多，你怀疑电嘴出了问题。而你的机组成员又急于赶时间，在经过几分钟的争论后，你同意了按原计划飞行。你为什么要允许自己被别人说服？

  —a 你认为作为飞行员必须不断改善自己的能力，即使在不理想的情境中也应该如此。

  —b 你认为条例对这类情境的限制是过严了。

  —c 你认为电嘴肯定还能凑合维持一两次飞行。

  —d 你认为你是认识到不应该飞行的，但其他机组成员都愿意冒险，你也没办法。

  —e 你认为改变计划本身就是令人讨厌的，于是你偏向了别人的建议。

**情境 8**

当你在作五边进近时，你发现跑道远端尽头有一个很大的不明障碍物。你本来考虑到复飞，但你的同伴认为：有足够的跑道长度，完全可以着陆，于是你决定着陆。最后在离障碍物 200 ft 处才停住。你为什么要同意着陆？

  —a 你从来没发生过事故，因此认为这次也会平安无事。

  —b 你乐意有人帮助你做出决定，并认为你的同伴的意见是对的。

  —c 你没有更多的时间去考虑，干脆就按你的同伴的建议去行动。

  —d 你想向你的同伴显示，你能按需要尽快地使飞机停下来。

  —e 你认为：有关飞行员对飞机安全操纵负责的条例在这种情况下不适用，机场才应该对跑道的畅通负责。

**情境 9**

你刚完成四边飞行，准备在一个非控制机场的 14 号跑道着陆。当你进入五边飞行时，你发觉风向改变，大约成 90°。你作了两个急转弯，最后在 11 号跑道着陆了。你是怎样进行推理的？

  —a 你认为你是一个好飞行员，能够安全、准确地应付突发事件并随机应变。

  —b 你认为你的飞行教员在强调最后进近中，不能改变航路、必须复飞的观点是过分小心了。

  —c 你知道急转弯应该是没有危险的。因为类似的情况你已用同样的方法应付过许多次了。

  —d 你知道顺风着陆最好，因此你得赶快行动以避免在侧风中着陆。

  —e 你认为突然的风向变化虽然是一个危险信号，但你是人，风能变，你也能变。

**情境 10**

你曾经仅在白天飞抵过目的地机场，并认为自己熟悉该机场。这次你得知飞机需要小修，将使你的到达时间延迟到天黑以后。虽然你知道大部分飞行时间都将在夜间进行，但你还是认为应该能看到一些明亮的地标，因此，你决定飞行。你为什么要做出这样的决定呢？

  —a 你认为当这种情况出现时，你不能逃避，也不必着急。

  —b 你不想等待，不想考虑其他选择，所以还是执行原计划。

  —c 你认为其他人能处理这样的问题，你也能处理。

  —d 你认为这次维修本来就是不必要的。既然维修没有取消这次飞行计划，你便应该完成这次飞行，在当天到达目的地。

  —e 尽管在夜间不熟悉地面参照物，但你根本不相信你会迷航。

# 飞行员决策归因问卷计分键

评分指导语：根据对每一种情境的回答，选出你对每一可选项的选择等级，然后将每个量表的等级分相加并写在下方。最后将这些总分标在态度问卷剖面图上。

| 情境 | 量表 I | 量表 II | 量表 III | 量表 IV | 量表 V | 总分 |
|---|---|---|---|---|---|---|
| 1 | B— | e— | c— | a— | d— | 15 |
| 2 | a— | d— | b— | e— | c— | 15 |
| 3 | e— | c— | d— | d— | b— | 15 |
| 4 | d— | b— | c— | e— | a— | 15 |
| 5 | c— | a— | d— | b— | e— | 15 |
| 6 | c— | a— | d— | b— | e— | 15 |
| 7 | b— | e— | c— | a— | d— | 15 |
| 8 | e— | c— | a— | d— | b— | 15 |
| 9 | b— | d— | c— | a— | c— | 15 |
| 10 | d— | b— | e— | c— | a— | 15 |
| 总分 | | | | | | 150 |

注意：横行每一种情境的累积分为15分，如果不是这个分值，请仔细检查，确认你是否严格按要求作答了。最后一行的总分栏累积分为150分。

# 态度问卷剖面图

1. 将从每个计分键得来的总分填入以下相应的空白内。5个量表分的总和应等于150分，如果不是150分，请仔细检查前面是否计算错误。

量表 I （反权威态度）

量表 II （冲动性态度）

量表 III （侥幸心理态度）

量表 IV （炫耀态度）

量表 V （屈从态度）

2. 现在，请看下面的态度问卷剖面图。图上有5个垂直型量表，每一个量表上都有5个刻度分（10~50分）。请按你的得分在相应的量表刻度上标点，然后将5个点连接起来。

3. 剖面图的解释：第一，对于飞行员来说，不存在绝对理想的剖面图形式。该图仅仅表明了当你处在压力情境中作决策时，各种危险态度的相对强度以及某种危险态度比其他态度具有更强的倾向性；第二，由于你是按1~5分等级进行排列的（从最有可能到最不可能），因此，具有最低分的量表，表示你最强的态度倾向。

你应仔细地检查你的剖面图,看是否你的一些量表分比另一些量表分低。如果是这样,你便应该想象自己正处在压力情境中进行决策并审视这些危险态度是否会影响你的思维。如果你认为这些危险态度的确会影响你的思维,你便应该尽力用导向安全结果的理性思维去代替它。这种方法可对危险态度起到矫正作用,提高你的判断能力。虽然我们每一个人在一定程度上都或多或少地具有这5种危险态度,但具有良好判断能力的飞行员却能够使这些危险态度服从于理智的思维过程。

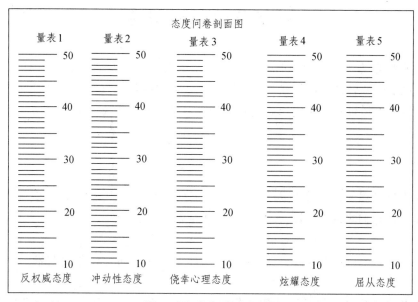

**图 1 态度问卷剖面图**

# 附录四

## 机组价值取向问卷

以下问卷称之为"个性特征问卷"（PCI），提供这一问卷的主要目的是为了向关系与任务取向的机组资源管理训练提供依据，这对于多人制机组的判断与决策是非常重要的。请根据提供的指导语尽可能如实地回答这些问题。计分方法以及对分数的解释将在稍后提供。

### 个性特征问卷

在你认为自己属于那一类型人的提问项目下面，存在许多选择项。每一个选择项包含着两个特征，在它们之间分布着 A-E 字母。现举例如下：

一点也不艺术　　A·····B·····C·····D·····E　　非常艺术

两个端点的特征描述都是矛盾的，你只能在两者之间选择其一，也就是说你不能同时对两个极端都予以选择。例如上例中的非常艺术和一点也不艺术。这些字母犹如一把尺子，用来测量偏向于两个极端的情况。例如，如果你认为你没有艺术细胞，你就应该选择 A，如果你认为你在艺术上很有造诣，你就应该选择 E。如果你认为你的艺术造诣仅仅是一般或者中等水平，那么你就应该选择 C，等等。请圈出最能描绘你的特征的字母。请对每一个问题都予以回答，不要有任何遗漏。

1. 一点也没有攻击性　　A·····B·····C·····D·····E　　攻击性很强
2. 非常爱发牢骚　　A·····B·····C·····D·····E　　一点也不爱发牢骚
3. 依赖性很强　　A·····B·····C·····D·····E　　独立性很强
4. 一点也不傲慢　　A·····B·····C·····D·····E　　非常傲慢
5. 情绪变化很小　　A·····B·····C·····D·····E　　情绪变化很大
6. 非常谦逊或顺从　　A·····B·····C·····D·····E　　非常独裁
7. 非常自负　　A·····B·····C·····D·····E　　一点也不自负
8. 在大多数紧要关头一点也不紧张　　A·····B·····C·····D·····E 在大多数紧要关头
非常紧张
9. 非常被动　　A·····B·····C·····D·····E　　非常主动
10. 一点也不任性　　A·····B·····C·····D·····E　　非常任性
11. 对他人不坦诚　　A·····B·····C·····D·····E　　对他人坦诚

12. 坚强　　　A……B……C……D……E　　　懦弱

13. 非常粗暴　　A……B……C……D……E　　　非常文雅

15. 不愿帮助他人　　A……B……C……D……E　　　乐于助人

16. 不愿竞争　　A……B……C……D……E　　　乐于竞争

17. 使自己服从指挥　　A……B……C……D……E　　　不愿服从指挥

18. 以家庭为价值取向　　A……B……C……D……E　　　以外部世界为价值取向

19. 非常贪心　　A……B……C……D……E　　　一点也不贪心

20. 不和蔼　　A……B……C……D……E　　　和蔼

21. 不在乎别人的意见　　A……B……C……D……E　　　非常在乎别人的意见

22. 非常独裁和专断　　A……B……C……D……E　　　一点也不独裁和专断

23. 感情不容易受到伤害　　A……B……C……D……E　　　感情非常容易受到伤害

24. 不爱唠叨　　A……B……C……D……E　　　非常爱唠叨

25. 很难觉察到别人的感情　　A……B……C……D……E　　　很容易觉察到别人的感情

26. 能够很容易作出决策　　A……B……C……D……E　　　很难作出决策

27. 非常挑剔　　A……B……C……D……E　　　一点也不挑剔

28. 很容易放弃　　A……B……C……D……E　　　从不轻易放弃

29. 非常愤世嫉俗　　A……B……C……D……E　　　面对现实

30. 从不哭泣　　A……B……C……D……E　　　很容易流眼泪

31. 自信心不强　　A……B……C……D……E　　　自信心非常强

32. 有原则性，客观　　A……B……C……D……E　　　没有原则性，根据喜好和利
地看待外部世界　　　　　　　　　　　　　　害关系看待外部世界

33. 自我感觉非常差　　A……B……C……D……E　　　自我感觉非常好

34. 没有敌意　　A……B……C……D……E　　　充满敌意

35. 一点也不理解别人　　A……B……C……D……E　　　对别人非常理解

36. 对人非常冷淡　　A……B……C……D……E　　　对人非常热情

37. 非常顺从　　A……B……C……D……E　　　一点也不顺从

38. 很弱的安全需要　　A……B……C……D……E　　　很强的安全需要

39. 不容易受骗　　A……B……C……D……E　　　很容易受骗

40. 在压力情境下惊惶失措　　A……B……C……D……E　　在压力情境下从容自如

·PCI 的计分方法：

　　在评分过程中有 14 个与个性特征相关联的问题。其中 7 个问题属于手段或者任务取向，另外 7 个问题则属于表达或者关系取向。请在以下提供的评分单上写下你对问题序号反应的字母。反应字母应该用以下公式转换为一个数字：A-0，B-1，C-2，D-3，E-4。但请注意：对于第 26 题，应采用逆向计分的方式予以计分，如，E-0，…，A-4。在反应的字母后面请写下你的对应的数字。对任务和人际关系的反应总分请写在最下面。

| 任务问题 | | | 关系问题 | | |
|---|---|---|---|---|---|
| 题号 | 字母 | 数字 | 题号 | 字母 | 数字 |
| 3 | ＿＿ | ＿＿ | 5 | ＿＿ | ＿＿ |
| 9 | ＿＿ | ＿＿ | 11 | ＿＿ | ＿＿ |
| 16 | ＿＿ | ＿＿ | 13 | ＿＿ | ＿＿ |
| 26 | ＿＿ | ＿＿ | 15 | ＿＿ | ＿＿ |
| 28 | ＿＿ | ＿＿ | 20 | ＿＿ | ＿＿ |
| 31 | ＿＿ | ＿＿ | 25 | ＿＿ | ＿＿ |
| 33 | ＿＿ | ＿＿ | 35 | ＿＿ | ＿＿ |
| 40 | ＿＿ | ＿＿ | 36 | ＿＿ | ＿＿ |
| 总分 | | ＿＿ | | | ＿＿ |

PCI 的解释：

为了确定你在任务与关系取向矩阵中的位置，请在如图 2 所示的曲线中用"×"标出你的 PCI 结果分数。如果你的任务分数高于或等于 21 分，那么就可以认为你是属于高任务取向的人。如果你的关系分数高于或等于 23 分，可认为你是一个关系取向的人。如果所得分数均低于上述两个维度所给出的分数，你就可能是任务和关系都不太看重的人。

本测验所得到的分数并不标志着你是否是一个称职的飞行员，即你所得的分数本身并没有好坏之分。然而，如果你在任务和关系两个维度上所得的分数都非常低的话，你就应该仔细考虑你应该根据本课程所给予的提示改善你的驾驶舱管理风格。利用本测验对职业飞行员的测试结果表明：大约 90% 的飞行员的测试分数都属于高任务取向者，大约 50% 的飞行员的分数属于高关系取向者。

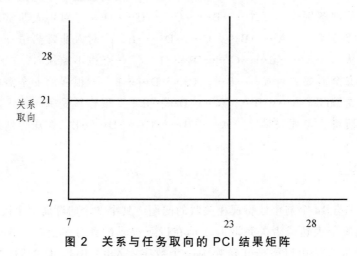

图 2 关系与任务取向的 PCI 结果矩阵

# 附录五

# 领导风格自我评价问卷

在 5 种可选的、描述各种领导态度的选项中，其中可能会有一项正是对你的领导风格的描述。请阅读每一个要素下面的句子，并思考适合于你的每一种可能性。在你认为最适合你的句子旁边填入 5，次适合你的句子旁边填入 4，以后都按适合的等级分别填入 3，2，1。其中，1 表示最不适合你。填答时没有任何限制。

1. 机组成员的观念

A. 我试图建立和支持相互信任、相互尊重的关系，并在机组成员中进行授权，以便使操作达到尽可能高的标准。

B. 我认识到应该在不使机组士气降低到较低水平的前提下完成驾驶舱任务的必要性。

C. 我强调机组成员的需要，并努力满足能够导致舒适而又友善的驾驶舱气氛的人际关系。

D. 我对协调机组职责和任务分配的活动只付出了很少的努力。

E. 我通过控制驾驶舱的状况来获得和建立有效的操作，目的是确保其他机组成员不会干扰和破坏操作。

2. 价值取向

A. 我以一种普遍的方式给予各种指导，目的是瞄准希望达到的可接受的表现，而不是设置不必要的压力。

B. 我以一种普遍的方式给予指导。我认为机组成员都能够找到他们自己的方式来执行和实施分派给他们的所有任务。

C. 我以一种普遍的方式来给予指导。我对其他机组成员提供帮助和鼓励。

D. 我通过寻求能为其他机组成员们接受的工作目的和目标来给予指导。

E. 我给予其他机组成员以清晰的指导，并且希望他们完全遵照执行，而不应该有任何怀疑。

3. 缺点和错误

A. 我通过设置处罚和批评来对待其他机组成员的缺点和错误，以防止他们重犯。

B. 我试图识别缺点和错误的原因，并利用它们的教育价值。

C. 只有在别人的缺点和错误对我有不利影响时，我才审视这些缺点和错误。

D. 我对犯了错误的机组成员予以支持和带有同情心的理解。

E. 我尽可能将错误保持在可接受的范围内，并尽可能不把这些错误和缺点看得了不起。

## 表 1 个人评定总结

| 要素 | 方格 | | | | |
|---|---|---|---|---|---|
| | 1, 1 | 1, 9 | 5, 5 | 9, 1 | 9, 9 |
| 1. 机组成员的观念 | D1____ | C1____ | B1____ | E1____ | A1____ |
| 2. 指导 | B2____ | C2____ | A2____ | E2____ | D2____ |
| 3. 缺点和错误 | C3____ | D3____ | E3____ | A3____ | B3____ |
| 总计 | ____ | ____ | | | |

# 附录六

## 菲德勒的"最不喜欢的同事（LPC）"问卷

该问卷主要用于对两种领导风格的测定。

LPC 问卷指导语：选择一个您认为最难共事的人，他有可能是您现在的同事，也可能是您过去的同事。此人不一定是您最不喜欢的，而是您认为最难共事的人。描述您对此人的印象，并在适当的分数上画圈，最后统计得分。此问卷并无正确或错误的答案，所以不必考虑得分，凭您的第一个念头打分即可。

| 令人愉快的 | 8 7 6 5 4 3 2 1 | 使人不愉快 |
|---|---|---|
| 友好的 | 8 7 6 5 4 3 2 1 | 不友好 |
| 拒绝 | 1 2 3 4 5 6 7 8 | 接受 |
| 紧张 | 1 2 3 4 5 6 7 8 | 轻松 |
| 疏远 | 1 2 3 4 5 6 7 8 | 接近 |
| 冷漠 | 1 2 3 4 5 6 7 8 | 热情 |
| 支持 | 8 7 6 5 4 3 2 1 | 敌对 |
| 乏味 | 1 2 3 4 5 6 7 8 | 有趣 |
| 爱争吵 | 1 2 3 4 5 6 7 8 | 和睦 |
| 抑郁 | 1 2 3 4 5 6 7 8 | 快活 |
| 豪爽 | 8 7 6 5 4 3 2 1 | 谨慎 |
| 诽谤 | 1 2 3 4 5 6 7 8 | 忠实 |
| 靠不住 | 1 2 3 4 5 6 7 8 | 可信赖 |
| 慎重 | 8 7 6 5 4 3 2 1 | 轻率 |
| 平庸 | 1 2 3 4 5 6 7 8 | 高尚 |
| 易相处 | 8 7 6 5 4 3 2 1 | 难对付 |
| 伪善 | 1 2 3 4 5 6 7 8 | 诚实 |
| 仁慈 | 8 7 6 5 4 3 2 1 | 冷酷 |

总分

从问卷所能得到的分数在 18～144 的范围内。菲德勒认为 64 分以上的人可视为高 LPC

型，即宽容型的管理者，这种管理者即便对最不喜欢的人仍给予较高的评价，说明他们是能与难相处的人共事的。他们从成功的上下级关系中获得满足，所以又被冠以"关系激励型管理者"。如果某人的得分在57分以下，那么，他便被视为是低LPC型的，即任务导向型的管理者，他们趋向于对最不喜欢的同事评判很低，而本身则从任务和绩效中获得满足。菲德勒称他们为"任务激励型管理者"。得分在58~63分的管理者处于一种两可或中间状态。

菲德勒提出了3种情境因素来决定高LPC型风格和低LPC型风格对管理有效性的影响。这3个影响因素是：管理与被管理者的关系、工作任务的结构以及职位权力。

（1）管理与被管理者之间的关系：这种关系被认为对管理者的影响力有着重大的作用。因为，管理者的影响力的大小在一定程度上取决于他被下属接受的水平。如果被管理者对上司是信任、喜爱和愿意追随的，而管理者对下属又具有威信和吸引力，那么这两者必定相互尊重、同心协力。管理者也不必在依赖另外两个情境因素来施加影响力了。

（2）工作任务结构：指一项具体的工作任务被组合、安排得严谨或松散的程度。

（3）职位权力：指担任某一具体职位的管理者所拥有的权力。在一定的条件下，这个管理者可以有权指导、评价、奖励以及惩罚下属。

菲德勒根据长期研究的结果，把每一种情境因素的正反两种情况交错组合起来，构成了管理者所处的从最有利到最不利的8种情境类型，然后再把高LPC和低LPC两种领导风格配合起来，形成了表2所示的菲德勒有效管理权变模式。

**表 2　菲德勒有效管理权变模式**

| 类型 | | 1 | 2 | 3 | 4 | 5 | 6 | 7 | 8 |
|---|---|---|---|---|---|---|---|---|---|
| 情境因素 | 上下级关系 | 好 | | | | 差 | | | |
| | 工作结构 | 紧 | | 松 | | 紧 | | 松 | |
| | 职位权力 | 强 | 弱 | 强 | 弱 | 强 | 弱 | 强 | 弱 |
| 权变领导风格 | 关系激励型（高LPC） | 不一致 | 不一致 | 不一致 | 一致 | 一致 | 一致 | 一致 | 不一致 |
| | 任务激励型（低LPC） | 一致 | 一致 | 一致 | 不一致 | 不一致 | 不一致 | 不一致 | 一致 |
| 环境 | | 非常有利的领导环境 | | | | 非常不利的领导环境 | | | |

# 附录七

## "错误链"与处境意识

错误链是描述人的错误所诱发事故的一个概念，意指一系列事件累积的结果便会导致重大灾难。事实上，很少有单一的压倒一切的重大事故原因，大多数情况下都是许多因素或者错误累加在一起的结果，也正因为此，人们将这一现象定义为"错误链"。各个事件或者许多微小的错误串成一串从而也就构成了所谓的错误链。这一错误链可以通过以下11个线索来进行识别。只要打断错误链中的任何一个环节，该错误链就会得到中断，重大的灾难就有可能得到预防和避免。

因此，我们要向飞行机组建议的是，当他们不知不觉地步入灾难时，也许他能够打断其中的一个环节，从而避免重大灾难。

到目前为止，至少有30次飞行事故或者飞行事件都可以用错误链的概念来解释。每一个事故都是根据以下的观点来进行解释的："如果该机组经过了特殊的训练，以至于能够识别错误链中的各个环节，并且飞行技术也非常熟练的话，那么，一旦各个环节出现，机组成员就应该能够发现，并由此引起不同的反应和结果（指与未发现微小事件的情况相比）。"

就我们所思考过的每一个事故而言，其回答都是肯定的。在任何一个事故中，最少的也有4个环节或者事件的累加，导致事故的事件或者环节的平均数是7个。然而，只要能够识别出其中的1个环节，并对其做出了恰当的反应的话，就会改变飞行的结果。只要有1个以上的事件显露出来，就有助于提高对潜在错误链的识别。

尽管在事故调查期间要重建错误链是一件相对容易的事情，但在实际的发生过程中，飞行机组要对错误链中已发生的某一个事件进行识别却是困难的。使机组熟悉错误链的概念将有可能打断错误链中的某一个环节。以下是识别错误链各个环节的11个线索。出现其中的任何一个或者几个，并不意味着某次飞行事故将要发生。与此相反，它仅仅说明了机组在操作飞机的过程中所冒的风险和飞行机组必须通过适宜的资源管理来维持操纵。

1. 语义模糊：在任何情况下都可能存在着两个或两个以上的信息资源不一致的现象，我们把这一现象称之为语义模糊。它通常包括仪表、指向标、人、手册、感觉以及操纵器等信息与实际情况的不一致。

2. 固着或者全神贯注：注意力集中在某一个事物或者事件上，从而忽视其他事件或信息的现象。它通常包括所有的分心因素使机组的注意力离开了正在进行的飞行活动。分心因素既可能是交通繁忙的空域所带来的高工作负荷的结果，也可能是不良的气象条件或者是异常的紧急情况等。个人问题、注意力不集中、自鸣得意以及疲劳等也可能成为机组的分心因素。

3. 混淆或者不知道发生了什么：对特定情景不确定的、焦虑的或者迷惑的感觉。它既可能是由于思维滞后于飞机状态所引起，也可能是由于缺乏知识或者缺乏经验所引起。这样的状态也许还会将人推向某种能力或者经验上的极限。它通常伴有生理上的症状，如太阳穴的跳动、头疼、胃部不适或者不舒适的感觉，这将使人把这一症状知觉为状态不好。

4. 无人操纵飞机：没有人监控飞机的现实状态及其发展进程。对于机组来说，操纵飞机应该是首要任务。如果机组没有这样做，就有可能是机组将其他事情等同于飞行任务了。

5. 没有人注意驾驶舱窗外：这又是机组应该优先考虑的因素之一。在特定的时候，危及飞行安全的最危险的因素便是飞行终端区域的空中相撞，但是，机组往往具有将注意力集中于驾驶舱内，而没有保持搜索驾驶舱外的倾向。如果机组丧失了这一主要任务，其后果将是不堪设想的。

6. 使用没有依据的程序：使用没有正式写进飞行手册或者检查单的程序来处理异常情况或者紧急情况的现象。飞行机组是否完全地理解了存在的问题呢？是否机组获得了所有他们所需要的资源呢？

7. 忽视限制或者降低操作标准：试图或者忽视既定的最低操作条件或者规格，无论是有意地或者是无意地降低条例或者具有约束力的飞行操作手册，或者指南都是不能接受的。这些忽视通常包括气象条件、操作限制以及机组飞行时限等等。

8. 未能解决意见分歧：不能解决观点、信息或对于条件变化的意见冲突。

9. 不能满足目标：飞行失败或者飞行机组不能达到和/或保持已经识别出的目标。这些目标包括：ETAS、空速、最低进近、高度和航向、所需要的外形、计划、程序或者任何由/为机组建立起来的目标。

10. 偏离标准操作程序：试图或者不恰当地偏离既定标准操作程序。之所以称之为标准操作程序，其主要原因是标准操作程序是随着时间的推移逐渐形成的解决问题的综合途径。因此，它是机组在困难情景下省时省力地处理问题的有效工具，但在很多情况下机组却没有充分地利用这一工具。

11. 不完整的交流：不完整的交流是抑制信息、意见、观点、建议或者提问的结果；在这种情况下，机组成员不能够寻找到解决误解和混淆或者观点不一致的方法和途径。例如，如果机组成员不能够将所需要传递的信息向其他机组成员传送或者就有关的担忧向其他机组成员质疑的话，错误链就将是始终串在一起的。反过来说，如果某个机组成员认为其他机组成员压抑了需要交流的信息时，这也会使错误链串联在一起。

如果在上述线索中有一个或多个线索存在，那就意味着错误链有可能会进一步发展，此时应该劝告机组加以适当的注意。对上述错误链线索的识别，为机组提供了一个解决问题的工具，有助于机组合理地管理飞行中的风险因素。

值得一提的是：对错误链线索的识别并不意味着灾难的自动消除。它仅仅是为机组必须采取必要的行动以及对飞行中面临的风险处境进行管理敲响了警钟。

表 3 　错误链练习

| 1. 语义模糊 | | | | | | | | | |
|---|---|---|---|---|---|---|---|---|---|
| 2. 固着或者全神贯注 | | | | | | | | | |
| 3. 混淆或者不知道发生了什么 | | | | | | | | | |
| 4. 无人驾驶飞机 | | | | | | | | | |
| 5. 无人注意驾驶舱外 | | | | | | | | | |
| 6. 使用没有依据的程序 | | | | | | | | | |
| 7. 降低最低限制 | | | | | | | | | |
| 8. 未能解决意见的不一致 | | | | | | | | | |
| 9. 不能满足目标 | | | | | | | | | |
| 10. 偏离标准操作程序 | | | | | | | | | |
| 11. 交流 | | | | | | | | | |

# 附录八

## 人因中英文术语对照表（以英文字母排序）

| | |
|---|---|
| Absolute thresholds | 绝对阈限 |
| Accommodation（eye） | 眼调节 |
| Accumulative effect | 累积效应 |
| Action skill；physical skill | 动作技能 |
| Active failure | 显性错误或显性失效 |
| Acute myocardial infarction | 急性心肌梗死 |
| Acute stress | 急性应激 |
| Adaptation | 适应 |
| Advance / Senior needs | 高级需要 |
| Advantages of Automation | 自动化的优点 |
| Aerial perspective | 空气透视 |
| Aero-otitis media | 航空性中耳炎 |
| Affective component | 情感成分 |
| Afferent nerve | 传入神经 |
| Alarm stage | 警觉反应阶段 |
| Alcohol | 酒精 |
| Alcoholism | 酗酒/酒精中毒 |
| Alveoli | 肺泡 |
| Anchoring effect | 锚定效应 |
| Anemic hypoxia；Hypemic hypoxia | 贫血性缺氧 |
| Angina pectoris | 心绞痛 |
| Angular acceleration | 角加速度 |
| Anti-authority | 反权威 |
| Anticipation；Projection | 预期，预测 |
| Anti-histamine | 抗组胺 |
| Anxiety | 焦虑 |
| Arousal | 唤醒 |

| Carbonic acid | 碳酸 |
| Cardio-vascular system | 心血管系统 |
| Cataracts | 白内障 |
| Central nervous system | 中枢神经系统 |
| Cerebellum | 小脑 |
| Cerebrum | 大脑 |
| Character | 个性/性格 |
| Chronic stress | 慢性应激 |
| Chunk | 组块 |
| Ciliary muscles | 睫状肌 |
| Circadian dysrhythmia；Circadian rhythm disturbance | 昼夜生物节律扰乱 |
| Circadian rhythms | 昼夜生物节律 |
| Circulatory system | 循环系统 |
| Classical conditioning theory | 经典条件反射理论 |
| Cochlea | 耳蜗 |
| Cockpit conflict | 驾驶舱冲突 |
| Codeine | 可待因 |
| Cognitive component | 认知成分 |
| Cognitive learning theory | 认知学习理论 |
| Cold；Catch a cold；Influenza | 感冒；流感 |
| Color blindness | 色盲 |
| Communication | 交流 |
| Communication barriers | 交流障碍 |
| Communication error | 沟通差错 |
| Complacency | 自鸣得意；盲目乐观；麻痹大意 |
| Concentration | 注意集中 |
| Conditioned reflex | 条件反射 |
| Cones | 视锥细胞 |
| Conflict | 冲突 |
| Convergent thinking | 聚合思维 |
| Convulsion | 痉挛 |
| Co-ordination | 协作 |
| Coriolis illusion | 科里奥利错觉 |
| Cornea | 角膜 |
| Coronary artery | 冠状动脉 |

| | |
|---|---|
| Coronary heart disease | 冠心病 |
| Coronary vein | 冠状静脉 |
| Country club | 乡村俱乐部型 |
| Crew error response | 机组错误反应 |
| Cross check | 交叉检查 |
| Culture | 文化 |
| Cumulative effect | 累积效应 |
| Cyanide | 氰化物 |
| Cyanosis | 紫绀 |
| Dark adaptation | 暗适应 |
| DCS（decompression sickness） | 减压病；高空减压 |
| Decay theory | 衰退理论 |
| Declarative memory | 陈述性记忆 |
| Decongestants | 抗充血 |
| Democratic | 民主型 |
| Depressant；Tranquilizer | 镇静剂 |
| Desynchronization | 去同步 |
| Diastolic pressure | 舒张压 |
| Differential threshold | 差别阈限 |
| Disability | 失能 |
| Disadvantages of Automation | 自动化的缺点 |
| Disperse / Sporadic error | 离散性差错 |
| Distraction | 注意力分散 |
| Divergent thinking | 发散思维 |
| Divided attention | 注意分配 |
| Dizziness | 头昏 |
| Doctor's advice；Medical orders | 医嘱；医学咨询 |
| Drug abuse | 药物滥用 |
| Dynamic visual acuity | 动态视敏度 |
| Eardrum | 鼓膜 |
| EEG | 脑电图 |
| Effective visual distance | 有效视觉距离 |
| Efferent nerve | 传出神经 |
| Empty field myopia | 空虚视野近视 |
| Encoding | 编码 |
| Endogenic rhythm | 内源性节律 |

| | |
|---|---|
| Episodic memory | 情境记忆 |
| Ergonomics | 工效；工效学 |
| Error chains | 事故链或差错链 |
| Error proneness | 错误倾向性 |
| Euphoria | 兴奋性/愉悦感 |
| Eustachian tube | 咽鼓管 |
| Exhaustion stage | 衰竭阶段 |
| Expectation | 期望 |
| Explicit communication | 显性沟通 |
| External auditory canal | 外耳道 |
| External drive | 外驱力 |
| External respiration；pulmonary respiration | 外呼吸；肺呼吸 |
| Extrinsic / External motivation | 外部动机 |
| False horizon illusion | 虚假天地线错觉 |
| Fast-wave sleep | 快波睡眠 |
| Fatigue | 疲劳 |
| Fault | 错 |
| Feedback | 反馈 |
| Flight illusion | 飞行错觉 |
| Flight skill；Flying skill | 飞行技能；驾驶技能 |
| Forgetting | 遗忘 |
| Forgetting curve | 遗忘曲线 |
| Fovea | 中央凹 |
| G forces | 重力加速度 |
| Gas exchange | 气体交换 |
| General adaptation syndrome | 一般适应综合征（GAS） |
| Glare | 眩光 |
| Glaucoma | 青光眼 |
| Grey out | 灰视 |
| Hazardous attitude | 危险态度 |
| Hearing loss | 听力损失 |
| Hearing threshold shift | 听阈偏移 |
| Heart attack | 心脏病发作 |
| Heart rate | 心率 |
| Hemoglobin | 血红蛋白 |
| Heredity | 遗传 |

| Histotoxic hypoxia | 组织中毒性缺氧 |
|---|---|
| Human error | 人的差错 |
| Human limitations | 人的限制或人的局限 |
| Human performance | 人的作业表现 |
| Hyperopia | 远视 |
| Hypertension | 高血压 |
| Hyperventilation | 换气过度 |
| Hypotension | 低血压 |
| Hypoxic hypoxia；Altitude hypoxia | 缺氧性缺氧 |
| Immune system | 免疫系统 |
| Immunity | 免疫 |
| Implicit communication | 隐性沟通 |
| Impulsivity | 冲动 |
| Inclination illusion | "矫正性"倾斜错觉 |
| Information processing | 信息加工 |
| Inner ear | 内耳 |
| Insight | 顿悟 |
| Insomnia | 失眠 |
| Intention | 意图 |
| Intentional non-compliance error | 有意违反性差错 |
| Interface | 界面 |
| Internal drive | 内驱力 |
| Internal respiration；tissue respiration | 内呼吸；组织呼吸 |
| Intrinsic / Inner motivation | 内部动机 |
| Inversion illusion | 倒翻错觉 |
| Inverted U-shaped curve | 倒 U 形曲线 |
| Invulnerability | 侥幸 |
| Ionization radiation | 电离辐射 |
| Iris | 虹膜 |
| Jet lag；Time difference effect | 时差效应 |
| Kinesthetic sense | 肌肉运动知觉 |
| Laissez faire | 自由主义型 |
| Latent failure | 隐性错误或隐性失效 |
| Leader style | 领导风格 |
| Leadership | 领导 |
| Leans illusion | 倾斜错觉 |

| | |
|---|---|
| Learning style | 学习风格 |
| Lens | 晶状体 |
| Light adaptation | 明适应 |
| Linear acceleration | 线加速度 |
| Linear perspective | 线条透视 |
| Liveware | 人件 |
| Long-term memory | 长时记忆 |
| Low level / Basic needs | 低级需要 |
| Lung | 肺 |
| Lung cancer | 肺癌 |
| Macho | 炫耀 |
| Management style | 管理风格 |
| Memory | 记忆 |
| Memory trace | 记忆痕迹 |
| Mental relaxation；Psychological relaxation | 心理放松 |
| Mental skill | 心智技能 |
| Metabolism | 新陈代谢 |
| Mind set；Thinking set | 思维定势；固着 |
| Monitoring | 监控 |
| Monocular vision | 单眼视觉 |
| Motion parallax | 运动视差 |
| Motion sickness | 运动病；晕机病 |
| Motivation | 动机 |
| Motor nerve | 运动神经 |
| Movement of the soft palate | 运动软腭 |
| Muscle tremor；Muscle vibration | 肌肉震颤 |
| Myopia | 近视 |
| Narcolepsy | 嗜睡症 |
| Nausea | 恶心 |
| Needs | 需要 |
| Negative-g；minus-g；negative acceleration | 负过载；负加速度 |
| Nervous system | 神经系统 |
| Nicotine | 尼古丁 |
| Night blind spot | 夜间盲点 |
| Night myopia | 夜间近视 |
| Night vision | 夜间视觉 |

| | |
|---|---|
| Nitrogen | 氮气 |
| Non- technical skill | 非技术技能 |
| Non-operational distraction | 非营运性注意力分散 |
| Non-verbal communication | 非言语交流 |
| Obesity | 肥胖 |
| Oculogravic illusion | 眼重力错觉 |
| Oculogyral illusion | 眼旋动错觉 |
| Omission | 漏 |
| Operant conditioning theory | 操作性条件反射理论 |
| Operational complexity | 操作复杂度 |
| Operational decision error | 决策差错 |
| Operational distraction | 营运性注意力分散 |
| Optic nerve | 视神经 |
| Otic barotrauma | 中耳气压性损伤 |
| Otolith organ | 耳石器 |
| Over confident | 过度自信 |
| Overload | 超负荷 |
| Over-the-counter drug | 非处方药/柜台药物（OTC） |
| Oxygen | 氧气 |
| Oxygen saturation | 血氧饱和度 |
| Oxyhemoglobin | 氧合血红蛋白 |
| Ozone | 臭氧 |
| Participatory leader | 参与式领导 |
| Peer pressure | 同伴压力 |
| Perception | 知觉 |
| Perceptual distortion | 歪曲知觉 |
| Peripheral nervous system | 周围神经系统 |
| Personality | 人格 |
| Pharynx | 咽 |
| Photoreceptor | 感光细胞 |
| Physical fitness | 体适能 |
| Physiological glare/ Disability glare | 生理眩光 |
| Physiological stress | 生理性应激 |
| Plasma | 血浆 |
| Platelets | 血小板 |
| Positive-g；positive acceleration | 正过载；正加速度 |

| | |
|---|---|
| Presbycusis | 老年性耳聋 |
| Presbyopia | 老花眼 |
| Pressurization | 增压 |
| Proactive inhibition | 前摄抑制 |
| Problem solving | 问题解决 |
| Procedural error | 程序性差错 |
| Procedural memory | 程序性记忆 |
| Professional ethics | 职业道德 |
| Proficiency error | 技术熟练性方面的差错 |
| Progressive/Slow decompression | 缓慢失压 |
| Proprioceptive system | 本体感受器 |
| Psychological glare / Discomfort glare | 心理眩光 |
| Psychological stress | 心理性应激 |
| Random error | 随机性差错 |
| Rapid eye movement sleep（REM sleep） | 快速眼动睡眠 |
| Rapid/Explosive decompression | 快速失压；爆炸性减压 |
| Reason model | Reason 模型 |
| Receptor | 感受器 |
| Red blood cell | 红细胞 |
| Red out | 红视 |
| Reference system | 参照系统 |
| Reflex arc | 反射弧 |
| Relative humidity | 相对湿度 |
| Reliability | 可靠性 |
| Resignation | 屈服 |
| Resistance stage | 抵抗阶段 |
| Respiratory mucosa | 呼吸道黏膜 |
| Respiratory system | 呼吸系统 |
| Resynchronization | 再同步 |
| Retina | 视网膜 |
| Retrieval | 提取 |
| Retroactive inhibition | 倒摄抑制 |
| Risk assessment；Risk evaluation | 风险评估 |
| Rods | 视杆细胞 |
| Safety window | 安全窗口 |
| Scuba diving | 水肺潜水/斯库巴潜水 |

| | |
|---|---|
| Selective attention | 选择性注意 |
| Self-actualization needs | 自我实现的需要 |
| Self-centeredness | 自我中心型 |
| Self-concept | 自我概念 |
| Self-discipline | 自律；自我约束 |
| Self-esteem needs | 尊重需要 |
| Semantic memory | 语义记忆 |
| Semicircular canals | 半规管 |
| Sensation | 感觉 |
| Sensitivity | 感受性 |
| Sensory adaptation | 感觉适应 |
| Sensory memory | 感觉记忆；瞬时记忆 |
| Sensory nerve | 感觉神经 |
| Sensory register | 感觉登记 |
| Sensory threshold | 感觉阈限 |
| Serum | 血清 |
| Short-term memory | 短时记忆 |
| Sinuses | 鼻窦 |
| Situation awareness | 情景意识 |
| Situation awareness loss | 情景意识丧失 |
| Sleep deprivation | 睡眠剥夺 |
| Sleep loss | 睡眠缺失 |
| Sleep pattern | 睡眠模式 |
| Sleeping pill | 安眠药 |
| Slow-wave sleep | 慢波睡眠 |
| Smoking | 吸烟 |
| Snow blindness / Dazzle | 雪盲症；强光盲 |
| Social learning theory | 社会学习理论 |
| Somatogravic illusion | 躯体重力错觉 |
| Somatogyral illusion | 躯体旋动错觉 |
| Spatial disorientation | 空间失定向，空间错觉 |
| Spatial orientation | 空间定向 |
| Speculative mentality | 投机心态 |
| Spinal cord | 脊髓 |
| Stagnant hypoxia | 循环停滞性缺氧 |
| Standard operation procedure（SOP） | 标准操作程序 |

| | |
|---|---|
| Static visual acuity | 静态视敏度 |
| Stimulant | 兴奋剂 |
| Stomach upset | 胃肠不适 |
| Stomachache/bellyache | 腹痛 |
| Storage | 储存 |
| Stress | 应激；压力 |
| Stressor | 应激源 |
| Strokes | 中风 |
| Structure gradient | 结构级差；结构梯度 |
| Subjectivity | 主观性 |
| Sudden death | 猝死 |
| Susceptibility | 易感性 |
| Swallow | 吞咽 |
| Swiss cheese model | 瑞士奶酪模型 |
| Systematic error | 系统性差错 |
| Systolic pressure | 收缩压 |
| Technical skill | 技术技能 |
| Temperament | 气质 |
| Thinking | 思维 |
| Threat | 威胁 |
| Threshold | 阈限 |
| Throat | 喉 |
| Time difference | 时差 |
| Tingling | 刺痛感 |
| Tinnitus | 耳鸣 |
| Trachea | 气管 |
| Trans-Cockpit authority gradient | 驾驶舱职权梯度 |
| TUC（time of useful consciousness） | 有用意识时间 |
| Tunnel vision | 管状视觉 |
| Tympanic cavity | 鼓室 |
| Unconditioned reflex | 无条件反射 |
| Undesired aircraft state | 非预期的航空器状态 |
| Upper respiratory | 上呼吸道 |
| Valsalva manoeuver | 捏鼻鼓气/瓦萨尔瓦捏鼻鼓气法 |
| Vein | 静脉 |
| Ventricle | 心室 |

| | |
|---|---|
| Verbal communication | 言语交流 |
| Vestibular apparatus | 前庭器官 |
| Vestibular illusion | 前庭错觉 |
| Vestibular sense | 前庭觉 |
| Vestibular system | 前庭 |
| Vigilance；Alertness | 警觉 |
| Violation | 违规 |
| Visual acuity | 视敏度 |
| Visual field | 视野 |
| Visual illusion | 视错觉 |
| Vomit | 呕吐 |
| White blood cell | 白细胞 |
| White hole effect；White snow effect | 白洞效应；白雪覆盖效应 |
| Work performance | 工作绩效；工作表现 |
| Working memory | 工作记忆 |
| Workload | 工作负荷 |
| Yawning | 打哈欠 |
| Yerkes-Dodson law | 叶克斯-道森定律 |

# 参考文献

[ 1 ]  Andrew J Dubrin. 职业心理学——平衡你的工作与生活[M]. 7 版. 姚翔，陆昌勤，等译. 北京：中国轻工业出版社，2009.

[ 2 ]  Anne R Issac，Bert Ruitenberg. Air Traffic Control：Human Performance Factor[M]. Ashgate publishing Ltd，1999.

[ 3 ]  Aviation Safety Overview[R]. America：Airplane safety Engineering Boeing Commercial Airplane Group，2002.

[ 4 ]  Murdock B B，Jr. The serial position effect of free recall[J]. Journal of experimental psychology. 1962（64）：682-488.

[ 5 ]  Barbara G，Kanki，Robert L. Helmreich，Jose anca. Crew Resource Management[M]. Elsevier，2010.

[ 6 ]  C D 威肯斯，J G 霍兰兹. 工程心理学与人的作业[M]. 朱祖祥，等译. 上海：华东师范大学出版社，2001.

[ 7 ]  CAAC-AIRBUS Industry Human Factors Symposium[C]. GuangHan，China，APR. 7-11th，1997.

[ 8 ]  Crew Resources Management Workbook[M]. SAS Flight Academy，1989.

[ 9 ]  Ebbinghaus，el al. Memory[M]. New York：Teachers College，Columbia University，1885.

[10]  Hawkins F H. Human factors in flight（Second edition）[M]. London：Gower House，1993.

[11]  FAA. Aviation Instructor`s Handbook（FAA-H-8083-9A）[Z]. 2009.

[12]  Flight Crew Training：Cockpit Resource Management（CRM）and Line-Oriented Flight Training（LOFT）[R]. ICAO Circular 217-AN/132，Human Factors Digest NO.2. Montreal：1989.

[13]  Flin R，Goeters KM，Hormann HJ，et al. A generic structure of non—technical skills for training and assessment[R]. Vienna：The 23rd Conference of the European Association for Aviation Psychology，1998.

[14]  Geoffrey，Dhenin. Aviation medicine[M]. London：Willian Clowes & Sons Limited，1978.

[15]  Harry W Orlady，Linda M. 多机组飞行运行中的人为因素[M]. 黄为等译. 北京：中国民航出版社，2009.

[16]  Human Factors Digest No.3[R]，ICAO Circular，Montreal，1991.

[17] Human Performance & Limitation( fifth edition )[M]. Oxford W aviation academy, 2009.

[18] Human Performance and Limitation[M]. Jeppesen sanderson, Inc., 2004.

[19] Human Performance and Limitations in Aviation, Third edition[M]. R.D. Campbell M. Bagshaw, 2002.

[20] ICAO. Fatigue Risk Management Systems Manual for Regulators[Z]. Doc9966, 2011.

[21] John B.Best 著, 黄希庭主译. 认知心理学[M]. 中国轻工业出版社, 2000.

[22] Lubner, etc. Aviation accidents, incidents and violations psychological predictors among U.S. Pilot[M], New York: Columbia university, 1995.

[23] M. W. 艾森克, M. T. 基恩著. 认知心理学[M]. 4 版. 高定国, 肖晓云译. 上海: 华东师范大学出版社, 2002.

[24] Marianne Miserandino. 人格心理学[M]. 黄子岚, 何昊译. 上海: 上海社会科学院出版社, 2015.

[25] Massey University School of Aviation. Crew Resources Management ( Study Guide Three ) [M]. Richard Macfarlane, 1995.

[26] Oxford Air Training school. Human performance and limitations[M]. New York, published by CSE Aviation ltd, 1993.

[27] Pilot's handbook of aeronautical knowledge[M]. Federal Aviation Administration, 2008.

[28] Practical cockpit management[M]. New York Flight Safety international, Inc., 1989.

[29] Private pilot Manual[M]. Jeppesen sanderson, Inc., 1988.

[30] R Peters. Practical Intelligence[M]. London: Harper & Row, 1987.

[31] R R Blake, J S Mouton. Cockpit Resource Management[M]. Scientific Methods, Inc and Command/Leader/Resource Management Steering Committee and Working Groups United Airlines. Austin, Texas, 1989.

[32] R S Jensen. Aviation Psychology[M]. New York: Gower publishing company limited, 1989.

[33] R Telfer. The psychology of flight training[M]. London: Iowa state university press, Ames, 1988.

[34] S R Trollip, R S Jensen. Human factors for general aviation[M]. Jeppesen Sanderson, Inc., 1991.

[35] T Thorm. The air pilot's manual 6, Human factors and pilot performance[M]. London: Gower publishing company limited, 1995.

[36] Г · Т 别列戈沃伊等著. 航空航天实验心理学[M]. 薛胜等译. 北京: 人民军医出版社, 1986.

[37] 北京师范大学等四院校编. 人体解剖生理学[M]. 北京: 高等教育出版社, 1987.

[38] 高扬, 刘汉辉, 等. 中国民航的安全文化建设（之二）[J]. 中国安全科学学报, 2002, 12（2）: 10-13.

[39] 贺弋, 贺堃. 生物节律与人类工效关系的探讨[J]. 人类工效学, 2000（1）: 50-53.

[40] 胡兆丰主编. 人机系统和飞行品质[M]. 北京: 北京航空航天大学出版社, 1994.

[41] 皇甫恩主编. 航空心理学[M]. 西安：陕西科学技术出版社，1989.

[42] 黄希庭. 心理学导论[M]. 北京：人民教育出版社，1991.

[43] 冀晓东. 标准仪表飞行程序可操作性评估研究[J]. 中国民航大学学报，2012，30（3）：47-50.

[44] 井西学，刘隆祺. 医学心理学[M]. 北京：科学出版社，2007.

[45] 康继鼎. 系统工程学基础[M]. 重庆：西南师范大学出版社，1988.

[46] 兰迪·拉森，戴维·巴斯著，郭永玉等译. 人格心理学——人性的科学探索[M]. 2版. 北京：人民邮电出版社，2011.

[47] 李伯黍，燕国材. 教育心理学[M]. 3版. 上海：华东师范大学出版社，2011.

[48] 李镜流著. 教育心理学新论[M]. 北京：光明日报出版社，1987

[49] 刘汉辉，高扬，等. 中国民航的安全文化建设（之三）[J]. 中国安全科学学报，2002，12（3）：9-14.

[50] 刘汉辉，高扬，等. 中国民航的安全文化建设（之一）[J]. 中国安全科学学报，2002，12（1）：19-22.

[51] 刘齐清等. 航空医学[M]. 2版. 成都：西南交通大学出版社，2007.

[52] 刘铁汉主编. 航空生物动力学[M]. 西安：陕西科学技术出版社，1989.

[53] 罗晓利，王一帆，李立民编著. 机组资源管理[M]. 成都：西南交通大学出版社，2012.

[54] 罗晓利编著. 飞行中人的因素[M]. 成都：西南交通大学出版社，2002.

[55] 罗晓利等. 飞行员行为特征及引导方式课题技术报告[R]，2013.9.

[56] 罗晓利等. 国内外飞行人员心理选拔研究述评[J]. 国际航空，1995（2）：28-31.

[57] 罗晓利等. 着陆阶段飞行事故的心理学分析[J]. 国际航空，1996（6）：58-60.

[58] 骆正. 情绪控制的理论与方法[M]. 北京：光明日报出版社，1989.

[59] 毛海峰. 我国通用航空作业量已达 13.9 万小时[DB/OL]. 新华网 http：//news.xinhuanet.com/2011-10/13/c_122155045.htm，2011.10.14.

[60] [美]卡萝尔·韦德，卡萝尔·塔佛瑞斯. 心理学的邀请[M]. 3版. 白学军译. 北京：北京大学出版社，2006.

[61] 牟海鹰. 飞行疲劳的表现、成因与应对[G]//飞行技术与航空安全研究. 成都：四川科学技术出版社，2006.

[62] 南京医学院人体解剖学教研室. 人体解剖学图谱[M]. 北京：人民卫生出版社，1980.

[63] 诺曼.麦克劳德著，王永刚，张秀艳译. 构建航空安全体系——CRM 开发人员手册[M]. 北京：中国民航出版社，2009.

[64] 钱春弦，王卫平. 我国目前民航安全好于世界平均水平[DB/OL]. 新浪网，http：//finance.sina.com.cn，2006.2.14

[65] 邵斌. 生物节律扰乱对民航飞行安全的影响及对策[J]. 中国民用航空，2010（1）：45-46

[66] 邵瑞珍等. 教育心理学——学与教的原理[M]. 上海：上海教育出版社，1986.

[67] 深圳航空公司. 飞行教员理论手册[Z]. 2006.

[68] 苏东水著. 管理心理学[M]. 上海：复旦大学出版社，1997.

[69] 文兴忠，周长春. 民航安全文化概论[M]. 北京：中国民航出版社，2013.

[70] 沃特.谢弗尔著，方双虎等译. 压力管理心理学[M]. 北京：中国人民大学出版社，2009.

[71] 闫少华. 基于信息加工模型的管制员差错分类与分析[J]. 中国安全科学学报，2009（8）：121-125.

[72] 杨家忠，陈俊，等. 文化对机组资源管理的影响[J]. 中国安全科学学报，2009，19（9）：167-171.

[73] 于晓伟. 澳大利亚关注其通用航空高事故率[DB/OL]. 搜狐网. http：//roll.sohu.com/20110722/n314266572.shtml. 2011.7.22.

[74] 俞文钊编著. 管理心理学[M]. 兰州：甘肃人民出版社，1992.

[75] 张春兴著. 现代心理学—现代人研究自身问题的科学[M]. 2 版. 上海：上海人民出版社，2005.

[76] 张立藩主编. 航空生理学[M]. 西安：陕西科学技术出版社，1989.

[77] 曾先林. 飞行员心理健康测量表的编制[D]. 广汉：中国民用航空飞行学院，2014.

[78] 中国民航报社. 美国通用航空安全监管的启示[N]. 中国民航报，2008.2.19.

[79] 中国民航局编译. BRIEFINGS——航空从业人员人为因素培训教程[M]. IFSA DEDALE EUROPE，2000.

[80] 中国民用航空局. 机组标准操作程序（AC-121-22）[S]. 2007.

[81] 中国民用航空局. 机组资源管理训练（AC-121-FS-2011-41）[S]. 2011.

[82] 中国民用航空局航空安全办公室、中国民航科学技术研究院. 中国民航安全信息统计分析报告[R]. 1995.

[83] 朱祖祥主编. 工程心理学教程[M]. 北京：人民教育出版社，2003.